U0347933

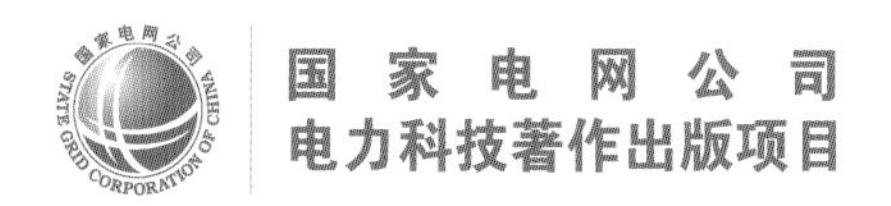

换流变压器
及监造技术

主　编　郑　劲
编写人员　万　达　聂定珍　凌　愍　李满元
刘福喜　李大广　于弘适

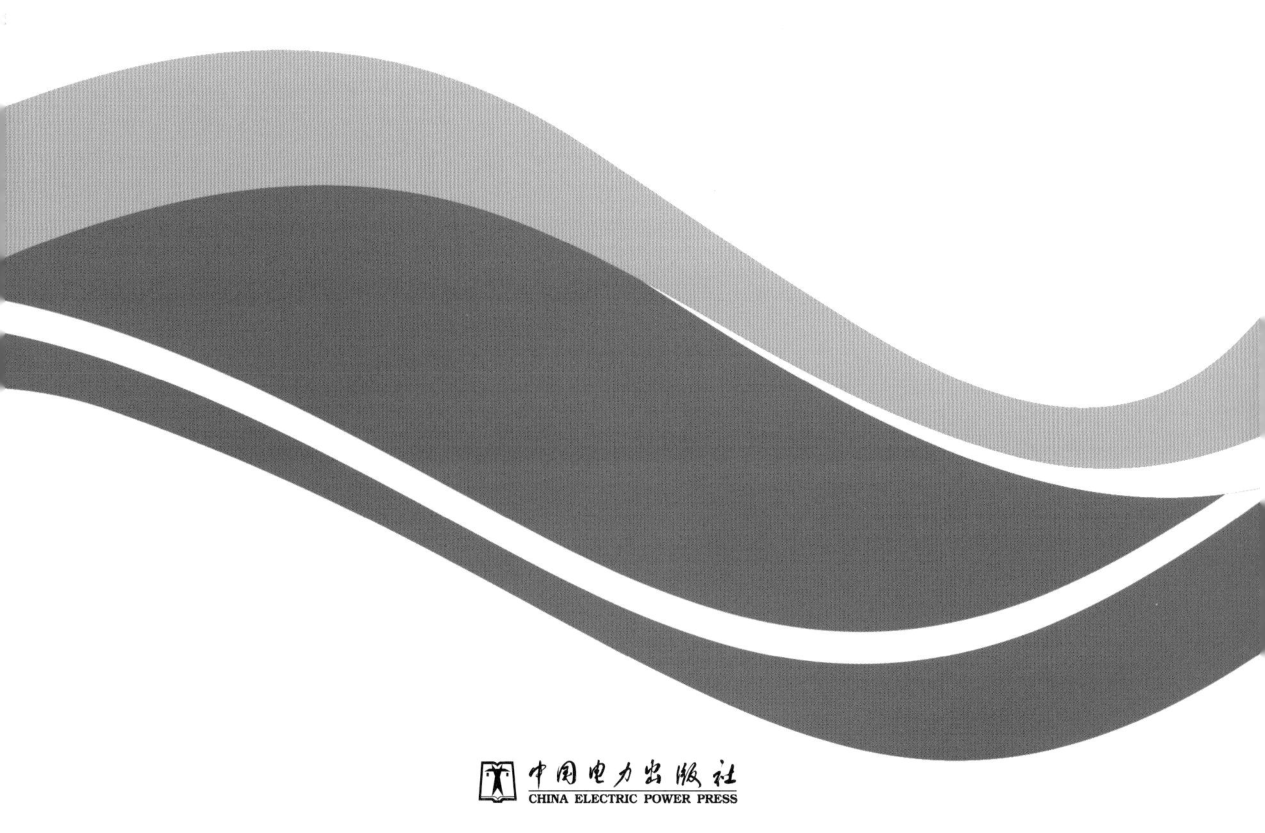

中国电力出版社
CHINA ELECTRIC POWER PRESS

内 容 提 要

本书是第一本系统介绍换流变压器及其监造全过程的专著。本书结合我国特高压直流工程实际建设情况，全面介绍了换流变压器设备的设计、制造、试验特点，内容涵盖换流变压器的性能参数、技术指标、型式结构、主要原材料组部件、制造工艺、工厂试验以及各阶段发生的典型案例等。

本书分为六章，包括换流变压器功能和参数，换流变压器内部结构，换流变压器主要原材料、组部件及监造要点，换流变压器制造工艺及监造要点，换流变压器试验和监造典型案例分析。本书通过对典型案例的剖析、计算，深入浅出地介绍了换流变压器在设计、制造及试验过程中易发生的问题。同时本书还注重结合已建工程项目，系统总结了特高压换流变压器的型式参数、结构、主要原材料组部件、制造工艺、工厂试验，从而提出把握产品质量的关键见证点。

本书可作为从事直流工程换流变压器质量监督人员技术培训用书，也可供从事换流变压器研究、设计、制造、运行、检修等工作的技术人员和管理人员使用，并可供相关专业师生参考。

图书在版编目（CIP）数据

换流变压器及监造技术／郑劲主编. —北京：中国电力出版社，2016.3

ISBN 978-7-5123-8553-5

Ⅰ.①换… Ⅱ.①郑… Ⅲ.①换流变压器 Ⅳ.①TM422

中国版本图书馆 CIP 数据核字（2015）第 271971 号

中国电力出版社出版、发行

（北京市东城区北京站西街 19 号 100005 http：//www.cepp.sgcc.com.cn）

北京盛通印刷股份有限公司印刷

各地新华书店经售

*

2016 年 3 月第一版 2016 年 3 月北京第一次印刷

787 毫米×1092 毫米 16 开本 23.75 印张 572 千字

印数 0001—2000 册 定价 **145.00** 元

序

直流输电事业在我国经过近30年的高速发展，已具备高水平，应用规模也很大。从首条±500kV/1200MW葛洲坝—南桥直流输电工程建成以来，到最近的±800kV/8000MW溪洛渡—浙江特高压直流输电工程建成投运，已建成20多个超/特高压直流输电工程，在实现西电东送、北电南供、水火互济等能源资源大范围优化配置，促进我国西部、北部地区能源优势转化为经济优势，缓解东中部地区用电紧张和环境容量短缺等方面，发挥了重要的作用。期间，广大科技人员克服无数困难，实现了系统设计、设备研制、安装调试和运行维护国产化。目前，国家电网公司已建成投运4个特高压直流输电工程，首个特高压直流输电示范工程已安全运行5年。可以说，我国高压直流输电技术已步入世界领先行列。

随着国家《大气污染防治行动计划》的发布实施，±800kV/8000MW的宁东—绍兴、酒泉—湖南、晋北—南京直流工程，±800kV/10000MW的锡盟—泰州、上海庙—临沂直流工程已开工建设，±1100kV/12000MW的准东—皖南、±800kV/10000MW的扎鲁特—山东、雅中—江西直流工程即将开工建设，我国又迎来直流工程建设的高潮。面对容量更大、电压更高，交流侧送端接入750kV，受端分层接入1000kV和500kV交流系统等新要求，技术难度又上了一个大台阶。在所有的技术挑战中，换流变压器的研制首当其冲，绝缘、电磁、温升、机械等各方面都面临介乎临界的挑战，但万变不离其宗，技术创新来源于扎实的基础，本书的出版，恰逢其时，它系统总结了国内以往直流工程换流变压器的型式参数、结构、主要原材料组部件、制造工艺和工厂试验，从直流换流变压器特点和功能等基本概念出发，阐述了不同工程换流变压器主要技术要求、技术参数有关的原理性问题。尤其是通过对典型案例的剖析、计算，深入浅出地介绍了换流变压器在设计、制造及试验过程中易发生的问题，从而提出把握产品质量的关键见证点。这对监造人员协助制造厂实现我们提出的“让一切质量问题都在厂内解决，不留待现场解决”的目标的实现，具有很强助益。

回顾我国发展高压直流输电技术，经历引进、消化吸收和自主创新的过程，凝聚了我国电网和制造单位广大工程技术人员的辛勤劳动和智慧，表现出无比的创造力。相信在党和国家创新发展的精神指引下，通过大家的共同努力，未来会取得更大成就，在实现“互联互通”、建设全球能源互联网的征程中，贡献我们电力职工应尽的一份力量。

刘泽洪

2015 年 12 月

前言

特高压直流输电是实现我国西电东送、北电南送、水火互济、能源资源大范围优化配置战略的重要措施。近年来，针对大气污染日益严重，国家发布实施《大气污染防治行动计划》，提出加快调整能源结构，增加清洁能源供应，全面淘汰和替代低效、重污染的传统用能方式，规划建设 12 条重点输电通道。特高压直流输电具有长距离、大容量、低损耗的优势，将发挥更为积极而重要的作用。

从首个特高压直流输电示范工程，向家坝—上海±800kV/6400MW 输电项目开始，国家电网公司在近 5 年内已陆续建成投运了数个±800kV/7200MW 和±800kV/8000MW 输电项目。目前，正在开工建设±800kV/10000MW 输电项目，±1100kV/12000MW 特高压直流输电项目也进入实施阶段：一方面我们已经建成投运了一批特高压直流输电工程，积累了丰富的经验；另一方面，又面临工程输电容量、电压水平不断提升的大规模建设挑战。众所周知，保证系统的安全稳定运行，设备质量是基础，通常我们要求换流站设备的寿命为 30~40 年，如何才能高水平地实现这一目标，需要在设备的全寿命周期的每个环节加强质量控制，换流变压器是直流输电系统中最复杂、最昂贵、最庞大的设备，换流变压器的制造进度和质量状况已成为制约直流输电工程建设投产和安全稳定运行的最关键因素。因此，本书选择换流变压器，总结以往在设计、制造过程中暴露的问题和改进经验，掌握其关键技术，以期承前启后，促进提高设备质量，保证工程按期投运，提升系统安全运行水平。

随着特高压直流输电工程的不断发展，所采用的换流变压器，容量已从向家坝—上海±800kV 特高压直流输电工程的 321MVA 增加到现在输送容量为 10GW 直流工程的 510MVA，送端要接入 750kV 交流系统，受端低端接入 1000kV 交流系统，而运输尺寸、重量的限制条件并没有变化，这必然使换流变压器设计结构更紧凑、裕度更偏紧、工艺要求更高，质量风险增大。多年来，为了在理想的工期采购到理想质量的换流变压器，电网企业不惜成本，派出一支支专业队伍赴制造公司进行驻厂监造，督促、协助厂家生产制造，对保证设备质量发挥了作用。现在，面对新的形势和课题，质量监督人员只有基本概念更清晰、技术功底更扎实、善于总结经验，才能举一反三、及时跟进，保持专业水准的适应性和科学性，使监督工作卓有成效。本书以换流变压器使用者的角度，从直流换流变压器特点和功能等基本概念出发，阐述有关直流特性的关键原理性问题，并通过特高压换流变压器的型式参数、结构、主要原材料组部件、制造工艺、工厂试验全过程的总结，以及对典型案例的计算、分析和研究，提出把握产品质量的关键见证点，期望对达成上述目标有所帮助。

国家电网公司直流建设分公司组织业内资深专家和多年亲身参加换流变压器监造的高级技术人员编写本书。按照从总体设计要求到制造细节过程，共分为六章：第一章由郑劲、万达、聂定珍编写，概述换流变压器的功能和参数以及关键技术特点；第二～四章由李满元、刘福喜编写，介绍换流变压器的内部结构、原材料、组部件和整体装配；第五章由李大广、凌愍编写，介绍换流变压器的试验；第六章由郑劲、万达、凌愍、刘福喜、于弘适编写，针对实际工程设计、制造和试验过程中遇到的典型案例进行深入分析；全书由郑劲统稿。

在本书编写过程中，得到陈维江、文闿成、陶喻、胡惠然、傅锡年、卢理成、党镇平等专家的指导帮助，还得到国家电网公司建设和运行部门，以及换流变压器制造厂商的大力支持。在此，表示衷心感谢！

本书中内容涉及面广，但水平所限，恐有很多遗漏、不当之处，欢迎批评指正。

编　者

2015 年 11 月

目录

第一章

换流变压器功能和参数

第一节　概　　述

一、换流变压器技术发展过程

换流变压器技术是伴随着直流输电技术的需求而发展的，除1906~1927年在法国建成的穆迪尔—里昂的直流输电试验工程直接采用直流电机串联组成外，其他直流工程都采用了换流技术，即换流变压器与换流阀一起构成换流器的换流技术。

早期的换流变压器，多数安装在阀厅外的交流场，阀侧套管为户外式，如巴西伊泰普工程，既便于施工安装又便于运行维护。但是，随着工业的发展，污秽问题日益严重，阀侧套管易发生污秽闪络及不均匀受潮放电，使阀侧套管的外绝缘问题成为技术关键。因此，到三峡—常州±500kV直流输电工程（简称三常工程）时，采用了阀侧套管直接插入阀厅的换流变压器技术，既较好地解决了外绝缘问题，又节省了从换流变压器回路进入阀厅回路的直流穿墙套管。目前这种技术得到了普遍的应用。

随着直流输电系统输送容量的不断提升，换流变压器的型式也在不断演变。当输送容量较小时，换流变压器采用单相三绕组，含两主芯柱和两旁柱，阀侧星形和三角形绕组分置于两主芯柱上。一个12脉动换流单元仅需3台换流变压器，1个换流站加上1台备用，只需7台换流变压器。在系统输送容量相同的条件下，与单相双绕组换流变压器相比，单相三绕组换流变压器所需设备台数少，占地面积小，设备本身单位容量造价低，是最经济的方案选择。

但是，当直流系统输送容量增大时，受变压器单柱容量的限制，需采用2柱并联，因此换流变压器需采用单相双绕组型式。当容量进一步提升且又受到大件运输的限制时，就必须采用3柱并联的单相双绕组换流变压器。采用单相双绕组换流变压器时，一个12脉动换流单元需6台换流变压器，一个换流站加上2台备用，需要14台换流变压器。

二、我国掌握换流变压器技术历程

从20世纪80年代开始，我国先后引进法国阿尔斯通公司和日本日立公司交流500kV大型电力变压器的设计制造技术，并通过技术合作和项目合作等方式学习借鉴了瑞典ABB、德国西门子、日本三菱和东芝、乌克兰扎布罗日变压器厂、奥地利伊林等国外主要变压器制造企业的设计制造技术，形成了自己的大型变压器设计、制造和开发能力，80年代初我国制造出第一台500kV交流变压器。

三峡电力外送确定为直流工程时，我国并不具备换流变压器的设计制造能力，因此实行国际采购，并制订了“技贸结合、技术引进、联合设计、合作制造”的技术路线。明确规定中国制造企业分包额不低于总价合同的30%（三常工程）、50%（三峡—广东±500kV直流输电工程，简称三广工程）、70%（三峡—上海±500kV直流输电工程，简称三沪工程），必须由中国制造企业为主制造4台（三常工程）、8台（三广工程）、14台（三沪工程）换流变压器。通过国际招标的方式引进关键技术后消化吸收再创新，逐步实现我国换流变压器的国产化，同时选择我国沈阳变压器厂（简称沈变）和西安变压器厂（简称西变）作为引进技术的受让方。从三常工程开始，沈变和西变在原已掌握500kV大型电力变压器的基础上，通过消化吸收引进技术，分别制造出合格换流变压器样品，填补了国内空白。

2006年我国提出建设±800kV特高压直流工程，高端换流变压器制造难度较大，所以仍采用了“技贸结合、技术引进、联合设计、合作制造”的技术路线，但是改为我方总承包。2009年12月6日沈变为向家坝—上海±800kV特高压直流输电工程（简称向上工程）奉贤换流站提供的±800kV换流变压器顺利通过关键绝缘试验。12月2日西变为向上工程复龙换流站提供的±800kV换流变压器通过全部出厂试验。我国已有向上、云南—广东、锦屏—苏州、哈密南—郑州、溪洛渡左岸—浙江金华±800kV特高压直流工程（分别简称为云广、锦苏、哈郑、溪浙工程）成功投运，输送容量从6400MW发展到8000MW。国内成功的生产厂也由西变、沈变扩大到保定天威保变电气股份有限公司（简称保变）、山东电工电气集团有限公司（简称山东电工）、特变电工衡阳变压器有限公司（简称衡变）等变压器厂，重庆ABB和广州西门子作为合资厂也能独立供货。

三、换流变压器监造的必要性

换流变压器价格昂贵、设计特殊、工艺复杂，对绝缘材料一致性要求高，加上大量手工制作，使产品质量较难保持高度稳定，其可靠性和可用率对整个直流工程的建设工期、安全稳定运行至关重要。鉴于换流变压器的质量和工期是制约直流工程建设的关键，对换流变压器实行全过程监造非常必要。

第二节　换流变压器功能

一、换流变压器主要作用、接线及其配置

（一）换流变压器主要作用

换流变压器是直流输电系统中的核心设备，与换流阀一起作为交流和直流系统的连接枢纽，在整流和逆变侧实现直流和交流的转换。换流变压器主要作用：① 隔离交、直流系统，避免直流电压进入交流系统；② 提供换流阀所需的可调节交流电压；③ 用于对12脉动换流阀的两个串联6脉动阀桥提供相差30°电气角的电源，除去低次的5次和7次特征谐波；④ 限制故障时的短路电流和控制换相期间换流阀电流的上升陡度。

（二）直流换流系统接线和换流变压器配置

我国直流输电系统的换流器接线有背靠背联网，±400、±500、±660kV单12脉动，

±800kV 双 12 脉动等型式，换流变压器的型式和参数由成套设计综合考虑直流输电容量、交直流系统电压、设备制造能力、运输条件以及换流站布置等因素确定。

1. 背靠背直流联网工程

除灵宝背靠背直流工程（简称灵宝工程）Ⅰ期输电容量选为 360MW 外，其余的背靠背工程，如灵宝工程Ⅱ期及高岭背靠背直流工程（简称高岭工程）Ⅰ、Ⅱ期、中俄直流背靠背（黑河）联网工程均选择为 750MW。灵宝工程Ⅰ、Ⅱ期的系统主接线采用单 12 脉动接线、末端接地方式，直流电压分别为 120、167kV；高岭工程Ⅰ、Ⅱ期和黑河工程的系统主接线采用单 12 脉动接线、6 脉动中点接地方式，直流电压为±125kV。后一种接线方式的优点是能降低换流变压器阀侧绝缘水平，缺点是极线上多配 1 个平波电抗器，6 脉动中点不接地侧需配置避雷器。除灵宝工程Ⅱ期直流电流达 4500A（首次试验了 6 英寸晶闸管可用性）外，其他背靠背工程直流电流均为 3000A。

换流变压器容量一般按送、受两端相同设计，除灵宝工程Ⅰ期为 144MVA 外，其他均选择 300MVA 左右，都采用单相三绕组型式，联结组别为 YNyn0d11，每个背靠背单元需配备 7~8 台换流变压器，其中 1~2 台为备用。

背靠背换流变压器系统接线图和外形图如图 1-1~图 1-4 所示。

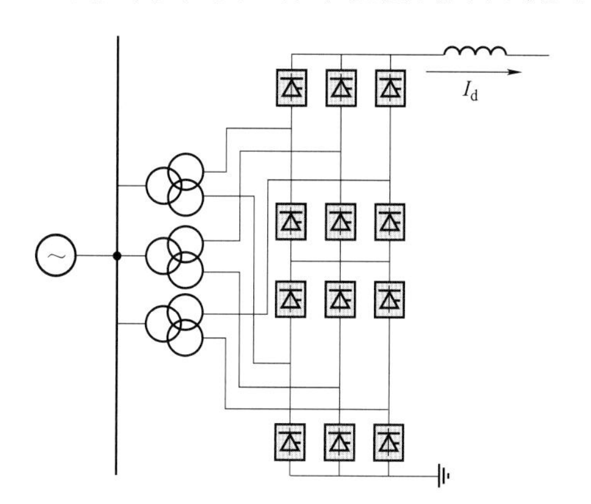

图 1-1　末端接地背靠背换流系统接线

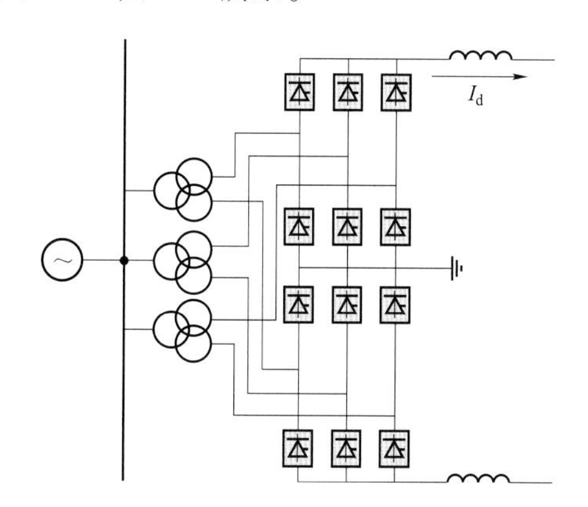

图 1-2　12 脉动中点接地换流系统接线

图 1-3　高岭背靠背换流站换流变压器（型式一）

图 1-4　高岭背靠背换流站换流变压器（型式二）

2. ±400、±500kV 和±660kV 高压直流工程

±400、±500kV 和±660kV 高压直流工程均采用单 12 脉动双极系统接线，其中，葛洲坝—上海南桥±500kV 直流输电工程（简称葛南工程）输送容量为 1200MW 外，三常、三广及三沪工程 Ⅰ、Ⅱ 期、呼伦贝尔—辽宁、宝德±500kV 直流输电工程（分别简称呼辽、宝德工程）工程全部采用 3000MW，这也成为该电压等级直流输电工程的标准配置。柴达木—拉萨±400kV 直流输电工程（简称青藏工程）和宁东—山东±660kV 直流输电示范工程（简称宁东工程）是特殊环境和当时发展条件下的特例，输电容量分别为 600MW 和 4000MW。

青藏、葛南工程换流变压器容量（送/受端）为 118/118MVA、244/224MVA，采用单相三绕组型式，联结组别为 YNyn0d11，每工程配备 14 台换流变压器，其中 2 台为备品。三常、三广等工程换流变压器容量为 298/285MVA 左右，宁东工程最大，达到 403/386MVA，采用单相双绕组型式，联结组别为 YNyn0 或 YNd11，每工程配备 28 台换流变压器，其中 4 台为备用。

单 12 脉动换流变压器系统接线和外形分别如图 1-5 和图 1-6 所示。

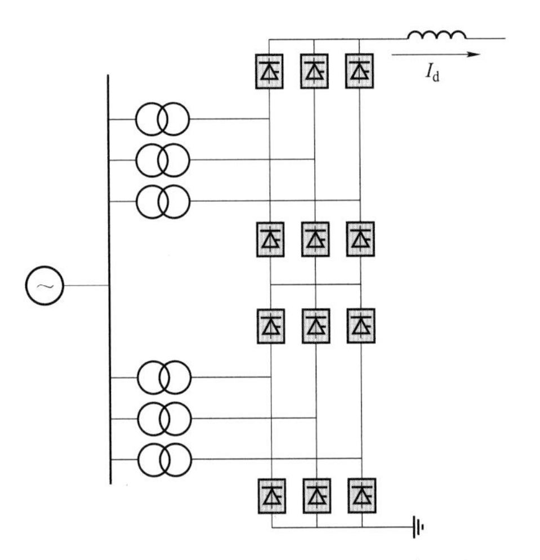

图 1-5　单 12 脉动直流换流系统接线

图 1-6　宁东换流站 660kV 换流变压器

3. ±800kV 特高压直流工程

±800kV 特高压直流工程采用（400+400）kV 等电压双 12 脉动双极系统接线、双 12 脉动对称接线，加上平波电抗器极线和中性母线对等布置，有利于平衡上下 12 脉动换流单元中点处谐波电压，降低高压换流单元阀侧绝缘电压水平。特高压直流工程输电容量从向上工程的 6400MW，到锦苏工程的 7200MW，再到哈郑工程和溪浙工程的 8000MW；换流变压器容量从（送/受端）321/297MVA、363/341MVA 到 405/377MVA 和 404/382MVA，都采用单相双绕组型式，联结组别为 YNyn0 或 YNd11。每工程配备 48 台换流变压器和 8 台备用，共 56 台。目前，受端低压端 400kV 和 200kV 换流变压器接入 1000kV，高压端 800kV 和 600kV 换流变压器接入 500kV 交流系统的“分层接入”式的锡盟—泰州（简称锡泰）、上海庙—临沂（简称上临）工程已完成可研、初设阶段，已经开工建设。这种接线方式，可降低换流变压器制造难度，实现了直流系统直接接入

1000kV 交流电网。另外，（550+550）kV 双 12 脉动 1100kV 直流输电工程，以准东—皖南为试验示范工程，已纳入建设计划，输送容量将达到 12 000MW，满足 2 000km 以上远距离大容量输电需求。

±800kV 换流变压器系统接线和外形如图 1-7～图 1-9 所示。

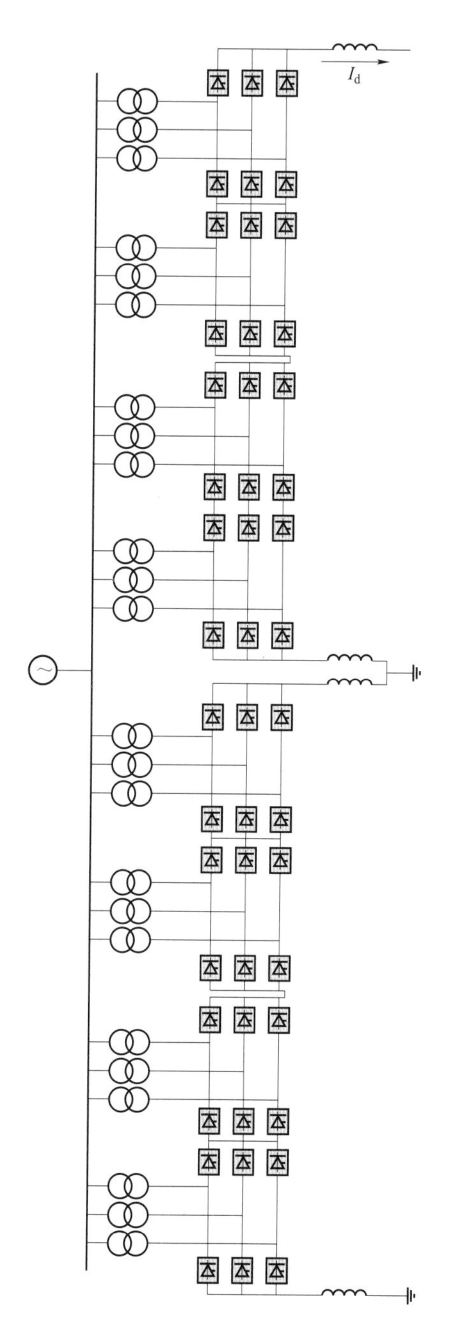

图 1-7　±800kV 特高压直流换流系统接线

图 1-8　向上工程复龙换流站 800kV 换流变压器

图 1-9　向上工程奉贤换流站 800kV 换流变压器

二、换流变压器特点

与一般的交流变压器相比，换流变压器具有以下特点。

（一）稳态电压电流

以单相双绕组换流变压器接入6脉动整流器为例，图1-10所示为6脉动整流器原理接线图，图1-11给出正常工作时整流器相关的电压和电流波形示意图。

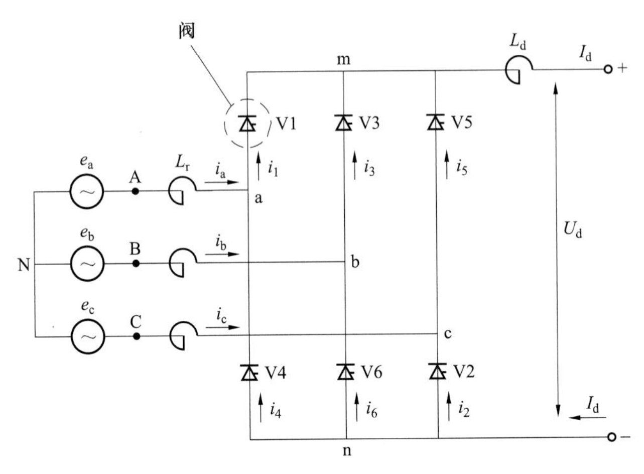

图1-10　6脉动整流器原理接线图

6脉动整流器通过换流阀三相桥式连接的6个桥臂（阀）V1~V6按序通断，将交流电变为直流电（数字1~6为阀的导通序号）。通常每个阀由多个晶闸管元件串联构成，具有晶闸管的特点且满足直流电压的设计要求。图1-10、图1-11中e_a、e_b、e_c为等值交流系统工频基波正弦相电动势（通常由换流变压器提供），L_r为每相等值换相电抗（主要为换流变压器的漏抗）的电感，L_d为平波电抗器的电感，等值交流系统的线电压e_{ac}、e_{bc}、e_{ba}、e_{ca}、e_{cb}、e_{ab}为阀的换相电压。

A相换流变压器将承受阀V1和V4导通时m点（120°电角度）和n点（120°电角度）的对地直流电压，承受阀V1和V4不导通时a点对中性点N（2个60°电角度）的交流电压，如图1-11中（a）、（b）所示，承受的电流i_a如波形图（e）所示。

因此，在一个交流电周期360°电角度内，换流变压器阀侧有240°电角度由于对应阀导通而承受直流电压和电流；有120°电角度由于对应阀不导通而承受本身的空载交流电压，不承受负载电流。

（二）绝缘及电场分布

换流变压器阀侧绕组既要承受交流电压产生的应力，又要承受直流电压产生的应力与极性反转的应力，这使换流变压器的绝缘结构比交流变压器复杂。

交流变压器的主绝缘设计是基于薄纸筒、小油隙理论，即在交流电场中纸板主要起分隔油隙的作用，基本上不具备单独耐压的功能。所以，纸筒厚度薄，也就比较轻。但在换流变压器中，由于存在直流电场，主绝缘中需要更多的绝缘纸板来承担大部分的直流电场强度。所以，阀侧绕组要被多层纸板筒和角环所包绕，主绝缘中纸板筒的厚度和用量远大于交流变压器。同样，阀侧引线处的绝缘件数量也有所增加，出线装置要综合考虑交流场、直流场、极性反转场等因素，比交流变压器更复杂。

换流变压器内绝缘介质在交直流电压下的电场分布从电流密度的角度分析有下式

$$J=\sigma E+\mathrm{d}D/\mathrm{d}t=\sigma E+\varepsilon_o\varepsilon_r\mathrm{d}E/\mathrm{d}t=E\ (\sigma+\varepsilon_o\varepsilon_r\omega) \tag{1-1}$$

$$\varepsilon_r=1+\chi$$

式中　J——介质的电流密度，A/m²；

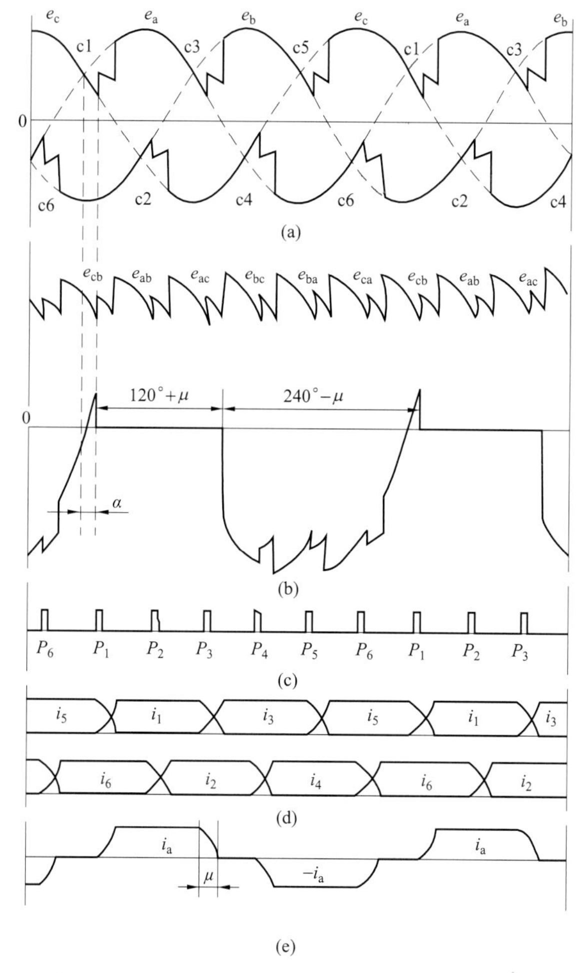

图 1-11　6 脉动整流器电压和电流波形示意图

（a）交流电动势和直流侧 m 和 n 点对中性点的电压波形；（b）直流电压和阀 1 上的电压波形；

（c）触发脉冲的顺序和相位；（d）阀电流波形；（e）交流侧 A 相电流波形

σ——介质的电导率，S/m；

E——介质的电场强度，V/m；

D——电通量，Vm；

ε_o——真空中的介电常数，F/m；

ε_r——介质的相对介电常数；

χ——电极化率；

ω——角频率。

绝缘纸类材料电导率 σ 典型值约 10^{-15}S/m，变压器油的 σ 约 10^{-12}S/m，该数值随温度变化剧烈，可达 10^5 量级，温度越高电导率越高。绝缘纸类材料介电常数 ε 典型值约 4.5，变压器油的 ε 约 2.2，气体 ε 为 1，该数值随温度变化相对稳定。

（1）纯交流电压情况下：$\sigma \ll \varepsilon_o \varepsilon_r \omega$，介电常数起控制作用，串联回路中电压分配与介电常数成反比，油纸串联则电压主要加在介电常数小的油中。

（2）纯直流电压情况下：$\sigma \gg \varepsilon_0 \varepsilon_r \omega$（$\omega = 0$），电导率起控制作用，串联回路中电压分配与电导率常数成反比，油纸串联则主要加在电导率小的纸类绝缘材料中。

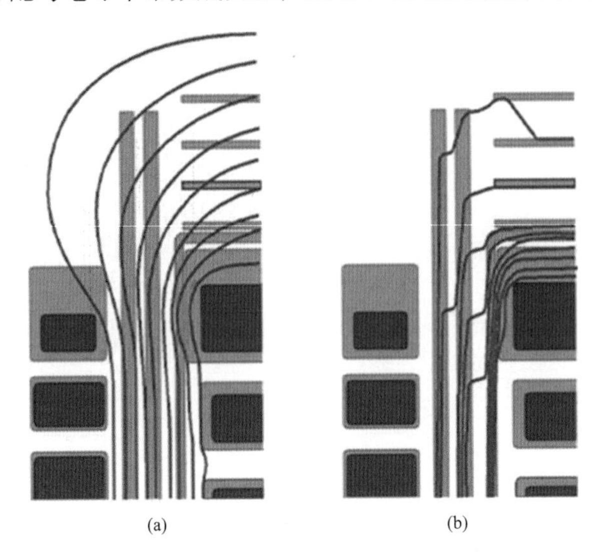

图 1-12　交流场和直流场电位分布谱图

（a）交流场；（b）直流场

交流场和直流场具有不同的电位分布谱图，如图 1-12 所示。对交流场，应力主要集中于油介质；对直流场，应力主要集中于固体介质。

总之，变压器中主要绝缘材料为变压器油和绝缘纸，交流电场按照容性分布规律分布在这两种介质中，介电常数大的绝缘介质承受较小的交流电场强度，而介电常数小的绝缘介质承受较大的交流电场强度。变压器油的介电常数约为绝缘纸板的一半，所以变压器油隙中的交流电场强度约为绝缘纸板中的一倍。可以说，变压器中交流电场的分布比较均匀。

直流电场却是遵循与交流电场完全不同的规律进行分布的，它按照阻性分布规律分布在变压器油和绝缘纸中。也就是说电导率小的绝缘介质承受较大的直流电场强度，电导率大的绝缘介质承受较小的直流电场强度。绝缘纸板中的直流电场强度约为变压器油中的 100 倍。可见，变压器中直流电场的分布非常不均匀。

在实际运行中，直流电压是有波动的，温度也是变化的，特别是直流电压在系统启动、停止或出现故障等情况时：

（1）初始场强分布由 ε_r 决定，式（1-1）变为 $J \approx \varepsilon_0 \varepsilon_r \mathrm{d}E/\mathrm{d}t$。

（2）一段时间后，建立起稳定的（直流）场强，由 σ 决定，式（1-1）变为 $J=\sigma E$。

从初始状态到稳态形成间的暂态过程的长短由时间常数 $\tau=\varepsilon/\sigma$ 决定，但 τ 不是唯一的。根据绝缘材料规格、型式以及温度的不同，由 τ 决定的暂态持续时间，即场强分布的变化时间，可能从典型的数小时直至数周。

综上所述，换流变压器在长时直流电压作用下，绝缘中的电场为静态直流电场，电场分布只取决于介质的电导率和几何形状。因为油和纸的电导率相差悬殊，电场集中在纸和不连续的纸板端部油中。动态直流电场分布既取决于介电系数，也取决于电导率。由于静态和动态直流电场的分布都与电导率密切相关，而电导率受温度、杂质、原材料和作用场强等因素影响而在很大范围内变化，使直流绝缘的设计存在很大的不确定性。故直流绝缘设计的安全系数取值必须大大高于交流设计的取值，因而换流变压器的设计制造，也比普通交流变压器要复杂和困难得多。

（三）其他特点

（1）短路阻抗。换流变压器的阻抗通常高于交流变压器，这不仅是为了根据换流阀承受短路的能力限制短路电流，也是为了限制换相期间阀电流的上升率。但换流变压器短路阻抗太大会增加无功损耗和无功补偿设备，并导致换相压降过大。短路阻抗一般为15%~18%，向上工程复龙换流站短路阻抗为18%，奉贤换流站短路阻抗为16.7%。

随着直流输电电压的提高，单台换流变压器容量进一步增大，由于制造的原因以及大件运输的限制，短路阻抗最大可能会上升到23%。此外，换流变压器各相阻抗之间的差异必须保持最小（一般要求不大于2%），否则将引起换流变压器电流中的非特征谐波分量的增大。

（2）短路电流耐受能力。由于故障电流中存在直流分量，换流变压器承受的最大不对称短路电流不会迅速下降，而是保持在比较高的水平直到保护动作。短路电动力与短路电流幅值的平方成正比，短路电动力施加在绕组和引线支撑结构上，所以换流变压器应能承受较大的短路应力。而换流阀的换相失败也会使换流变压器遭受更多的电动力冲击。

（3）谐波电流耐受能力。换流变压器运行产生大量的特征谐波和非特征谐波电流，使杂散损耗增大、某些金属部件和油箱产生局部过热；数值较大的谐波磁通引起的磁致伸缩噪声处于听觉较灵敏的频段，必要时须采取更有效的降噪措施，如箱式隔音装置（Box-in）。

（4）直流偏磁电流耐受能力。换流变压器中存在直流偏磁电流，使其损耗、温升及噪声都有所增加。特高压换流变压器设计时直流偏磁电流一般可按10A考虑。

（5）有载调压范围。换流变压器有载调压范围大，以保证电压变化及触发角运行在适当范围内。尤其是直流降压运行时，正分接挡数最高达20挡以上。向上工程换流变压器调压范围为+23/-5×1.25%。

第三节　换流变压器主要技术要求及评估

一、绝缘要求及评估

（一）绝缘水平设计要求

换流变压器网侧和阀侧的绝缘水平是根据换流站绝缘配合研究结果选取的，原则为：交流侧的过电压由装在换流变压器交流侧的避雷器保护，直流侧的过电压由装在换流变压器直流侧的避雷器串联组合加以限制。

换流变压器交流侧绝缘水平按IEC 60071-1—2006（GB 311.1—2012）《绝缘配合　第1部分：定义、原则和规则》选定；直流侧绝缘水平按6脉动避雷器、阀避雷器、中性母线避雷器等组合计算并优化选定。换流变压器直流侧的绝缘水平不必满足操作冲击耐受水平与雷电冲击耐受水平的比例系数（*SIWL/LIWL*）小于0.83的要求，也不必采用靠至高一级的标准绝缘水平等级。阀侧直流、直流极性反转和交流外施耐压水平按IEC 61378-2—2001《绝缘配合　第2部分：应用导则》规定的公式计算。

表1-1给出了网侧接入500kV系统、阀侧接入500kV和800kV系统的高端换流变压器的绝缘水平典型值。更多工程的绝缘水平要求值参见第四节。

表 1-1　　网侧接入 500kV、阀侧接入 800kV 和 500kV 系统的高端换流变压器绝缘水平　　(kV)

绝缘水平	AC500/DC800kV 特高压工程		AC 500/DC 500kV 超高压工程	
	网侧	阀侧	网侧	阀侧
雷电冲击	1550	1800	1550	1675
操作冲击	1175	1600	1175	1425
交流短时感应	680	/	680	/
交流长时感应	476	/	476	/
直流耐压	/	1246	/	810
直流极性反转	/	966	/	579
交流外施	/	902	/	600

（二）绝缘设计的基本评估

1. 绝缘设计评估的内容

换流变压器阀侧绝缘在运行中，除了要长期承受高幅值的直流和交流工作电压以及各种过电压，还要承受启动、停运和极性反转等动态直流电压。当换流变压器负荷和温度变化引起电阻率变化时，也会在绝缘中引起动态直流电气应力。

因此，对换流变压器绝缘设计进行评估至少应包括以下内容：

（1）交流场强计算和主绝缘、匝绝缘的安全系数；

（2）冲击场强和绕组波过程计算，梯度分布及主绝缘、匝绝缘安全系数；

（3）直流（稳态、极性反转）场强计算，阀绕组及套管出线装置，主绝缘安全系数。

在进行绝缘设计评估时除要注意各种电场计算分析外，还应校核局部放电发生概率，综合考虑变压器油和绝缘纸板等绝缘材料对绝缘设计的影响。

换流变压器的绝缘设计由相应的绝缘试验验证。在 1976 年和 1984 年的 CIGRE[1] 文件中都提出，为了考核绝缘的承受能力，换流变压器出厂时除进行冲击试验外，还要进行长时直流电压试验和极性反转试验。长时直流电压试验主要代表长期直流工作电压的作用，极性反转试验主要代表动态直流电压的作用。这两项试验的试验电压都未计及交流电压分量，因此，2000 年 IEC 提出的换流变压器标准中增加了 1h 交流电压试验，以弥补前两项试验对油隙考核的不足。

2. 电气强度的全域电场

进行换流变压器的绝缘设计时，需对换流变压器各部位，包括绕组间、绕组对地、绕组纵绝缘以及阀侧和网侧出线绝缘等进行全域电场分析计算，找出各关键部位的电场强度，确保在各种试验电压（雷电冲击、操作冲击、直流、极性翻转/感应和外施工频耐压）下，均不击穿，且不发生局部放电。例如，绕组端部绝缘在工频电压作用时的电场

[1] CIGRE WG12.02, Voltage tests on transformers and smoothing reactors for HVDC transmission 与 CIGRE WG 33.05, Application guide for insulation coordination and arrester protection of HVDC converter stations.

解析如图 1-13 所示，通过对各关键油隙的场强计算并与许用值对比，评估其安全性。其中，作为良好的设计，应尽量使端部绝缘角环与电场的等位线（面）相重合，降低油/纸介面的爬电场强。

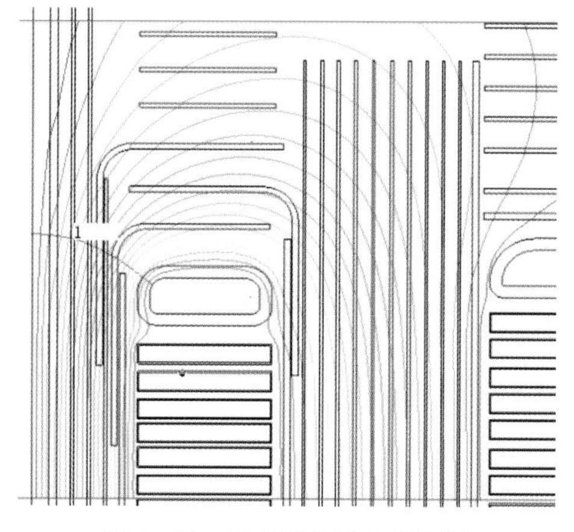

图 1-13　绕组端部的电场解析

对于油/纸介面的爬电场强计算，比纯油隙更复杂，因为沿爬电路径的场强变化复杂，需要选取该爬电路径的任意位置及任意爬电长度进行爬电场强计算。某绕组出线绝缘结构及其爬电场强计算值分别如图 1-14 和图 1-15 所示。

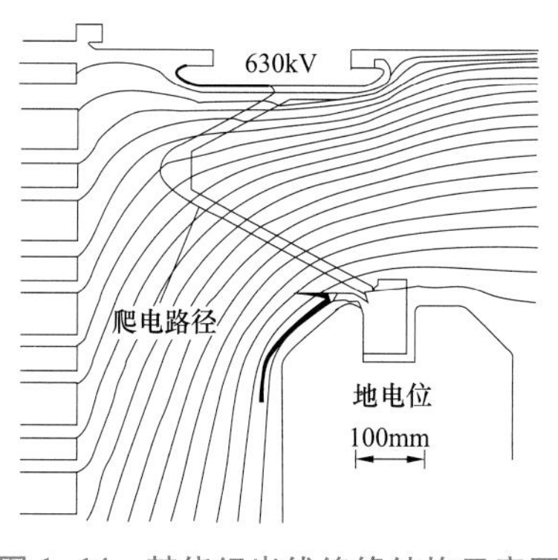

图 1-14　某绕组出线绝缘结构示意图

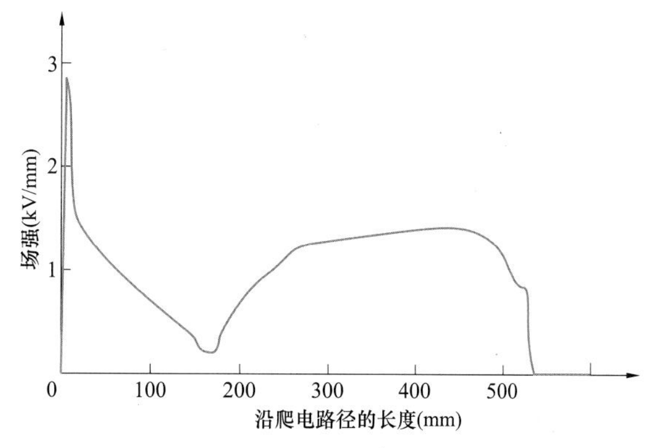

图 1-15　某绕组爬电场强的计算值

需要指出，图 1-15 中的沿爬电路径的长度是指在爬电路径任一位置的爬电长度，而不是离施加电压或地电位点的实际距离，如图 1-15 中沿爬电路径的长度为 200mm 处的场强为 0.7kV/mm，它是指沿爬电路径任意一段长度为 200mm 的场强最大值为 0.7kV/mm。由此，按照图 1-15 校核爬电场强是安全的。

又如，某换流变压器阀侧绕组外施工频耐压时，端部电场校核的安全裕度如图 1-16 所示。由图 1-16 可知，在阀侧绕组端部的各关键部位的电场安全裕度大于 1.2。

对于油和油/纸介面的直流耐受强度，试验研究表明，在 0.1% 放电发生概率下，25mm 绝缘油隙的直流放电场强为 5.4kV/mm；50mm 油/纸介面的直流爬电放电场强为 3kV/mm，如某换流变压器在阀侧直流耐压时的直流爬电场强校核的安全裕度如图 1-17 所示，安全裕度大于 1.2。

另外，在电场分析计算中还不应忽略低电位电极的电场分析，因为曾发生过换流变压器因低电位绝缘螺杆缺陷引发放电故障实例，如图 1-18 所示。该换流变压器对阀侧绕组进行外施工频耐压时，发现网侧调压引线支架的紧固绝缘螺杆因材质不良发生放电。进一步查看先期进行的雷电冲击试验波形，也有放电征兆。该换流变压器阀侧绕组为两组并联，且位于每组的最外侧。当进行阀侧绕组的雷电冲击和外施工频耐压时，网侧绕组接地，该放电绝缘螺杆处于低电位。

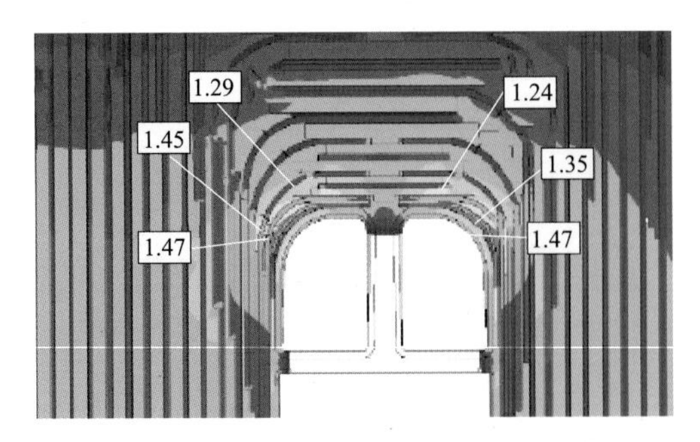

图 1-16　换流变压器阀侧绕组端部外施工频耐压时的电场校核示例

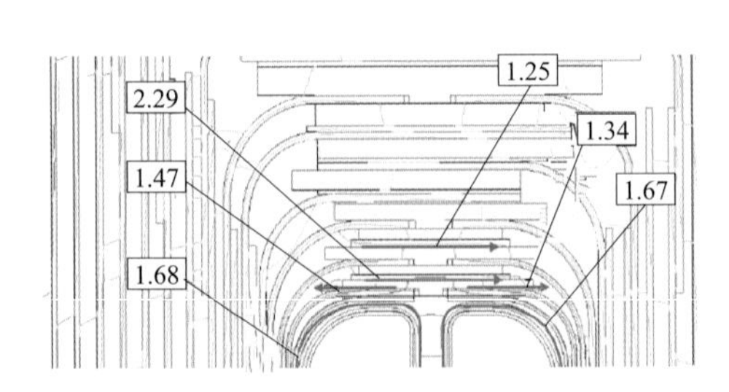

图 1-17　换流变压器阀侧直流耐压时的爬电校核示例

图 1-18　某换流变压器低电位绝缘螺杆缺陷引发的放电故障

按照流注放电理论，当绕组施加负极性电压时，该绝缘螺杆处于相对正的电位，电子容易向绝缘螺杆集中，最终在螺杆的瑕疵处形成放电。图 1-19 给出了不同极性流注放电的试验结果，雷电冲击下油中正极性放电电压比负极性的明显低，验证了电子容易向正电极集中的机理。因此，对于低电位的绝缘部件也应仔细进行各种试验电压下的电场分析计算，且应重视杂质污染及固体绝缘缺陷在这些部位带来的较低起始放电电压。

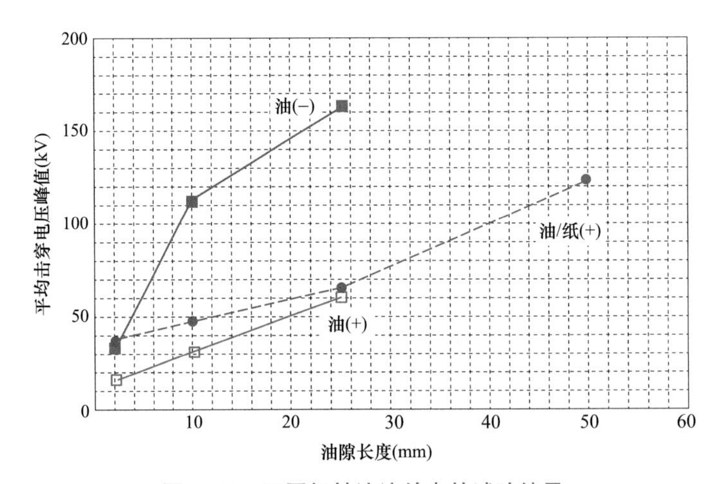

图 1-19　不同极性流注放电的试验结果

换流变压器各绕组段间的绝缘强度即纵绝缘强度，在雷电冲击电压下的分布，取决于绕组类型［连续式（或带内屏导线）、纠结式和螺旋式等］、导线匝绝缘、段间油道尺寸以及绕组间的排列位置等因素。在冲击分布电压计算的基础上，应校核相关油道的油隙及其沿绕组表面的爬电场强——纵绝缘强度。绕组纵绝缘强度不仅取决于油道尺寸，还与导线高度和匝绝缘厚度有关。

例如，图 1-20 所示绕组段间雷电冲击试验模型，导线高度为 9.5mm，油道为 10.5mm，导线匝绝缘（单边）厚度为 1.15mm，当取韦伯分布的形状系数为 11.8 时，雷电冲击试验结果为：50%概率的击穿电压为 267.6kV，1%概率的击穿电压为 185kV。

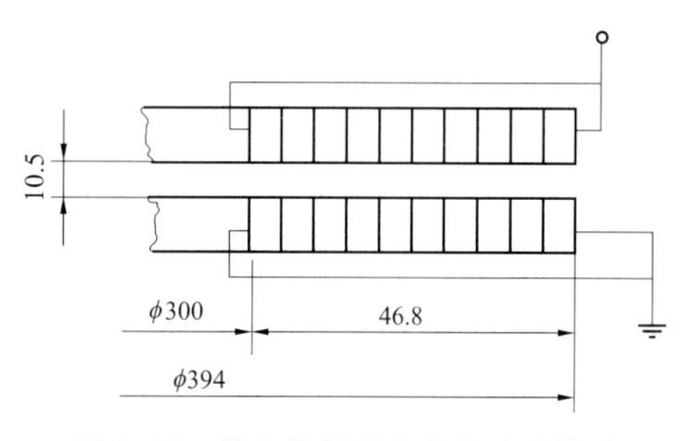

图 1-20　绕组段间雷电冲击试验模型

3. 局部放电发生的概率

换流变压器应按无局部放电设计。假定冲击放电电压服从韦伯分布，局部放电发生概率 P 可按式（1-2）计算

$$P=1-\exp\{-\ln 2\times(E/E_{50})^{-m}\} \tag{1-2}$$

式中　E——对应概率 P 的场强，kV/mm；

E_{50}——50%局部放电发生概率对应的场强，kV/mm；

m——韦伯分布的形状系数，对于油隙，工频电压下 $m=15.2$；雷电冲击电压下 $m=9.8$。

为实现无局部放电，应设计合理的绝缘结构，尽量使电场均匀并防止沿纸绝缘表面爬电。如图 1-13 所示，对端部绝缘，使绕组端部静电板的边沿圆整化，降低表面场强；设置多层绝缘角环，合理分割端部油隙，提高油隙的许用场强；绝缘角环的圆弧与电场的等位面重合，使固体绝缘表面场强降低，防止沿面放电。对于绝缘螺杆或绝缘夹件也应去掉多余的长度并圆整化，避免电场集中，发生放电。

在绝缘结构的设计中避免出现长油隙，如绕组对油箱以及同一绝缘螺栓穿透多层绝缘隔板等情况。如图 1-21 所示，左图为同一绝缘螺栓穿透多层绝缘隔板，在螺栓处形成“长油隙”；右图则巧妙地采用两只绝缘螺栓交错布置，既避免了“长油隙”，又实现了多层绝缘隔板的紧固。

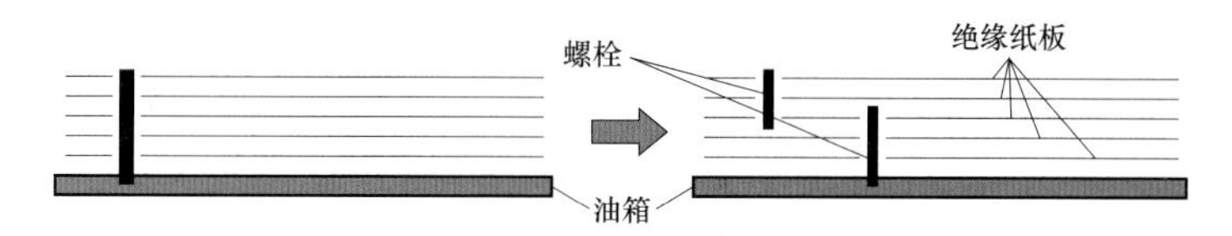

图 1-21　避免同一绝缘螺栓穿透多层绝缘隔板

在绝缘螺帽垫块处开槽或螺杆去除部分螺纹，以便对螺纹间隙抽真空和浸油。对螺杆的切割加工，应避免金属颗粒的污染。

线圈端部静电板及其引出线部位的电场较复杂，也应进行电场校核，并严格相关部位的包扎工艺，注意静电板等位线的焊接和引出牢固。

4. 变压器油的耐受强度

（1）油隙的绝缘强度。如上节所述，在换流变压器的绝缘中，以油—纸隔板结构为主，其交流电场按照绝缘介质的电容进行分布。由于绝缘油的介电参数仅为纸绝缘的一半，所以变压器油隙中的交流电场强度约为绝缘纸板中的一倍。因此研究油隙的绝缘强度，成为变压器无局部放电设计的关键。国际上常用的魏德曼油曲线给出了低局部放电发生概率的场强与油隙长度的关系，如图 1-22 所示。

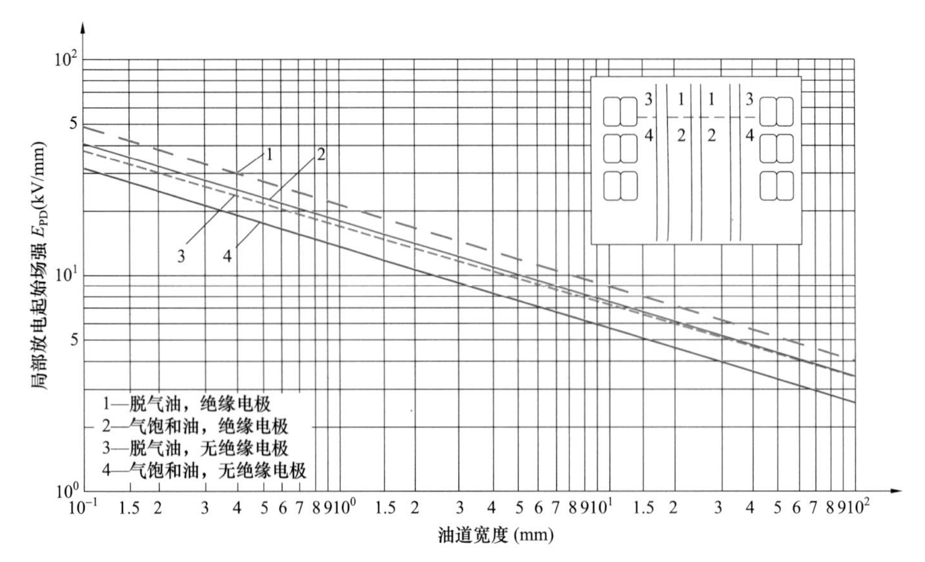

图 1-22　魏德曼油曲线

对于图 1-22 中曲线 1~4 的表达式如下

$$E_{pd}=E_1 d^{-a} \tag{1-3}$$

式中　E_{pd}——局部放电起始场强，kV/mm；

E_1——油隙长度为 1mm 的局部放电起始场强，对应于曲线 1~4，E_1 分别为 21、17.8、17.8、13.5；

d——油隙长度，mm；

a——指数，对应曲线 1~4，取值分别为 0.37、0.364、0.364、0.364。

根据图 1-22 或式（1-3），表明油隙长度越小，局部放电起始场强越高。这是变压器设计的基本思想，只要散热条件允许，总是将油隙设计得更小些。图 1-22 或式（1-3）所示的魏德曼油曲线所列的局部放电起始场强，对应的是 1%~2% 的发生概率，且是均匀电场的情况。油/纸介面的局部放电起始场强，约为纯油隙的 0.7 倍，这是因为纸绝缘表面的状况比纯油隙差。

（2）影响油电气强度的因素。

1）油的体积效应。在研究变压器油的绝缘强度时，要考虑油的体积效应，即电极间油体积的增加会带来油绝缘强度的降低。通常认为油体积增大会带来较多的杂质，从而导致绝缘击穿的概率上升，绝缘强度降低。

通过采用一系列小型、中型和大型油体积的均匀电场电极进行试验（圆盘形平板电极，直径分别为 ϕ8、12、20、40、80、120、200、360、600、800mm 以及不同油隙距离），取得了一系列电场油体积与击穿场强的关系的试验数据（由于是均匀电场，电场油体积就是电极间的油体积），电场油体积为 10^{-6}~10^{6}cm^{3}的范围，如图 1-23 所示。

由此给出的均匀电场下电场油体积（即等值油体积）与工频 50% 概率局部放电起始（击穿）场强 E_{50}的关系如式（1-4）所示（韦伯分布的形状系数 $m=9.5$）

$$E_{50}=11.5\times v^{-1/9.5}+2.5 \tag{1-4}$$

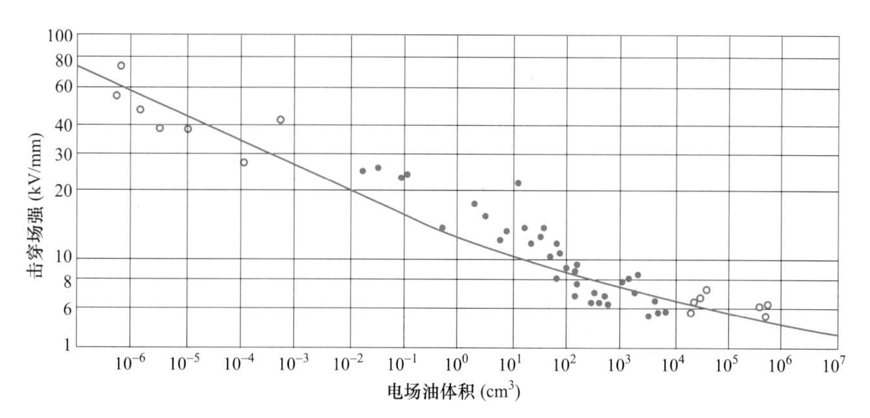

图 1-23　工频 1min 的击穿场强与电场油体积的关系

式中　v——电场油体积（等值油体积），cm^3。

对于高压引线等不均匀电场情况，通常取 90% 最大场强值的区域作为电场油体积，进行计及油体积效应的油绝缘强度评估。图 1-24 中套管均压球纸绝缘外表电场属不均匀电场，按照油体积效应，计算电场油体积为 $14.9cm^3$。由式（1-4）计算得其工频 50% 概率局部放电起始（击穿）场强为 11.2kV/mm。由此按式（1-2）计算，工频 0.1% 概率局部放电起始（击穿）场强临界值为 5.6kV/mm，高于该部位的实际最大场强 5.4kV/mm，校核结果是安全的。

以上实例表明，计及电场油体积效应的校核比较可靠。首先，取 90% 最大电场区域作为不均匀电场的电场油体积，将其对应的临界击穿场强与实际的场强最大值比较，使校核具有一定裕度；其次，电场油体积与工频击穿电压的关系取自实测，使校核的结果可信度高。

2）油中水分和颗粒度的影响。油中水分和颗粒污染会降低油的绝缘强度。图 1-25 给出了污染程度不同、含水量不同的变压器油，在电极距离为 1mm 时的电气强度试验数据。

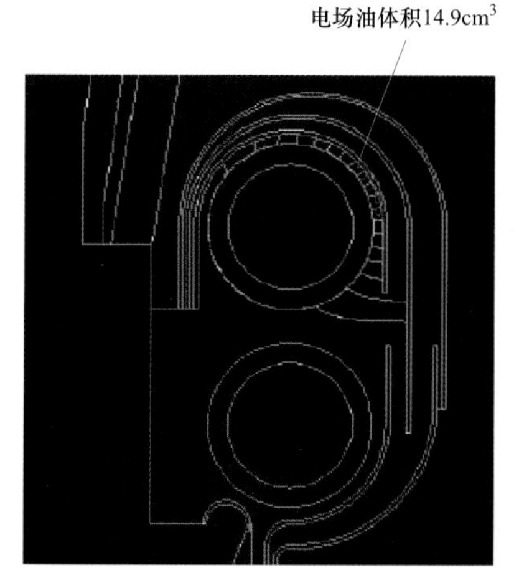

图 1-24　套管均压球校核示例

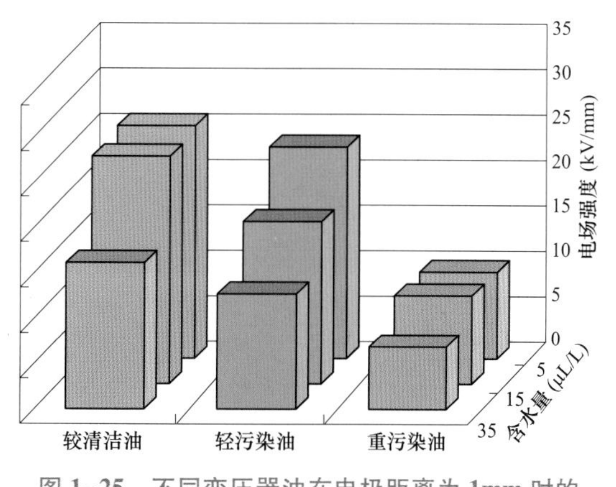

图 1-25　不同变压器油在电极距离为 1mm 时的电气强度试验数据

按图 1-25 中数据，含水量为 15μL/L 的轻污染油，耐受强度为 22kV，与图 1-22 中的曲线 1 的数值接近。该魏德曼油曲线由来已久，当初的试验用油没有考核其颗粒度，其绝缘油的颗粒度水平，应属轻污染。

特高压换流变压器对绝缘油的颗粒度要求高，变压器出厂试验时的绝缘油颗粒度，按照直径大于 5μm 的颗粒数不高于 2000 个/100mL 控制。

5. 影响绝缘纸板电气强度的因素

直流电场按阻性分布在绝缘介质中，绝缘纸板中的直流电场强度约为变压器油中的 100 倍，变压器中直流电场的分布非常不均匀。因此，与交流变压器相比，换流变压器中使用绝缘纸板的量也更多，应特别注意影响绝缘纸板电气强度的各种因素。

(1) 绝缘纸板的浸渍。绝缘纸板在洁净和干燥的基础上，应特别注意绝缘油的良好浸渍问题。变压器绝缘洁净要从绝缘材料加工开始，包括线圈绕制、器身装配等全过程环节，各场所均应有降尘量的监测。绝缘的干燥处理，关键在于干燥终结的判断。目前气相干燥设备虽有判断干燥终结手段，但并不完善。有的制造厂采用在高真空和高温下测试绕组绝缘介损的方法，直接可靠。变压器器身干燥出炉后的整理容易受潮，在低湿度房进行整理，对绝缘水分控制的效果好。

变压器真空注油，让绝缘油浸渍彻底，对确保绝缘强度和低局部放电水平，非常重要。特高压变压器采用优质绝缘纸板，尺寸大、体积大，良好的油浸渍显得十分必要。瑞士魏德曼公司进行了如下试验：在 150mm×150mm×4mm 纸板样件中，设一个约 $4cm^3$（ϕ50mm×2mm 深）孔隙，测试不同纸板在不同状态下的完全浸渍时间，试验结果见表 1-2。

表 1-2　　不同状态下纸板孔隙完全浸渍时间的试验结果

纸板类型	密度（kg/cm^3）	浸渍试验前样件是否浸渍	孔隙完全浸渍时间（h）
T1	1.10	未浸渍	2
		已浸渍*	8
T3	0.85	未浸渍	1.5
		已浸渍**	3
T4	1.22	未浸渍	7.5
		已浸渍**	大于 12 个月

* 试验前 105℃真空干燥 4h。

** 试验前 105℃真空干燥 24h。

由表 1-2 看出，T4 纸板的浸渍最困难，特别是已浸过油的，再经真空干燥后，已很难再浸透了。这个试验结果的机理可能是：第二次的真空干燥并不彻底，未将绝缘中的残油脱尽，残油阻挡了孔隙中气体的逸出，导致二次浸渍困难。该现象与进水受潮纸绝缘难以重新干燥的现象类似。由此，在变压器的厚绝缘（大绝缘端圈）部件均应有若干浸油孔洞；避免绝缘螺栓孔中形成密闭孔隙；避免绝缘件（如成型绝缘件）内部的裂缝等。在变压器返工时，应将残油脱尽，以便再次的彻底浸渍。变压器无油存放时间过长，使绝缘中的油逐步渗出，重新注油时也产生二次浸渍的困难问题。换流变压器无油存放时间不应超过三个月，否则厚绝缘中的绝缘油逐步渗出，也存在二次浸渍的问题。

(2) 绝缘材料的使用。变压器绝缘材料除绝缘油外，还有绝缘纸板、绝缘螺栓和绝缘胶等。绝缘纸板以及绝缘角环和撑条等要采用优质纸浆制成，首先应避免绝缘材料内含金属颗粒。绝缘成型件要经过 X 射线探伤，避免金属或非金属杂质以及空腔。绝缘胶的使用要特别注意工艺，不使胶层中残留气泡。即使采用优质胶水和良好工艺，其绝缘强度只有原纸板的 1/2。因此，在高电场区域，不能使用胶粘撑条，要用原纸板直接加工的撑条。沿不良粘接撑条的放电示例如图 1-26 所示。

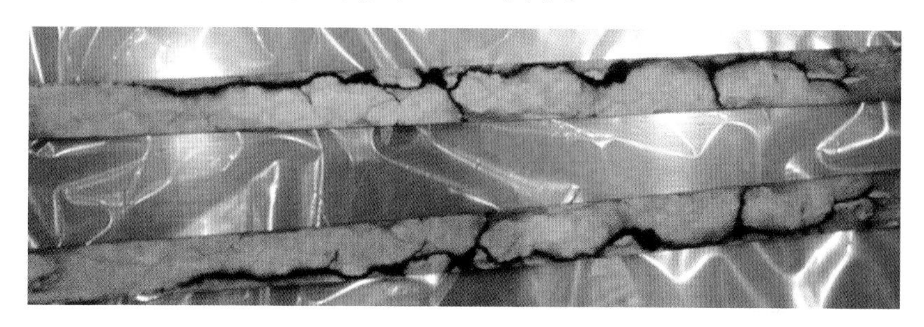

图 1-26　沿不良粘接撑条的放电

层压木垫块及其制成的绝缘螺栓，由于层压木的杂质以及接缝空隙，使其绝缘性能分散性较大，在特高压变压器中应禁止使用层压木垫块，在高电场区域应避免使用层压木螺栓。层压木放电示例如图 1-27 所示。

变压器中采用的层压纸板在制作过程中受到杂质污染，也会发生放电。如图 1-28 所示为某变压器端部厚层压纸板发生爬电，形成近 100mm 长的碳化痕迹。

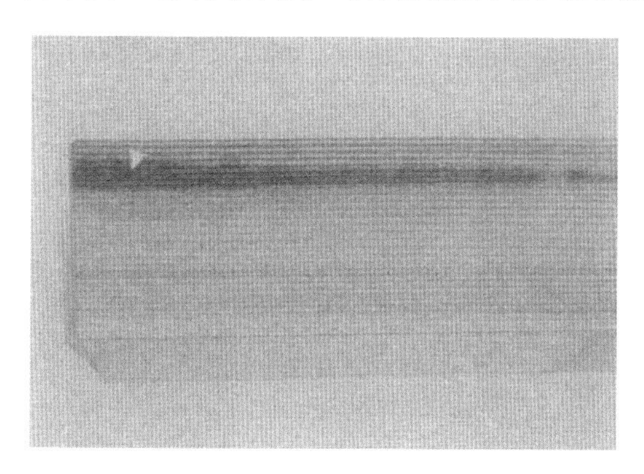

图 1-27　某高压电抗器线端层压木垫块的放电

图 1-28　某超高压变压器端部层压纸板放电

二、直流极性反转要求及评估

（一）考核直流极性反转耐受应力的依据及其要求

极性反转是直流输电系统运行时直流电压波动产生局部高场强的特例，随电压极性的快速变化，绝缘介质上电荷的重新分配会造成某些部位场强达到高值，造成绝缘损坏。

直流系统运行中的潮流反转、启停以及直流线路故障后直流闭锁等，是对应于换流变压器绝缘介质中电场快速变化的工况。图 1-29 所示为溪浙工程工厂试验时模拟故障波形图，工况为直流电压±800kV 双极平衡运行时极 1 直流线路整流端接地故障，双极闭锁后重启成功，波形图显示极 2 由-800kV 反转至峰值接近 1000kV、短时 600kV 的正向电压。因此，必须考核换流变压器直流极性反转耐受能力。

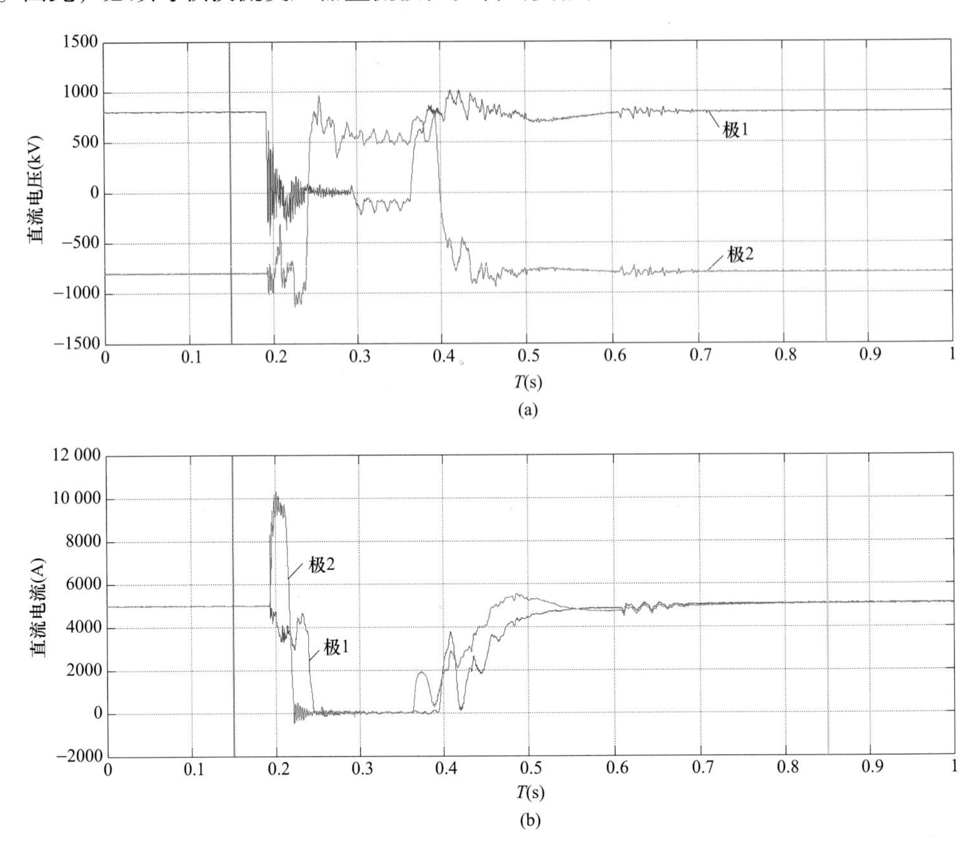

图 1-29　极 1 直流线路首端故障双极闭锁重启电压、电流波形

（a）电压波形；（b）电流波形

换流变压器阀侧直流极性反转耐压水平按 IEC 61378－2 中规定的公式计算，如表 1-1 所示，直流侧接入±800kV 系统的高端换流变压器极性反转绝缘水平典型值为 966kV，接入±500kV 系统的高端换流变压器极性反转绝缘水平典型值为 579kV。

（二）直流极性反转局部场强的评估

1. 复合介质中瞬态电场分析

换流变压器阀侧绕组承受的电压与交流变压器不同，主要有直流耐压试验和极性反转电压试验。目前对直流耐压稳态电场的计算方法以及对直流耐压下的绝缘强度考核已经比较成熟，即仅考核固体绝缘中的应力和沿面爬电应力，而对极性反转试验下的绝缘强度考核就比较复杂，不仅要重点考核油隙的绝缘强度，还要同时考核固体绝缘中的应力和沿面爬电应力。

以往反极性电场的计算采用的是静态方法，也就是在已有直流场上叠加一个具有两倍幅值的反极性交流电场的方法，计算出极性相反后的电场。这种静态反极性电场的计算，对极性反转试验下的绝缘强度考核很不准确，尤其对于固体绝缘中的应力和沿面爬电有很大偏差。因此，必须采用瞬态电场计算方法研究极性反转电压试验下的场强。

在频率较高的交流电压下，介质的电导率 σ 实际上不起作用，电场分布仅由介电常数 ε 决定，电场的时间变化正比于外加电压的变化，因此每一时刻的电场可按静电场计算；而稳态直流电压下，ε 不起作用，σ 决定恒定电流场的分布；但当电压由一种稳态迅速跃变到另一种稳态（如直流极性反转）时，场中将产生一个瞬变过程，这时的电场计算需要同时考虑 ε 和 σ，每一时刻的电场变化不再正比于外加电压，因此不能再用静电场计算方法进行计算，而应采用瞬态电场分析。

对于瞬态电场的初值选取，因为激励电压由一种稳态迅速跃变到另一种稳态时，绝缘介质中的电场由于激励电压在瞬态发生前已作用相当长的时间，各节点的电位已进入稳态，因此可按恒定电流场计算，将其结果作为初值。例如，对极性反转试验电压为 -970/+970/-970kV，时间为 90/90/45min，极性反转时间为 1min 进行极性反转电场计算。

在极性反转时间内，即 $T=5400\sim5460$s 时间内，极性反转电场分布计算结果见表 1-3。极性反转时刻开始于 5400s（90min），开始之前为直流稳态，施加 970kV 的极性反转试验电压。

从表 1-3 中数据可见，从反转时刻开始直至结束的 1min 时间内，油隙中电场值在不断增加，绝缘纸板中的电场值不断减小，这表明激励电压由一种稳态跃变到另一种稳态时，绝缘电场中将产生一个过渡过程。在电压发生极性反转的瞬间，不同介质交界面处的空间电荷将会减少，而空间电荷释放时间很长（一般要为几十分钟甚至更长），远大于极性反转时间（一般为 1min）。因此，此时的电场是由一个界面空间电荷产生的感应电场和反转瞬间外加电压产生的容性电场共同作用形成的电场，这种共同作用的结果在油中相互加强，而在绝缘纸中相互削弱，且基于容性分布原则。在反转的瞬间，油中承担了大部分的外加电压，这往往导致油中发生局部放电，甚至击穿，在绝缘结构设计中应引起重视。

表 1-3　纸板和油隙中电场值

反转时刻（s）	纸板内电场取值（kV/mm）	油隙中电场取值（kV/mm）
$T=5400$	31.0	0.45
$T=5410$	29.5	3.3
$T=5420$	28.5	6.5
$T=5430$	27.3	9.6
$T=5440$	26.5	13.0
$T=5450$	25.0	16.5
$T=5460$	23.8	18.9

2. 极性反转电场对出线装置的影响

极性反转电场的初瞬电场分布取决于电容系数，随后的分布同时取决于电容系数和电导率。评估在极性反转工况下换流变压器内部关键部位的场强变化是设计评审的重要内容，本节以换流变压器绝缘的关键部位之一的阀侧出线装置为例，以其早期试验失败和改进发展的历程，说明极性反转电场计算和审核在优化设计中的作用。

出线装置是阀侧绕组引出线与套管连接处的绝缘结构，包括均压电极和多层纸板围屏，它与套管密切配合，组成一个复杂的油纸绝缘系统，承受着严酷的电场应力。Moser❶ 领先对直流绝缘技术和换流变压器出线装置结构进行了大量理论和实验方面的研

❶ H. P. Moser, V. Dahinden, 等, 著. Transformerboard, 朱英浩、赵育文, 译.《绝缘纸板》[M].

究，开发了适用于直流的 WEPRI 绝缘纸板，并在交流出线装置（魏德曼结构）的基础上开发了由多层异型纸板围屏组成的直流出线装置，与油端带瓷套的油纸电容型（OIP）套管相配合，获得了广泛地应用，成为 20 世纪换流变压器出线装置的主流绝缘结构。Hammer❶~❸等也对直流绝缘技术和直流套管的发展作出了重要贡献。但由于直流绝缘的不确定性和当时在设计技术上不能对复杂结构的极性反转电场做全过程计算，随着设备电压等级的提高，上述类型的套管和出线装置结构在工厂试验中频繁失败，在运行中事故多发。据 CIGRE 统计，1972~1990 年全球有 14 台次换流变压器和油浸式平波电抗器发生阀侧主绝缘故障，全部发生在套管及出线装置处。1991~2002 年又有 6 台次换流变压器发生同样故障。

我国葛洲坝 14 台换流变压器在工厂试验中，有 9 台次发生直流套管及出线装置损坏而被迫重新设计，即增大套管尺寸和改进出线装置围屏系统。所有上述故障绝大部分发生在油端带瓷套的套管出线装置上。试验故障总是在极性反转后或施加直流电压后若干时间（若干秒至若干分钟）发生；故障中沿瓷面有闪络痕迹或瓷套上或套管芯体表面纸层上出现击穿孔，如图 1-30 所示。

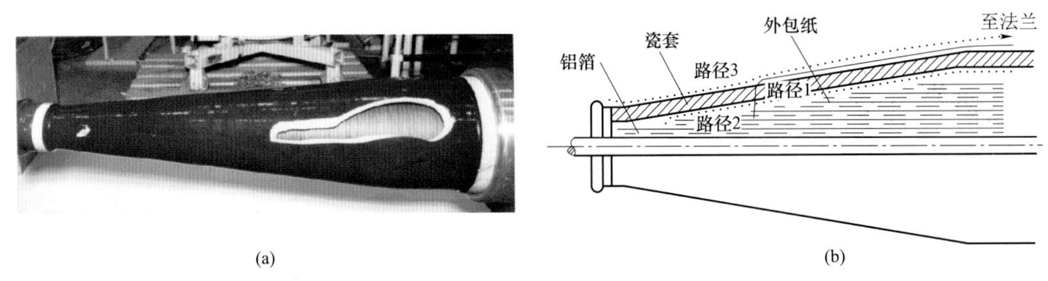

图 1-30　葛洲坝换流变压器工厂试验阀套管损坏部位及三种放电路径

（a）损坏部位；（b）放电路径

20 世纪 90 年代后期，用数值方法可定量计算直流套管出线装置在极性反转过程中各时刻电场，研究结果揭示了介质种类多的复杂绝缘结构在极性反转后的过渡过程中出现极高场强。

文献❹用数值方法定量计算了直流套管出线装置在极性反转过程中各时刻的电场，研究结果揭示了油端带瓷套的套管出线装置在绝缘方面的弊病，瓷套的存在增加了瓷和套管油两种介质。加上原有的套管纸、变压器油和纸板筒，场域中共有五种“串联的”介质，场域几何形状十分复杂，在极性反转过程中各介质交界面上不同分布密度的空间电荷，经不同途径以不同顺序和速度放电和再充电，从而可能在某一时刻产生局部高场强。

研究表明，对于电阻率最低的介质（变压器油），最高场强在极性反转初瞬，其值

---

❶ F. Hammer, A. Kuchler. Insulating systems for HVDC power apparatus [J]. IEEE Tr. on Electrical Insulation, 1992: 27 (3): 601-609.

❷ A. Kurita and others. DC flashover voltage characteristics and their calculation method for oil-immersed insulation system in HVDC transformers [J], IEEE Tr. on Power Delivery, 1986: 1 (3).

❸ T. Hasegawa and others. Dielectric strength of transformer insulation at DC polarity reversal [J]. IEEE Tr. on Power Delivery, 1997: 12 (4).

❹ K. C. Wen, Y. B. Zhou, J. Fu, T. Jin, A calculation method and some features of transient field under polarity reversal voltage in HVDC insulation. [J], IEEE Tr. on Power Delivery, Vol. 8, Jan. 1993.

E_{prm}近于同等交流电压下场强E_{ac}的2倍；对于其他介质，最高场强在极性反转后的过程中出现，其值既大于$2E_{ac}$也大于E_{dc}。典型计算如图1-31所示，极性反转过程中套管油中最高场强（径向）达到同等交流电压下场强E_{ac}的3倍（更高套管油电阻率时为6倍）；瓷套中最高场强（径向）达到E_{ac}的5倍；套管纸中场强达到同等直流电压下场强的1.5倍。

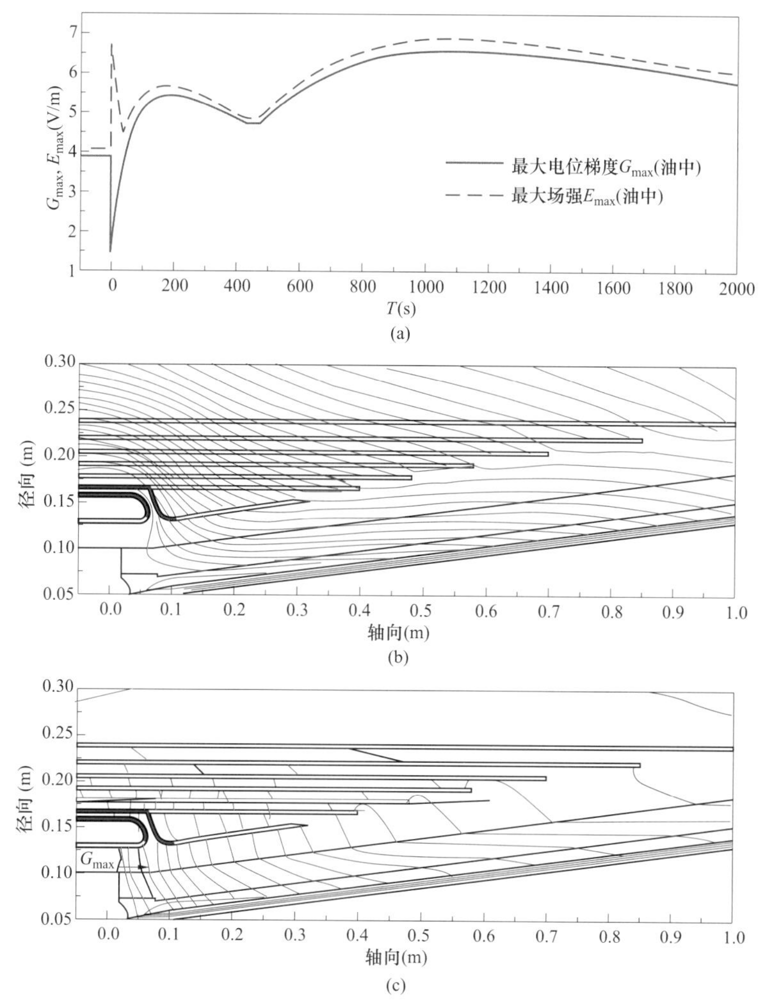

图1-31 极性反转时沿瓷套表面油中电位梯度时变曲线和不同时刻的电位分布

（a）沿瓷套表面电位梯度时变曲线；（b）沿瓷表面极性反转$t=0$s电位分布；（c）沿瓷表面极性反转$t=1128$s电位分布

另一现象是，极性反转过程中某段时间，电场等位线集中到套管头部，垂直于套管表面，说明此时套管头部沿瓷面油中场强和梯度很高。油中沿瓷面场强和梯度分别达到同等交流电压下的2倍和4倍，直流电压下的1.7倍。这些结果解释了故障总是在极性反转后或施加直流电压后若干时间（数十秒至数分钟）发生的原因，也解释了故障中瓷套上或套管芯体表面纸层上出现击穿孔和沿瓷面有闪络痕迹的原因，虽然这些计算是在一组假定的介质电阻率条件下进行的。如果改变电阻率数据，所得结果会有差异，但总的结论是一致的。由此，也可见直流绝缘的不确定性。

20 世纪 80 年代末期，采用了新的出线装置结构，去掉油纸电容套管油端的瓷套，并采用结构简单的多层直形纸板圆筒和无覆盖均压电极。瓷套的取消减少了介质种类，简化了场域结构，解决了套管油和瓷套中场强过高的问题。这种设计的出线装置在我国葛南工程以后的±500kV 直流工程得到广泛应用，迄今取得了较好的试验和运行成绩，并应用于后期的诸多±800kV 特高压换流变压器。这种技术是当今换流变压器出线装置一种成功的主流技术。

20 世纪 90 年代以来，一种适用于高压直流的环氧树脂浸纸（RIP）套管问世。用它与由多层异型纸筒和绝缘覆盖均压电极组成的出线装置相配套，同样消除了油端瓷套管的弊端，形成了直流出线装置的另一种主流技术，也获得了广泛的应用。我国有多个±500kV 直流系统的换流变压器采用该种出线装置，至今在工厂试验和运行中没有出现问题。目前也应用于±800kV 换流变压器。

上述两种主流技术的出线装置虽然获得成功，但也应清醒地看到，由于直流绝缘的特殊性，无论哪种结构都存在由多种因素造成的绝缘不确定性。事实上，两种主流技术的直流出线装置或引线绝缘在特高压换流变压器的首次试验中都发生过放电故障。因此，直流出线装置绝缘技术需要进一步发展，优化绝缘结构和降低绝缘不确定性。

为此，对换流变压器出线装置等介质多、等位线集中的部位，设计时需要研究和比较各种结构的优缺点，扬长弃短，探求最佳结构方案；同时，要规范介质参数、相应的制造工艺、材质要求和试验标准。

三、温升要求及评估

（一）温升设计要求

一般规定换流变压器额定容量时的温升限值见表 1-4，同时要考虑高海拔的影响。GB 1094.2—2013《电力变压器　第 2 部分：液浸式变压器的温升》的规定，即当安装场所海拔高于 1000m，试验场所海拔低于 1000m 时，风冷式（AF）变压器，应按海拔每上升 250m 温升降低 1K 进行修正。

表 1-4　　额定容量时的温升限值

顶部油温升	绕组平均温升	绕组热点温升	油箱、铁芯及结构件温升	短时过负荷绕组热点温度
50K	55K	68K	75K	120℃

与交流变压器相比，换流变压器要求的温升限值要求更严，如交流变压器顶部油温升限值为 60K，绕组平均温升限值 65K，油箱、铁芯及结构件温升限值为 80K。主要原因是换流变压器中存在的直流偏磁和大量的谐波会导致发热更加严重，而这两种发热在设计及试验中均不能准确模拟验证；另外，换流变压器长期运行在额定容量或过负荷工况下，所以对换流变压器的温升控制也更加严格。

换流变压器热力设计中要求提供在表 1-4 规定的温度限值下，投或不投备用冷却器时的长期运行负载能力（以额定电流为基值的标幺值）与环境温度的曲线，以及短时过负载能力与过载时间和环境温度的曲线，并提供温升设计值的计算报告。计算时除要考虑日照、地面和建筑物反射外，还要考虑由于噪声治理，如采用 Box-in 等降噪方案而引起的局部环境温度升高。

（二）温升试验要求

换流变压器在运行时有特征谐波和非特征谐波电流流过，其谐波漏磁会使变压器的杂散损耗增大，可能使某些金属部件和油箱产生局部过热现象。在换流变压器设计时，有较强漏磁通过的部件要采用非磁性材料或加装磁屏蔽。在温升试验时要施加根据标准和给定的谐波频谱计算的计及谐波以及偏磁和噪声治理等的各种损耗，从而得出：① 顶层油温升；② 绕组平均温升；③ 绕组热点温升；④ 附件及外壳的热点温升。

确定顶层油温升时应施加 P_0（空载损耗）$+P_{\mathrm{N}}$（总负载损耗）$+P_{\mathrm{bias}}$（直流偏磁引起的损耗）$+P_{\mathrm{boxin}}$（Box-in 影响），其中运行中的总负载损耗可根据给定的谐波频谱，作如下计算

$$P_{\mathrm{N}}=I_{\mathrm{LN}}^{2}R+P_{\mathrm{WE1}}F_{\mathrm{WE}}+P_{\mathrm{SE1}}F_{\mathrm{SE}}$$

其中 $$I_{\mathrm{LN}}=\sqrt{\sum_{h=1}^{25}I_h^2}$$ （25 是计算的最高谐波次数）

式中 P_{WE1}——基波下的涡流损耗，负载试验时得出；

F_{WE}——谐波系数；

P_{SE1}——基波下的杂散损耗，负载试验时得出；

F_{SE}——谐波系数；

考虑涡流损耗和杂散损耗有

$$\Delta P\propto I^2f^k\qquad k=\begin{cases}2 & \text{对于绕组涡流损耗}\\ 0.8 & \text{对于杂散损耗}\end{cases}$$

$$F_{\mathrm{WE}}=\sum_{h=1}^{25}k_h^2h^2$$

$$F_{\mathrm{SE}}=\sum_{h=1}^{25}k_h^2h^{0.8}$$

$$\text{且}\ k_h=\frac{I_h}{I_1},\quad h=\frac{f_h}{f_1}$$

（$P_{\mathrm{bias}}+P_{\mathrm{boxin}}$）一般取 60kW。

确定绕组温升时应施加等效的试验电流 I_{eq}

$$I_{\mathrm{eq}}=I_1\left(\frac{I_{\mathrm{LN}}^2R+F_{\mathrm{WE}}P_{\mathrm{WE1}}+F_{\mathrm{SE}}P_{\mathrm{SE1}}}{I_1^2R+P_{\mathrm{WE1}}+P_{\mathrm{SE1}}}\right)^{0.5}$$

进行温升试验时，应采用红外测温仪等设备测量箱壳表面的温度分布。

热点温度的确定方法一般按温度场计算。附加损耗主要集中在绕组的两端，使得最热点温升位于绕组最上部的某一饼内；热点温度还与绕组饼间水平通道中油流分布有关，低流速必然导致高热点温度，也与负荷水平和冷却器型式有关（自然循环或强迫循环）。这就要求建立的计算模型能够计算油流分布和绕组各饼内的温度，以找出最热点温度。

计算方法的准确性应由将其结果与光纤探头直接测量的结果相比较加以认定，但应注意该结果可能与正常运行时得到的值不同。这是因为试验时谐波电流产生的附加损耗分布在整个绕组中，在运行中却主要集中在绕组的两端。由此，试验中产生的热点温度可能低于换流变压器正常运行时的热点温度。为了补偿这种差异，对于负载电流中给定的谐波频谱，要计算其涡流损耗附加系数。

试验时采用 GB/T 1094.7—2008《电力变压器　第 7 部分：油浸式电力变压器负载导则》的方法确定热点温升，一般用热点系数 H 表示绕组热点温度与绕组顶部平均温度

的比值，它与变压器的容量、短路阻抗和绕组结构有关，取值约 1.1~1.5，配电变压器一般取 1.1，大中型变压器一般取 1.3。换流变压器可套用标准按 1.3 计算，但更应按设计的不同，根据光纤直接测量结果和经验取值，如有的设计取到了 1.67 左右。

（三）控制温升和漏磁发热的措施

1. 冷却方式及温升控制

（1）冷却方式。大型换流变压器的冷却方式主要有 OFAF 和 ODAF 两种，取决于绕组内部冷却油道的不同设计理念。OFAF 冷却方式时，绕组内部设置 Z 形油流导向结构，利用热油的自然流动，导出绕组热量。ODAF 冷却方式则在绕组内部配置一定数量的轴向冷却油道，增加散热面积以及冷却油量。

表 1-5 给出了电压等级相同、容量接近、冷却方式不同的两台换流变压器的绕组温升设计与实测值。

表 1-5　　不同冷却方式换流变压器绕组温升设计和实测值　　（K）

冷却方式		ODAF			OFAF		
		限值	设计	实测	限值	设计	实测
油顶层温升		50	34	29	50	37	33.8
网侧绕组平均温升		55		44.3	55	47	50.2
阀侧绕组平均温升		55	52.3	44	55	39	42.4
网侧绕组热点温升		68			68	64	
阀侧绕组热点温升		68	62.5		68	56	
热点系数 H	网侧绕组		≤1.15			>1.3*	
	阀侧绕组		≤1.35			>1.5*	

* 根据绕组平均温升和油顶层温升设计值的推算。

由表 1-5 看出：

1）两台变压器的绕组温升均满足温升限值的要求，且有一定的裕度。说明不论何种冷却方式，只要选择合理的导线电流密度、冷却油道结构以及冷却器的冷却能力，都能满足绕组温升限值的要求。

2）OFAF 冷却方式换流变压器的阀侧绕组平均温升，不仅设计值比网侧绕组明显低，实测值也有差不多相同的差值。说明该换流变压器从设计上就是这样安排的，其中的一个原因可能与该阀侧绕组采用了单根导线截面较大的组合导线有关，组合导线的附加损耗较换位导线的大些，为了控制绕组的热点温升，所以适当降低绕组的平均温升。

3）OFAF 的绕组热点系数比 ODAF 的高。OFAF 冷却方式，冷却油流基本是自然循环进入绕组，绕组内设有导向隔板，无轴向油道。因此，绕组热点系数会比 ODAF 冷却方式高（在导线相同的电流密度时）。其中，OFAF 冷却方式的热点系数 H 是按照绕组平均温升和油顶层温升（适当降低的值作为油平均温升）推算出的。

（2）温升测量及计算。绕组的温升还取决于绕组导线类型、电流密度以及附加损耗和导线绝缘厚度等因素，最终考核绕组温升是否满足换流变压器各种运行方式下的要求，应以绕组的热点温升为准。

图 1-32 给出了某换流变压器的有关绕组温升的数据及其关系举例：

1）绕组及其周围冷却油的温升沿绕组高度方向呈“线性”上升；

2）绕组对油的平均温升（21.1K）乘以热点系数（H=1.35）为绕组热点对油的温升（28.5K）；

3）油顶层温升（34K）加上绕组热点对油温升（28.5K）为绕组热点温升（62.5K）。

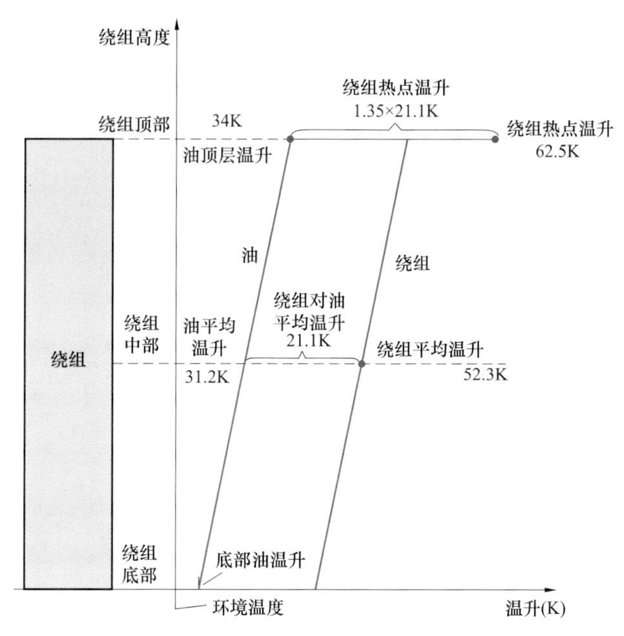

图 1-32　绕组和油的温升举例

由于绕组和油的平均温升可直接测定，因此设法直接测量绕组热点温度，并确定绕组的热点系数成为关键问题。目前，大容量变压器绕组温升的验算，一般是在模型试验和数值分析的基础上，再通过在大容量变压器绕组内埋设光纤测温元件，测定绕组热点温度来予以验证。

文献❶在大型变压器上埋设多处光纤测温元件，测试了在各种负荷状态下，高低压绕组的热点温升。图 1-33 所示测试了在 1.0 倍、0.65 倍和 1.6 倍额定电流下的绕组热点温度。值得注意的是，在施加 1.6 倍额定电流 45min 后，高低压绕组热点温度的高低关系开始发生改变，这可能与有关磁分路硅钢片的磁饱和有关。由此看出，实测绕组热点温度的必要性和绕组热点“仿真”计算的复杂性。

我国变压器制造厂，也在 500kV 及以上电压等级大容量变压器的绕组中埋设光纤测温元件，通过测试在额定和过负荷状态下的绕组热点温升，验证了绕组温升设计计算的正确性。例如，一台 500kV 自耦变压器，首先通过测定绕组在额定负荷下的绕组对油平均温升为 23.7K、热点对顶层油温升为 34.4K，求得相应状态下的绕组热点系数 H 为 1.45（=34.4/23.7）；其次，进行 1.35 倍额定电流 1h 短时过负荷时的温升测试（起始负荷为 80% 额定负荷），绕组热点对顶层油温升 47.6K，顶层油温升 40.6K；最后，按照

❶ Nordman. H and Lahtinen. M. “Thermal overload test on a 400 MVA power transformer with a special 2.5 p.u. short time load capability” —IEEE Trnsactions on Power Delivery, vol. 18, no. 1. Janury 2003, PAGES 107—112.

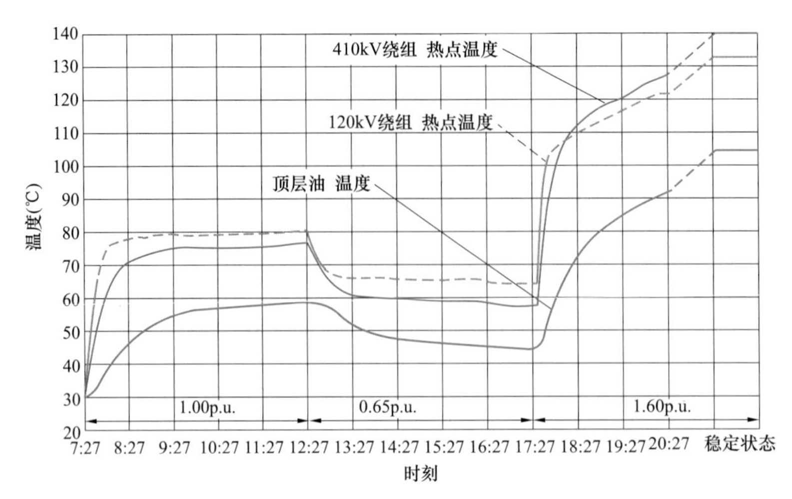

图 1-33 各种负荷状态下高低压绕组的热点温度

GB/T 1094.7—2008 规定的方法，推算出 1.5 倍额定电流，持续 30min 的绕组热点最高温升为 95.6K，满足技术条件规定不大于 100K 的要求，与设计值相吻合。

GB/T 1094.7—2008 给出绕组热点系数 H 的典型值为 1.3，它取决于绕组冷却结构、冷却方式和变压器中漏磁通的分布情况，这正是需要通过热点光纤测温或“仿真”计算所要确定的。在上述变压器的温升图例中，在额定负荷状态下，120kV 绕组的热点系数 H 为 1.35，410kV 绕组的热点系数 H 为 1.16。

（3）控制温升的措施。在进行变压器油及绕组铜油温差计算的基础上，可采取以下措施控制温升：

1）降低绕组导体的电流密度，降低绕组单位体积损耗；

2）优化散热结构，保证油路设计合理、畅通；

3）在线饼中设计轴向散热油道；

4）控制绕组内垫块恒压干燥后的厚度不小于规定值；

5）控制线圈横向漏磁分布，减小线饼中附加损耗，从而控制线圈中的热点温升。

通过以上措施，保证换流变压器绕组的温升在规定的范围内，当换流变压器任意端发生出口短路时，短路电流持续 2s 时，不发生损坏，绕组热点温度不超过 250℃，确保产品的安全可靠性。

2. 控制漏磁的措施

（1）控制漏磁的结构类型。准确计算换流变压器漏磁场及其分布对确定短路阻抗、绕组短路机械力、结构件杂散损耗和绕组温升等参数至关重要，对合理设计电磁屏蔽和预防漏磁场集中造成的局部过热问题也很重要。在换流变压器漏磁场计算分析的基础上，换流变压器控制漏磁的结构主要有以下两种类型。

第一种：绕组端部设“嵌入式”磁分路和油箱壁设铜屏蔽，将绕组端部漏磁通“拉直”朝向轭铁，阀侧绕组（外侧绕组）采用组合导线。

第二种：绕组端部不设“嵌入式”磁分路，油箱壁（上下两端）采用硅钢片磁屏蔽，阀侧绕组（外侧绕组）采用自粘性换位导线。该种类型结构，绕组端部的横向漏磁比第一种大些，但由于采用轴向高度较低的换位导线，导线中的附加损耗能得到较好控制。

此外，对于调压绕组引线导致的漏磁发热控制也存在不同的理念，采用双层调压绕组可使其端部的引线漏磁降至很小的程度。

（2）绕组端部的“嵌入式”磁分路结构及漏磁控制分析。“嵌入式”磁分路的绝缘腔体结构，如图 1-34 所示。

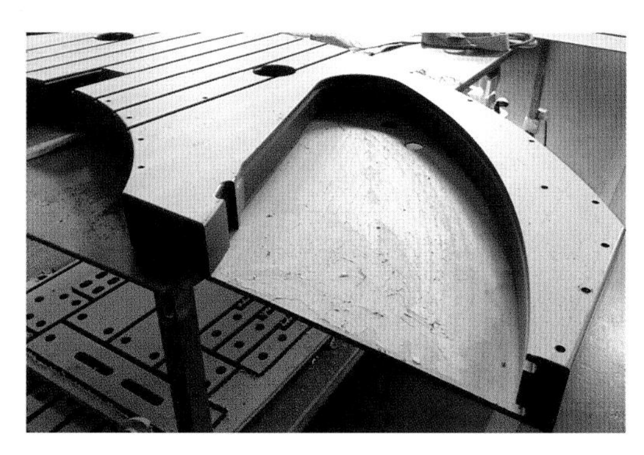

图 1-34 “嵌入式”磁分路的绝缘腔体

每个绕组端部有四个这样的“嵌入式”磁分路，呈肺叶形状。在绝缘腔体内垂直安放硅钢片，以利于绕组端部的漏磁通被导入轭铁，如图 1-35 所示。“嵌入式”磁分路在变压器中的布置，如图 1-35 所示。需要指出，图 1-35 中的方框内显示的“嵌入式”磁分路，内部的硅钢片长度可深入轭铁。磁分路内硅钢片的高度（绕组轴向）等尺寸，取决漏磁计算的结果。一般来说，磁分路硅钢片的高度越高、深入轭铁的长度越长，对绕组端部漏磁走向的影响越显著。当然，同时也应注意防止该磁分路硅钢片以及轭铁的局部过热。

图 1-36 给出了绕组端部有无“嵌入式”磁分路的漏磁通计算比较。绕组端部设置磁分路后，端部的横向漏磁得到较好控制，磁力线的弯曲得以减轻，进入油箱壁的漏磁分量减少，绕组端部涡流损耗和铁芯结构件的杂散损耗也减少，有利于避免这些部位产生局部过热现象。

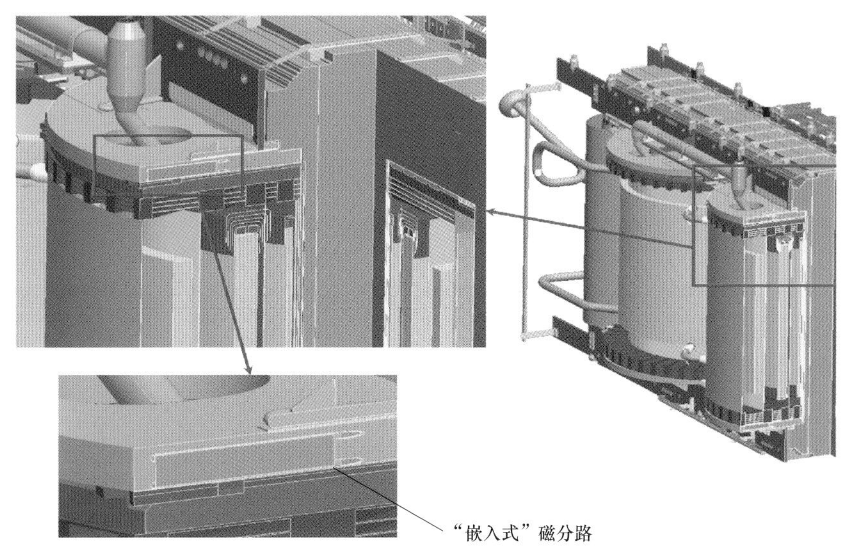

图 1-35 “嵌入式”磁分路位于绕组端部示意

需要指出的是，绕组端部设置“嵌入式”磁分路，对绕组端部绝缘带来电气强度方面的风险。例如，对磁分路的硅钢片“边缘”的电场屏蔽不当，会导致“地电位”高场强引起的局部放电。因此，各制造厂在权衡利弊的基础上，也有不在绕组端部设置“嵌入式”磁分路的，即上述的第二种结构，采用在油箱壁设置硅钢片磁屏蔽以及绕组导线

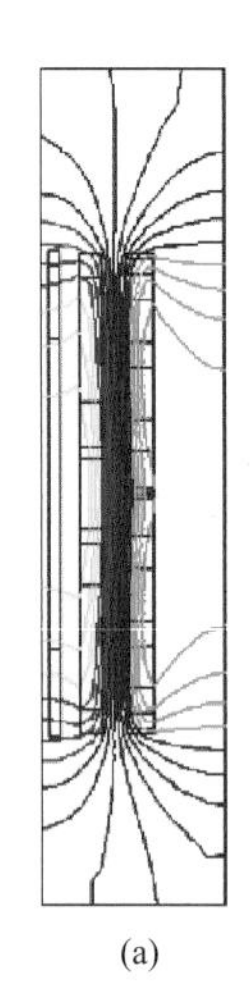
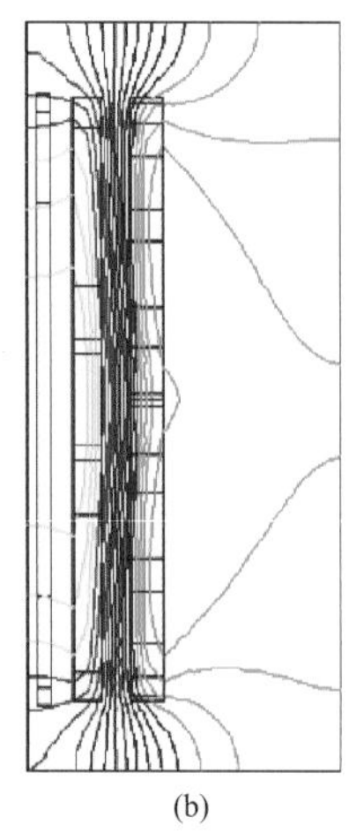

(a)　　(b)

图 1-36　设置绕组端部磁分路与否的漏磁比较

（a）无“嵌入式”磁分路；

（b）有“嵌入式”磁分路

采用换位导线等措施。

（3）油箱内壁的磁屏蔽。作为与绕组端部设置“嵌入式”磁分路结构配套的油箱壁的屏蔽，采用整张的铜板与油箱壁焊接，利用铜板内的感应电流将漏向油箱的磁通抵消，如图 1-37 所示。

对于绕组端部无“嵌入式”磁分路的结构，通常在油箱内部设置硅钢片“磁屏蔽”，如图 1-38 所示。硅钢片“磁屏蔽”的附加损耗比铜板“屏蔽”小，对绕组端部漏向油箱的漏磁通起疏导作用。由于硅钢片“磁屏蔽”需要将硅钢片与油箱良好绝缘并可靠接地，有时绝缘不当或接地不良，会引起局部过热或放电缺陷。

（4）调压绕组引线的漏磁控制。对于调压绕组引线导致的漏磁发热控制也存在不同的理念：① 采用双层调压绕组，调压绕组的首尾端引线均位于绕组的同一端，使其引线的漏磁相互抵消，对邻近的铁芯及其夹件不需采取特别的防漏磁措施；② 对于单层调压绕组，其端部引线的漏磁通可能在铁芯及其夹件中导致局部过热，需要采取特殊的防漏磁措施。这种防止漏磁措施是在铁芯框上增加环形铜导体，产生补偿电流抵消来自调压绕组引线的漏磁通，如图 1-39 所示，两主柱连同旁柱，共有三个环形铜导体。

图 1-37　油箱内部的铜板“屏蔽”

图 1-38　油箱内部的硅钢片“磁屏蔽”

由图 1-40 可以看到，产生补偿电流的铜导体以及用于安放“嵌入式”磁分路的铁轭“台阶”。

3. 避免不良工艺导致的过热

（1）避免绕组导线高频焊质量不良导致的局部过热。绕组的高频焊工艺掌握不好，会导致焊接质量严重下降，影响焊点的机械强度和通流能力，如有的变压器在外部发生穿越性短路后，油色谱呈现过热特征，放油检查为导线高频焊接接头过热并开焊，如图 1-41所示。

有的过热发生在绕组导线变径处，如图 1-42 所示。

有的变压器内部发生故障的非故障部位的焊接点竟被拉断，如图 1-43 所示。焊接点被拉断，证实有的高频焊质量的低下。

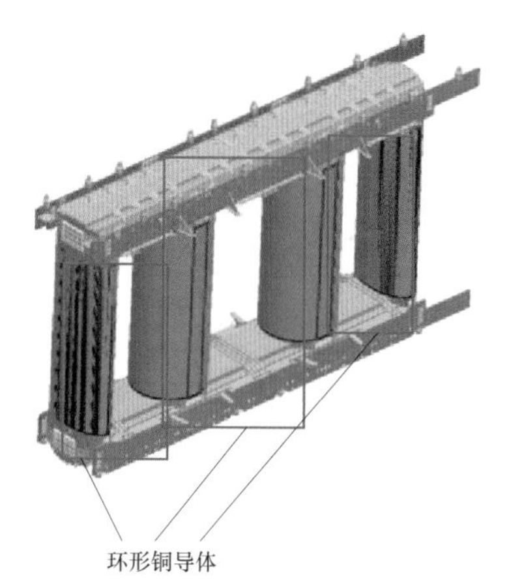

图 1-39　防止调压绕组引线漏磁通影响的环形导体布置示意

图 1-40　铁芯框的环形铜导体以及下铁轭结构示意

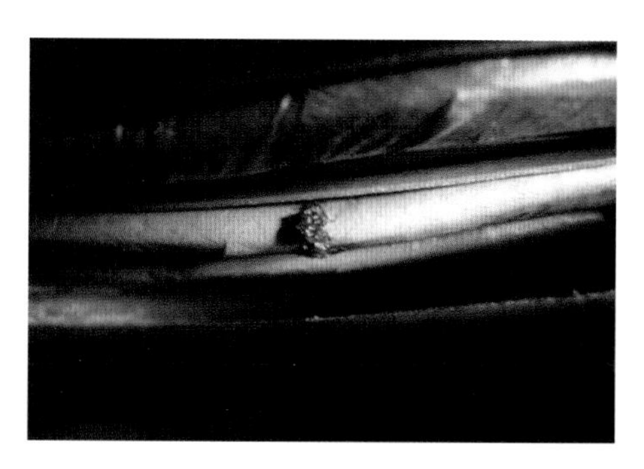

图 1-41　绕组导线高频焊接头过热

图 1-42　高压绕组导线变径处的开焊例子

这种因焊接头的机械强度低而导致的过热，一般发生在受到较大电流冲击之后，在通常的工厂试验或现场的交接试验中难以发现。

（2）避免绕组引线冷压接工艺不良导致的局部过热。例如，有的变压器运行几年后，油色谱总烃逐步升高，绕组相间直流电阻互差约 2%，在排除外部接头和分接开关的接触不良后，解开绕组引出线厚绝缘，发现有过热点，如图 1-44 所示。绕组出线冷压接头严重过热，已熔蚀了绕组的部分股线（换位导线）。由此说明，在采用“冷压接”工艺，将绕组换位导线与粗引线接线连接时，应特别注意相关工艺，防止连接不良。

图 1-43　高频焊接点被拉断

图 1-44　绕组出线冷压接头过热

（3）避免与硅钢片接触处的固体绝缘过热。

1）硅钢片受力部位发生过热的机理。例如，轭铁与油浸并联电抗器易发生过热，其轭铁部位硅钢片过热比较常见。

图 1-45　500kV 并联电抗器上轭铁与主柱铁芯饼间的过热

图 1-45 中，上轭铁通过一张 NOMEX 薄纸板通过瓷圆柱压紧主柱铁芯饼，在轭铁表面发生严重过热，并在耐热性能好的 NOMEX 纸上留下痕迹。从轭铁痕迹看，痕迹向轭铁厚度方向发展，属于硅钢片片间短路过热。分析其过热机理：轭铁硅钢片叠放不平整，在较大的电磁力下，部分硅钢片承受压力，导致局部片间短路，并逐渐波及相邻片间。

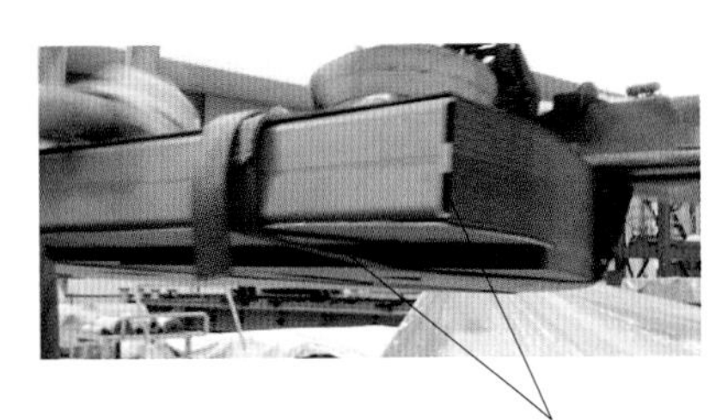

图 1-46　“嵌入式”磁分路与铁轭接触面的绝缘结构

2）避免“嵌入式”磁分路与硅钢片接触处过热。“嵌入式”磁分路的侧面和底面要与轭铁硅钢片紧密接触，特别是底面的接触面，机械压力高，应是防止过热的重点之一。为此，除注意将铁轭硅钢片叠放“平整”外，磁分路相应部位，应采用耐热等级和机械强度均较高的绝缘材料（如 NOMEX 等材料），如图 1-46 所示。

（4）避免铁芯及其结构件不良安装导致的过热和放电缺陷。某换流变压器在交流长时耐受（ACLD）试验中放电量超标，发现铁芯夹件定位钉与油箱盖之间的绝缘破损，如图 1-47 所示。

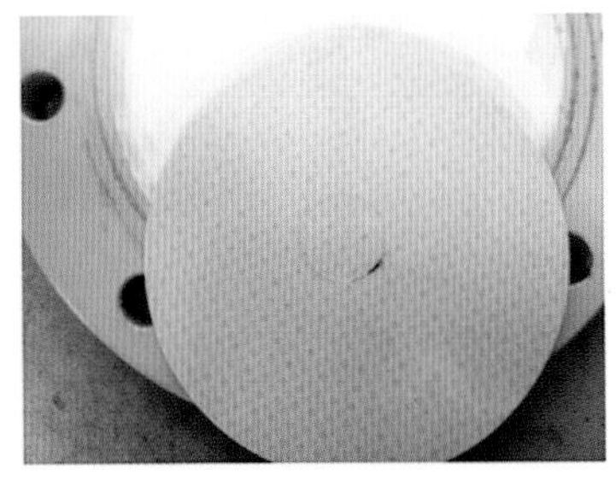

图 1-47　换流变压器铁芯夹件定位钉与油箱盖间的绝缘破损

四、过励磁和直流偏磁要求及评估

（一）过励磁和直流偏磁要求

直流偏磁指换流变压器线圈中的直流电流在铁芯中产生的正或负极性磁通，使励磁偏向一侧，在饱和情况下励磁电流增大。触发角不平衡、临近交流线路在直流线路上感应的基波电流、换流站交流母线上的正序二次电压和直流接地极地电位升高，造成换流变压器中性点地电位升高是产生直流偏磁的主要原因。前三个原因将在阀侧绕组上产生直流偏磁电流，后一个原因将在网侧绕组上产生直流偏磁电流。

直流输电系统换流变压器的接线方式大都为网侧 Y 接，中性点直接接地；阀侧 Y 接或△接，中性点不接地。网侧中性点接地为直流电流通过大地和绕组流出提供了通道。直流偏磁会导致变压器的噪声、损耗和温升增加，设计时必须认真考虑。

换流变压器技术规范对过励磁及直流偏磁的要求如下：

（1）在交流系统最高电压（如 500kV 交流系统为 550kV）和规定的频率（见图 1-48）下，且阀侧为最高稳态电压时，换流变压器应能正常运行。

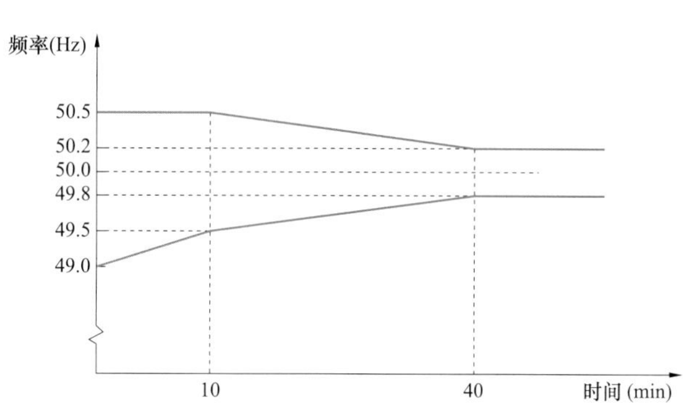

图 1-48　奉贤换流站交流系统频率变化曲线

（2）换流变压器空载时，在 110% 的额定电压下应能连续运行。

（3）直流偏磁电流一般要求不小于 10 A（折算到每台变压器网侧）。

（二）过励磁能力评估

铁芯内的磁通量正比于所加的电压，当电压高于额定电压时，铁芯将进入过励磁状态，为支撑磁通的增加，特别是进入饱和区时磁通的增加，激磁能力（安匝数，At）也要增加。在主磁通通路中，磁通量和励磁电流的关系与变压器的铁芯磁化曲线相似，并具有相同的形状，如图 1-49 所示；施加电压的增加，将导致励磁电流和电压的非线性关系增加，如图 1-50 所示。磁通量正比于所加电压，磁通量增加励磁电流相应增加，饱和时励磁电流峰值增加尤为明显。

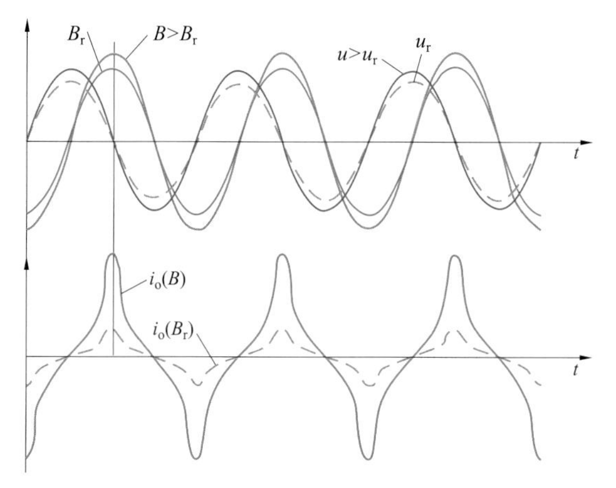

图 1-49　磁通量与励磁电流的关系曲线

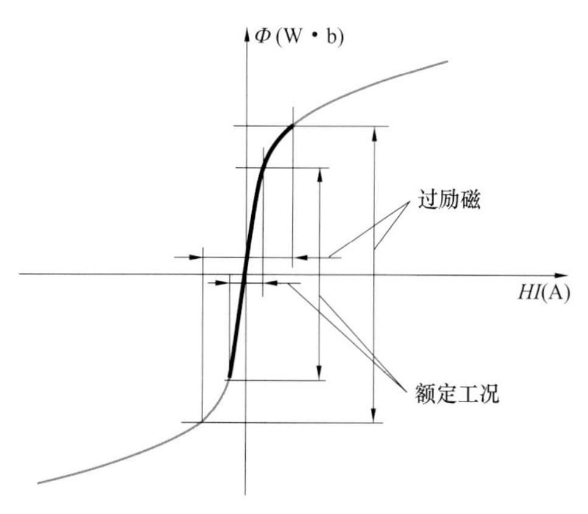

图 1-50　电压增加时磁通量及励磁电流的变化

对铁芯式变压器，最大磁通密度将出现在套有线圈的铁芯柱中部，该区域要承受最高的磁化力。励磁电流也会在铁芯附近的金属件上，如铁芯夹件、拉板、油箱某些部位以及箱盖上感应磁通，形成附加损耗。变压器设计时应考虑其最大应力并留有合适的安全系数。

（三）直流偏磁能力评估

直流磁化现象及其耐受值与过励磁现象相类似。当绕组中负载电流含有直流分量时，磁通—电流曲线将上下偏移但形状保持不变，运行时处于非对称状态，如图 1-51 和图 1-52 所示。

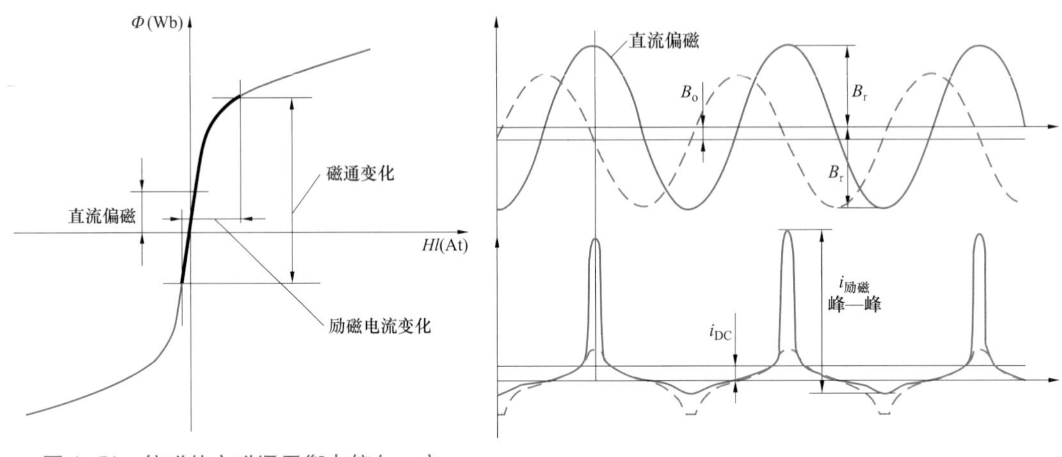

图 1-51　偏磁使主磁通平衡点偏向一方

图 1-52　不平衡励磁与励磁电流直流分量关系

铁芯中直流偏磁磁通与对称运行时磁通引起的空载损耗相比较几乎无差别，空载损耗由涡流损耗和磁滞损耗组成。涡流损耗正比于随时间变化之磁通量幅值的平方，其主导因素——涡流产生的电压正比于磁通的导数，因此磁通中的直流偏磁对涡流产生的电压不起作用；磁滞损耗正比于磁滞回线的面积，如果磁通的最大值和最小值不变，磁滞回线从对称到非对称的位移变化对磁滞回线面积的影响很小。

绕组电流中允许的最大直流分量取决于总励磁电流峰—峰值，该电流峰—峰值引起的损耗应与交流空载损耗及其损耗分量相匹配。随着直流偏磁的增加，励磁电流将偏向正或负某一极。对于一给定铁芯结构，其磁通和励磁电流峰—峰值的关系也被固定，直流偏磁电流产生的应力可与过励磁工况相比拟。因此，换流变压器允许的最大直流偏磁电流判据应为：直流偏磁下励磁电流峰—峰值不能超过正常运行时允许的最大励磁电流峰—峰值。

以向上工程为例，直流偏磁电流要求为 10A，过励磁能力要求在 110% 电压及规定频率范围下有长期运行的能力，110% 电压下空载电流实测值在 11A 左右。

在现有的直流工程技术规范条件下，制造厂一般认为，对过励磁的要求已覆盖了偏磁电流的要求。也有资料显示，较小的直流偏磁电流会造成励磁电流的急剧增大，但目前换流变压器均未针对直流偏磁电流做出专门设计，即等于认可前一种观点，这时，用户更应关注换流变压器的过励磁能力设计和铁芯结构件的温升校核。

还应看到，绕组的励磁电流甚至过励磁或偏磁条件下的励磁电流，相较于负荷电流是很小的，其相应产生的热应力也是很小的。

五、短路阻抗要求及评估

（一）短路阻抗设计要求

换流变压器短路阻抗指网侧与阀侧之间阻抗电压百分数，背靠背及常规±500kV 直流工程通常取16%左右，±660kV直流工程达到18%，特高压直流工程通常取18%以上，最大达到23%。

短路阻抗允许的误差范围，对常规直流工程，一般要求所有分接误差范围控制在5%以内；对特高压直流工程，要求在额定分接（主分接）时控制在3%、极端分接时控制在5%以内；对于短路阻抗达23%的情况，一般要求所有分接误差范围控制在4.5%以内；对于高低端换流变压器分包给不同的制造厂家时，对分接误差范围控制得更严，一般要求所有分接误差范围控制在1.5%以内。

相间最大阻抗偏差按2%控制。

（二）影响短路阻抗的因素

短路阻抗对换流变压器来说是一个很重要的参数，其选取通常要考虑以下三方面的因素。

1. 限制换流阀短路电流

当换流阀臂发生短路时，为防止过大的电流通过当时正导通的健全阀，以免损坏它的元件，所以换流变压器应具有足够大的短路阻抗来限制短路电流。

一个阀臂短路将产生最大阀短路电流，相当于正常运行时换流变压器阀侧线电压驱动的两相换相电流，其等效电路如图1-53所示。

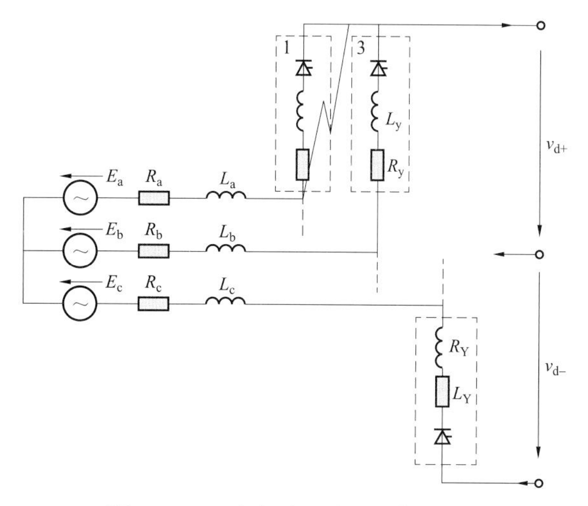

图1-53　一个阀臂短路时的等效电路

忽略回路中的电阻，阀短路电流计算公式为

$$i=\frac{I_{dN}}{z_{SC}^{*}+z_{T}}(\cos\alpha-\cos\omega t)\quad(1-5)$$

最大电流出现在整流运行最小触发角为5°时，波形如图1-54所示，计算公式如下

$$\hat{I}=\frac{I_{dN}}{z_{SC}^{*}+z_{T}}(\cos 5°+1)\approx\frac{1.92I_{dN}}{2d_{x}}\quad(1-6)$$

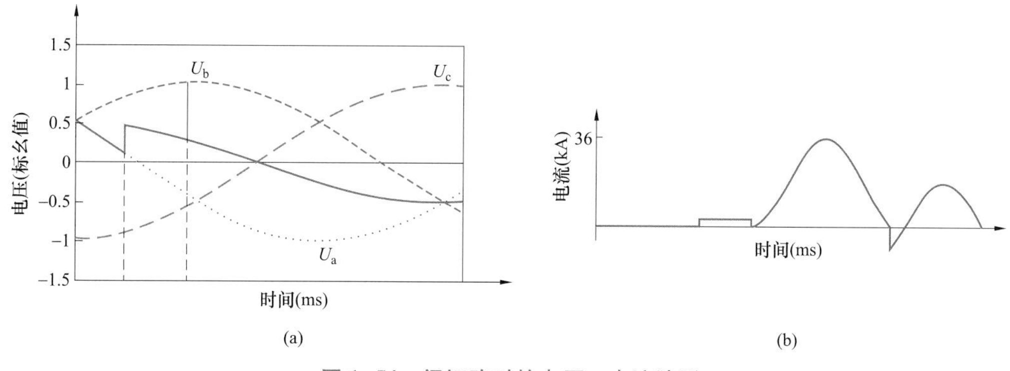

图1-54　阀短路时的电压、电流波形

（a）电压波形；（b）电流波形

由于晶闸管的短路电流耐受水平一般能达到50~63kA，在进行上述换流变压器阻抗校核计算时，一般使结果控制在此范围内。

2. 铁芯、绕组尺寸的优化设计

短路阻抗由电抗分量和电阻分量组成，一般大容量变压器的短路阻抗中电抗分量U_{KX}占主要部分，由下式计算

$$U_{KX}=\frac{49.6fI_{N}W\rho K\sum D}{e_{t}H_{k}10^{6}}(\%) \tag{1-7}$$

可以认为

$$U_{KX}\propto W^{2}\frac{\sum D}{H_{k}} \tag{1-8}$$

式中 W——绕组总匝数；

I_N——额定电流，A；

f——电流频率，Hz；

H_k——绕组平均高度，又称电抗高度，cm；

$\sum D$——漏磁的等效面积，cm^2；

e_t——绕组每匝的电势，V/匝；

K——附加电抗系数，用以考虑当横向漏磁较大时，对主要以纵向漏磁所决定的短路抗值的影响；

ρ——洛氏系数，为实际电抗高度与计算高度之比。

在调整短路阻抗时，主要是调整电抗分量。从电抗分量的一般公式可以看出，短路阻抗与f、I_N、ρ、K等成正比。但f、I_N值为确定值无法变动，ρ和K值可调整的范围也较小。所以只有从W、$\sum D$、H_k上调整，而e_t为U/W，因为U不变，e_t与W相关。

当只需要作小幅度调整时，适当改变$\sum D$的大小，即两绕组间距最为方便，但绕组间距不能过小，否则影响油道散热及绝缘距离，太大造成材料消耗增加，尺寸加大，所以$\sum D$的调整范围是不大的。

当需要作大幅度调整时，当铁芯直径不变时，可调整绕组的电抗高度，要降低短路阻抗，可增大导线高度（扁而高）、增加筒式绕组每层匝数、增加连续绕组段数或增加螺旋绕组油道高度。要增大短路阻抗，反之亦然。另一种方法是改变W，这时铁芯直径和匝电势都要相应改变，由于U_{KX}正比于W^2，改变匝数会带来较大变化，势必影响到空载损耗、负载损耗、空载电流等，并影响到整个材料消耗和制造成本。

因此，必须全面分析问题，短路阻抗的选取要与变压器各项性能指标相配合，并结合大件运输条件，选取合适的变压器尺寸，经过变压器的优化设计，使其技术经济上先进又合理。

3. 短路阻抗不能过大

换流变压器短路阻抗不能过大，一般如大于24%，换相叠弧角将超过直流系统正常运行的范围。此外，短路阻抗过大，换流器在运行中消耗的无功增加，需要加大无功补

偿设备的容量；短路阻抗过大，直流电压中换相压降也会过大，如果不加大换流变压器和换流阀的标称容量，则会降低直流系统的额定输送功率。

六、抗短路能力的评估及控制

换流变压器的短路电流按换流站交流母线的最大短路电流 63kA 考虑，一般阀侧两相短路电流控制在 50kA 以内。在该短路电流下换流变压器应能承受外部短路的热、动稳定效应而无损伤。

（一）承受短路的耐热能力评估

故障短路电流增加了线圈的损耗，温升增加。损耗可能比正常运行值高很多，但是短路的持续时间有限（目前 GB 1094.5—2008《电力变压器　第 5 部分：承受短路的能力》中要求持续时间为 2s）。

故障电流的持续时间短，大电流损耗产生的热只能耗散很小一部分，由损耗产生的大部分热将积累在导线中。

短路期间允许的最高温度与导线的机械强度以及绝缘材料的性能有关，材料不能太软，以至于不能承受由故障电流产生的电动力。

在变压器设计中，应选择合适的额定电流密度和短路阻抗，以避免故障电流太高，而在规定的故障持续时间内达到临界温度。例如，对额定电流密度为 2.8A/mm^2、短路阻抗 16% 的换流变压器，短路电流密度为 17.5A/mm^2（= 2.8/0.16），根据 GB 1094.5—2008 的公式，计算出短路期间的温升小于 5K，对应的初始温度为 105℃，最终温度为 110℃。

（二）绕组的短路力及变形分析

1. 幅向力及其导致的变形

内外绕组的轴向漏磁通，产生辐向力，如图 1-55 所示。

按左手定则（磁通朝掌心，四指朝电流方向，拇指为受力方向），内外绕组受到使其分离的作用力，即外线圈在圆周方向受张力——环形拉伸力，有扩大直径的趋势；内线圈在圆周方向受到压力——环形压缩力，有朝铁芯方向变形的趋势。如果内绕组的机械稳定性薄弱或导线的抗弯强度不够，绕组将发生变形。

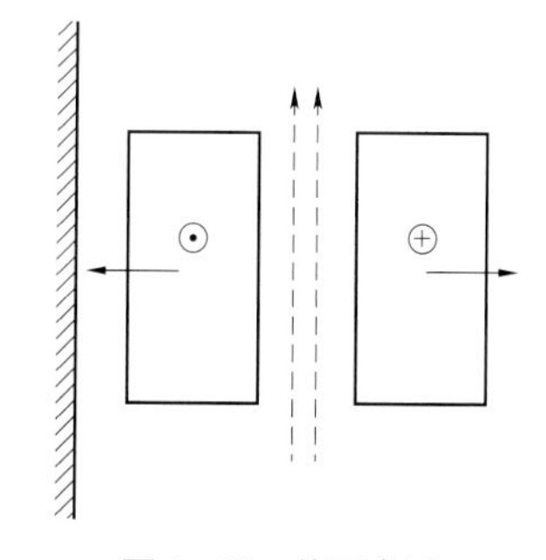

图 1-55　绕组辐向受力示意图

图 1-56 和图 1-57 分别给出了内绕组发生“强制翘曲”和“自由翘曲”的损坏形式。内线圈受压缩，导线受到弯曲应力，可能发生导线向内过度弯曲，导致“强制翘曲”，图 1-58 所示为变形实例。内绕组受到压缩，可能失去稳定，导致绕组周围一处或几处的导线向内严重变形，形成“自由翘曲”。“自由翘曲”是内绕组发生变形的更常见形式，图 1-59 所示为变形实例。整体绕组受压缩，直径变小，多余长度的导线从垫块的个别部位突出，这就是内绕组典型的机械失稳例子。

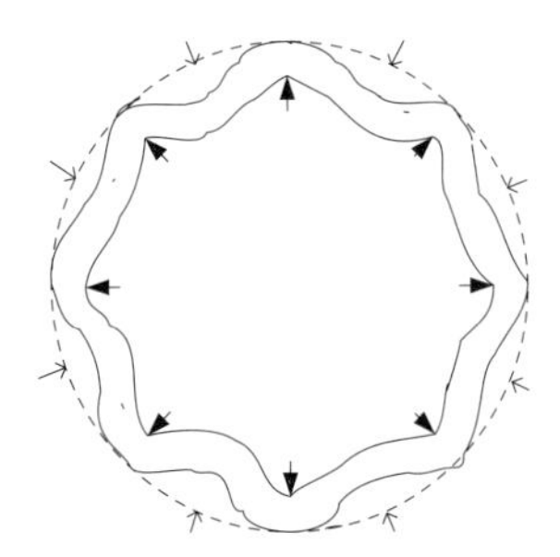

图 1-56　内绕组的“强制翘曲”变形

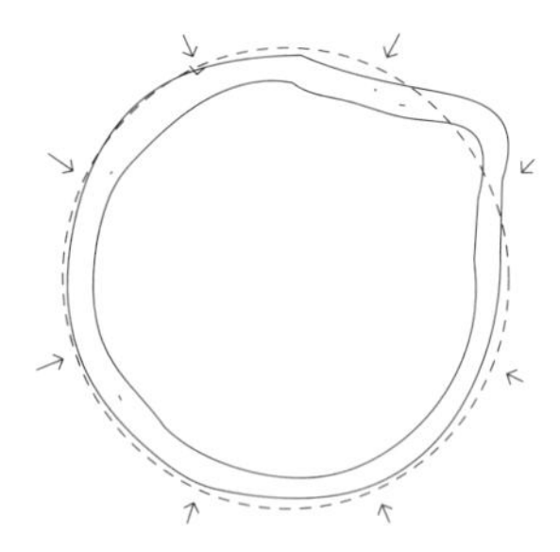

图 1-57　内绕组的“自由翘曲”变形

图 1-58　“强制翘曲”变形实例

图 1-59　内绕组“自由翘曲”变形实例

2. 轴向力及其导致的变形

变压器因铁芯引起绕组端部磁通弯曲以及内外绕组安匝不平衡（包括绕组不等高度和分接抽头等）形成的幅向漏磁会导致轴向力。图 1-60 给出了内外绕组安匝平衡，仅因铁芯引起绕组端部漏磁通弯曲的情况：内外绕组幅向漏磁通 B_{rad} 导致对绕组的压缩力，以绕组中部的压缩力最大；内线圈靠铁芯近，幅向漏磁通比外绕组的多些，对绕组的压缩力也大些，即 $F_{ax1}>F_{ax2}$；具体的漏磁通及其压缩力，应通过二维或三维分析计算得出。

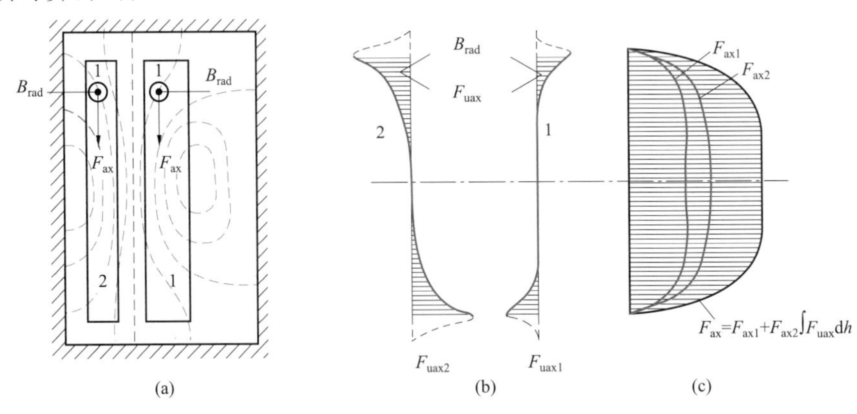

图 1-60　内外绕组安匝平衡时的幅向漏磁通及其轴向力

（a）漏磁分布；（b）各线饼轴向力；（c）内外绕组沿高度的轴向力分布

GB 1094.5—2008 提出绕组轴向变形的主要型式是线饼受到的过大轴向压力（见图 1-60 的线饼力 F_{ax}）导致线饼导线倾倒如图 1-61 所示。

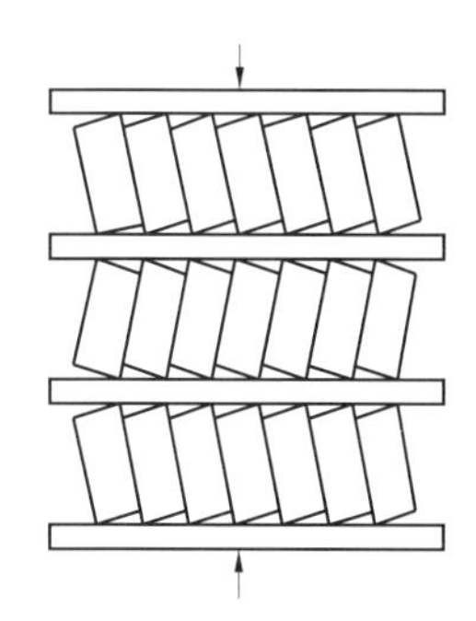

图 1-61　绕组在轴向力作用下的导线倾斜

实际工程中，曾发生绕组采用组合导线，纠结式绕制，“反并”未绕紧，在绕组施压干燥期间即发生导线倾倒，绕组报废的例子。

另外，轴向压力不足，特别是采用单一压板压紧多个线圈时，个别线圈的轴向压力不足或上部纸压板强度不够时，线圈轴向推力会导致线圈顶部上翘，严重变形，如图 1-62 变形实例。

又如，在高压侧发生外部短路时，稳定绕组轴向失去稳定，如图 1-63 所示。

图 1-62　变压器轴向变形实例

图 1-63　稳定绕组轴向失稳

3. 绕组结构稳定性不足导致的匝间短路

近年来，一些自粘性换位导线绕组也发生了故障，其原因是结构的机械稳定性不良。自粘性换位线绕组的“S”弯换位处常采用特殊加厚的垫块，以防止“S”处导线绝缘的相互摩擦损坏。有的该特殊加厚的垫块长度超过三个绕组垫块间的跨度，俗称“楔形垫块”。“S”弯处该类特殊加厚垫块的机械稳定性，对绕组的承受短路能力有十分重要的意义。

（1）绕组“S”弯加厚小垫块结构不稳定或工艺不良导致匝（饼）间短路。某变压器在外部短路时发生中压绕组的饼间击穿故障，如图 1-64 所示。

图 1-64　上部第 83 饼区域故障点

为仔细分析第 83 饼区域故障点，用其类似的部位如图 1-65 所示，予以说明。相当于第 83 饼处有一小垫块（1 类小垫块），用于双根并绕自粘性换位导线的“S”弯处，还有 2 类小垫块。用于“S”弯处的各类小垫块，也如图 1-65 所示。

该变压器中压第 83 饼区域发生短路故障的原因为：1 类或 2 类小垫块在短路冲击或运行中脱落，导线发生剪切磨损，最终导致匝间绝缘击穿。该变压器中压绕组按照承受

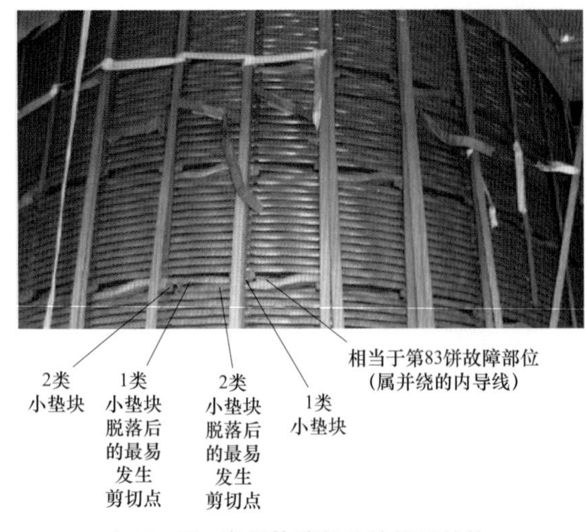

图 1-65　类似故障部位的绕组结构

短路能力强度理论校核是满足 GB 1094.5—2008 要求的，且事实上也未整体“失稳”。发生击穿故障的根本原因在于“S”弯处小垫块的机械稳定性太差，小垫块掉落导致“S”弯处的两导线相互磨损，最终导致匝间短路。

（2）绕组“S”弯楔形垫块稳定性不良导致匝（段间）间短路。有的变压器绕组在“S”处，采用较长的楔形垫块，企图提高垫块的机械稳定性，但因为垫块未加强紧固，仍发生移位，导致绕组烧损，如图 1-66 所示。该楔形垫块在短路力作用下已蹿动，导致导线间摩擦损坏，虽比图 1-65 所示的局部小厚垫块的稳定性好些，但因无任何绑扎，在外部短路时蹿动，导致线段间短路击穿。

（3）良好机械稳定性的“S”弯楔形垫块。带绑扎的“S”弯楔形垫块的机械稳定性得到明显加强，如图 1-67 所示。

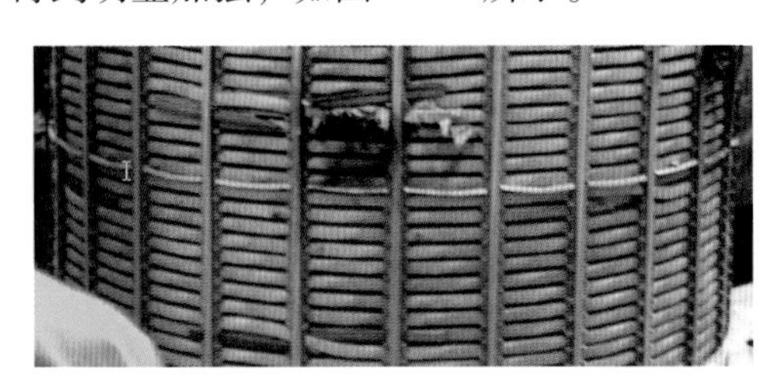

图 1-66　在短路力作用下“S”弯楔形垫块蹿动导致匝（段）间短路击穿

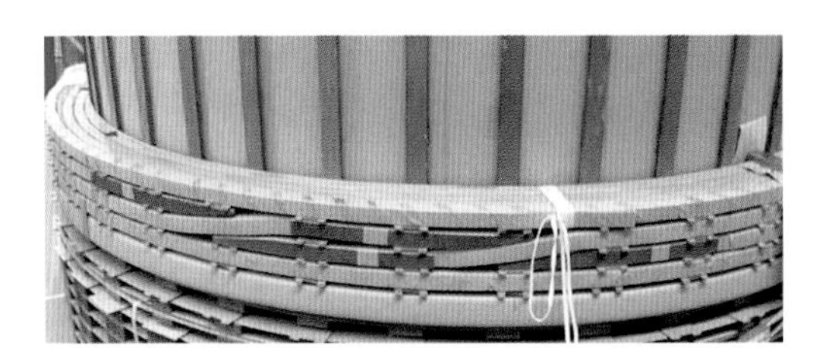

图 1-67　带绑扎的“S”弯楔形垫块

（三）导线的力学性能

1. 绕组导线的有关力学特性

（1）导线的屈服强度 $R_{P0.2}$。导线进行拉伸试验时，会产生如图 1-68 所示的导线应力—应变关系。在应力—应变曲线的 OA 直线区域，应力与应变呈线性关系，即比例极限关系。当应力超过比例极限（即图中的“A”点），应变呈迅速增加趋势。图 1-68 中的“B”点，残余应变为 0.2% 对应的应力 $R_{P0.2}$，称为屈服强度，已不在 OA 的直线区域。

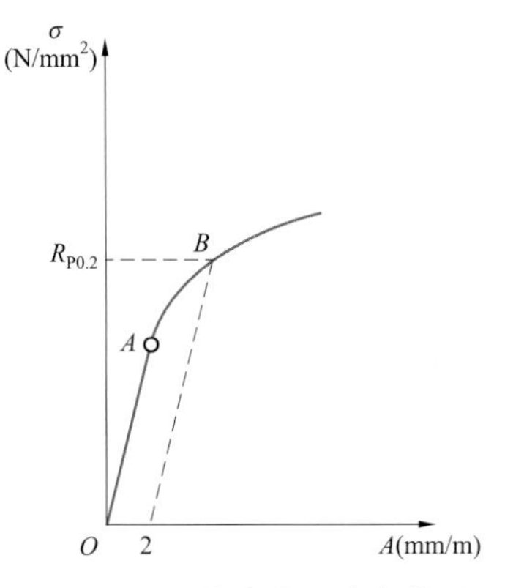

图 1-68　导线应力—应变关系

（2）弹性模量。在图 1-68 应力—应变 OA 直线区域（应力小于比例极限），应力和应变的比值即为弹性模量 E。在非弹性变形（应力超过比例极限）区域，应力与应变关系的斜率称为切线弹性模量 E_t。通常，变压器绕组导线应力超过比例极限，小于屈服强度（$R_{P0.2}$）。因此，在计算应力时，应采用切线弹性模量。

对三种不同硬度（屈服强度 $R_{P0.2}$）的单根漆包扁铜线进行的拉伸试验，测量并计算的相应的弹性模量和切线弹性模量值如图 1-69 所示。

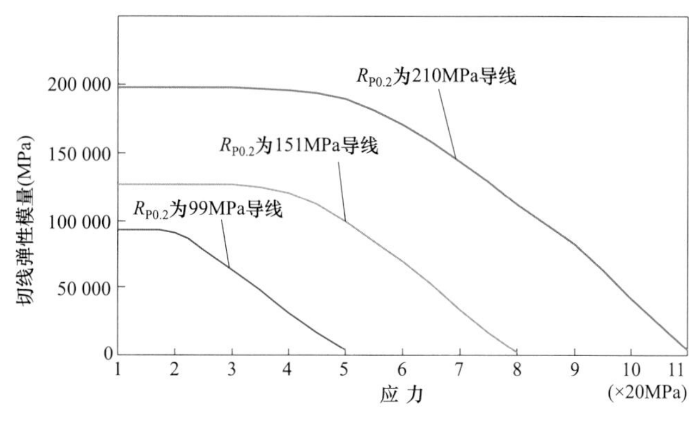

图 1-69　三种不同 $R_{P0.2}$导线的切线弹性模量

由图 1-69 看出，导线的屈服强度 $R_{P0.2}$增加时，其弹性模量也上升；导线的应力增加，切线弹性模量下降；当应力小于 0.35 $R_{P0.2}$，即小于比例极限时，所对应的切线弹性模量均等于弹性模量。

2. 自粘性换位导线的粘合性能

环氧树脂自粘性的换位导线固化后，采用测试粘合强度和抗弯性能，考核其粘合性能。

（1）粘合强度。将两根导线搭接 25mm，如图 1-70 所示。施加 1N/mm² 压力，经（110±5）℃、24h［或（110±5）℃、8h］加温后，冷却至室温。在拉力机上，测试拉断的应力，应大于 5 N/mm²。

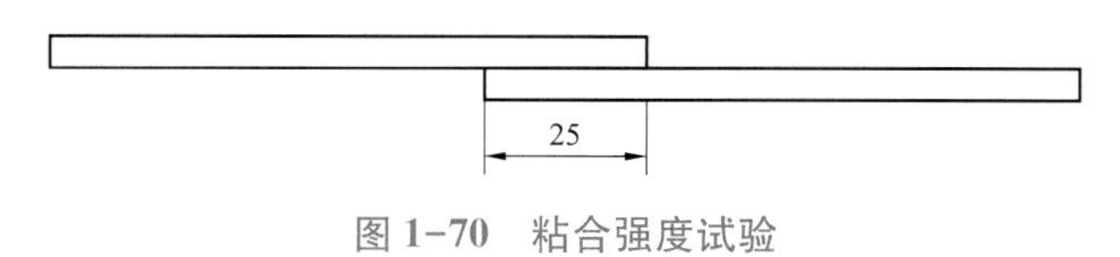

图 1-70　粘合强度试验

例如，截面规格为 1.6mm×8.8mm 的两根导线粘合后，按照图 1-70 进行粘合强度试验，并测试了拉力与应变大于 5MPa 的规定值关系曲线，如图 1-71 所示。试验中，粘合面积 219.8mm²，常温下和 120℃ 下拉断应力为平均值，分别为 12.3MPa 和 11.8MPa，远大于 5MPa 的规定值。从图 1-71 还看出，在作用应力低于拉断应力一半的区间，应力与应变曲线近似线性，说明在该应力区间的环氧粘合层处于正常应变，具有正常的粘合强度。

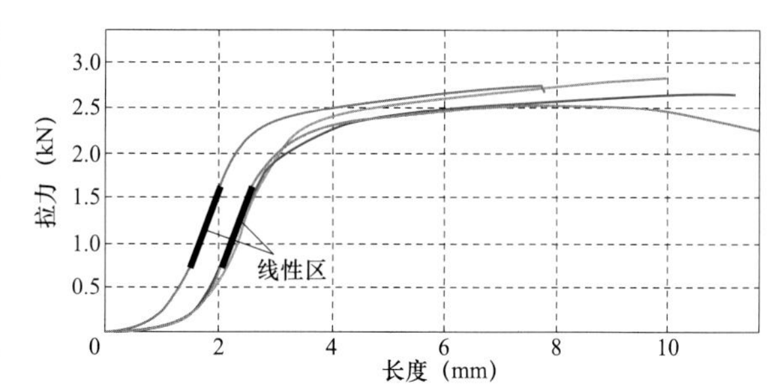

图 1-71　导线粘合面拉力与应变曲线

例如，图 1-71 中线性区的最大拉力为 1.65kN，在 219.8mm² 粘合面上的应力为

7.5MPa，超过 5MPa 的规定值。

（2）抗弯性能。图 1-72 所示为自粘性换位导线受力发生弯曲的示意图。

自粘性换位导线的试验作用力和发生的挠度的关系曲线，如图 1-73 所示，在曲线的 *AB* 区间，作用力与挠度近似呈线性关系；继续增加作用力，挠度迅速增加，直至换位导线发生破坏。

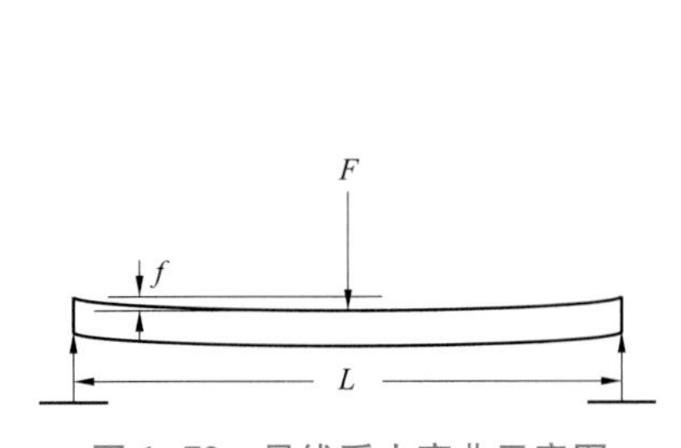

图 1-72　导线受力弯曲示意图

F—在线段中点的试验作用力，N；L—试验跨距，mm；f—挠度，mm

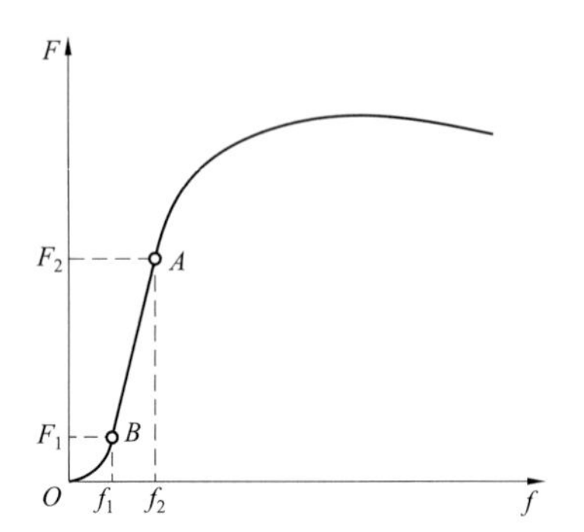

图 1-73　弯曲试验作用力—挠度曲线

在 *AB* 线性区间的作用力与挠度关系如下式计算

$$抗弯强度（刚度）=\frac{F_2-F_1}{f_2-f_1}$$

（3）自粘性换位导线的高温力学性能。自粘性换位导线的高温力学性能取决于所用环氧树脂材料的玻璃化温度。良好的环氧树脂配方使自粘性换位导线的高温性能得到明显提升，良好配方自粘性换位导线（简称良好配方）与一般配方自粘性换位导线（简称一般配方）的性能比较如图 1-74 和图 1-75 所示。

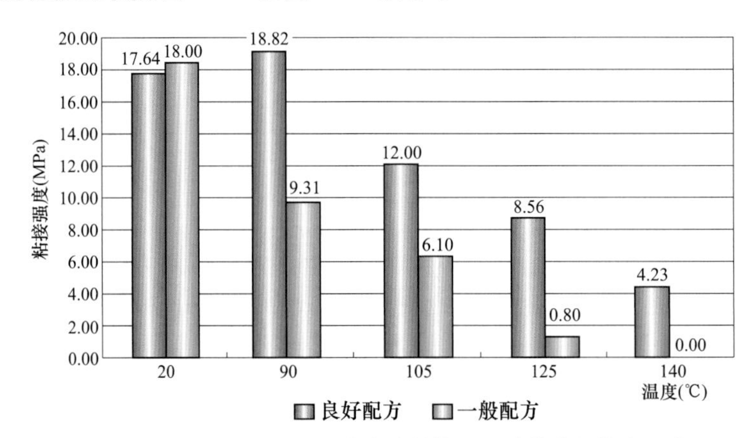

图 1-74　环氧树脂不同配方自粘性换位导线的高温粘合强度

由图 1-74 和图 1-75 可看出，环氧树脂“良好配方”的自粘性换位的导线的粘接强度和抗弯性能明显优于“一般配方”，在 115~125℃温度下仍具有相当好的性能，适用于高负载的换流变压器。

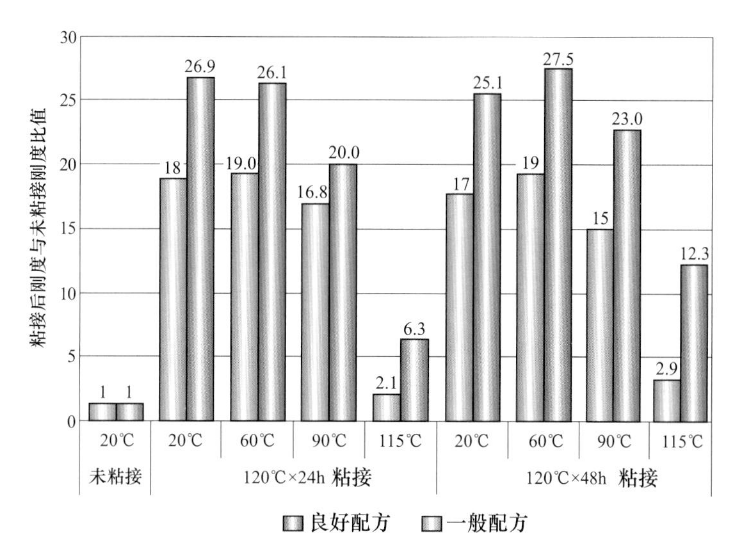

图 1-75　环氧树脂不同配方自粘性换位导线的高温抗弯性能

（四）承受短路能力的校核

GB 1094.5—2008，包括 IEC 60076—5（2006），提出了对变压器承受短路能力理论评估的方法。方法一是：设计评审应检查在规定的短路故障条件下，产品设计中所出现的最大临界机械力和应力的数值，并将这些数值与一台短路试验合格的且被认为与该待评估变压器类似的参考变压器的相应数值进行比较；方法二是：采用 GB 1094.5—2008 附录 A 中的方法计算出的指导性机械力和应力数值检查变压器的设计。

由于换流变压器容量大，限于试验设备等条件限制，通常采用方法二进行换流变压器承受短路能力的评估。

（1）评估绕组幅向的稳定性（即不发生“自由翘曲”），应计算绕组的平均环形压缩（拉伸）应力。

（2）评估绕组不发生“强制翘曲”，应计算绕组导线的弯曲应力。

（3）评估绕组轴向稳定性，应计算导线发生轴向“倾倒”的临界力；计算导线的轴向弯曲应力以及导线垫块承受的应力等。

（4）评估螺旋绕组出线抗旋转的性能，应计算其出线的有关推力。

（5）评估变压器器身紧固件的机械强度，应计算绕组对上下夹件的推力以及校核铁芯拉紧杆（板）的拉伸应力等。

考虑到工艺和材料性能的分散性，各项校核应在 GB 1094.5—2008 附录 A 许用值的基础上，再留 20% 以上的裕度并按照内外绕组高度相差 10mm 校核绕组轴向稳定性以及对夹件的推力。

例如，某换流变压器在设计审查时发现，网侧绕组（内线圈）的平均环形压缩应力为 56.7N/mm^2，绕组导线的屈服强度 $R_{P0.2}$ 为 100N/mm^2。按照 GB 1094.5—2008 推荐的临界应力为 60N/mm^2（$=0.6\times R_{P0.2}$），安全系数仅为 1.06（60/56.7），裕度太小。后来有关制造厂将该绕组导线的屈服强度 $R_{P0.2}$ 提高到 120N/mm^2，解决了裕度偏低的问题。该安全系数反映绕组的机械稳定性（抗“失稳”性能），考虑到自粘性换位导线实际粘合的状况以及导线 $R_{P0.2}$ 的分散性，安全系数在 1.2 以上是必要的。

图 1-76　夹件的支腿开焊脱落

（五）提高抗短路能力的措施

绕组垫块密化处理；绕组首次干燥阶段的加热、预压及其调整高度，预紧力与实际发生的轴向压缩力相当；下夹件及其铁轭垫块水平校准；对同柱绕组采用单一压板压紧时，应采取措施确保多个线圈是否均匀压紧，并有检查措施（如压敏纸）；注意夹件的焊接质量等。例如，某 500kV 变压器线圈故障后，夹件的支腿竟开焊脱落了，如图 1-76 所示，应重视夹件支腿的焊接质量。

保证导线制造质量达到设计要求，包括导线的 $R_{P0.2}$、自粘性换位导线的粘接强度和抗弯刚度，以及绕组和压装后的股间绝缘测试等；保证线圈套装的紧度和内外撑条的精确对位；严格管理线圈导线的焊接质量，其中“对接焊”的质量比较难控制，应重点关注。对于该类焊接工艺，应有拉力试验的抽样检查。

确保自粘性换位导线绕组的机械稳定性：① 绕组“S”弯的局部小厚垫块结构的稳定性很差，除非采用带锁紧的外撑条紧固，否则应不采用；② 绕组“S”弯的楔形垫块结构，其稳定性虽比局部小厚垫块明显好些，但仍需要将其与导线绑扎牢固。

七、噪声要求及评估

（一）噪声设计的要求

一般技术规范规定，换流变压器噪声在工频额定空载和额定运行负载（含谐波和直流偏磁引起的损耗）条件下不大于 75dB（A），冷却器的噪声应包含在内。

除设备本身的降噪外，还必须提供降低噪声的装置，使由换流站设备产生的可听噪声在任何运行条件下，不高于下列水平：

（1）在换流站围墙外距场界 1m 或大于 1m 处的任意点，其噪声水平为 50 dB（A），若距换流站场界附近有敏感点，其噪声水平不大于 45 dB（A）。

（2）机械设备间噪声水平为 70 dB（A）。

（3）控制室噪声水平为 50 dB（A）。

（4）继电器室噪声水平为 50 dB（A）。

注　（2）~（4）中的要求，只适用于距直接噪声源 3m 之外运行人员通常长期停留的测量点。

对于持续时间小于 1min、在任意 1h 内不多于 2 次的短期可听噪声，各测量点的允许噪声水平可在上述限制值之外再附加 20 dB（A）。

（二）噪声影响因素

1. 本体的影响

变压器的噪声主要来源于变压器本体和冷却器。变压器本体产生噪声的根源在于：

（1）硅钢片的磁致伸缩引起的铁芯振动。

（2）负载电流产生的漏磁引起的线圈、箱壁的振动。但交流变压器的额定工作磁密通常取1.5～1.8T，在这样的磁密范围之内，比硅钢片磁致伸缩引起的铁芯振动要小得多。

（3）硅钢片接缝处和叠片之间存在因漏磁产生的电磁吸引力而引起铁芯的振动。由于目前铁芯叠积方式的改进和芯柱及铁轭都用环氧玻璃丝粘带绑扎，硅钢片接缝处和叠片之间的电磁吸引力引起的铁芯振动，比硅钢片磁致伸缩引起的铁芯振动要小得多。这就是说一般交流变压器本体的振动主要取决于铁芯的振动，而铁芯的振动可以看作完全是由硅钢片的磁致伸缩引起的。

但对于直流运行下的换流变压器而言，有研究认为负载电流是产生噪声的主要原因，这与交流变压器有很大的不同。负载电流特别是换流变压器中流过的谐波电流在线圈中产生的机电力在线圈中引起振动产生噪声，通过油箱壁发射出来，其所占分量相较磁致伸缩引起的铁芯振动噪声更显著。另外，直流偏磁电流将加大磁致伸缩引起的铁芯振动噪声，这种增加可以由交流运行时励磁电流均方根值与直流偏磁电流倍数关系函数估算，也可由直流电流给铁芯磁通造成的偏移量进行计算。

2. 冷却器的影响

变压器噪声的另一个主要来源是冷却器。风扇会产生500～2000Hz频率的噪声。主导频率取决于多种因素，包括风扇速度、叶片数和叶片外形。噪声水平取决于风扇的数量以及转速。冷却装置的噪声也是由于它们的振动而产生的，其振动的根源在于：

（1）冷却风扇和油泵在运行时产生的振动。

（2）变压器本体的振动通过绝缘油、管接头及其装配零件传递给冷却装置，使冷却装置的振动加剧、噪声加大。另外，当铁芯加热以后，由于谐振频率和机械应力的变化，其噪声会随温度的升高而增大。

（三）噪声限制措施

1. 本体降低噪声的措施

（1）选择磁致伸缩小的优质晶粒取向冷轧硅钢片。

（2）降低铁芯的额定工作磁通密度。

（3）采用斜接缝叠装，充分考虑铁芯结构对降低噪声的作用，避免产生谐振。

（4）从加工工艺方面降低噪声，绑带紧固且应力尽量均匀，防止产生弯曲应力。

（5）改进垫脚与箱底的钢性连接方式，使垫脚传递给油箱的振动减小。

（6）增加油箱加强铁的数目，减小箱壁振幅。

2. 冷却装置降低噪声的措施

（1）增加散热片数量，增大散热体积，减少风扇数量。

（2）使用低转数低噪声风扇、低噪声油泵。

（3）用不锈钢波纹管连接本体与散热装置。

（4）在支架与油箱、冷却装置连接处使用减振胶垫。

3. 其他降低噪声的措施

除以上措施外，还可以在油箱加强铁之间焊装高效隔声板，油箱钢构中填充沙子，在变压器本体与地基之间用减振材料分隔开等方法有效降低噪声。

目前直流工程中普遍采用将换流变压器油箱外部敷设吸声材料的办法阻止噪声传播出去：一种方式是给换流变压器加装隔音栅栏，另一种方式是用Box-in将变压器整个封闭起来，后者是应对换流站整体越来越严格的噪声控制水平的有效办法。从向上工程开始，锦苏、哈郑以及溪浙等工程均采用一种可移动式 Box-in 方式，将隔音顶盖板和冷却器固定在换流变压器上，可随变压器移动，其余隔音板固定在防火墙上，变压器推入后进行连接，冷却器放置于 Box-in 墙外。这样，大大方便了换流变压器的移动、检修，现场效果如图 1-77 所示。

(a) (b) (c) (d)

图 1-77　带可移动式 Box-in 换流变压器

（a）备用相型式一；（b）备用相型式二；（c）运行相型式一；（d）运行相型式二

八、尺寸重量控制及评估

（一）尺寸重量限定要求

当换流变压器的运输方式为水路+公路时，运输尺寸限制为（长×宽×高）13 000mm×5000mm×5000mm，运输重量限制为400t。

当换流变压器的运输方式为铁路+公路时，运输尺寸限制为（长×宽×高）13 000mm×3500mm×4850mm（见图 1-78），运输重量限制 350t。

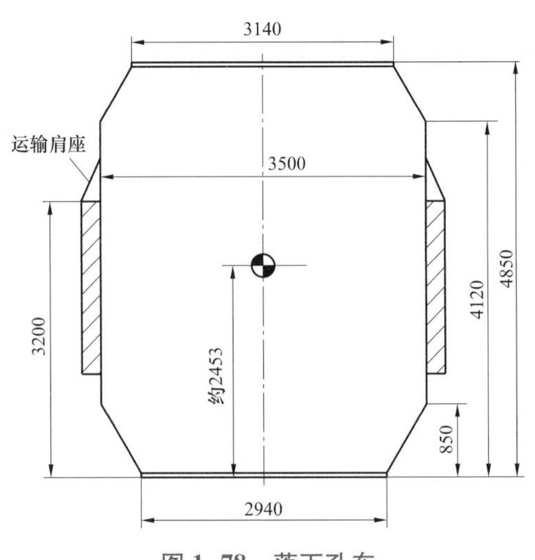

图 1-78　落下孔车

（二）换流变压器相应的运输器具

上述尺寸及重量限定是根据我国现有运输工具和道路条件制订的。

1. 铁路运输限界

DK36 落下孔车和 D32 凹底车是目前最大铁路运输车型，如图 1-79 和图 1-80 所示。DK36 是运输换流变压器最大尺寸和载重的车型，对变压器相应尺寸要求为：最大运输长度不超过13m，宽度小于3.5m，高度小于4.85m，最大运输重量不超过350t，横向不偏心。

图1-79　DK36落下孔车

图1-80　D32凹底车

2. 公路运输限界

公路运输用的液压平板车，最大可达到1000t以上，目前国内最大桥式车组为500t（见图1-81）。受到公路运输道路限制，换流变压器尺寸最大限制为：最大运输长度不超过13.5m，宽度小于5.2m（不含肩座），高度小于5.0m，单件重量不大于500t。3纵14轴平板车如图1-82所示。

图1-81　500t桥式车组

图1-82　3纵14轴平板车

3. 水路运输限界

水路运输对变压器限界要求不高，必要时采用压舱等措施可以解决，不是限制变压器制造尺寸的主要因素。图1-83所示为700t级船舶外形图。

图1-83　700t级船舶外形图

（三）与运输条件对应的换流变压器结构设计

大件运输是换流变压器设计、制造的重要条件，其限制尺寸和重量直接限定了换流变压器的容量和结构型式。

相应于公路运输、铁路运输和水运以及它们两者或者三者组合，对水运或容量小于400MVA铁路运输，换流变压器采用两柱带两旁轭的常规结构即可。

对于铁路运输，特别是容量大于400MVA的特高压高端换流变压器，只能选择采用三柱带两旁轭结构，如空间不够，还要采取将分接开关外置、网侧并联出线外置的措施，如宁东工程（见图1-84）；或采取将阀侧出线装置外置、单独运输的方案，如云广工程（见图1-85）。

图 1-84　宁东工程分接开关外置换流变压器

图 1-85　云广工程阀出线外置换流变压器

九、分接开关的要求及评估

（一）换流变压器分接开关的特点

换流变压器均装有有载分接开关，在直流系统运行过程中，通过有载调压开关改变绕组的匝数比，维持阀侧直流电压恒定不变，补偿电压波动。虽然可以通过调整换流阀晶闸管的触发角来调整直流系统电压，但为了保证系统的安全经济运行，当交流网侧电压变化较大时，则需要运行中的换流变压器通过有载调压的方式来补偿，以便让晶闸管的触发角运行于适当的范围内。另外，直流系统要求具备降压运行方式，也需要通过有载调压开关来实现，当然也可选择采取大角度触发角作为辅助手段，实现直流降压运行。

因此，相对于交流变压器而言，换流变压器的有载调压范围要大得多，一般可达到-5%～+30%；档距较小，通常为1%～2%，以达到分接头调节和换流器触发角控制联合工作时无调节死区和频繁往返动作的目的。

换流阀的关断是利用换流变压器阀侧的两相短路电流实现的，以图1-10中V1向V3换相为例说明换相的过程。当V3导通时换流变压器的a相和b相通过V1和V3形成两相短路，此时V3中的电流为两相短路电流，从零开始升高；在V1中由于两相短路电流的方向与原V1中的电流方向相反，流经它的电流为两相短路电流与原电流之差，当两相短路电流等于原电流时，流经它的电流为零，V1关断，此时V3则流过全部直流电流［见图1-11中（d）］，换相过程结束。换相所需的时间用换相角μ表示［见图1-11中

(e)]。

在换相这段时间(μ)内,短路电流方程为

$$2L\frac{\mathrm{d}i}{\mathrm{d}t}=\sqrt{2}E\sin\omega t$$

$$\frac{\mathrm{d}i}{\mathrm{d}t}=\frac{\sqrt{2}E}{2L}\sin\omega t$$

式中 E——交流线电压的有效值;

L——换相电感(包括换流变压器电抗和系统电抗);

i——短路电流。

当 $\omega t=\alpha=90°$时,$\mathrm{d}i/\mathrm{d}t$ 值最大。

换相期内,阀电流的瞬时值如下:

上升前沿

$$i_{\mathrm{s}}=I_{\mathrm{d}}\frac{\cos\alpha-\cos\omega t}{\cos\alpha-\cos(\alpha+\mu)}$$

下降后沿

$$i_{\mathrm{j}}=I_{\mathrm{d}}\frac{\cos(\omega t-120°)-\cos(\alpha+\mu)}{\cos\alpha-\cos(\alpha+\mu)}$$

电流变化率

$$\frac{\mathrm{d}i}{\mathrm{d}t}=\frac{2\pi f}{\sqrt{3}}\frac{U_{\mathrm{diomax}}}{U_{\mathrm{dioN}}}\frac{I_{\mathrm{d}}}{d_{\mathrm{xmin}}N_{\mathrm{nom}}}\sqrt{1-(\cos\alpha-I_{\mathrm{d}}/U_{\mathrm{dio}})^{2}}$$

式中 U_{dioN}——额定直流空载电压;

U_{diomax}——最大直流空载电压;

d_{xmin}——相对感性压降;

N_{nom}——换流变压器的电压比;

U_{dio}——直流空载电压;

I_{d}——直流电流。

换流变压器由于电流变化率大,导致在切换过程中有载分接开关的恢复电压升高很多。对比换流变压器有载分接开关和交流变压器有载分接开关的主通断触头(M)和过渡触头(T)承受的恢复电压,典型计算值如表 1-6 所示,分接开关各点位置示意图如图 1-86 所示。

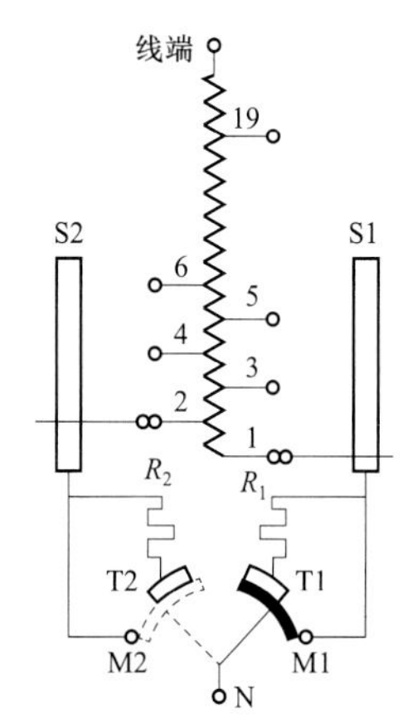

图 1-86 双电阻式有载分接开关电路示意图

R_1、R_2—过桥电阻;S1、S2—选择开关;
M1、M2—切换开关主燃弧触头;
T1、T2—切换开关过渡燃弧触头;
1~19—选择开关触头

由此可见,换流变压器的主通断触头恢复电压是交流变压器的 8~9 倍,过渡触头恢复电压是交流变压器的 4~5 倍。换流变压器有载分接开关在切换过程中触头需要更大的切换容量,要求的切换负荷也更高,因此必须加大设计容量。

分接开关中典型电流波形如图 1-87 所示。

表 1-6　　　　恢复电压对比计算

换流变压器	交流变压器
$di/dt=3.489A/\mu s$	$f=50Hz$
$I_L=1300A$	
$U_{st}=4000V$（R_1、R_2 两端的级电压）	
$R=2.2\Omega$	
当 $t=50\mu s$ 时主通断触头 M1 的恢复电压	
383.79V	44.9V
当 $t=50\mu s$ 时过渡触头 T1 的恢复电压	
446.59V	107.7V

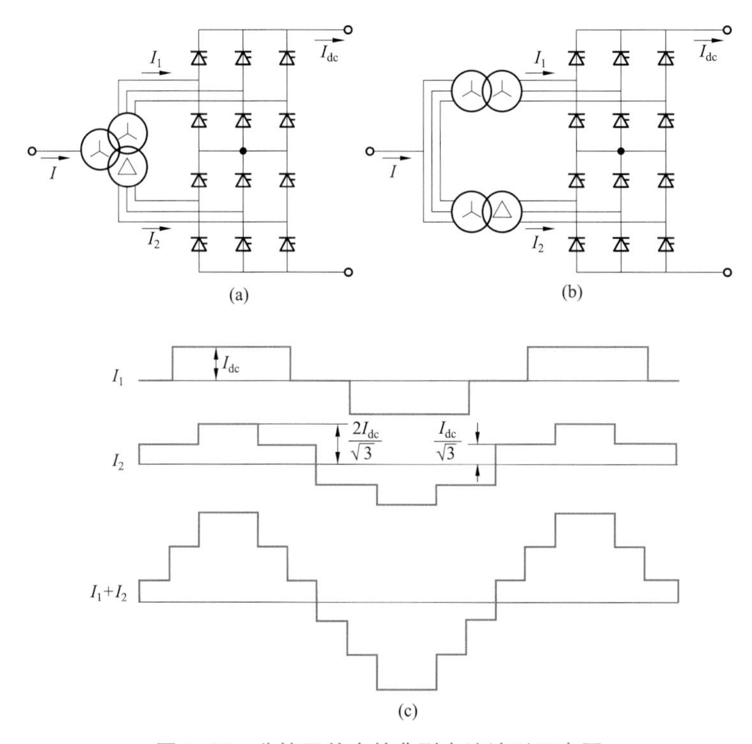

图 1-87　分接开关中的典型电流波形示意图

（a）带 Y 和 D 接线阀绕组的单台单相三绕组换流变压器两端电流；
（b）分别带 Y 和 D 接线阀绕组的两台单相双绕组换流变压器两端电流；
（c）换流变压器 Y 接（I_1）、D 接（I_2）和网侧（I_1+I_2）绕组电流波形图

切换电流的陡度 di/dt 以及恢复电压与换流变压器短路阻抗、换流阀阻抗、交流电压、直流电流、触发角有关。切换电流的陡度 di/dt 在成套设计的主回路计算中得到，并在换流变压器技术规范中给出。分接开关切换后恢复电压波形如图 1-88 和图 1-89 所示，图 1-88 为切入过渡电阻时切换开关的恢复电压，图 1-89 为转换过渡电阻时切换开关恢复电压。

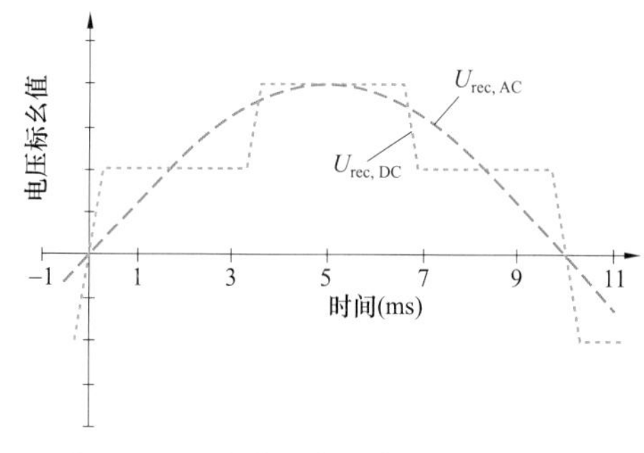

图 1-88　交流和直流变压器切入过渡电阻时切换开关恢复电压

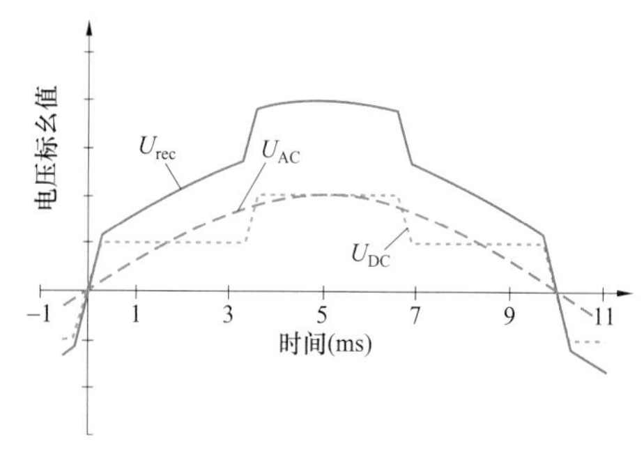

图 1-89　换流变压器转换过渡电阻时切换开关恢复电压

U_{DC}—过渡电阻回路产生的电压；

U_{AC}—环流回路产生的电压；

U_{rec}—切换开关上的恢复电压

（二）电压分接范围设计要求

1. 分接头级差电压的选择

最大允许级电压受到切换开关的电气强度与开断容量的限制，额定相级电压与额定通过电流的关系曲线如图 1-90 所示，这是目前在用的分接开关典型容量曲线图，最大额定极电压 5000V，对应有最大额定通过电流 2400、900A 和 600A 三种规格。

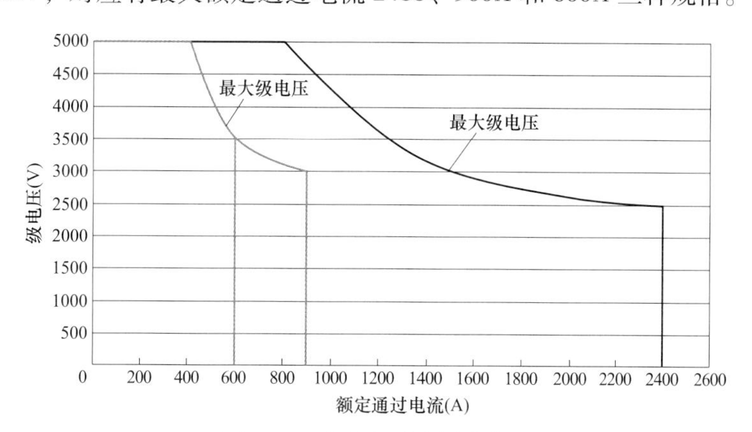

图 1-90　分接开关容量曲线图

对于交流电压为 $550/\sqrt{3}$ 的系统，选择级电压为 $550/\sqrt{3}\times1.25\%\times1000=3969$V，小于图 1-90 曲线中 5000V 的最大值，相应的额定电流可以达到 1000A 左右。

对于交流电压为 $750/\sqrt{3}$ 的系统，所用到的有载开关目前无法选择已有成熟开关产品。因为其级电压 $750/\sqrt{3}\times1.25\%\times1000=5413$V，大于图 1-90 所示曲线中 5000V 的最大值。为了解决此问题，第一方案是研制和开发具有足够级电压的新型有载开关；第二方案是把系统的每级电压调整范围降低，则可以通过增加开关的级数来实现预期的调压范围。例如，把每级 1.25% 的调节范围调整为 0.86%，那么级电压为 $750/\sqrt{3}\times0.86\%\times1000=3724$V，小于 5000V 的最大值，相应的额定电流可以达到 1200A 左右。

2. 分接范围的选择

有载调压开关的调压范围，一般在电压变化率计算基础上确定。换流变压器最大电

压变化率

$$\eta_{\max}=\frac{U_{\mathrm{lmax}}}{U_{\mathrm{lN}}}\frac{U_{\mathrm{dioN}}}{U_{\mathrm{diomin}}}$$

换流变压器最小电压变化率

$$\eta_{min}=\frac{U_{\mathrm{lmin}}}{U_{\mathrm{lN}}}\frac{U_{\mathrm{dioN}}}{U_{\mathrm{diomax}}}$$

档位计算

$$TC_{\mathrm{step}}=\frac{\eta-1}{\Delta\eta},\ +TC_{\mathrm{step}}=\frac{\eta_{\max}-1}{\Delta\eta},\ -TC_{\mathrm{step}}=\frac{\eta_{\min}-1}{\Delta\eta}$$

式中 U_{lmax}、U_{lN}——交流侧最高电压和额定电压；

U_{dioN}——额定直流空载电压；

U_{diomax}——最大直流空载电压；

U_{diomin}——最小直流空载电压；

$\Delta\eta$——级差电压。

负分接一般按计算值确定，通常在-10～-1范围内；正分接计算值一般略大于10，考虑到降压运行和开关制造能力，通常在20～30范围内，总分接挡数控制在28～33的范围内。

对±500、±660kV接入交流500kV系统的换流变压器，级电压取1.25% U_{N}，总调压级数一般控制在30～33范围内，典型值如+25/-5、+28/-4、+25/-7、+26/-4等。

对±800kV接入交流500kV系统的换流变压器，级电压取1.25% U_{N}，总调压级数一般控制在28左右，典型值如+23/-5、+22/-6、+25/-3等。

对±800kV接入交流750kV的换流变压器，级电压取0.86% U_{N}，总调压级数控制在28以内，典型值如+25/-3。

3. 分接开关的选择

换流变压器分接开关的切换电流陡度和恢复电压，都比同等电流和级电压参数的交流变压器大，分接开关一般按级电压和级容量限制选择。调压档距应按此设定，交流电压越高，调节范围越大，分接开关越难选。

换流变压器一般采用2台油浸式分接开关外部并联或采用1台真空式分接开关内部并联的设计，如图1-91和图1-92所示。

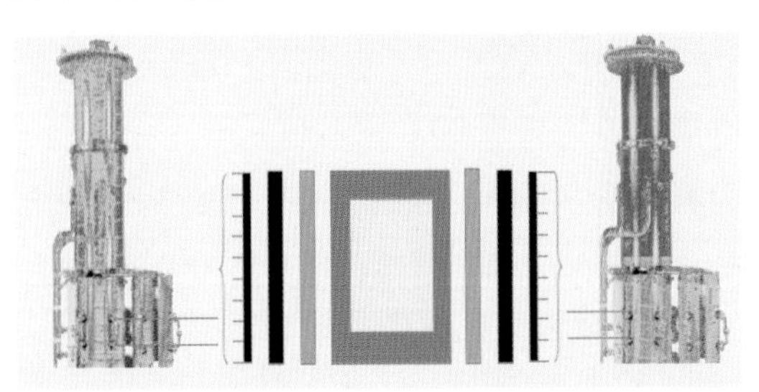

图1-91 采用油浸式分接开关并联接线

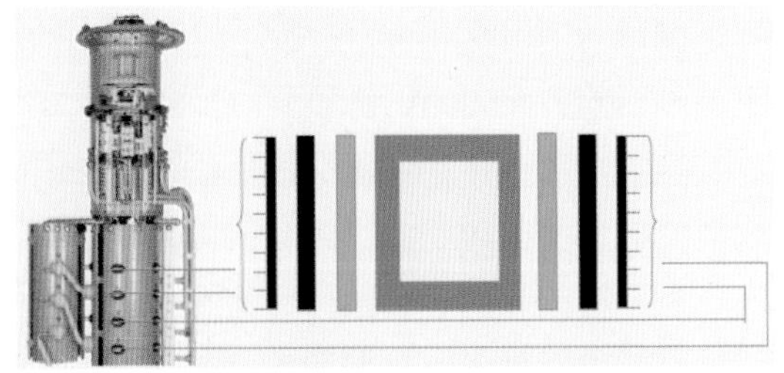

图1-92 采用真空式分接开关接线

（三）分接开关技术要求

综合以上分析，换流变压器有载调压开关的技术要求如下：① 切换负荷高；② 调压范围大；③ 调压操作频繁，会导致切换油室温度高；④ 极性转换选择器动作时触头断口间的恢复电压高。

分接开关技术参数一般由换流变压器供应商根据换流变压器技术要求进行选择，包含额定长期运行电流、分接范围、档距、雷电冲击耐受电压、电流上升率 di/dt、机械和电耐受、调节速度等。

［示例］某 3000MW 直流输电工程换流变压器分接开关参数典型参数如下：

换流变压器容量 297.5MVA，网侧电流（1.05p.u.，最小分接）为 1122A，分接开关参数：额定长期运行电流为 2400A（有效值），分接范围为+25/−5，档距为 1.25%，雷电冲击耐受电压为 380kV（峰值），机械寿命≥800 000 次，电寿命≥500 000 次，维修周期≥100 000 次，调节速度 10 挡/min。电流上升率 di/dt 见表 1-7。

表 1-7　角度与电流上升率对应关系

角度（α、γ 电角度）	电流上升率 di/dt（A/ms）	角度（α、γ 电角度）	电流上升率 di/dt（A/ms）
10	1193	50	2346
15	1303	60	2578
17	1355	70	2744
20	1439	80	2832
30	1748	85	2846（最大值）
40	2062	90	2837

（四）选择分接开关关键点

1. 分接开关级间过电压的保护

当计算分析认为分接开关级间会出现过电压时，分接开关级间应采用无间隙金属氧化锌避雷器保护，该避雷器与过渡电阻串联，它会长期承受级电压，保护水平一般是按级电压工作下工频电压的 15~20 倍设计的。出现过电压时避雷器动作，将过电压限制在一定的范围内，以保护切换开关级间绝缘不发生放电击穿。

2. 粗/细调转换选择器的高漏感

当分接开关从细调绕组端转换到粗调绕组端时，两个绕组串联会产生很高的漏感，这将导致在开断电流和恢复电压之间产生一个相移，使开断电弧更加严重。分接开关必须具备合适的尺寸。

某些绕组的布置，如粗调和细调绕组轴向排列布置，漏感很高，因而比之其他的布置，需要更大型的分接开关。一般而言，真空型分接开关敏感度较低，可用于高漏感值的情况。

3. 极性转换选择器转换时的恢复电压

极性选择器操作期间因分接绕组暂时与主绕组分离，调压绕组瞬间会悬空，由于主绕组与调压绕组间、调压绕组与油箱间存在耦合电容，当极性转换触头离开瞬间，动静触头间会切断一数值很小的电容电流。由于该电流的存在，使分离的触头间产生火花，变压器油分解产生气泡；同时在其断口间会产生很高的恢复电压，引起触头断口间击穿放电，轻者在变压器主油箱内产生气体，重者电弧不熄造成调压绕组直接短路。另外，当极性转换触头接通另一侧瞬间，同样由于耦合电容的存在，动触头会接通一电容电流，造成极性转换出头的烧蚀，使变压器主油箱内分解产生气体。

为避免分接绕组因火花放电不熄产生的短路或大量气体产生危及变压器绝缘的状况，可以采取两种措施：一是将极性选择器真空化，在极性转换开关的动触头上并联一个真空触头，使断口上产生的恢复电压由真空管承受，电弧在真空管内熄灭；二是根据调压绕组对地及网侧绕组的耦合电容，计算极性转换开关恢复电压，配置合适的束缚电阻及束缚电阻开关，使极性转换开关恢复电压限制在35kV（有效值）以下，电容电流限制在200mA以下。

第四节　换流变压器型式和参数

一、换流变压器主要型式

（一）单相三绕组换流变压器

灵宝、高岭、黑河等背靠背直流系统均采用单相三绕组换流变压器，此外长距离输电直流工程中±500kV葛南工程和±400kV青藏工程也采用了单相三绕组换流变压器。从这几个工程的换流变压器容量看，都在300MVA以下，所以采用单相三绕组型式更加经济合理。

单相三绕组换流变压器绕组接线原理图如图1-93所示。绕组排列方式为：铁芯—调压绕组—网侧绕组—阀侧绕组。

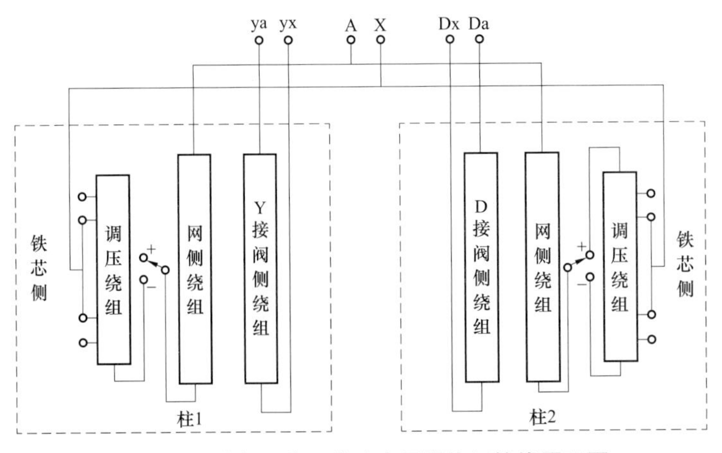

图1-93　单相三绕组换流变压器绕组接线原理图

铁芯采用单相四柱式结构型式，中间两个主柱上套有绕组，外侧的两个旁柱不套绕组，所以也称单相两柱带旁轭的铁芯结构。

网侧绕组在两个柱上的绕组并联接线，柱1上的绕组为右绕向，柱2上的绕组为左绕向，两个绕组除绕向不同外，其余均相同。

（二）单相双绕组换流变压器

从±500kV三常工程开始，直流系统输送容量提升到3000MW，换流变压器如果继续采用单相三绕组型式，那么单台容量将达到近600MVA，无法满足大件运输的要求，因此改为采用单相双绕组的型式。特高压换流变压器容量大、阀侧绝缘水平高，一般都采用单相双绕组方案，铁芯为单相4柱或5柱式结构，中间两个或三个柱子上套绕组，外边两个旁柱作为磁通回路，不套绕组。

采取2柱式结构的换流变压器绕组铁芯结构为单相4柱式，其中2柱套线圈，另2柱为旁轭。柱1和柱2上从内向外依次排列着调压绕组、网侧绕组和阀侧绕组。柱2上的绕组除绕向相反外，其余结构均相同。调压绕组放于最内侧，便于减小与铁芯的距离，减小运输尺寸。两个阀侧绕组首末端分别通过阀侧出线装置并联在一起，两个网侧绕组首端通过引线接在一起，末端连接到调压绕组再通过有载调压开关连接后，通过开关的接线端子引出后并联在一起引向中性点。这种结构更便于安排阀侧绕组出线，在解决高压端换流变压器的设计结构方面作用十分明显，低压端换流变压器同样采用了这种绕组排列顺序，使每极同相4台换流变压器的阻抗波动更加一致。低压端换流变压器也有采用阀侧绕组、网侧绕组、调压绕组排列的，有利于调压绕组的出线。

2柱式器身结构换流变压器磁路示意图如图1-94所示，箭头所指为磁通方向。

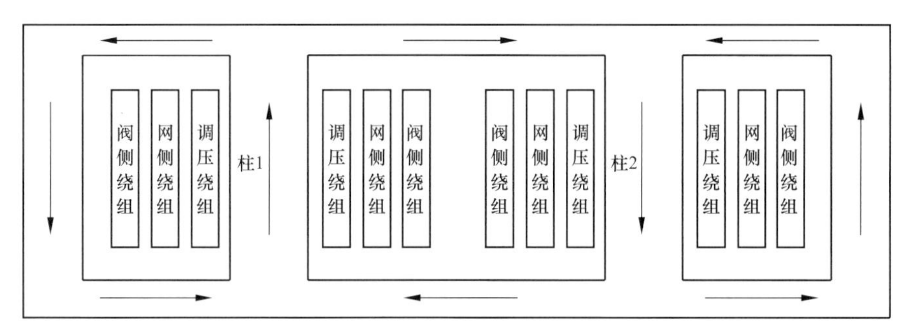

图1-94　2柱式器身结构换流变压器磁路示意图

2柱式换流变压器绕组接线原理图如图1-95所示。位于2个芯柱上的阀侧绕组和网绕组各自并联连接，每柱上容量为整台换流变压器的一半。2个芯柱上的绝缘结构和阻抗电压完全一致。

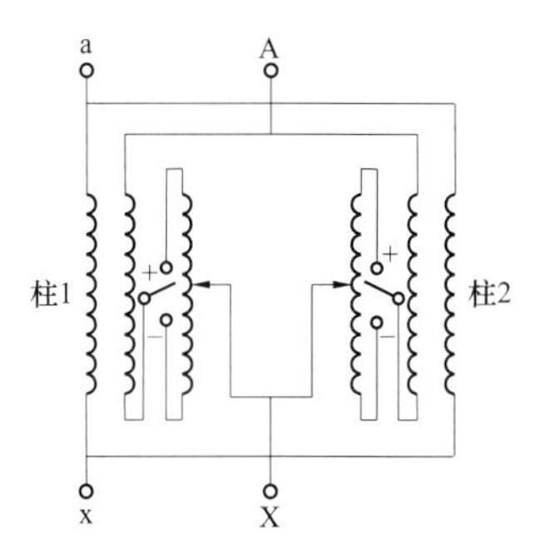

图1-95　2柱式换流变压器绕组接线原理图

当受到大件运输的限制时，特高压换流变压器也可采用单相5柱式结构，中间3个柱子上套绕组，外边2个旁柱不套绕组。3个主柱上的绕组在电气上并联连接。

与2柱式方案相比，3柱式方案的运输宽度大幅度降低，但其铁芯长度明显加长，对夹件的强度及铁芯装配提出更高的要求。绕组排列方式与2柱式结构完全相同，只是变压器在每柱上的容量由1/2变为1/3，3柱上的绕组各自并联，绕组结构除绕向有差异外，其余均相同。这样，变压器的运输尺寸在宽度方向上就可以降低，只要在长度方向的增加不超过运输车长度要求即可。3柱式器身结构换流变压器磁路示意图如图1-96所示，箭头所指为磁通方向。绕组套在中间3柱上，另两个是旁轭。绕组布置方式与2柱式一致，从铁芯柱依次往外分别是调压绕组、网侧绕组、阀侧绕组。

一般油箱采用桶式平箱盖结构，能承受13.3Pa真空压力和98kPa正压力的机械强度

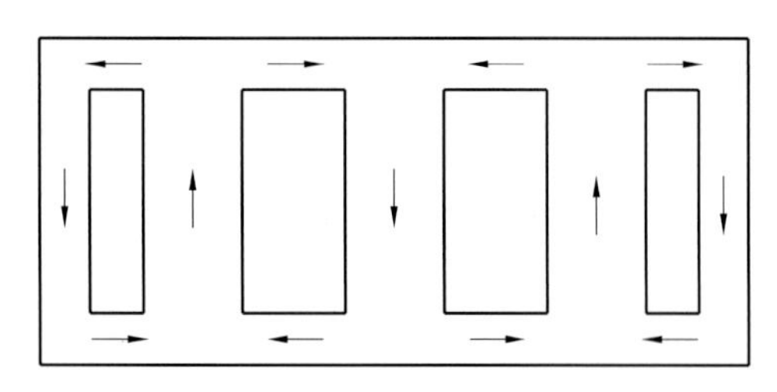

图 1-96　3 柱式器身结构换流变压器磁路示意图

试验。箱壁内侧设置铝屏蔽（复龙换流站）或铜屏蔽（奉贤换流站）。

网侧套管在油箱顶部引出，阀侧两只直流套管均在变压器一端倾斜伸入阀厅。换流变压器外面设置箱式隔音装置（Box-in），Box-in 的板体与换流变压器统一设计，固定安装在变压器本体之上，冷却装置采用独立的冷却器组。冷却器位于防噪声装置外，以利散热。

网侧套管使用瓷质、油浸式套管，加装油位计；阀侧套管使用干式或充 SF_6 的套管，若为充 SF_6 的套管，加装压力表。抽压分头及接地末屏设小套管引出。

二、换流变压器主要参数

（一）背靠背直流系统换流变压器参数

背靠背直流系统有灵宝换流站、高岭换流站和黑河换流站。灵宝换流站一期工程额定输送容量 360MW、直流电压为 120kV、额定直流电流为 3000A；二期扩建工程额定输送容量 750MW、直流电压为 166.7kV、额定直流电流为 4500A。主接线采用低端单点接地。高岭换流站和黑河换流站均为额定输送容量 750MW、直流电压为±125kV、额定直流电流为 3000A；主接线采用一侧换流单元中点接地，另一侧换流单元中点经避雷器接地。

换流变压器的参数如表 1-8 所示，所有换流变压器均采用了单相三绕组的型式，单台容量在 300MVA 以下，阻抗基本为 16%；因为没有降压运行方式，有载调压开关调压范围不大；网侧绝缘水平按交流系统相应电压等级要求的绝缘水平选取。例如，220kV 交流系统雷电绝缘水平为 1175kV、操作绝缘水平为 950kV、工频 1min 耐受电压为 510kV；500kV 交流系统雷电绝缘水平为 1550kV、操作绝缘水平为 1175kV、工频 1min 耐受电压为 680kV。

灵宝换流站换流变压器阀侧绝缘水平：Y 绕组雷电绝缘水平为 650kV、操作绝缘水平为 550kV；D 绕组雷电绝缘水平为 450kV、操作绝缘水平为 350kV。高岭换流站换流变压器阀侧 Y 绕组和 D 绕组绝缘水平相同，雷电绝缘水平为 650kV、操作绝缘水平为 550kV。

（二）±400、±500、±660kV 直流系统换流变压器参数

青藏直流工程直流电压±400kV、本期额定电流 750A、额定容量 600MW；远期工程新建同本期工程相同的直流双极，将本期和远期扩建的双极并联，共用直流线路和接地极线路及接地极；构成直流电压±400kV，直流线路额定电流 1500A，总额定容量 1200MW 的直流工程。青藏工程高海拔、高寒、高风沙，换流变压器设计中对外绝缘、温升和设备防风沙都采取了相关的技术处理。

葛南、天广工程直流电压±500kV、额定电流 1200A、额定容量 1200MW。

青藏、葛南、天广工程输送容量不大，所以换流变压器采用了单相三绕组型式。

三常、三广、三沪（宜华）、三沪Ⅱ（荆枫）、呼辽、德宝、贵广Ⅰ回和贵广Ⅱ回等工程直流电压均为±500kV、额定电流 3000A、额定容量 3000MW。宁东工程直流电压±660kV、额定电流 3000A、额定容量 4000MW。这些工程换流变压器的均为单相双绕组

型式，其中宁东工程银川换流站换流变压器受大件运输条件限制，铁芯采用了3芯5柱式。

以上诸工程换流变压器参数见表1-9。由表1-9看出，随着单台容量的增大，换流变压器的阻抗也由14%增加到18.5%。有载调压开关调压范围较大。

（三）±800kV直流系统换流变压器参数

云广工程直流电压±800kV、额定电流3150A、额定容量4000MW；向上工程直流电压±800kV、额定电流4000A、额定容量6400MW；锦苏工程直流电压±800kV、额定电流4500A、额定容量7200MW；哈郑、溪浙工程直流电压±800kV、额定电流5000A、额定容量8000MW。

以上诸工程换流变压器参数见表1-10。所有换流变压器均为单相双绕组，其中锦苏工程的裕隆换流站和哈郑工程的哈密换流站换流变压器铁芯均为3芯5柱结构。

±800kV特高压换流变压器阀侧绝缘水平基本相同，Y/Y1（800）雷电绝缘水平为1800kV、操作绝缘水平为1600kV；Y/D1（600）雷电绝缘水平为1550kV、操作绝缘水平为1300kV；Y/Y2（400）雷电绝缘水平为1300kV、操作绝缘水平为1175kV；Y/D2（200）雷电绝缘水平为1175kV、操作绝缘水平为1050kV。

表 1-8 背靠背换流变压器主要参数一览表

<table>
<tr><th rowspan="2">序号</th><th rowspan="2">工程名称</th><th rowspan="2">容量(MVA)</th><th rowspan="2">电压(kV)</th><th rowspan="2">换流变压器型式</th><th rowspan="2">分接范围</th><th rowspan="2">阻抗(%)</th><th colspan="2">绝缘水平(kV)</th><th colspan="2">损耗(kW)</th><th rowspan="2">运输重量(t)</th><th rowspan="2">运输尺寸(mm)</th><th rowspan="2">制造厂</th></tr>
<tr><th>网侧</th><th>阀侧</th><th>空载</th><th>负载</th></tr>
<tr><td rowspan="4">1</td><td rowspan="4">灵宝 I</td><td rowspan="4">143.6/17.8/17.8</td><td rowspan="2">$(363/\sqrt{3})/(55.5/\sqrt{3})/55.5$</td><td rowspan="4">Y/Y/D 单相三绕组</td><td rowspan="2">+9/−8×1.25%</td><td rowspan="4">16</td><td rowspan="2">1175/950/510</td><td>650/550/275</td><td rowspan="2">77.4</td><td rowspan="2">567</td><td rowspan="2">138</td><td rowspan="2">9560× 4290×4395</td><td rowspan="2">沈变</td></tr>
<tr><td>450/350/185</td></tr>
<tr><td rowspan="2">$(252/\sqrt{3})/(55.5/\sqrt{3})/55.5$</td><td rowspan="2">+9/−8×1.25%</td><td rowspan="2">950/750/395</td><td>650/550/275</td><td rowspan="2">87</td><td rowspan="2">383</td><td rowspan="2">141</td><td rowspan="2">8330×3200×3890</td><td rowspan="2">西变</td></tr>
<tr><td>450/350/185</td></tr>
<tr><td rowspan="4">2</td><td rowspan="4">灵宝 II</td><td rowspan="2">299.5/149.75/149.75</td><td rowspan="2">$(345/\sqrt{3})/(70.59/\sqrt{3})/70.59$</td><td rowspan="4">Y/Y/D 单相三绕组</td><td rowspan="2">+9/−8×1.25%</td><td rowspan="2">16</td><td rowspan="2">1175/950/510</td><td>650/550/230</td><td rowspan="2">119</td><td rowspan="2">672</td><td rowspan="2">229</td><td rowspan="2">10 030×3460×4697</td><td rowspan="2">沈变</td></tr>
<tr><td>450/350/125</td></tr>
<tr><td rowspan="2">300.87/150.44/150.44</td><td rowspan="2">$(535/\sqrt{3})/(70.59/\sqrt{3})/70.92$</td><td rowspan="2">+7/−10×1.25%</td><td rowspan="2">16.8</td><td rowspan="2">1550/1175/680</td><td>650/550/230</td><td rowspan="2">158</td><td rowspan="2">623</td><td rowspan="2">240</td><td rowspan="2">9480×3930×4750</td><td rowspan="2">西变</td></tr>
<tr><td>450/350/125</td></tr>
<tr><td>3</td><td>高岭 I</td><td>299.10/149.55/149.55</td><td>$(525/\sqrt{3})/(105.75/\sqrt{3})/105.75$</td><td>Y/Y/D 单相三绕组</td><td>+9/−8×1.25%</td><td>16</td><td>1550/1175/680</td><td>650/550/185</td><td>125</td><td>508</td><td>240</td><td>9240×3360×4740</td><td>西变</td></tr>
<tr><td rowspan="2">4</td><td rowspan="2">高岭 II</td><td rowspan="2">299.10/149.55/149.55</td><td rowspan="2">$(525/\sqrt{3})/(105.75/\sqrt{3})/105.75$</td><td rowspan="2">Y/Y/D 单相三绕组</td><td rowspan="2">+9/−8×1.25%</td><td rowspan="2">16</td><td rowspan="2">1550/1175/680</td><td rowspan="2">650/550/185</td><td>134</td><td>595</td><td>240</td><td>9334×3364×4750</td><td>西变</td></tr>
<tr><td>127</td><td>581</td><td>249</td><td>9720×3560×4413</td><td>沈变</td></tr>
<tr><td>5</td><td>黑河</td><td>298.4/149.2/149.2</td><td>$(515/\sqrt{3})/(105.5/\sqrt{3})/105.5$</td><td>Y/Y/D 单相三绕组</td><td>+9/−8×1.25%</td><td>16</td><td>1550/1175/680</td><td>650/550/185</td><td>124.5</td><td>557</td><td>241</td><td>10 155×3460×4640</td><td>沈变</td></tr>
</table>

表 1-9　　±400、±500、±660kV 换流变压器主要参数一览表

序号	工程名称	容量(MVA)	电压(kV)	换流变压器型式	分接范围	阻抗(%)	绝缘水平(kV)		损耗(kW)		运输重量(t)	运输尺寸(mm)	制造厂
							网侧	阀侧	空载	负载			
1	三常 龙泉换流站	297.5	$(530/\sqrt{3})/(170.3/\sqrt{3})$	Y/Y 单相双绕组	-5/+23	16	1550/1175/680	1675/1425	136	732	255	9840× 4398×4975	ABB+西变
			$(530/\sqrt{3})/(170.3)$	Y/D				1175/950		777			
	三常 政平换流站	283.7	$(500/\sqrt{3})/(200.4/\sqrt{3})$	Y/Y 单相双绕组	+26/-2	16	1550/795/-	1675/1300/580	159	940	261	10 600×4800×4900	西门子+沈变
			$(500/\sqrt{3})/200.4$	Y/D 单相双绕组			1550/795/-	1050/850/315	139	897	290	10 100×4525×4900	
2	三广 荆州换流站	297.5	$525/\sqrt{3})/(210.4/\sqrt{3})$	Y/Y	-5/+25	16	1550/1175/680	1675/1425	142	700	263	9840×3400×4800	ABB+西变
			$(525/\sqrt{3})/(210.4)$	Y/D				1175/950	142	732			
	三广 惠州换流站	283.7	$(525/\sqrt{3})/(200.6/\sqrt{3})$	Y/Y	-6/+26	16.8	1550/1175/680	1675/1425	126	674	260	9840×3400×4800	ABB+西变
			$(525/\sqrt{3})/(200.6)$	Y/D				1175/950	126	705			
3	贵广Ⅰ回 安顺换流站	297	$(525/\sqrt{3})/(209.7/\sqrt{3})$	Y/Y 单相双绕组	+16/-4	16	1550/1175/680	1550/1300/587	164	807	280	10 661×3904(含肩座)×4800	西门子+沈变
			$(525/\sqrt{3})/209.7$	Y/D 单相双绕组			1550/1175/680	1050/850/314	147	801			
	贵广Ⅰ回 肇庆换流站	282	$(525/\sqrt{3})/(199/\sqrt{3})$	Y/Y 单相双绕组	+16/-6	16.68	1550/1175/680	1550/1300/587	149	659	268	10 900×4900×5050	西门子+沈变
			$(525/\sqrt{3})/199$	Y/D 单相双绕组			1550/1175/680	1050/850/314	127	670	226	9150×4550×4900	

续表

序号	工程名称	容量（MVA）	电压（kV）	换流变压器型式	分接范围	阻抗（%）	绝缘水平（kV）		损耗（kW）		运输重量（t）	运输尺寸（mm）	制造厂
							网侧	阀侧	空载	负载			
4	三沪 宜都换流站	297.5	$(530/\sqrt{3})/(210.4/\sqrt{3})$	Y/Y 单相双绕组	-5/+25	16	1550/1175/680	1675/1425	142	700	255	9840×4398×4975	ABB+西变
			$(530/\sqrt{3})/(210.4)$	Y/D 单相双绕组			1550/1175/680	1175/950	142	732			
	三沪 白鹤换流站	283.7	$(530/\sqrt{3})/(200.6/\sqrt{3})$	Y/Y 单相双绕组	-4/+28	16.8	1550/1175/680	1675/1425	126	674	257	9840×3400×4800	ABB+西变
			$(525/\sqrt{3})/(200.6)$	Y/D 单相双绕组			1550/1175/680	1175/950	126	705			
5	贵广Ⅱ回 兴仁换流站	297	$(525/\sqrt{3})/(209.7/\sqrt{3})$	Y/Y 单相双绕组	+18/-6	16	1550/1175/680	1550/1300/596	140	693	280 247	10 661×3364×4800 10 300×3360×4700	西门子+沈变
			$(525/\sqrt{3})/209.7$	Y/D 单相双绕组			1550/1175/680	1050/850/323	120	689			
	贵广Ⅱ回 深圳换流站	278	$(525/\sqrt{3})/(196.5/\sqrt{3})$	Y/Y 单相双绕组	+18/-6	15.2	1550/1175/680	1550/1300/586	130	588	268 226	10 900×4550×4850 9150×4550×4850	西门子+沈变+保变
			$(525/\sqrt{3})/196.5$	Y/D 单相双绕组			1550/1175/680	1050/850/313	110	592			
6	三沪 荆门换流站	297.6	$(535/\sqrt{3})/(210.4/\sqrt{3})$	Y/Y 单相双绕组	-4/+28	16	1550/1175/680	1675/1425	130	680	274.5	10 700×4550×4910	保变
			$(535/\sqrt{3})/210.4$	Y/D			1550/1175/680	1175/950	120	635	265	10 150×4350×4633	
	三沪 枫泾换流站	280.8	$(510/\sqrt{3})/(198.6/\sqrt{3})$	Y/Y 单相双绕组	-4/+28	16	1550/1175/680	1675/1425	125	675	273.5	11 230×4470×4873	
			$(510/\sqrt{3})/198.6$	Y/D			1550/1175/680	1175/950	115	625	265	10 150×4320×4633	

续表

序号	工程名称	容量(MVA)	电压(kV)	换流变压器型式	分接范围	阻抗(%)	绝缘水平(kV)		损耗(kW)		运输重量(t)	运输尺寸(mm)	制造厂
							网侧	阀侧	空载	负载			
7	呼辽 呼伦贝尔换流站	297.6	$(525/\sqrt{3})/(210.4/\sqrt{3})$	Y/Y 单相双绕组	-5/+25	16	1550/1175/680	1675/1425/600	167	678	285	11 450×3440×4840	沈变
			$(525/\sqrt{3})/210.4$	Y/D			1550/1175/680	1175/950/327	140	721	255	10 040×3380×4665	
	呼辽 穆家换流站	285.2	$(525/\sqrt{3})/(201.67/\sqrt{3})$	Y/Y 单相双绕组	-4/+26	16	1550/1175/680	1550/1300/600	165	672	285	10 980×3440×4840	沈变
			$(525/\sqrt{3})/201.67$	Y/D			1550/1175/680	1175/950/327	138	677	255	10 040×3380×4665	
8	德宝 宝鸡换流站	297.6	$(345/\sqrt{3})/(210.4/\sqrt{3})$	Y/Y 单相双绕组	-5/+25	16	1175/950/510	1675/1425	167	695	265	9840×3400×4800	西变
			$(345/\sqrt{3})/210.4$	Y/D			1175/950/510	1175/950	167	715			
	德宝 德阳换流站	297.6	$(525/\sqrt{3})/(210.4/\sqrt{3})$	Y/Y 单相双绕组	-5/+25	16	1550/1175/680	1675/1425	150	750	255	9840×3400×4977	重庆 ABB
			$(525/\sqrt{3})/210.4$	Y/D			1550/1175/680	1175/950	150	770			
9	葛南 葛洲坝换流站	237	$(525/\sqrt{3})/(209/\sqrt{3})$	单相三绕组 Y/Y	-6/+4×1%	15	1425/1175/680	1550/1300	150	417.7	无限制	无限制	保变
			$(525/\sqrt{3})/209$	单相三绕组 Y/D			1425/1175/680	1050/850					
	葛南 南桥换流站	224	$(230/\sqrt{3})/(198/\sqrt{3})$	单相三绕组 Y/Y	-6/+15×1%	15	850/750/510	1550/1300	150	417.7	237	9400×3850×4700	保变
			$(230/\sqrt{3})/198$	单相三绕组 Y/D			850/750/510	1050/850					

续表

序号	工程名称	容量(MVA)	电压(kV)	换流变压器型式	分接范围	阻抗(%)	绝缘水平(kV) 网侧	绝缘水平(kV) 阀侧	损耗(kW) 空载	损耗(kW) 负载	运输重量(t)	运输尺寸(mm)	制造厂
10	青藏 柴达木换流站	117.66/58.83/ 58.83	$(345/\sqrt{3})/$ $(166.39/\sqrt{3})/166.39$	单相三绕组 Y/Y/D	-5/+25	14	1175/950/510	1300/1175 950/850	73	369	133	9032×2816×3868	西变
	青藏 拉萨换流站	117.66/58.83/ 58.83	$(230/\sqrt{3})/$ $(166.39/\sqrt{3})/166.39$	单相三绕组 Y/D	-5/+25	14	950/-/395	1300/1050/480 850/650/260	69.5	420	147	8924×3196×4032	沈变
11	宁东 银川换流站	401.2	$(345/\sqrt{3})/$ $(280.8/\sqrt{3})$	Y/Y(660)	-5/+25	18.5	1175/950/510	1700/1550	237	1160	350	13 000×3500×4850	ABB+西变
			$(345/\sqrt{3})/280.8$	Y/D(330)				1250/1250	237	1110	350		
	宁东 青岛换流站	386.4	$(515/\sqrt{3})/$ $(269.7/\sqrt{3})$	Y/Y 单相 双绕组	-3/+27	18.4	1550/1175/680	1700/1550	226	970	304	12 610×3800×4930	ABB+沈变
			$(515/\sqrt{3})/269.7$	Y/D 单相 双绕组				1250/1250	226	970			

表 1-10　±800kV 换流变压器主要参数一览表

序号	工程名称	容量(MVA)	电压(kV)	换流变压器型式	分接范围	阻抗(%)	绝缘水平(kV) 网侧	绝缘水平(kV) 阀侧	损耗(kW) 空载	损耗(kW) 负载	运输重量(t)	运输尺寸(mm)	制造厂
1	向上 复龙换流站	321.1	$(530/\sqrt{3})/(170.3/\sqrt{3})$	Y/Y1(800)	-5/+23	18	1550/1175/680	1800/1600	325	774	368	13 000×4300×4900	西门子+西变+ 保变
			$(530/\sqrt{3})/170.3$	Y/D1(600)			1550/1175/680	1550/1300	232	729	291	11 900×4300×4900	
			$(530/\sqrt{3})/(170.3/\sqrt{3})$	Y/Y2(400)			1550/1175/680	1300/1175	195	802	252	11 500×4000×4900	
			$(530/\sqrt{3})/170.3$	Y/D2(200)			1550/1175/680	1175/1050	198	805	246	10 000×4000×4900	
	向上 奉贤换流站	297.1	$(515/\sqrt{3})/(157.6/\sqrt{3})$	Y/Y1(800)	-6/+22	16.7	1550/1175/680	1800/1600	188	671	300	12 610×3820×4929	ABB+沈变
			$(515/\sqrt{3})/157.6$	Y/D1(600)			1550/1175/680	1550/1300	188	683	300	12 610×3820×4929	
			$(515/\sqrt{3})/(157.6/\sqrt{3})$	Y/Y2(400)			1550/1175/680	1300/1175	183	706	250	9931×3626×4921	
			$(515/\sqrt{3})/157.6$	Y/D2(200)			1550/1175/680	1175/1050	183	683	250	9931×3626×4921	

续表

序号	工程名称	容量（MVA）	电压（kV）	换流变压器型式	分接范围	阻抗（%）	绝缘水平（kV）		损耗（kW）		运输重量（t）	运输尺寸（mm）	制造厂
							网侧	阀侧	空载	负载			
2	锦苏 裕隆换流站	363.3	$(535/\sqrt{3})/(171.3/\sqrt{3})$	Y/Y1（800）	−6/+22	19	1550/1175/680	1800/1600	183	1015	326	13 000×3500×4850	沈变+ABB
			$(535/\sqrt{3})/171.3$	Y/D1（600）			1550/1175/680	1550/1300	133	1103	326	13 000×3500×4850	
			$(535/\sqrt{3})/(171.3/\sqrt{3})$	Y/Y2（400）			1550/1175/680	1300/1175	163	772	261	9990×3454×4813	沈变
			$(535/\sqrt{3})/171.3$	Y/D2（200）			1550/1175/680	1175/1050	163	765	261	9990×3454×4813	
	锦苏 同里换流站	340.8	$(505/\sqrt{3})/(160.7/\sqrt{3})$	Y/Y1（800）	−3/+25	19	1550/1175/680	1800/1600	193	930	308	12 700×3800×5050	西变+ABB
			$(505/\sqrt{3})/160.7$	Y/D1（600）			1550/1175/680	1550/1300	193	921	308	12 700×3800×5050	
			$(505/\sqrt{3})/(160.7/\sqrt{3})$	Y/D2（400）			1550/1175/680	1300/1175	189	869	256.5	9990×3440×4780	西变
			$(505/\sqrt{3})/160.7$	Y/Y2（200）			1550/1175/680	1175/1050	189	882	255	9990×3440×4780	
3	哈郑 哈密换流站	405.2	$(530/\sqrt{3})/(171.9/\sqrt{3})$	Y/Y1（800）	−5/+23	20	1550/1175/680	1800/1620	211	1211	340	13 000×3500×4800	沈变+ABB
			$(530/\sqrt{3})/171.9$	Y/D1（600）			1550/1175/680	1550/1315	211	1175	340	11 200×3500×4800	
			$(530/\sqrt{3})/(171.9/\sqrt{3})$	Y/Y2（400）			1550/1175/680	1300/1175	178	918	278	9860×3484×4827	沈变
			$(530/\sqrt{3})/171.9$	Y/D2（200）			1550/1175/680	1175/1050	178	918	278	9860×3484×4827	
	哈郑 郑州换流站	376.6	$(525/\sqrt{3})/(166.6/\sqrt{3})$	Y/Y1（800）	−5/+25	19	1550/1175/680	1800/1620	225	1102	350	13 000×3500×4850	西变+西门子
			$(525/\sqrt{3})/166.6$	Y/D1（600）			1550/1175/680	1550/1315	165	1136	292	11 200×3500×4850	
			$(525/\sqrt{3})/(166.6/\sqrt{3})$	Y/Y2（400）			1550/1175/680	1300/1175	189	980	269	11 350×3500×4850	保变
			$(525/\sqrt{3})/166.6$	Y/D2（200）			1550/1175/680	1800/1600	163	980	253	9600×3500×4850	
4	溪浙 双龙换流站	404	$(530/\sqrt{3})/(171.4/\sqrt{3})$	Y/Y1（800）	−5/+23	19.5	1550/1175/680	1800/1620	204	1061	327	12 985×3944×4930	沈变+ABB
			$(530/\sqrt{3})/171.4$	Y/D1（600）			1550/1175/680	1550/1315	204	1010			
			$(530/\sqrt{3})/(171.4/\sqrt{3})$	Y/Y2（400）			1550/1175/680	1300/1175	205	1097	260	9473×3536×4804	山东电力+ 重庆 ABB
			$(530/\sqrt{3})/171.4$	Y/D2（200）			1550/1175/680	1175/1050					
	溪浙 金华换流站	382	$(510/\sqrt{3})/(161.8/\sqrt{3})$	Y/Y1（800）	−5/+23	19	1550/1175/680	1800/1620	205	824	345	12 000×4220×5000	西变+西门子
			$(510/\sqrt{3})/161.8$	Y/D1（600）			1550/1175/680	1550/1315	163	1023	290	10 600×3500×4850	

续表

序号	工程名称	容量(MVA)	电压(kV)	换流变压器型式	分接范围	阻抗(%)	绝缘水平(kV)		损耗(kW)		运输重量(t)	运输尺寸(mm)	制造厂
							网侧	阀侧	空载	负载			
4	溪浙 金华换流站	382	(510/$\sqrt{3}$)/(161.8/$\sqrt{3}$)	Y/Y2(400)	-5/+23	19	1550/1175/680	1300/1175	148	960	285	11 400×3500×4850	保变
			(510/$\sqrt{3}$)/161.8	Y/D2(200)			1550/1175/680	1175/1050	137	965	257.4	9535×3500×4850	
5	云广 楚雄换流站	250	(525/$\sqrt{3}$)/(169.85/$\sqrt{3}$)	Y/Y1(800)	-6/+18	18	1550/1175/680	1800/1600	170	577	335	12 630×3454×4846	西门子+沈变+保变
			(525/$\sqrt{3}$)/169.85	Y/D1(600)			1550/1175/680	1550/1300	122	648	246	10 850×3454×4847	
			(525/$\sqrt{3}$)/(169.85/$\sqrt{3}$)	Y/Y2(400)			1550/1175/680	1300/1050	115	650	250	10 030×3280×4805	
			(525/$\sqrt{3}$)/169.85	Y/D2(200)			1550/1175/680	950/750	100	638	220	9030×3356×4588	
	云广 穗东换流站	244	(525/$\sqrt{3}$)/(165.59/$\sqrt{3}$)	Y/Y1(800)	-8/+16	18.5	1550/1175/680	1800/1600	170	577	335	12 490×3454 ×4850	西门子+沈变+西变
			(525/$\sqrt{3}$)/(165.59)	Y/D1(600)			1550/1175/680	1550/1300	113	633	239	10 850×3454 ×4850	
			(525/$\sqrt{3}$)/(165.59/$\sqrt{3}$)	Y/Y2(400)			1550/1175/680	1300/1050	112	519	242	9520×3384 ×4780	
			(525/$\sqrt{3}$)/(165.59)	Y/D2(200)			1550/1175/680	950/750	112	542	242	9520×3384 ×4780	
6	灵绍 灵州换流站	412.3	(765/$\sqrt{3}$)/(174.9/$\sqrt{3}$)	Y/Y1(800)	+25/-3	23.0	1550/1950/900	1800/1620	190	1197	350	13 000×3500×4850	沈变+ABB
			(765/$\sqrt{3}$)/174.9	Y/D1(600)			1550/1950/900	1550/1315	190	1126	343	13 000×3934×4778	保变+ABB
			(765/$\sqrt{3}$)/(174.9/$\sqrt{3}$)	Y/Y2(400)			1550/1950/900	1300/1175	155	1150	350	11 374×3500×4850	保变
			(765/$\sqrt{3}$)/174.9	Y/D2(200)			1550/1950/900	1175/1050	166	1055	350	13 000×3500×4850	沈变
	灵绍 绍兴换流站	384.2	(510/$\sqrt{3}$)/(163$\sqrt{3}$)	Y/Y1(800)	-6/20	17.88	1550/1175/680	1800/1600	188	794	400	10 600×3500×4873	常变
			(510/$\sqrt{3}$)/163	Y/D1(600)			1550/1175/680	1550/1315	210	682	319	10 450×4400×4900	山东电工+西门子
			(510/$\sqrt{3}$)/(163$\sqrt{3}$)	Y/Y2(400)			1550/1175/680	1300/1175	150	829	400	10 600×3500×4873	常变
			(510/$\sqrt{3}$)/163	Y/D2(200)			1550/1175/680	1175/1050	125	909	243	9400×4000×4950	广州西门子
7	酒湖 酒泉换流站	412.3	(770/$\sqrt{3}$)/(174.9/$\sqrt{3}$)	Y/Y1(800)	-4/+26	23	1950/1550/900	1800/1620	210	1197	350	13 000×3500×4800	山东电工+ABB
			(770/$\sqrt{3}$)/174.9	Y/D1(600)			1950/1550/900	1550/1315	210	1176	350	13 000×3500×4800	
			(770/$\sqrt{3}$)/(174.9/$\sqrt{3}$)	Y/Y2(400)			1950/1550/900	1300/1175	146	1168	350	11 100×3500×4850	西变
			(770/$\sqrt{3}$)/174.9	Y/D2(200)			1950/1550/900	1175/1050	146	1173	350	11 100×3500×4850	

续表

序号	工程名称	容量(MVA)	电压(kV)	换流变压器型式	分接范围	阻抗(%)	绝缘水平(kV)		损耗(kW)		运输重量(t)	运输尺寸(mm)	制造厂
							网侧	阀侧	空载	负载			
7	酒湖 湘潭换流站	378.6	$(525/\sqrt{3})/(160.6/\sqrt{3})$	Y/Y1(800)	-5/+19	18	1550/1175/680	1800/1620	200	819	323	13 070×4384×5057	重庆 ABB
			$(525/\sqrt{3})/160.6$	Y/D1(600)			1550/1175/680	1550/1315	200	825	323	13 070×4384×5057	
			$(525/\sqrt{3})/(166.6/\sqrt{3})$	Y/Y2(400)			1550/1175/680	1300/1175	166	740	286	10 400×3500×4950	衡变
			$(525/\sqrt{3})/166.6$	Y/D2(200)			1550/1175/680	1175/1050	166	710	286.5	10 400×3500×4950	
8	晋南 晋北换流站	405.13	$(530/\sqrt{3})/(171.88/\sqrt{3})$	Y/Y1(800)	+25/-5	20	1550/1175/680	1800/1620	186	1045	350	13 000×3500×4850	沈变
			$(530/\sqrt{3})/(171.88/\sqrt{3})$	Y/D1(600)			1550/1175/680	1550/1315	186	1037	350	13 000×3500×4850	
			$(530/\sqrt{3})/(171.88/\sqrt{3})$	Y/Y2(400)			1550/1175/680	1300/1175	156	969	350	10 625×3500×4850	常变
			$(530/\sqrt{3})/171.88$	Y/D2(200)			1550/1175/680	1175/1050	156	964	350	10 625×3500×4850	
	晋南 南京换流站	390.43	$(520/\sqrt{3})/(165.65/\sqrt{3})$	Y/Y1(800)	+24/-6	18	1550/1175/680	1800/1620	192.3	993	379	11 650×4644×4985	保变
			$(520/\sqrt{3})/165.65$	Y/D1(600)			1550/1175/680	1550/1315	170	870	338	12 575×4400×5000	
			$(520/\sqrt{3})/(165.65/\sqrt{3})$	Y/D2(400)			1550/1175/680	1300/1175	153	893	250	9000×3500×4850	广州西门子
			$(520/\sqrt{3})/165.65$	Y/Y2(200)			1550/1175/680	1175/1050	135	941	250	9000×3500×4850	

第二章

换流变压器内部结构

第一节 铁芯结构

铁芯是换流变压器的基本部件之一，它的选材和结构决定了换流变压器的体积、重量和损耗。铁芯由硅钢片、绝缘材料和铁芯夹件及其他结构件组成。铁芯既是换流变压器的磁路，也是绕组和引线以及换流变压器内部器身的主要骨架：① 作为磁路，铁芯的导磁体把一次系统的电能转换成磁能，又把磁能转换成二次系统的电能，是能量转换的主要载体，因此要求导磁体应具有高磁导率和较小的磁阻，以减小换流变压器的体积和励磁损耗。② 作为骨架，其结构应具有足够的机械强度和稳定性，以便换流变压器内部引线和分接开关、出线装置等绝缘件的安装和固定，同时应能承受换流变压器在制造、运输和运行中可能受到的各种作用力。

一、铁芯的分类

换流变压器铁芯结构主要根据其容量、电压等级和运输条件等多种因素确定。

（一）按结构分类

铁芯按结构可以分为壳式（外铁式）铁芯和芯式（内铁式）铁芯。它们的主要区别是磁路形式的不同，即铁芯与绕组相对位置不同，绕组被铁芯包围的称为壳式，铁芯被绕组包围的称为芯式。芯式铁芯是国内变压器行业在交流产品上普遍采用的结构型式，而目前制造的换流变压器也均采用芯式结构。

（二）按工艺分类

按照制造工艺，大型换流变压器的铁芯主要采用的是叠积式铁芯。该种结构的铁芯是指由片状电工钢片叠积而成的铁芯。叠积式铁芯又分为搭接和对接两种：当各个结合处的接缝在同一垂直平面内，称为对接；接缝在两个或多个垂直平面内，称为搭接。

对接式的芯柱片与铁轭片间易于短路，且机械上没有联系，夹紧结构和拉紧结构的可靠性要求高。搭接式是芯柱与铁轭的硅钢片的一部分交替地搭接在一起，使接缝交替遮盖，从而避免了对接式的缺点。因此，多级搭接式是换流变压器铁芯采用的主要结构型式。

（三）按芯柱分类

单相单柱旁轭式铁芯又称为框式铁芯，是指中柱套线圈，两侧柱为旁轭的铁芯结构，也称单相三柱式铁芯。

单相两柱式铁芯是指两柱套线圈的铁芯结构。

单相两柱旁轭式铁芯是指两柱套线圈的四柱式铁芯结构，是高压换流变压器和特高压交流变压器常见的一种铁芯结构。

单相三柱旁轭式铁芯是指三柱套线圈的五柱式铁芯结构，是大容量高端换流变压器的一种常见铁芯结构。

套线圈的柱数以及是否带旁轭，取决于换流变压器电压等级、容量和运输的限值尺寸等因素。通常，套线圈的柱数增加，可缩小运输宽度。铁芯的旁轭用于降低铁轭的高度，对降低运输高度起至关重要的作用。

二、铁芯的磁通分布和磁通密度

（一）铁芯的磁通分布

当变压器励磁后，在铁芯内建立了磁场。换流变压器常用铁芯中磁通分布见表2-1。

表2-1　　铁芯中磁通分布

序号	型式	磁通分布	芯柱和铁轭的磁通分布及铁轭磁通的大小
1	单相两柱式（框式）铁芯	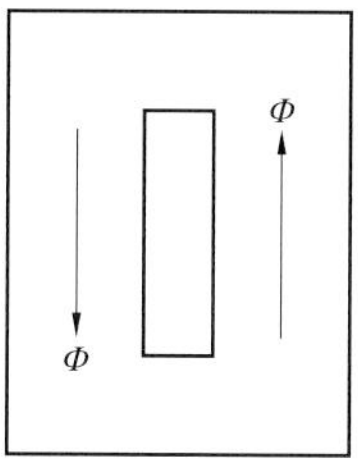 Φ Φ	两柱均为芯柱。流过芯柱的磁通与流过铁轭的磁通相等
2	单相两柱旁轭式铁芯	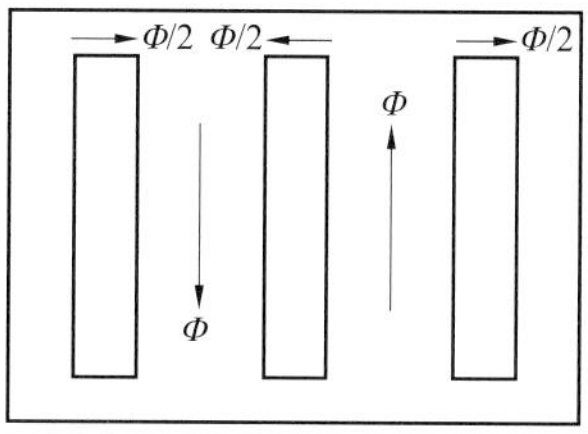 $\Phi/2$ $\Phi/2$ $\Phi/2$ Φ Φ	中间为芯柱，两边为旁轭。铁芯磁路左右对称，即流过上下铁轭和旁轭的磁通均等于芯柱磁通的一半。两芯柱的磁通相反，其绕组通过改变绕向，仍可方便地并联连接
3	单相三柱旁轭式铁芯	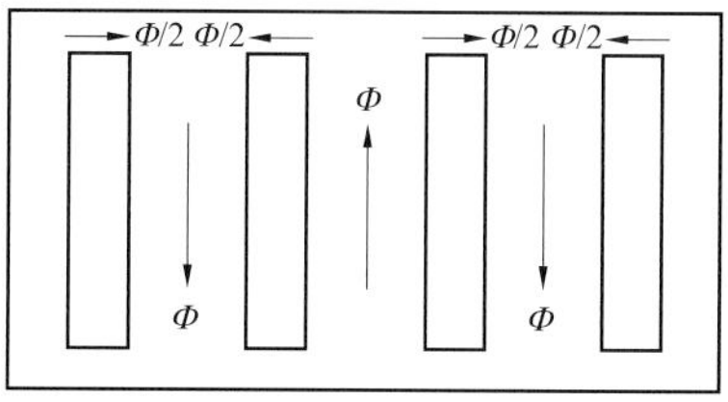 $\Phi/2$ $\Phi/2$ $\Phi/2$ $\Phi/2$ Φ Φ Φ	与单相两柱旁轭式铁芯类似，上下铁轭和旁柱的磁通只有芯柱磁通的一半，只是相邻芯柱磁通方向是相反的

对于三相铁芯或带旁柱的三相五柱铁芯的磁通分布与上述单相铁芯类似，只是各芯柱磁通形成三相对称相量，铁轭和旁柱的磁通为芯柱磁通的相量差。

（二）铁芯磁通密度

当换流变压器的容量确定之后，可以相应确定铁芯芯柱的直径，从而得出铁芯柱的截面积，再乘以所选用硅钢片的叠片系数，就得到了铁芯柱的有效截面积。铁轭截面积与铁芯柱截面积的关系，由铁芯各部分磁通分布确定。铁芯柱最终截面积应由所选取的磁通密度确定。

由电磁感应定律可知变压器的相电压 U_{ph}（V）为

$$U_{ph} \approx 4.44fWB_CA_C \times 10^{-4} \tag{2-1}$$

式中 f——电源频率，Hz，工频为 50 Hz；

W——绕组匝数，匝；

B_C——铁芯磁通密度，T；

A_C——铁芯有效截面积，cm^2。

由式（2-1）可得

$$B_C = (10^4/4.44fA_C)(U_{ph}/W) = 45/A_Ce_Z \tag{2-2}$$

式（2-2）阐明了铁芯中磁通密度 B_C 与每匝电势 e_Z 间的基本关系，也就揭示了变压器的磁与电的基本关系。B_C 决定了变压器的基本性能和材料的利用。

取 B_C 值大时：e_Z 不变则 A_C 减小，硅钢片用量少；A_C 不变而 e_Z 增大，导线用量少；设计时 e_Z 大些而 A_C 小些，则导线和硅钢片用量均少。

取 B_C 值小时：e_Z 不变而 A_C 大些，硅钢片用量多；A_C 不变而 e_Z 小些，导线用量多；设计时 e_Z 小些而 A_C 大些，导线和硅钢片用量均多。

从上述分析可知 B_C 值大硅钢片用量少、导线用量少或导线和硅钢片用量均少。但磁通密度 B_C 的选取是由硅钢片的牌号和换流变压器所要求的空载性能决定的，B_C 只能在一定变化的范围内选取。

在设计变压器时，如果 B_C 值选取大时，空载损耗会增加，变压器噪声提高，过励磁特性变差，但铁芯体积、用铜量会下降，B_C 值选取过小时，空载损耗会减小，变压器噪声也降低，但硅钢片用量增加，用铜量和负载损耗增加。由此可见磁通密度的选择决定了铁芯直径的大小，不仅影响整个换流变压器的体积、重量、形状、制造成本，还影响换流变压器的空载电流、空载损耗、负载损耗、温升、短路阻抗、噪声等性能参数。因此，换流变压器的磁通密度 B_C 应合理取值，这是换流变压器设计审查的重要内容之一。

换流变压器的铁芯由于受直流偏磁的影响，更容易产生铁芯饱和，应该将磁通密度选小一些才合理。但是目前换流变压器的实际磁通密度选取高于常规变压器，最高可达到 1.8T 左右，主要原因是换流变压器的体积太大，运输困难，为了减小其体积，减轻运输重量，选择了较高的磁通密度。从运行的角度来讲，由于目前换流变压器常用的分接开关调节范围较宽，只要网侧交流系统电压在允许偏差范围，阀侧电压就能较好地满足运行要求，无需刻意提高交流系统运行电压。因此，可以防止换流变压器产生过励磁。

三、换流变压器铁芯

换流变压器的铁芯由高导磁晶粒取向冷轧硅钢片叠积而成，铁芯的结构件主要由铁芯本体、夹件、垫脚、撑板、拉板、拉带、拉螺杆和压钉以及绝缘件组成。铁芯通过高强度纵向和横向拉板连成整体，上、下夹件设有三维强力定位装置，总装配时分别固定在油箱底和箱盖上，防止器身产生位移。

（一）基本结构

换流变压器铁芯基本结构与交流变压器相同，但在铁芯屏蔽、接缝、散热等结构细节方面还是有所差异。其基本结构包括铁芯柱、铁轭、旁轭和夹件及结构件等。

（1）铁芯柱是指铁芯中套有线圈的部分。

（2）铁轭是指铁芯中不套线圈的铁磁部分，它与铁芯柱垂直并与芯柱构成闭合的磁路。换流变压器的铁轭一般采用 D 型截面结构。

（3）旁轭是铁芯中不套线圈的铁磁部分，它与铁芯柱平行并与芯柱构成闭合的磁路。

（4）夹件（包括拉板和垫脚等）：加紧铁轭使铁芯稳固并可用来压紧线圈，以及通过与油箱配合达到对器身定位的结构件，同时也是承受器身起吊重量的重要组件。

目前换流变压器采用的铁芯结构型式主要有单相两柱旁轭式铁芯和单相三柱旁轭式铁芯两种。早期直流输电工程的换流变压器一般容量较小，多采用单相三绕组结构。换流变压器网侧绕组和阀侧 Y 接绕组及 D 接绕组均采用两柱结构的并联接线方式。其铁芯为两芯柱带旁轭结构，该种铁芯的照片如图 2-1 所示。

图 2-1　单相两柱旁轭式铁芯

随着直流输电工程输送容量的增大，换流变压器大多采用单相双绕组结构，铁芯一般采用两芯柱带旁轭或三芯柱带旁轭结构，网侧绕组和阀侧绕组均采用两柱或三柱结构的并联接线方式。三芯柱带旁轭结构铁芯如图 2-2 所示。

图 2-2　单相三柱旁轭式铁芯

（二）芯柱结构

换流变压器铁芯一般采用 0.27～0.30mm 厚度优质的高导磁晶粒取向冷轧硅钢片，400kV 和 200kV 的低端换流变压器一般采用 0.27mm 或 0.30mm 的硅钢片，600kV 及以上电压等级的高端换流变压器一般采用 0.27mm 或 0.23mm 的硅钢片。高端换流变压器多采用性能更优的激光刻痕晶粒取向冷轧硅钢片，可以有效降低铁芯材料的磁滞损耗，减小换流变压器的空载电流和空载损耗。

随着硅钢片厚度的减小，可以降低换流变压器的空载损耗，但硅钢片太薄会影响叠片系数的降低和带来工艺的不便。

铁芯叠片系数是指由于硅钢片表面的平整度、绝缘涂层厚度以及铁芯夹紧方式和绑扎紧度等影响，使硅钢片实际通过磁力线的净截面（有效截面）与其几何截面（毛截面）并不相等，常用叠片系数 K_{fd} 表示两者的关系，即

$$K_{fd}=\text{通过磁力线的铁芯净截面}/\text{铁芯的几何截面}<1 \qquad (2-3)$$

一般情况下，铁芯的利用系数随叠片系数增大而增加，它与硅钢片的平整度、绝缘层厚度以及铁芯的夹紧方式、绑紧程度等有关。

换流变压器铁芯的芯柱采用多级阶梯圆形截面、旁轭采用多级椭圆形截面、上下铁轭采用 D 形截面。铁芯柱级数的选择与换流变压器的容量、铁芯直径、硅钢片规格、铁芯绑扎方式等因素有关，一般采用 24~36 级。级数的多少影响铁芯的填充系数 K_{SF}，由于铁芯是由硅钢片叠成的圆内接多级矩形截面，当多级矩形截面越多，其截面越接近圆截面。通常把多级矩形的几何截面积与其对应的铁芯柱外接圆面积之比，称为铁芯的填充系数或利用系数，即

$$\begin{aligned}K_{SF}&=\text{铁芯的实际几何截面积}/\text{对应的铁芯柱外接圆面积}\\&=\text{铁芯的实际几何截面积}/（1/4\pi D^2）<1\end{aligned} \qquad (2-4)$$

当铁芯的级数越多时，利用系数越高，漏磁也越少。但是，随着级数的增加，铁芯冲剪和叠片等工作量也随之增加，况且级数达到一定数量后对利用系数的提高并不明显。因此，换流变压器铁芯级数的选择是根据直径的不同而合理确定的。

铁芯内部一般设置 3~10 条由橡胶材料特制的防振垫层，用以削减冲击力对铁芯的影响，减小铁芯振动，降低在运行中的噪声。防振垫层数量的多少根据铁芯柱直径的大小和铁芯整体结构由设计计算确定，并不限定于上述范围。防振垫层的设置如图 2-3 所示。

（三）叠积方式和接缝

换流变压器铁芯采用不叠上铁轭的叠积工艺，极大地减少晶粒取向硅钢片受外力的影响，降低变压器的空载损耗。还节省了铁芯叠装与拆除上铁轭的工时，减少了操作者的重复劳动，提高了工效。

铁芯叠积是沿铁芯厚度方向由晶粒取向一致的硅钢片一层一层叠积而成的，每层是一层硅钢片时，磁性能最好，但增加了叠积的工作量，一般情况下是用两片或三片硅钢片分层叠积。换流变压器铁芯是采用两片硅钢片分层叠积方法。叠积完成后，整体翻身起立，如图 2-4 所示。

换流变压器铁芯采用搭接式叠积方式，一般采用 5~7 级全斜步进接缝，接缝图如图 2-5 所示。由于冷轧硅钢片具有沿碾压方向（即磁力线与碾压方向为 0°时）磁阻小、磁导率高、损耗最小的特点。当磁力线与硅钢片的碾压方向为 55°~60°时，磁阻为最大。因此，采用直角接缝时，转角处的损耗要高出 3.5~4 倍。如果采用 45°斜角接缝，磁力线在铁芯的转角处将按 0°-45°-0°的角度流动，可以有效减小磁阻，同时由于斜角接缝

较直角接缝的接触面积大$\sqrt{2}$倍，转角处的磁通密度相对较小，可使空载损耗下降 15% 以上，还能降低噪声 3% ~4% 。

图 2-3　铁芯油道及防振垫层

图 2-4　铁芯叠装结束（待翻身起立）

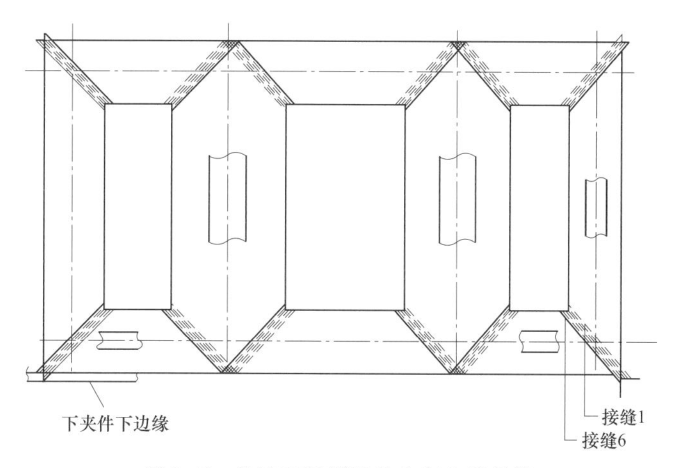

图 2-5　换流变压器铁芯全斜步进接缝

（四）铁芯绑扎

换流变压器的铁芯采用无孔高强度绑带绑扎工艺，不仅省去了冲孔加工工序，还避免了因冲孔对铁芯有效截面的减小，简化了制造工艺，同时也改善了空载性能，可降低空载损耗 5% ~10% ，还增加了铁芯的整体性和机械强度。

换流变压器的铁芯柱和旁轭采用高强度绑扎带或热缩带进行绑扎，以增加铁芯的整体机械强度，常用的绑扎方式有高强带绑扎和热缩带绑扎两种。

（1）高强带绑扎。芯柱和旁轭都采用高强度的聚酯树脂浸渍玻璃纤维网状无纬绑带（简称高强带）绑扎。绑扎可以人工进行，也可以用绑扎机自动绑扎，一般采用半叠绕的方式绑扎 10 层左右，具体层数根据强度要求经计算确定。采用高强带绑扎结构的铁芯外形分别图如图 2-6 和图 2-7 所示。

（2）热缩带绑扎。芯柱及旁轭首先采用高强带捆扎，然后用半导体绑带绑扎，外侧采用特殊的热缩性高强带绑扎，经加温处理后使芯柱及旁轭形成稳固的整体。采用热缩带绑扎工艺的铁芯绑扎如图 2-8 和图 2-9 所示。

图 2-6　高强带绑扎前

图 2-7　高强带绑扎后

图 2-8　热缩带绑扎前

图 2-9　热缩带绑扎后

图 2-10　金属拉带绑扎结构的铁芯外形

换流变压器铁芯上下铁轭一般采用由高强度结构钢或无磁钢制成的金属拉带绑扎，上下铁轭用拉板相连，拉带及拉板都通过绝缘材料与铁芯绝缘。但拉带、拉板与夹件的连接方式分为两种结构：一种是拉带、拉板的一端与夹件直接连接，且应接触良好，否则会引起发热或局部放电，另一端与夹件绝缘，其螺杆通过绝缘套管和绝缘垫片与夹件连接；另一种结构方式是拉带、拉板的两端均通过绝缘材料与夹件绝缘，整条拉带、拉板处于绝缘状态，不与铁芯及夹件接触。采用金属拉带绑扎结构的铁芯外形如图 2-10 所示。

早期的换流变压器和一些电压等级较低的换流变压器，其铁轭拉带采用高强度玻璃丝带绑扎，拉带的两端与带螺纹的专用挂钩连接并拉紧，通过螺母固定在两侧夹件上。该种铁轭绑扎方式强度和稳定性比不上金属拉带，基本上不在换流变压器的铁芯上继续采用。

（五）铁芯夹紧结构

由铁芯、绕组和引线等组成变压器的器身必须形成刚性的整体结构，以承受产品在制造、运输和运行过程中可能受到的各种作用力，铁芯作为器身的骨架，必须能够承受包括换流变压器出口短路冲击力在内的各种作用力。

（1）长期作用力：如铁芯柱和夹件的夹紧力，压紧线圈的反作用力等。

（2）短时间的作用力：如起吊、拖动和运输过程中的作用力等。

（3）瞬时作用力：如换流变压器外部突发短路、地震等突发性自然灾害时产生的冲击作用力等。

所以，铁芯必须有足够的机械强度，保证其结构能够承受上述各种力的作用。并且还应有足够的裕度，以保证换流变压器在使用中不致损坏。

铁芯由整体为框架装置的夹件、拉板、拉带等组件组成的夹紧装置固定，并承受上述各种作用力。换流变压器的夹件一般采用板式夹件，由高强度结构钢制成。夹件的作用是夹紧铁芯片并能可靠地压紧绕组、支撑引线、布置器身绝缘。对于强迫导向油循环的换流变压器，下夹件还兼有主油道和导向作用。夹紧装置的加紧力应均匀，铁芯片应不出现超过允许范围的波浪度和边沿不得翘曲，接缝严合。为了减小漏磁通在结构件中产生的涡流损耗和防止铁芯多点接地，结构件应采用绝缘材料与铁芯本体隔开，而结构件自身不能交链主磁通而形成短路匝。绝缘件还应尽可能增设油道，以利于散热。

铁芯底部装有梯形垫块防止铁芯片串片移位。整个铁芯通过高强度纵向和横向拉板连成整体，上下夹件设有三维强力定位装置，总装配时分别固定在油箱底和箱盖上，防止器身位移。

（六）铁芯散热

换流变压器运行时，铁芯损耗产生的热量使铁芯发热，因此，铁芯是换流变压器的主要的热源之一。铁损是交变的主磁通在铁芯中产生的磁滞损耗和涡流损耗之和，又称为固定损耗，它与变压器的负载无关。为了使铁芯内部的热量及时向外散发，防止铁芯局部过热，一般在换流变压器铁芯的内部设有3~7条冷却油道。油道的数目与铁芯的直径、级数以及叠片系数有关，如某种结构的800kV换流变压器铁芯的油道为7条，600kV的为5条。通过油道的设置，一般把铁芯中各点的温度可以控制在允许范围以内。

换流变压器的漏磁通会在铁芯结构件中产生杂散损耗，为了减小漏磁通在夹件肢板中产生涡流损耗而局部过热，一般将铁芯的拉板、上夹件的下肢板和下夹件的上肢板开槽做成细条状。换流变压器的铁芯拉带采用无磁钢或做成数条，以减小涡流损耗，降低局部过热。

（七）铁芯屏蔽

1. 半导体屏蔽

无论铁芯柱和旁柱采用哪种绑扎方式，一般在多层绑扎带之间都加入数层半导体绑扎带，用以消除铁芯柱阶梯棱角和尖端影响，均匀芯柱及旁轭与绕组间的场强分布，防止产生局部放电。有些高强带本身也是半导体性质的，就不需再加半导体绑带。

2. 芯柱地屏

铁芯地屏是用以屏蔽芯柱和旁轭的多级圆棱角和尖端，起着均匀电场防止局部放电的作用。铁芯地屏与铁芯半导体绑带的功能是相同的，一般装设了地屏就可以不再进行半导体绑带绑扎了。反之，进行了半导体绑带绑扎就可以不装设地屏了。铁芯地屏是在电缆纸或较薄的绝缘纸板之间均匀粘接铜箔带（箔复合纸、铝箔复合纸），并将所有金属箔带用铜箔带可靠连接起来引出在夹件处接地。为了保证地屏的电气性能，要求金属箔不能太厚，一般为0.05mm或更薄，也不能太宽，一般为40~50mm左右，以减小涡流损耗；金属箔带边沿一定要光滑，避免发生尖端放电；每条金属箔带都必须与接地箔带可靠连接，防止产生悬浮放电。铁芯地屏既可以做成地屏筒，也可以做成成型片状地屏，在进行器身绝缘装配时，装设在芯柱和旁轭绝缘的内侧。

图 2-11 分接开关引线

3. 铜导体磁屏蔽

换流变压器的调压分接引线一般比较长，从最远的芯柱沿油箱长轴方向分上下两排引至布置在另一端旁轭外侧的分接开关，如图2-11所示。如果换流变压器采用单层调压绕组结构，这些分别与上、下铁轭及夹件平行排列的引线各为同极性，当换流变压器运行时，这些同极性引线流过很大的和电流，并在铁芯中产生约为同方向和电流25%左右的镜像电流。经过实际测试该电流一般为10%~20%的和电流范围，且流过各铁芯框的电流并不相等。该电流的大小主要与引线与铁轭的距离等因素有关。镜像电流在铁芯框中流动，不但增加铁芯损耗、引起铁芯发热，还会造成铁芯接缝等部位烧损，影响换流变压器正常运行。为了减小镜像电流的不良影响，目前一般在换流变压器的调压绕组上或铁芯结构上分别采取不同措施，其中铁芯结构上采取的是沿铁芯框安装铜导体屏蔽措施，即在靠调压引线一侧的最外层硅钢片与夹件、拉板之间安装具有一定厚度的铜板（一般不小于10mm），并沿铁芯框形成环形闭合回路，经铁芯夹件接地。由于铜板具有良好的导电性能，阻挡了镜像电流进入铁芯而沿铜导体回路流动，防止了铁芯温度异常升高和铁芯片烧损。除此之外，铁芯加装铜屏蔽后，还可以利用铜导体回路流动的镜像电流所产生的反磁通抵消铁芯漏磁通的作用，减小铁芯夹件等钢结构件的损耗、减小结构件发热，也可以减小调压引线的涡流等附加损耗，降低引线温升。

4. 尖端屏蔽

换流变压器处于强漏磁场区域的铁芯上下夹件等结构件的金属螺栓、金属结构件的棱角等必须进行屏蔽处理，避免产生尖端放电。该区域的螺栓自身带有防晕罩，当螺栓紧固锁死后应将防晕罩扣平，否则会产生电晕放电或造成事故，曾经发生过由于网侧出线装置附近的一个防晕罩未扣平，造成防晕罩对引线放电的案例。对该区域的金属棱角，采取加装由金属管或金属棒做成的屏蔽环、屏蔽棒加包绝缘纸进行屏蔽，对于不便于安装蔽环的区域，应加装屏蔽罩进行整体屏蔽。值得注意的是无论屏蔽环、屏蔽棒或屏蔽罩都必须与夹件只能有一个电气连接点，防止形成短路环引起发热。

（八）铁芯和夹件绝缘及接地

铁芯绝缘主要包括铁芯片间绝缘，以及铁芯片与金属结构件的绝缘两部分。换流变压器在运行中，铁芯及固定铁芯的金属结构件、零部件等均处在强电场中，它们具有较高的对地电位，且由于电容分布不均、场强各异。如果铁芯不接地，它们与接地的油箱和其他金属结构件之间存在电位差，极易发生断续的放电现象。同时在绕组的周围，具有较强的磁场，铁芯和金属零部件都处在非均匀的磁场中，它们与绕组的距离各不相等，所以各零部件感应出来的电势也各不相等，彼此之间因而也存在着电位差，也会引起局部放电，而且要检查这些放电的部位非常困难，对换流变压器运行状态检测和评估非常不利。因此，必须将铁芯与金属构件可靠绝缘并接地，使它们与油箱同处于地电位。

换流变压器的铁芯和夹件之间是相互绝缘的，通过接地装置分别引出油箱外部一点接地。如果铁芯或夹件发生多点接地，就会产生环流造成铁芯或夹件局部过热、使绝缘油分解产生特征气体，对设备运行状态的诊断带来困难。如果长时间局部过热运行，将导致绝缘油及绝缘材料非正常老化，影响换流变压器使用寿命。甚至还会引起铁芯片间的绝缘层老化脱落或失效，严重时还会造成铁芯或夹件局部烧损，甚至造成铁芯烧毁事故。

虽然铁芯的硅钢片之间是相互绝缘的，但其绝缘电阻值很小，一般在 $60 \sim 105\Omega \cdot cm^2$ 范围。对于不均匀电场和磁场在铁芯硅钢片中感应的高压电荷，可以通过硅钢片接地处流入大地，但却能阻止涡流穿越片间流动。所以，只要将铁芯的任一片硅钢片接地，整个铁芯就等于全都接地了。但是，换流变压器的散热油道是用非金属材料隔开的，即油道两侧的硅钢片是互相绝缘且绝缘阻值很高。因此，首先要用金属短接片将油道两侧相互绝缘的硅钢片连接起来，然后由一点通过接地套管引出到油箱外面接地。

换流变压器铁芯接地用铜片引出，只要将接地铜片插入接地点附近的任一处硅钢片之间即可。

换流变压器的铁芯和夹件接地分为油箱顶盖引出和油箱下部引出两种结构方式。从油箱下部引出接地便于接地引线连接和运行检查，但油箱的下部承受油的压力较大，容易发生渗漏油。如果在油箱内部发生铁芯或夹件接地接点接触不良或断线等故障时，检查处理比较困难，需要放油检查处理，处理后还必须进行真空注油等工艺处理，检修周期较长。而从油箱顶盖引出接地需要将接地引线与油箱绝缘引下后再接地，但却减小了接地引出部位渗漏油的风险。如果发生油箱体内部铁芯或夹件接地引线方面的故障时，检查处理比较方便。因此，目前换流变压器的铁芯和夹件接地较多采用油箱顶盖引出的接地方式。

为了检查和控制铁芯的绝缘状态，在换流变压器的铁芯制作至产品出厂试验过程中，应多次测量铁芯和夹件对地绝缘电阻，以防止作业过程中造成其绝缘不良。测量的工序节点分别是：铁芯叠装结束后、器身引线装配结束后、总装配后以及产品试验时应分别测量铁芯和夹件绝缘电阻，并应满足以下要求：

（1）铁芯叠装结束时，铁芯片间绝缘应无短路；油道绝缘≥1MΩ；铁芯对夹件绝缘≥50MΩ。

（2）器身引线装配结束后，铁芯对夹件绝缘≥50MΩ。

（3）总装配后（注油前），铁芯对地≥50MΩ；铁芯对夹件≥50MΩ；夹件对地≥50MΩ。

（4）换流变压器注油后，铁芯对地≥500MΩ；铁芯对夹件≥500MΩ；夹件对地≥500MΩ。

由于换流变压器采用的技术和结构的差异，上述绝缘数值可能有所不同，具体应按设计和工艺文件要求执行，并应满足相关技术标准的有关规定。

第二节 绕组结构

绕组是变压器的主要构成部件之一，根据电磁感应定律把磁和电联系在一起。在结构上通过铁芯（磁路）和绕组（电路），实现电能传递和转换。

绕组由若干个线匝组成，线匝是指组成一圈的一根或多根并联的导线，每穿过铁窗一次并与主磁通相交链，则称为一个线匝。绕组是指由一组串联的线匝构成的组件。

一、绕组的结构性能

为了保证变压器长期安全可靠运行，绕组的结构必须满足以下电气强度、耐热强度和机械强度的基本要求。

（一）电气强度

变压器在运行中，其绝缘应能承受长期运行电压、短时过电压、大气过电压、内部过电压、直流电压和直流极性反转等各种电压的作用，并保证有合理的绝缘裕度。对于高压、特高压变压器的电气强度，还应满足局部放电的要求。

保证变压器绕组有足够的绝缘强度，除了采用合适的绕组绝缘结构和合理的设计参数选择外，绕组使用材料的质量优劣、绕组制作工艺过程的质量控制以及工艺环境因素等，对绕组电气强度也有决定性的影响。

（二）耐热强度

绕组的耐热强度主要包括两方面：① 在长期工作电流的作用下，绕组的绝缘寿命应不少于设计使用年限；② 换流变压器在运行状态下，在任意线端发生短路时，绕组应承受住该短路电流所产生的热作用而无损坏。

温度是影响绕组绝缘寿命的关键因素，因为变压器选用的各种耐热等级的绝缘材料的老化性能与其绕组热点温度有关。长期运行的温度越低，绝缘的老化越慢，使用寿命越长。相反，长期运行的温度越高，绝缘的老化越快，使用寿命越短。因此，在换流变压器的设计应合理选择导线的电流密度，采取有效的绕组冷却措施，保证运行温度不超过绝缘材料的温度限值。

（三）机械强度

绕组的机械强度是变压器的重要指标之一，变压器应能经受住正常运行的电动应力和出口短路等故障应力的作用，并有合理的裕度。

1. 正常运行电动应力影响

变压器正常运行时电动力也可能造成绕组损坏，如果绕组制造过程中存在某种缺陷，如线段松动、导线不平整或有毛刺、导线换位“S”弯制作不符合工艺要求、绝缘损伤、垫块摆放不正、垫块未按规定倒角等。正常运行时虽然电动力很小，但电磁振动会使这些缺陷扩大，导线间或导线与垫块间长期相互摩擦，最终造成绝缘损坏而放电击穿，造成匝间、层间或段间短路。

2. 突发短路应力影响

由突发短路事故产生的横向应力可能引起的绕组损坏，在突发短路时，外侧绕组在横向电动力作用下，使导线承受拉伸应力。如果拉伸应力过大，导线被拉长。线圈直径变大，发生永久变形。同时导线的匝绝缘也被拉长以致破裂，造成匝间短路事故；同样在突发短路时，内侧绕组在横向电动力作用下，使导线承受压缩应力。绕组内壁是由撑条支撑的，如果压缩应力过大，两撑条间的导线向内弯曲，造成绕组永久变形或绝缘损坏而造成短路事故。

由突发短路产生的纵向力应力同样可能引起绕组损坏事故，饼式绕组沿圆周由垫块支撑，当纵向电动力过大时，两垫块间的导线因受到压力而发生永久变形或绝缘损伤。纵向应力还可以使绕组向上提升或绕组中部某处撑开而造成事故。

当变压器发生突发短路事故时，横向和纵向力应力总是同时存在的，它们共同作用可能引起绕组扭曲，端部出头沿圆周方向位移，绕组导线歪斜甚至散架垮塌等。

由于换流变压器的电压高、容量大，目前还无法对其进行突发短路能力试验。但换流变压器的设计必须经过抗短路能力计算和校核，并提供抗短路能力计算报告。

二、绕组的结构型式

变压器按其自身的电压可以分为高压、中压（若有）、低压绕组；按其接入系统的方式可分为一次绕组和二次绕组；按绝缘结构方式可分为全绝缘和分级绝缘结构。

为了满足绝缘强度、机械强度和散热等方面的要求，变压器的绕组可以分为多种结构类型，但归纳起来有层式绕组和饼式绕组两大类。变压器的绕组结构取决于其容量、额定电压和使用条件。变压器绕组分类如图 2-12 所示。

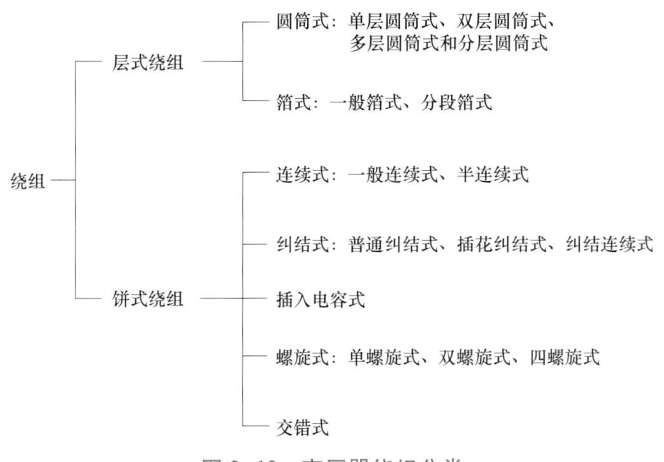

图 2-12　变压器绕组分类

（一）层式绕组

层式绕组的线匝是沿轴向依次排列而分层连续绕制的，每层的相邻两个线匝是紧靠的，最后组成圆筒式的绕组，所以也称为圆筒式绕组。

层式绕组分为圆筒式绕组和箔式绕组。

（1）圆筒式绕组包括单层圆筒式、双层及多层圆筒式、分层圆筒式等多种结构型式。

单层圆筒式绕组的填充系数较高，可以减小变压器的重量和成本，但机械稳定性较差，除用于调压绕组外一般比较少用。

双层及多层圆筒式绕组是采用扁导线按螺旋线绕成的双筒式或多筒式线匝，在各层线匝间设置有冷却油隙或层间绝缘。如果并联导线沿轴向排列时不进行导线换位，但沿幅向排列时，要在轴向高度一半处进行导线换位。双层及多层圆筒式绕组结构简单、生产效率高，但各层线匝对地电容分布不均匀，因此雷电冲击起始电压分布也不均匀。该种结构的绕组常用于 35kV 及以下电压等级的变压器。

分层圆筒式绕组由若干段线饼构成，每一对线饼为两个多层圆筒式结构。每段线饼之间放置纸圈、软角环和绝缘垫块。其主要特点是层间电压较低，但结构复杂、绕制工作量大、不利于散热等。一般用于试验变压器、电压互感器等高电压、小容量产品。

（2）箔式绕组也是一种圆筒式结构绕组，是采用铜（铝）箔连续绕制而成，铜（铝）箔的宽度就是绕组的轴向高度，每绕一层铜（铝）箔即构成绕组的一匝，铜（铝）箔的匝间绝缘也就是绕组的层间绝缘，因此绕组的空间利用系数很高，并且承受短路电流产生的轴向电磁力的能力较强。它和分段圆筒式绕组一样，也可以制作成分段圆筒式箔绕组。箔式绕组一般用于中小型变压器，尤其在干式变压器上使用较多。

（二）饼式绕组

组成饼式绕组的每一个线饼称为线段，而由饼状线段组成的绕组称为饼式绕组。饼式绕组的线匝是在幅向形成线饼后，再沿轴向排列而成的绕组。它包括连续式、纠结式、内屏蔽式、螺旋式和交错式等多种结构型式。

（1）连续式绕组：由若干根扁线沿幅向连续绕制成的线段（每段有若干匝，每匝由一根或几根扁线并联）组成，各线段之间也可连续地绕制而不需剪断。

对于连续式绕组，从绕组的第一个线饼依次编号，奇数线饼的导线从外侧依次绕到内侧，称为反饼。偶数线饼的导线从内侧依次绕到外侧，称为正饼。由一个正饼和一个反饼组成一个单元，俗称双饼。连续式或半连续式绕组都是由若干个这样的连续双饼单元组成，所以连续式绕组的线饼数都是偶数。

（2）螺旋式绕组：由若干根扁线沿幅向叠在一起，再沿轴向绕制成一个螺旋状的绕组，常用于低电压、大电流的绕组。螺旋式绕组与连续式绕组的主要差别之一是它沿幅向仅有一个线匝。

虽然螺旋式绕组的本质是一种单层圆筒式绕组，但由于匝间有幅向油道而形成了线饼，所以属于饼式绕组。根据每一匝的线饼数可分为单螺旋式、双螺旋式和四螺旋式等多种。一匝为一个线饼的称为单螺旋式绕组，一匝为两个或四个线饼的称为双螺旋式或四螺旋式绕组。当温升和绝缘允许的情况下也可采用半螺旋式绕组。

（3）普通纠结式绕组：其相邻的两线匝在电气上不是直接串联连接，而是经过若干个线匝后再串联连接的特殊连续式绕组。常用的纠结绕组是两段为一个纠结单元，一般称为双饼纠结。整个绕组全部由若干个纠结单元组成，称为全纠结式绕组。

（4）插花纠结式绕组：是一种由数根并联导线（通常不超过 3 根导线）绕制而成的纠结式绕组，其并联的各导线不是紧邻而是交叉排列。

（5）纠结—连续式绕组：将构成一组的若干个纠结式线段与构成若干个连续式线段串联而组成的绕组。

（6）插入电容式绕组（也称内屏蔽式）是在绕组的全部线段或一部分线段的指定匝间插入不承担负载电流的导线，以增加线段的纵向电容的连续式绕组。

（7）交错式绕组：高压绕组和低压绕组沿轴向互相交错排列的称为交错式绕组。交错排列组合可以是一组也可以是多组。该种结构的绕组漏磁较小，因而可以减小电磁力和附加损耗。它主要用于壳式变压器以及电炉变压器和整流变压器。

三、换流变压器绕组

换流变压器的绕组分为调压绕组、网侧绕组和阀侧绕组，这些绕组与引线共同组成换流变压器的基本电路。

（一）换流变压器绕组的结构型式

1. 调压绕组

换流变压器的调压绕组一般采用单层式绕组或双层式绕组，具体由换流变压器的整体结构所确定。

采用单层式调压绕组的换流变压器，其各分接引线流过相同方向的电流，会在铁芯中产生很大的镜像电流，影响换流变压器的正常运行。因此需要在铁芯结构上采用加装环形铜导体屏蔽措施，用以减小进入铁芯的镜像电流。换流变压器采用双层结构的调压绕组时，两层线圈的绕向相反，其引线中电流的方向也相反，同方向的电流之和很小，无需在铁芯上装设环形铜导体屏蔽。

换流变压器的调压绕组一般布置在最里层，紧靠铁芯柱，用机械强度和绝缘强度很高的硬纸筒作为绕组的骨架和主绝缘的一部分，克服了层式绕组的机械稳定性较差的弱点。调压绕组绕制图如图 2-13 所示。对于阀侧电压较低的换流变压器，阀侧绕组常位于紧靠铁芯处。这时，调压绕组则置于网侧绕组外侧，其电气强度和机械稳定性问题的处理，比紧靠铁芯柱要复杂些。

图 2-13　调压绕组绕制

2. 网侧绕组和阀侧绕组

换流变压器的网侧绕组一般采用分级绝缘结构，阀侧绕组则采用全绝缘结构。网侧和阀侧绕组采用饼式结构型式，其中以纠结—连续式、叉花纠结式和插入电容式的绕组结构较为多用。

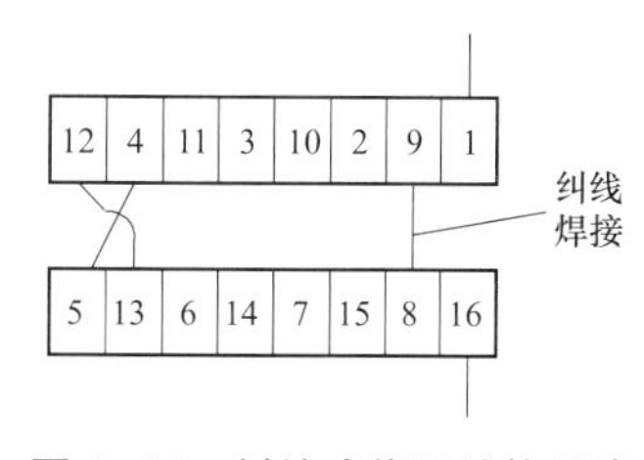

图 2-14　纠结式绕组结构示意

（1）纠结式绕组是换流变压器网侧和阀侧绕组的一种常用结构型式，即在相邻的两线匝间插入另一线匝，好象许多线匝纠集在一起，故称为纠结式绕组，示意如图 2-14 所示。图 2-14 中为两段共 16 匝的纠结式绕组，2 段线第一个纠结单元相邻两匝导线的电位差为单匝电势的 8 倍，因而大大提高了线段自身的电容量（纵向电容），从而达到改善雷电冲击电压分布的目的。

纠结式结构具有良好的耐雷电冲击性能，适应于电压等级较高的绕组。纠结式绕组的主要缺点：一是匝间的电位差大，需要增加匝间绝缘厚度；二是绕制工艺复杂，导线焊头较多，尤其是大容量绕组的并联导线根数较多，绕制比较困难，工艺要求严格。但纠结式绕组的优点还是起主要作用的，得到了广泛运用。

（2）叉花纠结式绕组也是换流变压器网侧和阀侧绕组的一种常用结构型式。

（3）纠结—连续式结构绕组在换流变压器网侧和阀侧绕组中应用比较广泛，它通常将雷电冲击梯度分布较高的首端设置为纠结段，其余则为一般连续段，可以降低绕组的绕制难度。例如，网侧绕组的首端若干段为纠结式，其余部分为连续式。而阀侧绕组的两端若干段为纠结式，中间部分为连续式等。

（4）插入电容式绕组也是高端换流变压器网侧和阀侧绕组的一种常用结构，它与纠结式绕组相比，可以同样起到改善绕组端部冲击电位梯度的作用，但内屏蔽式除屏蔽线需要少量焊接外，承载电流的主导线没有焊头。插入电容式绕组简化了绕组结构，工艺简单，既减小了工作量，又提高了产品可靠性，如图 2-15 所示。

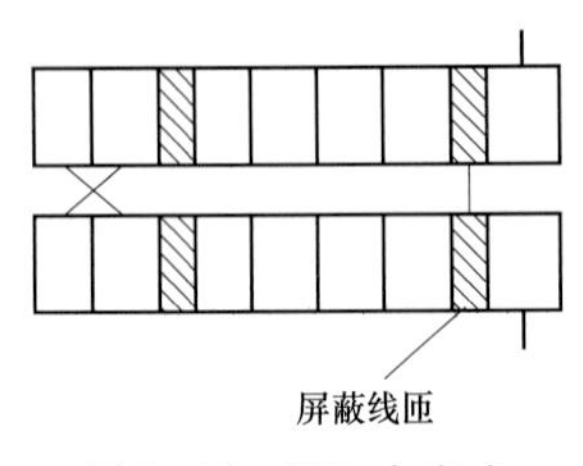

图 2-15　插入电容式绕组示意

插入电容式绕组是将屏蔽线夹入绕组导线进行绕制。由于屏蔽线跨在不同的绕制线匝之间，屏蔽线与相邻导线间的电位也远高于单匝电势，同样起到增加绕组纵向电容，改善雷电冲击电压分布的作用。屏蔽线的端头断开并经过圆角化处理后包好绝缘悬空，它不流过换流变压器的工作电流。实际的内屏蔽式绕组在结构上有两段跨接、四段跨接、八段跨接和分段连接等型式，跨接线段越多，增加的纵向电容越显著，但对导线的绝缘处理要求越高。对于内屏蔽式连续绕组，在插入线段的屏蔽线匝与相邻工作线匝间电位梯度相等的条件下，利用静电能量的计算方法，即可得出双饼的等值插入电容 C_P的计算公式。

对于两段式

$$C_P2 = 2nC_P \tag{2-5}$$

对于四段式

$$C_P4 = 4nC_P \tag{2-6}$$

式中　n——每一线段的有效电容线匝数；

C_P——单一线段内一匝电容线匝与相邻工作线匝的几何电容。

由此可见，当跨接段数一定时，插入的电容随插入电容线匝数成比例的增加。这样，电容匝数、线匝导线截面积、工作线匝的绝缘距离以及跨接的线段数均可用来调节 C_P值。因而，内屏蔽式连续绕组插入电容线的匝数能任意调节，可根据冲击电位分布的计算需要调节纵向电容，这是其最大优点。

但内屏蔽式绕组的屏线头尾两端均有悬浮端头，必须对悬浮端头的绝缘处理好，以防发生局部放电。内屏蔽式结构的屏蔽线匝虽然不流过电流，导线厚度较薄，但仍然占据一定的径向空间位置，使绕制幅向尺寸有所增加。

图 2-16　换流变压器插入电容式绕组

换流变压器插入电容式绕组外形如图 2-16 所示。

（二）绕组的发热与散热

换流变压器的绕组流过电流时，在各绕组的电阻上所消耗能量之和为铜损，它与换流变压器的负载电流大小有关，因此，又称为可变损耗。

1. 换流变压器的发热

换流变压器的负载损耗主要包括绕组导线的基本损耗（即电阻损耗）和附加损耗。附加损耗包括绕组导线中的涡流损耗和由于导线换位不完全引起的循环电流产生的附加损耗，以及漏磁通在换流变压器结构件中产生的杂散损耗等。

2. 绕组的散热

绕组温升取决于绝缘油的温升，绕组导线的电流密度、附加损耗，冷却油道尺寸以及冷却器的选择、冷却油的流速等多个因素。

降低绕组温升的措施分为两类：一类是降低损耗，抑制发热；第二类是加强散热，提高散热效率。

（1）降低负载损耗最有效的方法是降低基本损耗，即增加导线截面积，降低绕组导线的电流密度。但绕组电流密度的选取，不仅影响着换流变压器的制造成本，而且还影响其体积、温升等其他的重要参数以及冷却方式和冷却器选择等。

（2）降低附加损耗也是抑制发热的重要措施之一，为了降低附加损耗，换流变压器除了在导线和绕组结构以及金属结构件采取措施外，在引线和金属结构件的布置上尽量避开漏磁场、优化引线排列，引线保持与钢结构一定距离、绕组端部安装磁分路、油箱壁安装电屏蔽或磁屏蔽等措施。

（3）合理设置散热油道，加快油的流速，采用大功率冷却器，提高冷却效率等。

换流变压器的冷却器方式有强迫油循环风冷和强迫导向油循环风冷两种，强迫油循环是利用潜油泵的作用加快油的流速，风冷是在风机的作用下快速散热。强迫油循环风冷是指冷油进入油箱下部按自然阻力无定向循环对器身进行冷却。导向油循环是指冷油进入绕组后按设置好的纵向和横向冷却油道有规律地定向流动，具有更高的冷却效率。

（三）绕组的主要参数

换流变压器的绕组参数较多，表2-2是一种换流变压器绕组的主要参数。

表2-2　换流变压器绕组主要参数示例

绕组名称	调压绕组	网侧绕组	阀侧绕组
绕组高度（mm）	A绕组：1940 B绕组：1940	2040	1880
内径（mm）	A绕组：1556 B绕组：1637	1896	2556
外径（mm）	A绕组：1595 B绕组：1676	2156	2856
辐向尺寸（mm）	A绕组：19.5 B绕组：19.5	130	150
总匝数	A线圈：7×6 B线圈：7×6	533	152
总段数	—	78	54
并绕根数	14	1	1
绕线型式	层式	连续+插入屏	连续+插入屏
绕向	Ⅰ柱内层右正，外层左正； Ⅱ柱内层左正，外层右正	Ⅰ柱左正，Ⅱ柱右正	Ⅰ柱左正，Ⅱ柱右正

续表

绕组名称		调压绕组	网侧绕组	阀侧绕组
电磁线	型号	LE CPR0.5	LE+BLC CPR0.5	LE+BLC CPR0.5
	规格	17/1.70×5.20	2×15/1.59×4.57 屏线：4.8×0.8	2×39/1.59×6.49 屏线：6.8×0.8
撑条数（根）		56	56	56
入炉前压紧力（kN）		82	565	660
出炉后压紧力（kN）		136	941	1100
调整高度压力（kN）		109	753	880

（四）绕组绝缘装配结构

换流变压器的绕组绝缘装配结构，主要包括同柱各绕组之间的绝缘，不同芯柱绕组之间绝缘，绕组对铁芯及夹件等结构件之间绝缘，绕组对油箱绝缘等。

换流变压器的绕组组装分为单绕组组装和整体绕组组装两种结构型式。单绕组组装是指同一芯柱上的各个绕组分别进行组装。整体组装是指同一芯柱上各绕组预先组装成一个整体。但整体组装又根据工艺不同而分为两种，即一种是按绕组排列顺序由内向外依次进行绝缘装配，另一种将绕组间的绝缘装置单独制作好，然后把绕组和绝缘装置逐个套装成整体的组装方式。

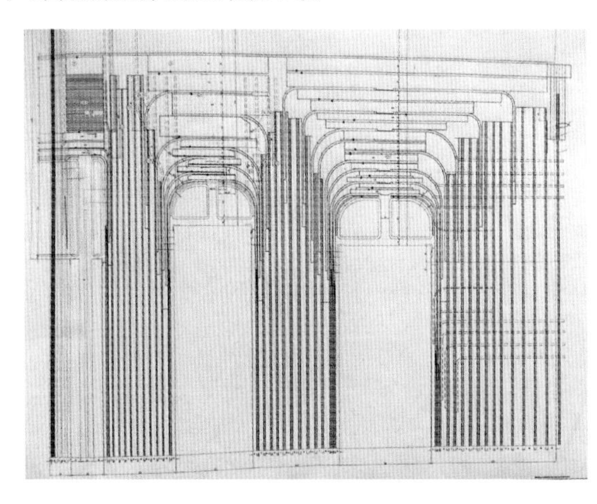

图 2-17　绕组绝缘装配结构举例

例如，某 600kV 换流变压器的绕组绝缘装配结构，如图 2-17 所示。调压绕组在内，阀侧绕组在外，网侧绕组在调压绕组与阀侧绕组之间。各绕组之间的绝缘结构为：调压—网侧绕组之间共 11 道围屏，其中第 1、3 道各 3 层 1mm 纸板，第 2~10 道各 2 层 1mm 纸板；网侧—阀侧绕组之间共 11 道围屏，其中第 1~4 道各 3 层 1mm 纸板，第 5~10 道各 4 层 1mm 纸板，第 11 道围屏 10 层 1mm 纸板；阀侧绕组外侧共 14 道围屏，其中第 1 道 10 层 1mm 纸板，第 2~7 道 4 层各 1mm 纸板，第 8~13 道各 3 层 1mm 纸板，第 14 道 1 层 1mm 纸板。

四、换流变压器绕组接线

图 2-18 所示是一台三芯柱换流变压器的绕组接线。阀侧和网侧（包括带有载分接开关的调压绕组）均为三柱并联，调压绕组接于网侧绕组中性点。各柱调压绕组通过与本柱网侧主绕组串联再并联，避免了各分接开关流过不均匀电流的问题，针对换流变压器调压绕组分担的运行电压高的特点，为降低绝缘水平，在调压绕组的每个分接抽头间均装设 ZnO 避雷器（也称压敏电阻）。同时，在有载分接开关进行正和负极性转换时，存

在调压绕组瞬间电位剧烈变化（极性开关合上时，调压绕组电位由绕组自身感应电压决定；极性开关瞬间断开时，调压绕组电位由绕组间电容决定），极性开关触头处会发生放电，可能导致油中产生少量乙炔气体。为减轻该放电的能量，将一束缚电阻连接于调压绕组和网侧主绕组末端之间，束缚调压绕组的电位。极性开关不操作时，通过束缚电阻开关断开束缚电阻，以减小能量损耗。

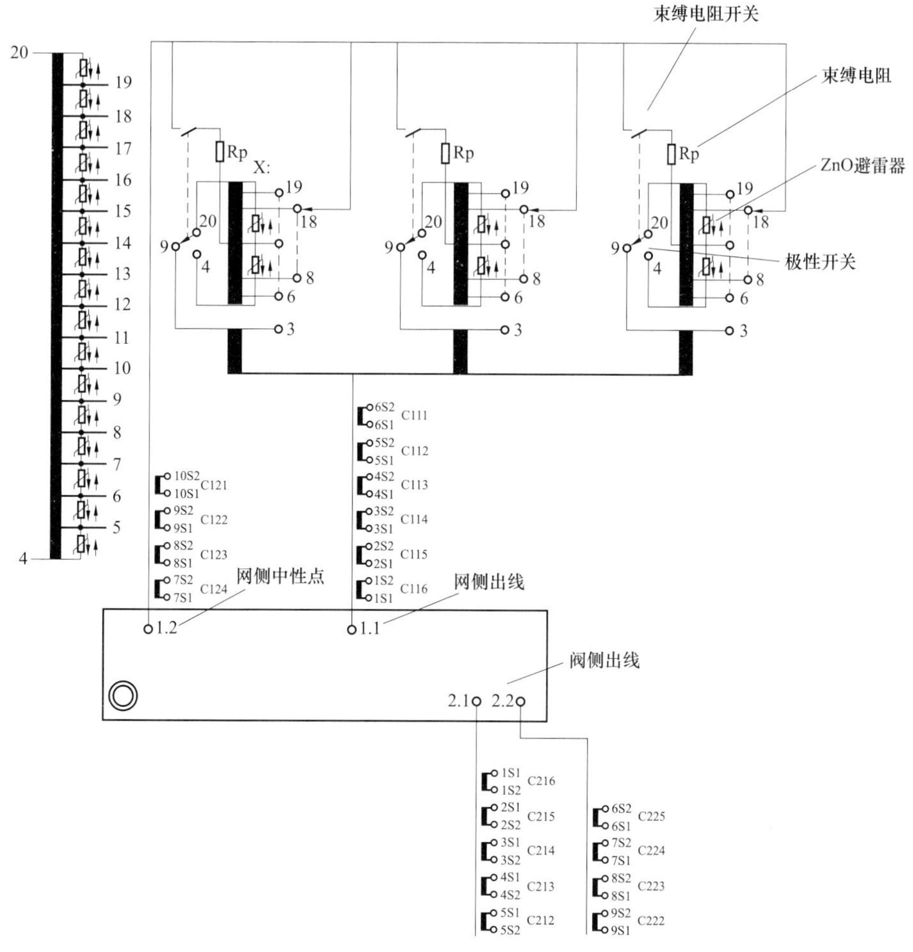

图 2-18　三芯柱换流变压器绕组接线

第三节　器身和引线结构

一、器身结构

换流变压器器身一般采用两芯柱或三芯柱结构，同规格的换流变压器，采用两芯柱结构比三芯柱结构更经济、生产制造更容易，但芯柱的数量主要受运输条件的制约。对于更大容量的高端换流变压器如果受运输宽度的限制，就不得不采用三芯柱结构。两芯柱和三芯柱换流变压器的器身结构三维图分别如图 2-19 和图 2-20 所示。

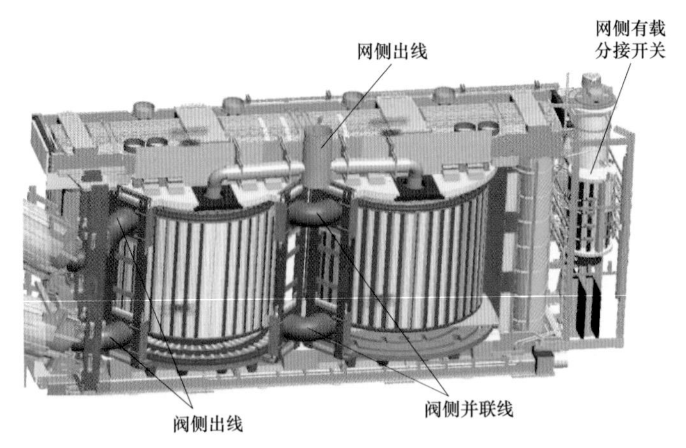

图 2-19　两芯柱换流变压器器身结构

图 2-20　三芯柱换流变压器器身结构

（一）绕组排列方式

换流变压器绕组的排列方式一般有两种：一种是按铁芯柱—调压绕组—网侧绕组—阀侧绕组的排列顺序由里向外按同心圆方式布置；另一种是按铁芯柱—阀侧绕组—网侧绕组—调压绕组的方式顺序布置。具体的布置方式，应根据换流变压器的结构、容量和电压组合等因素优化确定。通常，阀侧电压为600kV及以上时，采用铁芯柱—调压绕组—网侧绕组—阀侧绕组的排列顺序，有利于阀侧绕组的绝缘设置。阀侧电压在500kV及以下时，以上两种方式均有，取决于换流变压器阻抗和制造厂习惯等因素。

（二）绕组端部磁分路结构

换流变压器绕组端部的漏磁场最为集中，场强分布比较复杂，该处也是换流变压器采取屏蔽措施的重点部位。近年来有近半数结构的换流变压器在每柱绕组的上下端部加装“嵌入式”（肺叶型）磁分路，用以改善端部的磁场分布，减小横向漏磁，使磁力线的弯曲程度得以减弱，进入夹件等结构件和油箱壁的漏磁分量减少，降低绕组端部涡流损耗、引线附加损耗和铁芯结构件的杂散损耗。每柱绕组上下端部的“嵌入式”磁分路一般各由两块或四块组成。磁分路内部的硅钢片长度可深入轭铁下，高度（绕组轴向）

等尺寸取决漏磁通计算的结果。“嵌入式”磁分路外形如图 2-21 所示。

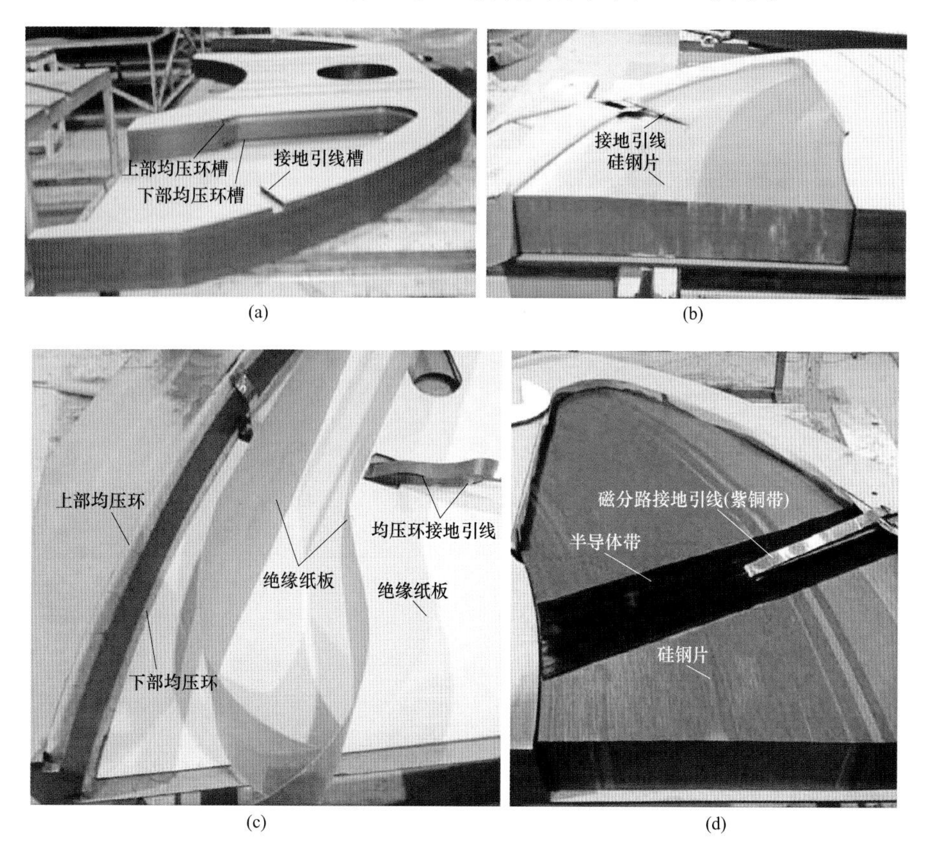

(a) (b) (c) (d)

图 2-21 嵌入式磁分路外形图

(a) 磁分路绝缘腔体；(b) 镶硅钢片后的磁分路；
(c) 磁分路均压环及接地引线；(d) 磁分路半导体带及接地引线

尽管设置“嵌入式”磁分路对改善绕组端部磁场分布，减小横向漏磁和附加损耗等具有明显的作用，但给绕组端部绝缘带来一定的风险，这也是有些结构的换流变压器未采用该种结构的理由之一。因此，对磁分路结构有以下三点要求：

一是要求磁分路的硅钢片边缘应用半导体带或金属屏蔽环进行屏蔽处理，消除尖端电场影响。曾经发生过换流变压器由此引起的局部放电导致试验不合格案例。

二是磁分路的硅钢片相互之间必须贴紧压实，接触良好，每块磁分路的均压环、半导体带都应与磁分路的接地引线（紫铜带）一点连通后引出在夹件处可靠接地。

三是在每块磁分路的上部平面中部，应通过一道半导体粘带将硅钢片的端面贴紧连通，以便将由各个不等面积硅钢片构成的电容经半导体粘带的电阻串联起来，消除局部放电的风险。

另外有一种结构的换流变压器虽然未加装“嵌入式”磁分路，但在每柱绕组的上下端部各加装一块芯柱磁屏蔽（地屏），绝缘纸板夹层内的导体用软引线引出分别在上下夹件处接地，它同样起到一定的磁分路作用。由于其没有“嵌入式”磁分路那样的高度，对改善绕组端部漏磁通的效果也不如“嵌入式”磁分路那样明显，但也不存在“嵌入式”磁分路硅钢片的接触不良和尖端放电等绝缘方面的风险。

二、引线结构

在换流变压器绕组外部连接绕组各引出端的导线称为引线，包括各绕组之间的连线、绕组出线端与套管之间的连线、调压绕组各分接头与分接开关之间的连线等。引线绝缘包括引线对油箱、铁芯、夹件等接地部分的绝缘，对相关绕组之间的绝缘，对分接开关的绝缘等。在保证足够的绝缘强度的前提下，应尽可能缩小引线的尺寸，同时还应具有足够抗击运输颠簸、运行振动和短路电动力冲击等机械强度，以及在长期运行中、急救性负载和出口短路时，引线的热点温升不超过其允许值。

单相多芯柱换流变压器的各芯柱网侧绕组（包括调压绕组）以及同一电压等级的阀侧绕组分别采用并联接线方式。某工程两芯柱双绕组换流变压器接线示意图如图 2-22 所示。

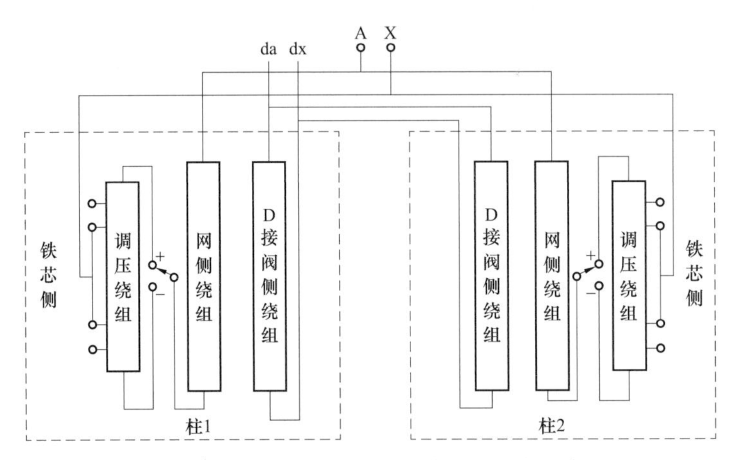

图 2-22　两芯柱双绕组换流变压器接线示意图

某工程换流变压器器身和调压引线如图 2-23 所示。

图 2-23　某工程国产化 800kV 换流变压器器身及调压引线

（一）调压引线

换流变压器一般采用网侧绕组中性点调压结构方式，有利于分接开关的绝缘处理。调压引线的布置方式和走向取决于有载分接开关的数量和安装位置。常见的换流变压器分接开关布置方式有两种：一种是将分接开关安装在油箱短轴的一侧，该种结构有利于减小油箱的宽度，以满足运输宽度的尺寸要求；另一种是将分接开关布置在油箱长轴侧，采用该种结构的换流变压器外形尺寸超宽，不满足铁路运输的要求。因此，一般采取将有载调压分接开关油箱外置的结构方式，运输时将分接开关连同油箱一起拆除，分接开关油箱充油进行单独运输，防止分接开关受潮。采用该种结构的换流变压器，调压引线走向与铁芯夹件相垂直，且长度较短，铁芯漏磁通在调压引线上产生的附加损耗较小，调压引线也不会在铁芯中产生镜像电流。同时由于采用了外置式分接开关油箱的结构，减轻了换流变压器本体的运输重量。它的缺点是换流变压器引线和绝缘结构较复杂，安装和检修维护不便。但该种结构也是解决特高压大容量换流变压器运输超宽、超长、超重的主要措施之一，因此在高端换流变压器上占据一定的比例。

某工程采用外置式分接开关油箱的换流变压器外形如图 2-24 所示，该换流变压器为三芯柱式结构，每芯柱调压绕组各配置一台单相有载分接开关。

图 2-24　外置式分接开关油箱的换流变压器外形图

有载调压分接开关的配置方式分为按每芯柱配一台开关和每台换流变压器配一台开关两种。按每芯柱配一台开关的方式，每台分接开关的电流较小，分接开关的负担轻，但换流变压器的组件多，结构和引线复杂，流过每个分接开关的电流必须均衡，对分接开关动作的同步性要求高，保护也相对复杂。三芯柱的换流变压器也可配一台三相分接开关，每相分接开关对应一柱调压绕组，但该种配置方式目前还未采用过。两芯柱配双台分接开关的器身结构如图 2-25 所示。

图 2-25　两芯柱双分接开关器身及引线

随着大容量真空分接开关在换流变压器上的使用，目前较多采用每台换流变压器配置一台分接开关的结构方式，相对减少了换流变压器的动作部件，简化了结构和引线，但对分接开关的可靠性要求更高。

对于采用单层调压绕组结构的换流变压器，各柱调压绕组就近并联后接到有载分接开关，经分接开关后引出接至中性点套管，以减少穿过漏磁场的调压引线数量，降低附加损耗。

对于采用双层调压绕组结构的换流变压器，其每层调压引线均应分别引至分接开关处并联，由于电流方向相反，调压引线中同方向电流之和基本为零，不会在铁芯中产生镜像电流。

（二）网侧引线

换流变压器的网侧一般采用端部垂直出线方式，各柱绕组的首端引线通过均压屏蔽管（也称均压管）在器身上端连接后经出线装置接至套管尾部。

网侧高压出线套管一般布置在远离阀侧出线套管一侧的油箱顶部，其位置与某柱网侧绕组出线相垂直，如图 2-26 所示，或布置在各柱绕组的中部。

图 2-26　两芯柱双绕组换流变压器器身及出线

图 2-27　网侧各柱绕组经升高座引出出线方式

换流变压器的另一种网侧出线方式是将引线经升高座从油箱顶部引出，各柱引线在升高座内并联后经出线装置接至套管尾部，套管垂直安装在升高座上，如图 2-27 所示。

该种出线结构的换流变压器为了满足运输高度的要求，省去了网侧水平引线及其出线所占有的高度。运输时需要将升高座拆除，升高座需要充气或充油单独运输，防止升高座内的引线和绝缘等受潮。

（三）阀侧引线

换流变压器的阀侧各柱间绕组一般采用“手拉手”结构连接后，通过屏蔽管经出线装置接到阀侧套管，屏蔽管一端伸入绕组，另一端伸入套管尾部的均压球内。阀侧采用水平出线方式，套管从油箱的短轴一侧倾斜安装伸向阀厅。屏蔽管由 ϕ150mm 左右大直径的金属管组成，承载电流的纸包绝缘铜绞线由管内穿过，并与屏蔽管一端形成可靠等电位连接。屏蔽管的作用是扩大导体的曲率半径，改善导线表面电场分布，降低局部放电的风险。较小容量和较低电压等级的换流变压器可同时具有阀侧 Y 接和 D 接线绕组，即三绕组换流变压器的阀侧引线如图 2-28 所示。

适用于高海拔地区的三绕组换流变压器的外形如图 2-29 所示。

图 2-28　三绕组换流变压器阀侧引线图

图 2-29　三绕组换流变压器外形图（高海拔）

为了降低运输宽度，有的换流变压器采用了阀侧引线在油箱外部的出线结构方式，其外形如图 2-30 所示。该种结构的换流变压器采用阀侧引线外置油箱结构，将阀侧引线从油箱长轴侧一侧的法兰孔引出，各柱阀侧引线在外置式油箱内并联后从油箱短轴侧水平引出，经过升高座接至套管尾部，阀侧套管从油箱短轴一侧的侧面倾斜安装伸向阀厅，其冷却器安装在油箱的顶部。该种结构的换流变压器虽然可以缩小运输宽度，但其结构和绝缘复杂，需要多套出线装置，安装比较困难，运输时需要将外置的副油箱连同引线、出线装置等一起拆除，进行单独密封运输，质量不易控制。该种结构的换流变压器使用较少。

图 2-30　外置式阀侧出线及油箱顶部布置冷却器结构的换流变压器

（四）引线与套管的连接

换流变压器网侧高压套管尾部接线端子在油箱上部或顶部，接线操作比较方便，网侧绕组引线一般用螺栓直接连接到套管尾部的接线端子上，如图 2-31 所示。

阀侧套管的尾部伸入到油箱的中下部，绕组引线与其连接操作很不方便，为了便于套管安装和检修，阀侧套管与绕组引线一般采用插接方式连接，常见有以下两种结构。

1. 插拔头结构

插拔头触头由导电性能良好的铜质材料制成，触头杆上设有数道弹簧圈，用以与触头座的可靠接触。插拔头固定在阀侧绕组引线屏蔽管出口部位的支架上，引线通过螺栓与触头底部的接线端子连接，如图 2-32 所示。屏蔽管出口设有均匀环，用以均匀电场。

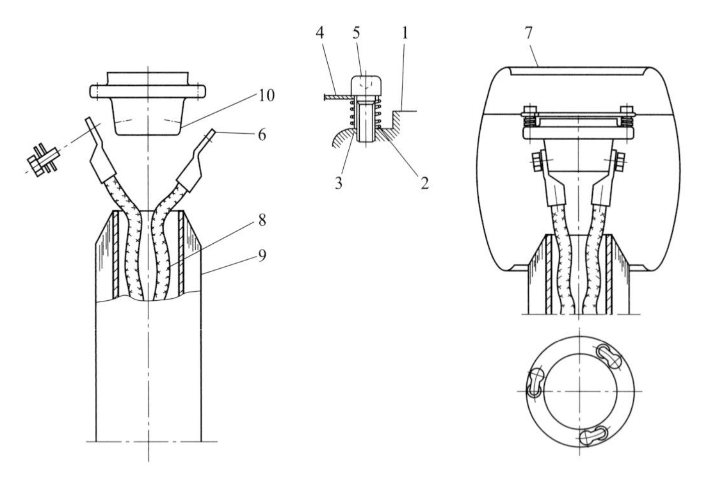

图 2-31　套管尾部引线连接示意图

1—套管底部；2—弹簧；3—接线头；4—压环；5—螺栓，M10×15；6—电缆接线头；
7—屏蔽；8—至绕组连接；9—防护管子；10—带有孔径 M12 的底部接触板，锁紧旋转方向插入螺丝

插拔头的触头座固定在阀侧套管尾部，安装时套管尾部穿过升高座和出线装置，插拔头插入触头座形成良好接触。

2. 插接方式结构

插接方式结构的插接座底部是一个六面体的接线端，阀侧绕组的引线连接在该接线端子上，如图 2-33 和图 2-34 所示。与套管尾部插接的插接座内部设有数道压簧，以便与套管导电管的紧密接触。

图 2-32　阀侧绕组与套管插接的触头

图 2-33　引线与接线座的连接

（a）插接座；（b）插接座接线端；（c）连接后

插接座底部的螺孔与设有端部引导和定位装置的导电杆穿过套管导电管，当套管导电管与插接座插接到位后，拉紧导电杆并在套管顶部用螺母收紧锁死，防止插接部位松动，如图 2-35 所示。

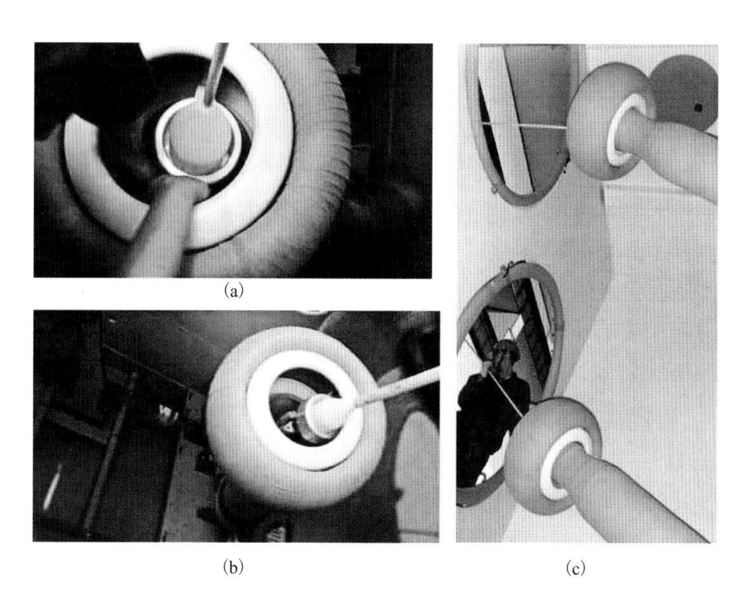

图 2-34　套管安装过程

（a）步骤 1；（b）步骤 2；（c）步骤 3

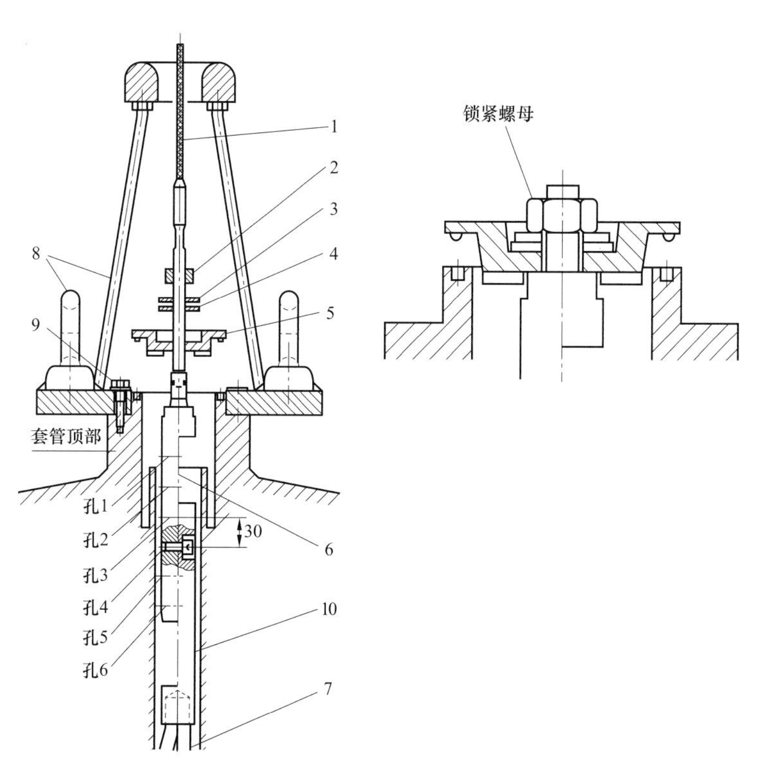

图 2-35　套管导杆拉紧和锁死系统示意图

1—软拉杆；2—六角螺母；3—锥形弹簧垫；4—垫圈；5—载流垫圈；
6—内部端子，上部；7—软引线；8—起吊装置；
9—六角螺栓，M10×50；10—内部端子，下部

器身引线采用纸包绝缘软铜绞线结构，引线连接一般采用冷压接或专用接线端子用螺栓连接方式，连接位置用半导体纸（金属化皱纹纸）包扎圆化电极，消除不均匀电场和防止尖端放电。按工艺要求半导体纸收尾应落在接线头的直线段，并超出压接管口30mm以上。半导体纸外包扎耐高温绝缘纸，压接部位的绝缘厚度为导线绝缘厚度的1.25倍以上。包扎绝缘的两端锥度长度为导线应包绝缘厚度的7倍以上。高压引线所经过区域附近的电极进行圆化处理，以改善电极形状；结构件的棱角、尖端应进行屏蔽，防止场强集中造成局部放电。

换流变压器的引线应整齐地布置在绝缘支架上，每隔一段距离用绝缘线夹进行夹持固定，防止变形和位移。对于超过规定距离无支架固定的导线需要用绝缘带进行绑扎固定。引线以及引线屏蔽管的夹持固定部位一般应加强绝缘。引线的转弯部位应有一定的转弯半径，防止转弯半径太小损伤绝缘。绝缘支架牢固地固定在铁芯夹件之上，支架应具有稳定的结构和机械强度，应能承受运输、运行中的冲击和振动力以及突发短路时电动力的作用而不变形损坏。器身干燥处理后，应检查绝缘支架不出现开裂和明显变形，对所有绝缘螺栓进行检查紧固和锁死，核查所有引线距离符合设计要求。

器身引线的导线截面满足载流量的要求，同时由于引线的绝缘层比较厚，不利于散热，因此，引线的截面选择应留有合理的裕度，以满足温升的要求。引线布置还应与分接开关过渡电阻、压敏元件等发热元件保持一定距离，必要时应采取热隔离措施，防止引线绝缘承受高温受损。

换流变压器引线应有合理的长度，既要防止引线过短对连接端子产生不应有的应力，也要防止引线过长无法保证对地或不同带电部位的距离而发生绝缘击穿事故。因此在对引线进行监造时，应注意引线截面、引线焊接或压接质量、绝缘处理、屏蔽线连接、引线布置和排列、引线固定、绝缘距离、接线正确性等工艺质量。

换流变压器的引线结构和工艺对产品质量有着重要影响，如换流变压器引线的屏蔽管安装必须插接到位，定位螺栓和卡箍必须连接牢靠。由多节拼接或焊接组成屏蔽管，各节之间的等电位连接或焊接，以及屏蔽管与穿过管内的载流引线之间的等电位连接必须可靠，同时屏蔽管应具有一定的机械强度，固定必须牢固，支撑应合理，否则会带来运行隐患或造成事故。

三、器身和引线工序曾出现的问题

1. 阀侧引线等电位连接断线

某工程600kV换流变压器在进行阀侧绕组外施交流电压耐受试验和局部放电测量时，当试验电压仅达到10%左右的情况下出现数十万皮库局放量，且随着试验电压升高局放量增长比较明显，判断为悬浮电位放电。经解体检查，发现阀侧引线与屏蔽管连接引线端子断线，如图2-36所示。

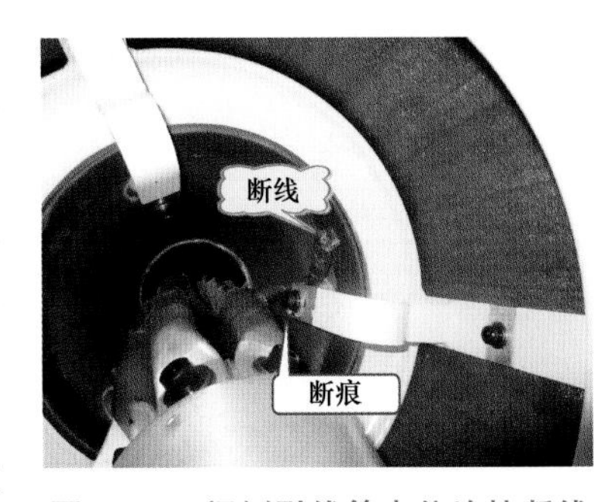

图2-36　阀侧引线等电位连接断线

2. 屏蔽管脱焊断裂

某500kV工程用的数台换流变压器（△接）在运行中绝缘油不断“产气”，且呈持续上升趋势。返厂后进行长时感应电压耐受试验和局部放电测量时，局部放电量远远超过允许值。吊芯检查发现阀出线屏蔽管脱焊开裂，如图 2-37 所示。

该屏蔽管为焊接成型件。由于焊接质量和固定不合理等缺陷，在运输和运行过程中振动力的作用下，使焊接处逐步开裂，并最终断开，导致屏蔽管悬浮放电，使变压器油分解出现乙炔及其他特征性气体，并随着运行时间延长气体含量持续增长。经过处理后换流变压器运行正常。

3. 阀侧引线屏蔽管连接不良悬浮放电

某工程 500kV 换流变压器阀侧引线的铝屏蔽管并联连接处接触不良，在运行中发生悬浮放电，油中产生大量乙炔气体，铝屏蔽管连接处的放电痕迹，如图 2-38 所示。该处连接不良的原因可能有：连接管公差太大、连接螺栓紧固不牢或阀侧引线支撑不良等。

图 2-37　屏蔽管脱焊开裂

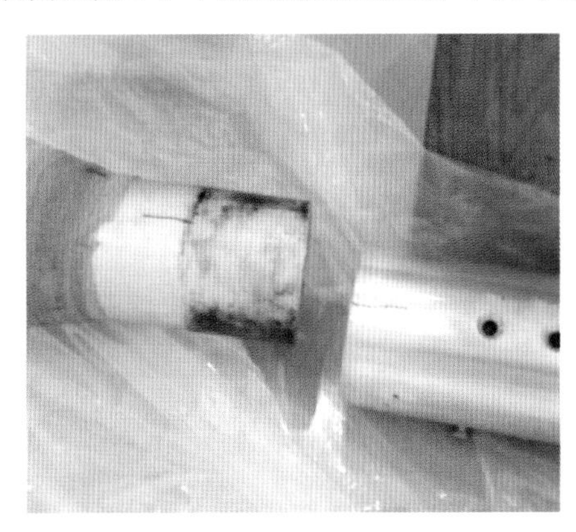

图 2-38　阀侧引线屏蔽管连接不良

4. 铁芯接地引线对网侧引线放电

某工程 200kV 换流变压器绝缘试验前进行长时感应电压试验和局部放电测量时，铁芯接地引线对网侧上部引线放电，试验未通过。放电原因：铁芯接地引线配置过长，并未进行合理固定，致使铁芯引线与网线圈引线距离仅 120mm，小于 270mm 的设计要求，导致铁芯接地引线与网侧首端引线间的绝缘距离不满足安全距离，在试验时发生放电，如图 2-39 所示。

5. ZnO 避雷器炸裂

某工程 200kV 换流变压器在进行有载分接开关的引线时，将相邻两根引线接错，造成两组 ZnO 避雷器上承受的电压异常增高。当进行绝缘试验前长时感应电压试验和局部放电测量时，引起避雷器炸裂，如图 2-40 所示。

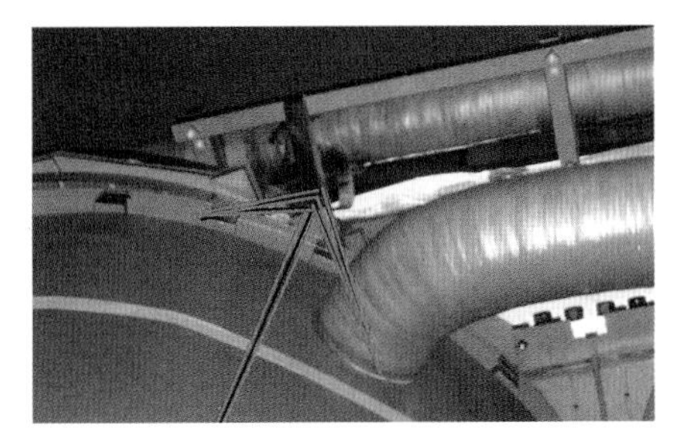

图 2-39　接地线对网侧引线放电痕迹

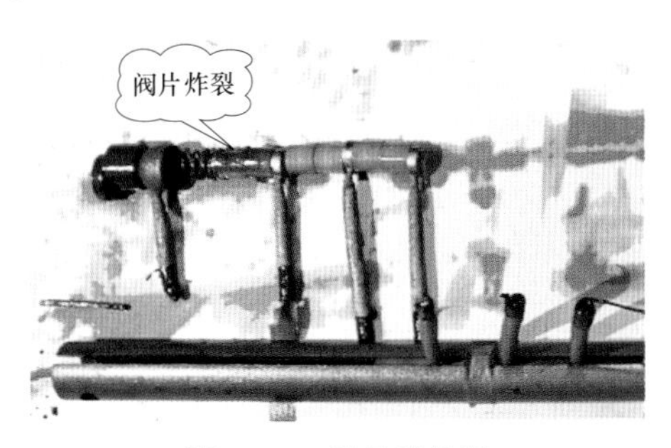

图 2-40　避雷器炸裂

此种问题已发生过多起，只是本次问题发生在200Hz交流电压下，长时间的持续大电流超过了阀片的通流能力，造成了避雷器热崩溃而炸裂。

避雷器接线错误缺陷无法通过常规的试验手段如变比、直阻测量等其他试验方法发现，只有在感应电压试验时避雷器两端电压越限时缺陷才能暴露。因此，类似这样的引线连接不正确主要依靠工艺检查、验收，同样也是设备监造工作应关注的重点。

第四节 绝缘结构

绝缘结构是换流变压器的重要组成部分，也是决定换流变压器能否可靠运行的基本指标之一。它不但对换流变压器的极限容量和长期运行可靠性以及使用寿命具有决定性作用，而且对其经济运行指标也具有重要影响。因此，合理确定换流变压器绝缘结构和正确选用绝缘材料具有重要的技术意义和经济意义。

耐电强度是由绝缘结构和所使用材料的合理性及质量来保证的。换流变压器各部分的绝缘强度与绝缘材料的耐电强度、绝缘组合方式、电极形状、电场强度等因素有关。

机械特性是绝缘材料的又一重要指标，包括在压缩、拉伸、扭曲、振动等情况下的机械强度，以及在突发短路情况下的机械强度和抗地震强度等。

热特性和环境特性也是绝缘材料的重要指标，包括换流变压器损耗引起的发热、散热和温升特性，环境温度变化以及负荷电流、故障电流引起额外温升特性以及燃烧与阻燃特性等。

环境特性主要指换流变压器在运行中绝缘材料受环境因素的影响，如湿热性、燃烧性和耐气候性，以及生成物对环境保护的影响等。

换流变压器的绝缘材料可以分为气体绝缘、液体绝缘和固体绝缘等多种类型。其内部绝缘组合方式有纯油间隙绝缘、全固体绝缘、油—固体复合绝缘等多种方式。

换流变压器的绝缘可分为油箱范围内部的内绝缘和暴露在大气之中的外绝缘两部分，其中内绝缘又分为主绝缘和纵绝缘。

一、换流变压器的绝缘分类

换流变压器的绝缘分类如图2-41所示。

二、绝缘材料及成型件

换流变压器的绝缘结构与其所使用的绝缘材料性能有着密切关系，因此，首先对有关绝缘材料的特性进行简单介绍。

（一）气体绝缘

气体绝缘的种类很多，但在换流变压器中所涉及的主要有空气绝缘和SF_6气体绝缘等。

空气是良好的绝缘介质，具有较高的绝缘强度，在电力系统和电气设备上得到广泛的应用，换流变压器的外绝缘就是空气绝缘。

SF_6具有良好的化学稳定性的惰性气体，不易腐蚀设备中的其他材料，无色、无味、无毒、不爆炸、不燃烧、灭弧和导热性能优良等特性，作为灭弧和绝缘介质，被广泛应

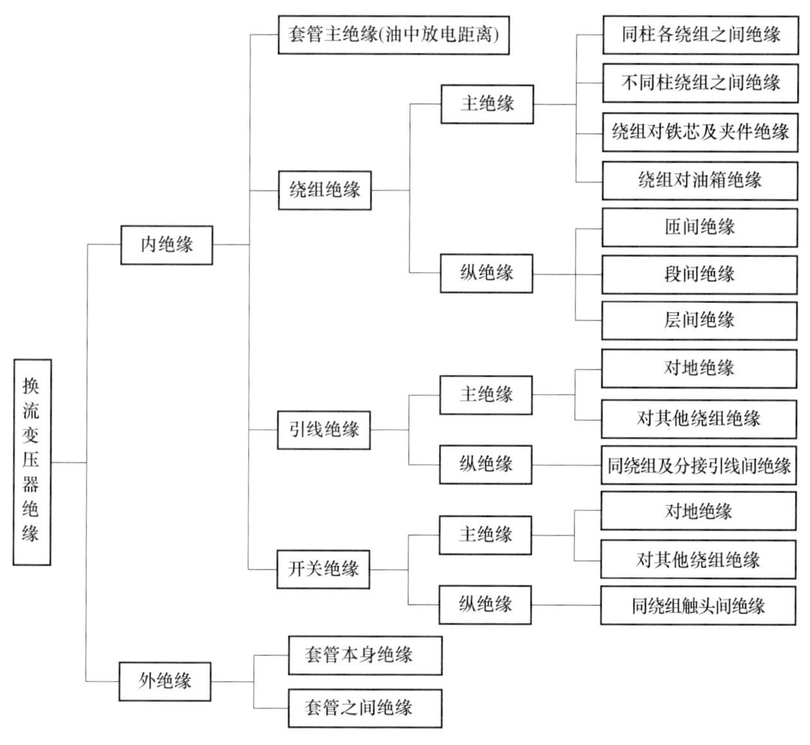

图 2-41　换流变压器绝缘分类

用于断路器、GIS 等开关电器和密封电器上。目前，400kV 及以上换流变压器一般采用充 SF_6 气体或 SF_6 气体与变压器油组合的内绝缘结构的直流套管。

1. 气体绝缘的主要特性

影响空气绝缘强度的因素很多，主要包括以下四点。

（1）电场影响：均匀电场下气体的放电电压最高、稍不均匀电场次之、极不均匀电场放电电压最低。换流变压器的套管外绝缘采取了加装均压环等措施，就是为了均匀电场分布，提高其绝缘强度。

（2）电压形式：在直流电压、交流电压、雷电冲击电压、操作冲击电压等不同电压分别作用在同一空气间隙时，其击穿电压不同。

1）在持续电压（直流、交流）作用下，电压的变化速度相比放电发展所需时间可以忽略不计。因此当间隙上的电压达到击穿电压时，间隙就被击穿。

2）在非持续作用电压（操作过电压、雷电过电压）作用下，持续时间极短（以 μs 计），放电发展速度不能忽略不计，间隙的击穿特性具有不同的特点。

a. 在均匀和稍不均匀电场中，击穿电压与电压波形、电压作用时间无关，直流、工频下的击穿电压（幅值）以及 50% 冲击击穿电压基本相同，击穿电压的分散性也不大。

b. 在极不均匀场中影响击穿电压的主要因素是间隙距离，直流、工频及冲击击穿电压间的差别比较明显，分散性较大，且极性效应显著。

c. 雷电冲击击穿电压比工频击穿电压高得多。

d. 操作冲击波的击穿电压与波前时间及间隙距离有关，处于临界波前时间附近时，其击穿电压可能低于工频击穿电压。

3）极性效应：在均匀电场中，击穿电压与电压极性无关；极不均匀电场中有极性效应，正极性下50%击穿电压比负极性下低，所以也更危险。正极性直流电压击穿电压与工频击穿电压接近，负极性直流电压击穿电压远高于工频击穿电压。

4）距离影响：间隙距离对击穿电压有影响，间隙距离增加击穿电压提高，并随着距离增加趋于饱和。

5）电极材料影响：电极材料不易发射电子或表面光洁，击穿电压高。

（3）大气条件：气压、温度、湿度等对气体间隙的绝缘强度有影响。在同一距离的间隙下，随着海拔的升高，击穿电压降低，电场均匀程度下降，击穿电压将剧烈降低；在真空环境中，真空度越高，击穿电压越高；湿度增加时击穿电压明显下降，电场不均匀，则下降程度更显著；温度对气体密度有影响，温度升高空气分子体积增大，密度增加，温度越高，击穿电压越高。

（4）SF_6气体的相对密度是空气的5倍，电气绝缘强度是空气的2.5倍，灭弧性能是空气的100倍。在0.294MPa压力时的耐电强度与变压器油相近。在均匀电场中，提高SF_6气体压力，击穿电压明显提高。

2. 提高气体绝缘强度的途径

（1）改善电场分布，使之尽量均匀，减小表面场强。

（2）改进电极形状，增加电极的曲率半径。改善电极边缘形状，电极边缘做成弧形，消除尖角，提高起始放电电压。

（3）使电极具有最佳外形，尽量使其与电场等位面相近。

（4）利用空间电荷畸变电场的作用。在极不均匀电场中击穿前发生电晕放电，利用放电产生的空间电荷改善电场分布，提高击穿电压等。

（5）极不均匀电场中采用屏障积聚空间电荷，改善电场分布，即在极不均匀电场的空气间隙中放入薄片固体绝缘材料，在一定条件下可以显著提高间隙的击穿电压。

（6）严格控制气体中的杂质，保持气体的纯洁度。

（7）提高气体压力，增加气体密度。一般在非真空状态下，提高气体压力可以提高气体的绝缘强度。

（二）液体绝缘

液体绝缘材料又称绝缘油，常温下为液态。在电气设备中起绝缘、传热、浸渍及填充作用，主要用在变压器、断路器、电容器和电缆等油浸式电气设备中。液体绝缘材料一般可分为矿物绝缘油、合成绝缘油和植物油 三大类，其中矿物绝缘油是变压器的主要用油，因此也称为变压器油。

变压器油是一种天然矿物油，是从原油中经过分馏和精制而成的油品，它的主要成分中占95%以上碳氢化合物，其中以烷烃、环烷烃、芳香烃为主，其余部分为非烃化合物，具有良好的集约化散热性能。

变压器油的性能在一定程度上与原油的特性有关，一般认为石蜡基原油倾点高，易氧化生成大量的酸性化合物，对变压器油的电气性能、工作寿命有很大的影响。因此，目前选用产地为克拉玛依的倾点低、氧化安定性较好的低含硫环烷基原油生产变压器油作为换流变压器和特高压变压器用油。

1. 变压器油的主要特性

变压器油的绝缘强度是指其工频击穿电压，纯净变压器油的绝缘强度很高，可以达到 200kV/2.5mm 以上。工程用变压器油无法达到纯净油的标准，处理后的换流变压器用油其绝缘强度应不小于 70kV/2.5mm。

变压器油与绝缘纸、绝缘纸板等具有良好的相容性，油浸入纤维绝缘内部提高了纤维的绝缘强度，纸（板）对油的屏障作用又提高了油隙的绝缘强度，因而提高了换流变压器的整体绝缘性能和缩小换流变压器的体积。

变压器油的流动性好，击穿后绝缘强度能够快速得到恢复，不会形成永久的放电通道。变压器油还可以渗透到器身的内部，大幅度提高固体绝缘强度。同时还可以降低绕组温升，防止绕组和绝缘材料受潮。

变压器油具有较高的比热容量，又有较好的流动性，绕组和铁芯的热量被变压器油吸收后通过油循环而使热量散发出来，从而可保证设备的安全运行。变压器油还是良好的灭弧介质，换流变压器的油浸式有载分接开关中，其切换开关就是用变压器油灭弧的。

变压器油具有体积效应特点，即随着电极间油体积增加会带来油绝缘强度的降低，通常认为油体积增大，杂质颗粒形成“小桥”的概率增加，从而导致绝缘击穿的概率上升，其击穿场强不成比例地降低。因此，在变压器的绝缘结构中采取了一系列薄纸板小油隙措施。

变压器油的缺点是容易被污染，油中的杂质在电场力的作用下，逐渐沿电力线方向排列成杂质的“小桥”，很容易发生沿“小桥”击穿放电。因此，要求储存、运输变压器油的容器必须清洁，不能留有杂质和水分等异物。换流变压器制造工艺过程应严格控制环境，防止污染，凡与变压器油接触的油箱内部、器身、套管尾部、分接开关、法兰、阀门及管路必须清洁无杂质、灰尘、纤维和水分等。换流变压器采用全密封结构，变压器油与大气隔离，以减缓油质劣化速度。换流变压器对油的颗粒度要求高，直径大于 5μm 的颗粒数不高于 2000 个/100mL。

2. 提高变压器油绝缘强度的措施

在换流变压器设计、制造和运行中，用以提高变压器油击穿电压强度的方法主要包括：

（1）提高并保持油的品质，防止油中“小桥”的形成。

（2）覆盖：在引线、均压球等裸金属表面覆盖绝缘层，限制泄漏电流，阻止杂质“小桥”的发展。

（3）包裹：对导体及处于高场强和高漏磁场区域的金属件包裹绝缘层，减少油中杂质的危害，绝缘层分担一定电压，降低油中最大场强，提高绝缘强度。

（4）采用油—纸（板）小油隙绝缘屏障，阻断“小桥”的形成，改善间隙中电场均匀程度。

（5）均匀电场分布：采用成型角环等措施改善沿面电场分布，防止沿面放电等。

（6）保持油质干燥，防止水分进入油中。

（7）采用全密封结构，防止空气进入变压器油中。

（8）控制油温不超过限值，减缓油的劣化速度。

（9）对于换流变压器绕组、器身采取真空干燥进行脱气、脱水处理，提高其绝缘强度。

（10）换流变压器采用合格油品进行真空注油，经过精细过滤去除杂质、降低颗粒度等措施提高产品绝缘水平。

3. 变压器油的主要质量指标

对于换流变压器用油，有时会专门提出油中不含多氯联苯 PCB 的要求。因 PCB 电气性能好、可燃性低，在最初时作为合成绝缘油得到广泛使用，当发现 PCB 对环境会有不利影响后，许多国家都禁止使用。从石油中生产的变压器油本身并不含 PCB。

变压器油的主要质量指标、要求和试验方法见表 2-3。

表 2-3　　变压器油（通用）技术要求和试验方法

项　　目			质量指标					试验方法
最低冷态投运温度（LCSET）			0℃	-10℃	-20℃	-30℃	-40℃	
功能特性	倾点（℃，不高于）		-10	-20	-30	-40	-50	GB/T 3535—2006《石油产品倾点测定法》
	运动黏度（mm^2/s，不大于）	40℃	12	12	12	12	12	GB/T 265—1998《石油产品运动粘度测定法和动力粘度计算法》
		0℃	1800	—	—	—	—	
		-10℃	—	1800	—	—	—	
		-20℃	—	—	1800	—	—	
		-30℃	—	—	—	1800	—	
		-40℃	—	—	—	—	2500	
	水含量（mg/kg，不大于）		30/40					GB/T 7600—2014《运行中变压器油和汽轮机油水分含量测定法（库仑法）》
	击穿电压（满足下列要求之一，kV，不小于）	未处理油	30					GB/T 507—2002《绝缘油　击穿电压测定法》
		经处理油	70					
	密度（20℃，kg/m^3，不大于）		895					GB/T 1884—2000《原油和液体石油产品密度实验室测定法（密度计法）》 GB/T 1885—1998《石油计量表》
	介质损耗因数（90℃，不大于）		0.005					GB/T 5654—2007《液体绝缘材料　相对电容率、介质损耗因数和直流电阻率的测量》
精制/稳定特性	外观		清澈透明、无沉淀物和悬浮物					目测
	酸值（以 KOH 计）（mg/g，不大于）		0.01					NB/SH/T 0836—2010《绝缘油酸值的测定　自动电位滴定法》
	水溶性酸或碱		无					GB/T 259—1988《石油产品水溶性酸及碱测定法》
	界面张力（mN/m，不小于）		40					GB/T 6451—2008《油浸式电力变压器技术参数和要求》
	总硫含量（质量分数，%）		无通用要求					SH/T 0689—2000《轻质烃及发动机燃料和其他油品的总硫含量测定法（紫外荧光法）》
	腐蚀性硫		非腐蚀性					SH/T 0804—2007《电器绝缘油腐蚀性硫试验　银片试验法》

续表

项　目			质量指标					试验方法
最低冷态投运温度（LCSET）			0℃	-10℃	-20℃	-30℃	-40℃	
精制/稳定特性	抗氧化添加剂含量（质量分数）（%）	不含抗氧化添加剂油（U）	检测不出					SH/T 0802—2007《绝缘油中2，6—二叔丁基对甲酚测定法》
		含抗氧化添加剂油（T）不大于	0.08					
		含抗氧化添加剂油（I）不大于	0.08~0.40					
	2-糠醛含量（mg/kg）不大于		0.1					NB/SH/T 0812—2012《矿物绝缘油中2—糠醛及相关组分测定法》
运行特性	氧化安定性（120℃）							NB/SH/T 0811—2010《未使用过的烃类绝缘油氧化安定性测定法》
	试验时间：（U）不含抗氧化添加剂油：164h（T）含微量抗氧化添加剂油：332h（I）含抗氧化添加剂油：500h	总酸值（以KOH计，mg/g，不大于）	1.2					
		油泥（质量分数）（%，不大于）	0.8					
		介质损耗因数（90℃，不大于）	0.500					GB/T 5654—2007
	析气性（mm^3/min）		无通用要求					NB/SH/T 0810—2010《绝缘液化电场和电离作用下析合性测定法》
健康安全和环保特性	闪点（闭口，℃，不低于）		≥135					GB/T 216—2008《闪点的测定　宾斯基—马丁闭口杯法》
	稠环芳烃（PCA）的含量（质量分数，%，不大于）		3					NB/SH/T 0838—2010《未使用过的润滑油基础油及无沥青质石油馏分中稠环芬烃（PCA）含量的测定　二甲基亚砜萃取折光指数法》
	多氯联苯PCB含量（质量分数，mg/kg）		检测不出					SH/T 0803—2007《绝缘油中多氯联苯污染物的测定　毛细管气相色谱法》

注　1. 当环境湿度不大于50%时，水含量不大于30mg/kg适用于散装交货。水含量不大于40mg/kg适用于桶装或复合中型集装容器（IBC）交货；当环境湿度大于50%时，水含量不大于35mg/kg适用于散装交货。水含量不大于45mg/kg适用于桶装或复合中型集装容器（IBC）交货。

2. “无通用要求”指由供需双方协商确定该项目是否检测，且测定限值由供需双方协商确定。该项目为非强制性项目。

3. 检测不出指PCB含量小于2mg/kg，且其单峰检出限为0.12mg/kg。

4. 不含抗氧化添加剂油用U表示，含微量抗氧化添加剂油用T表示，含抗氧化添加剂油用I表示。

5. 项目GB 2536-2011《电工流体　变压器和开关用的未使用过的矿物绝缘油》。

（三）固体绝缘

固体绝缘材料是换流变压器使用最广泛的材料，如瓷套管以及换流变压器铁芯、绕组和器身大量使用的绝缘纸板、绝缘纸、绝缘带、绝缘绳、绝缘漆、绝缘胶等绝缘材料和成型件。固体绝缘材料主要包括天然材料（木材、云母、石棉、橡胶等）、人造材料（电瓷、玻璃、绝缘纸、绝缘纸板、绝缘成型件、塑料等）。

1. 固体绝缘材料类型

（1）绝缘纸板。在换流变压器中绝缘纸板是应用最广泛的绝缘材料之一，它由木质纤维或掺有适量棉纤维的混合纸浆制作而成。其主要原料是针叶林木材，如松、云杉以及棉等。

绝缘纸板在换流变压器中作为主绝缘的隔板、纸筒、端圈、角环、垫块，以及绕组间的撑条、绕组支持绝缘、铁芯绝缘、夹件绝缘等。

（2）绝缘撑条。绕组一般绕制在安装有绝缘撑条的绝缘纸筒或工装纸筒上，既构成绕组的骨架，又使绕组和纸筒间形成轴向冷却油道。绕组组装也是由撑条和绝缘纸板构成的绕组之间或绕组对地的多道油—纸（板）主绝缘屏障。同时也形成绕组的幅向支撑，提高绕组的机械强度。

（3）绝缘垫块。对于饼式绕组，每根绝缘撑条上套有鸽尾或平尾垫块，形成段间油道，同时构成轴向支撑。平尾垫块沿圆周均匀布置。其厚度决定了油道的大小，宽度和数量直接影响绕组的温升和导线应力。一般垫块越多散热效果越差，绕组温升越高，但导线应力越小。反之，则导线应力大，散热效果好，绕组温升低。驼背垫块用于“S”弯处的支持垫块，用于提高绕组的稳固性和机械强度。

绝缘垫块对换流变压器的动稳定性能至关重要，换流变压器采用的都是预压纸板垫块。对垫块机械性能最关键的要求在于真空干燥处理浸油后，在长期运行和多次短路冲击负荷下，仍能保持几何稳定，即基本不再收缩。为此垫块加工必须进行密化处理，使其塑性变形明显下降，弹性模量明显上升。还必须进行恒压干燥，使垫块在运行中的收缩量显著降低。

绝缘垫块还必须进行倒角处理，去除尖角毛刺，防止短路、振动时损伤绕组匝绝缘。

（4）端圈。端圈是用绝缘纸板和垫块粘接而成，用于绕组组装时安放在绕组端部的绝缘件。端圈不同于绝缘成型件，一般由绝缘加工车间或专业绝缘制品生产厂家，按照换流变压器的设计图纸，用专用绝缘纸板和撑条及符合要求的粘接剂加工而成。

（5）绝缘成型件。形状按电场等位线，采用纸浆成型的绝缘件，它的稳定性好，强度适中，提高了绝缘结构的可靠性。尤其换流变压器的结构和引线复杂，绝缘要求高，所使用的角环、绕组出线成型件、引线屏蔽管绝缘、出线装置等一般使用纸浆做成的绝缘成型件。

（6）电瓷。换流变压器的网侧高低压套管的外绝缘由电瓷制成，而阀侧套管的空气部分外绝缘则一般由硅橡胶制成。

（7）其他绝缘材料。换流变压器制造过程中常用的绝缘材料较多，如皱纹纸、电缆纸、绝缘漆、绝缘胶、半导体带、绑扎带、白布带、胶带、橡胶、木材、玻璃纤维、电瓷组件、聚酯化合物等。

2. 固体绝缘材料主要特性

（1）在气体、液体和固体三种电介质中，固体密度最大，耐电强度最高。当作用在固体绝缘材料上的电压升高到击穿临界值后，电流剧增，电介质丧失绝缘，发生击穿放电。固体绝缘介质击穿过程中，发生熔化或烧焦，形成永久机械损伤，绝缘不可恢复。

（2）电击穿：固体介质中存在少量自由电子，在强电场作用下发生碰撞，导致绝缘击穿。其特点是电压作用时间短，击穿速度快，环境温度影响不大。

（3）热击穿：介质损耗使绝缘内部发热，如果热量散发不出去，温度过高会导致绝缘击穿。其特点是击穿与环境温度、电压作用时间、电压的频率有关。热击穿一般在电压作用的时间较长的情况下发生；绝缘受潮，介质损耗增大，泄漏电流增大等容易发生绝缘击穿。

（4）电化学击穿：由于电极边沿、电极与绝缘接触处的气隙或绝缘内部存在气泡等，发生电晕或局部放电引起游离、发热和化学反应等综合作用而引发放电。其特点是在电压作用时间特别长的情况下发生。

（5）影响固体绝缘强度的主要因素包括温度、电压作用时间、电场均匀程度、湿度、作用电压的种类、机械力和局部放电等。

3. 提高固体绝缘强度的措施

（1）均匀电场分布，提高击穿电压水平。

（2）降低温度，防止热击穿。

（3）防止受潮，防止泄漏电流增加。

（4）保持绝缘材料清洁，防止污染影响绝缘性能。

（5）提高机械强度，防止绝缘损伤。

（6）合理选择材料电阻率，达到层间绝缘直流电压的合理分压。

（7）改善电场分布，防止产生局部放电。

（8）换流变压器试验前，应保证大体积的纤维质绝缘件彻底浸透油，以免影响产品绝缘性能和试验结果。尤其二次注油的绝缘件由于油的渗透能力变差，浸透油需要更长时间。

三、换流变压器的主绝缘

主绝缘是指绕组对其本身以外的其他部分的绝缘，主要是绕组对铁芯、夹件、油箱等接地部分的绝缘，不同绕组之间的绝缘，以及引线对接地部分和不同绕组引线之间的绝缘等。端绝缘同属于主绝缘的范畴。

（一）主绝缘结构

由于换流变压器的绝缘既要承受交流电压的作用，又要承受直流电压的作用，还要经受运行中投切的全电压作用、直流极性反转电压等作用，因此，其绝缘状态比交流变压器更加复杂。在交流场下，油介质中的场强高于固体介质中的场强，并按电容性（容抗）规律分布在这两种介质中，即介电常数大的绝缘介质中承受较小的交流电场强度，而介电常数小的绝缘介质中承受较大的交流电场强度。一般情况下变压器油的介电常数约为绝缘纸板的一半，所以变压器油隙中的交流电场强度约为绝缘纸板中的一倍。因此，变压器中交流电场主要集中在油隙中。但在直流电场下，固体介质中的场强高于油介质中的场强，由于直流电场是按照阻性规律分布在两种绝缘介质中，即电阻率大的绝缘介质中承受较大的直流电场强度，电阻率小的绝缘介质中承受较小的直流电场强度。在室温条件下，变压器油的电阻率为 $10^{13}\Omega \cdot m$数量级，而绝缘纸板的电阻率为 $10^{15}\Omega \cdot m$ 数量级。也就是说，绝缘纸板中的直流电场强度约为变压器油中的 100 倍。由此可见，换流变压器中直流电场的分布主要集中在固体绝缘材料中。因此，虽然换流变压器与交流变压器主绝缘结构均是油纸绝缘结构，但换流变压器的主绝缘结构中的绝缘纸板与绝缘油一样，同样起重要作用。

作为变压器的主绝缘：绕组之间和绕组对地绝缘，一般采用绝缘纸板和变压器油组成的油—隔板绝缘结构型式。换流变压器主绝缘处理原则是均匀电场分布，合理配置油道间隙和纸板尺寸，选择优质的绝缘材料及绝缘成型件等，使各种试验电压下的绝缘耐电强度满足要求。

在电场比较均匀的情况下，油—隔板绝缘结构中油隙的耐电强度随油隙的减小而增加。因此，在同一绝缘距离下，油隙分隔越小，耐电强度越高。此外在该种绝缘结构中，对交流电场而言，主绝缘的击穿电压主要由油隙决定，当油隙一旦击穿，纸板也随之丧失绝缘能力。所以，纸板主要起分隔油道的作用，并不需要选择太厚。但由于机械强度的要求，也不能太薄。对于换流变压器而言，由于存在直流电场的作用，主绝缘中需要更多的绝缘纸板来承担大部分的直流电场强度。所以，阀侧绕组要被多层围屏纸板筒和角环所包绕，主绝缘中纸板（筒）的厚度和用量远远超过交流变压器。同理，阀侧引线的绝缘材料数量也要有所增加。

（二）端绝缘结构

端绝缘是指绕组端部至上下铁轭以及相邻绕组之间端部的绝缘，它是换流变压器主绝缘的重要组成部分。该处电场极不均匀，容易发生沿面放电。端绝缘是油—纸隔板结构，尽量按照电场等位线设置绝缘角环的弧度。某结构换流变压器网侧绕组上端部冲击电场电位分布如图 2-42 所示，可见在冲击电压下，绕组静电屏及端部绝缘角环、纸板形状基本与该区域电场分布的等电位线相近。

换流变压器网侧绕组 1min 工频试验电压下交流电场分布的计算结果如图 2-43 所示。可见绕组端部静电环及端部绝缘角环、纸板形状与该区域交流电场分布的等电位线十分接近。

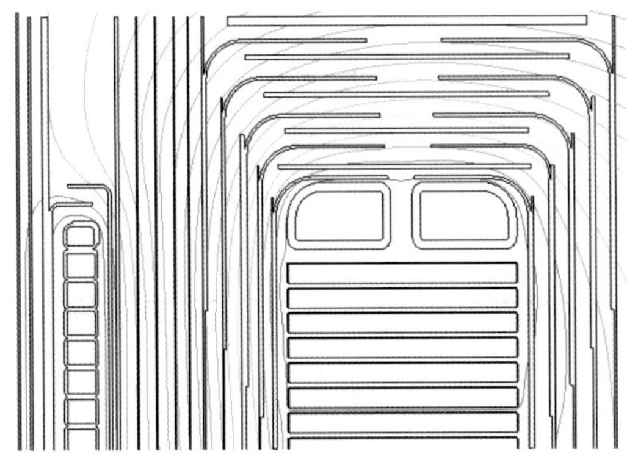

图 2-42　网侧绕组上端部冲击电场电位分布

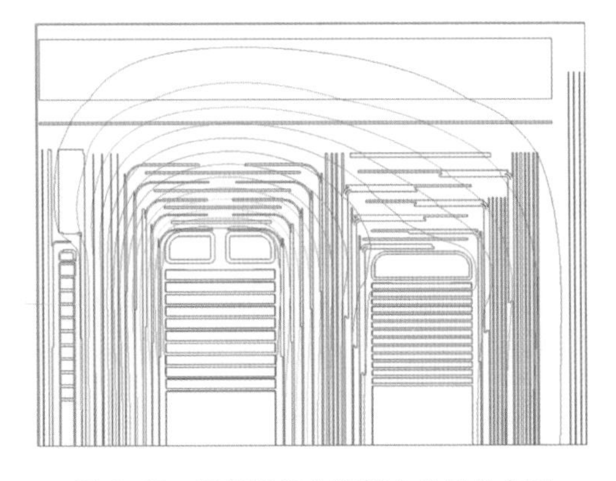

图 2-43　网侧绕组交流等电位线分布图

换流变压器阀侧绕组直流 2h 试验电压下的电场强度分布云图如图 2-44 所示，同样，阀侧绕组端部静电环及端部绝缘角环、纸板形状与该区域直流电场分布的等电位线十分接近。

影响绕组端部电场分布的因素很多，如端部绝缘距离、绕组间主绝缘距离、静电环曲率半径和绝缘厚度及绝缘材质，静电环的数目和形状及布置方式，以及角环分隔油隙和端圈分隔油隙的数目和大小等。

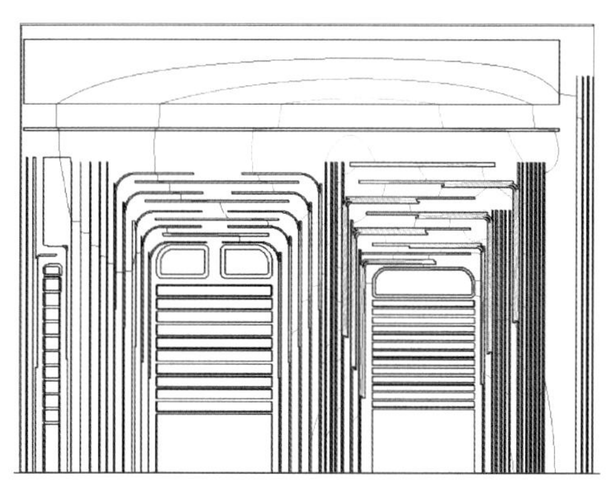

图 2-44 阀侧绕组直流等电位线分布图

高压静电环置于换流变压器绕组的端部，它是一个具有一定厚度的开口金属环，用金属箔或金属编织带包绕在一个用绝缘材料制成的骨架上，或直接用金属制成芯体，其外部用绝缘纸包裹绝缘。金属芯体与金属箔片或金属编织带经金属软线或金属箔带可靠连接后引出，再与高压绕组端部首匝线饼相连接。静电环既可以改善首端的电场分布，又可以在静电环与首端的线饼间形成附加电容，从而改善在冲击电压作用下绕组电位的起始分布。

角环是一种带有向内或向外翻边的弧形绝缘件。角环的作用一方面是增长端部绝缘距离，防止端部沿面放电；另一个作用是分隔端部的油隙，将处于绕组端部极不均匀电场中的较长油隙分隔成若干个较小的油隙，并使每个油隙基本具有同样的绝缘裕度，提高绝缘的利用系数。为了起到最好的绝缘作用和防止沿面放电，角环的理想形状应与端部等电位线相重合。换流变压器采用基本上符合等电位面的成型角环，可以有效降低该区域绝缘沿面放电的风险。

（三）换流变压器的纵绝缘

纵绝缘是指绕组的匝间、层间、线段间的绝缘。纵绝缘主要取决于雷电冲击电压的分布和长时间运行电压的作用，同样的雷电冲击电压，如果选择不同的绕组型式，其匝绝缘厚度和段间油道的尺寸也可能不同，需要通过仔细的计算校核进行优化设计。纵绝缘处理还应考虑特殊情况下绕组间的相互影响等以及纵绝缘对主绝缘的影响，段间油隙大小对换流变压器散热影响等综合因素。

对于层式绕组而言，纵绝缘主要指匝间绝缘和层间绝缘。对于饼式绕组主要指匝间绝缘和段间油道绝缘。

绕组上的最大梯度电位则是决定纵绝缘的主要依据，由于作用在绕组匝间绝缘上的工频电压是和匝数成正比例关系，所以在纠结线段上的匝电压要比连续式大若干倍。在冲击电压作用下匝间将出现更高的冲击电压，因此，在纠结线段应采用更大的绝缘裕度。

换流变压器绕组一般由高密度纸包绝缘导线绕制而成，由于纸具有毛细作用，从而提高了油纸的绝缘强度，构成了较好的匝绝缘结构。但导线绝缘纸的包绕过程有一定的工艺分散性，在绕组的绕制、运转、存放过程中，也有损坏绝缘的可能性等其他因素。因此，在纵绝缘结构设计中通常采用较大的绝缘裕度。

第五节 油 箱 结 构

一、换流变压器油箱结构

换流变压器的油箱一般为桶式结构，油箱盖分为平箱盖或拱形箱盖两种结构。拱形箱盖多在高端换流变压器上采用，是为了满足铁路运输隧道尺寸的要求。油箱盖与箱体的连接方式分为封焊密封和用螺栓连接密封两种。封焊密封方式的密封效果好，只要封焊质量有保证就不会出现箱沿渗漏油缺陷，其缺点是一旦换流变压器发生内部故障需要吊芯检修时，必须将封焊的箱沿刨开。因此，吊芯检查、检修不方便。用螺栓连接密封结构对箱沿和箱盖的密封面加工工艺要求严格，密封材料质量必须保证，否则会出现渗漏油缺陷。油箱盖上设有安装网侧套管、压力释放阀等组件的法兰孔，具体因换流变压器的结构不同而有所不同。

换流变压器的油箱壁一般为平板式结构，用槽形加强筋加强，一种加强铁结构是仅用竖向加强，如图 2-45（a）所示；另一种加强铁结构除采用竖向加强铁外，还采用数条横向板式加强筋进行加强，如图 2-45（b）所示。对于千斤顶的支点、牵引部位、运输装车的悬挂点或支点等受力部位采取局部加强措施。

(a)

(b)

图 2-45 换流变压器油箱

（a）型式一；（b）型式二

油箱的短轴箱壁和箱盖分别设有人孔，便于安装和检修人员出入。冷却器通过进出油管和框架安装在油箱一侧短轴的箱壁上，少数结构的换流变压器将冷却器安装在油箱顶部，或将备用冷却器安装在油箱上部的侧面。在油箱另一侧短轴箱壁上设有安装阀侧套管的法兰孔，如图 2-46 所示。由于阀侧套管倾斜安装在该侧箱壁上，套管的重量在该侧箱壁产生较大的应力，因此，该侧的箱壁用槽型加强或板式加强铁进行加强。法兰处各焊接一块经过加工的较厚法兰钢板进行加强，阀侧套管升高座也用板式加强筋进行加强，如图 2-47 所示。

阀侧套管与油箱法兰一般采用螺栓连接结构，其中油箱法兰一般采用盲孔螺纹结构，该盲孔的加工工艺要求严格，盲孔太深可能将钢板打透，造成从该螺孔渗漏油缺陷。盲孔太浅强度不够，可能造成螺杆拔脱事故。该法兰螺栓也曾采用过焊接结构，但焊接工艺要求高，其强度不易控制和检验，曾发生过多个螺栓焊接部位同时断裂事故，因此，换流变压器基本上不再采用焊接结构。

图 2-46　油箱阀侧套管法兰孔和人孔

图 2-47　阀侧套管升高座板式加强筋

换流变压器油箱盖和箱底分别设有与铁芯夹件定位销相对应的定位孔，器身装配时对器身形成强力定位，保证器身在运输、运行和突发出口短路以及突发自然灾害等情况下器身不发生位移。

换流变压器油箱一般采用优质高强度碳素结构钢，有些大电流套管的升高座采用了无磁钢。箱底和箱盖均采用整块钢板。整块钢板在焊接前均用超声波进行无损探伤以保证钢板质量。油箱拼接焊缝及重要加强筋焊缝采用着色渗透法、超声波探伤或其他方法进行检验。油箱采用气体保护焊和埋弧焊方法焊接，每台油箱应经过负压、最高油面静压密封试验和真空度检验。

二、油箱屏蔽

由于换流变压器的体积较大、磁路较长，漏磁通会在油箱上产生较大的涡流和附加损耗而引起发热。因此，换流变压器的油箱结构上需要采取磁屏蔽或电屏蔽措施。

（1）磁屏蔽：是在油箱内壁设置由硅钢片条竖立叠装组成磁屏蔽，用以对来自绕组端部的漏磁通起疏导作用，减小在油箱壁产生涡流损耗。由于硅钢片磁屏蔽需要将硅钢片与油箱良好绝缘并可靠接地，有时绝缘不当或接地不良，会引起局部过热或放电缺陷。同时固定磁屏蔽会有许多突出的螺杆，对电场处理不利。同时，磁屏蔽突出于油箱内表面，占据了一定的空间距离，不利于减小换流变压器的运输宽度，因此，磁屏蔽结构在换流变压器应用相对较少。

（2）电屏蔽：是在油箱壁上焊接 5mm 左右厚度的铜板或 15mm 左右厚度的铝板，如图 2-48 所示。由于铜（铝）板具有良好

图 2-48　油箱铜屏蔽焊接

的电导率，当漏磁通进入铜板产生涡流，涡流产生的反磁通对漏磁通起去磁作用，从而减少在油箱壁产生涡流损耗。电屏蔽焊接方便，基本不增加油箱宽度，在换流变压器上应用广泛，尤其是高端换流变压器油箱屏蔽的一种常用结构。

除了防止油箱发热外，在换流变压器油箱结构上还需采取必要防止局部放电的屏蔽措施，如在油箱内侧的网侧首端以及阀侧出线法兰孔处安装屏蔽环，对处于出线附近的高电场区域的箱盖加强筋等尖角、棱角部位加装绝缘屏蔽等，组成一定的绝缘屏障，以减小尖端放电风险。

三、油箱附件

（1）储油柜。换流变压器的储油柜通过金属支架安装在油箱顶部。储油柜与油箱之间的连管上安装有换流变压器本体气体继电器，为了满足本体油箱的气体能够顺利进入储油柜，该连管向储油柜方向应有满足有关技术标准规定的坡度。套管升高座等能够造成窝气的最高点，也必须通过连管以一定的升高坡度引至通往储油柜的连管上。

目前的换流变压器一般采用胶囊式储油柜，其外形有圆形、多边圆形和多边椭圆形等多种结构。

（2）冷却器支架。换流变压器的冷却器体积比较庞大，具有较重的重量，运行中潜油泵和风机高速旋转引起的振动，以及风压、油流带来的振动不但使噪声增加，还容易造成结构件和密封件的疲劳而出现渗漏油现象。因此要求冷却器与换流变压器本体的连接具体良好的稳定性，使进出油管不承受过大的应力，防止运行中产生共振。冷却器通过连管和支架与本体油箱连接，支架一般采用力学上的三角受力结构，以获得较好的稳定性。一般情况下，每组冷却器都设有支点固定在地面上，对冷却器形成向上的支撑力，增加其稳定性。

（3）压力释放阀。换流变压器的压力释放阀通过法兰安装在油箱顶部，如果装有多个压力释放阀，其安装位置应对称，且有利于其动作。

（4）测温装置。在换流变压器的油箱盖设有安装上层油温测量装置的基座，两个感温元件的安装基座应设在油箱盖长轴方向的对称位置上。还应设有安装玻璃管温度计的安装管座。在每组冷却器的进出油管上分别设安装玻璃管式温度计的管座。

（5）连管。换流变压器油箱上配装各种不同规格的连管，用于注油、放油，吸湿器、突发继电器、分接开关净油装置等组件的安装以及连接取油样阀门等。

（6）支架。换流变压器油箱的适当位置设有安装爬梯、端子箱、温度计、标牌以及固定管路等附件的支架，这些金属结构的支架一般焊接在箱体上。

（7）铁芯接地装置。铁芯和夹件接地从油箱盖或油箱下部箱壁开孔，通过绝缘小套管或铁芯专用装置引出。

（8）电缆管或引线槽。换流变压器油箱上设有本体电缆的穿管或二次引线槽，电缆管一般焊接在箱体上，二次引线槽一般用不锈钢螺栓固定在箱体上。

油箱焊接结束后，油箱经过所有外部组件的配装，如图 2-49 所示。涂装后的油箱成品如图 2-50 所示。

图 2-49　配装后的油箱

图 2-50　油箱成品

四、冷却器布置方式

常见的换流变压器冷却器布置结构有三种方式；第一种是工作冷却器和备用冷却器，集中布置在换流变压器短轴箱壁的一侧，如图 2-51 所示，这是换流变压器冷却器布置的普遍采用的方式；第二种是将工作冷却器布置在换流变压器短轴箱壁的一侧，而将备用冷却器布置在换流变压器油箱长轴箱壁顶部的一侧；第三种是工作冷却器和备用冷却器集中倾斜呈“人”字形布置在换流变压器的顶部，如图 2-30 所示，该种冷却器布置方式目前比较少用。

图 2-51　冷却器集中布置在油箱短轴一侧

第三章

换流变压器主要原材料、组部件及监造要点

第一节　主要原材料

一、硅钢片

（一）硅钢片性能要求及分类

1. 硅钢片性能要求

（1）铁损低。铁损是指当磁极化强度随时间按正弦规律变化，其峰值为某一标定值，变化频率为某一标定频率时，单位质量的硅钢片在温度20℃时所有消耗的功率，单位为W/kg。各国都根据铁损值划分牌号，铁损越低，牌号越高。

（2）磁感应强度高。磁感应强度是指温度为20℃，硅钢片试样从退磁状态，在标定频率下磁感应强度按正弦规律变化，当交流磁场的峰值达到某一标定值时，硅钢片试样所达到的磁极化强度的峰值，又称磁通密度，简称磁密，其单位是特斯拉（T）。在相同磁场下能获得较高磁感的硅钢片，这使变压器的铁芯体积与重量减小，节约硅钢片、铜线和绝缘材料等。

（3）叠装系数高。硅钢片表面光滑，平整和厚度均匀，制造铁芯的叠装系数提高。

（4）电阻率高，尽量减小涡流损耗。

（5）表面绝缘膜的附着性良好，具有优良的冲片性、耐热性、耐变压器油等腐蚀性且高电阻率。

（6）加工容易，机械性能好。

2. 冷轧取向硅钢片

冷轧取向硅钢片含硅量在3.0%以上，硅钢晶粒是有序排列，取向硅钢要比无取向硅钢铁损低很多，磁性具有强烈的方向性；在易磁化的轧制方向上具有优越的高磁导率与低损耗特性。取向钢带在轧制方向的铁损仅为横向的1/3，磁导率之比为6∶1，铁损约为热轧硅钢片的1/2，磁导率为热轧硅钢片的2.5倍。

比较简单的判别取向和无取向硅钢片有两种方法：一是看颜色，取向硅钢片是灰白色；二是比脆性，拿一片矽钢片用手折两下，有取向的会掉灰白色的渣，而且反复折两到三次就会断，无取向矽钢片就是折十下都很难折断。

（二）硅钢片牌号表示方法

1. 国产硅钢片牌号表示方法

国产冷轧取向电工钢和无取向电工钢带（片）的牌号含义如下：

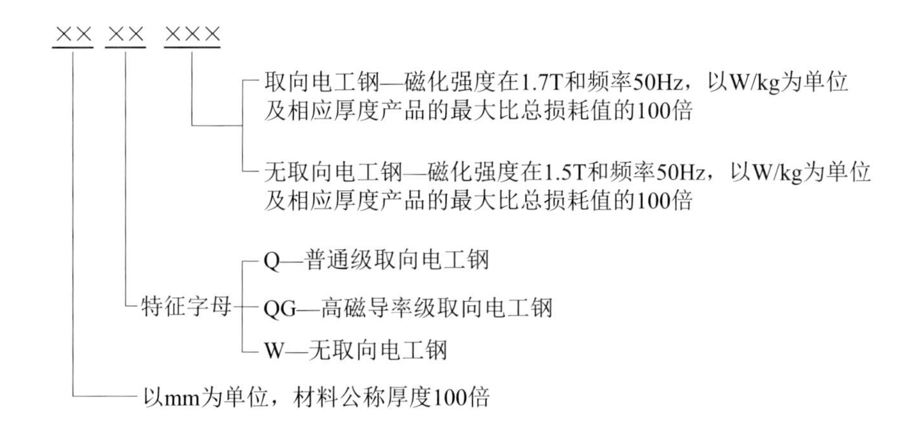

例如，27Q110 表示公称厚度为 0. 27mm、比总损耗 $P_{1.7/50}$ 为 1. 10W/kg 的普通级取向电工钢。

23QG85 表示公称厚度为 0. 23mm、比总损耗 $P_{1.7/50}$ 为 0. 85W/kg 的高磁导率级取向电工钢。

35W230 表示公称厚度为 0. 35mm、比总损耗 $P_{1.5/50}$ 为 2. 30W/kg 的无取向电工钢。

各家钢厂标法都有自己的企业标准，但在牌号的铁损值和厚度表示上是一样的，但中间的特征字母有的变成企业的标识。

2. 进口硅钢片牌号表示方法

（1）冷轧无取向硅钢片由公称厚度（扩大 100 倍的值）+代号+铁损保证值（频率 50Hz，最大磁通密度为 1. 5T 时的铁损值扩大 100 倍后的值），如 20HX1300 表示厚度为 0. 2mm、铁损保证值 $P_{1.5/50}$ 为不大于 13W/kg 的冷轧无取向硅钢片。

（2）冷轧取向硅钢带由公称厚度（扩大 100 倍的值）+代号+铁损保证值（频率 50Hz，最大磁通密度为 1. 7T 时的铁损值扩大 100 倍后的值），如 27ZH95 表示公称厚度为 0. 27mm、铁损保证值 $P_{1.7/50}$ 为 0. 95W/kg 的高磁导率冷轧取向硅钢片；又如 27ZDKH90 表示厚度为 0. 27mm、铁损保证值 $P_{1.7/50}$ 为 0. 9W/kg 的激光刻痕冷轧取向硅钢片。

（三）硅钢片选用

换流变压器一般采用优质的高磁导晶粒取向冷轧硅钢片，目前换流变压器所选用的硅钢片见表 3-1，随着国产化逐步推进，国产硅钢片将随之进入换流变压器铁芯材料选用之列。

表 3-1　目前换流变压器所选用的硅钢片统计表

牌号	厚度（mm）	磁感应强度（T）	铁损（W/kg）
27ZH95	0. 27	≥1. 85	≤0. 95
27ZH100	0. 27	≥1. 85	≤1. 00
27ZDKH85	0. 27	≥1. 85	≤0. 85
27ZDKH90	0. 27	≥1. 85	≤0. 90
27ZDKH95	0. 27	≥1. 85	≤0. 95
27ZDMH90	0. 27	≥1. 85	≤0. 90
27ZDMH95	0. 27	≥1. 85	≤0. 95
27JGH100	0. 27	≥1. 85	≤1. 00
27JGS095	0. 27	≥1. 85	≤0. 95

续表

牌号	厚度（mm）	磁感应强度（T）	铁损（W/kg）
27JGSD90	0.27	≥1.85	≤0.90
27JGSD095	0.27	≥1.85	≤0.95
H1-027	0.27	≥1.85	≤1.00
M4-027	0.27	≥1.85	1.15~1.20
30PH105	0.27	≥1.85	≤1.05
27PH090	0.27	≥1.85	≤0.90
27PH100	0.27	≥1.85	≤1.00

（四）硅钢片检验

硅钢片质量检验项目及要求见表3-2。

表3-2　硅钢片检验项目及要求

序号	检验项目	检验要求	检验方法	检验标准
1	铁损	$P_{1.7/50}$≤标定值（W/kg）	每批料抽检查一次	GB/T 3655—2008《用爱泼斯坦方圈测量电工钢片（带）磁性能的方法》
2	磁感应强度	B_{800}≥1.88（T）	每批料抽检查一次	GB/T 3655—2008
3	伸长率	不小于厚度的5%	每批料抽检查一次	GB/T 228.1—2010《金属材料　拉伸试验　第1部分：室温试验方法》
4	抗拉强度δ_b	根据牌号厚度各异，一般为380~450MPa	每批料抽检查一次	GB/T 228.1—2010
5	弯曲次数	取向：平行于轧制方向测试试样的最小弯曲次数应不小于1次 无取向：垂直于轧制方向测试试样的最小弯曲次数根据硅钢片的牌号不同而不同，一般在2~10次之间	每批料抽检查一次	GB/T 235—2013《金属材料　薄极和薄带　反复弯曲试验方法》
6	厚度尺寸	0.27±0.03mm	千分卡尺抽检	GB/T 2521—2008《冷轧取向和无取向电工钢带（片）》
7	宽度和长度	宽度允许偏差：0~0.2mm，长度允许偏差：0~10mm	直尺、千分尺测量	GB/T 2521—2008《冷轧取向和无取向电工钢带（片）》
8	不平度（平面度）	取向硅钢片的不平度不大于1.5%，无取向硅钢片不大于2.0%	直尺、千分尺测量	GB/T 2521—2008《冷轧取向和无取向电工钢带（片）》
9	镰刀弯	长度为2m的硅钢片镰刀弯应≤1.0mm	千分尺测量	GB/T 2521—2008《冷轧取向和无取向电工钢带（片）》
10	毛刺	≤0.025mm	千分尺测量	GB/T 2521—2008《冷轧取向和无取向电工钢带（片）》
11	绝缘涂层	涂层应光滑、色泽均匀、无脱落、无腐蚀、有良好的附着性	目测	GB/T 2522—2007《电工钢片（带）表面绝缘电阻、涂层附着性测试方法》

续表

序号	检验项目	检验要求	检验方法	检验标准
12	表面质量	表面应光滑、清洁，不应有锈蚀，不允许有妨碍使用的孔洞、重皮、折印、分层、气泡等缺陷	目测	GB/T 2522—2007
13	包装防护	应无松散，无变形，无受潮	目测	GB/T 247—2008《钢板和钢带包装、标志及质量证明书的一般规定》

（五）换流变压器制造过程中硅钢片曾出现的质量问题

（1）硅钢片氧化层缺陷：某台换流变压器铁芯片剪切时，硅钢片表面氧化层有缺陷，斑点状剥落。经分析为硅钢片表面氧化层缺陷，属材料入厂质量控制存在漏洞。

（2）硅钢片材料锈蚀：某台换流变压器铁芯叠装时，发现有部分铁芯片表面存在严重锈蚀现象。经分析为制造厂对原材料质量控制不严。

二、导线

（一）导线的种类及特点

换流变压器用导线种类有漆包纸包导线、组合导线和换位导线等。

1. 漆包纸包导线

（1）定义：在漆包铜扁线表面用绝缘纸带作多层连续绕包的导线，如图 3-1 所示。

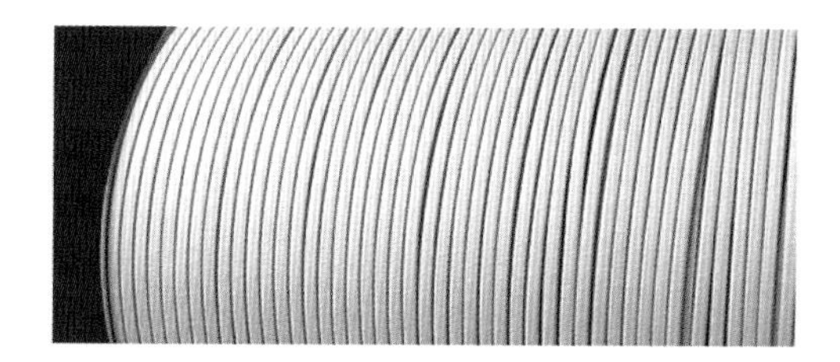

图 3-1　漆包纸包导线

（2）主要技术指标和性能如下。

1）裸导线尺寸（mm）：单根导线的窄边 a 为 0.80~11.00，单根导线的宽边 b 为 3.00~23.00。

2）纸包铜扁线外形尺寸（mm）：导线组合后的窄边 $W \leqslant 29.00$，导线组合后的宽边 $H \leqslant 15.00$。

3）漆膜厚度（mm）：0.08~0.15。

4）绝缘种类：电缆纸，高密度纸，丹尼森纸，耐热纸，诺麦克纸。

5）纸绝缘厚度（mm）：0.30，0.45，0.60，0.75，0.95，1.05，1.35，1.60，1.95，2.45，2.95，3.45，3.95，4.25，4.95，5.95。

电阻率 ρ_{20}（$\Omega \cdot mm^2/m$）：$\leqslant 0.017\,241$。

规定非比例延伸强度 $R_{p0.2}$（MPa）：80，100，120，140，160，180，200，220，240，260，280（100MPa 以上为半硬线）。

2. 组合导线

（1）定义：由多根漆包铜扁线沿线圈径向或轴向进行平行组合，并用绝缘纸做多层连续绕包的导线，如图 3-2 所示。

（2）主要技术指标和性能如下。

1）组合导线束：4~8 根。

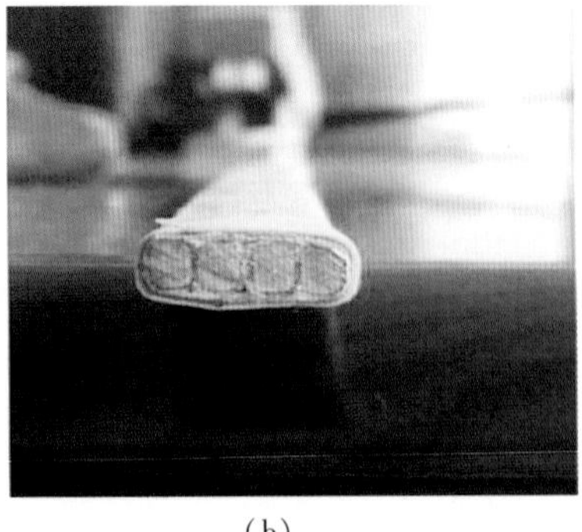

（a）　　　　　　　　　　　　　（b）

图 3-2　组合导线

（a）径向组合导线；（b）轴向组合导线

2）径向组合导线的单线尺寸（mm）：a 为 1.12~3.35，b 为 6.30~23.00。

3）轴向组合导线的单线尺寸（mm）：a 为 3.00~6.00，b 为 4.00~8.00。

4）组合导线外形尺寸（mm）：$W \leqslant 30.00$，$H \leqslant 15.00$。

5）单线漆膜厚度（mm）：0.08~0.15（适用于单根先涂漆再包纸绝缘，最后组合统包纸绝缘的组合导线）。

6）单线环氧粘合层厚度（mm）：0.02~0.08（适用于单根先涂缩醛漆和环氧漆，最后组合统包纸绝缘的组合导线）。

7）绝缘种类：电缆纸，高密度纸，丹尼森纸，耐热纸，诺麦克纸。

8）单线纸绝缘厚度（mm）：0.15，0.30，0.32，0.40，0.45。

9）总绝缘厚度（mm）：0.75，0.95，1.35，1.60，1.95，2.45，2.95，3.45，3.95。

10）粘合强度（120℃ 24h，MPa）：≥5。

11）电阻率 ρ_{20}（$\Omega \cdot mm^2/m$）：≤0.017 241。

12）规定非比例延伸强度 $R_{p0.2}$（MPa）：80，100，120，140，160，180，200，220（100MPa 以上为半硬线）。

13）中间衬纸：相邻两根绝缘导线中间夹 0.075mm 高密纸（设计需要时）。

3. 换位导线

（1）纸绝缘自粘/缩醛漆包换位导线。

1）纸绝缘缩醛漆包换位导线定义和优点。纸绝缘缩醛漆包换位导线是以一定根数的缩醛漆包铜扁线组合成宽面相互接触的两列。在两列漆包铜扁线的上面和下面沿窄面做同一转向的换位，并用电工绝缘纸带做多层连续紧密绕包的导线，如图 3-3 所示。其优点有：① 采用换位导线代替单根大截面的导线来绕制绕组，可以使绕制工作更容易，并且由于导线截面的厚度尺寸减小，从而降低了导线中的涡流损耗；② 换位导线中的并联导线间绝缘较薄，比采用普通绝缘导线并联绕制的绕组占空间位置减小，因此可以提高绕组的空间利用率；③ 采用单根换位导线绕制时，不需要进行换位，这样绕制方便，节约工时。

2）纸绝缘自粘缩醛漆包换位导线定义和优点。纸绝缘自粘缩醛漆包换位导线与纸绝缘缩醛漆包换位导线的区别在于：自粘漆包线是在缩醛漆包线的基础上，涂敷以环氧树脂为主要成分的自粘漆，当线圈绕制成型后干燥处理时，处于半聚合的环氧树脂发生反应，从而使单根导线彼此粘合在一起。其优点：纸绝缘自粘缩醛漆包换位导线

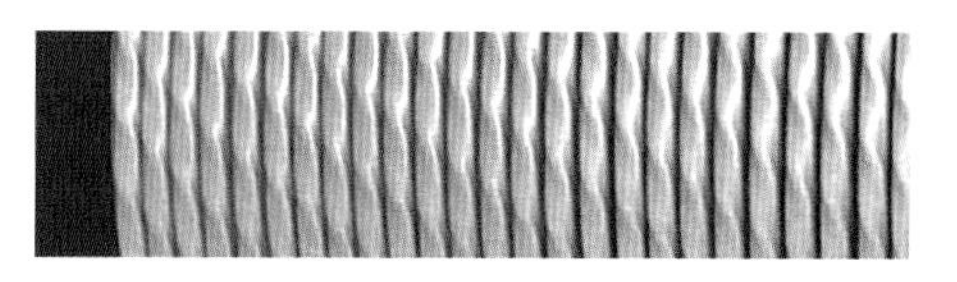

图 3-3　换位导线

除具备纸绝缘缩醛漆包换位导线的优点外，由于采用自粘缩醛漆包线，干燥加热时，漆包线之间相互粘合，明显提高换位导线的刚度，能承受更大的弯曲应力，提高变压器的承受短路能力；防止绕组导线内部的滑动和膨胀后堵塞油道，有利于绕组的冷却，提高了变压器运行的可靠性。

3）主要技术指标和性能如下：

a. 换位导线中单根漆包扁线根数：5~87 根。

b. 单根导线尺寸（mm）：a 为 1.00~3.00，b 为 3.00~13.00。对于根数超过 55 根的换位导线，为了更好地保证导线的绕制工艺性，建议 a 为 1.30~1.70mm，b 为 5.3~7.5mm，而且要采用半硬导线。

c. 单根导线的宽厚比为：$b/a \leqslant 7$。

d. 换位导线线心尺寸（mm）：$W \leqslant 28$，$H \leqslant 90$。

e. 换位导线高宽比：≤6。

f. 缩醛层漆膜厚度（mm）：0.08~0.15。

g. 环氧粘合层厚度（mm）：0.02~0.08。

h. 绝缘种类：电缆纸，高密度纸，丹尼森纸，耐热纸，诺麦克纸，网带。

i. 纸绝缘厚度（mm）：0.30，0.45，0.60，0.75，0.95，1.35，1.60，1.95，2.45，2.95，3.45，3.95，4.25，4.80。

j. 网包带厚度（mm）：0.20，0.28，0.30，0.40，0.50，0.60，0.70，0.80。

k. 换位节距（mm）：$S \leqslant \pi d/n$，一般 8~18b，特殊情况下由供需双方协商，换位节距允许小于 8b（最小节距 30mm）。

l. 粘合强度（120℃、24h，MPa）：≥ 5。

m. 电阻率 ρ_{20}（$\Omega \cdot mm^2/m$）：≤0.017 241。

n. 规定非比例延伸强度 $R_{p0.2}$（MPa）：80，100，120，140，160，180，200，220，240，260，280（100MPa 以上为半硬线）。

（2）组合换位导线。

1）定义和优点：组合换位导线是由两根相同的换位导线平行排列，并用绝缘纸或网带绕包而成的导线如图 3-4 所示。其优点：① 采用组合换位导线可以简化绕组绕制工艺，提高生产效率；② 采用组合换位导线由于绝缘厚度减小，可以缩小变压器体积，降低成本。

图 3-4　组合换位导线

2）主要技术指标和性能如下。

a. 组合换位导线根数：2 根。

b. 单根导线尺寸（mm）：a 为 1.40~1.70，b 为 4.00~5.00（$b/a \leqslant 7$）

c. 换位导线线心尺寸（mm）：$W_{max} \leqslant 25$，$H_{max} \leqslant 45$；

d. 换位导线高宽比：≤5.5。

e. 其他符合换位导线的技术指标。

（3）阶梯状组合换位导线。

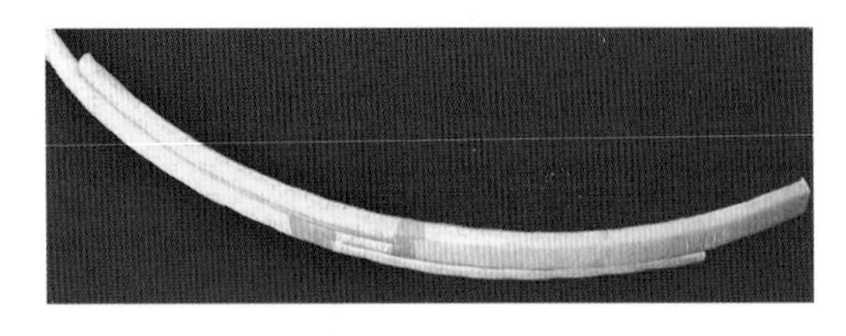

图 3-5　阶梯状组合换位导线

1）定义和优点：对已经打制的换位导线进行并列组合，并打制成阶梯形状的一种特殊形式的组合换位导线，如图 3-5 所示。其优点：① 采用阶梯状组合换位导线可以简化绕组绕制工艺，提高生产效率；② 采用阶梯状组合换位导线由于绝缘厚度减小，可以缩小变压器体积，降低成本。

2）主要技术指标和性能如下。

a. 阶梯状组合换位导线根数：3 根。

b. 单根导线尺寸（mm）：a 为 1.20~1.70，b 为 4.00~7.00（$b/a \leqslant 7$）。

c. 换位导线线心尺寸（mm）：$W_{max} \leqslant 35$，$H_{max} \leqslant 45$。

d. 换位导线高宽比：≤5.5。

e. 其他符合换位导线的技术指标。

（4）内屏蔽组合换位导线。

1）定义和优点：对已经打制的换位导线进行并列组合，在组合换位导线中间夹屏蔽线（用于增加绕组段间电容量，改善雷电冲击分布）的一种特殊形式的组合换位导线，如图 3-6 所示。其优点：① 采用内屏蔽组合换位导线可以简化绕组绕制工艺，提高生产效率；② 采用内屏蔽组合换位导线由于绝缘厚度减小，可以缩小变压器体积，降低成本。

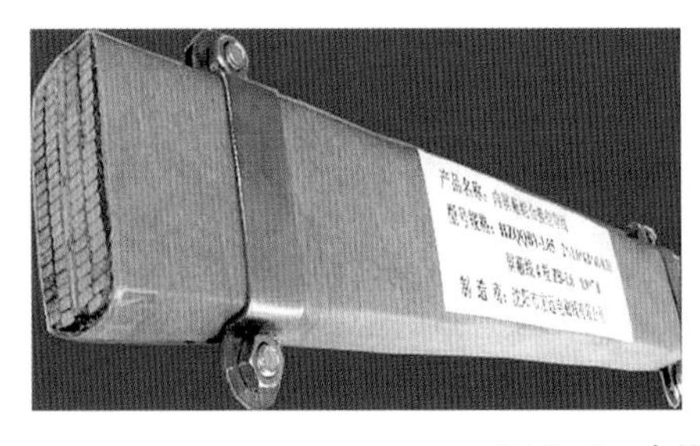

图 3-6　内屏蔽组合换位导线

2）主要技术指标和性能。

a. 组合换位导线根数：2 根。

b. 单根导线尺寸（mm）：a 为 1.20~1.70，b 为 4.00~7.00（$b/a \leqslant 7$）。

c. 换位导线线心尺寸（mm）：$W_{max} \leqslant 35$，$H_{max} \leqslant 45$。

d. 换位导线高宽比：≤5.5。

e. 内屏蔽组合换位导线中屏蔽线根数：2~4 根。

f. 内屏蔽组合换位导线中屏蔽线尺寸（mm）：a 为 0.80~1.00；b 为 5.00~8.00。

（二）导线的质量检验

导线质量检验项目及要求见表 3-3。

表 3-3　　　　导线检验项目及要求

<table>
<tr><th>序号</th><th>检验项目</th><th colspan="2">质量要求</th></tr>
<tr><td>1</td><td>外观检查</td><td colspan="2">纸带应紧密、均匀、平整地绕包在导体上，纸带不应有起皱及开裂等缺陷。
导线表面应光洁，不应有毛刺、裂纹、截面缩小、起皮及夹杂物等影响质量的缺陷存在</td></tr>
<tr><td rowspan="5">2</td><td rowspan="5">尺寸测量</td><td>标称尺寸 a 和 b</td><td>偏差</td></tr>
<tr><td>a（b）≤3.15</td><td>±0.03</td></tr>
<tr><td>3.15<a（b）≤6.30</td><td>±0.05</td></tr>
<tr><td>6.30<a（b）≤12.50</td><td>±0.07</td></tr>
<tr><td>12.50<b≤21.00</td><td>±0.10</td></tr>
<tr><td rowspan="8">3</td><td rowspan="8">圆角半径</td><td>标称尺寸 a</td><td>标称 r</td></tr>
<tr><td>a≤1.00</td><td>a/2</td></tr>
<tr><td>1.00<a≤1.60</td><td>0.5</td></tr>
<tr><td>1.60<a≤2.24</td><td>0.65</td></tr>
<tr><td>2.24<a≤3.55</td><td>0.8</td></tr>
<tr><td>a>3.55</td><td>1.00</td></tr>
<tr><td>偏差±25%</td><td></td></tr>
<tr><td colspan="2"></td></tr>
<tr><td>4</td><td>电阻率测量</td><td colspan="2">（20℃）时≤0.017 24（Ω·mm^2）/m</td></tr>
<tr><td>5</td><td>击穿电压试验</td><td colspan="2">以 4 倍导线宽度的直径，分别沿宽边和窄边弯曲 180°之后，击穿电压值应≥1kV。宽边和窄边样件各五个</td></tr>
<tr><td>6</td><td>规定非比例延伸强度 $R_{p0.2}$（屈服强度）测量</td><td colspan="2">双方技术协议</td></tr>
<tr><td>7</td><td>粘结强度试验</td><td colspan="2">将两根自粘漆包线在 130℃下进行 20~24h 固化后进行剪切，两切口间距离按标准进行计算，样件应在 90℃下逐渐施压直到断裂，粘合强度应不小于 4N/mm^2</td></tr>
<tr><td>8</td><td>耐直流电压试验</td><td colspan="2">漆包组合导线：组合导线中相邻漆包线间进行耐受直流 1000V 电压试验，2~5s 应不发生击穿
换位导线：换位导线中相邻漆包线间进行耐受直流 500V 电压试验，试验时不发生击穿</td></tr>
<tr><td>9</td><td>导线通路试验</td><td colspan="2">将万用表选择开关选至电阻“Ω”范围内的×1 或×10 挡，调节指针刻度，然后依次测试组合导线中各个单根线两端，直至全部测试完毕，应无断路现象</td></tr>
<tr><td>10</td><td>热冲击试验</td><td colspan="2">以 4 倍导线宽度的直径，分别沿宽边和窄边弯曲 180°之后，在 190℃下加热 30min，在室温下进行试验，击穿电压值应≥1kV。宽边和窄边样件各五个</td></tr>
<tr><td>11</td><td>伸长率测量</td><td colspan="2">软状态>30</td></tr>
</table>

续表

序号	检验项目	质量要求
12	附着性试验	观察所有被弯曲用做击穿电压的样件的柔韧性及附着性，附着性应良好且漆膜必须没有裂纹。另外，将漆包线拉伸 30% 后切割，漆膜失去附着性的距离不得大于 3mm
13	外形尺寸及节距	双方技术协议
14	弯曲试验	观察所有被弯曲用做击穿电压的样件的柔韧性及附着性，附着性应良好且漆膜必须没有裂纹
15	纸包质量	纸包紧密、平整、无翘边、露缝，包纸方式及层数符合双方技术协议要求
16	线轮及包装	线轮应符合双方技术确认要求；应有防潮湿、防灰尘、防磕碰的包装。导线要外包一层防护纸

注 *a*—单根导线的窄边；*b*—单根导线的宽边；*W*—导线组合后的窄边；*H*—导线组合后的宽边。

(三) 导线储存

(1) 导线存放及转序过程中，要避免磕碰伤。

(2) 导线成品线盘应采用侧板直径方向垂直地面方式存放。

(3) 导线成品应存放在清洁、干燥、通风、温度为-25~35℃和无腐蚀性气体的库房中。

(4) 由于导线产品的电气性能和粘结强度等参数均与存在的环境和时间有关，因此产品自完工之日起，储存期不能超过六个月。

(四) 换流变压器制造过程中导线曾出现的质量问题

(1) 导线接头缺陷：某台换流变压器绕组绕制时，发现单盘导线内部存在多处对接头，且焊头存在焊接质量问题（焊缝不全、不饱满）。经分析为供应商对导线分供商未约定接头数量的质量要求，且导线接头存在焊接缺陷。在后续换流变压器制造中，已要求导线制造商改进熔铜设备容量，按绕组单根导线长度生产，保证单根导线中间无接头，导线制造商已满足要求。

(2) 换位导线股间短路：换流变压器绕组制作过程中，在检测绕组导线股间绝缘时先后多次发现导线股间短路，如图 3-7 所示。经分析认为导线制作过程中，漆液体中有异物或在包纸过程中将异物带入造成导线短路现象，且缺陷具有一定的发散性。

(a)

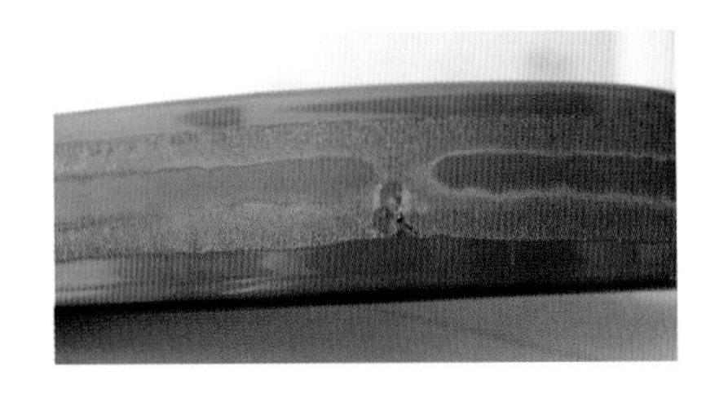

(b)

图 3-7 发生短路的导线

(a) 短路导线 1；(b) 短路导线 2

（3）换位导线质量存在问题：某台换流变压器阀侧绕组绕制时，发现换位导线少包了一层绝缘纸，确认导线质量存在问题。

（4）导线外形尺寸超差：某台换流变压器网侧绕组柱 1 绕制时，发现绕组幅向尺寸偏大 3mm。现场检查确认由于导线绝缘厚度偏大 0.3mm 引起。

（5）换位导线漆膜存在问题：某台换流变压器网侧绕组原材料现场见证工作时，发现该绕组最后 16 段用的导线（带屏蔽蔽线、共 4 盘）漆膜存在缺陷。经确认为导线存在严重质量问题。

（6）导线表面漆膜有气泡：某台换流变压器原材料见证时发现网侧导线表面漆膜有气泡，不合格，确认为原材料存在缺陷。

（7）导线绝缘纸破损：某台换流变压器在进行绕组绕线时，发现导线绝缘层破损，如图 3-8 所示。经分析为导线接头处纸包绝缘未处理好。

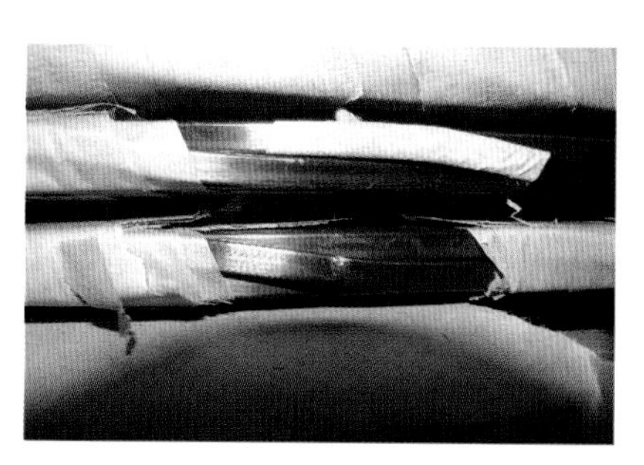

图 3-8　导线绝缘破损部位

（8）导线绝缘纸松弛：某台换流变压器在进行绕组干燥作业时，发现绕组的上部纠结段之间油道窄小。经分析为导线纸包绝缘松弛，如图 3-9 所示。

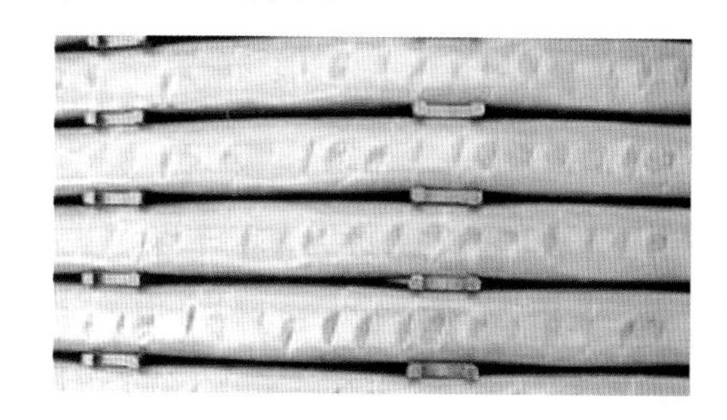

（a）　　（b）

图 3-9　导线绝缘纸松弛导致油道窄小

（a）修理前情况；（b）修理后情况

（9）导线纸包绝缘受污染：某台换流变压器导线进厂检验发现绝缘表皮有黑色粉末状异物，部分异物能被磁铁吸附，如图 3-10 所示。经分析为生产中，对漆包线进行焊接对头后，未将焊接残渣清理干净。

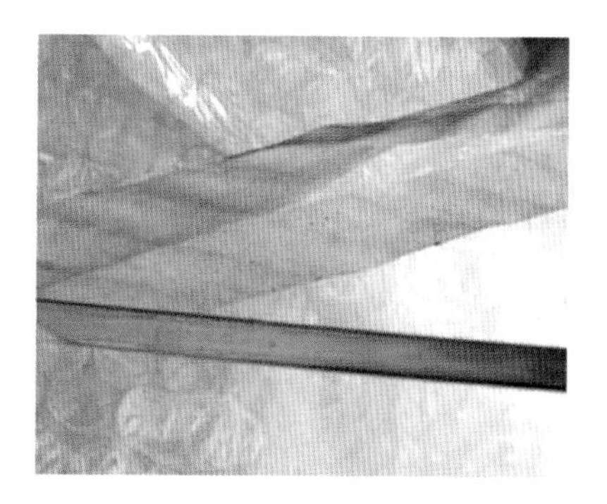

图 3-10　表皮有异物的导线

三、绝缘材料及成型件

（一）绝缘材料的选用原则

（1）应满足电工产品各种性能的要求。在电气性能方面，要求绝缘材料的绝缘电阻大，电气强度高，介质损耗小，介电性能好。在力学性能方面，要求绝缘材料结实、紧密，有足够的抗拉、抗压、抗弯强度。在耐热性能方面，要求在产品的主要绝缘部位，应选用与产品耐热等级相同的绝缘材料；在其他绝缘部位，可按其实际达到的最高温度分别选用相应耐热等级的绝缘材料。

（2）应满足不同使用场所或有特殊规定的要求。在沿海空气特别潮湿的地区，要求绝缘材料有较高的抗潮性和防霉性。在有腐蚀性气体存在的地方，要求绝缘材料有较好的抗腐蚀性。在热带地区，温度为40℃ 以上、空气相对湿度为90% 以上，要求绝缘材料应具有优良的抗潮性及耐霉性。

（3）经济性。在选用绝缘材料时，要考虑我国的棉、麻、绸等农副产品的资源，同时也不能优材劣用、大材小用，更不能造成浪费，应合理地、经济地选用绝缘材料。

（二）绝缘材料的种类及特点

1. 绝缘材料的种类

（1）气体绝缘材料：如 SF_6等。

（2）液体绝缘材料：液体绝缘材料通常以油状存在，又称绝缘油，如变压器油、开关油、电容器油、电缆油等，还有十二烷基苯、聚丁二烯、硅油和三氯联苯等合成油以及蓖麻油。

（3）固体绝缘材料：如绝缘漆、绝缘胶、绝缘纸、绝缘纸板、瓦楞纸板、电工用塑料及薄膜、电工层压板（棒、管）、电瓷、橡胶等。另外，还有浸渍纤维制品、绝缘云母制品、复合制品以及粘带等都属于固体绝缘材料。

2. 绝缘材料的特点

绝缘材料能耐受一定电场的作用，并产生电导和极化损耗使自身发热。

（三）换流变压器常用绝缘材料

1. 绝缘纸板

由纯硫酸盐木浆（加拿大 SK 和瑞典乔治王子为木浆原料首选）挂浆热压制成，它只用纯纤维而不加任何添加剂，可以彻底干燥、去气和浸油。

（1）T4 特硬纸板：密度为 1.15~1.3g/cm^3，紧度大，吸油率低，力学性能好，可成型性极差。用于制作大型变压器绝缘压板、端绝缘、垫块及层压件等力学性能要求很高的绝缘件。

（2）T1 硬纸板：密度为 0.95~1.15g/cm^3，紧度较大，吸油率较低，力学性能较好，可成型性差。用于制作硬纸筒、撑条、垫块等电气性能、力学性能要求较高的绝缘件。

（3）T3 软纸板：密度为 0.75~0.9g/cm^3，紧度小，吸油率高、力学性能较差，可成型性好。用于制作软纸筒、层压板和层压垫块、弯折成型件等电气性能要求高，而力学性能要求不高的绝缘件。或经润湿以后制作拉伸件，如成形角环、环状件等。

2. 绝缘纸带

换流变压器常用的绝缘纸带有高密度纸、丹尼森纸、耐热纸、诺麦克纸。

3. 绝缘层压件

绝缘层压件主要是指变压器中要求有一定机械强度的支承绝缘件。绝缘层压件总的可归纳为两类：用于绕组与铁轭之间的垫块（见图 3-11）、环形层压件（见图 3-12）用于加工托板、压板、垫板、垫块等；条形层压件，如撑条、绝缘支架等。

4. 垫块

（1）绕组油隙垫块：是将 1.0~2.0mm 厚的纸板，用专用的冲模在冲床上冲制而成的，其形状有鸽尾形（见图 3-13）和平尾形（见图 3-14）两种。绕组垫块要有一定的抗压强度，可压缩性越小越好，但是应有一定的弹性。

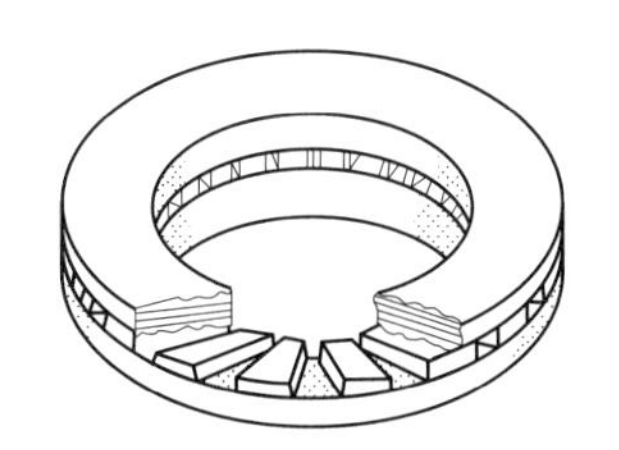

图 3-11　层压垫块

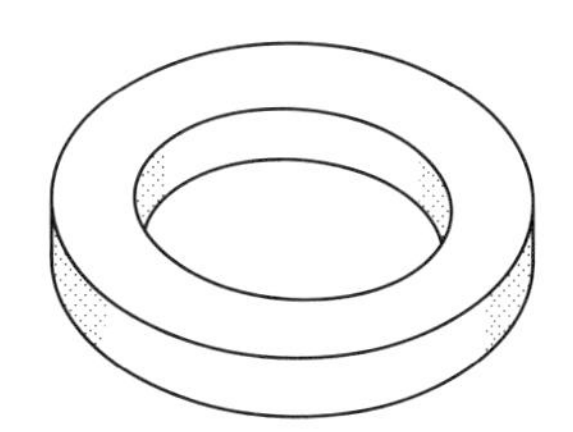

图 3-12　环形层压件

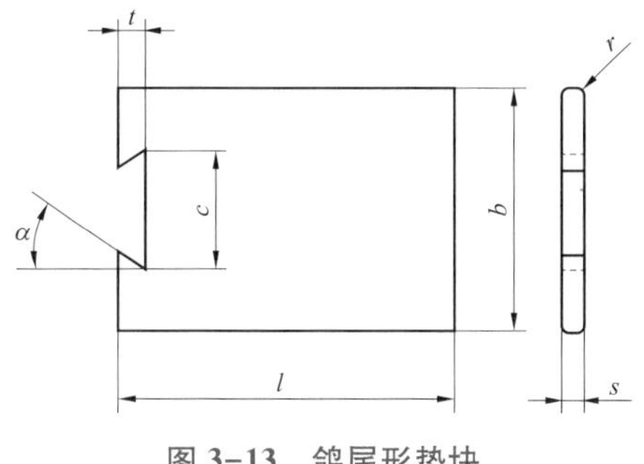

图 3-13　鸽尾形垫块

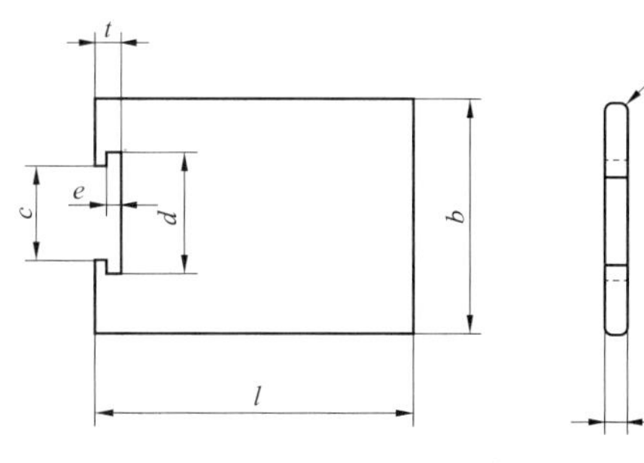

图 3-14　平尾形垫块

（2）扇形垫块：用于螺旋式绕组的端部。由于起绕的螺旋斜度大，为加强绕组端部机械稳定性，在大于 24mm 的油道中要放置扇形垫块，并要用绝缘纸带按图样和工艺要求把出头与扇形垫块扎牢。

（3）U 形垫块在套装交错式绕组时用，是一种既能形成主纵绝缘，又能承受轴向压力的垫块。

5. 绝缘端圈

绝缘端圈包括铁轭绝缘、铁轭垫块及纸板圈上粘有垫块的各种端部绝缘。

绝缘端圈用绝缘纸板层压后，经机加工制成。在端圈上粘上垫块（见图 3-15），即形成铁轭冷却油道和通向绕组端部的油道。

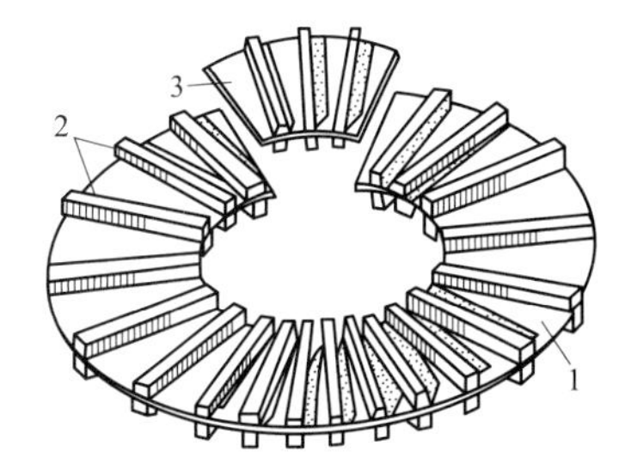

图 3-15　绝缘端圈

1—纸圈；2—层压垫块；3—扇形环

6. 压板

绕组压板是向绕组传递轴向压紧力的主要绝缘件，其机械强度的高低直接影响绕组的抗短路能力。因此，对制造压板的绝缘材料的材质应给予高度重视。一般换流变压器多采用层压纸板加工压板，这种绝缘压板既有高的机械强度（抗弯曲性和抗压缩性），又有较高的电气强度。为解决油浸渍的问题，设透油孔，间距不应大于 100mm。

7. 角环

角环是位于绕组端部的圆弧形绝缘隔板，起均匀电场和提高绝缘油电气强度的作用，是变压器主绝缘的一种。

角环分为正角环和反角环，按其用途分为端部角环和线饼小角环。角环按其所用材料和成形工艺一般又分为软角环和硬角环。硬角环是由湿纸坯放入模具中热压而成，软角环则是利用 0.5mm 纸板围制成型的。由于角环在绝缘结构中的重要作用，得到广泛的应用。

8. 静电板

为了使绕组端部的电场分布均匀，并改善绕组端部的冲击电压分布，往往在绕组端部布置静电屏或静电板。静电板是用0.1～0.15mm厚、20～25mm宽的纯铜带或铜编织带沿层压纸圈绕制成一开口环（金属带层间有绝缘），并焊接引出线，然后沿圆周用电缆纸或皱纹纸按图样要求包扎，热压成型，形成内外径边缘有一定圆弧的环状静电板。

9. 成型绝缘件

成型绝缘件用纸浆板湿法成型的分瓣角环和引线护筒，以及结构较复杂的组合成高压引出线装置。

10. 瓦楞纸板

瓦楞纸板用于变压器的主绝缘，它围在绕组之间，既可作绝缘体又可起油隙撑条的作用。这种油隔绝缘结构，在保证绝缘性能的基础上，可节省绝缘纸板的耗用量。

11. 纸板筒

纸板筒主要用在换流变压器中作为绕组骨架。

（1）酚醛纸筒：通常是用单层上胶纸在卷管机上卷制而成，既作为绕组的支撑骨架，又作为绕组主绝缘的一部分，因此必须有足够的机械强度和耐电压强度，不应有变形、层间起撬和气泡等。

（2）绝缘纸板筒：以电工绝缘纸板为原料，经下料、搭接剖口处粘接成。绝缘纸板筒具有一定的电气强度和机械强度，但其吸湿性会影响直径变动，因此必须给予充分注意。

12. 撑条

（1）绕线撑条：绕线用的幅向支撑条一是作为绕组之间的机械支撑，二是用以形成绝缘纸隔板间的油隙。撑条分为两种：一种是鸽尾撑条（见图3-16），另一种是T形（平尾）撑条（见图3-17）。鸽尾撑条是用高密度厚纸板在专用设备上利用组合成形铣刀一次加工成型（无胶粘），加工后对其表面去毛刺和倒角，绝缘强度高。它的公差比较小，与绕组垫块配合紧密，沿轴面滑动好。鸽尾撑条与鸽尾垫块的配合比较好。

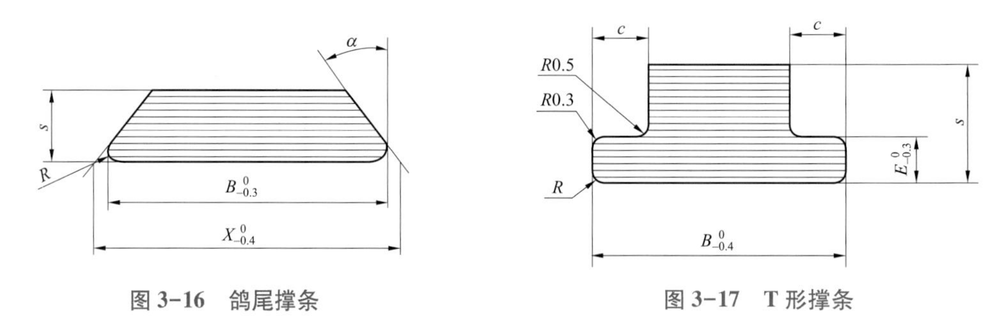

图3-16　鸽尾撑条　　**图3-17　T形撑条**

T形撑条是由一条一条的纸板经涂胶热压而成，它不具备鸽尾撑条的优点，还存在胶层。

（2）油道撑条：在圆筒式绕组中油道撑条既是层间的绝缘，又是油冷却绕组的油道，常用层压绝缘纸板制成，与围屏纸板构成轴向油道。

（四）绝缘材料的储存

1. 绝缘材料的储存原则

（1）设独立的绝缘材料库房，库房内不应存放金属物质，以防金属粉末侵入绝缘体内。绝对不许存放有腐蚀性的材料，如各种酸碱类、油类、化学品及其他试剂，同时也不许在此库房内从事有损于绝缘材料和绝缘件的施工作业。

（2）库房应是恒温的，其相对湿度不应超过 50%，温度应保持在 30~40℃之间，防止绝缘件变形和自然老化。

（3）通风良好，库房内产生的气体能及时地排出，防止引起绝缘材料化学和物理性能上的变化。

（4）库房应有防尘装置，日降尘量应不超过 $20mg/m^2$（24h），更不准在库房内进行有粉尘的作业。

（5）库房内的起重设备应有接尘装置。

（6）库房内应有各种放料架，避免放置时互相挤压。通风性要好，对于可以摆在一起的也应在中间保持一定距离，以免影响通风。

（7）绝缘材料在使用以前要保持原有的包装，对于拆包后尚未使用的剩余材料，要严加密封，防止灰尘侵入。

（8）注意材料的存放期，对已经超过存放期的材料，必须重新进行性能检验。

2. 绝缘材料的储存

（1）凡含有各种树脂的绝缘材料，如酚醛上胶板、环氧布、各种漆布带等，一定要放在低温的库房内保存，以延长树脂的自然固化时间。平放，不要互相挤压。

（2）各种复合绝缘板材，如酚醛板、环氧板应一律平放在料架上，料架与地面保持一定的距离，板与板之间要放有不易粘结的垫纸，保护板面的光洁。

（3）各种纸板要保持原来的包装分类平放，可以落在一起。

（4）定期检查材料的保存情况和期限，以保证材料的质量。

（5）库房内不许拆包装，凡必须拆包装时，一定要移出库房进行，以保持库房清洁无尘。

3. 绝缘件的储存

（1）加工过程中的绝缘材料、绝缘半成品和成品件一律不许与地面直接接触。

（2）各种撑条类零件在入库前，应规整地按规格绑扎起来装进塑料袋内，在库房内应平放在料架上，并防止变形。

（3）各种不粘垫块的圈类零件均应平放在料架上，可以按规格的大小套放，同一规格或规格相近的可以摞在一起。

（4）各种有垫块的绝缘端圈放置时，一定要将垫块对齐，决不可将垫块压在纸圈上，防止存放中造成纸圈变形。

（5）各种板类的零件要按规格的大小放在料架上，大料放在下面，小料放在上面。

（6）弯折的绝缘件要绑扎好独立存放，严禁挤压，防止变形。

（7）硬质角环应分规格绑在一起装入塑料袋；软质角环可以按顺序套放在一起，均平放在料架上。

（8）各种筒类的绝缘件均应立放，互相要保持有 10mm 的间隙。

（9）为了缩小占地面积，管理方便，一台产品放在一起时，应要考虑不造成零件的变形，即板类零件在下面，不怕压的零件在中间，怕压的零件在上面或侧面。

（五）绝缘材料的检验

绝缘材料检验项目及要求见表 3-4 和表 3-5。

表 3-4　　　　绝缘纸板检验项目及质量要求

<table>
<tr><th>序号</th><th colspan="2">检验项目</th><th colspan="2">质量特性要求</th><th>检验方法</th></tr>
<tr><td>1</td><td colspan="2">验明商品规格</td><td colspan="2">型号规格符合采购合同要求</td><td>查对实物</td></tr>
<tr><td>2</td><td colspan="2">包装</td><td colspan="2">外包装良好，无折裂性机械挫伤</td><td>目测</td></tr>
<tr><td>3</td><td colspan="2">外观</td><td colspan="2">（1）应经过压光、厚度应均匀一致，切边整齐、洁净
（2）应平整、不允许有翘曲、鼓包、压痕、皱褶、表面裂纹、肉眼可见的孔洞、导电杂质
（3）应清洁无污染</td><td>目测</td></tr>
<tr><td>4</td><td colspan="2">厚度偏差</td><td colspan="2">$\delta\leq1.6$mm 时±7.5%，$\delta>1.6\sim8.0$mm 时±4.0%</td><td>千分尺测量专用测厚仪测量</td></tr>
<tr><td>5</td><td colspan="2">长度偏差</td><td colspan="2">（1）纸板长度应与合格证上提供的尺寸相等
（2）允许偏差，不大于标称长度尺寸的 5%</td><td>在纸板长轴中心线及两端用卷尺测量；取平均值作为长度尺寸</td></tr>
<tr><td>6</td><td colspan="2">宽度偏差</td><td colspan="2">（1）纸板长度应与合格证上提供的尺寸相等
（2）允许偏差，不大于标称宽度尺寸的 4%</td><td>在纸板短轴中心线及两端用卷尺测量；取平均值作为长度尺寸</td></tr>
<tr><td rowspan="4">7</td><td colspan="2" rowspan="4">紧度（g/cm^3）</td><td>$\delta\leq1.6$</td><td>1.0~1.2</td><td rowspan="4">核对供方质保书</td></tr>
<tr><td>$1.6<\delta<3.0$</td><td>1.1~1.25</td></tr>
<tr><td>$3.0<\delta<6.0$</td><td>1.15~1.30</td></tr>
<tr><td>$6.0<\delta<8.0$</td><td>1.2~1.30</td></tr>
<tr><td rowspan="8">8</td><td rowspan="8">伸长率（%）</td><td rowspan="4">纵向</td><td>$\delta\leq1.6$</td><td>≥3.0</td><td rowspan="4">核对供方质保书</td></tr>
<tr><td>$1.6<\delta<3.0$</td><td>≥3.0</td></tr>
<tr><td>$3.0<\delta<6.0$</td><td>≥3.0</td></tr>
<tr><td>$6.0<\delta<8.0$</td><td>≥3.0</td></tr>
<tr><td rowspan="4">横向</td><td>$\delta\leq1.6$</td><td>≥4.0</td><td rowspan="4">核对供方质保书</td></tr>
<tr><td>$1.6<\delta<3.0$</td><td>≥4.0</td></tr>
<tr><td>$3.0<\delta<6.0$</td><td>≥4.00</td></tr>
<tr><td>$6.0<\delta<8.0$</td><td>≥4.0</td></tr>
<tr><td rowspan="3">9</td><td colspan="2" rowspan="3">水抽出物电导率[（m·S）/m]</td><td>$\delta\leq1.6$</td><td>≤5</td><td rowspan="3">核对供方质保书</td></tr>
<tr><td>$1.6<\delta\leq3.0$</td><td>≤6</td></tr>
<tr><td>$3.0<\delta\leq7.0$</td><td>≤8</td></tr>
<tr><td rowspan="8">10</td><td rowspan="8">拉伸强度（MPa）</td><td rowspan="4">纵向</td><td>$\delta\leq1.6$</td><td>≥105</td><td rowspan="4">核对供方质保书</td></tr>
<tr><td>$1.6<\delta<3.0$</td><td>≥110</td></tr>
<tr><td>$3.0<\delta<6.0$</td><td>≥150</td></tr>
<tr><td>$6.0<\delta<8.0$</td><td>≥120</td></tr>
<tr><td rowspan="4">横向</td><td>$\delta\leq1.6$</td><td>≥75</td><td rowspan="4">核对供方质保书</td></tr>
<tr><td>$1.6<\delta<3.0$</td><td>≥80</td></tr>
<tr><td>$3.0<\delta<6.0$</td><td>≥85</td></tr>
<tr><td>$6.0<\delta<8.0$</td><td>≥85</td></tr>
</table>

续表

序号	检验项目		质量特性要求		检验方法
11	压缩性 C（%）		δ≤1.6	≤8.0	核对供方质保书
			1.6<δ<3.0	≤6.0	
			3.0<δ<6.0	≤4.5	
			6.0<δ<8.0	≤4.0	
12	压缩可回复部分 C_{zev}		δ≤1.6	≥45	核对供方质保书
			1.6<δ<3.0	≥50	
			3.0<δ<6.0	≥50	
			6.0<δ<8.0	≥50	
13	收缩率		横向	≤0.4%	核对供方质保书
			纵向	≤0.5%	
			厚度	≤4.0%	
14	层间粘结性		剥离应使一层或多层破裂且具有粗糙或发毛现象		取边料抽检
15	吸油率（%）		δ ≤1.6	≥11.0	核对供方质保书
			1.6<δ≤3.0	≥9.0	
			3.0<δ≤6.0	≥7.0	
			6.0<δ≤8.0	≥7.0	
16	水抽出物电导率（mS/m）		δ ≤1.6	≤4.0	核对供方质保书
			1.6<δ≤3.0	≤4.5	
			3.0<δ≤6.0	≤6.0	
			6.0<δ≤7.0	≤8.0	
			7.0<δ≤8.0	≤8.0	
17	水分（%）		≤6.0		核对供方质保书
18	灰分（%）		≤0.6		核对供方质保书
19	水抽出物 pH 值		6.0~9.0		核对供方质保书
20	电气强度值（kV/mm）	空气中	≥12		核对供方质保书
		油中	δ ≤1.6	≥45	核对供方质保书
			1.6<δ≤3.0	≥40	
			3.0<δ≤6.0	≥35	
			6.0<δ≤8.0	≥35	
21	弯曲强度（MPa）		纵向	65	核对供方质保书
			横向	50	

表 3-5　　绝缘纸板层压件检验项目及质量要求

序号	检验项目	质量特性要求	检验方法
1	验明商品规格	型号规格符合采购合同要求	查对实物
2	包装	外包装良好，无折裂性机械挫伤	目测

续表

<table>
<tr><th>序号</th><th>检验项目</th><th colspan="2">质量特性要求</th><th>检验方法</th></tr>
<tr><td>3</td><td>外观</td><td colspan="2">（1）应经过压光、厚度应均匀一致，切边整齐、洁净
（2）应平整、不允许有翘曲、鼓包、压痕、皱褶、表面裂纹、肉眼可见的孔洞、导电杂质
（3）应清洁无污染</td><td>目测</td></tr>
<tr><td rowspan="5">4</td><td rowspan="5">厚度偏差（mm）</td><td>$\delta\leq 10.0$</td><td>±0.5</td><td rowspan="5">千分尺测量
疑问时应取样
专用测厚仪测量</td></tr>
<tr><td>$10<\delta\leq 20$</td><td>±1.0</td></tr>
<tr><td>$20<\delta\leq 30$</td><td>±1.5</td></tr>
<tr><td>$30<\delta\leq 50$</td><td>+1.75～1.5</td></tr>
<tr><td>$\delta>50$</td><td>±2.0</td></tr>
<tr><td>5</td><td>长度偏差（mm）</td><td colspan="2">±10</td><td>在纸板长轴中心线及两端用卷尺测量；取平均值作为长度尺寸</td></tr>
<tr><td>6</td><td>宽度偏差（mm）</td><td colspan="2">±10</td><td>在纸板短轴中心线及两端用卷尺测量；取平均值作为长度尺寸</td></tr>
<tr><td>7</td><td>密度（g/cm^3）</td><td colspan="2">1.15～1.35</td><td>核对供方质保书</td></tr>
<tr><td>8</td><td>水分</td><td colspan="2">≤4.0%</td><td>核对供方质保书</td></tr>
<tr><td>9</td><td>灰分</td><td colspan="2">≤0.8%</td><td>核对供方质保书</td></tr>
<tr><td>10</td><td>收缩率</td><td colspan="2">厚度方向≤4.0%；其他方向≤1.0%</td><td>核对供方质保书</td></tr>
<tr><td>11</td><td>压缩率</td><td colspan="2">≤4.0%</td><td>核对供方质保书</td></tr>
<tr><td>12</td><td>吸油率</td><td colspan="2">≥9.0%</td><td>核对供方质保书</td></tr>
<tr><td>13</td><td>抗弯强度（N/mm^2）</td><td colspan="2">垂直层向≥100，平行层向≥85</td><td>核对供方质保书</td></tr>
<tr><td>14</td><td>抗压强度（N/mm^2）</td><td colspan="2">垂直层向≥120，平行层向≥50</td><td>核对供方质保书</td></tr>
<tr><td>15</td><td>耐电压（kV/mm）</td><td colspan="2">≥60</td><td>核对供方质保书</td></tr>
<tr><td>16</td><td>X 光检验</td><td colspan="2">无碳化物、金属颗粒等导电杂质</td><td>“X”光检验</td></tr>
<tr><td>17</td><td>透油孔间距（mm）</td><td colspan="2">≥100</td><td>实测</td></tr>
</table>

（六）换流变压器制造过程中绝缘材料曾出现的质量问题

（1）绝缘角环局部破损：某台换流变压器的来料检查，发现用于绕组组装的角环局部破裂不合格。原因分析绝缘材料存在缺陷。

（2）绝缘件纸板胶粘处开裂放电：某换流变压器在进行阀侧交流外施耐压试验，试验电压为 902kV，开始一段时间局部放电量为 20pC 左右；当耐压试验进行到大约 7min 时，局部放电量骤升到 750pC 以上，电压在 902kV 又持续了 30s 左右，局部放电量仍在 750pC 以上，最高达到 25 000pC。通过在换流变压器的不同位置进行超声波检测和油气分析，确定放电位置在变压器内部 a 导管附近。进入箱体进行检查，发现 a 导管有些纸板托架胶水粘合层多处开裂，在表面有放电痕迹。

（3）绝缘成型件不清洁导致局放超标：某台换流变压器进行阀侧交流外施试验时局部放电量达 2000pC。解体检查发现阀侧出线绝缘成型件上有放电痕迹（见图 3-18），放电原因主要是材料本身不清洁。

（4）运输中绝缘材料浸湿：某批进口物料中部分绝缘件（绕组及绕组装配绝缘件）浸水（见图 3-19）。原因为供应商使用的内部包装密闭性不够、装船前露天存放且没有有效防护，造成水进入包装内部。

图 3-18　成型件放电痕迹

图 3-19　受潮的绝缘材料

（5）绝缘纸板缺陷导致内部放电：某台换流变压器绝缘试验前长时感应电压试验时发生内部放电。解体检查发现调压绕组上部绝缘筒外表面和第一层围屏对应部位有明显放电痕迹（见图 3-20），相对应范围内两层撑条有碳化点。原因分析为柱 1 故障位置绝缘筒材料存在缺陷或异物。

（6）磁分路受潮：某台换流变压器在进行器身装配材料检查时，发现 3 块磁分路受潮。经分析为运输中包装防护不当造成受潮。

（7）静电环附着金属异物：某台换流变压器器身装配时，发现绕组上部静电环上有 2 根极其微小的软铜线线头（套管窥镜放大后发现）。经分析为该铜线头为供货方加工静电环时残留的铜线残渣。

（8）压板断裂：某台换流变压器在进行绕组压装操作时，发现绕组压板断裂，造成阀侧绕组上部端圈及角环损伤（见图 3-21）。经分析为压板质量存在问题。

图 3-20　有缺陷的绝缘材料

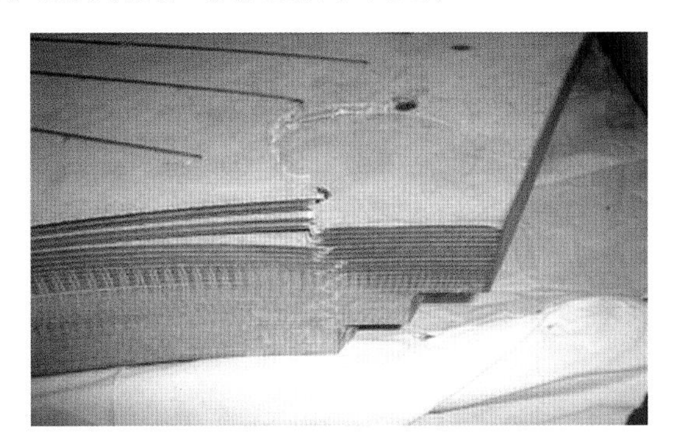

图 3-21　压板断裂图

（9）线绝缘成型件开裂变形：某台换流变压器器身装配，发现阀侧绕组出线绝缘成型件开裂变形（见图 3-22），导致阀引线对接不上。经分析为绝缘装置对接时发生尺寸干涉。

（10）热压时下压板开裂：某台换流变压器器身出炉热压时，下压板（肺叶型磁屏蔽）一处开裂。经分析：① 升温过程太快，垫块内外温度不均匀所致，由于垫块是热的不良导体，当垫块外层先达到要求温度后，内部肯定达不到要求温度，所以外部水分快速流出干燥后，而内部水分无法流出，导致垫块被挤裂；② 温度升高过快导致绝缘件开裂。

（11）引线绝缘支架开裂：某台换流变压器引线支架配装时发现375件层压条（块）存在裂纹（部分开裂，见图3-23）。经分析为绝缘层压件制作过程中工艺控制（压力、温度、时间）不良。

图3-22　绝缘件处理情况

图3-23　绝缘层压件开裂

四、钢板

（一）钢板分类及性能要求

1. 分类

钢可分为碳素钢和合金钢。钢号表示方法：由Q+数字+质量等级符号+脱氧方法符号组成。钢号冠以“Q”，代表钢材的屈服点，后面的数字表示屈服点数值，单位是MPa。例如：Q235表示屈服点（σ_s）为235MPa的碳素结构钢；Q345表示屈服点（σ_s）为345MPa的低合金高强度结构钢。在国内早期生产的换流变压器油箱选用的是碳素结构钢，后随着换流变压器容量增大，现选用的是低合金高强度结构钢。

（1）碳素结构钢：按质量等级分为A、B、C、D四级，A级钢只保证抗拉强度、屈服点、伸长率，必要时尚可附加冷弯试验的要求，化学成分碳、锰可以不作为交货条件。B、C、D钢保证抗拉强度、屈服点、伸长率、冷弯和冲击韧性（分别为+20、0、−20℃）等力学性能，化学成分碳、硫、磷的极限含量。

（2）低合金高强度结构钢：采用与碳素结构钢相同的牌号表示方法，仍然根据钢材厚度（直径）<l6mm时的屈服点大小，分为Q295、Q345、Q390、Q420、Q460。钢的质量等级有A、B、C、D、E五个等级，E级要求−40℃的冲击韧性。现换流变压器油箱选用的牌号是Q345。

2. 钢板的性能要求

钢板化学成分见表3-6，钢板力学性能见表3-7。

表 3-6 钢板化学成分

钢号	碳 C	锰 Mn	硅 Si	磷 P	硫 S	钒 V	铌 Nb	钛 Ti	砹 AI	铬 Cr	镍 Ni	铜 Cu
Q235A	≤0.22	≤1.40	≤0.35	≤0.045	≤0.050	—	—	—	—	≤0.025	≤0.030	≤0.025
Q235B	≤0.20	≤1.40	≤0.35	≤0.045	≤0.045	—	—	—	—	≤0.030	≤0.030	≤0.030
Q235C	≤0.17	≤1.40	≤0.35	≤0.040	≤0.040	—	—	—	—	≤0.030	≤0.030	≤0.030
Q235D	≤0.22	≤1.40	≤0.35	≤0.040	≤0.05	—	—	—	—	≤0.030	≤0.030	≤0.030
Q345A	0.20	≤1.70	≤0.55	≤0.045	≤0.045	0.02~0.15	0.015~0.060	0.02~0.06	0.02~0.2	—	—	—
Q345B	≤0.20	≤1.70	≤0.55	≤0.040	≤0.040	0.02~0.15	0.015~0.060	0.02~0.06	0.02~0.2	—	—	—
Q345C	≤0.20	≤1.70	≤0.55	≤0.035	≤0.035	0.02~0.15	0.015~0.060	≥0.015	0.02~0.2	—	—	—
Q345D	0.18	≤1.80	≤0.55	≤0.030	≤0.030	0.02~0.15	0.015~0.060	≥0.015	0.02~0.2	—	—	—
Q345E	≤0.18	≤1.80	≤0.55	≤0.025	≤0.025	0.02~0.15	0.015~0.060	≥0.015	0.02~0.2	—	—	—

表 3-7 钢板力学性能

钢号	屈服强度（MPa）	拉伸强度（MPa）	伸长率（%）	180°冷弯	冲击功（J）
Q235A	≥235	370~500	≥26	$B=2a$，$d=1.5a$	—
Q235B	≥235	370~500	≥26		20℃≥27
Q235C	≥235	370~500	≥26		0℃≥27
Q235D	≥235	370~500	≥26		-20℃≥27
Q345A	≥345	470~630	≥21	$d=1.5a$	—
Q345B	≥345	470~630	≥21		20℃≥34
Q345C	≥345	470~630	≥22		0℃≥34
Q345D	≥345	470~630	≥22		-20℃≥34
Q345E	≥345	470~630	≥22		-40℃≥34

（二）钢板检验

钢板质量检验项目及要求见表 3-8。

表 3-8 钢板质量检验项目的要求

序号	检验项目	检验要求	检验方法
1	规格尺寸	符合 GB/T 708—2006《冷轧钢板和钢带的尺寸、外形、重量及允许偏差》、GB/T 709—2006《热轧钢板和钢带的尺寸、外形、重量及允许偏差》规定	千分卡尺测量
2	化学成分	符合表 3-6 中要求	核对质量证明文件
3	屈服强度	符合表 3-7 中要求	核对质量证明文件

续表

序号	检验项目	检验要求	检验方法
4	拉伸强度	符合表3-7中要求	核对质量证明文件
5	伸长率	符合表3-7中要求	核对质量证明文件
6	180°冷弯	符合表3-7中要求	核对质量证明文件
7	冲击	符合表3-7中要求	核对质量证明文件
8	不平度	不大于厚度1%	测量直尺与钢板的两个接触点间距离（或浪距）
9	镰刀弯	不大于实际长度的0.3%	测量直尺与钢板的两个接触点间距离（或浪距）
10	切斜（脱方度）	不大于实际长度的1%	角尺、直尺测量
11	外观	表面光滑洁净，无气泡、裂纹、结疤、折叠、夹杂、分层等质量缺陷	目测
12	包装用其他	喷码标识清晰准确	目测

五、变压器油

变压器油用于油浸变压器及其他油浸电力设备。变压器油具有质地纯净、绝缘性能良好、理论性能稳定、黏度较低等特点，在变压器中可起到绝缘和冷却的作用。

（一）变压器油的种类

（1）我国变压器油标准（GB 2536—2011《电工流体　变压器和开关用的未使用过的矿物绝缘油》）中，将变压器油以凝固点高低划分为三个牌号：① 用石蜡基原油生产10号变压器油，凝固点为-10℃；② 用中间基原油生产25号变压器油，凝固点为-25℃；③ 用环烷基原油生产45号变压器油，凝固点为-45℃。

1980年后，我国制订了SH 0040—1991《超高压变压器油》，以凝固点划分25、45号超高压变压器油，相对将无析气要求的变压器油GB 2536—2011称为普通变压器油。随之以环烷基原油为原料，采用特殊工艺生产的KI25X、KI45X、KI25AX、KI45AX、KI40AX超高压变压器油逐步用于500kV油浸电气设备。

2005年7月，我国第一个全国产化直流输电工程灵宝换流站投运，KI50X、KI50GX直流变压器油用于油浸直流电气产品，现在强油导向结构换流变压器一般选用KI50GX牌号油，强油非导向结构换流变压器一般选用KI50X牌号油。

（2）总部设在瑞典壳牌公司生产的变压器油牌号有：壳牌大雅纳B（Diala B）、壳牌大雅纳D（Diala D）、壳牌大雅纳M（Diala M）、壳牌大雅纳BX（Diala BX）、壳牌大雅纳DX（Diala DX）、壳牌大雅纳GX（Diala GX）、壳牌大雅纳AX（Diala AX）。

（3）母公司设在荷兰Nynas公司生产的变压器油牌号有：尼纳斯（Nynas）10XN、LIBRA、LIBRAX。

（二）变压器油的主要指标和检验

（1）KI50X、KI50GX变压器油的主要指标见表3-9。

表 3-9　　　　KI50X、KI50GX 变压器油的主要指标

序号	项目		质量指标		试验方法
			KI50X	KI50GX	
1	外观		清澈透明，无沉淀物和悬浮物	清澈透明，无沉淀物和悬浮物	目测
2	密度（20℃）（kg/m^3）		≤895.0	≤895.0	SH/T 0604
3	运动黏度（-30℃）（mm^2/s）		≤800	≤1800	GB/T 265
4	运动黏度（40℃）（mm^2/s）		≤8.0	≤8.8	GB/T 265
5	倾点（℃）		≤-45	≤-40	GB/T 3535
6	闪点（闭口）（℃）		≥135	≥135	GB/T 161
7	酸值（mgKOH/g）		≤0.03	≤0.03	GB/T 4945
8	腐蚀性硫（铜片）		非腐蚀性	非腐蚀性	SH/T 0304
9	腐蚀性硫（银片）		非腐蚀性	非腐蚀性	SH/T 0804
10	水分（出厂）（mg/kg）		≤30	≤30	SH/ T0207
11	击穿电压（间隔 2.5mm）（kV）	交货时	≥35	≥35	GB/T 507
		处理后	≥70	≥60	
12	介质损耗因数（90℃）	交货时	≤0.002	≤0.002	GB/T 5654
		处理后	≥0.001	≤0.001	
13	界面张力（mN/m）		≤40	≥40	GB/T 6541
14	抗氧剂含量（%）		0.25~0.35	0.25~0.35	GB/T 0802
15	硫含量（质量分数）（%）		≤0.15	≤0.15	GB/T 17040
16	Baader 法老化（28d/110℃）	皂化值（mgKOH/g）	≤0.20	≤0.20	DIN51554
		沉淀（%）	≤0.01	≤0.01	
		介质损耗因数（90℃）	≤0.01	≤0.05	

（2）对变压器油的性能通常有以下要求：

1）变压器油密度尽量小，以便于油中水分和杂质沉淀。

2）黏度要适中，太大会影响对流散热，太小又会降低闪点。

3）闪点应尽量高，一般不应低于 136℃。

4）凝固点应尽量低。

5）酸、碱、硫、灰分等杂质含量越低越好，以尽量避免它们对绝缘材料、导线、油箱等的腐蚀。

6）氧化程度不能太高。氧化程度通常用酸价表示，它指吸收 1g 油中的游离酸所需的氢氧化钾量（mg）。

7）安定度不应太低，安定度通常用酸价试验的沉淀物表示，它代表油抗老化的能力。

（3）变压器油检测。

1）外观：变压器油的外观检查，可以发现油中不溶性油泥、纤维和脏物存在。在常

规试验中，应有此项目的记载。

2）颜色：新变压器油一般是无色或淡黄色，运行中颜色会逐渐加深，但正常情况下这种变化趋势比较缓慢。

3）水分：水分不仅直接影响电气性能，还是影响变压器设备绝缘老化的重要因素之一。

4）酸值：油中所含酸性产物会使油的导电性增高，降低油的绝缘性能，在运行温度较高时（如80℃以上）还会促使固体纤维质绝缘材料老化和造成腐蚀，缩短设备使用寿命。

5）氧化安定性：变压器油的氧化安定性试验是评价其使用寿命的一种重要手段。由于国产油氧化安定性较好，且又添加了抗氧化剂，所以通常只对新油进行此项目试验。

6）击穿电压：变压器油的击穿电压是检验变压器油耐受电应力的指标，是一项非常重要的监督手段。通常情况下，它主要取决于被污染的程度，但当油中水分较高或含有杂质颗粒时，对击穿电压影响较大。

7）介质损耗因数：介质损耗因数对判断变压器油的老化与污染程度是很敏感的。新油中所含极性杂质少，所以介质损耗因数也甚微小，一般仅有0.01%~0.1%数量级；但由于氧化或过热而引起油质老化时或混入其他杂质时，所生成的极性杂质和带电胶体物质逐渐增多，介质损耗因数也就会随之增加。

8）界面张力：油水之间界面张力的测定是检查油中含有因老化而产生的可溶性极性杂质的一种间接有效的方法。油在初期老化阶段，界面张力的变化是相当迅速的。

9）油泥：此法是检查运行油的老化情况，当油泥处于溶解或胶体状态下在加入正庚烷时，可以从油中沉析出来的油泥沉积物。

10）闪点：闪点对运行油的监督是必不可少的项目。闪点降低表示油中有挥发性可燃气体产生；这些可燃气体往往是由于电气设备局部过热，电弧放电造成绝缘油在高温下热裂解而产生的。通过闪点的测定可以及时发现设备的故障。同时对新充入设备及检修处理后的变压器油来说，测定闪点也可防止或发现是否混入了轻质馏分的油品，从而保障设备的安全运行。

11）油中气体组分含量：油中可燃气体一般都是由于设备的局部过热或放电分解而产生的。

12）水溶性酸：变压器油在氧化初级阶段一般易生成低分子有机酸，如甲酸、乙酸等，因为这些酸的水溶性较好，当油中水溶性酸含量增加（即pH值降低），油中又含有水时，会使固体绝缘材料和金属产生腐蚀，并降低电气设备的绝缘性能，缩短设备的使用寿命。

13）凝点：根据我国的气候条件，变压器油是按低温性能划分牌号，如10、25、45三种牌号系指凝点分别为-10、-25、-45℃。所以对新油的验收以及不同牌号油的混用，凝点的测定是必要的。

14）体积电阻率：变压器油的体积电阻率同介质损耗因数一样，可以判断变压器油的老化程度与污染程度。油中的水分、污染杂质和酸性产物均可影响电阻率的降低。

（三）变压器油的混油规定

（1）被混双方添加同一种抗氧化剂，或一方不含或双方均不含抗氧化剂。

（2）被混双方应质量良好，性能指标符合运行油或新油指标。

（3）如果运行油有一项指标接近控制标准极限值时，此时应做混油试验；如果有一项或多项指标不合格，应进行净化或再生后再考虑混油。

（4）同牌号新油只要指标合格，可以任意比例相混；同牌号新油与已开始老化或接近运行油指标的运行油相混，应按比例做混合油的油泥析出试验，无油泥产生才能使用。

（5）不同牌号新油与未老化运行油相混，应做凝点试验，确定是否可用；与已老化接近运行油指标的油相混，除做凝点试验外，还应做油泥析出试验。两者均合格方可使用。

（6）进口或来源不明的油与运行油相混时应预先进行各油样及混油的老化试验，混油质量不低于运行油质量时方可混用；若参与混油全是新油，老化试验后其混油质量不低于质量最差的一种。

六、原材料的监造见证

换流变压器原材料见证内容、见证方法和监造要点见表3-10。

表3-10　　换流变压器原材料见证内容、见证方法和监造要点

序号	材料名称	见证内容	见证方法	监造要点
1	硅钢片	规格、型号	查验出厂质量证明文件和入厂检验报告，查看实物	规格型号、产地与设计文件及供货合同相符；出厂和入厂检验合格，检验报告、合格证等质量证明文件齐全；抽检单位损耗及指标与出厂值相符
		产地及供应商		
		单位铁损		
		导磁性能		
		厚度		
		厂内规定的入厂检验项目及检验报告		
		出厂质量证明文件		
2	导线	规格、型号	对照设计图纸要求查验出厂质量证明文件和入厂检验报告，查看实物	导线产地、线规和参数符合设计及供货合同要求；绝缘良好，股间无短路；导线抽检合格；外观检查无缺陷。检验报告、合格证等质量证明文件齐全
		产地及供应商		
		裸线尺寸、带绝缘尺寸		
		包纸方式		
		伸长率		
		屈服强度		
		电阻率		
		股间绝缘		
		粘结强度（自粘性换位导线）		
		耐压强度试验		
		导线通路试验		
		热冲击试验		
		附着性试验		
		外形尺寸及节距		
		弯曲试验		
		厂内规定的入厂检验项目及检验报告		
		出厂质量证明文件		

续表

序号	材料名称	见证内容	见证方法	监造要点
3	钢板	规格、型号	对照设计图纸要求查验出厂质量证明文件和入厂检验报告，查看实物	产地、规格型号等符合设计及供货合同要求；质量检验合格，检验报告、合格证等质说证明文件齐全
		产地及供应商		
		尺寸		
		不平度		
		镰刀弯		
		钢板的切斜应		
		性能测试		
		外观		
		厂内规定的入厂检验项目及检验报告		
		出厂质量证明文件		
4	绝缘材料、绝缘成型件及出线装置	规格、型号	对照设计图纸要求查验出厂质量证明文件和入厂检验报告，查看实物	绝缘纸板、绝缘成犁忭及出线装置的产地、规格等符合设计及供货合同要求；检验合格，检验报告、合格证等质量证明文件齐全；抽检项目质量合格
		产地及供应商		
		厚度偏差		
		长度偏差		
		宽度偏差		
		电导率		
		拉伸强度		
		压缩性		
		吸油率		
		灰分		
		水分		
		电气强度		
		弯曲强度		
		“X”射线检查		
		厂内规定的入厂检验项目及检验报告		
		出厂质量证明文件		
5	绝缘油	规格、型号	对照供货合同，查验出厂文件和入 厂检验记录	产地、规格型号等符合设计及供货合同要求；质量检验合格，检验报告、合格证等质说证明文件齐全
		产地及供应商		
		外观		
		密度		
		运动黏度		
		运动黏度		
		倾点		
		闪点		
		酸值		
		腐蚀性硫		
		介质损耗因数		

续表

序号	材料名称	见证内容	见证方法	监造要点
5	绝缘油	击穿电压	对照供货合同，查验出厂文件和入厂检验记录	产地、规格型号等符合设计及供货合同要求；质量检验合格，检验报告、合格证等质说证明文件齐全
		界面张力（mN/m）		
		抗氧剂含量（%）		
		硫含量（质量分数）（%）		
		厂内规定的入厂检验项目及检验报告		
		出厂质量证明文件		

第二节　主要组部件

一、储油柜

储油柜是为适应油箱内变压器油体积变化而设置的一个与变压器油箱相通的容器。由于变压器油的体积随油温的变化而变化，即油位的高度是随着负载的变化、环境温度以及冷却条件等因素的变化而变化。为了防止变压器油温过高时溢油和油温过低时内部器身露出油面，所以中大型油浸式变压器一般都要设储油柜，尤其换流变压器等大型变压器需要安装运行性能可靠的储油柜。

储油柜的容积一般不小于10%变压器的总油量，应保证在最高环境温度及允许过载情况下油不溢出，在最低环境温度且变压器未投入运行时能监视到油位。因此，在储油柜的一端应装有油位计，便于监视变压器油位的变化。储油柜的结构应便于对内部进行清理，并具有注油、放油、放气和排污装置。

（一）变压器油的保护方式

油保护系统是为适应油浸式变压器的油膨胀、控制油的劣化速度而采取的保护措施，一般分为以下几种。

（1）自由呼吸保护系统。自由呼吸保护系统不装储油柜或采用敞开式储油柜。在本系统中，外界空气与油箱内或储油柜油面上的空气可以进行自由交换，但在与大气相连通的位置需设置吸湿器，以利于吸收空气中的潮气，减少进入变压器油中的水分。该种油保护方式只在电压较低和容量较小的变压器上采用。

（2）隔膜式油保护系统。隔膜式油保护系统在油面上方形成一个具有大气压力的空气膨胀空间，采用具有弹性的膜或胶囊将空气与油隔开，以避免油与空气直接接触。

（3）全密封油保护系统。全密封油保护系统采用金属波纹密封式储油柜，油与空气完全隔离。

（4）惰性气体压力保护系统。油面上方的膨胀空间里充满具有微正压的干燥惰性气体，惰性气体须连通到一个压力控制源或连通到一个有弹性的胶囊。

（5）有气垫的密封油箱系统。带气垫的密封油箱系统采用刚性油箱，油面上方的气体容积通过压力变化与油膨胀相适应。

（6）全部充油的密封系统。全部充油的密封系统将永久性密封的油箱做成波纹形或带可膨胀的片式散热器，其内充满油，油的膨胀是靠油箱或散热器的弹性变形来适应，从而实现永久性的全密封。

（二）储油柜的种类和结构

1. 储油柜的种类

按照储油柜油面与空气是否接触，储油柜可以分为敞开式和密封式两种类型。

（1）敞开式储油柜。变压器油通过吸湿器与大气相通的储油柜。

（2）密封式储油柜。变压器油完全与大气隔离的储油柜。密封式储油柜可以分为耐油橡胶密封式和金属波纹密封式两种，包括胶囊式、隔膜式、金属膨胀式（内油式和外油式）等多种结构的储油柜。

2. 储油柜的结构

（1）敞开式储油柜。敞开式储油柜主要由柜体、注/放油管、油位计、吸湿器等组成。它能满足变压器油随温度的变化而引起的体积膨胀和收缩，通过吸湿器可将进入储油柜的空气水分吸收，起到保护油的作用。敞开式储油柜结构示意图如图 3-24 所示。

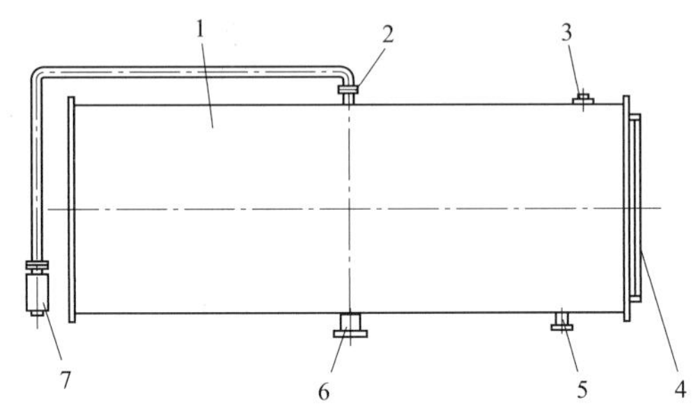

图 3-24　敞开式储油柜结构示意图

1—柜体；2—管接头；3—塞子；4—油位计；
5—注/放油管；6—管接头；7—吸湿器

该种类型的储油柜由于不密封，属于自由呼吸式油保护系统，由于变压器油长期与空气接触易氧化、受潮，随着运行日久，使变压器油微水和气体含量超标，油质劣化，严重地降低了绝缘油的寿命和变压器的安全性，只在电压等级较低的小容量变压器上采用。

（2）橡胶密封式储油柜。该类储油柜属于隔膜式油保护系统，分为胶囊式和隔膜式两种类型。胶囊式储油柜是在储油柜内部装设一个以尼龙为骨架的耐油胶囊袋，将变压器油与空气隔离开。其工作原理为胶囊袋内气体通过吸湿器与大气相通，胶囊袋底面紧贴在储油柜内的油面上，当油面变化时，胶囊袋也会随之膨胀或收缩。在使用中由于胶囊袋材质问题可能出现龟裂和砂眼，使空气和水分逐步渗入油内进入变压器油箱，造成油中含水量增高，油介损值增大等，从而加速绝缘油的老化过程和影响变压器的绝缘性能。因此，目前该种储油柜虽然在换流变压器和大型电力变压器上应用普遍，但随着新材料的出现和技术的进步，使用寿命更长、密封性能更好的产品将会得到应用。

隔膜式储油柜是用两层尼龙布中间夹以氯丁橡胶、外涂丁腈橡胶的弹性膜将储油柜分隔为上下两部分，隔膜下部紧贴油面，隔膜上部通过吸湿器与大气相通，变压器油与空气隔离。隔膜式储油柜对安装质量和检修工艺要求严格，可伸缩的空间有限，隔膜易损坏。由于隔膜有一定的透气溶解率，因此在随油温变化呼吸的同时，还是会从外界空气中吸取潮气，只不过速度较慢而已。另外隔膜边沿固定在储油柜上，其边缘随着变压器油的膨胀和收缩，使该处发生疲劳而出现撕裂，其密封效果并不十分理想。隔膜密封式储油柜结构如图 3-25 所示。

（3）金属波纹密封式储油柜。金属波纹密封式储油柜是由单个或若干个金属弹性波纹芯体并联组成，芯体的数量根据储油柜的容积确定。它采用不锈钢波纹芯体作为容积补偿元件，在完全隔离空气的同时实现对变压器油因温度变化而产生的膨胀或收缩的体积补偿，金属波纹芯体随油面的变化可以自由伸缩，通过油位计指示油面的位置。

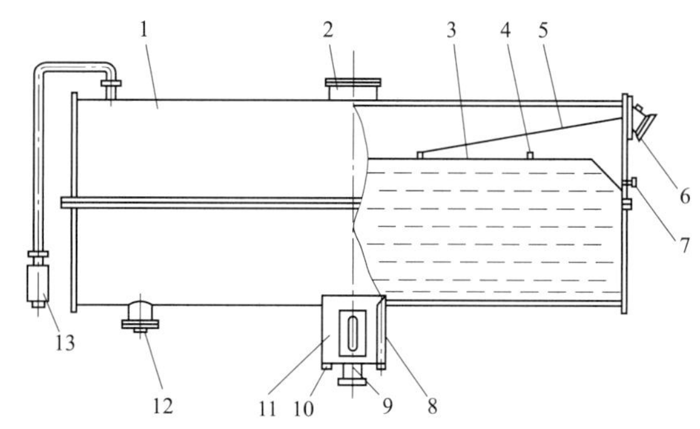

图 3-25　隔膜密封式储油柜结构示意图

1—柜体；2—视察窗；3—隔膜；4—放气塞；5—连杆；6—油位计；7—放水塞；8—放气管；9—气体继电器连管；10—注/放油管；11—集气盒；12—集污盒；13—吸湿器

根据波纹芯体的结构、补偿伸缩运动方向的不同可以分为内油式和外油式两种类型。内油式以金属波纹芯体为装油容器，随油位变化垂直伸缩运动。而外油式以金属波纹芯体为气囊，通过气囊伸缩改变储油柜容积，随油位变化沿导轨平行滑动伸缩水平运动。外油式金属波纹储油柜按结构可分为波纹管式和盒式两种。外油式有导轨，容易出现金属磨损和卡涩。所以，一般内油式应用较多。为了克服导轨磨损和卡涩等缺陷，也有采用垂直伸缩运动的外油式结构金属波纹密封式储油柜。内油式金属波纹密封式储油柜结构示意图如图 3-26 所示，外油式金属波纹密封式储油柜结构示意图如图 3-27 和图 3-28 所示。

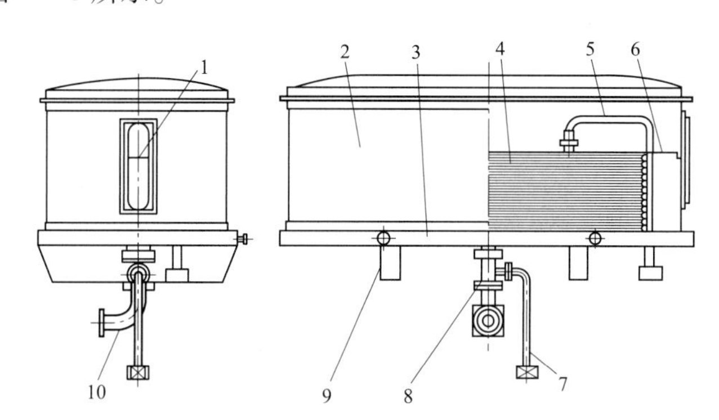

图 3-26　内油式金属波纹储油柜结构示意图

1—油位视察窗；2—防护罩；3—柜座；4—金属波纹芯体；5—排气软管；6—油位指针；7—注油管；8—三通；9—柜脚；10—气体继电器连管

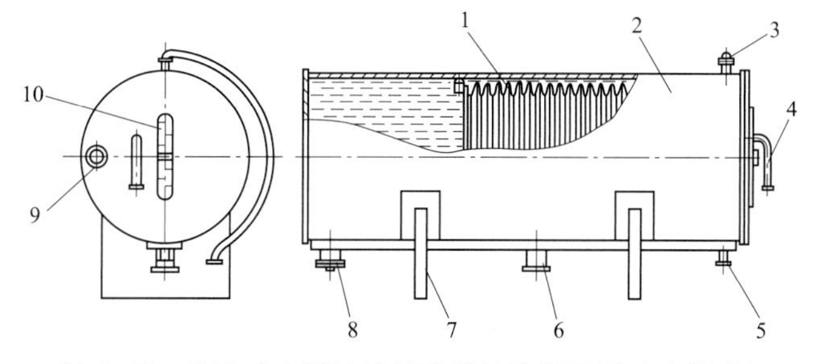

图 3-27　外油式金属波纹储油柜结构示意图（水平式）

1—金属波纹芯体；2—柜体；3—排气管接头；4—呼吸管接头；5—注放油管接头；6—气体继电器连管；7—柜脚；8—集污盒；9—油位报警接线端子；10—油量指示

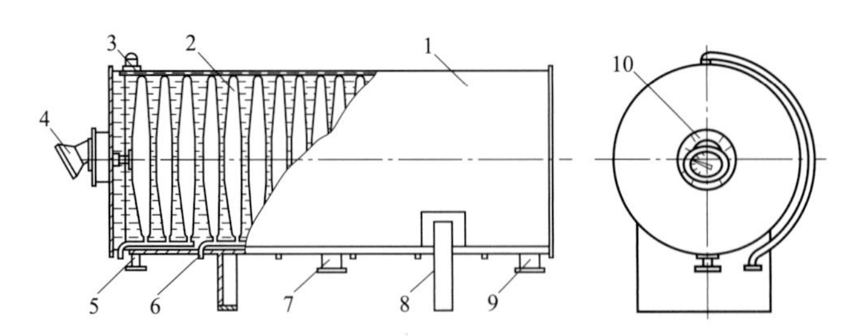

图 3-28　外油式金属波纹储油柜结构示意图（盒式）

1—柜体；2—金属波纹芯体；3—排气管接头；4—油位计；5—注放油管接头；6—呼吸嘴；7—气体继电器连管；8—柜脚；9—集污盒；10—油位报警接线端子

（三）换流变压器本体储油柜

换流变压器对油的保护要求高，密封性能必须良好，要求储油柜壳体连同本体同时抽真空，即在 13.3Pa 残压下不出现超过允许值的永久变形和损伤。常用储油柜的外形有圆柱形和多边圆形及多边椭圆形等结构型式，为了提高其机械强度，储油柜外部一般采取了焊接加强筋的加强结构。

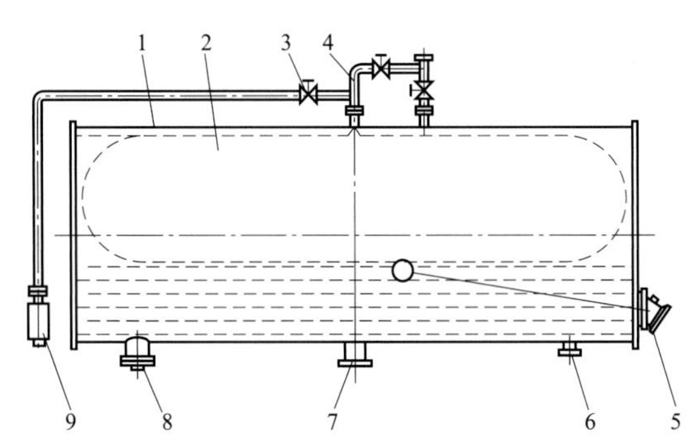

图 3-29　胶囊式储油柜（真空注油式）结构示意图

1—柜体；2—胶囊；3—阀门；4—连管（接抽真空装置）；5—油位计；6—注/放油管；7—气体继电器连管；8—集污盒；9—吸湿器

目前换流变压器全部采用可以真空注油的胶囊式密封结构储油柜，如图 3-29 所示。该种储油柜的关键部件是胶囊，安装和使用中要特别注意胶囊的渗漏问题。一旦胶囊发生渗漏，换流变压器油的密封就被破坏，储油柜对油的保护功能就丧失。胶囊的使用寿命受材质、制作工艺、安装调试质量等因素影响，随着运行时间延长，其老化开裂，密封失效的情况不可避免，而且出现胶囊开裂漏气缺陷不易及时发现，更换的时机不好把握。目前，虽然已有一些胶囊漏气的监测方法，但运行经验还不足，误报信息的情况时有发生，发现漏气缺陷具有一定的滞后性。

胶囊式储油柜的另一个主要缺陷是容易出现假油位，除油位计自身故障外，胶囊褶皱未展平或漏气、注油工艺不良等是造成假油位的主要原因。目前换流变压器的储油柜结构已进行了改进，在胶囊上部的半圆周面上，沿长轴方向设置了多个吊攀，在储油柜内壁上部对应位置处设置了防胶囊滑脱的悬挂钩件，以保障胶囊在安装和运行中正常伸缩。运行中可通过远红外测温的方法检查是否存在假油位，还可以发现胶囊破裂进油缺陷。

金属波纹密封式储油柜具有良好的全密封效果、可靠性高、寿命长、少维护等优点，但金属波纹芯体一旦出现渗漏后，不能现场修理，只能更换。该种储油柜虽然目前还未在换流变压器上使用，但在交流变压器上已有多年的成功运行经验。

（四）有载分接开关储油柜

换流变压器的有载分接开关储油柜为敞开式结构，即储油柜经吸湿器与大气相通。

由于分接开关的切换开关油室与换流变压器本体相互独立，切换开关油相当于断路器油的作用，在分接开关动作过程中应将电弧在油中分解的气体快速排出，避免形成超过允许值的压力升高。因此，分接开关储油柜无需采用全密封措施，更不能采用金属波纹储油柜。

目前，换流变压器的有载分接开关采用独立储油柜或与本体储油柜组合的两种结构方式。为了防止有载分接开关油室发生渗漏时污染本体变压器油，要求换流变压器本体的油压应高于分接开关油室油压，即本体油位要高于分接开关油位。分接开关采用独立储油柜时，应加大分接开关储油柜的容积，防止缺油或储油柜溢油。采用分接开关储油柜与本体储油柜分隔组合的结构方式时，应降低开关储油柜部分的高度，以保证运行中换流变压器本体油位始终高于分接开关油位，还应注意储油柜油位对切换开关油室的静压力不应超过其允许值。

二、套管

换流变压器的套管是将内部绕组引线引出到油箱外部的出线装置。它不但作为引线的对地绝缘，而且承担着引线的固定作用。因此，套管必须具有与换流变压器相适应电压等级的电气强度和足够抗击短路电动力以及突发地震等自然灾害冲击力的机械强度。套管又是重要的载流组件之一，运行中长期通过负荷电流，同时应能承受短路时的瞬时过热，必须具有良好的热稳定性。套管长期暴露在大气中，应能承受高温、严寒、风沙、雨雪、湿热、大温差、强紫外线以及酸碱等有害气体环境影响的耐候性能。同时，由于套管是安装在换流变压器上的一个重要组件，直接影响换流变压器的外形尺寸和运行性能，要求其外形小、质量轻、密封性能好、通用性强和便于运行维护等。

（一）套管的分类

套管的分类方法有多种，如果按使用环境、导电结构、绝缘结构等分类，可分为如下类型。

1. 按使用环境分类

（1）户内套管：两端均用于大气压力下的周围空气中，但不暴露在户外条件下的套管，即安装在户内使用的套管。

（2）户外套管：两端均用于大气压力下的周围空气中，并暴露在户外条件下的套管，即安装在户外使用的套管。根据其伞裙结构、爬电距离、电弧距离以及绝缘材料或釉面等不同，可以分为防污型、普通型、湿热型等，应根据不同的环境正确选择使用。

（3）户内—户外套管：两端均用于大气压力下的周围空气中的套管，其一端暴露在户外大气条件下，另一端暴露在户内大气条件下，如穿墙套管。

（4）户内—浸入式套管：一端用于周围空气但不暴露在户外大气条件下，另一端浸入不同于周围空气的绝缘介质（变压器油、SF_6气体等）中的套管。换流变压器的阀侧套管属于该类型套管。

（5）户外—浸入式套管：一端用于大气压力下的周围空气中，并暴露在户外大气条件下，另一端浸入不同于周围空气的绝缘介质（变压器油、SF_6气体等）中的套管。换流变压器的网侧套管属于该类型套管。

2. 按导电结构分类

（1）导杆式套管：导杆式是以金属导电棒或导电管作为载流体将电流从绕组引出与系统连接。换流变压器一般采用导杆式套管。

（2）穿缆式套管：穿缆式是用一根或多根相互绝缘的铜绞线将电流从绕组引出与系统连接。

3. 按绝缘结构分类

（1）瓷或类似无机材料套管：主绝缘由瓷或类似的无机材料构成的单一绝缘的套管。

（2）充油套管：绝缘套内表面和固体主绝缘之间的空间充有绝缘油的套管。

（3）充混合物套管：绝缘套内表面和固体主绝缘之间的空间充有绝缘混合物的套管。

（4）液体绝缘套管：主绝缘由绝缘油或其他绝缘液体构成的套管。

（5）充气套管：绝缘套内表面和固体主绝缘之间的空间充有 SF_6 或除空气外其他气体的套管。

（6）油浸纸套管：主绝缘由绝缘纸卷绕的芯体，经处理后用绝缘液体（通常为变压器油）浸渍而构成的套管。

（7）胶浸纸套管：主绝缘由未处理的绝缘纸卷绕并随后用可固化的树脂浸渍的芯体构成的套管。

（8）电容式套管：在绝缘内部布置导电或半导电层，以获得所要求的电位梯度的套管，根据浸渍介质的不同，一般分为油浸纸电容式套管和胶浸纸电容式套管两种。

（9）组合绝缘套管：主绝缘由至少两种不同绝缘材料组合构成的套管。

（10）浇注或模塑树脂绝缘套管：主绝缘由浇注或模塑有机材料（含或不含无机填料）组成的套管。

（11）复合套管：由带或不带橡胶护套的树脂浸渍纤维管构成绝缘外套的套管，或具有橡胶绝缘的套管。

（二）换流变压器的常用套管

1. 网侧套管

换流变压器网侧绕组的首端和末端套管一般采用防污型瓷绝缘外套的油浸纸电容结构的户外—浸入式变压器套管，一般采用导杆式，套管垂直安装于换流变压器箱盖上。其结构主要由电容芯子、储油柜、法兰、上下瓷套、固定附件等组成。该套管的主绝缘为电容芯子，采用同心电容串联而成，以均匀电场分布。油浸纸电容芯子是用电缆纸和油作绝缘，电极一般用铝箔或金属化纸。电容芯子两端加工成阶梯状或锥形，并全部浸在变压器油中。储油柜用于对套管油热胀冷缩的体积变化进行补偿。瓷套是外绝缘和保护芯子的密闭容器，套管一般采用磁针式油位计指示油位。高压电容式套管结构示意图如图 3-30 所示，换流变压器网侧套管外形如图 3-31 所示。

高压电容式套管设有测量电容量和介质损耗端子，用小瓷套从末屏（电容芯子最外层电极）引出，运行时末屏必须接地。

换流变压器网侧套管首端与系统的接线端子采用设备线夹连接，尾部一般采用螺栓与绕组引线连接。高压套管的首端设有均压环，尾部伸入出线装置中，并设有均压球，用以均匀电场，提高绝缘强度，减小局部放电。

2. 阀侧套管

目前，换流变压器阀侧直流套管一般采用干式、充 SF_6气体、油气混合绝缘等多种结构的户内—浸入式变压器套管，外绝缘为硅橡胶合成外套，安装于换流变压器油箱短轴侧的一端，倾斜伸入阀厅。

换流变压器阀侧套管首端与直流系统的接线端子采用设备线夹连接，套管尾部与绕组引线一般采用插接式连接，便于套管安装。高压套管的首端设有均压环，尾部伸入出线装置，并设有均压球，用以均匀电场、提高绝缘强度、减小局部放电。

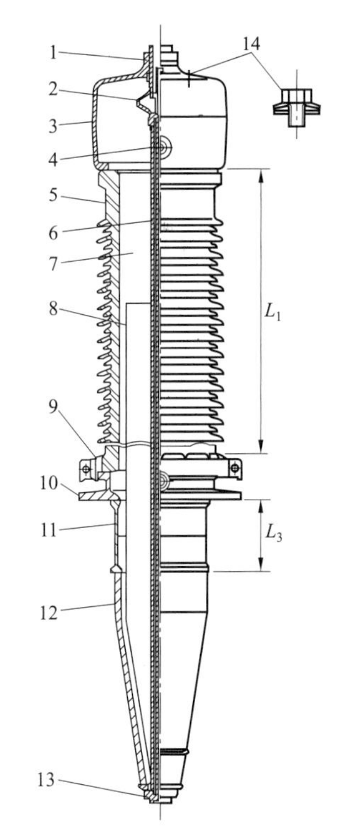

图 3-30　高压电容式套管结构示意图

1—顶部螺母；2—软连接；3—头部油室；4—油位计（带螺栓和密封垫）顶；5—绝缘瓷套，空气侧；6—预压管；7—变压器油；8—电容芯子；9—夹环；10—安装法兰；11—安装电流互感器的延伸部；12—绝缘瓷套，油侧；13—底部螺母；14—密封塞

（1）干式直流套管。干式直流套管的外绝缘为硅橡胶合成外套，内部电容芯体采用树脂浇注绝缘，该类型套管一般用于 400kV 及以下电压等级的换流变压器。

（2）充 SF_6气体套管。换流变压器的充气套管一般采用树脂浇注绝缘和 SF_6气体混合绝缘结构，其电容芯体采用树脂浇注绝缘，其外表面与硅橡胶复合外绝缘的内表面间的空间充有 SF_6气体，以提高绝缘强度。套管设有 SF_6密度监测的接口，用于监视气体压力的变化。套管还设有电容分压器端子和用于测量电容量和介质损耗的末屏试验端子，分别用小绝缘套管引出，其中末屏引出端子（也称试验端子）运行时必须可靠接地。用于监视系统运行电压变化的电容分压器和监测装置通过相应绝缘等级的电缆连接。充 SF_6气体套管在换流变压器上应用比较广泛，在各个电压等级的换流变压器上都有应用。

图 3-31　换流变压器网侧套管外形

某 800kV 充 SF_6气体直流套管芯棒、外绝缘套管、产品外形图分别如图 3-32～图 3-34所示。

（3）油气组合绝缘套管。换流变压器的油—气组合绝缘套管的内绝缘一般采用油浸纸电容芯体，芯体外部有密封的绝缘套筒（绝缘隔腔），套筒内腔通过两个逆止阀与换流变压器本体相通，当换流变压器油箱的油压高于套筒内油压一定数值时，其中一个逆

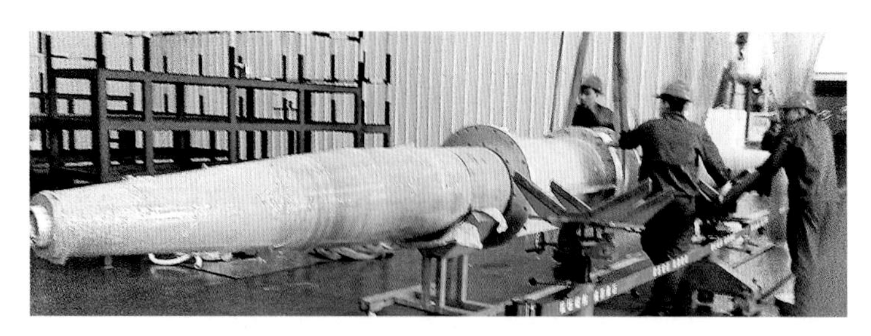

图 3-32　800kV 充 SF_6气体干式直流套管芯棒

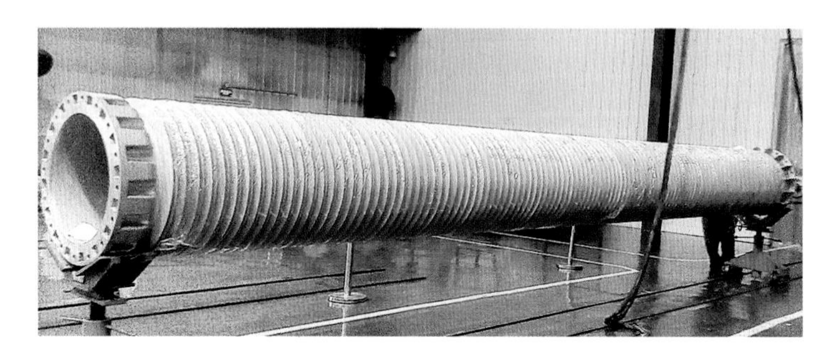

图 3-33　800kV 充 SF_6气体干式直流套管外绝缘套管

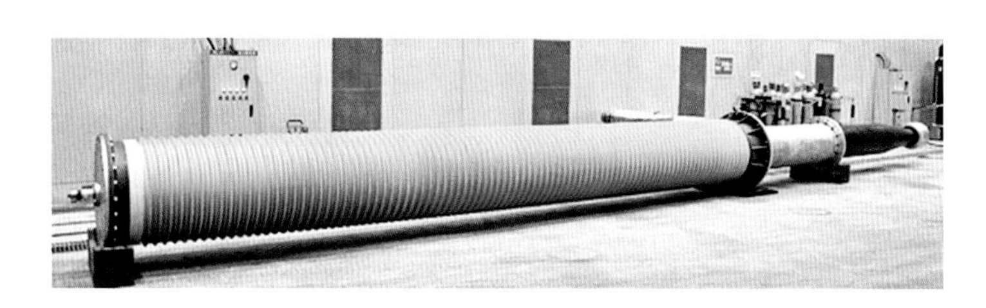

图 3-34　800kV 换流变压器阀侧套管

止阀打开向套管补油；当套筒内的油压高于换流变压器油箱油压一定数值时，另一个逆止阀打开向油箱释放压力。保证油纸电容芯体及绝缘套筒内部始终充满变压器油，同时保证套筒内的压力不超过允许值。硅橡胶外绝缘套筒内表面与电容芯体的绝缘套筒外表面之间的空间充有 SF_6气体。套管末屏和电压抽取装置端子通过小绝缘套引出，便于套管测量电容量和介质损耗，以及监视系统运行电压。运行时末屏必须可靠接地。用于监视系统运行电压变化的电容分压器和监测装置通过相应绝缘等级的电缆连接。

油气组合绝缘套管在换流变压器上应用比较广泛，运行稳定性较好。但该类套管的真空注油工艺要求高，套管的油室和气室需要分别抽真空，油室不能有残余空气，否则将会产生局部放电。某油气组合绝缘套管结构示意图和外形图分别如图 3-35 和图 3-36 所示。

（三）套管的主要参数

（1）最高电压（U_m）：套管设计时的最大线电压方均根值，用于确定设备的绝缘以及在相关设备标准中与此电压有关的其他特性。

（2）额定相对地电压（U_N）：导体和接地法兰或其他紧固件间套管要连续耐受的最

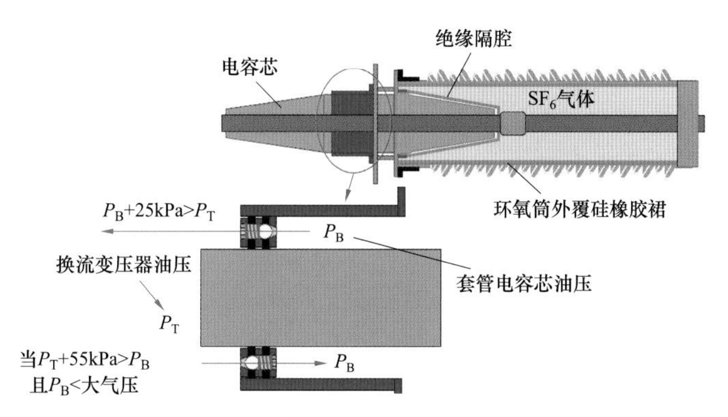

图 3-35　油气组合绝缘套管结构示意图

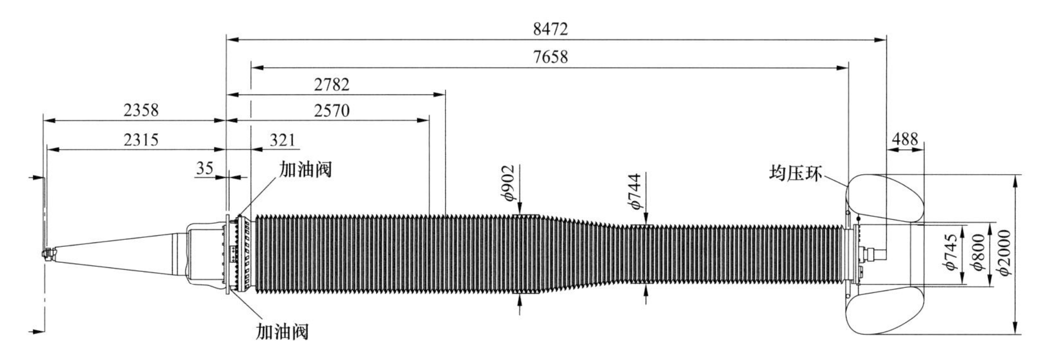

图 3-36　油气组合绝缘套管外形图

大电压方均根值。

（3）额定电流（I_N）：套管能连续传导而不超过温升限值的最大电流方均根值。

（4）额定频率（f_x）：套管设计的运行频率。

（5）额定热短时电流（I_{th}）：在 2s 时间里套管热性能可以耐受的最大电流方均根值。

（6）额定动稳定电流（I_d）：套管机械性能可以耐受得住的电流峰值。

（7）绝缘水平：套管的设计绝缘水平和试验电压，包括全波雷电冲击（kV，峰值）、截波雷电冲击（kV，峰值）、操作冲击波（kV，峰值）、工频 1min 短时耐受电压（kV，有效值）、工频长时耐受电压（kV，有效值）、直流套管的直流长时耐受电压（kV，DC）、直流套管的直流极性反转电压（kV，DC）、套管电容抽头工频 1min 耐受电压（kV，有效值）等。

（8）温升：套管内与绝缘材料接触的金属部件上所测得的温度最高点的温度和周围空气温度间的差值。

（9）局部放电水平：在套管的工频、直流耐压和直流极性反转试验电压下，允许出现的最大局部放电量（pC）。

（10）爬电距离：在套管外绝缘施加正常运行电压的导电部分之间，沿其表面最短距离或最短距离之和（mm）。

（11）电弧距离：套管外绝缘在正常带有运行电压的两个金属部件之间外部空间的最短距离，也称干弧距离（mm）。

（12）绝缘气体压力：由套管供方规定的相对于 20℃时的绝缘气体压力以及允许偏差范围。

（13）弯曲耐受负荷：套管应能耐受的最小悬臂试验负荷。

三、有载分接开关

电力系统中各个网络的运行电压并不是完全相同的，随着输电距离的远近、负荷以及功率因数的变化等影响，电压也是随时波动。尤其在系统事故状态下，电压的波动甚至超出允许的范围。因此，为了供给电网稳定的电压，控制和调整电力潮流，需要对变压器的输出电压进行调整。变压器的分接开关是通过改变绕组的匝数来逐级地改变变压器的变比，从而达到调节变压器输出电压的目的。

分接开关可以安装在变压器的任一侧绕组，但高压绕组的电流最小，有利于有载分接开关切换操作，因此，有载分接开关一般安装在高压侧。同样，分接开关可以安装在绕组的不同部位，但由于中性点对地电位最低，有利于分接开关的绝缘处理，因此换流变压器一般采用网侧绕组的中性点调压方式。

（一）分接开关分类

1. 按调节方式分类

（1）有载分接开关（简称有载开关）：一种能在变压器励磁或负载下进行改变分接位置的装置，即可以在变压器带电或带负荷状态下进行操作的分接开关。

（2）无励磁分接开关（简称无载开关）：只能在变压器无励磁下改变分接位置的装置，即在变压器不带电状态下进行操作的分接开关。图 3-37 所示为两种不同结构的无励磁分接开关示例。

2. 按结构分类

有载分接开关按结构分类又可分为复合式（V 形）和组合式（M 形）等多种。

V 形复合开关：采用埋入复合电阻式过渡结构，把分接选择器和切换开关功能组合在一体，组装在一个由可以承受一定真空度的绝缘筒构成的油室内的有载分接开关，该类型开关容量小，结构比较简单、经济，但可靠性较低，适用于容量较小的有载调压变压器，其结构示意图如图 3-38 所示。

（a）　　　　（b）

图 3-37　无励磁分接开关示例

（a）示例一；（b）示例二

M 形分接开关是一种将切换开关安装在独立油室，而分接选择器浸在变压器本体绝缘油中的组合有载分接开关。

3. 按介质分类

按灭弧介质可分为油浸式和干式两种类型。油浸式分接开关的油不仅具有绝缘和灭弧功能，还起着润滑剂和冷却介质的作用。干式分接开关是以空气或 SF_6 等气体作为绝缘和灭弧介质的。其中真空分接开关是以真空灭弧室用于切换开关的有载分接开关，但分接选择器是浸在变压器油中。

图 3-38　V 形复合开关

（二）有载分接开关的动作原理

变压器在运行中进行变换分接位置操作时，分接开关不仅要流过负荷电流，而且在过渡电路接通至断开期间还要流过不同分接位置绕组间的循环电流，该循环电流是在分接变换中，当相邻两个分接被桥接时，由分接头之间的电压降产生的电流。为此，采用电阻式快速切换原理构成的切换电路，利用过渡电阻限制回路电流，达到快速灭弧目的。

分接开关的切换操作在于两个转换的交替组合，即分接选择器的单双数动触头，轮流交替选择分接头同切换开关往返切换相结合，分接变换的动作顺序如图 3-39 所示，图中粗线表示电流流通的路径。

图 3-39 中的切换开关动触头 Kq 及静触头 K1、K2、K3、K4 和电阻 R 构成切换开关的切换电路，承担快速切换电阻、限流灭弧的功能；选择开关动触头 KX1、KX2 及静触头 1、2、3、4、5、6、7、8、9、10 和对应的各调压分接绕组构成选择电路，承担选择分接位置的功能。此外，还有极性变换开关，承担变换调压绕组的极性功能，在图中未标出。

如需要将分接开关位置由 4 切换到 5 的动作程序为：切换前分接开关运行在 4 的位置，切换开关触头组 Kq 与 K4 接通，分接选择器双数触头组 KX2 与分接位置 4 接通，电流回路为图 3-39（a）中粗线显示的路径。当准备切换到分接位置 5 时，第一步分接选择器单数触头组先由分接位置 3 变换至分接位置 5。第二步切换开关触头组 Kq 动作到将 K2、K3 接点跨接接通位置，过渡电阻 R 被接入回路流过负荷电流和被跨接分接绕组的循环电流，其作用是限制循环电流并使电弧减小。此时选择器触头组 KX1 与 5 以及 KX2 与 4 同时接通流过电流，负载电流通过触头 K2、K3 输出，如图 3-39（b）所示。第三步选择器单数触头组 KX1 与分接位置 5 接通，切换开关触头组 Kq 与 K1 接通，切换结束。电流流通回路如图 3-39（c）所示。

图 3-39（d）~（f）显示的是由分接位置 3 切换到 4 和由分接位置 4 切换到 5 的动作程序图。

由上述过程看出，选择开关在切换过程中始终不切断电流，触头间不产生电弧，因此它直接暴露在变压器油中。切换开关快速运动和限流电阻 R 的存在，有利于熄灭电弧、

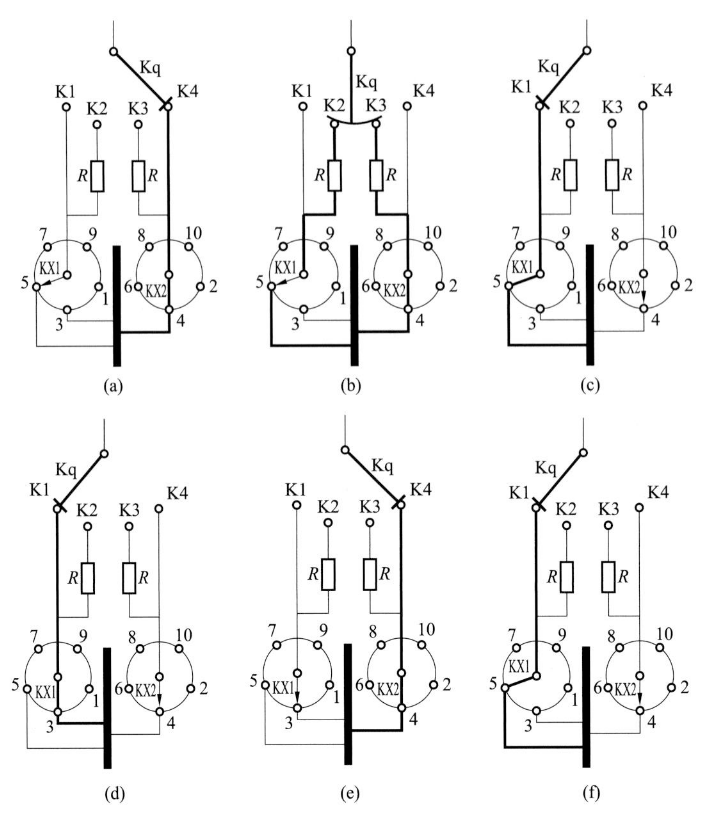

图 3-39　有载调压分接开关动作示意图

（a）在分接位置 4 运行；（b）过渡电阻 R 接入回路；（c）在分接位置 5 运行一；
（d）在分接位置 3 运行；（e）在分接位置 4 运行；（f）在分接位置 5 再运行二

减少触点的寿命损失。切换开关在切换过程中产生电弧，油质容易劣化，因此被安装在由绝缘筒构成的单独油室内，与变压器本体油箱完全隔开。切换开关绝缘筒的轻微渗漏，也会引起变压器本体油色谱分析的异常，易造成误判断，应予以避免。

（三）换流变压器常用有载分接开关

1. M 形复合开关

由切换开关和分接选择器组合而成的有载分接开关，其中切换开关安装在一个由可以承受一定真空度的绝缘筒构成的油室内。M 形复合开关适用于大容量、结构复杂、运行可靠性要求高的有载调压变压器。

该类型开关的切换开关与分接选择器分离，切换开关设置独立油箱，分接选择器设在切换开关的下部，暴露在变压器油中。该种开关结构比较复杂，但动作可靠性高，检修周期和使用寿命较长，是在换流变压器上使用较多的分接开关之一。目前凡采用按每柱调压绕组配置一台分接开关的换流变压器，一般都采用该种结构的分接开关。

采用电阻式过渡结构的 M 形复合开关的分接开关外形和透视图如图 3-40 所示，某种油浸式分接开关的主触头和过渡触头如图 3-41 所示。

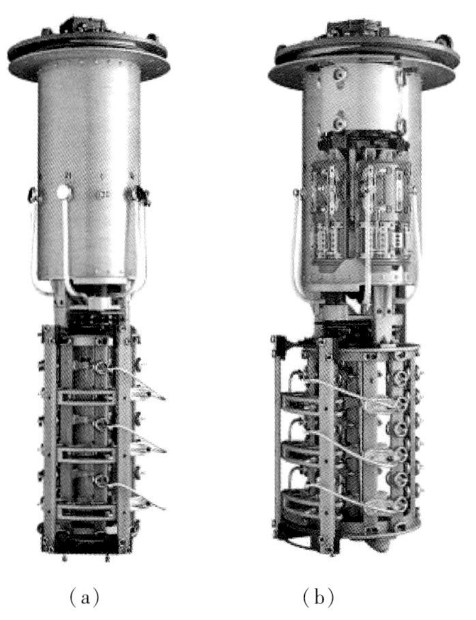

（a）　　　　　　（b）

图 3-40　M 形分接开关外形和透视图

（a）外形图；（b）透视图

图 3-41　油浸式分接开关切换开关触头

2. 真空有载分接开关

真空有载分接开关是引入了真空断路器技术，将担负接通和开断负荷电流任务的切换开关用真空灭弧室替代。真空开关切换过程中电弧在真空泡中灭弧，电弧不接触变压器油，不会引起变压器油被电弧分解，因此不需要加装分接开关滤油机等。真空有载分接开关具有良好的开断能力和很长的电气寿命、机械寿命，有利于在特高压大容量的换流变压器上应用。真空有载分接开关结构如图 3-42 所示，真空有载分接开关的主触头和过渡触头真空管如图 3-43 所示。

一般换流变压器所使用真空有载分接开关的切换开关都设有独立的切换开关油室，但真空有载分接开关自身有不设独立切换开关油室的结构。

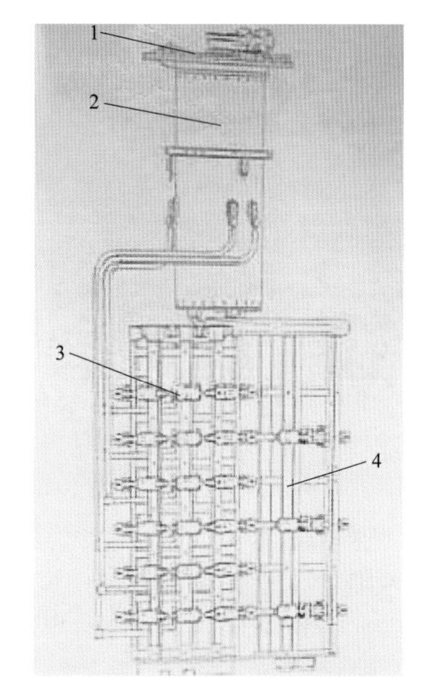

图 3-42　真空有载分接开关结构图

1—分接开关头盖；2—油室，内装切换开关芯体；3—分接选择器；4—转换选择器

（四）有载分接开关结构

有载分接开关由切换开关、分接选择器和电动操动机构三部分组成，主要部件包括储油柜、油室、选择开关、切换开关、分接选择器、转换选择器、主触头、通断触头、过渡触头、过渡电阻、绝缘转轴、快速机构（储能机构）、切换机构、分接位置指示器、极限开关、机械端位止动装置、操作计数器、电动（手动）操动机构及传动系统等。

（1）储油柜：油浸式有载分接开关设有独立储油柜，确保开关油室始终充满变压器油。有载分接开关储油柜的安装位置应低于变压器主储油柜，使有载分接开关油室外壁

图 3-43　真空有载分接开关的真空管

处于微正压状态，防止有载分接开关油室发生渗漏时，开关油室的油进入主油箱对变压器油造成污染。一般变压器油箱与有载分接开关油室之间的压力差在 10kPa 左右。如果超过 10kPa 需要在开关订货时说明。

（2）油室：有载分接开关的切换开关在切换动作过程中，会在绝缘油中产生电弧，从而污染了绝缘油（真空有载分接开关除外）。因此，切换开关需要安装在一个独立的、能密封油和气体以及可以耐受真空的绝缘筒构成的油室内，以便将开关油与变压器主油箱的油分开。

（3）选择开关：把分接选择器和切换开关的功能结合在一起，在切换动作过程接通选择电路但不能独立切断电流的一种开关装置。选择开关有若干个静触头和一组动触头装置组成，静触头通过套管由绝缘筒外穿入绝缘筒内，每一个静触头有两条载流通道：一条接通主触头，另一条接通切换触头。动触头包括主触头、主切换触头和两个过渡触头。动触头装置构成一个坚固的整体，由绝缘转轴驱动。

选择开关动作过程中不产生电弧，不对绝缘油造成污染，可以直接安装在变压器主油箱里。但也有把切换开关和选择开关分别放在各自油室内的双油室结构，该种结构在换流变压器上很少采用。

（4）切换开关：与分接选择器配合使用，能承载、通断电流的一种装置。切换开关由传动装置、绝缘转轴、快速机构、切换结构（触头系统）等组成。切换开关的动作由快速机构实现，快速机构一般采用枪机释放原理，一旦储能弹簧储能结束，弹簧机构就会释放，切换开关的操作循环就快速完成，而与电动机构无关。切换触头由铜钨合金制成，具有良好的耐弧性能。

（5）分接选择器：按能载电流但不能接通和开断电流的技术要求设计的一种装置，它与切换开关配合使用。有载分接开关在动作过程中不能造成变压器负荷电流的中断，在切换动作过程分别形成选择电路、过渡电路或切换电路，整个过程由分接选择器与切换开关配合完成。

（6）转换选择器：分为正反调极性选择器和粗细调选择器两种。极性选择器是用于把调压绕组的一端或另一端连接于主绕组，即用于正反调的极性开关。粗细调选择器是用于将调压绕组的粗调绕组或细调绕组连接于主绕组的选择开关。

转换选择器是按能载电流但不能接通和开断电流的技术要求设计的一种装置，它与分接选择器或选择开关配合使用。它是用于改变调压绕组与主绕组的连接方式，或用于改变粗/细调压绕组的连接方式。转换选择器触头的表面为铜银合金，在操作过程中转换器不进行负载电流的接通和开断。

虽然极性开关的操作转换过程不进行负载电流的接通和开断，但其动作过程中回路电流并不真正为零。在换流变压器的运行中，操作极性开关会引起调压线圈电位的短暂悬浮，导致极性开关触头产生火花，引起变压器油中出现乙炔气体，通过在调压线圈与网侧主线圈间装设束缚电阻，可减轻该现象。目前可以彻底防止极性开关动作过程在变压器油中产生电弧的产品正在开发研制之中。

（7）触头组：触头组是指单个静触头和动触头组成的触头对，或几对实际上是同时动作的触头对的组合体；主触头是指承载通过电流但不接通和开断电流的触头组，它与变压器绕组之间不接入过渡阻抗；通断触头是指接通和开断电流的触头组；过渡触头是指与过渡阻抗元件串联并能接通和开断电流的触头组。

（8）分接位置指示器：用以指示开关分接位置的一种电气装置或机械装置。一般在分接开头的头盖法兰处和操动机构箱分别设有机械位置指示器，远方设有电气位置指示器。

（9）极限开关：一种电气闭锁装置，它能防止分接开关超越任一端位的操作，但允许向相反的方向操作。

（10）机械端位止动装置：一种能以机械方式防止分接开关超越任一端位操作的装置，但允许向相反的方向操作。

（11）电动操动机构：装有电动机和控制电路的驱动机构，通过连杆、齿轮机构等与分接开关传动装置连接，可以实现对分接开关的就地操作和远方电动操作。同时，还设有手动操动机构，通过手柄对分接开关进行手动操作。进行手动操作时，电动机构被闭锁。有载分接开关的分接选择器、转换选择器和切换开关或调换开关（适应于真空开关）等动作部件之间必须保持精准的机械同步。

（12）操作计数器：分接开关一般设有操作计数器，用来记录分接开关动作的总次数。

（13）过渡阻抗：对有载分接开关进行切换操作时，在相邻分接头之间进行调换负载的过程中，两个分接头必须短暂地接到同一个输出端子上。为了防止该段绕组短路，需要接入一个过渡阻抗，该阻抗可以是电抗器也可以是电阻器。切换过程完成后该过渡阻抗被切除，持续时间约20~30ms，随分接开关的型号不同而不同。过渡阻抗的功能包括：

1）跨接相邻两分接，起过渡电路作用；

2）限制桥接循环电流，避免级间短路；

3）充当并联双断口过渡触头平衡电阻（强制分流）作用；

4）合理匹配过渡阻抗时可减轻触头切换负担，延长触头寿命；

5）充当级间过电压保护衰减电阻作用，改善级间绝缘性能，缩小径向尺寸。

过渡阻抗的工作特点是承载电流大，通流时间短和短时断续工作。

（14）ZnO避雷器：换流变压器使用的有载分接开关多数都装设ZnO避雷器，即在调压绕组的每个分接线段上并联一组ZnO避雷器，用于保护调压绕组和分接开关免受过电压危害。有载分接开关ZnO避雷器如图3-44所示。

（15）滤油装置：油浸式分接开关的切换开关油室受电弧高温作用，变压器油被污染碳化，长期积累会造成油质绝缘性能降低，严重时会影响换流变压器正常运行，如果没有自动滤油装置就必须定期将换流变压器停电进行滤油或换油处理。因此一般在分接开关动作频繁的换流变压器分接开关上加装滤油装置，可以人工控制或自动控制过滤切换开关油室的变压器油，保证绝缘油的品质，延长分接开关的检修周期和使用寿命。某种结构的分接开关滤油装置外形如图3-45所示，滤油装置回路组成示意图如图3-46所示。

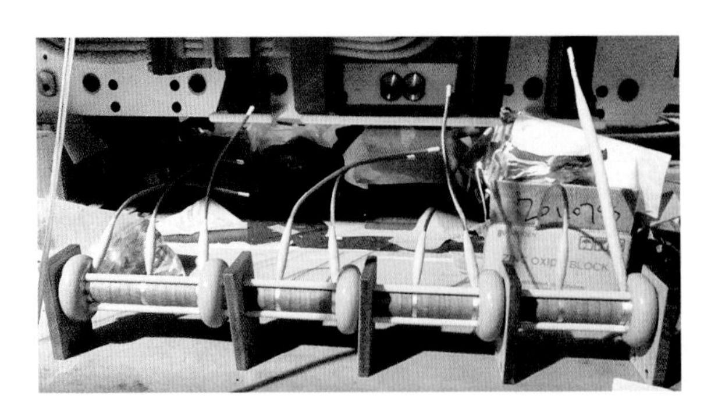

图 3-44　有载分接开关 ZnO 避雷器

图 3-45　分接开关滤油装置外形

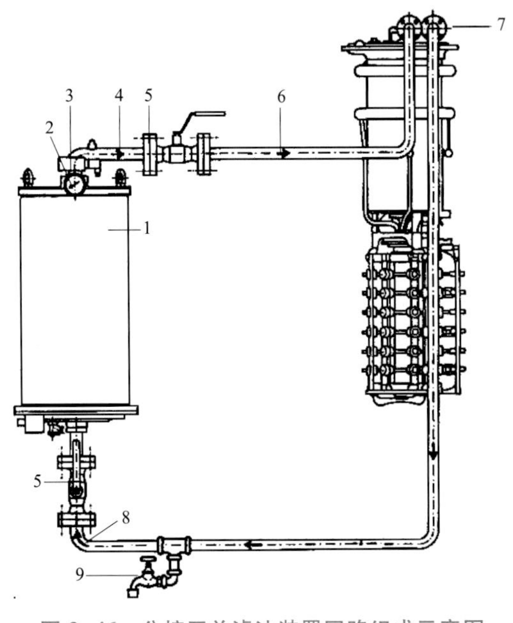

图 3-46　分接开关滤油装置回路组成示意图

1—过滤桶；2—电接点式压力表；3—压力开关；4—回油；5—截止阀安装法兰；6—回油管；7—分接开关头；8—进油；9—放油阀

（五）分接范围

换流变压器的分接开关分接位置数一般在 17～31 个分接位置范围，如已运行的换流变压器的分接范围有＋7/－10、＋9/－8、＋25/－5、＋23/－5 等多种，其中＋23/－5 分接范围应用最多。分接范围的选择是根据交流系统电压变化范围的实际情况经计算确定的。换流变压器分接开关较多采用线性调压方式，如目前采用的每级电压都是按额定电压的 1.25% 均匀调节，以控制分接开关的级电压在合理范围，使换流变压器的电压调整在比较平稳的状态下进行。如果级电压选择太高：一方面对分接开关的绝缘要求更高，另一方面太高的级电压会使电压调整不平稳。但级电压太小又使分接开关分接位置数太多，尤其使换流变压器的结构更复杂，于产品制造不利。因此分接范围的选择应根据必要性和可行性综合评价结果而确定。对于接入交流系统电压波动范围较大的换流变压器，也有采用粗细调方式的分接开关，它的每级电压不是均匀调节的，而是靠近额定分接附近位置的每级电压调节范围较小，远离额定分接位置的每级电压调节范围较大，且每个分接的电压调节范围都不相等。

（六）有载分接开关的主要参数

（1）绝缘水平：分接开关所能承受的电压耐受水平。在运行中出现的正常工频电压，变压器试验中在分接开关上出现的外施交流电压以及冲击电压等，应符合有关标准规定和设备运行要求。

（2）额定通过电流：经分接开关流到外部电路的电流。此电流在相关的级电压下，能被分接开关从一个分接转移到另一个分接去，在满足有关规定的情况下，分接开关能连续承载此电流，即分接开关的额定通过电流应不小于变压器额定容量下分接绕组中的分接电流最大值。

（3）开断电流：分接转换时，在切换开关或选择开关中的每个主通断触头组或过渡触头组上所预计开断的电流。该电流应大于换流变压器最大分接电流与允许出现的过电流倍数的乘积。

（4）循环电流：在分接变换中，当相邻两个分接被桥接时，由分接头之间的电压降产生并流过过渡阻抗的电流。

（5）最大额定通过电流：分接开关的温升试验和运行工况试验要求的最大通过电流。该电流应满足供货合同中换流变压器过载电流的要求。

（6）短路电流：分接开关的短路电流应不小于所配套的换流变压器的过电流限值。

（7）额定级电压：对于每个额定通过电流，接到换流变压器两个相邻分接头上的分接开关两个端子间最大允许电压，即应不低于有关标准规定的分接绕组最高级电压。

（8）最大级电压：分接开关设计的级电压的最大值。

（9）恢复电压：切换开关或选择开关的每个主通断触头组或过渡触头组，在开断电流被切断之后出现在断口上的工频电压。

（10）过渡阻抗：由一个或几个元件组成的电阻器或电抗器，用以把使用中的分接头和将要使用的分接头桥接起来，使负载从一个分接转移到另一个分接而不切断负载电流或不使负载电流有明显的变化。同时，也在两个分接头均被使用的期间内限制其上的循环电流。

（11）固有分接位置数：按照设计，一台分接开关在半个操作循环内所能用上分接位置数的最大值。操作循环是指分接开关从一个极限位置变换到另一个极限位置，再回到原始位置的操作。

（12）工作位置数：按照设计，一台分接开关在半个操作循环内所能用的分接位置数。

（13）电气寿命：指分接开关触头以操作次数计算的使用寿命。

（14）机械寿命：指分接开关机械系统以操作次数计算的使用寿命。

四、冷却装置

（一）变压器的冷却方式

1. 变压器的冷却

变压器运行中铁芯、金属结构件和绕组等均会产生损耗，这些损耗将转换成热量散发到周围介质中，从而引起变压器发热和温度升高。变压器长期在高温条件下运行，会影响变压器的使用寿命。所以必须采用合理的散热措施，保证变压器的运行温度在允许的范围之内。

冷却装置是换热设备的一类，用于冷却流体。通常用水或空气为冷却剂以除去热量，将变压器运行中的热量散发出去，保证变压器安全运行。

变压器的温升限值是以变压器的运行寿命（主要是绝缘材料寿命）为基础。油浸变压器一般采用A级绝缘材料，正常寿命的计算温度一般取98℃，而绕组热点温升比平均温升一般高13K。因此，绕组的平均温度为85℃（98－13＝85），绕组平均温升为65K

（98－13－20＝65，其中20℃为年平均环境温度）。以自冷和风冷变压器为例，上层油温限值为95℃（确保油不迅速老化），温升限值为55K（95－40＝55，其中40℃为最高环境温度）。在设计时对变压器温度和温升一般给定的控制范围如下：

（1）环境温度。最高气温为40℃，最低气温为－25℃，最高平均月气温为30℃，最高年平均气温为20℃。

（2）冷却水温度（冷却器入口处）。最高水温度为30℃，年平均水温度为25℃。

（3）铁芯对油的平均温升。自冷及风冷式为30～35K；强油风冷及水冷式为25～30K。

（4）绕组对油的平均温升。自冷及风冷式为20～25K；强油循环为25～30K。

（5）油对空气的平均温升。自冷及风冷式为40K；强油循环为35K。

（6）铁芯表面的最高平均温度。自冷及风冷式为（30～35）＋40＋40＝110～115℃；强油循环为（25～30）＋40＋35＝100～105℃。

（7）绕组的最高平均温度。自冷及风冷式为25＋40＋40＝105℃；强油循环为30＋35＋40＝105℃。

（8）变压器的平均温度。自冷及风冷式为40＋40＝80℃；自冷及风冷式为35＋40＝75℃；强油风冷及水冷式为35＋30＝65℃。

（9）油面最高温度。自冷及风冷式为35＋40＝75℃；强油循环风冷式为40＋40＝80℃。

海拔对变压器温升的影响：海拔越高，大气压力降低，空气密度下降，虽然不影响辐射散热，但使对流散热效率降低，引起变压器温升升高。而对强油水冷的变压器温升不产生影响。

换流变压器的温升控制限值：油面温升50K，绕组平均温升55K，绕组热点温升68K，金属件温升75K。

某工程的600kV换流变压器的温升试验数据统计见表3－11。

表3－11 600kV换流变压器的温升试验数据统计表 （K）

ODAF	容量（标幺值）	油面	油平均	绕组温升		绕组热点温升		油箱	环境温度
				网侧绕组	阀侧绕组	网侧绕组	阀侧绕组		
保证值	1.0	50	/	55	55	68	68	75	16.3
	1.1	60	/	65	65	78	78	95	
设计值	1.0	28	/	51.6	54.7	/	/		
实测值	1.0	38.5	31.9	53.6	51.6	66.7	64.1	68.9	
	1.1	25.9	21.5	/	/	/	/	62.7	

注 1.0（标幺值）温升试验不开备用冷却器，1.1（标幺值）温升试验开备用冷却器。

2. 冷却方式及表示方法

（1）冷却方式。

1）油浸自冷（ONAN）油浸自冷变压器是指自然循环冷却的油浸式变压器。油浸自冷的变压器绕组在线圈之间、线饼之间都留有相互连通的横向和纵向散热油道。在运行中铁芯和绕组首先将热量传递给周围的油，使油的温度升高，温度高的油体积增加，密度减小，就向上运动。热油上升至变压器的顶部后，变压器的上部油温与下部油温产生温差时，通过散热器形成油的对流，热量以传导的方式从散热器内侧传导到外侧，再通过对流和辐射作用，将热量散发到周围空气中，经过冷却的油流回油箱下部，形成自然循环，起到降低变压器温度的作用。

油浸自冷变压器运行可靠、维护简单、噪声低、有利于环保，应用越来越广泛，但其冷却效率较低，所适应的变压器容量受到一定的限制。

2）油浸风冷（ONAF）。油浸风冷变压器是指采用风扇冷却的油浸式变压器。风冷是使用风扇加速空气对变压器的冷却，提高了冷却效率，变压器内部的油仍是自然流动的。风扇的启动和停止可以手动控制，也可以按变压器的上层油温或变压器的负载自动控制，根据需要也可以遥控操作等。

油浸风冷变压器的冷却效果比油浸自冷效果好，适用的变压器容量也进一步提高。但增加了对风扇的维护工作量，还要求风扇的电源和控制回路应可靠，否则一旦风扇不能正常运行时，将影响变压器的负载能力。

3）强迫油循环风冷（OFAF）。强迫油循环风冷却器（简称强油风冷）是强迫油和空气流动的热交换器，它与风冷却器的主要区别在于强迫油进行循环，变压器上部的热油在潜油泵的作用下流经冷却器，将热量传递给带有冷却翅片管簇的散热管，在风扇的强制作用下，翅片散热管表面热量被空气流迅速带走，使变压器保持在允许温度下运行。强油风冷方式加快了油的流速，冷却效率高，适用于在高电压、大容量的变压器上使用。

4）强迫油循环导向风冷（ODAF）。虽然强油风冷方式利用油泵的压力强迫油循环冷却，冷却效率得到了很大的改善。但油仍然按自然循环无定向流动，其冷却效果并不是最理想的。强迫油循环导向冷却（简称强油导向风冷）是在变压器的绕组之间留有纵向和横向冷却油道，压力油在油道中有规律地定向流动，保证所有绕组都有低温油流过，把热量带走，使绕组得到有效冷却，所以，冷却效果更好。因此，在大型变压器上广泛应用，但使用该种冷却方式的变压器必须采取防止油流带电措施，且产品应经过油流静电试验。

5）强迫油循环水冷（OFWF）。强迫油循环水冷（简称强油水冷）是以水作为冷却介质的冷却装置，其工作原理是直接把变压器上部的热油输送到冷却器的上部油室，在散热管簇的空间由上向下呈S形流动，冷却水从散热管内部通过，油水两种介质通过不停循环进行热交换，冷却后的油从冷却器下部油室流出送入油箱下部进行循环，达到变压器冷却的目的。

强油水冷装置体积小、冷却效率高，适用于高温、高湿、水源充足、多尘的环境中，在水力发电厂应用较多。其缺点是对冷却器电源的要求高，冷却器的质量必须可靠，运行维护工作量也较大，运行中要求冷却水绝对不能渗漏到变压器油中，否则后果非常严重。

6）强迫油循环导向水冷（ODWF）。强迫油循环导向水冷（简称强油导向水冷）在变压器绕组中的油路结构与强油导向风冷方式相同，只是冷却介质是水，即在水泵的作用下，利用水冷却变压器，使冷却效率进一步提高。

目前，强油水冷和强油导向水冷方式的冷却器还未在换流变压器上使用。

（2）冷却方式的表示方法。变压器的冷却方式由2个或4个字母代号标志，依次含义为绕组冷却介质种类及其循环方式，外部冷却介质种类及其循环方式。

1）绕组冷却介质种类及其循环方式。变压器绕组冷却介质种类及其循环方式的字母代号见表3-12。

表 3-12　　　　　　　　绕组冷却介质种类及循环方式的字母代号

项　　目		字母代号
冷却介质种类	矿物油或可燃性合成油	O
	不燃性合成油	L
	气体	G
	水	W
	空气	A
循环方式	自然循环	N
	强迫循环（不导向）	P
	强迫导向油循环	D

2）变压器冷却方式表示方法。变压器冷却方式的代号标志、适用范围及特点见表3-13。

表 3-13　　　　　　　　冷却方式的代号标志、适用范围及特点

冷却方式	代号标志	适用范围及特点
干式自冷	AN	一般用于小容量干式变压器
干式风冷	AF	绕组下部设有通风道，并有冷却风扇吹风提高散热效率。用于500kVA以上变压器时，是经济的
油浸自冷	ONAN	维护简单、运行可靠、节能环保，但适用范围受其散热效率的限制
油浸风冷	ONAF	安装方便，运行费用低，适用于水资源不足的地区。不适用于风沙太大的地区，适用范围受其散热效率的限制
强迫油循环风冷	OFAF	冷却效率高，适用于高电压、大容量变压器和换流变压器。对通风电源的要求高。不适用于严重污染和风沙较强的地区
强迫油循环水冷	OFWF	体积小，冷却效率高，适用于高温、高湿、水源充足（如水电站）、多尘的环境中。对冷却器质量和通风电源的要求高
强迫油循环导向风冷	ODAF	冷却效率高，适用于高电压、大容量变压器和换流变压器。对通风电源的要求高。不适用于严重污染和风沙较强的地区
强迫油循环导向水冷	ODWF	体积小，冷却效率高，适用于高温、高湿、水源充足、多尘的环境中。对冷却器质量和通风电源的要求高

（二）冷却装置种类和结构

1. 冷却器种类

（1）片式散热器。片式散热器是一般由厚度1~1.2mm钢板冲片和滚压成型，借助上下集油盒（管）经焊接组装而成。片式散热器节省材料，但焊接工艺要求高。

片式散热器分为自冷和风冷两种。风冷方式分为侧吹式、底吹式和混合式三种。

（2）管型散热器。管型散热器由圆形或扁形钢管（铝管或其他换热材料）制成，采用焊接工艺生产，机械强度较高。国内已有厂家采用胀管工艺，生产出由铝轧翅管组成的管式散热器，其冷却效率得到了较大提高。管型散热器也分为自冷和风冷两种。

（3）强油风冷和强油导向风冷却器。强油风冷与强油导向风冷却器的结构相同，由

冷却器本体、支架、导油管、潜油泵、风机、油流继电器、温度计、控制箱或分控箱、阀门等部件组成。

(4) 强油水冷和强油导向水冷却器。强油水冷和强油导向水冷却器的结构相同，由冷却器本体、支架、导油管、潜油泵、水泵、油流继电器、水流量开关、油气分离器、吸附器、油压力表、水压力表、油温计、水温计、控制箱、逆止阀、阀门等部件组成。

1）为了提高可靠性，多数水冷却器采用双重管（复合管）结构，即冷却水与变压器油之间采用双层管隔离结构。

2）采用强油水冷却器的变压器，各冷却器潜油泵的出口应装逆止阀。

3）为了防止水管损伤时水渗漏到油路中去，必须在强油水冷却器上装设油、水压差继电器（双重管结构无此要求），实现自动报警或自动关闭水回路的阀门。

4）强油水冷却器应安装漏水、漏油报警装置（渗漏报警器）。

5）OFWF 与 ODWF 冷却方式主要区别在于油在换流变压器内部流动的方式不同。对于冷却器的结构是相同的，区别仅在于导向油循环的油路更长，潜油泵扬程要高一些。

(5) 钎焊小油隙强迫油循环风冷却器。上述强迫油循环风冷却器的共同缺点是：不适用于严重污染和风沙较强的地区。变压器运行中冷却器在风机的作用下，空气中的一些飞絮、飞蛾、蚊虫等杂物容易堵塞散热器的翘片，使冷却效率降低，严重时会引起变压器油温非正常升高，使设备无法正常运行。因此，需要对冷却器进行清理维护。比较常用的清理方法是用压力较低的压缩空气吹或用带一定压力的水清洗，但由于翘片太薄，往往造成翘片变形、堵塞翘片间隙，严重影响散热效果。

钎焊工艺小油隙强迫油循环风冷却器是一种新型结构的产品，具有体积小、散热效率高、翘片强度好、方便清理等特点，是适合特高压大容量变压器使用的冷却器之一。

2. 冷却器型号表示方法

冷却器型号组成形式如下。

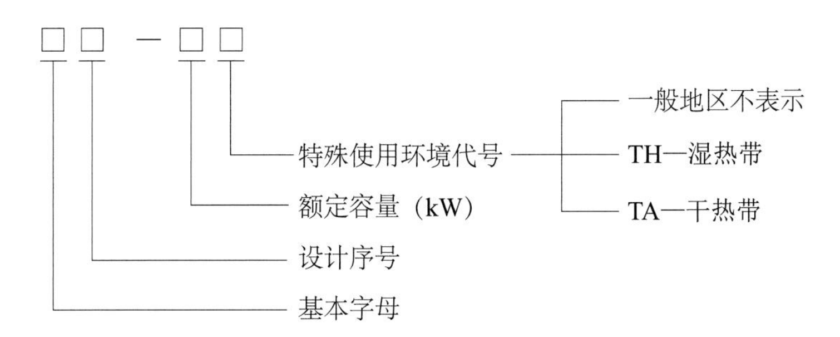

冷却器产品型号基本字母排列顺序及含义见表 3-14。

表 3-14　　冷却器产品型号基本字母排列顺序及含义

序号	分类	含义	代表字母
1	被冷却介质循环方式	强迫油循环	Y
2	冷却介质循环方式	强迫通风	F

续表

序号	分类	含义		代表字母
3	结构型式	翅片	绕片式	—
			轧片式	Z
			板片式	P
		管式	椭圆管式或滴管式	D
		板翅式		C
4	冷却器主要材料	钢铝材		GL
		铜铝材		TL
		铜材		T
		铝材		L

（三）换流变压器用冷却器

1. 换流变压器的冷却方式

换流变压器采用的冷却方式有强迫油循环风冷（OFAF）和强迫油循环导向风冷（ODAF）两种，两者的主要区别在于油在换流变压器内部流动的方式不同。OFAF 冷却方式油流进入油箱后按自然循环无定向流动。ODAF 冷却方式当油流进入油箱就按一定的路径以 Z 字形流过绕组，基本不留冷却死角，冷却效果更好。对于冷却器的结构是相同的，区别仅在于导向油循环的油路更长，潜油泵扬程要高一些。

2. 提高冷却效率的措施

（1）为了增加散热面积，提高冷却效率，冷却器的散热管带有翅片，根据不同的加工工艺，翅片分为绕片式、轧片式和板片式（也称穿片式）三种，且这三种结构在换流变压器用的冷却器上都有采用。绕片式结构散热效果不如其他两种，且加工工艺相对复杂，应用较少。轧片式结构是金属管经过专用机具碌碾而成带翘片的冷却管。板片式结构是在金属箔片上按需要的孔径和分布位置打孔，然后将每根冷却管穿入孔内，再经过胀管工艺处理，使金属箔与金属管连接为一体，散热管分为圆管和椭圆管两种。箔片间距按设计要求由模具控制，保证了间隙的均匀。板片式结构是换流变压器使用比较普遍的一种冷却器结构。

（2）提高散热效率的另一种结构是在散热管内插入扰流元件，这是强化管程单相流体传热的有效措施之一。插入元件强化传热的机理是利用插入物使流体产生径向流动，从而加强流体的混合，获得较高的对流传热系数。管内插入扰流元件的类型有很多，主要有麻花铁、螺旋线圈、螺旋带、螺旋片、纽带和静态混合器等。换流变压器用的大功率冷却器采取的扰流措施一般有两种：一种是插入扰流丝，另一种是在散热管内部拉出类似于枪管的膛线一样的扰流线槽。

散热管内装设扰流装置时，不允许扰流装置和管内壁产生摩擦和悬浮，且材料不应影响变压器油的性能。

（3）增加变压器在冷却管内折流的次数，折流次数越多冷却效率越高。

（四）换流变压器冷却器的基本要求

换流变压器使用的冷却器要求严格，主要包括以下几点：

（1）大容量、节能环保。单台冷却器容量应在 400kW 以上，且至少应有 5% 的储备裕度；所使用的潜油泵、风机等应节能高效，声级水平应符合相关标准，并满足客户的要求。

（2）运行中换流变压器的油循环系统不得出现负压区，防止空气和水分进入油箱内。

（3）应选用低转速潜油泵，油泵转速一般应低于1000r/min。

（4）要求每台潜油泵、每台风机都应有独立的电源开关，便于控制和检修。

（5）冷却器的控制箱应符合防护等级要求。控制回路至少应满足功能要求：换流变压器运行时，其冷却系统应能按温度和负载自动逐组投入或切除冷却器；当切除故障冷却器时，备用冷却器应能自动投入运行；备用冷却器故障切除时，辅助冷却器应自动投入运行；当冷却系统电源故障或电压降低超过允许范围时，应自动切除故障电源并投入备用电源；当投入备用电源或备用冷却器、切除冷却器或电动机故障时，均应发出信号。采用智能风冷却器时其自身的控制和保护功能应满足上述基本要求。

（6）冷却器的电源必须由独立双电源同时供电，且应具备自动切换和投切功能。

（7）冷却器上应标明风机和潜油泵的转向标志。

（8）冷却器应装设潜油泵及风机的过载、短路和断相保护装置。控制和信号回路及元件应经耐压试验合格。

（9）应使用真空阀门。

（10）冷却油系统的所有密封元件，应能长期耐受变压器油的作用。

（11）冷却器必须按相关技术标准的规定，经过密封和机械强度试验合格，不允许有渗漏油现象及永久变形和损伤。

（12）冷却器出厂前必须按有关标准的规定，用等于或高于70℃的变压器油在不低于额定流量的条件下进行冲洗，使油中的颗粒度达到标准要求。

（13）冷却器运行应无明显振动，所有元部件应具有良好的稳定性和耐久性，达到少维护的基本要求。

（14）对不锈钢材料结构的冷却器，出厂前应经脱氢处理合格。

（15）冷却器出厂应按规定进行包装和标识，防止运输和保管期间损坏其表面涂层、散热管翅片、风机风叶等，防止电器元件及回路受潮受损。

（五）换流变压器冷却器的结构

（1）冷却器本体是由一簇冷却管与上、下集油室经焊接或胀管组合而成的整体，如图3-47所示。根据油在冷却管内折流的次数，可以分为单回路或多回路结构，回路数越多冷却效率越高，但受结构和油泵参数的限制，回路数不可能太多。为了降低潜油泵的转速和扬程，换流变压器使用较多的冷却器一般是单回路或双回路两种结构，也有少数采用三回路结构。

图3-47 冷却器散热管

（2）潜油泵是一种特制的油内电机型离心泵或轴流泵，电机的定子和转子浸在油中，使油系统构成密闭的循环系统，变压器油也是潜油泵的润滑剂和冷却介质。潜油泵通过法兰连接到冷却器与换流变压器本体连管的管路中。潜油泵的安装位置有两种方式：① 一种是比较多见的安装在冷却器的回油管上，即冷却器的底部汇流管与换流变压器本体之间的连管上，该位置距地面的高度适中，便于对油流继电器动作指示以及潜油泵的声音、振动和温度等情况进行检查，也便于对潜油泵进行维修和更换。但该位置靠近换流变压器油循环的进口处，冷却器基本全处于油泵的负压区域，如果出现冷却器渗漏油缺陷，空气和水分容易进入油箱内部。② 另一种是潜油泵安装在冷却器进油管上，该位置在冷却器的顶部，不便于对潜油泵的运行情况进行检查、维护和更换。但冷却器基本全处于油泵出口的正压区，可以减少空气和水分进入油箱内部的风险。潜油泵的结构和外形图分别如图 3-48 和图 3-49 所示。

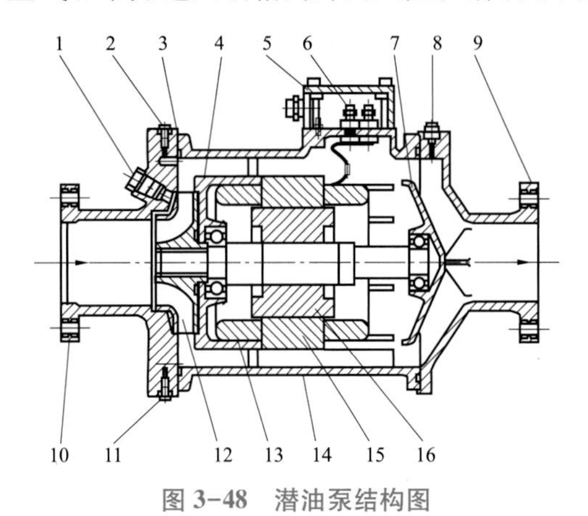

图 3-48　潜油泵结构图

1—观察窗；2—排气孔；3—O 形密封圈；4—扩散器；
5—接线盒；6—接线端子；7—轴承；8—压力表接口；
9—出口法兰；10—入口法兰；11—放油塞；12—叶轮；
13—电机线圈；14—外壳；15—感应交流电机；16—星形轮

图 3-49　安装在换流变压器上的潜油泵

潜油泵的扬程选择与换流变压器的冷却结构有关，既要满足换流变压器控制温升和冷却油流路径扬程的需要，又要防止对换流变压器内部形成负压区，对设备运行带来不利影响。因此，潜油泵的扬程选择是换流变压器设计审查的重要内容之一。

（3）风机由轴流式单级叶轮与三相异步电动机或直流电动机组成。外转子结构的智能调速风机也在换流变压器上得到应用。根据对散热管吹风的方式，可分为抽风式、吹风式两种。换流变压器使用的某种风机的外形结构如图 3-50 所示。

采用大功率冷却器有利于降低换流变压器的温升，对设备长期运行有利。但大功率冷却器巨大的风压带来了较大的噪声，甚至在换流变压器不带电情况下，仅冷却器自身的噪声就达到或超过换流变压器技术要求的上限，不符合环保要求。换流变压器采用的主要降低噪声措施：一是优化包括风机在内的冷却器结构，提高冷却效率，降低自身噪声以及选用优质的冷却器产品；二是采取隔音、吸音措施，限制声波的传播，如换流变压器安装现场采取的隔音封闭措施等；三是冷却器自身采取消音措施，如在风机的风筒部位加装消声装置的风机，其结构如图 3-51 所示；四是根据换流变压器温升适时调整风机的转速或投入运行的冷却器数量，如采用变频控制技术或其他智能控制技术，合理降低冷却器运行噪声等。

（4）油流继电器（油流指示器或油流计）是用来监视潜油泵是否反转、油回路阀门是否打开和油流是否正常的元件。它安装在潜油泵出口与冷却器的连管上，其挡板深入到连管中，当油流达到一定流速时挡板被冲动反转 90°，带动指针指示油流正常。与此同

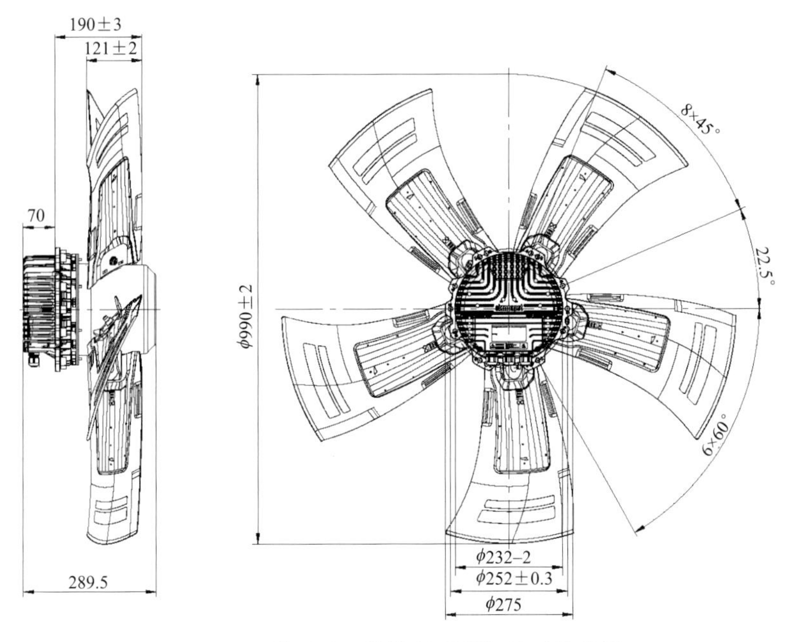

图 3-50　换流变压器的某种风机外形结构图

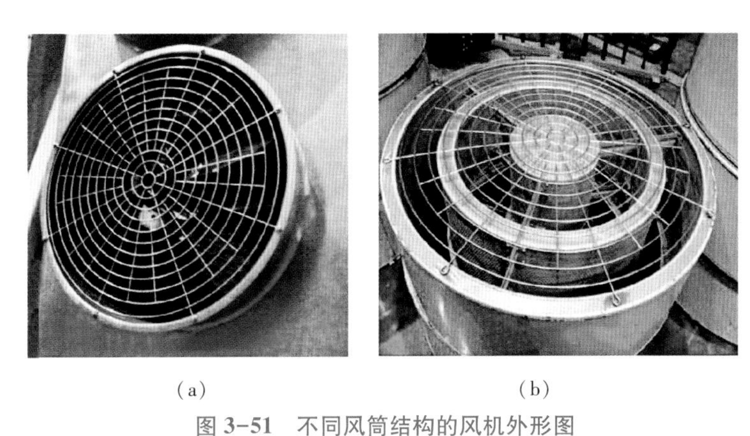

（a）　　　　（b）

图 3-51　不同风筒结构的风机外形图

（a）不带消声装置的普通风机结构；（b）带消声装置的风机结构

时，连接在转轴上的磁铁带动隔板另一侧的磁铁旋转，使微动开关动作，可以发出潜油泵运行正常或异常的信号。换流变压器采用的油流继电器示例如图 3-52 所示。

（5）分接开关冷却器。有些大容量换流变压器在其有载分接开关的切换开关油回路，设置独立冷却器，其结构为采用自然循环方式的片式散热器。这主要是应部分用户要求而加装的，并未成为标准配置方式。

图 3-52　油流继电器示例

（六）冷却器的主要参数

强迫油循环风冷却器的主要参数包括：额定冷却容量（kW）、额定油流量（m^3/h）、油泵功率（kW）、油泵扬程（kPa）、油泵转速（r/min）、风机数（台）、风机功率（kW）、风机转速（r/min）、单台风机风量（m^3/h）、风压（Pa）、声级[dB(A)]、油重（kg）、总重（kg）等。

五、非电量监控装置

（一）换流变压器的测温装置

1. 测温装置的种类和结构

（1）玻璃管温度计。玻璃管温度计是最简单的传统测温装置，由温度计、金属护套和安装底座组成。换流变压器上只要求在规定的位置设玻璃管温度计底座，注满变压器油后用堵头密封。只有进行温升试验或运行中需要进行测温装置温度比对及其他工作需要时才使用。值得注意的是变压器上使用的一般是玻璃管酒精温度计，由于有漏磁的影响，玻璃管水银温度计不能用于变压器的温度测量。

（2）油面温控器。变压器油面温控器是用以测量大型变压器上层油温的测温装置，它是一种利用感温介质热胀冷缩来指示油浸式变压器内顶层油温的仪表。其自身带有电气接点和远传信号装置，用来输出温度和接点位置信号，信号和温度变送信号。变压器油面温控器主要由弹性元件、传感导管、感温部件、温度变送器、温带控制开关、表盘、远方温度显示器等组成，如图 3-53 所示。

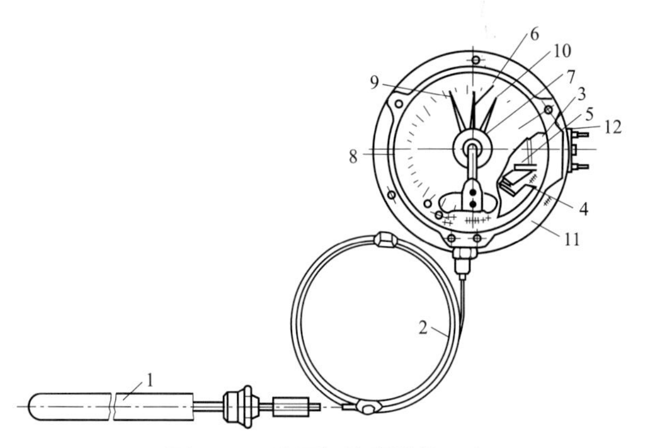

图 3-53　油面温控器结构示意图

1—温包；2—毛细管；3—单圈管弹簧；4—拉杆；5—齿轮传动机构；6—示值指示针；7—转轴；8—标度盘；9—下限接点指示针；10—上限接点指示针；11—表壳；12—接线盒

油面温控器的测温系统由弹性元件、传感导管（毛细管）和感温部件（温包）等组成的密封系统，并在其内充满感温介质。温包是温控器测量系统中感受被测量温度的元件。传感导管是连通温包和弹性元件的连接导管。弹性元件是驱动齿轮传动机构、拉杆、转轴和指针等运动部件动作的元件。温度变送器是输出标准信号的温度传感器。温度控制开关是由温度变化控制其动作的开关。远方温度显示器是一种能在较远距离显示被测温度的电子数字仪表。

变压器油面温控器的工作原理是当被测温度变化时，感温部件内的感温介质的体积随之变化，这个体积变化量通过传感导管传递到仪表内的弹性元件，使之产生一个相对应的位移，这个位移经机构放大后便可指示被测温度，并驱使温度控制开关动作，输出开关控制信号，可用于控制冷却器的启停及温度报警、跳闸等。通过嵌装在仪表内的温度变送器，既可以传输油面温度测量数值，还可以与计算机系统联网。

（3）绕组温控器。绕组温控器是专门用于间接测量变压器绕组热点温度的一种仪器，它是由油面温控器、热模拟装置和远方温度显示器三部分组成。可输出与绕组温度成正比的标准电流和电压信号、Pt100 铂电阻信号和报警接点信号及冷却装置的控制信号。

油浸式电力变压器的绕组热点温度 T_R 可等效为

$$T_R = T_Y + k_i T_\Delta \tag{3-1}$$

式中　T_Y——顶层油温，℃；

T_{Δ}——热模拟装置提供的附加温升，K；

k_{i}——与冷却装置有关的系数。

即在 T_{Y}的基础上，叠加一个附加温升 $k_{\mathrm{i}}T_{\Delta}$而获得变压器绕组热点温度（通常由制造厂绘出）。其工作原理是：在一个油温计的基础上，配置一个热模拟装置和一个电热元件，如图 3-54 所示。

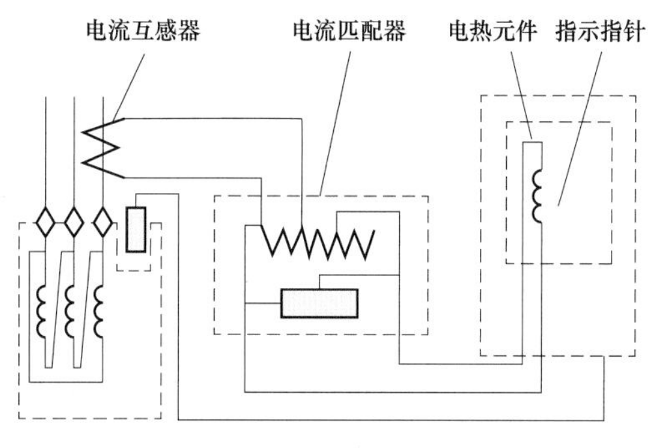

图 3-54　绕组温控器工作原理图

温度计的感温元件插入变压器油箱顶部的温度计底座内。当变压器负载为零时，电流互感器无输出，电热元件不发热，温度计读数为变压器的顶层油温值。当变压器带上负载后，通过电流互感器输出与负载大小成正比的电流，由电流匹配器做相应调整后，电流流经嵌装在波纹管内的电热元件，使电热元件发热。电热元件所产生的热量，使弹性元件的位移量增大。由于弹性元件的位移量是由变压器顶层油温和变压器负载电流决定的，因此在设计绕组温度计时，考虑了流经电热元件的电流（匹配器的二次电流）所产生的温度指示增量，它近似等于变压器被测绕组对油的温升。这样，温度计指示的温度是变压器顶层油温与绕组对油的温升之和，间接测出绕组的温度。

（4）温控器的型号含义。

1）变压器油面温控器的产品型号及含义。

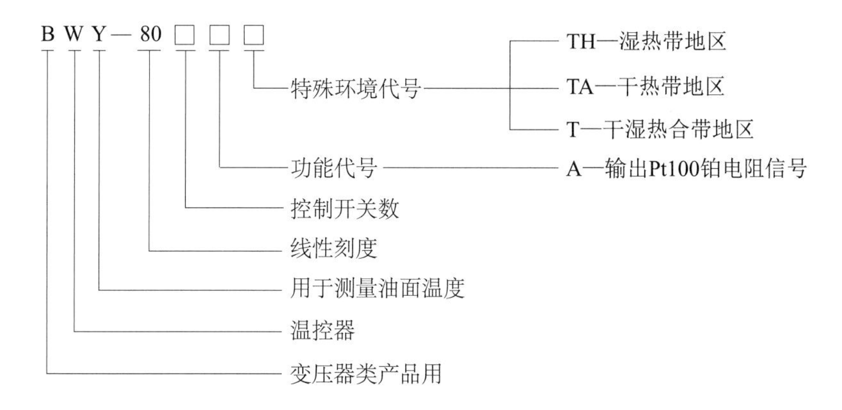

2）绕组温控器的型号和含义。

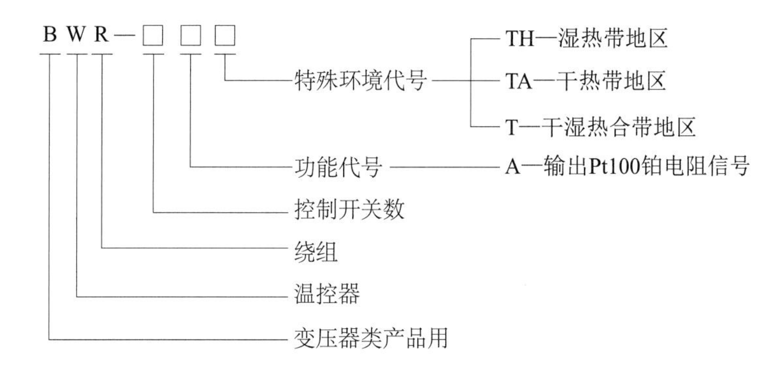

2. 换流变压器测温装置装设的要求

（1）温度计座。

1）换流变压器应设有供玻璃温度计用的管座。所有设在油箱顶盖上的管座应深入油内不少于170mm。

2）应在油箱与冷却器连管靠近油箱进出油口的管路上，设测油温用的玻璃温度计用的管座，管座应深入油内不少于110mm。

（2）就地测温装置。换流变压器应装设两个户外式信号温度计。信号接点容量在交流220V时，不低于50VA，直流有感负载时，不低于15W。温度计的引线应用支架或线槽固定，温度计安装位置应便于观察和维护。

（3）远方测温装置。换流变压器应装有两个远距离测温用的测温元件，且应分别布置在油箱长轴两端的对称部位。

3. 温控器的主要参数

温控器的主要参数包括温度、相对湿度、测量范围、测量精确等级、温包的额定耐受压力值、温控器尺寸、接点设定范围、接点容量等。

（二）油位计

油浸式变压器的油位必须保持在一定的高度范围，防止缺油造成变压器绝缘受潮或放电。为了监视变压器油位的变化，油浸式变压器在储油柜上都应安装油位计，并应分别标明最高油位、最低油位和油温为20℃时的油面位置。

1. 油位计的分类及结构

油位计按其结构可分为管式、磁翻板式和指针式等类型。

（1）管式油位计。敞开式储油柜一般用管式油位计。小型管式油位计是将玻璃管用螺栓直接装在储油柜的端面上。专用管式油位计由专用温度计座和支架将玻璃管安装在储油柜的端面上，并用一醒目的红色球体显示油位。

早期耐油橡胶密封式储油柜（隔膜式或胶囊式）也采用管式油位计，并采用油位计专用小油囊，将变压器本体与小油囊的油隔离，防止变压器油的老化。

管式油位计主要由玻璃管、底座、法兰、浮球、密封件等组成。

（2）磁翻板式油位计。磁翻板式油位计采用顶装或侧装安装方式，它以磁性浮球为测量元件，磁钢驱动翻柱为液位指示器，一般为直管式结构。磁性浮球腔体的主体管或外壳通过法兰或其他接口与储油柜组成一个连通体，使腔体内的液面与储油柜内的液面处于相同高度。安装在腔体外面的翻柱显示器，是由红（蓝）、白两色半圆形磁性小翻板组成的圆柱体。当腔体内的磁性浮球随着容器内液面的升高或降低时，磁性浮球的磁性透过外壳传递给翻柱显示器，推动磁翻柱翻转180°，使翻柱显示器的颜色随之改变，液面以下红（蓝）色以上白色，两色交界处即是液面的高度，其示意图如图3-55所示。

控制型磁翻板式油位计是在磁翻板式液位计的基础上增加了磁控开关，在设定的最高油位和最低油位时动作，输出标准的电阻信号，再经过变送器把电阻信号转换成电流信号输出，实现远程监测和控制。

磁翻板式油位计由磁性浮球、带磁钢翻柱的显示器、法兰、密封件、磁控开关等部件组成。

（3）指针式油位计。指针式油位计一般安装在全密封大、中型变压器的储油柜上，用于对其油位进行监视。当储油柜内的油面变化时，连接在油位计连杆上的浮球会上下摆动而带动油位计的转动机构转动，通过磁耦合器及指针轴的转动，将储油柜油位由表盘上的指针指示出来。油位计内一般装有超限油位报警装置，可实现远距离油位监视。

指针式油位计主要由表盘、表体、传动部分、报警部分、浮球等部分组成。

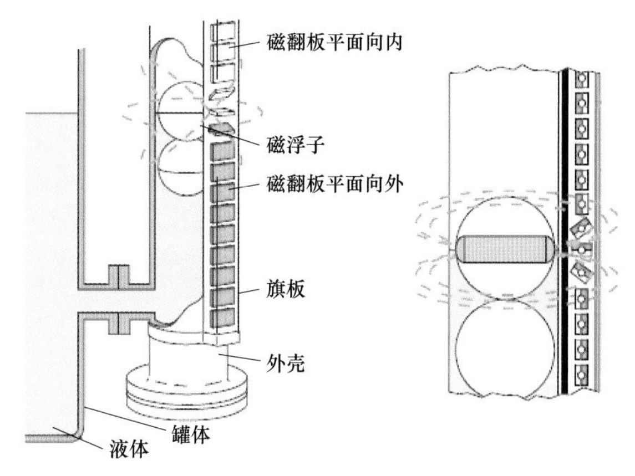

图 3-55　磁翻板式油位计原理示意图

2. 换流变压器用油位测量装置

换流变压器采用胶囊密封式储油柜，通常采用指针式油位测量装置，该种油位测量装置也在其他大型变压器上广泛应用。它是由传感组件和显示组件组成，两组件由可分离的接头连接。传感器配有防油法兰，可直接安装在油箱壁上。浮杆可将浮球的升降动作传递给传动轴，再通过一对磁性接手与显示器组件指针式主轴连接在一起，使油位的变化在表盘上显示出来，其结构图和外形图分别如图 3-56 和图 3-57 所示。

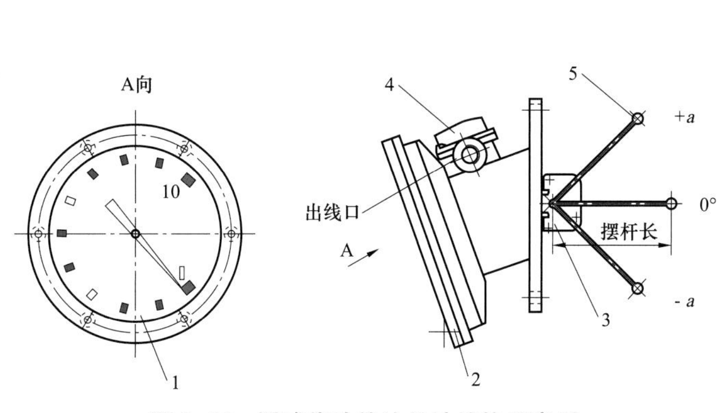

图 3-56　浮球传动的油位计结构示意图

1—表盘；2—表体；3—传动部分；4—报警部分；5—浮球部分

图 3-57　油位计外形

不带传感组件而仅有显示组件的油位测量装置即为指针式油位计，该种油位计只在不需要远传油位信息的变压器上使用，一般换流变压器不采用。

指针式油位测量装置根据结构不同，分为采用伸缩杆传动的指针式和浮球传动的指针式两种。

采用伸缩杆传动的指针式动作原理为：当用于隔膜式储油柜时，它以储油柜的隔膜为感受元件，其连杆与隔膜上支板铰链连接，连杆另一端与表体的传动机构相连，把油面的上下线位移变成连杆绕固定轴的角位移，再通过一对磁铁等传动机构使指针转动，当储油柜油位升降时，连杆通过油位计的传动机构带动指针转动，从而使油位的变化在表盘上显示出来。

浮球传动的指针式油位测量装置又分为径向运动浮球和轴向运动浮球两种。换流变压器一般采用的是轴向运动浮球指针式油位测量。

指针式油位测量装置的电气接线盒布置在外壳内，设有模拟信号和标准数字信号接口，既可以远方显示油位信息，还可以设置油位报警定值，当达到设定的最高和最低油位限值时发出报警信号，以便及时处理。

油位计的型号及含义如下：

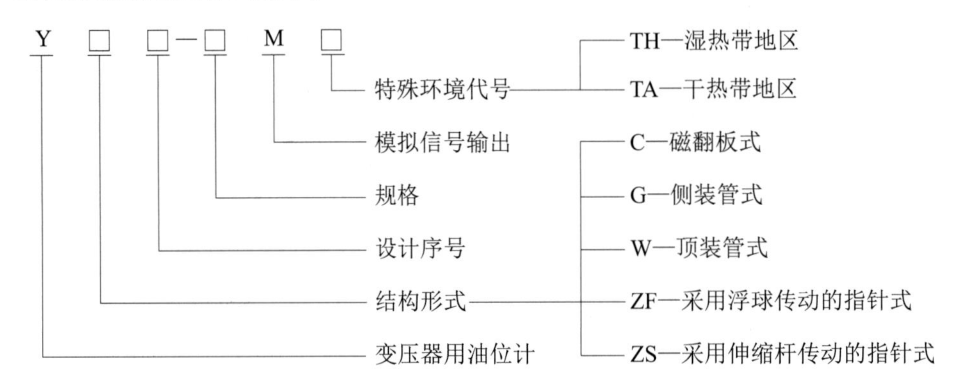

换流变压器的有载分接开关储油柜采用管式油位计或指针式油位计，一般独立的分接开关储油柜较多采用管式油位计。

3. 油位计的主要参数

指针式油位计的主要参数包括工作温度、相对湿度、地震加速度、规格、外观质量、密封性能、真空强度、防护性能、接点容量、电气强度、动作特性等。

六、直流套管分压器

换流变压器在运行中，其交流侧是连接在送电端的交流电力系统，在换流变压器的网侧设立独立的电压互感器采集电压，以供给继电保护、信号、测量、安全自动装置和自动化系统使用。但作用在换流变压器阀侧的不只是单纯的交流电压，还有直流电压、谐波电压等因素影响，用电压互感器测量电压存在一些有待解决的技术问题。因此在阀侧不设单独电压互感器，而是通过阀侧高压直流套管的电容分压器抽取电压，再由高压直流套管电压监测器（也称分压器）采集二次电压，供测量、保护、信号、安全自动装置和自动化系统使用。

尽管电容分压器属于传统技术，即在交流变压器套管上抽取电压，再将其变换为测量、保护等装置使用二次电压，如交流系统中的电容式电压互感器等已是成熟运行的测量设备等。但从阀侧直流套管抽取电压与其有所不同，由于谐波的影响、直流分量的影响，对测量精度、角度误差以及装置运行的电磁兼容性、可靠性、安全性等都有更严格的要求和新的技术问题。

（一）直流套管抽取电压的主要用途

（1）监测换流变压器输出的交流电压，当系统电压异常或事故时，便于及时应急处理。

（2）为故障录波器等安全自动装置提供电压，并作为电压启动量，自动记录系统故障和异常，便于进行分析处理。

（3）为换流变压器保护提供电压，取其三相三角形开口电压，当系统电压缺相或不平衡度达到启动值时，电压不平衡保护动作跳闸或启动信号装置。

（4）对直流套管自身完好性进行监测。电容式套管内绝缘故障首先表现在电容量的变化。一旦电容量发生变化时主电容器 C1 和分压电容器 C2 的固有比例关系就发生了变化，反映在套管抽取装置的电压也跟着发生变化，达到了监视直流套管自身完好性的目的。

（5）为换流站监控系统和直流保护逻辑系统提供交流电压，监视和判断整流系统交流电压运行情况。同时接入系统总线用于直流系统逻辑保护等。

（二）分压器原理

直流套管分压器采用电容分压原理，由高压直流套管分压电容器上抽取电压，经分压器再处理后输出双回路的 110V 二次电压。

早期的分压器由电源模块和分压及功放模块两部分组成。

由于有源和功率放大信号的分压器引起电压信号波形严重变形失真，影响信号的正常使用，该种分压器已经不再使用。后期研制开发的无源和不带功率放大器的分压器运行效果较好。因此，目前所采用的都是无源和不带功率放大器的分压器。图 3-58 所示为某种充 SF_6 气体直流套管分压器原理接线图。

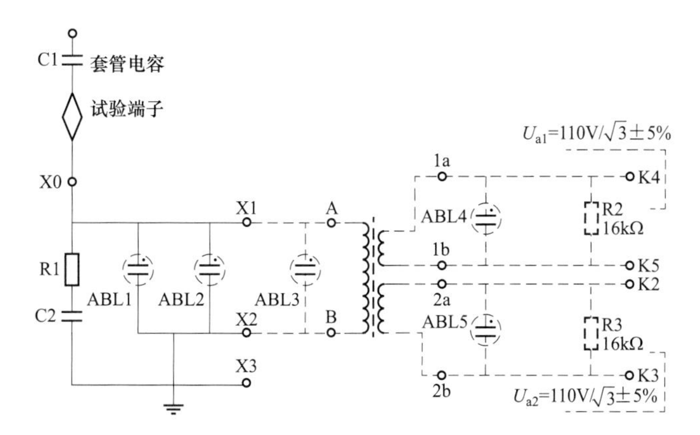

图 3-58　某种充 SF_6 气体直流套管分压器原理接线图

ABL1～ABL5—过电压保护元件

七、组部件的监造见证

组部件的见证方式主要是文件见证，但现场见证环节也必不可少。应以文件见证与现场见证相结合，见证内容包括组部件的规格型号、技术参数、产地、供应商等应与其出厂文件、供货合同、设计文件要求及入厂检验结果相符，实物表观完好无损等，且文件见证工作应在该组部件使用前完成。

（一）主要见证内容和要点

（1）产地及供应商。依据项目合同和设计文件，核对每种组部件的产地及供应商是否满足合同要求。

（2）规格型号和参数。依据项目合同和设计文件，逐一检查核对每种组部件的规格型号和各种技术参数是否满足要求。现场检查实际使用的组部件实物是否与文件见证的组部件一致，检查其外观是否良好，防护、标识和使用是否符合要求等。

（3）质量证明文件。组部件的装箱清单、产品安装使用说明书、检验报告、合格证等出厂文件应齐全，内容完整、正确、有效，实物与文件对应。

（4）入厂检验。组部件入厂检验项目、内容和方法符合要求，记录完整规范，检验合格。对有特殊要求或对检验结果有怀疑的，应要求重检或送第三方检验机构进行检验。

（5）外观。组部件外观应完好，无损伤、无受潮和无污染等。包装完整，标识清晰，防护措施得当。

（6）使用。组部件在换流变压器制造过程使用时，现场检查实际使用的组部件实物和数量，是否与文件见证的组部件一致，检查其外观是否良好，防护、标识是否符合要求等。

（二）见证方法和要求

换流变压器组部件见证要点和要求见表3-15。

表3-15　　换流变压器组部件见证要点和要求

序号	见证项目	见证要点	见证方式			方法和要求
1	储油柜	产地及供应商	R			对照供货合同、设计文件，查看实物；储油柜产地、供应商、规格型号、参数等应与出厂文件、供货合同、设计文件、入厂检验、文件见证和实物相符；实物表观完好无损，油位计安装正确，指示准确可靠
		胶囊规格、产地及供应商	R			
		出厂质量证明文件	R			
		胶囊出厂质量证明文件	R			
		胶囊入厂检查报告	R			
		外观检查		W		
2	套管	规格型号	R			对照供货合同、设计文件，查看实物；套管的产地、供应商、规格型号、参数等应与出厂文件、供货合同、设计文件、入厂检验相符；实物表观完好无损；安装前对油纸电容套管的介质损耗值和电容量测量合格
		产地及生产厂	R			
		出厂质量证明文件	R			
		入厂检验报告	R			
		外观检查	W			
3	冷却器（含潜油泵、风扇及电机、油流继电器等）	规格型号	R			对照供货合同、设计文件，查看实物；冷却器的产地、供应商、规格型号、参数等应与其出厂文件、供货合同、设计文件、入厂检验相符；实物（含潜油泵、风机、油流继电器、控制柜等）表观完好无损，内部清洁。包装防护符合要求
		产地及生产厂	R			
		组件质量证明材料	R			
		整机出厂质量证明文件	R			
		入厂检验报告	R			
		外观检查		W		
4	分接开关	规格型号	R			对照供货合同、设计文件，查看实物；分接开关成套装置（含操动机构、滤油装置等）的产地、供应商、规格型号、参数等应与其出厂文件、供货合同、设计文件、入厂检验相符；实物表观完好无损。包装防护符合要求
		产地及生产厂	R			
		出厂质量证明文件	R			
		入厂检验报告	R			
		外观检查		W		

续表

序号	见证项目	见证要点	见证方式			方法和要求
5	压力释放阀	规格型号	R			对照供货合同、设计文件，查看实物；压力释放阀的产地、供应商、规格型号、参数等应与出厂文件、供货合同、设计文件、入厂检验相符；出厂检验动作特性应满足换流变压器设计要求。实物表观完好无损
		产地及生产厂	R			
		出厂质量证明文件	R			
		入厂检验报告	R			
		外观检查		W		
6	气体继电器	规格型号	R			对照供货合同、设计文件，查看实物；气体继电器的产地、供应商、规格型号、参数等应与出厂文件、供货合同、设计文件、入厂检验相符；实物表观完好无损
		产地及供应商	R			
		出厂质量证明文件	R			
		工厂检验报告	R			
		外观检查		W		
7	测温装置	规格型号	R			对照供货合同、设计文件，查看实物；测温装置的产地、供应商、规格型号、参数等应与出厂文件、供货合同、设计文件、入厂检验相符；实物表观完好无损
		产地及供应商	R			
		出厂质量证明文件	R			
		工厂检验报告	R			
		外观检查		W		
8	油位计	规格型号	R			对照供货合同、设计文件，查看实物；油位计的产地、供应商、规格型号、参数等应与出厂文件、供货合同、设计文件、入厂检验相符；实物表观完好无损
		产地及生产厂	R			
		出厂质量证明文件	R			
		入厂检验报告	R			
		外观检查		W		

注 R—文件见证点；W—现场见证点；H—停工待检点。

第三节　主要非电量保护及监测装置

一、瓦斯保护

瓦斯保护是换流变压器内部故障的主保护，如果换流变压器本体的瓦斯保护因故不能投入运行时，不允许将换流变压器投入运行。瓦斯保护的主要元件是气体继电器，安装在换流变压器油箱与储油柜之间的连接管道上，为了使气体顺利进入储油柜，要求从油箱通往储油柜的连管应有1%～1.5%的坡度，包括各套管升高座等可能产生窝气的最高点，都必须用管路与该连管连通，同样应满足上述坡度的要求。当换流变压器发生内部故障时，短路电流产生的高温电弧使变压器油和其他绝缘材料出现热分解而产生大量气体，在压力的驱动下油流和气流迅速通过油箱与储油柜之间的连接管冲向储油柜，如果流速达到气体继电器动作值时，重瓦斯保护动作，其动合触点闭合接通换流变压器保护的出口跳闸回路，快速断开各侧断路器，切除电源、隔离故障，防止事故扩大。

（一）瓦斯保护的范围

瓦斯保护的范围是变压器内部的接地、短路，绝缘击穿、匝间短路，线段间短路，铁芯多点接地，夹件多点接地，接触不良或导线焊接不良等各种能引起变压器油发热的故障，以及空气侵入、油面下降或严重漏油等异常。

瓦斯保护的优点是不仅能反映变压器油箱内部的各种故障，而且还能反映差动保护所不能反映的不严重的匝间短路和铁芯故障。此外，当变压器内部进入空气或油中有一定量的空气析出时都会有所反映，灵敏度很高。它是一种结构简单、动作迅速的变压器主保护，其缺点是在地震等剧烈震动情况下可能会误动作。

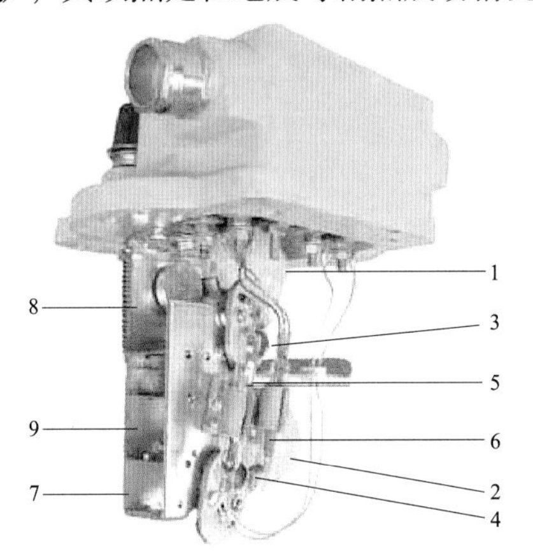

图 3-59　气体继电器结构示意图

1—上浮子；2—下浮子；3—上浮子恒磁磁铁；4—下浮子恒磁磁铁；5—上开关系统；6—下开关系统；7—框架；8—测试机械；9—挡板

（二）气体继电器分类

常用的气体继电器按其结构分为浮子式和挡板式两种。挡板式气体继电器是将浮子式的下浮子改为挡板结构。两者的主要区别：挡板式的挡板结构不随油面下降而动作，而是按油的流速达到动作值动作，所以挡板式气体继电器遇到油面下降或严重缺油时，只发出轻瓦斯保护动作信号，不会造成重瓦斯误动跳闸；浮子式气体继电器当油面降至继电器以下时会误动作，同时由于该种结构的气体继电器抗干扰能力较差，目前已不采用。换流变压器上采用的是挡板式气体继电器，图 3-59 所示为换流变压器常用的一种气体继电器结构示意图。

（三）气体继电器的结构和动作原理

1. 轻瓦斯

轻瓦斯与重瓦斯组合在同一气体继电器内，只是两者的动作回路不同而已。轻瓦斯由开口杯、永久磁铁、干簧触点等组成，作用于信号。

换流变压器在正常运行时，气体继电器内充满变压器油，开口杯浸在油中，在油的浮力和重锤的作用下，永久磁铁处于干簧触点的上方，干簧触点断开。当换流变压器内部发生无需立即切除电源的一般性且以发热方式表现的故障时，发热使变压器油热解产生的气体向储油柜释放，当气体经过气体继电器时，首先在其上部的气室内聚集，随着气体聚集数量的增加使气体继电器内的油面下降，开口杯露出油面失去平衡而下沉，带动永久磁铁下降。当聚集的气量达到轻瓦斯动作整定值时，干簧触点接通，延时启动信号继电器，发出轻瓦斯保护动作信号，通知运行监控人员换流变压器发生故障。处理该类故障首先应判明故障原因，通过对气体继电器内的气体和换流变压器本体取油样进行色谱分析。如果装有在线检测装置，可以通过变压器油中气体在线检测装置的检测结果，初步判断换流变压器故障的性质。

轻瓦斯动作值采用气体容积的大小表示，整定范围通常为 250～300cm^3，通过移动重锤的位置整定。气体继电器的结构如图 3-60 所示。

2. 重瓦斯

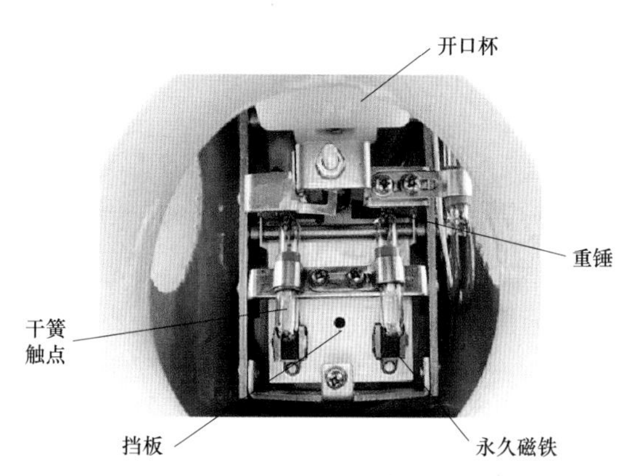

图 3-60　气体继电器结构示意图

重瓦斯由挡板、弹簧、永久磁铁、干簧触点等组成，作用于跳闸。变压器正常运行时，气体继电器挡板在弹簧的作用下，处于正常位置，其附带的永久磁铁远离干簧触点，触点可靠分开。当换流变压器内部发生严重故障时，高温电弧使变压器油产生大量气体，强大的气流伴随着油流冲击固定在下浮子侧面的挡板向油流方向移动。当油流速度达到动作整定值时，挡板克服了弹簧的反作用力向前移动，使下浮子下沉带动永久磁铁一起靠近干簧触点，使触点闭合，经过信号继电器启动换流变压器保护的出口跳闸继电器，重瓦斯保护动作跳闸，快速断开换流变压器各电源侧的断路器，同时发出重瓦斯动作信号。

换流变压器重瓦斯动作后，应立即取气体继电器内的气体和换流变压器本体绝缘油进行色谱分析，进一步分析和判断重瓦斯保护动作原因及换流变压器内部故障的性质。

重瓦斯动作值采用油流速度的大小表示，整定范围一般为0.6~1.5m/s，通过调整弹簧的松紧程度整定。

3. 有载分接开关瓦斯保护

为了防止有载分接开关触头接触不良和发生短路或接地等造成分接开关损坏事故，在每台分接开关的切换开关油室与分接开关储油柜的连接管路上装设气体继电器，当开关油室发生短路接地事故，高温电弧使变压器油产生大量气体，油室内压力急剧升高，油流和气流迅速经过气体继电器向储油柜释放，重瓦斯保护动作快速断开换流变压器各侧断路器，同时发出重瓦斯保护动作信号。

有载分接开关与换流变压器本体瓦斯保护的原理完全相同，区别在于有载分接开关的切换开关主要功能是切断换流变压器的负载电流，动作过程会在变压器油中产生气体，因此，不必要设轻瓦斯保护或轻瓦斯不投信号，否则轻瓦斯信号会频繁动作且毫无意义，反而影响正常运行监控。但真空分接开关在真空灭弧室内灭弧，不会引起变压器油产生气体。因此，采用真空有载分接开关时，轻瓦斯保护应投信号。

二、速动油压保护

速动油压保护是大型变压器本体的又一种内部非电量保护，是以油箱内部压力为启动量的变压器继电保护装置，它是利用油箱内由于事故造成的动态压力增速动作的。在变压器内部故障时，油压增长速度快，油压波在变压器油中的传播速度极快，所以速动油压继电器反应灵敏、动作准确，能迅速发出动作指令断开电源，防止事故扩大。

（一）速动油压保护与瓦斯保护的主要区别

速动油压保护和瓦斯保护虽然都是换流变压器内部故障的主保护，但两者也有较大区别：

（1）重瓦斯保护以油流速度为动作值，而速动油压保护以压力为动作值。

（2）瓦斯保护的主要组成元件为气体继电器，而速动油压保护的主要组成元件是速动油压继电器。

（3）瓦斯保护的油流从气体继电器中流过，而速动油压继电器只有一端与变压器油箱连通，另一端封死，油流不经过继电器。

（4）当变压器内部发生故障时，压力是故障的第一步效应，而油流冲击是故障的第二步效应。因此，速动油压继电器反映故障的速度更快，对变压器的保护更有利。

（5）瓦斯保护的动作更灵敏，保护范围更广。轻瓦斯保护还可以反映换流变压器内部铁芯多点接地等轻微故障并及时预警。

（6）速动油压保护会受外部穿越短路电流引起绕组振动所带来油压波动干扰。

（二）速动油压继电器的结构

速动油压继电器主要由壳体、腔体、油室、气室、隔离波纹管、操作波纹管、微动开关、接线座、法兰等组成，如图 3-61 所示。

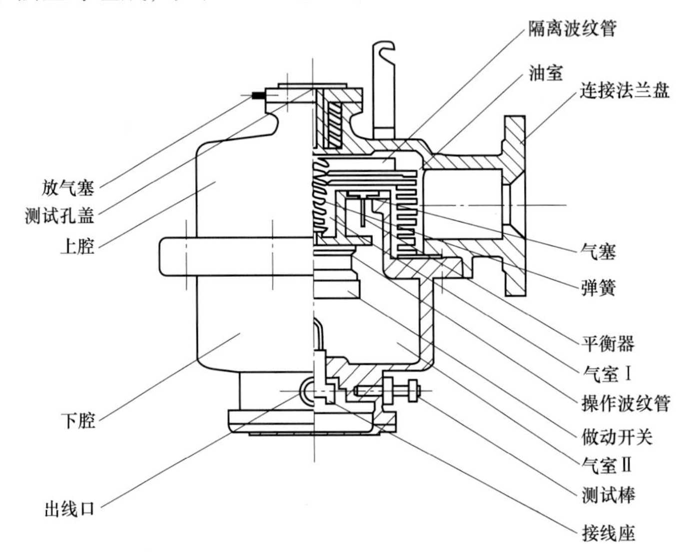

图 3-61　速动油压继电器的结构示意图

（三）动作原理

变压器在运行时，因速动油压继电器的安装位置低于变压器油面线，继电器油室与变压器油箱相通，油室内隔离波纹管只受到较小的静油压。图 3-62 中气室Ⅰ内的弹簧对静油压进行补偿达到平衡，速动油压继电器处于正常状态。当变压器内部发生故障时，油箱内油压连同速动油压继电器内压力同时突然升高，当压力达到动作值时，隔离波纹管受压变形压缩，气室Ⅰ内的压力升高，使操作波纹管产生向下位移，微动开关动作启动变压器保护出口回路，快速断开变压器各侧电源断路器，使变压器退出运行。在发出断路器跳闸指令的同时，也发出速动油压保护动作信号。

一般在换流变压器的每个阀侧套管升高座上各一个速动油压继电器，用以对换流变压器内部故障的快速反应，快速切除。

三、压力释放装置

压力释放装置也是变压器重要的内部保护之一，但其功能主要是用来保护变压器油箱的保护装置，是通过压力释放阀释放油箱内部压力来实现的。

（一）压力释放装置的作用和分类

1. 作用

变压器内部压力升高的原因有多种，按性质可分为静压升高和动压升高。

（1）静压升高多见于安装和检修过程出现失误，油膨胀的补偿系统不通或不畅，或在注油时排气不尽，有窝气现象，在投运初期发生的可能性较大。运行中变压器也会偶然发生呼吸器堵塞等，当运行条件发生变化时导致静压升高，由于绝缘油的体积不可压缩性，使压力释放阀动作。

（2）动压升高一般有两种情况：① 一种是正常运行中可能发生的，如油泵的启停会引起油压波动，短路电流穿越变压器时，绕组在强大的电动力作用下瞬时挤压绝缘也会使油压波动。这类波动瞬息即逝，对变压器安全运行不会构成威胁，压力释放阀没必要动作。② 另一种就是当换流变压器内部发生严重的短路故障时，强大的短路电流使油和绝缘材料在电弧作用下分解大量气体，瞬时膨胀的体积产生极高的压力波，从故障点向四面八方传播，这种压力波产生的爆破力足以对油箱产生破坏作用。此时，压力释放阀动作，压力快速得到释放，使油箱免受严重损伤。但如果故障能量过大或压力释放阀的安装位置远离故障点，即使压力释放阀动作仍然会使油箱受到严重破坏。

2. 分类

压力释放装置按其结构可以分为防爆膜和压力释放阀两种，其功能都是泄压。防爆膜是一次性的，膜破了就敞开了，不能重复使用，必须进行更换处理后设备才能重新运行。小型变压器的油箱和部分有载分接开关的油室采用防爆膜保护。压力释放阀动作比较迅速，密封性较好，动作压力可以调整，整定值能较好地控制，动作后可以自行恢复，可以重复使用。

压力释放阀应用比较普遍，换流变压器的本体油箱和大容量的有载分接开关油室一般都采用压力释放阀保护。

（二）压力释放阀结构和动作原理

1. 结构

压力释放阀的主要结构是外弹簧式，分为带或不带喷射装置两种型式。主要由外罩、弹簧组、压盖、阀盘、微动开关、信号杆、顶盖、密封件等组成。其结构如图 3-62 所示。

压力释放阀的底座安装在变压器的油箱上，底座上有一个顶面密封和一个侧面密封，阀盘在弹簧组的作用下牢牢地压紧在这两个密封上，压盖由螺栓紧固在底座上，紧紧压住弹簧组。

2. 动作原理

压力释放阀的动作参数包括开启压力、开启时间、关闭压力、密封压力等。开启压力是指释放阀的阀盘跳起，变压器油连续排出时，阀盘所受到的压力；开启时间是指阀盘所受压力达到开启压力时，释放阀没有立即开启而延长开启的时间；关闭压力是指阀盘重新接触阀座或开启高度为零时，阀盘所受到的进口压力，即通过密封装置的泄漏停止时的压力；密封压力是指高于关闭压力且低于开启压力的进口压力。当进口压力升到该压力时，释放阀应可靠密封而不渗漏。

从上述的几个基本动作参数可知，当换流变压器油箱内的压力低于压力释放阀的开启压力时，在弹簧组的作用力下，释放阀处于可靠密封状态。如果变压器发生内部故障，油箱内的压力达到释放阀的开启压力时，释放阀迅速开启向外排油，释放油箱压力。当

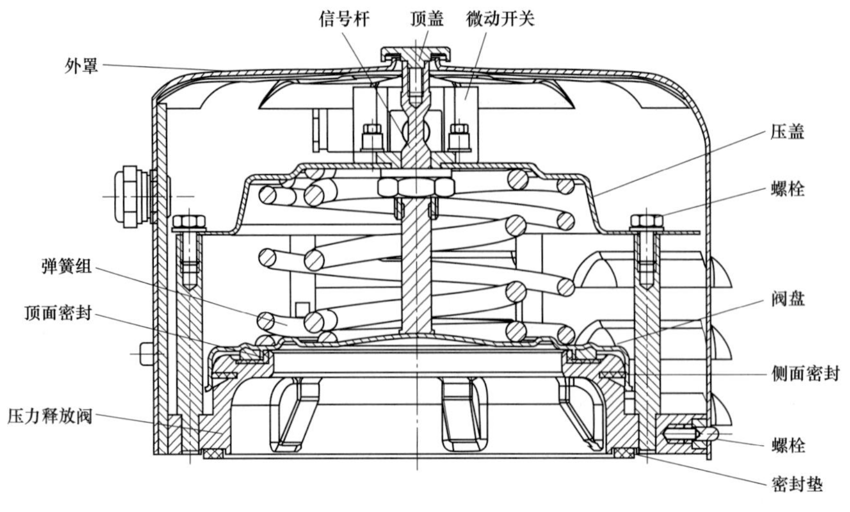

图 3-62　压力释放装置结构示意图

压力降低至关闭压力时，释放阀自动关闭，恢复油箱的密封状态。释放阀动作时其信号杆弹出外罩并自动保持，发出释放阀动作机械信号。同时微动开关动合触点闭合，启动保护和信号装置，发出动作电信号，如果保护投入跳闸，压力释放阀动作后将断开变压器各侧电源断路器。

（三）压力释放阀的主要参数

压力释放阀的主要参数包括使用条件、动作性能（开启压力、开启时间、关闭压力、密封压力等）、密封性能、排量性能、防护性能、电气性能（绝缘、接点容量）、抗震及抗干扰性能等。

（四）压力释放阀使用应注意的问题

1. 压力释放阀不宜投跳闸

压力释放阀作为变压器内部故障的主要保护之一，其设计具有跳闸功能。但压力释放阀自身动作具有较大分散性，无论从管理的角度还是技术的角度，都达不到继电保护专业的要求。在变压器的运行中，压力释放阀既有正确动作的案例，也有较多误动作的案例。影响压力释放阀动作的因素较多，既有选型不当、定值错误、产品自身质量缺陷、安装调试质量问题，也有运行维护等其他问题。因此，压力释放阀宜投信号而不宜投跳闸。

2. 压力释放阀的装设位置

每台大型换流变压器一般安装两个压力释放阀，随着电压等级的提高和容量的进一步增大，安装的数目还有增加的可能。从压力在变压器油中的传播方式以及压力释放阀的动作机理，每个压力释放阀的合理位置应装设在油箱顶部到可能发生故障点的最短距离处。尽管布置会有困难，但把两个压力释放阀装设在几乎连在一起的位置，以及把压力释放阀布置在油箱的最边沿位置都是不合理的，失去了装设压力释放阀的本来意图。类似的问题应在换流变压器的设计阶段和设计评审环节合理解决。

3. 合理选择压力释放阀参数

有些换流变压器的压力释放阀底部增加了一段较长的延长管，用以满足压力释放阀的密封压力。这样既延长了压力释放阀的排油路径，又增加了其动作阻力，从保护变压器的角度是不利的，应该合理选择压力释放阀的参数来满足产品的需求。

4. 合理解决压力释放阀排油污染

压力释放阀分为带喷射装置和不带喷射装置两种结构。在变压器事故情况下，压力释放阀一旦动作就会向外喷油，应从工程设计采取一些必要的措施，避免变压器油进入电缆沟，以及对喷出的油进行收集处理，防止对环境造成污染。在压力释放阀上加装导油管的方法对保护变压器并非有利。压力释放阀的功能是快速泄压，加装导油措施的原则是不额外对压力释放装置的动作增加阻力和不影响固有排油速度。

四、温度保护及测量

（一）温度保护的实现

实现了对换流变压器温度的测量，就可以达到对温度的控制和保护。凡是在换流变压器上使用的温控装置，都具有测量和控制功能：测量部分既可以就地指示，也可以远方显示；控制部分可以提供输出接点和接入计算机监控系统的信号，根据需要可以方便地实现温度保护和控制功能，如用温度控制冷却器的投切等。

（二）温度保护的应用

变压器的温度保护一般只投信号，很少投跳闸，主要原因如下：变压器的油温是与负载电流相关的相对稳态值，由于油的时间常数远大于绕组温度的变化。如果温度异常升高，无非有四种原因：① 过载，负荷突然大幅度增加；② 冷却器故障，部分停止运行或全停；③ 变压器内部故障；④ 温度计自身故障等。从必要性角度评价，温度保护投信号比较合理。

（1）负荷突然大幅度增加引起变压器运行温度升高，一般是由系统事故、运行方式调整等引起，此时正是利用换流变压器的短期急救负荷能力之时，不到危险的程度决不能将换流变压器停运而给系统带来灾难。在温度达到限值之前换流变压器过载等信号早已出现，有充分的时间投入备用设备、倒换运行方式、调整负荷等措施处理异常，此时无需温度保护跳闸。

（2）冷却器故障的同时会发出故障信号，只要采取正确的方法处理，不会使换流变压器的温度上升到限值。因此，也无需温度保护跳闸。

（3）换流变压器内部故障时反应最灵敏的是差动、瓦斯和速动油压保护等快速动作的主保护，由于温度的滞后效应，无法起到换流变压器内部故障的保护作用。

（4）温度计自身故障常有发生，其可靠性和测量精度都无法达到继电保护的技术要求。因此，其自身可靠性还不具备投入跳闸的条件。

（5）温升是个渐变的过程，不同于突发短路等电气事故在瞬间发生。监控人员完全有条件按运行规程的规定组织处理，无需温度保护跳闸。

（6）在一般情况下换流变压器过高的运行温度后果是促使绝缘老化的效应，一般不会立即导致事故，但直接影响变压器的使用寿命。但当电流过大，导体内的发热陡增，当温度升高到足以在油中发生气泡时，出现电击穿的可能性大于绝缘老化的损坏。当外部发生短路产生强大的电动力而正值变压器电流很大时，过度的发热进一步降低绕组的机械强度，可能在很短的时间内使绕组结构崩溃或造成积累性变形的隐患。因此，对换流变压器的运行温度升高应及时处理，不应超过其温升限值。

（三）提高温控器质量

尽管温度保护多用于测量和控制，较少投入跳闸，但从智能电网建设和智能化设备发展的角度，换流变压器所采用的温控器应具有继电保护设备一样的可靠性和测量精度，还应具备投入跳闸的质量条件。

五、油位监测

换流变压器的油位是运行监视的重要内容之一，在任何情况下，储油柜的油位不能低于最低油位线，即储油柜的最低油位应高于变压器本体及与本体油连通的所有组件的最高油位。

换流变压器的油位应保持在合理的区间，油位过低或过高都是有危害的。当油位低于与变压器本体连通组件的最高油位时，可能会造成这些组件的油面上部集气，造成局部放电或事故。如果油位低于绕组或铁芯，不但影响散热，还会严重影响绝缘强度、造成绝缘受潮，甚至造成事故。如果油位太高，在环境温度较高且换流变压器大负载情况下，会造成储油柜溢油。

（一）油位保护的实现

在本章第二节介绍了油位计，换流变压器上采用的油位计既有就地指示，也有远方显示。温度计提供的输出接点可以接入信号和跳闸。

（二）油位保护的应用

（1）换流变压器的油位过高或过低达到报警值时，油位计微动开关动作，发出报警信号，监控人员及时检查处理。

（2）有载分接开关油室的油位同样通过安装在储油柜上的油位计进行监测，如果微动开关接点接入信号回路时，当油位过高或过低时，也可以发出信号。但如果换流变压器分接开关储油柜的容积选配不合理，其容积太小时，随着环境温度和运行温度的变化，其油位变化范围较大，会频繁出现油位过高或过低信号。在此种情况下应适当加大储油柜的容积。

（3）换流变压器的油位保护一般只投信号，不投跳闸。其原因：一是换流变压器油位变化是一个渐变的过程，在此期间油位达到最低油位限值首先会报警，有充足的时间进行处理而无需油位保护跳闸；二是储油柜系统的假油位故障时有发生，油位计自身的质量和测量精度及可靠性等还不具备投跳闸的条件。

六、储油柜胶囊漏气监测

胶囊式密封储油柜比较常见故障是胶囊破裂、漏气造成的变压器实际油位与油位计指示不一致的假油位缺陷。一般情况下，当运行监控人员发现假油位时，胶囊漏气可能已经存在较长时间，换流变压器的密封环境早已破坏，由于空气与油面直接接触，使空气和微量的水分已经溶解到变压器油中，对变压器的运行已造成一定程度的不良影响。为了及时发现储油柜胶囊出现漏气缺陷，采取措施防止对变压器运行的不利影响，提出了储油柜胶囊漏气监测问题。

（一）监测方法

换流变压器目前用于胶囊漏气监测的方法有储油柜保护继电器和光折射原理监测装置两种。

1. 储油柜保护继电器

储油柜保护继电器是专门用以监测储油柜胶囊是否破损的保护元件，它既可以安装在储油柜顶部，也可以安装在侧面，但安装在顶部更有利于其动作的灵敏性。储油柜保护继电器的动作原理是：如果胶囊故障造成空气进入储油柜时，空气将在继电器内被汇集并使继电器内的浮子转动，当继电器内气体容积到达 200（或 400 可选购）cm^3时，固定在浮子上的永久磁铁启动舌簧触点闭合，发出胶囊漏气报警信号。储油柜保护继电器的结构示意图如图 3-63 所示。

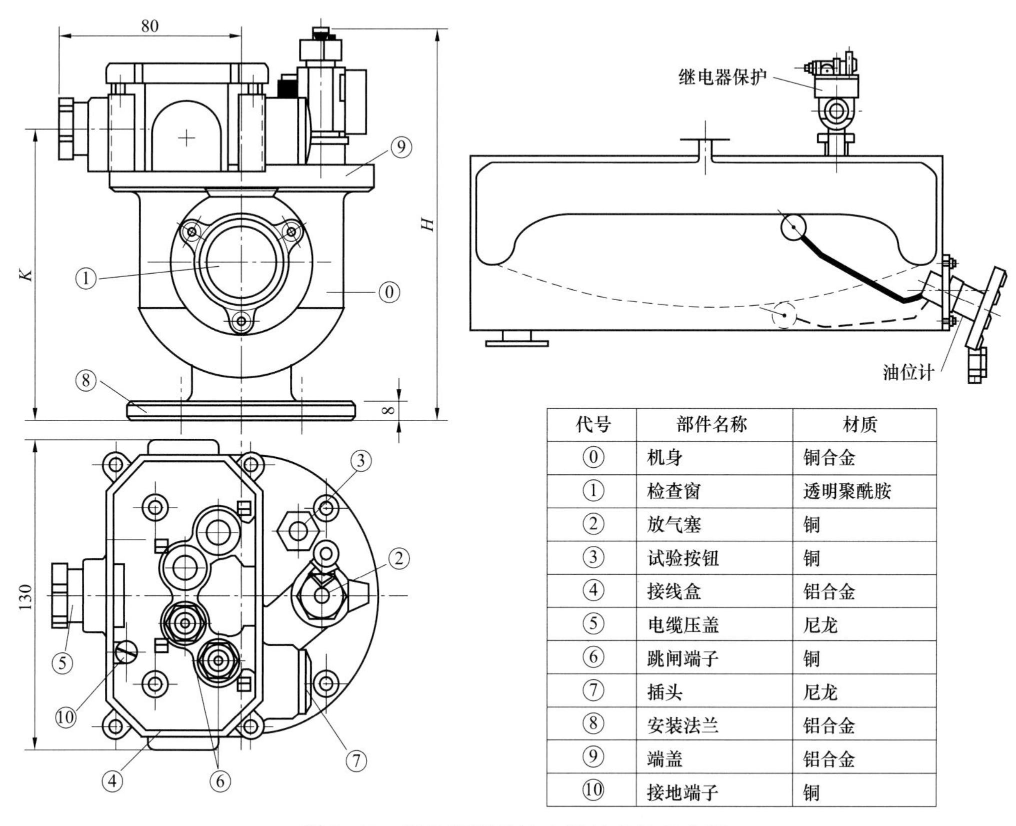

代号	部件名称	材质
⓪	机身	铜合金
①	检查窗	透明聚酰胺
②	放气塞	铜
③	试验按钮	铜
④	接线盒	铝合金
⑤	电缆压盖	尼龙
⑥	跳闸端子	铜
⑦	插头	尼龙
⑧	安装法兰	铝合金
⑨	端盖	铝合金
⑩	接地端子	铜

图 3-63　储油柜保护继电器的结构示意图

2. 光折射原理监测装置

光折射原理储油柜胶囊漏气监测装置包含装在胶囊内空气侧的光学传感器，以及安装在变压器二次控制柜内的一个控制单元。传感器带一个工程塑料外壳并含有报警信号指示及接点回路。控制单元带一个双向接点和两个信号指示，其中一个为胶囊破裂漏气指示，另一个为工作状态指示。

漏油报警工作原理基于光线折射原理，胶囊破裂必然形成漏油和漏气，变压器本体油位下降时储油柜经吸湿器向内吸气，空气进入储油柜油面上部。本体油位上升，储油柜向外呼气，部分变压器油进入胶囊内腔。如果没有变压器油存在时，发射光线完全由内部反射过来并被光线接收器接收。如果变压器油淹没传感器，光线发生变化，胶囊的破裂导致光线发散，使得回到光线接收器的光线数量减少，这个光线改变导致回路不平衡，装置动作发出胶囊漏气报警信号，如果接入跳闸回路就会启动变压器跳闸回路跳开各侧断路器。光折射式胶囊监测装置示意图如图 3-64 所示。

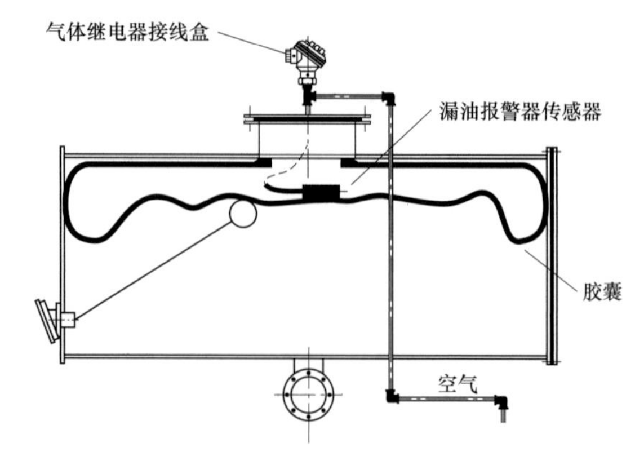

图 3-64 光折射式胶囊监测装置示意图

（二）胶囊漏气监测装置的应用

1. 储油柜保护继电器

用储油柜保护继电器监测胶囊漏气方案比较合理，安装在储油柜顶部有利于气体聚集，也便于安装调试和运行中检查维护。但换流变压器真空注油必须满足工艺要求，不能在储油柜油面与胶囊之间残留气体，安装、调整结束时需打开继电器的放气塞放出设备内全部残余空气。保护继电器在储油柜上的安装位置应靠近储油柜爬梯位置，便于运行维护和检查放气。

储油柜保护继电器如果安装在储油柜的侧面时，应注意安装位置不能太低，进入油中的气体总是向储油柜最高部位的空隙聚集，如果安装位置过低，可能储油柜顶部已经聚集了大量气体的情况下，仍然没有多少气体进入保护继电器内部，不会及时发出报警信号，起不到监测作用。

储油柜保护继电器的功能是用于监测胶囊漏气，但变压器内部故障产生气体如果进入储油柜，且进入储油柜保护继电器的集气量达到动作值时也会动作报警。因此，当储油柜保护继电器动作时，应进行综合判断和处理。

2. 光折射原理监测装置

光折射原理监测装置从原理上讲其动作可靠性应该较好，但也是一种被动的监测方法，报警的前提条件：一是胶囊漏气，二是变压器油进入胶囊内部要有一定的量，传感器被油淹没光线才能发生变化，这个发展过程需要一定的时间，因此报警的时效性较差。

3. 胶囊漏气监测只能投信号

储油柜胶囊漏气监测装置目前只投信号，未投跳闸。其原因：一是误动作信号时有发生，不具备投跳闸的条件；二是储油柜胶囊漏气对换流变压器的危害是长期的过程，允许有一定的安排和处理的过程，不必要立即将设备停运。

4. 提高胶囊漏气监测时效性

上述方法虽然可以监测胶囊漏气，但存在较长的滞后性，时效性较差，有必要研发时效性、准确性和可靠性更高的监测装置。从根本上解决储油柜密封漏气的问题，应提高质量，减少漏气概率，选用密封性能更好的储油柜。

七、换流变压器的在线监测

随着智能化电网的建设和发展，换流站主设备的智能化是必然趋势。变压器是开展智能化研究最早且取得成果较多的主设备之一，因此，换流变压器的智能化具有较好的基础。

由于换流变压器的在线监测等智能化装置是在现场进行安装和调试的，本节只对换流变压器上常用的智能化装置进行简单介绍。

（一）变压器油色谱在线监测

变压器油是一种天然矿物油，是从原油中经过分馏和精制而成的油品，它的主要成分中95%以上碳氢化合物，当遇到不同温度的热量会分解出不同组分的特征气体。因此变压器油不但能以很高的灵敏度反映出变压器内部所有以发热为特征的故障，而且这些溶解于油中的气体，不受外界电场和磁场的影响，且能在不停电的情况下进行取样或检测。所以，变压器油色谱分析是诊断油浸式变压器早期故障及预防灾难性事故最有效的方法之一。

变压器色谱分析有离线分析和在线监测两种方法，离线分析即按规定的检测周期从运行变压器上采油样后，在实验室使用色谱分析仪检测出油中溶解气体的组分和含量，再对故障进行分析和判断。离线分析的优点是检测准确性高，主要缺点是检测工作不连续，时效性差。如果故障在两次检测之间出现并发展成事故，那么这次事故的早期征兆就不能被发现。在线监测，可以连续进行检测，及时发现异常和发展趋势。在线监测应用已经比较成熟，成功预防事故的案例比较多。

变压器油色谱在线监测是通过安装在换流变压器本体油回路的色谱在线监测装置实现的。目前，按检测气体组分分类，有单组分和多组分两种。

1. 单组分气体在线监测

单组分气体在线监测实际是采用透析膜技术监测变压器油中溶解 H_2、CO、C_2H_4、C_2H_2等综合气体的监测装置，且以检测 H_2为主，不区分气体的组分含量。但可以设定总含气量、不同时段的变化率（小时、天、周、月）等报警值。其报警信号和监视信息既可以就地显示，也通过装置接口远方监控，可以远方修改定值，查看当前、历史数据和曲线等。

之所以选择 H_2作为监测故障的特征气体，是因为变压器内部大多数故障所伴生的主要特征气体之一是 H_2，而且变压器内部大多数故障最先产生的气体也是 H_2，它产生于大多数电气缺陷及油的高温裂解，同时 H_2最容易透过高分子渗透膜，最快达到平衡状态，氢敏传感器研究较早，产品也较成熟。

单组分气体在线监测装置体积小，便于安装和维护，灵敏度高，稳定性较好，可以及时发现变压器的内部故障。其缺点是当接到报警信号后只能到得变压器内部可能出现异常或故障的信息，可以查看数据变化情况，但不显示故障特征气体的组分，无法准确判断故障性质，必须取油样离线进行色谱分析才能做进一步判断。

根据监测需要，单组分变压器油气体在线监测装置功能可以扩展，能实现变压器油中的气体含量和水分含量的在线监测。国内早期在换流变压器上使用的变压器油气体在线监测装置都是该种装置。

2. 多组分在线监测装置

多组分变压器油中溶解气体在线监测装置克服了单组分气体在线监测装置的一些缺点，实现可以分别监测不同组分特征气体的 4 组分、6 组分、全组分（H_2、CO、CO_2、CH_4、C_2H_4、C_2H_6、C_2H_2）等多种功能的在线监测装置。换流变压器较多采用 6 组分和全组分变压器油中溶解气体在线监测装置。

多组分气体在线监测产品必须解决多组分气体的分离和检测两大技术问题，其技术实现难度和产品构造等都比单组分气体在线监测产品复杂，自身组成了小型数据管理和分析系统，可以与智能化设备管理系统联网，共享监测信息。但多组分气体在线监测运行维护工作量相对较大，还应定期进行检查校验，校准检测精度。

根据监测需要，多组分变压器油气体在线监测装置功能也可以扩展，增加变压器油中的气体含量和水分含量等在线监测。

（二）套管 SF_6 气体密度监测

SF_6 气体由于其良好的绝缘性能和导热性能，作为灭弧和绝缘介质被广泛应用于电气设备上。SF_6 气体虽然本身无毒，但它的密度大，不易稀释和扩散，是一种窒息性物质，在故障泄漏时容易造成工作人员缺氧，中毒窒息。当 SF_6 气体在电场中产生电晕放电时会分解出来 SOF_2（氟化亚硫酰）、SO_2F_2（氟化硫酰）、S_2F_{10}（十氟化二硫）、SO_2（二氧化硫）、S_2F_2（氟化硫）、HF（氢氟酸）等近十种气体。这些氟、硫化物气体不但有毒（S_2F_{10} 有剧毒），而且很多还有腐蚀性。因此，对充 SF_6 气体设备必须进行必要的监测，并采取必要的安全防护措施。

1. 套管 SF_6 气体密度监测方法

SF_6 气体密度监测已有成熟的技术、经验和方法，有多种可以自动检测和报警的专用监测设备。对套管 SF_6 气体密度监测，主要目的是监视 SF_6 气体压力是否在规定范围内，是为了保证设备的运行安全。SF_6 气体密度继电器或密度表是自动进行温度补偿的测量装置，带有密度高限和密度低限报警接点，信号可以接入监控系统。运行中主要监测充 SF_6 气体有无漏气，密度是否降低。如果出现密度低报警，应及时查明原因进行处理。当发生泄漏造成密度降低而需要进入室内检查处理时，应先开启抽风设备进行通风，防止造成人员窒息。如果套管发生事故造成泄漏，且 SF_6 气体可能经受高温电弧时，进入室内除按规定通风外，还应穿戴防护用具，防止人员中毒。

2. SF_6 气体自动报警装置

对于安装在室内充 SF_6 气体气量较多有可能威胁人身安全时，应按有关规定在该室内安装自动报警的 SF_6 气体检测设备，实现对 SF_6 气体浓度的自动监测和报警。

（三）铁芯和夹件接地电流监测

在第二章曾介绍变压器的铁芯和夹件都必须一点接地，多点接地将形成环流引起铁芯或夹件发热，严重的还会造成事故。

1. 接地电流的测量

对于未安装铁芯或夹件接地电流在线监测装置的换流站，应根据现场运行规程规定的周期和方法测量接地电流，监视接地电流的变化趋势。如果接地电流大于100mA（紧靠铁芯绕组的对铁芯电容电流会形成固有的铁芯接地电流，通常小于100mA），说明铁芯或夹件绝缘不良。

2. 接地电流在线监测

铁芯或夹件接地电流在线监测装置属于最简单的装置之一，只要将取自该接地回路的电信号经过一定的放大处理后接入后台进行报警、显示等即可。因为铁芯和夹件在换流变压器运行时必须可靠接地，因此，在获取在线监测信号时，不能影响其接地的可靠性。同时应防止换流变压器运行中出现铁芯或夹件接地万一开路时，该回路将会出现高电压悬浮电位。为了不使强电被引入弱电系统造成安全事故，该信号接入计算机系统应采取必要的隔离措施，防止对人身和设备安全带来威胁。

（四）套管监测

一般按周期在停电的情况下进行电容式套管的检测试验，对于两次试验之间套管状态的变化就无法掌握。根据需要可以对换流变压器套管进行状态监测。

1. 监测项目

（1）电容式套管的在线监测项目包括套管电容量、介质损耗、泄漏电流等。电容式套管的内绝缘是否良好，可以通过检查其电容量、介质损耗角等进行判断。如果存在绝缘击穿、电容屏短路等缺陷，其电容量会发生变化。套管内绝缘不良、受潮等缺陷，可以通过介质损耗角、泄漏电流等的变化情况进行判断。

针对电容式套管等容性设备的在线监测产品已经很多，在线监测的主要优势在于可以连续检测，可以发现变化趋势和变化率，对及时发现缺陷和分析判断非常有益。因此，对在线监测装置的主要要求是稳定性要好，测量精度次之，只要发现缺陷，最终还需要通过离线诊断获取数据，做出定性结论。

除采用在线检测装置外，套管电容量、介质损耗等也可以通过带电检测方法测量，因为套管的故障概率较低，既使有故障也是一个渐变的过程，一般通过带电检测进行状态诊断也可以满足要求。

（2）油气混合绝缘电容套管的在线监测项目包括套管电容量、介质损耗角、套管SF_6气体密度等。

（3）对于安装在污秽严重地区的户外套管，还可以监测套管的泄漏电流或污秽电流。套管发生污闪放电事故是一个渐变的累积效应，发生污闪应首先具备污秽条件和气候条件。所谓污秽条件是指绝缘表面积污达到一定的程度，等效盐密达到污秽放电的临界值及以上。气候条件是指发生污闪还应具备一定的湿度，即绝缘表面能形成连片的水膜。泄漏电流或污秽电流监测是连续监测套管沿面泄漏电流的变化情况和发展趋势，在套管等效盐密达到污秽放电的临界值之前发出报警信号，及时采取措施防止事故发生。

2. 监测方法

智能化管理首先应建立数据管理平台，统一各种在线监测装置数据规约，整合数据，消除信息壁垒和孤岛，实现数据信息共享。

（1）套管的电容量、介质损耗角、泄漏电流、铁芯接地电流、夹件接地电流等监测项目可以组合在一套装置进行监测，该类型的装置已有多种。

（2）SF_6气体通过SF_6密度继电器或密度表监测，只需将信号接入管理平台即可。

（3）泄漏电流或污秽电流在线监测已有获得运行经验的装置，只需将信号接入管理平台即可。

（4）直流套管一般设有电压抽取装置，它是以电容分压器的方式对施加在端子上的电压进行测量。当套管的主电容C_1和分压电容C_2确定后，端子电压U_1和抽取电压U_2的测量比也就确定。当套管的内绝缘出现缺陷时，一般情况下电容量会发生变化，电压抽取装置的测量结果就发生了变化。因此，直流套管的电压抽取装置也是一种监测套管状态的装置。

（五）局部放电测量

绝缘介质内部发生局部放电时，伴随着发生许多现象，有些属于电的（如电脉冲的产生、介质损耗角的增大及电磁波放射），有些属于非电的（如光、热、噪声、气体压力的变化和化学变化）。这些现象都可以用来判断局部放电是否存在，因此检测的方法也可分为电的和非电的两类 。

1. 局部放电测量

换流变压器的局部放电测量可以分别在停电（离线）、带电和在线三种方式下进行。

（1）停电测量是一种常用的离线检测方式，一般在出厂试验、安装调试、大修后或某些专项检修后以及必要时进行。

（2）带电测量是根据设备运行的状态评估情况，必要时在设备运行状态下用便携式局部放电测量装置进行的测量。

（3）局放在线监测是指换流变压器在运行状态下，对其局部放电进行的连续监测，该项技术已有多年运行经验，尤其在智能变压器上广泛采用。

2. 影响局放在线监测的主要因素

（1）电磁干扰。换流变压器等高压设备运行时的强电场、工频电流引起的强磁场、母线等导电体的强烈电晕、邻近设备的放电、各类设备投切操作、换流阀的整流换向等强电磁干扰，换流变压器的励磁噪声、散热器风扇和潜油泵的噪声，以及环境中的无线电信号、各种电离信号等对局部放电测量的干扰，使得如何正确区分放电信号与干扰信号是必须解决的技术难点之一。

（2）局放检测的灵敏度。换流变压器等高压设备的放电量常常只有几十至几百微微库，测量这些微弱的放电信号非常困难，因此，要求局放检测装置必须具有很高的灵敏度。

（3）局部放电评估和诊断的复杂性。换流变压器的结构复杂，放电声波信号和电信号传递路径不确定，信号衰减严重；局部放电类型的复杂性，放电信号采集、区分、传输、判断困难；放电性质、类型及危害的不确定性等，使得局部放电的诊断和评估具有其复杂性。

（4）换流变压器是使用寿命超过 40 年的长寿命设备，而局放在线监测装置属于电子产品，自身寿命短，运行稳定性和故障率等还未达到期望的水平，在一定程度上也影响着局放在线监测推广应用。

3. 局放在线监测方法

根据变压器的放电机理，局放在线监测装置的类型有基于超高频检测法、脉冲电流法、无线电干扰电压法、介质损耗分析法、超声波检测法、电—声联合监测定位技术等多种，比较常用的有以下三种。

（1）脉冲电流法。脉冲电流法是研究最早、应用最广泛的一种局部放电测量方法。测量频带一般分为窄带和宽带两种，窄带带宽一般在 10kHz，中心频率 20~30kHz；宽带带宽为 100kHz 左右，中心频率 200~400kHz。

该方法通过检测阻抗或电流传感器（罗氏线圈），检测套管末屏、外壳、中性点、铁芯等接地线上的脉冲电压或电流，获得视在放电量。脉冲电流法灵敏度高（检测精度：在屏蔽环境下，实验室条件<10pC；通常实用指标>30pC），但抗干扰性能力差。现场检测其灵敏度受到无线电干扰、噪声等限制，尤其在设备运行现场干扰严重。同时，由于换流变压器绕组电容量较大，受耦合电容限制，测量灵敏度受到一定影响。早期采用的脉冲电流法测量频率低、频带窄，包含的信息量少，部分有效信息可能被丢失等。因此，采用超宽带高频电流传感器取代传统电流传感器来接收脉冲电流信号成为这种检测方法的发展趋势，超宽带高频脉冲电流传感器监测频带为几十千赫兹到几十兆赫兹。脉冲电流法广泛应用于换流变压器出厂试验等实验室进行的离线局部放电测量。

（2）特高频检测法。特高频检测法是随着电子技术的发展而产生的具有特高频和超宽带两个代表性的局部放电在线检测技术。特高频（UHF：300～3000MHz）的检测频率高，可最大限度地去除空气中母线等导电体电晕放电干扰；超宽带（UWB）有效保证了检测的灵敏度，最大限度地保留了原始放电源及其传播路径的波形特征，可通过波形分析的方式区分不同放电源及识别干扰。

特高频局放检测精度高（<5pC）、抗干扰能力强，当有选择的保留很多谐振频带时，很宽的信号提取频带允许使用简单的噪声滤波器，并确保了很高的信噪比；监测范围大，可对局部放电类型进行区分；极强的抗干扰能力，可定位等。该检测法需要预先在被监测设备的适当部位安装接收信号的天线，否则将无法采集放电信号。这是该检测方法在特高压变压器上应用的难点，因为特高压变压器内部场域很大，稍有不慎会造成危险，尤其是天线的布置影响更大。特高频局放在线监测已有装置在运行，并在不断积累成功的经验。

（3）超声波检测法。超声波检测主要用于定性地判断有无局部放电信号，以及结合电脉冲信号或直接利用超声信号对局放源进行物理定位。

超声波检测对于粒子放电具有极高的定位精度、抗干扰能力较强，但当故障部位不同或外部噪声的干扰极其严重时会影响检测结果，加之换流变压器内部绝缘结构复杂，各种声介质对声波的衰减及对声速的影响不同，局部放电量在绕组内的传播导致标定时产生较大的误差，对放电点的定位精度带来一定的影响。随着声电换能元件效率的提高和电子放大技术的发展，超声检测的灵敏度和定位技术将有所提高。实践证明，采用超声波和电信号相结合的方法检测，是一种对于声—电结合局部放电源进行物理定位更为有效的方法。

八、换流变压器本体保护和测量装置的监造见证

换流变压器非电量保护和测量装置的见证方式主要是文件见证，但应文件见证与现场见证相结合，且文件见证工作应在该组部件使用前完成。

（一）主要见证内容和方法

（1）产地及供应商。依据项目合同和设计文件，核对每种非电量保护和主要测量装置或元件的产地及供应商是否满足要求。

（2）规格型号和参数。对照项目合同和设计文件，逐一检查核对每种非电量保护和主要测量装置或元件的规格型号和各种技术参数是否满足要求。现场检查实际使用的实物是否与文件见证结果相一致，检查其外观是否良好，防护、标识和使用是否符合要求等。

（3）质量证明文件。非电量保护和主要测量装置或元件的装箱清单、产品安装使用说明书、检验报告、合格证等出厂文件应齐全，内容完整、正确、有效，实物与文件对应。

（4）入厂检验。非电量保护和主要测量装置或元件的入厂检验项目、内容和方法符合要求，记录完整规范，检验合格。对于有特殊要求或对检验结果有怀疑的，应要求重检或送第三方检验机构进行检验。

（5）外观。非电量保护和主要测量装置或元件外观应齐全、完好，无损伤，无受潮和污染等。包装完整，标识清晰，防护措施得当。

（6）使用。每种非电量保护和主要测量装置或元件在换流变压器制造过程使用时，检查实际使用的实物是否与文件见证结果相一致，检查其外观是否良好，防护、标识是否符合要求等。

（二）见证要点和要求

换流变压器非电量保护和主要测量装置或元件见证要点和要求见表3-16。

表3-16　换流变压器非电量保护和主要测量装置或元件见证要点和要求

序号	见证项目	见证要点	见证方式			要求
1	气体继电器	规格型号	R			应符合合同要求
		产地及生产厂	R			应符合合同和设计要求
		出厂质量证明文件	R			应齐全、有效、合格
		入厂检验报告	R			检验项目齐全、合格
		外观检查		W		应齐全、完好、无损伤
2	速动油压继电器	规格型号	R			应符合合同要求
		产地及生产厂	R			应符合合同和设计要求
		出厂质量证明文件	R			应齐全、有效、合格
		入厂检验报告	R			检验项目齐全、合格
		外观检查		W		应齐全、完好、无损伤
3	压力释放阀	规格型号	R			应符合合同要求
		产地及供应商	R			应符合合同和设计要求
		出厂质量证明文件	R			应齐全、有效、合格
		工厂校验报告	R			检验项目齐全、合格
		外观检查		W		应齐全、完好、无损伤
4	测温装置	规格型号	R			应符合合同要求
		产地及生产厂	R			应符合合同和设计要求
		出厂质量证明文件	R			应齐全、有效、合格
		入厂检验报告	R			检验项目齐全、合格
		外观检查		W		应齐全、完好、无损伤
5	油位计	规格型号	R			应符合合同要求
		产地及生产厂	R			应符合合同和设计要求
		出厂质量证明文件	R			应齐全、有效、合格
		入厂检验报告	R			检验项目齐全、合格
		外观检查		W		应齐全、完好、无损伤
6	在线监测装置	规格型号	R			应符合合同要求
		产地及生产厂	R			应符合合同和设计要求
		出厂质量证明文件	R			应齐全、有效、合格
		入厂检验报告	R			检验项目齐全、合格
		外观检查		W		应齐全、完好、无损伤

第四章

换流变压器制造工艺及监造要点

第一节 铁芯制作

一、铁芯下料

（一）进料检验

（1）核对材质书：核对供应商提供的“材质书”上的内容，确认该批材料是否符合产品执行标准和合同要求。

（2）标签检查：标签是否清晰、完整，所标识内容是否与材质书相符。

（3）外观检查：包装是否完整；对包装有破损或裸包的材料品质做出评估，必要时应开包检查。

（4）拆包检验。

1）外观检查：材料的色差、锈斑、氧化、凹凸、绝缘涂层、油污、划痕等。

2）测量检查：材料的宽度、厚度、毛刺、镰刀弯、平整度等。

（二）硅钢片剪切

1. 纵剪

纵剪就是沿着冷轧硅钢片轧制方向，按照所需要的宽度，把一定宽度的卷料剖成各种条料，供横剪之用。由于硅钢片为卷料，则纵剪采用滚剪。乔格纵剪线如图 4-1 所示。

图 4-1　乔格纵剪线

纵剪质量检查内容及质量要求见表 4-1。

表 4-1　　纵剪质量检查内容及质量要求

序号	检查内容	质量要求	检查方法	测量工具
1	原材料检查	外包装是否有破损，牌号、尺寸、厚度等符合要求	目视、测量	卷尺、千分尺、卡尺
2	表面检查	表面光滑清洁，无氧化膜、孔洞、重皮、气泡、分层、折痕、凹凸点等缺陷	目视	
3	宽度偏差	-0.3～-0.1mm	（1）测量每一条制品。 （2）选形状平坦部位进行测量。 （3）对两边剪除废边料的制品，特别地进行测量	游标卡尺
4	毛刺	≤0.02mm（≤0.015mm）	用千分尺对切断部位进行检测，齿杆发出第一碰击声所测得的数值减去将千分尺隔开未发声部位时所得数值，此差即为毛刺高度（长度）值	千分尺
5	镰刀弯	不超过 1/2000mm	将 2m 长的试材放在平台上，试材两端头与基准线相接，测量最大间隙	测量平台、直尺、塞尺
6	波浪度（峰高）	≤2mm	将试材按其自然状态凸部朝上放在平台上，测量波浪最大处	直尺、塞尺
7	平整度	峰高/波长：≤1.5% 波峰：1m 内≤4 个	目视、测量	测量平台、卷尺、千分尺
8	端面检查	应无炸口，无发丝状毛刺，两端无卷边，无破裂、机械损伤、油污、锈粉、错层	目视	40 倍显微镜
9	清洁度检查	无灰尘、印渍、油污	目视	
10	包装检查	外观整齐无破损，实际与标签一致	目视	

2. 横剪

横剪采用斜口剪相对冷轧钢带的轧制方向垂直呈某一角度（通常为 90°和 45°），将滚剪的条料剪成所需要的各种规格尺寸片形的变压器铁芯片。乔格横剪线如图 4-2 所示。

图 4-2　乔格横剪线

横剪质量检查项目及质量要求见表 4-2。

表 4-2　　横剪质量检查项目及质量要求

序号	检查内容	质 量 要 求	测量工具
1	原料外观检查	（1）硅钢片牌号、厚度符合图纸要求，不能混用 （2）表面光滑，清洁，无氧化膜、孔洞、重皮、气泡、分层等缺陷	目视
2	铁芯片宽度偏差	-0.3～-0.1mm	游标卡尺
3	毛刺	≤0.02mm	千分尺
4	铁芯片长度偏差（1～5m）	-1～0mm	卷尺
5	45°斜角角度偏差、90°角度偏差	符合图纸	三角尺，90°直角尺
6	对铁芯片后斩角时，允许台阶深度或缺口偏差	0.2～0.5mm	千分尺
7	铁芯片波浪及镰刀弯	波浪峰值≤2mm，镰刀弯不超过 1/2000mm	直尺、塞尺
8	剪切后铁芯片检查	表面清洁，无卷边、破裂、机械损伤、油污、锈粉、撞角、发丝状毛刺	目视
9	吊运传递	无勒痕，钢丝绳与铁芯叠片垫好，防止勒坏铁芯片	目视
10	包装检查	料板表面是否清洁，包装是否完好，垫木、钢带是否牢固	目视

二、铁芯叠装

目前大型换流变压器铁芯叠积时，只叠芯柱、旁柱和下铁轭，上铁轭待器身装配时进行插片，如图 4-3 所示。

图 4-3　铁芯叠积

（一）铁芯预叠

（1）铁芯选片：换流变压器铁芯选片是将同柱、同级、片形相同的片料预叠放置料板上，便于吊运和叠装选用。

铁芯选片主要靠人工操作，同时可以检查片料质量，片间是否夹杂剪切边角料，表面是否清洁，有无卷边、破裂、机械损伤、油污、锈粉、撞角、漆膜损伤、发丝状毛刺等缺陷，对质量不符合要求的片料要筛选出并作废片处理。

（2）厚度保证：根据铁芯柱、轭每级厚度和片厚度，计算每级所需要的片数，检查废片并提前补充不足片，通过预叠保证铁芯叠装时的每级厚度和总厚度。

（二）布台

（1）摆放铁芯单侧夹件和拉板，芯柱拉板下带有半圆形撑板，叠装前应加垫工装垫块垫平。这是因为在铁芯叠装完毕后起立前需使用铁芯绑带进行绑扎，所以在叠装前摆放垫块时避让此绑扎位置。旁柱拉板下无撑板也应加垫工装垫块，将旁柱拉板与芯柱拉板垫平。

（2）测量夹件对角尺寸及 *MO*（柱间距离）开档，保证叠板台水平、铁芯窗口高度、柱间距离、对角线偏差符合设计图样要求。然后将拉板与下夹件锁紧，拉板上端与上夹件用“F”型架固定。

（3）按设计图样要求摆放下夹件油道，拉板绝缘、上夹件油道不摆放。

（4）料架及铁芯片支撑架摆放，注意将铁芯片支撑架调节至适当高度，不妨碍铁芯叠装，支撑架支撑必须牢靠稳固。

（三）铁芯叠片

（1）铁芯叠装时采用边、角、中心三种定位装置，如图 4-4 所示，提高叠片质量，保证各级端面整齐及尺寸精度和铁芯的 *MO*、*HO*（窗口高度）、对角线等尺寸。

图 4-4　定位装置

（2）按图样和工艺要求叠装，铁芯片两片一叠，大部分制造厂不叠上铁轭。在叠每一级前均要对级后进行测量，并应测量铁芯叠积厚度、台阶尺寸和 *MO* 尺寸，以保证铁芯叠装质量。

（3）按图样叠积铁芯，并在下轭放置垫块位置先涂刷防锈漆，叠完最初第 1、2 级时放置底脚垫块，叠积至 150mm 高时应用支持梁及垫块将铁芯柱片两端垫起，以防止塌片。

（4）按图样标定位置要求放置橡胶垫、铁芯油道（或有阻燃纸）。

（5）涂防锈漆时，注意绑扎半导体绑带的铁芯柱不需涂刷防锈漆。

（四）铁芯环形铜导体磁屏蔽安装

当换流变压器调压绕组为单层时，调压引线侧的铁芯面设有铜屏蔽，铜屏蔽安装在铁芯柱和拉板之间，铜导体屏蔽安装时要按图样要求放置绝缘垫，以保证屏蔽铜板分别与铁芯和拉板之间要求的绝缘强度。

三、铁芯夹件、拉带安装及收紧

（一）夹件、拉带安装

（1）按设计图样要求摆放下夹件油道、拉板绝缘、安装夹件。

（2）装配前用横梁压紧下铁轭，并按图样要求包扎钢拉带外绝缘皱纸，从两端开始实行至折弯处，半叠两层。在下铁轭内外侧放好绝缘板及梯形垫块，并将拉带装上，装上垫圈、螺母。

（3）收紧轭内外拉带，收紧时使用力矩扳手按铁芯装配要求将拉带装上，收紧前下端夹件侧拉带螺母先拧到位，先内侧后外侧。

（4）拉带收紧完毕检查螺栓应符合要求。

（5）所有拉板及下夹件撬紧后使用安全漆标识清楚，表明此处螺栓已撬紧。为防止夹件在铁芯起立后与拉板产生攒动，需在拉板头上放置辅助工装。

（二）铁芯收紧

铁芯柱采用钢丝绳羊角收紧工具收紧铁芯，如图 4-5 所示，间距 150mm。注意：因芯柱绑扎带上下两端有部分需在铁芯翻转前绑扎，所以在使用钢丝绳羊角收紧工具收紧时，注意避让芯柱绑扎带上下绑带的位置。

图 4-5　钢丝绳羊角收紧工具收紧铁芯

（三）支撑件及垫脚安装

按图样要求安装铁轭支撑件及螺杆、垫脚，并使用纸板条调整好间隙，纸板条与纸板条之间使用 mowil 胶粘接。

旁轭支撑件不安装，只将拉螺杆装配上。

四、翻转起立

（一）翻转前工装安装

（1）安装好 *MO* 支撑工装。支撑工装撑紧时，注意测量 *MO* 尺寸，以保证符合图样要求。

（2）装好夹件开档支撑工装，对支撑薄弱处用木柱撑紧。

（二）起立准备及起立

（1）吊走铁芯片支撑工装及铁芯片料架，并清理干净铁芯起立架上的其他物品。

（2）检查支撑垫块及千斤顶，应与起立架固定牢靠。

（3）翻起铁芯起立架短腿，并调节支撑千斤顶顶实铁芯底脚，并在下夹件辊角定位座下用千斤顶支撑。此千斤顶亦应与起立架固定。

（4）将铁芯起立架连同铁芯一起翻转竖立，如图 4-6 所示。

图 4-6　铁芯翻转直立

（5）安装吊具起吊铁芯。

（6）将铁芯吊入器身装配架中的器身平台上，放置时必须将铁芯垫水平，可用纸板或废铁芯片垫平。

五、铁芯绑带绑扎

绑扎时按主、旁柱绝缘要求执行：

（1）使用自粘玻璃丝带和半导体绑带（芯柱地屏）同时绑扎。常温下宽 50mm 的玻璃丝粘带要在加工前 1h 将材料从冰柜中取出。

（2）开始绑扎前，用于下铁轭相应的保护纸盖住整个下铁轭，用皱纹纸条封闭分级铁芯的开口。

（3）使用绑扎机绑扎。绑扎时应始终从下往上绑扎。绑扎位置按主绝缘的位置要求执行。

（4）在各种情况下，都应该先以较小接力（500N）对铁芯进行保护绑扎（用 50% 的搭边绑扎），保护绑扎带使用半导体绑带绑扎铁芯，半叠一层，绑扎牢固。在保护层外部，可用较大的拉力（2000N），同样用 50% 的搭边绑扎进行机械绑扎玻璃丝纤维带，收头使用电烙铁进行烙烫。

（5）用保护绑扎带（半导体绑带）和拉力绑扎带（玻璃丝纤维带）同时向上绑扎，直至一个辅助绑带为止。操作时应注意两绑扎处不应重合。

（6）卸掉第二个辅助绑带后，可继续绑扎，当绑带壁厚剩余 5 ~ 10mm 时应更换新的绑扎带绑扎。

（7）绑至图样中要求的位置后，在末端水平缠绕两圈拉力绑带。

六、铁芯质量检查

铁芯质量检查内容及质量要求见表 4-3。

表 4-3　　铁芯质量检查内容及质量要求

序号	检查内容	质量要求	检查方法
1	夹件、拉板验收	（1）具有足够的强度； （2）焊线强度满足要求； （3）加工精度满足要求； （4）焊接处不可形成“袋状”； （5）肢、腹板之间必须垂直； （6）压钉螺母焊后的中心线垂直肢板； （7）转运过程中无损伤、变形，表漆完好、表面清洁	（1）查检验报告； （2）角尺测量； （3）目测
2	横梁、垫脚、侧梁验收	转运过程中无损伤、变形，表漆完好、表面清洁	目测
3	铁芯片验收	有合格标识，转运过程中无损伤、表面清洁	目测
4	绝缘件验收	有合格标识，转运过程中无损伤、表面清洁	目测
5	夹件平整度测量	≤0.5/1000	卷尺、角尺测量
6	下夹件、拉板及绝缘铺设	夹件与拉板对角线长度偏差小于 2mm	卷尺测量
7	叠片	每叠放一级的第一叠后测量与上一级的宽度差应小于±0.5mm	直尺测量
8	直径偏差	≤±2mm	直尺测量
9	总厚度偏差	允许-1~2mm	直尺测量
10	离缝偏差	单缝≤2.5mm，双缝≤3.0mm	直尺测量
11	厚度偏差	主级厚度偏差为 0~1mm，其他各级厚度偏差为±0.5mm	直尺测量
12	对角线偏差	对角线偏差≤2mm	卷尺测量
13	铁芯松紧度	强油导向结构工艺：检查塞尺插入深度≤70mm 强油非导向结构工艺：拉带坚固时加压次数及加压压力确定	（1）塞尺检查； （2）校对加压次数及压力
14	铁轭端面波浪	≤2mm	直尺测量
15	铁芯柱波浪度	≤2mm	直尺测量
16	铁芯接缝	不允许有搭头	目测
17	铁芯柱倾斜度	≤0.2H‰（H 为铁芯高度）	垂线测量
18	铁轭端面参差不齐	≤0.5mm	直尺测量

续表

序号	检查内容	质量要求	检查方法
19	下夹件垂直对称度	≤0.5/1000	卷尺、角尺测量
20	垫块顶级偏差	≥70%	目测
21	夹件表漆	无起皮、掉漆，表面清洁，补漆符合工艺要求	目测
22	紧固件检查	紧固件装配符合图样要求，紧固可靠、不松动，拧紧力矩和其他符合图样要求	力矩扳手检查
23	清洁度	清洁、无金属异物，无污损及非金属异物	目测
24	铁芯碰伤处数（碰伤须修复）	≤2处	目测
25	铁芯绝缘电阻	铁芯—夹件：>0.5MΩ；铜屏蔽—铁芯：>0.5MΩ（有铜屏蔽时）； 油道间：不通路	绝缘电阻表检测

七、铁芯制作监造见证

铁芯制作主要见证内容、方法和监造要点见表4-4。

表4-4 铁芯制作主要见证内容、方法和监造要点

序号	监造项目	见证内容	见证方法	监造要点
1	材料检查	硅钢片、绝缘材料确认检查	现场检查，查看实物	产地、规格型号等符合设计及供货合同要求；性能指标与出厂值相符；外观质量检验合格
2	硅钢片剪裁	纵剪质量	对照工艺要求，查看现场检测记录	片宽偏差符合工艺规定；切边毛刺≤0.02mm
		横剪质量		切边毛刺≤0.02mm
3	夹件、拉板检查	焊接	对照工艺要求进行测量及目测	焊线强度满足要求
		涂漆		漆膜均匀，无损伤
		平整度		无尖角毛刺，平整度≤0.5/1000
		L形肢板		肢板与腹板夹角为90°
4	布台	水平度测量	对照工艺要求进行测量	水平度满足工艺要求
		对角线测量		对角线偏差≤2mm
5	叠片	硅钢片检查	现场检查	漆膜完好，无锈迹，无折痕等损伤
		直径偏差	查看记录，现场检查、测量	≤±2mm
		总厚度偏差		允许-1~+2mm
		离缝偏差		单缝≤2.5mm，双缝≤3.0mm
		厚度偏差		主级厚度偏差为0~1mm，其他各级厚度偏差为±0.5mm.
		铁芯接缝		不允许有搭头

续表

序号	监造项目	见证内容	见证方法	监造要点
6	装配	对角线偏差	查看记录，现场检查、测量	对角线偏差≤2mm
		铁芯松紧度	查看记录，现场检查	符合设计、工艺要求
		铁轭端面波浪	查看记录，现场检查、测量	≤2mm
		铁芯柱波浪度		≤2mm
		铁芯柱倾斜度	查看记录，现场检查、测量	≤0.2*H*‰
		铁轭端面平整度		≤0.5mm
		紧固件检查	查看记录，现场检查	紧固件装配符合图样要求，紧固可靠、不松动，拧紧力矩和其他符合图样要求
		清洁度	查看记录，现场检查	清洁、无金属异物，无污损及非金属异物
		铁芯绝缘电阻	绝缘电阻表检测	铁芯—夹件：>0.5MΩ，铜屏蔽—铁芯：>0.5MΩ（有铜屏蔽时），油道间：不通路

八、铁芯制作过程中曾出现的质量问题

（1）铁芯上铁轭拉带过热：某台换流变压器做完温升试验后，色谱分析发现绝缘油中出现乙炔（最大含量3.78μL/L），甲烷、乙烷、乙烯等特征气体含量也有不同程度增长。经吊盖检查发现铁芯上铁轭两条拉带与夹件连接螺栓局部油漆膜未清理干净，有2处接触不良引起发热，铁芯上铁轭两条拉带与夹件的两个连接螺栓处有发热痕迹，分别如图4-7和图4-8所示。

图4-7　铁芯拉带发热部位

图4-8　铁芯拉带烧伤痕迹

（2）铁芯旁轭波浪度大：某台换流变压器器身装配完成后，检查发现柱Ⅰ旁轭下部铁芯波浪度较大，形成较大S弯。经分析为夹件及阶梯垫块不够紧实，器身下部地面不平，铁芯旁柱少许倾斜，造成铁芯出现波浪形变。

（3）器身铁芯对夹件绝缘电阻为零：某台换流变压器器身出炉压装下箱后，按规定测量网侧铁芯（末级铁区域）对夹件绝缘电阻时，仪表显示为零（之前在出炉及压装前此电阻均正常），使用内窥镜检查，发现上铁轭拉带绝缘上表面破损。经分析为器身总装

压装过程中导致拉带绝缘破损。

第二节　油　箱　制　作

换流变压器一般采用桶式油箱（见图4-9）：箱盖采用平盖或梯形盖；箱壁为平板，用槽形加强筋加强；箱沿也有两种形式，即采用强油导向结构产品的油箱箱沿与箱盖用螺栓相连，采用强油非导向结构产品的油箱为无孔箱沿。产品总装配时箱沿与箱盖先用C型卡临时卡住，待产品试验合格后焊牢。为了防止漏磁引起箱壁发热，在油箱内壁上都设有屏蔽：一种是用铜或铝板制成的反磁屏蔽，另一种是用硅钢片条制成的导磁屏蔽。油箱制作工艺在此不作详细描述，只对工艺流程作简要介绍。

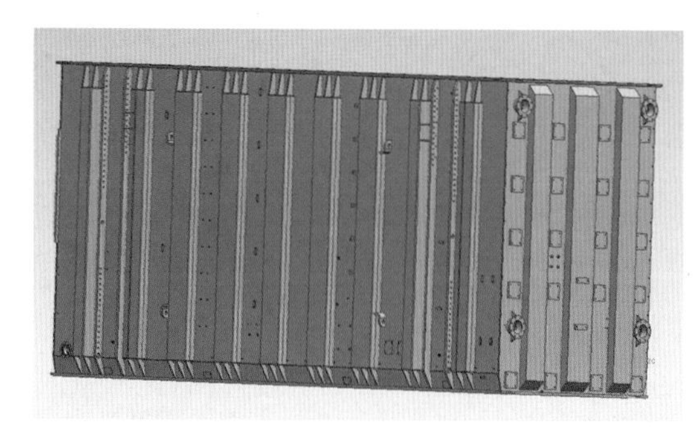

图4-9　桶式油箱

一、油箱下料

钢板下料时要严格控制下料尺寸精度和对角互差，下料后进行倒角处理，需要拼接的焊缝边进行打坡口处理。凡厚度大于4mm的钢板，下料前需进行钢板预处理，去除钢板表面的氧化皮及铁锈等污物。其方法是打砂及喷涂可焊底漆，不得使用富锌底漆。

二、油箱组焊与检测

（一）油箱壁及箱盖、箱底加工和焊接

（1）箱壁拼焊。箱壁拼接采用埋弧焊，拼接在平台上进行。注意点装时必须点平，错边量应小于5mm。为了防止焊接变形，可采用25号工字钢捆绑焊接，即用工字钢将所拼钢板点焊固定（见图4-10），然后再进行拼缝焊接；为消除焊接应力变形和裂纹，可先进行焊线预热（每侧加热宽度不大于板厚的5倍），然后再进行拼缝焊接，焊好后抽取某条焊线进行着色探伤。箱壁拼焊后，外侧磨光，内侧磨平，对变形处进行火焰校正。

图4-10　壁板采用25号工字钢捆绑焊接

（2）加强筋焊装。将摵弯成型的槽型加强筋进行刨边校平、校直，在箱壁上划好加强筋焊装线，放置加强铁并点装，然后使用半自动角焊机进行焊接。

（3）箱沿焊接。根据图纸尺寸和要求焊接箱沿，箱沿机加工后不平整度最大值为1mm/m，机加工定位槽、密封槽。箱沿焊装时必须保证箱沿与箱壁垂直度。

（4）箱盖（箱底）焊装。箱盖（箱底）选用定置整钢板，注意定位装配和法兰装配尺寸及焊角高度，所有开孔处需倒圆角处理。

（5）油箱屏蔽焊装。

1）磁屏蔽螺柱焊接：磁屏蔽螺柱在油箱喷丸处理后焊装。焊接螺柱必须用螺柱焊机焊接，焊接前必须根据螺柱的尺寸调节好电流、电压，然后在与箱壁相同材质和厚度的钢板上打几个螺柱进行破坏性试验，试验合格后方可在产品上进行焊接。

2）铜屏蔽焊装：先将拼接好且经矫平的壁板内壁进行喷丸和防锈漆处理。屏蔽铜板按工艺要求焊装后进行打磨修光处理，要求平面光滑平整，焊线饱满无毛刺，并保证屏蔽铜板中心线和器身中心线在一条直线上。

（二）油箱组焊

（1）油箱组立（见图 4-11）。组装时注意平面度，并保证箱壁与箱底的垂直度和箱沿的平整度。

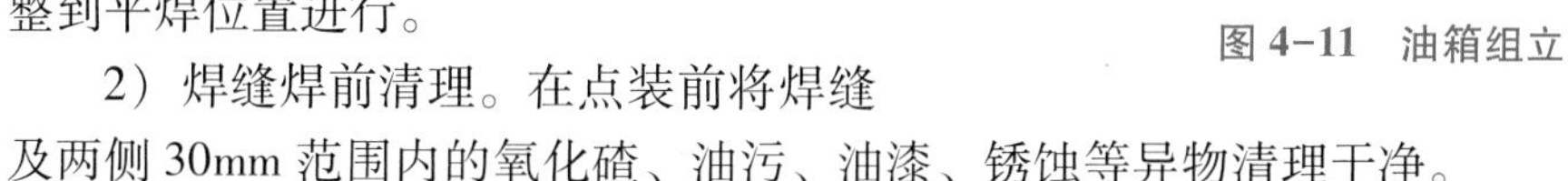

图 4-11　油箱组立

（2）拼缝焊接。箱壁与箱底、油箱长壁与侧壁接缝进行内外接缝焊接，焊接时应采用分段对称焊接。焊接时在箱口增加支撑防止焊接变形。对箱体内部焊线，采用整条焊缝全焊的方法，避免喷丸时夹砂及异物难清理。焊接完成后进行打磨修整，并再次校核油箱内空尺寸。

1）所有零部件的焊接位置尽可能调整到平焊位置进行。

2）焊缝焊前清理。在点装前将焊缝及两侧 30mm 范围内的氧化碴、油污、油漆、锈蚀等异物清理干净。

3）油箱焊缝的焊装顺序是优先密封焊缝，其次是具有强度要求的焊缝，最后是一般焊缝。

4）对于密封焊缝，尽量采用焊条电弧焊或药心焊丝气体保护焊，长直焊缝有条件时尽量采用埋弧焊。

5）对于大焊脚高度的焊缝，需采用多层多道焊。此时应注意在焊接过程中，每一道焊缝完成后，要去除药皮、飞溅，仔细检查焊缝质量，无焊接缺陷后才能焊接下一道焊缝。

6）为减小焊接变形、减少整形工作量，严格按照图样和设计工艺要求控制焊缝的焊脚高度。

7）对于一些由于操作空间所限不易焊接的焊缝，必须从背面开坡口，保证此焊缝焊透。

8）在焊接过程中，由于公差积累等原因造成间隙过大不易施焊时，为保证焊接质量及几何尺寸，往往需要采用夹条焊。

（三）焊缝检测

（1）焊缝应在焊完后立即清理干净焊缝表面，然后经焊缝外观检查。焊缝表面不得有裂纹、气孔、夹渣和熔合性飞溅。焊缝质量评定级别：对接焊缝按 CS，角焊缝按 CK，尺寸公差等级按 C 级，形位公差等级按 G 级。

（2）角焊缝的焊角高应符合设计规定，其外形应平缓过渡，表面不得有裂纹、气孔、夹渣等缺陷，咬肉深度不得大于 0.5mm。

（3）对所有焊缝进行探伤检测和用渗漏液或荧光粉进行焊缝试漏。

三、油箱配装

（一）连管焊装、升高座焊装

注意法兰孔的方向、连管走向及角度、TA 出线盒的方向以及放气塞的高度等。

（二）储油柜及通气连管配装

储油柜与油箱之间气体继电器的立弯连管应尽量在高点连接，坡度基本与顶盖平行或按图样尺寸，比与主管相连的升高座高一些（坡度大于 1%），配焊与立弯连管相连接的管头法兰。

（三）冷却装置配装

先按图样将主汇油管和所配制的支架件组装成冷却器并安装固定支架，然后用螺钉将分连管未焊法兰紧固于主汇油管相应管接头处，并调整中心和高度符合图样要求，按焊接工艺焊接分连管法兰。

（四）蝶阀焊装

用工装安装蝶阀，安装后进行测量，没有问题后进行后续蝶阀安装，焊接蝶阀时尽量采用稳定性较好的手工电弧焊进行焊接。

四、油箱密封和机械强度试验

（一）油箱密封试验

（1）气压试漏。施加气压为 0.05MPa，静压放置时间≥12h，试漏过程中用肥皂水检查有无漏气，气压有无变化。

（2）油压试漏。油压试漏应在产品试验合格后进行，在储油柜油面施加 0.03MPa，静压放置 24h，应无渗漏油现象出现。

（二）机械强度试验

（1）机械强度负压试验。从 50% 试验压力开始，分 6 级逐级加压，每级 5min，最终真空残压为 13.3Pa。加压前测量油箱各测点基数，然后在每级压力下测量计算油箱各测点的弹性变形量。解除真空，恢复常压，测量计算油箱各测点的永久变形量。

（2）机械强度正压试验。从 50% 试验压力开始，分 6 级逐级加压，每级 5min，最终施加气压为 0.1MPa。加压前测量油箱各测点基数，然后在每级压力下测量计算油箱各测点的弹性变形量。排压恢复常压，测量计算油箱各测点的永久变形量。

（3）油箱变形量保证值见表4-5。

表4-5　油箱变形量保证值

变形部位	允许最大弹性变形	允许最大永久变形
加强铁	3倍箱壁厚	1倍箱壁厚
箱壁	3倍箱壁厚	1.5倍箱壁厚
箱沿	2.5倍箱壁厚	1.2倍箱壁厚
箱盖	1.5倍箱盖厚	0.5倍箱盖厚

五、喷丸处理

（一）喷丸前处理

（1）喷丸处理前工件检查。工件表面必须清理打磨除油去脂合格。

（2）喷丸前的保护。所有密封面要用盖板盖上；所有螺纹孔及沉孔用螺栓拧上；所有外露螺纹用相应的螺纹套套上；对带导油管的下节油箱，必须将所有孔（包括接头法兰）用盖板盖严。

（二）喷丸工艺操作

（1）喷枪嘴与工件不允许成直角喷射，应形成70°～80°的投射角，并与工件表面保持最佳喷射距离约500mm左右。

（2）油箱外壁整体表面要全部进行喷丸处理，钢板经预处理的油箱内壁重点喷所有焊缝，否则内外表面均要全部进行喷丸处理。

（3）内壁焊装铜屏蔽，其表面不进行整体喷丸处理，仅除锈。

（4）储油柜、升高座将法兰用盖板盖住后，对外表面进行喷丸处理，内表面除锈处理。

（5）钢砂清理。对工件内部、工件装配缝隙、导油管（槽、盒）进行吸附清理。清理过程要经多次反复检查，确保不得残留任何灰尘和异物。

（三）质量检验

工件喷丸除锈质量达Sa2.5级，即工件整体露钢板本色，其表面应无油脂、污垢、氧化皮、铁锈和漆涂层附着物。

六、油箱涂装

（一）涂装前工件检查

喷漆工件清理打磨合格，所有零部件必须表面平整，不允许有凹凸不平现象；棱边尖角处倒钝、圆化，不允许有毛刺和锐边；焊渣、飞溅及焊疤须处理平整干净。除油除锈，涂漆工件表面无油污、无锈蚀、无其他金属及非金属异物。

（二）涂装前的保护

（1）油箱上所有法兰孔用相应的盖板盖严。

（2）管路、管接头端口用纸和胶带粘封。

（3）不涂漆部件（如接地片、接地螺栓等）用粘胶带包住，所有螺纹孔及沉孔用螺栓拧上；所有外露螺纹用相应的螺纹套套上。

（4）封焊箱沿周边50mm范围内用微粘纸胶带粘贴封盖。

（三）涂漆

（1）涂漆所有工艺准备必须在喷丸处理后24h内完成，不允许在涂漆过程中形成二次污染。

（2）漆装体系。

1）外部表面涂装：环氧富锌底漆（40~60μm）+环氧云铁中涂漆（60~80μm）+氟碳面漆（60~80μm），总干膜厚度≥200μm。

2）内部表面涂装：内部漆厚度50μm。

（3）涂富锌底漆：所有外部表面必须在预处理完成后24h内进行富锌底漆涂装。外部整体喷漆前，在棱边、尖角、焊缝、支架表面等到喷涂难以保证涂膜厚度的部位先刷涂一道富锌底漆，表干后再进行整体喷涂。富锌底漆最好一次成膜，必须完全覆盖底材外形表面，并保证规定厚度40~60μm。

（4）涂中涂漆：外部整体涂装前，在棱边、尖角、焊缝、支架表面等到喷涂难以保证涂膜厚度的部位先刷涂一道中涂漆，表干后再进行整体喷涂。中涂漆必须完全覆盖富锌底漆，并保证规定厚度60~80μm。

（5）涂内部漆：所有与内部变压器油接触的内部表面需喷涂内部漆，内部漆必须完全覆盖底材外形表面，并保证规定厚度40~60μm。

（6）局部刮涂腻子：对局部不平整处进行刮涂腻子，腻子实干后对刮涂腻子区域周边20mm范围内进行打磨，使之与周边其余涂层平滑过渡。

（7）涂面漆：所有外部表面需涂装面漆，面漆必须完全覆盖中涂漆，并保证规定厚度60~80μm。

（8）漆膜厚度要求：总干膜厚度≥200μm，局部最小厚度≥160μm，最大厚度≤300μm。不同厂商的油漆不允许在同一体系中混合使用，更不允许不同厂商的油漆在同一漆层中混合使用。

（四）漆膜烘干

漆膜流平30min→在烘房温度低于60℃下将油箱进入烘房→升温≤80℃→烘烤时间1h。

七、油箱质量检查

油箱质量检查内容及质量要求见表4-6。

表4-6　油箱质量检查内容及质量要求

序号	检查内容	质量要求	检查方法
1	钢板检查	所有件尺寸符合图样要求，须加工部位严格按图样及工艺进行加工	对照设计及工艺文件查看实物
2	焊接质量	焊线、焊角饱满、均匀，无裂纹、无缝无孔、无焊瘤、无夹渣；承重部位的焊缝高度符合图纸要求	对照设计及工艺文件现场检查

续表

序号	检查内容	质量要求	检查方法
3	密封面锉痕	密封面不得有锉痕和划伤，凸点/凹点不大于0.3/0.05mm	查看现场记录，现场检查
4	密封面平整度	所有密封面平整、光滑、无损伤，箱沿密封面的平整度误差≤3‰	
5	箱沿与箱壁垂直度	上箱沿倾斜不超过-2～3mm，下箱沿倾斜不超过-3～0mm	查看现场记录，必要时测量
6	定位钉尺寸偏差	长、短轴不超过±2mm，对角线≤3mm	
7	油箱内壁尺寸偏差	长不超过±4mm，宽不超过±2mm，高不超过-5～-3mm	
8	升高座底座位置	升高座底座尺寸偏差≤5mm	
9	管接头尺寸	冷却器管接头中心距偏差偏差：±2mm，上下法兰端面：应在同一平面	
10	棱角打磨	气割端面及棱角处均打磨 $R \geqslant 1.5$mm（如图样规定按图样规定打磨）	查看记录，检查实物
11	磁屏蔽安装检验	接地片未连接时，检查接地片与接地板间应不通路。接地片连接后，接地片与接地板间应通路	
12	表面预处理	油箱整体表面预处理前，彻底磨平和清理油箱各部位的尖角、毛刺、焊瘤和飞溅物；表面预处理应除锈彻底，不留死角；喷砂（丸）处理后油箱内、外表面应沙麻均匀，呈现出金属本色光泽，不得有油污、氧化层等	现场查看实物
13	油漆质量	外表面喷涂颜色应符合供货合同要求；确认喷涂层数和厚度应当符合设计工艺要求	查看记录
14	内部清洁度	油箱内部无尖角毛刺、清洁干净，不得积存钢砂、焊渣等金属物	现场检查
15	外部质量	油箱焊后应保证外形规整、无肉眼可见的变形和扭曲现象，焊线整齐美观，外表面无突出的毛刺、碰伤和明显锥印等缺陷	

八、油箱制作监造见证

油箱制作主要见证内容、方法及监造要点见表4-7。

表 4-7　　油箱制作主要见证内容、方法和监造要点

序号	监造项目	见证内容	见证方法	监造要点
1	钢板检查	钢板材料确认检查	现场检查，查看实物	产地、规格型号等符合设计及供货合同要求；性能指标与出厂值相符；外观质量检验合格
2	焊接	焊接方法、焊接质量	对照焊接工艺，检查现场焊接操作及焊缝质量	焊接工艺符合工艺要求。焊缝饱满、平整，无缝无孔、无焊瘤、无夹渣；承重部位的焊缝高度符合图纸要求
		不同材质材料间的焊接		
		所用焊接材料	对照工艺文件，记录焊条焊丝牌号	应符合设计文件和工艺要求
		超声波探伤	对照工艺文件现场查看	整块钢板和长焊线应进行超声波探伤
		焊缝试漏		确保焊缝无渗漏
3	油箱表面预处理	油箱整体表面预处理质量	查看油箱整体喷砂（丸）设备状况，查看喷砂（丸）或其他工艺处理后油箱内外表面的实际质量状况	油箱整体表面预处理前，彻底磨平和清理油箱各部位的尖角、毛刺、焊瘤和飞溅物；表面预处理应除锈彻底，不留死角；喷砂（丸）处理后油箱内、外表面应沙麻均匀，呈现出金属本色光泽，不得有油污、氧化层等
		各管路的除锈质量	对照工艺文件，查看防锈操作实况	除锈前要彻底清理焊瘤，毛刺和尖角；除锈钝化后要及时喷涂防锈漆
		油漆质量	对照技术协议、工艺文件，查看喷涂用料、色泽和厚度	油箱外表面喷涂颜色应符合供货合同要求；确认喷涂层数和厚度
4	油箱整体质量特征要求	油箱整体尺寸	对照设计图纸，查看质检员的检验记录，必要时可要求复核	查看图纸记录油箱外形尺寸
		下节油箱器身定位钉位置		认真检查钉间距和到箱壁的尺寸，两对角线尺寸之差应符合图纸要求
		油箱本体上各类接口法兰、位置，方向	对照图纸现场查看	对于有改动部位的补焊要充分、饱满并磨平；记录套管法兰的连接方式
		油箱密封面	对照工艺文件要求，查看油箱密封面质量	注意密封面平整度及凸凹点的工艺标准，特别是非机械加工密封平面，不得有锤痕
		油箱内部清洁度	现场查看、观察	彻底磨平油箱内壁的尖角毛刺、焊瘤和飞溅物，确保内壁光洁；彻底清除各死角可能存在的焊渣等金属和非金属异物
		整体配装质量检查	对照设计图纸和工艺文件，现场观察配装实况，记录配装中较大误差的修正	各套管升高座法兰位置和偏斜角度准确；散热器接口偏差不得超标；管道尺寸和曲向正确，排列固定整齐；法兰密封面平整，离缝均匀；集气管路的坡度符合要求；油箱的全部冷作附件应进行预组装

续表

序号	监造项目	见证内容	见证方法	监造要点
5	油箱屏蔽	屏蔽质量检查	对照设计图纸现场检查	磁（电）屏蔽注意安装整齐，固定牢固，绝缘良好；电屏蔽注意焊接质量
6	油箱试验	油箱密封气压试漏	对照工艺文件，记录试验压力、持续时间	气压值、泄漏率和试验时间应符合要求，试验方法符合工艺文件规定
7	油箱试验	油箱机械强度试验（型式试验项目）	对照供货技术协议和工艺文件，记录试验压力、变形量实测值，查看质检员试验记录	确认变形量测试点分布的合理性；变形量符合要求，若发现变形量超标或出现异常，应追踪后续处理过程，直至合格；正压（气压）试验应特别注意人身安全

九、油箱制作过程中曾出现的质量问题

（1）升高座连接螺栓断裂：某台换流变压器在抽真空中，当真空度残压至200Pa以下时，由于箱盖变形、网侧套管倾斜，网侧升高座外侧与油箱盖连接的螺栓（4只）断裂。经分析为该处连接强度设计不足。改进措施：在受力大的部位增加螺栓数量，如图4-12和图4-13所示。

图4-12　变更前螺栓布置

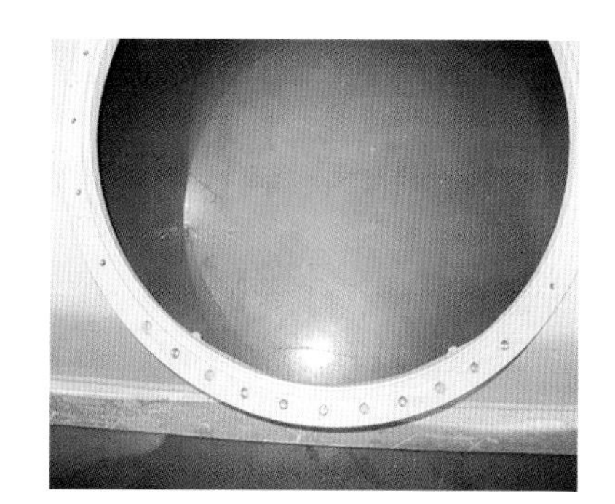

图4-13　变更后螺栓布置

（2）储油柜内残留铁砂粒：某台换流变压器储油柜完工送检时，发现储油柜内焊缝边缘残留有铁砂粒。经分析为喷丸处理后清铲处理不到位。

（3）换流变压器宽度尺寸超差：某台换流变压器预下箱时，发现油箱的两个长侧面有不同程度的超差变形（见图4-14），低压壁板向外鼓肚28mm，导致油箱下部超过了铁路运输宽度的极限设计要求。经分析为壁板焊接时，定位夹紧选择不合理导

图4-14　超差变形的油箱

图 4-15　油箱渗漏点

致焊接超差变形。

（4）油箱焊缝渗油：某台换流变压器注油经压油检查发现多处渗漏点（见图 4-15），油箱焊缝焊接质量不良。

（5）油箱加强铁焊缝不均、有毛刺：某台换流变压器油箱入厂检验发现：① 部分加强铁焊缝极不均匀，焊缝垂直高度和水平高度偏差较大；② 部分加强铁下部倾斜处焊接未完全密封，容易造成该处加强铁锈蚀；③ 油箱内部及外部部分焊缝未打磨光滑，存在尖角毛刺。

（6）油箱取油样阀与加强筋太近，无法安装阀门，原因是未按图加工。

第三节　绕　组　制　作

一、线模和绝缘安装

（一）线模安装

（1）线模：换流变压器绕制线圈采用笼式可调绕线模，如图 4-16 所示，利用蜗轮蜗杆式的微调结构，可根据绕制线圈的内径进行调节，使硬纸筒撑紧。

图 4-16　可调式立卧两用线模

（2）线盘架：为使导线有一定的张紧力，线盘架（见图 4-17）应能够控制正反转，并要求线盘架有足够的强度。

（3）导线拉紧装置：气动拉紧装置，如图 4-18 所示。

（二）绕线绝缘安装

（1）绕组内骨架筒：内骨架筒也称内径绝缘筒，可以在绕线模上粘接成型。有的网、阀侧绕组无内径绝缘筒，绕组绕制只安装工艺衬筒。

图 4-17　线盘架

图 4-18　导线拉紧装置

（2）撑条粘装：绕组内径侧油隙撑条，点粘后，用电工收缩带临时固定。

（3）安装下端静电环，出线槽口热压绝缘纸板：选用组合导线的绕组采用单静电环，选用换位导线的绕组采用单或双（内和外）静电环。将静电环安装在绕线模上，调整好两个（如果是双静电环）静电环的相对位置及间距，然后安装好静电环间隔离垫块和表面垫块，垫块用胶粘牢，用收紧工具将外部静电环收紧，并确保静电环与模具同心，如图4-19所示。

图4-19　单静电环安装

静电环的电位连线从两静电环间引出，使用尼龙绑扎带临时收紧静电环开口处。静电环电位连接线经过处，如受到其上油道垫块挤压，应根据实际情况配置垫块，并注意对下部撑条间的防护。

二、绕组绕制

（一）绕组制作的基本要求

1. 绕组制作应遵守的基本原则

（1）绕组的绕制要紧密无间隙。

（2）严格保证绕组压装后的径向和轴向的几何尺寸。

（3）必须严格控制导线截面的尺寸、表面粗糙度和匝绝缘厚度。

（4）尽量减少导线接头数量，并确保导线的焊接质量。

2. 工艺要求

（1）导线规格及其绝缘必须符合要求，导线本身应无毛刺、尖角、裂纹、起皮、灰渣和油污等，导线绝缘无破损、缺层和脏物。

（2）焊接质量应符合工艺规定，导线的每个焊头必须经过严格的检查，确认合格后，才允许包扎绝缘。

（3）绕组的所有绝缘（包括匝绝缘、层绝缘、油道绝缘和主绝缘等）应符合图样要求，在整个制造过程中应严格执行各部件的公差标准。

（4）在绕组制造过程中要保持清洁，不得有金属粉尘和其他杂物落入，绕组存放时要放在干燥处，并用布罩或塑料罩覆盖好。

（5）绕组制造中的换位、衬垫和绑扎等要合适稳定，确保绕组在压紧和运行中不致损坏匝绝缘。

3. 绕组绕制换位必须满足的要求

（1）正确处理S弯处导线在垫块中的位置，加强该处绝缘和机械稳定性。

（2）对导线的跨段、升层及引出线端等处，均应按规定加强绝缘。

（二）绕组绕制形式

目前换流变压器多数选用的导线及绕线形式见表4-8。

表 4-8　　　　目前换流变压器多数选用的导线及绕线形式

绕组名称		导线类别与绕线形式	强油非导向结构	强油导向结构
调压绕组		导线类别	换位导线	换位导线
		绕线形式	单层圆筒式（多根并绕），双层多圆筒式（多根并绕）	单层圆筒式（多根并绕），双层圆筒式（多根并绕），“∩”形双层多螺旋式（多根并绕）
网侧绕组		导线类别	组合导线	换位导线、内屏换位导线
		绕线形式	纠结连续式（插花纠结）	纠结连续式（普通纠结）、内屏连续式
阀侧绕组	Y 接	导线类别	组合导线	换位导线、内屏换位导线
		绕线形式	单螺旋式	纠结连续式（普通纠结）、内屏连续式
	D 接	导线类别	组合导线、换位导线	换位导线、内屏换位导线
		绕线形式	纠结连续式（插花纠结）	纠结连续式（普通纠结）、内屏连续式

（三）绕组绕制的常用名词

（1）线段和线匝：导线在绕线模上缠绕一圈成为一匝，而缠绕的圈数就是匝数。导线可由一根或若干根导线并绕，若干个线匝沿径向排列起来为一个线段。

（2）正段：从内径向外绕，即尾端在外径侧的线段为正段。

（3）反段：从外径向里绕（实际是先绕一个临时线段，再将临时线段推倒，然后从尾端再理顺至始端），即尾端在内径侧的线段为反段。

（4）纠位：就是纠结位，是为完成“纠结单元”内两个线段的“串联”连接而弯折的换位 S 弯。

（5）连位：就是连续位，是由一个“纠结单元”进入到另一个“纠结单元”的导线换位 S 弯。

（6）底位：也称为连续位，是指在绕组内径上内部换位的 S 弯。

（7）纠线：就是纠结线，是在纠结单元内进行“纠结连接”的导线。

（8）连线：就是连续线，是由一个纠结单元直接进入下一个纠结单元的导线。

（9）纠接：就是纠结连接。

（10）整数匝线段和分数匝线段：整数匝线段是指这个线段的起绕点和终止点在同一个撑条间隔内；如果一个线段的起绕点与终止点不在同一个撑条间隔内，这个线段就称为分数匝线。分数匝线段的匝数一般用“带分数”来表示，其整数部分表示整数匝，而分数部分的分母表示撑条根数，分子为绕过的撑条根数。

（11）内部换位和外部换位：通常“换位”一词是指导线由一个线段过渡到另一个线段的 S 弯，对于由一根导线绕制的连续式绕组，“换位”二字不存在改变导线沿径向排列位置的意义。对于由两根及以上导线并绕的连续式绕组，“换位”一词就包含有改变并联导线沿径向排列位置的意义。

所谓内部换位是指在绕组内径上的 S 弯，也称底位。外部换位则指的是在绕组外径上的 S 弯，或称连位。在整个连续式绕组上，内部换位和外部换位的位置与奇偶数段位置相对应地沿轴向交替排列。

（12）向内油道和向外油道：线段之间由横垫块构成横向油道。换位在内径侧，其两线段间的油道（隙）叫向外油道（隙），反之叫向内油道（隙）。

（四）圆筒式绕组绕制

1. 圆筒式绕组绕制一般方法

绕组绕在酚醛纸筒或粘合的纸筒上，此纸筒由绝缘纸板用聚乙烯醇缩醛胶粘合而成。当纸筒的厚度在5mm以下时，要采用6mm厚的开口硬工艺纸筒，放在产品纸筒和模具支撑条之间，以增加支撑面积，避免出现多棱形。弯折始端（起头）及包扎绝缘，按图样规定的绕向和始端长度，按图4-20所示用搣弯工具将导线弯成90°。

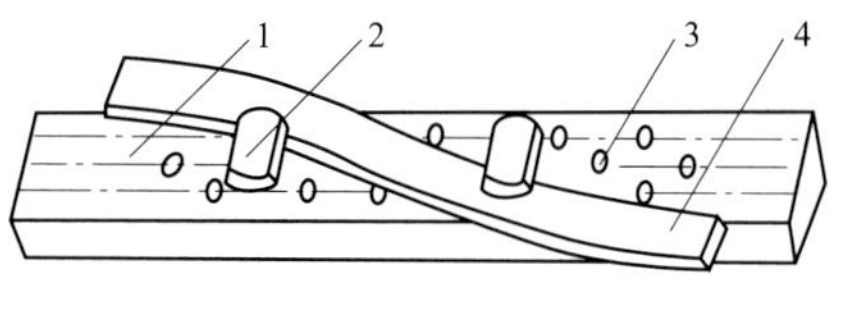

图4-20 搣弯工具

1—电木板；2—定位螺钉栓；3—螺孔；4—导线

为完成换位S弯以及形成始端和末端，要将各种规格的导线（包括组合导线和换位导线）按规定搣成任意角度，这些操作需采用各种专用的搣弯工具，图4-21所示为S弯液压搣弯工具。

搣弯时绝缘易发生破裂，必须剥去损坏的绝缘重新包扎，绝缘接合处应呈锥形，锥形的长度一般为导线匝绝缘厚度的10倍。

图4-21 S弯液压搣弯工具

端绝缘由纸板条制成时，用0.3mm×25mm绝缘纸带将其绑扎在第一匝导线上。开始绕第一匝时，边绕边在线匝下面沿圆周均匀放4~6处拉紧带。当端绝缘是硬纸筒时，可只用拉紧带绑住端圈，拉紧布带将第一匝和端绝缘绑扎在一起；绕第二匝时，将拉紧带翻到上面来；绕第三匝时，再将拉紧带翻到下面去，这样曲折地将端圈拉紧。放在引出端根部的拉紧带的长度要大于绕组的轴向高度，使其能用来固紧第一层的最后一匝。

拉紧带的端头一定要翻到上面来，以免在线段下面堵塞油道。所有线匝拉紧带要随时用木锤靠严并拉紧，以保证整个绕组在轴向上是紧实的。当层间为油道撑条时，拉紧带必须放在油道撑条上面。导线的升层处，以撑条为中心，用0.3mm×25mm绝缘纸带半叠包一层，长40~80mm，放置油道撑条时，要注意撑条与始、尾端之间的位置关系。为使绕组保持正圆形，要在油道撑条间放置临时撑条，临时撑条可采用纸板条或木板条。

2. 多根导线圆筒式绕组的绕制

以双层多根导线圆筒式调压绕组为例。调压绕组是用多根换位导线绕制的双层螺旋式绕组，为保证绕组干燥后的轴向高度，在绕组绕制前，须对换位导线及油道垫块抽样进行带压测量，以便掌握绕组绕制后的最终轴向高度。

（1）调压绕组加工注意事项。

1）调压绕组内骨架筒为浸油纸筒时，在绕线模上粘接成型。调整好线模直径尺寸，安装工艺衬筒后再进行骨架筒粘接。

2）骨架筒沿圆周方向搭接，搭接处用粘接。

3）除骨架筒外，绕组内径侧及内外层的其余绕组之间的纸筒在搭接处均不允许用胶粘接。

4）绕组下端绝缘端圈来料为平直带栅栏状槽口的层压纸板，安装时先将其收紧在模具上，测量尺寸如不满足要求，可根据实际情况对端圈端部进行修配，使其满足图样尺寸要求。

（2）绕组绕制步骤。

1）首先准备一根同样的导线作为样板，进行搣弯，标记有关尺寸。

2）调压绕组上下端90°弯折区前后50mm范围内应剥掉原绝缘，然后用耐热皱纹纸进行绝缘补包和绝缘加包。为方便后续操作，绕组上端出头去漆应在绕组下机床前进行，去漆结束后将导线编制并包扎好。

3）在撑条与导线接触处放置防护用0.5mm绝缘纸板，纸板尺寸配剪。

图4-22　卧式绕线机的压紧装置

4）调压绕组绕制过程中应使用导线收紧装置（制动夹板）将导线拉紧，同时使用绕组轴、辐向压紧装置对线饼进行轴向压紧（见图4-22），确保绕组绕制紧度。

5）内层绕组绕制结束后放置内层外径侧撑条，外撑条的固定采用0.1mm耐热绝缘纸带，沿轴向每隔600mm绑扎一道（2层），撑条固定好后再进行层间纸筒的围制。

6）根据绕组导线、油道垫块的带压测量数据，计算该绕组绕制时需要预调整的轴向高度尺寸。绕组绕制时按设计、工艺要求进行油道垫块调整，双层绕组应注意内外层绕组的调整高度须一致。

7）外层绕组绕制结束后断开导线前，应放置工艺绑扎固定木撑条并用铁链绑扎工具绑扎牢固，木撑条的挡数不少于绕组挡数的一半，而且轴向方向能将绕组表面及上下静电环覆盖（允许多根交叉接长）。放置好上端绝缘及静电环并绑扎、包裹塑料薄膜后将绕组吊下机床脱模。

（五）连续式绕组绕制

1. 单根导线连续式绕组绕制

（1）第一个反段的绕制分如下几个步骤：首先将导线的始端用尼龙收紧带拉紧在固定桩上。绕成一个临时线段，并搣换位S弯，这是一个内部换位。

（2）搣换位S弯时，若导线截面比较小，可以用手搣制；若导线截面较大时，可使用专用搣弯工具。在S弯处要加垫0.5mm纸槽，所有外部换位的纸槽放在导线下面（连续式绕组外部换位爬坡处也应垫0.5mm纸槽），其槽口向上。所有内部换位的纸槽放在导线上面，其槽口向下。纸槽必须延伸搭接在撑条上，防止脱落堵塞油道。接着将临时线段的最后一匝移置到撑条上，使其成正式反段的最内一匝。

（3）线圈起绕后出头处须使用收紧工具固定，以防出头窜动。下端静电环电位连线较长，与线圈下端出头一起引出。

（4）绕组首末端两个线饼按设计图样在绕组绕制时放置线饼内外角环，角环搭接长度不小于30mm，搭接位置应在挡间，搭接方向应与绕线方向一致。线饼内外小角环均用0.22mm耐温皱纹纸与导线花包固定，在角环搭接处应用皱纹纸对接绕包，内角环放置应超过底部S弯。

（5）绕组首末两个线饼导线匝间每隔400mm左右点胶固定，有匝间垫条、垫块链部位在垫条、垫块链两侧均与相邻导线点胶。首末线饼辐向调整到位后用 0.25mm×20mm 绝缘绑带每隔 3~4 挡绑扎一道，出头处必须绑扎且绑扎位置尽量靠近出头弯折处。绕组第一个线饼应与静电板绑扎固定好。

（6）放置第一段（反段）与第二段（正段）之间的油道垫块，绕制正段。绕好最后一匝时，按图样规定的换位位置，弯折导线的换位 S 弯，这是一个外部换位。

（7）放置第二段与第三段之间的油道垫块。第三段又是个反段，后续反段可采用绕制临时线段的方法，也可采用活动的梯形垫块（沿圆周均匀分布）从外圈往内圈绕制，取下梯形垫块后利用分线装置夹紧导线，启动绕线机收紧线饼。为防止导线由第二段上拉下来时将第二段的线匝拉散落，应在第二段的换位 S 弯处用 Π 形夹固定。

（8）每个线饼匝间油道、补偿垫条的放置按图样规定执行，出头处可根据实际情况进行适当减薄，S 弯前后楔形垫块应根据实际情况配置。

（9）在绕组绕制时（见图 4-23），应测量每个线饼的辐向尺寸，根据实际情况采取相应措施（如增加补偿垫条或将垫块链中的小垫块减薄）进行调整。

图 4-23　连续式绕组绕制

（10）换位 S 弯弯折处应加包绝缘，若弯折处绝缘破损，则应剥掉破损层，然后补包和加包绝缘；绕制过程中若出现导线绝缘破损，应补包绝缘。

（11）绕组绕制结束外部垫块按挡位修整平齐达到要求后，上端 1、2 饼间连续 3 挡的饼间垫块两面点胶与导线粘接固定，空 5 挡连续 3 挡再点胶固定，防止运输过程中绕组变形。

（12）绕组出头处配剪 0.5mm 纸板，呈 U 形放置于出头与相邻线饼间，保护出头。

2. 多根导线并绕连续式绕组绕制

当连续式绕组的线匝由两根以上并绕时，从一个线段到另一个线段的过渡方式与前述单根导线绕制时相同。但在进行多根导线过渡时要交换导线的位置：最上面 1 根导线放到最下面去，上数第 2 根导线放到从下数第 2 根导线的位置上，如此类推。目前，连续式绕组并联导线根数最多采用 8 根。绕组一般设计分数匝，这有利于保证主绝缘距离。当用纸板条填充线段辐向尺寸时，在 S 弯处要适当减少纸垫条的厚度，使 S 弯处不超出线段的外径。多根导线并绕的连续式绕制绕组方法与单根导线连续式绕组绕制基本相同，不同点如下。

（1）线段的起绕点，即计算匝数的起始点不同。两根导线并绕时，以任意一根导线的内部换位位置为计算匝数的起始点；三根导线并绕时，以中间一根导线的内部换位位置为计算匝数的起始点；四根导线并绕时，以中间两根导线中的任意一根的内部换位位置为计算匝数的起始点，其余以此类推。

（2）导线换位 S 弯的制作不同。弯折内部换位的 S 弯时，必须先弯折下边一根导线（沿径向排列的最下边一根），再依次弯折其余导线。每个 S 弯处放置 0.5mm 纸槽一件，纸槽放在导线的上面，槽口向下，用 0.3mm×25mm 绝缘纸带半叠包一层绑扎。弯折外部换位

S 弯时，必须先弯折最上面的一根导线，再依次弯折其余的导线。然后，每个 S 弯处放置 0.5mm 纸槽一件，纸槽放在导线的下面，槽口向上，用 0.3mm×25mm 绝缘纸带绑扎在导线上。导线由一个线段过渡到另一个线段时，必须利用 S 弯改变它们沿径向排列的位置，如图 4-24 所示。

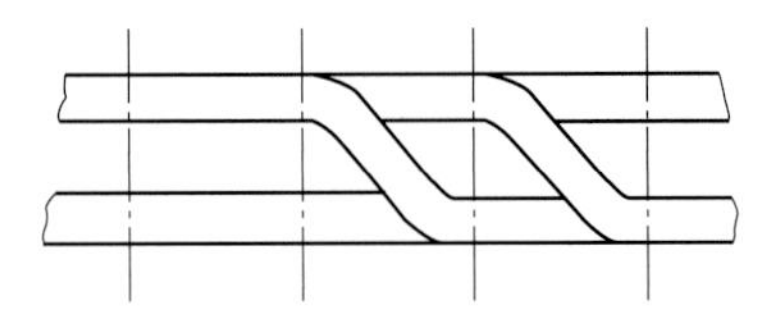

图 4-24 两根导线并绕外部换位

（3）反段绕制。当正段绕完之后，按要求摵正段过渡到反段的换位 S 弯，放置正段上面的油道垫块，然后在垫块上面放置专用梯形垫块，再从梯形垫块的下面第一个台阶开始一匝挨一匝地向上绕线。绕到规定匝数后，按图样规定的位置反段的内部换位 S 弯。S 弯位置应留出提前量，因为要考虑用梯形垫块绕线造成导线长度的增加。这个预留长度可通过绕制第一、二个段时，根据实际情况确定。整理反段，把所有的梯形垫块搬掉，把反段线匝放下，这时的线段较松，按动张紧装置开关，将导线向后拉，即把反段的底位拉到规定的位置，边拉紧底位边用木锤轻轻敲打线段使其紧实。

（4）换位 S 弯分布按展开图进行。为满足线饼辐向尺寸而放置的油道垫链及补偿垫条的分布，同时考虑绕组的美观，换位 S 弯一般沿圆周等分均匀分布。

（5）标准换位。为使组合导线中的每根线芯长度和在漏磁场中所处的位置均相同，在绕组绕制过程中按设计图样标定进行标准换位，也称劈位（见图 4-25），即将同一根组合导线每根线芯进行内部换位。其方法是：将需进行换位的导线在图样标定的挡位剪断，剥落约 200mm 的外包绝缘，将线芯按对接方向摵成 S 弯，采用高频焊接方式将两线芯互换对接，要求接头焊接饱满平整，修整焊接毛刺，去除烤热变色的漆膜，砂光后包扎绝缘。

（6）多根导线并绕时，要做到所有导线的紧度相同是比较困难的。两根导线并绕时，线匝要紧实；三根以上导线并绕时，允许松动的间隙不能超过 1mm。但必须用 1.0mm 纸板条塞紧。

3. 内屏蔽连续式绕组的绕制

（1）内屏蔽连续式绕组（插入电容式绕组）绕制反段时，先将工作导线匝单独绕一匝，再把屏蔽线放在工作导线的上面。放置时要使屏蔽线有足够的长度，使其能与下段（正段）进行连接。用工作导线和屏蔽线绕完余下的匝数，确定工作导线进行内部换位的 S 弯的位置，然后将屏蔽线剪断，剪断的位置应较工作导线的换位 S 弯位置提前一个到一个半撑条间隔，使包好绝缘的屏蔽线端头不伸出换位 S 弯以外。如图 4-26 所示，自粘性换位导线（如图 3-6 所示的带屏蔽线的换位导线）的内屏连续式绕组，绕组有轴向油道。

图 4-25 组合导线标准换位

图 4-26 内屏蔽连续式绕组

为防止屏蔽线端头松脱，必须用绝缘纸带将屏蔽线的端头与工作导线匝绑扎在一起，最后移置线段，完成反段的绕制。

绕制正段时，要将屏蔽线放在工作导线匝的上面，屏蔽线端头绝缘和在线段上的位置，与反段相同，绕至 n-1 匝时（n 为正段的匝数），将屏蔽线剪断，按图样规定的连接位置，弯折反段上的屏蔽线换位 S 弯，使之过渡到正段。如果这个连接位置在明位，S 弯的上面没有导线覆盖，则在 S 弯的下面放置一件 0.2~0.5mm 纸槽，用 0.3mm×25mm 绝缘纸带绑扎在导线上。如果是在暗位，即 S 弯的上面有导线覆盖着，就要在 S 弯的上下两面都放 0.2~0.5mm 厚的纸槽，用绝缘纸带绑扎在导线上。

（2）当采用线间屏蔽时，将屏蔽线放置在并联的工作导线之间，绕制方法与上述的相同，只是这时屏蔽线的匝数可以和工作导线的匝数相等。内屏蔽线的悬浮端位置应特别注意，屏线端头不能伸出底位 S 弯的外面。

（3）屏蔽线按设计展开图引出时，先将带屏蔽线的双芯换位导线在引出位置前后 400mm 范围内的统包绝缘剥掉（剥绝缘长度可根据实际操作情况确定），然后用绝缘插板将两根换位导线撬开一些，取出（剪断）屏蔽线，用手工沿导线宽度方向弯折约 30°，取出双芯换位导线后再沿导线厚度方向弯折。弯折引出后留有 100~200mm 焊接裕量。

屏蔽线断开位置按设计展开图和图表说明进行，断点位置允许偏差为 ±100mm。

注意：

1）屏蔽线断开位置，断开的屏蔽线两端应按图纸要求剪成圆角，除去毛刺，砂光清洁后再套好屏蔽套并补包好绝缘，然后放入导线间。断开的屏蔽线间隔为 10mm 左右。

2）为防止图样中有屏蔽线经过的地方线饼辐向尺寸过大，在绕组绕制时，应预先测量该线饼的辐向尺寸，根据实际情况采取相应措施（如将垫块链中的小垫块减薄）进行调整。

4. 纠结连续式绕组绕制

纠结式绕组可认为是连续式绕组的一个派生结构，绕制方法基本与连续式相同，只是在线匝连接上有区别。并绕导线从一个线段过渡到另一个线段时也要进行换位。纠结式线段绕线时所用的导线根数等于组成线匝并联导线数量的两倍。

（1）普通纠结连续式绕组绕制。选用换位导线的纠结连续式绕组（见图 4-27）均采用普通纠结连续式绕制。绕完连续段线匝后（此时导线端头在正段外圈），则采用两段导线（连线在下、纠线在上）同时绕制，连线与连续段端头经焊接连接并按图样及工艺要求进行绝缘包扎，绕完反段后，撇好底位 S 弯升层，绕完正段线匝，剪断连线，断头与纠线起始端连接，此时连线成为纠线、纠线成为连线（见图 4-28），继续进行下一纠结单元线段绕制，每 4 段为一个纠结单元。以此类推，直至完成绕组所有线段。

图 4-27　普通纠结连续式绕组

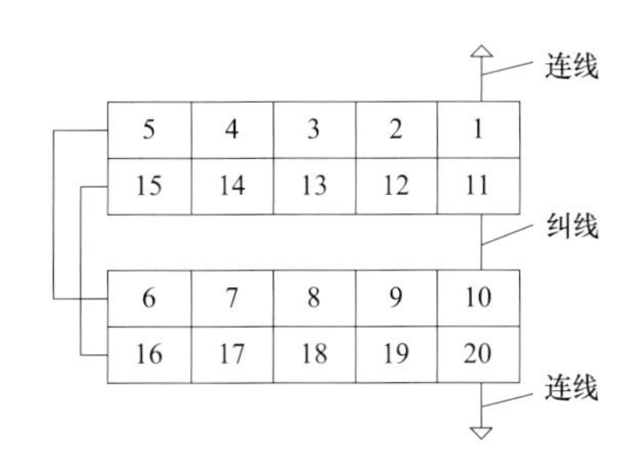

图 4-28　自粘性换位导线纠结示意

反段：纠线放在连线上面，用这两根线并绕，绕够匝数，弯折换位。完成反段之后，上面导线是纠线、下面导线是连线。

正段：底位换过来之后，两根线并绕，绕完规定的匝数。上面导线是连线、下面导线是纠线。

纠接：反段的连线经过S弯过渡到正段上，与正段的纠线连接成为纠线。

（2）插花纠结连续式绕组绕制。选用组合导线的纠结连续式绕组（见图4-29）均采用插花纠结连续式绕制，并联导线根数为偶数。绕完连续段线匝后（此时导线端头在正段外圈，导线断头隔挡分布），则采用双倍导线（奇数根为连线，偶数根为纠线）沿径向平行排列绕制。连线与连续段端头经焊接连接并按图样及工艺要求进行绝缘包扎，绕完反段后，摵好底位S弯换位升层（双根间换位，换位S弯分布按展开图进行），绕完正段线匝，剪断连线（隔一根断一根），断头与纠线起始端连接（此时连线成为纠线、纠线成为连线，且双根换位），继续进行下一纠结单元线段绕制，每2段为一个纠结单元。以此类推，直至完成绕组所有线匝绕制。

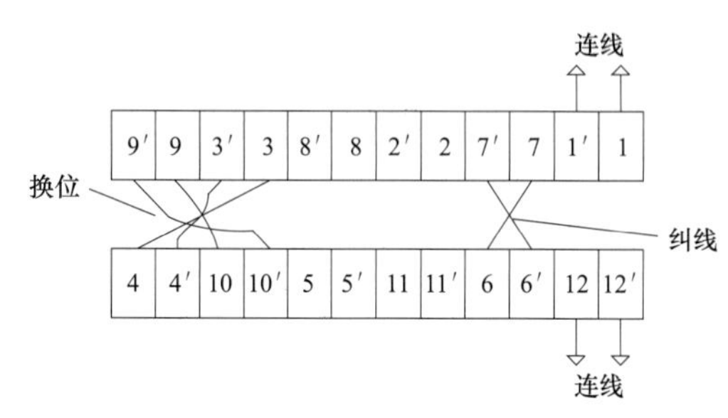

图4-29　组合线插花纠结线段

反段：纠线放在连线上面，用两根线并绕，绕够匝数，弯折换位。完成反段之后，奇数根导线是连线，偶数根导线是纠线。

正段：底位换过来之后，双倍根导线并绕，绕完规定的匝数。原连线成为纠线、原纠线成为连线。

纠接：反段的连线经过S弯过渡到正段上，与正段的纠线连接成为纠线。

（六）螺旋式绕组绕制

螺旋式绕组多用于感应电压低、电流大、线匝较少的绕组，大容量电力变压器的低压侧、换流变压器选用组合导线阀侧绕组均采用螺旋式绕制。

螺旋式绕组采用多根（多则几十根，见图4-30）导线并绕，每一段线为一匝。由于并绕导线根数多，为保证绕组绕制导线有序滑行和换位顺序，须借助于工装设备。

（1）将线盘放在线盘架（见图4-31）上，导线从线盘架穿过分线架（见图4-32），经过平行压线板，导线沿径向平行排列。

（2）按图样将导线起始端摵成90°，然后捆扎成一体（见图4-33和图4-34），注意出线可重叠排列，线匝处必须径向平行排列。导线摵弯处应加包绝缘，绝缘如有破损，则应将破损部位去掉补包到原绝缘的厚度。

（3）引出端包扎完固定好始端后，线匝按螺旋线缠绕，一匝一饼，逐匝升层。匝间用横垫块构成油道。横垫块穿在撑条上，撑条构成轴向油道。在绕制过程中，用尼龙锤将线饼端面敲平，并检测其辐向尺寸。

（4）由于并绕导线多，在绕组绕制过程中，往往会出现内径侧导线高出隆起，随着线饼升高逐渐形成伞形状。解决此问题可在绕制过程中视情况（如绕至于1/3、2/3或1/2时）对已绕线饼加压使其端面平齐。

图 4-30　多根导线并绕的螺旋式绕组

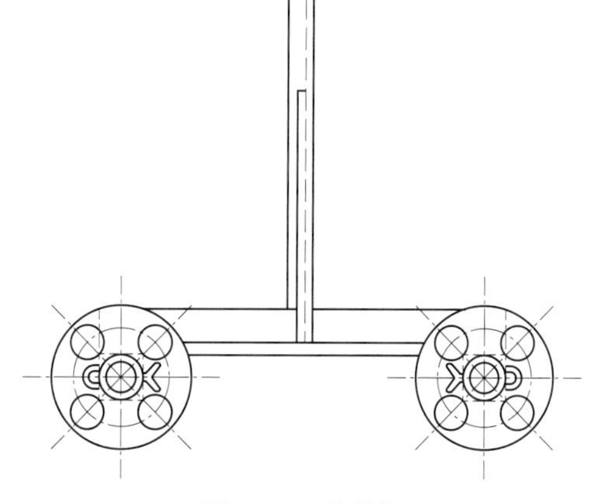

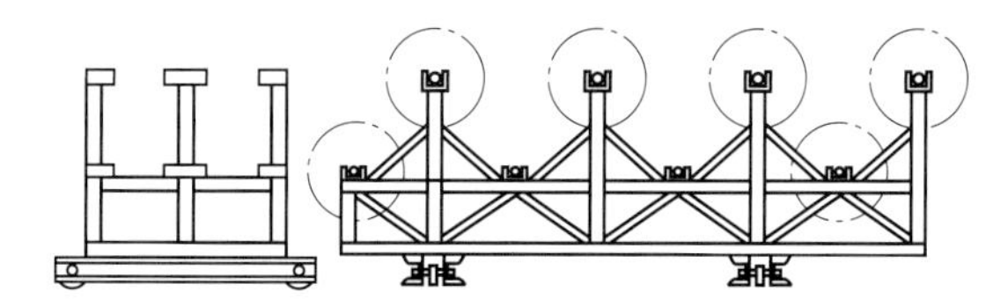

图 4-31　线盘架

图 4-32　分线架

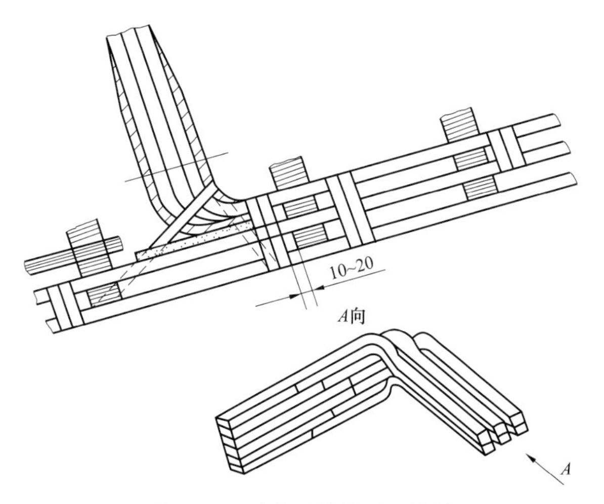

图 4-33　引出端的排列及绑扎

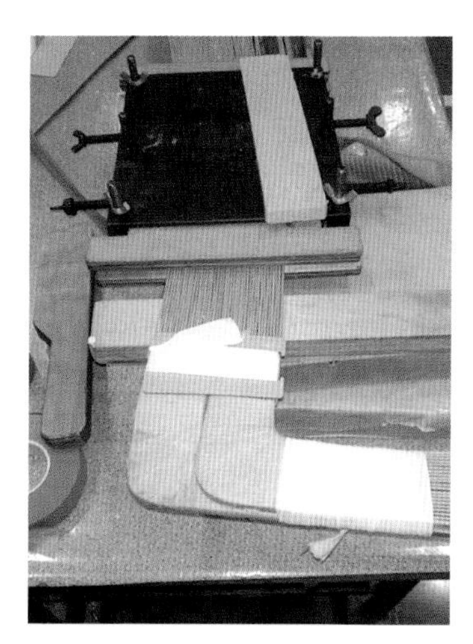

图 4-34　导线起始端摵弯及绑扎

（5）为使并联中的每根导线长度和在漏磁场中所处的位置均相同，在绕组绕制过程中按设计图样标定进行“K”字换位，即底位导线经换位至明位位置。绕组设计时应尽可能将“K”字换位位置沿圆周均匀分布，以保证绕组整圆高度一致。

（6）组合导线“K”字换位处上下各垫 0.5~1.0mm 绝缘纸板，以加强其同上下线饼间的绝缘，导线摵弯处应加包绝缘，绝缘如有破损，则应将破损部位去掉补包到原绝缘的厚度。换位导线“K”字换位摵弯换位后，其两侧都有一段悬空，必须用楔形垫块将悬空的位置填充起来，楔形垫块用绝缘纸板制作，其厚度视实际情况确定，其放置方法如

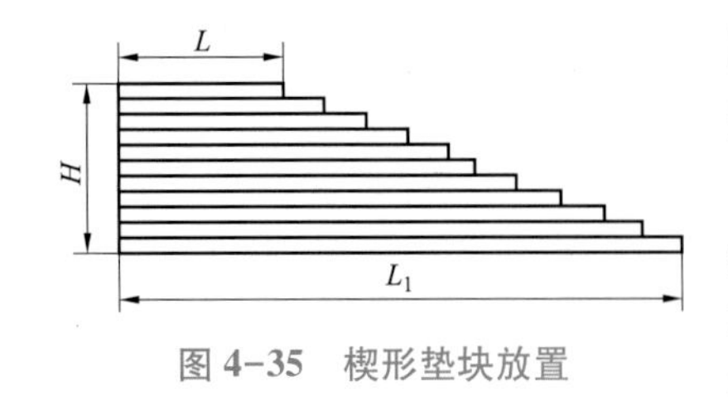

图 4-35 楔形垫块放置

图 4-35 所示。需特别注意的是，垫在线饼间的楔形垫块最厚端的厚度比换位导线总厚度大 1.0~1.5mm。

（7）绕组上端出线处理与始端基本相同。绕组绕制完成后，需重新对照图样和绕组绕制质量卡逐项进行检查，并且用 500V 绝缘电阻表检查线间是否短路。确定无差错后，用收紧工具进行绑扎。

（七）有关工艺规定

（1）绕组绕制完工后，要认真检查绕组绕向的正确性、换位情况、辐向尺寸、油道尺寸及其配合、线匝绝缘、引出端的绝缘以及绑扎等情况。

（2）绕组脱模前，必须对换位导线（线间、股间）进行短路、断路检测。

（3）绕组使用的复线（柱间连线，也称手拉手连线），在制作时应注意以绕组外径为准测量弧长，按图样进行弯型，保证出头后尺寸位置满足要求。线饼最外一根复线放置线饼小角环，角环与外侧复线花包。复线范围内每隔一挡用绝缘纸带绑扎固定。复线所在的位置可根据实际情况将栅条油道的厚度适当减薄。

（4）换位 S 弯折弯与绝缘包扎。S 弯的分布按图样标定进行，跨挡 S 弯要求导线在图样挡位内完成折弯且与驼背垫块的斜度匹配，前后驼背垫块放置时，应沿着靠近 S 弯方向伸出垫块约 5mm，S 弯处的油道垫块根据实际情况配置长度，表面 S 弯处驼背垫块用规格为 0.1mm×20mm 耐热绝缘纸绑扎固定。

S 弯弯折后，须用耐热绝缘纸加包绝缘半叠 2 层，弯折处绝缘有损伤的情况下，则应剥掉损伤绝缘并恢复原绝缘厚度再加包。

（5）对于含屏线的双芯导线，按图样要求抽出中间的屏线后，应在两根导线间填充绝缘垫条，恢复原匝绝缘厚度后再加包耐热绝缘纸半叠 1 层。

（6）绕组出头弯折后须剥掉原绝缘，重新按图样要求包扎。加强绝缘按设计图样要求进行，若图样中未规定加包 2 层耐热绝缘纸，则采用搭接 1/3 绕包。

（7）所有导线匝绝缘若有破损，应剥去破损部分，重新恢复原绝缘后，再加包 1 层绝缘纸。一般包纸规定见表 4-9。

表 4-9　　一般包纸规定

纸包绝缘厚度 δ（mm）	绝缘层最少层数	纸包绝缘厚度 δ（mm）	绝缘层最少层数
0.3≤δ<0.4	2	1.7≤δ<1.9	12
0.4≤δ<0.5	3	1.9≤δ<2.0	13
0.5≤δ<0.7	4	2.0≤δ<2.2	14
0.7≤δ<0.8	5	2.2≤δ<2.3	15
0.8≤δ<1.0	6	2.3≤δ<2.5	16
1.0≤δ<1.1	7	2.5≤δ<2.6	17
1.1≤δ<1.3	8	2.6≤δ<2.8	18
1.3≤δ<1.4	9	2.8≤δ<2.9	19
1.4≤δ<1.6	10	2.9≤δ	20
1.6≤δ<1.7	11		

（8）绕组加工偏差见表4-10。

表4-10　　　　绕组加工偏差

内容	允许偏差（mm）	内容	允许偏差（mm）
内、中部绕组内径偏差	0~+2.0	出头弯曲半径尺寸	±5
内、中部绕组外径偏差	−2~0	换位起始尺寸	±5
外部绕组内径偏差	0~+2.0	轴向、径向位置	±5
外部绕组外径偏差	−4~+2	端部绝缘包扎用锥度尺寸	±5
绕组轴向高度偏差	−2~+1	任意两挡垫块档距偏差	≤3
出头长度	+200~0		

（八）绕组脱模及吊运

（1）准备好吊钩、吊架，绕组采用4点起吊。两根尼龙绑带在距绕组下端约150mm和绕组中部将吊架吊臂与绕组绑扎固定。

（2）绕组脱模起吊时注意吊架插板应均匀受力。将绕线模式的支撑件和所有的固定件松脱，然后手动缩小模具，使绕组与绕线模脱离。

（3）先将绕组吊放于压盘上，绕组每挡下垫木垫块支撑，然后将绕组同下压盘一起运到整理、压工作区进行绕组整理压装。

三、绕组整理、预压处理和焊接

（一）绕组整理、预压处理

（1）检查绕组表面绝缘应无损伤、污渍。

（2）用500V绝缘电阻表检测并联导线应无断路，线间、股间应无短路。

（3）检查首末端线饼的绑扎固定、导线换位、屏线出头位置、换位S弯及绝缘处理应满足设计图样要求。

（4）使用激光十字定位仪检查、整理径向油道垫块放置上下对齐垂直，垫块间距偏差符合设计及工艺要求。

（5）用线圈压机施加25%设计压力对绕组进行预压。预压结束后，需再次进行股间短路、断路检测。

（二）导线和出头焊接

（1）导线焊接人员必须经专业培训并持证上岗，进行高频焊接、触及电阻焊作业操作前，应采用与产品相近规格的导线进行试焊并对样件进行抗拉强度试验，试验合格后方可在产品上进行焊接。

（2）导线焊接前应剥去端部匝绝缘，长度为距焊接位置约100~150mm，为便于接包，应剥呈锥度，锥度长度不小于匝绝缘厚度的1.2倍，最小不小于20mm。

去除导线表面漆膜、油污、氧化层，漆膜去除可根据空间选择使用脱漆剂或高频焊枪加热方式。

（3）导线焊接采用单根导线高频焊（或触及电阻焊）对接方式焊接（在绕组内部，并绕的导线仍需单根焊接，各线焊接点需错开），要焊接的导线端部使用平口剪钳或液压精剪钳进行剪切。换位导线相邻的单根导线焊点应错开，错开距离最少20mm。要求焊线饱满、平齐、平整。必要时对接头进行直流电阻、拉力测试抽检。

（4）屏蔽线的焊接采用高频对焊或搭接焊，焊接后将焊接头除去毛刺、倒角、砂光和清洁，修整导线位置并按图包扎绝缘，并用 0.1mm 耐热纸带将屏蔽线与线饼绑扎固定。屏蔽线焊接后应与绕组导线服帖，不得有悬空、松动、鼓出等现象，否则应断开重新焊接。

（5）绕组出头采用套筒连接铜缆线或铜辫子线引出，接头采用高频焊接或冷压方式，冷压压力不得小于 3.8×10^7Pa，导线截面较大的冷压压力达 $6.3\sim6.5\times10^7$Pa。

（6）焊接时用 80% 的蒸馏水和 20% 的无水酒精配成的混合液进行冷却，擦拭加热区域。

（7）导线焊接后，按图样要求恢复原绝缘厚度后，整根导线再加包 1 层耐热绝缘纸，采用半叠绕包。

（8）导线焊接结束后，测量并联导线每根直流电阻，以防止线匝不平衡。

四、绕组干燥和压装

（一）绕组恒压干燥

（1）绕组压装工装准备：绕组压装使用的压装设备主要是恒压装置，包括液压缸、拉螺杆、压装铁环、内喷油装置等。

（2）绕组与恒压装置装配。

（3）压装流程：第 1 次预先压紧（75% 压力）→卸压并撬紧螺杆→第 2 次预先压紧（75% 压力）→恒压干燥（75% 压力）→出炉后，在 75% 压力下压紧并测量（电抗器高度）→125% 压力压紧、测量→100% 压力压紧、测量→卸压→调整、整理后进行后续绝缘件安装。

绕组干燥出炉后，检查绕组是否在 75% 压力下，保证 75% 压力后，测量绕组高度时需要选择对称 4 点进行，测量后取平均值。

绕组压装后的轴向高度按 100% 压力测量值进行。

除恒压干燥外，其余压装均使用绕组预压系统进行。

（4）绕组恒压干燥及淋油处理。

1）在绕组进炉前应将烘房内清理干净，连接并检查烘房内各油管路（包括供油管、回油管、油位浮子及恒压管路）、测温点等设备完好可用。烘房内淋油系统和绕组内喷油系统在使用前，应用变压器油一起进行清洗，并检查确保管路密封良好。

2）绕组干燥处理时间预分配见表 4-11。

表 4-11　　绕组干燥时间预分配　　（h）

准备	加热	中间降压	加热	中间降压	加热	降压	高真空	预计总时间
2	10	2	4	2	4	2	20	46

注　表中时间为参考值，每个阶段实际时间应根据各阶段转换条件而定。

3）绕组干燥工艺流程及要求。

a. 准备阶段向加热阶段转换条件：真空罐中压力 700Pa 时，罐壁开始加热，升温速度不大于 15℃/h。煤油蒸汽入口最高温度 130℃。罐壁最高温度 135℃。

b. 第 1 次中间降压开始条件：绕组平均温度超过 90℃（最高温度不能大于 125℃）。

加热时间不能少于表4-11规定的时间。

c. 第2次中间降压开始条件：绕组平均温度超过110℃（最高温度不能大于125℃）。加热时间不能少于表4-11中规定的时间。

d. 最后1次加热向降压阶段转换条件：绕组平均温度超过110℃（最高温度不能大于125℃）。加热时间不能少于表4-11中规定的时间。从冷凝液收集罐的液位指示看，已出现过一次1h无出水。

e. 降压阶段向高真空阶段转换条件：真空罐中压力不大于2.5×10^3Pa。当前降压时间不少于表4-11规定的时间。冷凝液收集罐的观察窗中冷凝液呈滴状流。

f. 高真空阶段结束条件：真空罐内的压力不大于50Pa（麦氏计）。排气分离器无出水，维持4h以上。高真空时间不少于表4-11中规定的时间。绕组平均温度120±5℃，最高不超过125℃。

g. 高真空结束，停止真空，停止加热，开始进入淋油阶段。

4）绕组淋油。

a. 准备好合格的变压器油。

b. 绕组淋油在干燥房进行，油压要求4×10^5Pa，油温控制在35±5℃。开始淋油同时打开排出积油管路将烘房内积油排回油库，让整个绕组淋油不间断进行，直至绕组最高温度达60℃为止。预计淋油完成时间约8h，之后暂停供油。

c. 淋油结束并将烘房内积油排回油库。抽真空至700Pa以下。对绕组表面喷煤油1h（煤油蒸汽入口最高温度120℃），连续高真空干燥5h（罐壁温度不大于120℃），真空度不大于50Pa（残压）。

d. 用干燥空气解除真空。

5）绕组恒压干燥后整理：

a. 根据绕组最终压紧测量数据及设计要求调整电抗器高度。

b. 网、阀侧绕组表面过屏蔽线位置需放置外屏蔽防护板。

c. 网侧上端出头焊接铜缆出线。

d. 所有绕组上下静电板处，按图样要求安装绝缘成型件。

e. 整理完成的绕组用塑料薄膜覆盖，防止灰尘、污染。

（二）绕组无压干燥

1. 干燥流程

强油非导向结构的绕组采用无压干燥工艺。绕组干燥操作步骤及要求见表4-12。

表4-12　　绕组干燥操作步骤及要求

序号	操作步骤	工艺参数及操作要点
1	准备阶段	真空罐中压力700Pa时，罐壁开始加热，升温速度不大于10℃/h。煤油蒸汽入口最高温度130℃
2	加热阶段	绕组平均温度超过90℃（最高温度不能大于125℃），加热时间不少于10h
3	中间降压阶段	当器身上轭平均温度≥90℃时，开始第1次中间降压，时间≥5h，干燥罐压力降至2.5×10^3Pa
4	加热阶段	绕组平均温度超过110℃（最高温度不能大于125℃）。加热时间不少于5h，或从冷凝液收集罐的液位指示看，已出现过一次1h无出水

续表

序号	操作步骤	工艺参数及操作要点
5	低真空降压阶段	降压阶段真空罐内压力小于 2.5×10^3Pa 后，当主冷凝器下视窗无冷凝液或较少时进入高真空阶段，低真空时间不少于 2h
6	高真空阶段	启动主真空系统对干燥罐开始抽真空，同时加热干燥罐罐壁。当干燥罐真空度≤1×10^2Pa 时，连续抽真空 12h，最终干燥罐真空度≤50Pa
7	终点判断	最后 3 次测试绝缘无出水。绕组平均温度≥110℃，露点<-60℃
8	解除真空阶段	采用干燥空气发生器解除真空罐真空

2. 绕组干燥后整理

（1）绕组入炉干燥前后分别施加设计压力（入炉前压力、出炉后压力）进行加压，加压时间 20min，然后在设计调整高度压力下，使用 1000V 绝缘电阻表检测并联导线有无股间短路，若存在则按工艺要求进行处理，处理方法如下：

1）使用电桥分别在短路导线上下端头测量导线电阻，根据电阻值比较分析判定短路点所在段位。

2）将短路点往上的线饼撑起，剪断此段连位导线，退出该段导线。

3）更换存在短路的组合导线（其长度视实际情况而定）。

4）按工艺要求进行导线接头焊接并绝缘包扎处理。

5）将该线段绕回恢复，焊接所断连位接头并进行绝缘包扎处理。

6）处理结束后再次进行加压检测，确保绕组无短路点。

（2）根据绕组设计调整高度压力下测量数据及设计要求调整电抗器高度。

（3）焊接绕组上、下端出线铜缆，并按设计图样工艺要求进行绝缘包扎。

（4）整理完成的绕组用塑料薄膜覆盖，防止灰尘、污染。

五、绕组组装

同柱绕组的整体组装，以调压、网侧绕组和阀侧绕组排列顺序为例。

（一）托板装配

托板装配并测量内外径尺寸，调整托板水平，在托板上画好中心线，并在内圆侧装好绕组撑紧模工装，保证成型筒与托板的内圆对齐同心。

（二）调压绕组套装

按柱别顺序编号套装调压绕组，按图样裹纸带、装撑条、纸筒、角环和绝缘端圈，芯柱屏蔽放置到位后用撑紧模撑紧。

（1）裹制纸带：纸带裹制时沿圆周方向点胶并裹紧，纸带的起收头点胶固定。

（2）撑条的固定：先在纸筒下端处 300mm 处点胶（用 MowiL 1∶12 的胶），再粘上撑条并用收紧带收紧。然后沿纸筒圆周上端 300mm 处和纸筒中间用纸带缠两圈，纸带的起收头点胶固定。

注意：绕组组装过程中应控制胶的用量，无特殊要求，点粘处涂胶范围应小于 30mm，需保证涂胶均匀，涂胶范围内无气泡和空白。

（3）装下端部绝缘端圈：沿圆周测量端圈的位置，保证其与托板同心，注意其位置与绕组出头位置对应。

（4）安装外角环。

（5）纸筒的装配与固定。

1）围上纸筒后按图样要求进行搭接或对接，纸筒搭接时，其搭接长度（100±5）mm，相邻两层纸筒的搭接错开150mm以上，搭接处尽量在撑条之间；纸筒对接时，接缝间隙（10±10）mm（实际操作按5mm控制），相邻两层纸筒对搭接位置错开100mm以上。

2）在纸筒中间（按纸筒高度）紧固一道收紧带，如果纸筒的内侧紧靠角环，就需在此道纸板粘完热密封胶带后用3个收紧带（按纸筒高度）紧固纸筒。

3）在纸筒搭接处或对接处用热密封胶带加热粘牢，即用电熨斗把热胶带烫平。

4）根据图样要求对位于绕组出线处的纸筒划线、开孔。

（三）网侧绕组套装

（1）绕组下落到位，注意对准出头位置，落到位前需在第1道外角环装配处预先放入尼龙插板，每组5件，按绕组挡位隔挡放置。

（2）网侧上端出头处的绝缘成型件间隙需用工艺木垫圈垫实。

（3）按图样裹纸带、装撑条、外角环和纸筒。

（4）装上端绝缘端圈，注意其位置与绕组出头位置对应。

（5）按压板装配图安装压板，注意其位置与绕组出头位置对应。

（6）用绕组压紧装置，加70%的器身压紧力对组装绕组进行压紧。

（四）阀侧绕组套装

阀侧绕组裹纸带、装撑条、外角环和纸筒工艺要求及流程同网侧绕组套装。

组装绕组转运时连同组装压板一起起吊，并进汽相干燥炉干燥处理。中间降压次数按绝缘重量最轻一挡进行。

强油非导向结构为单体绕组组装，绕组裹纸带、装撑条、外角环和纸筒工艺要求及流程与强油导向结构绕组组装相同。

六、绕组质量检查

绕组制作过程中，根据进程进行质量检查，检查内容及质量要求见表4-13。

表4-13　绕组质量检查内容及要求

序号	检查内容		质量要求	检查方法
1	绕组绕制	绝缘件检查	无损伤、变形，表面清洁、无金属异物及非金属异物	（1）目测 （2）“X”射线检验
2		静电板放置、焊头	放置位置符合图纸要求，焊接处焊接牢固、处理光滑、无尖角毛刺，焊接头及时处理，焊头及连线不得超出绕组表面	对照图样的工艺文件现场检查实物
3		匝绝缘	匝间绝缘无损伤，绝缘包扎符合图纸要求	对照图样的工艺文件现场检查实物
4		油道	油道内无悬浮纸（布带）及其他异物	现场检查实物

续表

序号	检查内容		质量要求	检查方法
5	绕组绕制	导线纠结、换位	换位弯处不允许放入垫块，换位处须包绝缘，换位不允许出现剪刀口，不允许有悬浮布（纸）带，换位符合图样要求	对照图样的工艺文件现场检查实物
6		绕组内径	偏差：0~1mm	用卷尺测量检查内纸筒和绕线撑条围装外径或周长
7		辐向尺寸	偏差：-1~1mm	用直尺测量检查辐向厚度
8		绕组并绕导线	并绕导线间无短路，每根导线无断路，每根导线股间无短路	用绝缘电阻表检测
9		导线焊接	焊料充满焊缝，无断焊、错边现象，导线焊头锉平后应光滑无毛刺，锉平应保证导线截面，锉焊头时必须遮盖线段，用吸尘器吸净金属粉末，绝缘包扎符合图样要求	（1）对照图样的工艺文件现场检查实物 （2）随机抽检：随机抽取3~5个接头进行拉力、直流电阻测试
10		绕组出头	出头绑扎固定符合图样要求	对照图样的工艺文件现场检查实物
11		屏线头处理	屏线头圆角处理光滑，绝缘包扎厚度符合图样要求	对照图样的工艺文件现场检查实物
12		绝缘包扎	绝缘包扎符合图样要求	对照图样的工艺文件现场检查实物
13		绕组整理	撑条、垫块间距符合图纸要求，绝缘无破损	对照图样的工艺文件现场检查实物
14		清洁度	表面清洁无污迹、绝缘无破损，无金属、非金属异物	现场检查
15	绕组干燥和压装整理	绕组干燥	真空干燥方式，干燥时间、温度、真空度、出水率；干燥过程应符合工艺要求	对照工艺要求现场查看过程记录
16		压装方式、压力控制	记录实际操作压力，确认加压方式应符合工艺文件要求	对照设计及工艺要求现场检查
17		绕组电抗高度调整	绕组干燥后加压测量电抗器高度，偏差：-2~2mm	对照设计和工艺要求，现场检查

续表

序号	检查内容		质量要求	检查方法
18	绕组组装	绝缘件检查验收	纸板、撑条、角环、端圈等绝缘件有合格标识，转运过程中无损伤、变形，表面清洁	现场检查实物
19		绕组验收	绕组转运过程中无损伤、变形，表面清洁，高度符合要求	现场检查实物
20		绕组出头屏蔽	屏蔽要求紧贴导线，要紧实包扎，平滑不得有尖角毛刺，屏蔽外径尺寸符合图样、工艺要求	对照图样的工艺文件现场检查实物
21		绕组出头绝缘包扎	包扎的绝缘应紧实、均匀，符合图样要求	对照图样的工艺文件现场检查实物
22		上、下部端绝缘放置	放置平整、圆心对正，绝缘垫块及绕组油隙垫块上下对正，允许偏差符合图样要求	对照图样的工艺文件现场检查实物
23		上、下部角环放置	搭接长度、搭接位置符合设计工艺要求，“R”部位不得折叠损坏	对照图样的工艺文件现场检查实物
24		绕组套装	套装后紧实、不得松动，油隙撑条、端圈垫块与绕组垫块对齐，其他符合工艺要求	对照图样的工艺文件现场检查实物
25		出线位置	出线位置正确，出头位置偏差±5mm	现场检测
26		绕组围屏	绝缘围屏紧实，纸板、角环搭接符合要求，所有撑条不松动，端圈、油隙撑条内外对齐	对照图样的工艺文件现场检查实物
27		组装高度	正确给定绝缘件压缩量，保证组装高度满足设计要求	对照图样的工艺文件现场检测
28		清洁度	表面清洁无污迹、绝缘无破损，无金属、非金属异物	现场检查

七、绕组制作监造见证

绕组制作主要见证内容、方法和监造要点见表 4-14。

表 4-14　　绕组制作主要见证内容、方法和监造要点

序号	监造项目	见证内容	见证方法	监造要点
1	原材料	导线检查	检查线规、绝缘包纸厚度和层数、芯数、股间绝缘和外观	导线产地、线规和参数符合设计及供货合同要求；绝缘厚度和层数以及导线外形尺寸与质量证明文件一致，绝缘良好，外观检查无缺陷
2		绝缘纸板、角环、绝缘筒	对照设计图纸和工艺文件查看外观质量	绝缘纸板、纸筒、角环等产地和参数符合设计及供货合同要求；外观光洁平整，绝缘纸板厚度、纸筒外径和垂直度偏差符合要求
3		绕组垫块	对照设计图纸和工艺文件查看外观质量	绝缘垫块应经过密化和边角倒角处理，无尖角毛刺，材料密实度符合同求。外购件应查验出厂质量明文件，本企业加工应进行质量抽检
4		绝缘撑条	对照设计图纸和工艺文件查看外观质量	撑条应进行倒角处理，无尖角毛刺，材料密实度符合要求。在纸筒上粘接均匀、牢固
5		绝缘纸	对照设计图纸和工艺文件查看外观质量	检查纸的产地、生产厂、规格型号、厚度，外观光滑、颜色一致，厚度均匀
6		静电板	对照设计图纸和工艺文件查看外观质量	静电板的材质、形状、尺寸及引出线的位置、焊接质量、绝缘处理符合要求
7	绕组绕制	绕组绕制	对照设计图纸，现场查看作业过程、作业记录、绕制过程工艺质量控制情况	检查和记录绕组的绕向、段数、匝数、绕组形式、绝缘处理，检查绕组油道间隙、绕组绕制平整度等符合要求
8		绕组绕制预紧力	现场检查	应符合设计和工艺文件要求
9		幅向尺寸	对照设计图纸，现场查看作业记录、绕制过程工艺质量控制情况，并进行检测	绕线机应有将导线幅向收紧功能。检查和记录绕组的幅向尺寸最大偏差
10		内、外径偏差	对照设计图纸，现场查看作业记录、绕制过程工艺质量控制情况，并进行检测	检查和记录绕组的幅向尺寸最大偏差应符合设计要求

续表

序号	监造项目	见证内容	见证方法	监造要点
11	绕组绕制	导线换位处理	对照工艺要求，现场查看操作过程	S弯换位平整、导线无损伤，无剪刀口；重点查看导线换位部分的绝缘处理
12		导线焊接	对照相关工艺文件，现场查看焊接方式、设备及操作情况	导线焊接符合工艺要求；焊接饱满牢固，表面处理光滑、无尖角毛刺，焊后绝缘处理规范，全过程防屑措施严密
13		并联导线	现场观察并记录质检结果	单根导线无断线，并绕导线间无短路；组合导线和换位导线股间无短路
14		绕组出头位置及绝缘包扎	对照设计图纸和工艺文件现场查看	注意绕组出头位置和绝缘包的偏差
15		绕组检查	对照检验要求和质检记录，查看实物	过渡垫块、导线换位防护纸板等放置位置正确，油道畅通，绕组绝缘无污迹、绝缘无破损，无金属、非金属异物
16	绕组干燥和压装整理	绕组干燥	对照工艺要求现场查看过程记录	真空干燥方式，干燥时间、温度、真空度、出水率；干燥过程应符合工艺要求
17		压装方式、压力控制	对照工艺要求现场检查	记录实际操作压力，确认加压方式应符合工艺文件要求
18		绕组电抗高度调整	对照设计和工艺要求，现场检查	绕组干燥后加压测量电抗高度，偏差：-2~2mm
19	单体绕组组装	绝缘材料及绝缘成型件	查看实物，确认所用绝缘材料和绝缘成型件符合设计和工艺要求	检查绝缘材料及绝缘成型件质量合格：绝缘垫块、撑条进行了倒角处理，无尖角毛刺，表面清洁无损伤
20		绝缘安装	对照图纸和工艺要求，现场查看	绕组安装平整，绝缘垫块放置、出线头位置及绝缘处理符合要求
21		总高度互差	对照图纸和工艺要求，查看检测记录	绕组总高度互差符合设计和工艺要求
22		绝缘围屏组装	对照图纸和工艺要求，现场查看	围屏纸板厚度与层数及搭接长度和位置、撑条间距均匀、内外对齐，角环放置和搭接长度符合设计和工艺要求
23		绕组防护和标识	现场查看	单体绕组组装检验合格，标识清晰，防护和存放符合规定
24		绕组套装前干燥	对照工艺要求现场检查	绕组套装前干燥符合工艺要求

续表

序号	监造项目	见证内容	见证方法	监造要点
25	整体绕组组装	绝缘材料及绝缘成型件	查看实物，确认所用绝缘材料和绝缘成型件符合设计和工艺要求	检查绝缘材料及绝缘成型件质量合格：绝缘垫块、撑条进行了倒角处理，无尖角毛刺，表面清洁无损伤
26		绕组检查	对照检验要求和质检记录，查看实物	过渡垫块、导线换位防护纸板等放置位置正确，油道畅通，绕组绝缘无污迹、绝缘无破损，无金属、非金属异物
27		绕组套装的松紧度控制	对照设计和工艺要求，现场检查	一般靠自重能套入1/3左右，然后施加一定的外力套装到位，调整油隙撑条厚度时，应符合设计和工艺文件要求
28		各绕组中心高度偏差	对照设计和工艺要求，现场查看、查看记录	符合设计和工艺文件要求
29		各绕组出头绝缘处理	对照设计图纸和工艺文件，现场检查实际操作	绕组出头位置和绝缘处理应符合设计和工艺要求
30		各部分绝缘距离	对照设计和工艺要求，现场查看、查看记录	符合设计和工艺文件要求
31		绕组防护和标识	现场查看	整体绕组组装检验合格，标识清晰，防护和存放符合规定
32		绕组套装前干燥	对照工艺要求现场检查	绕组套装前干燥符合工艺要求

八、绕组绕制过程中曾出现的质量问题

（1）绕组的圆周变形：某台换流变压器在绕组验收时，发现绕组内径存在较大偏差，内径偏差最大值约为-7～+8mm，与绕组制作质量要求不符。经分析：绕制完工的绕组垂直放在四个支撑点上，由于绕组直径大，支撑点之间绕组受力下坠，造成圆周变形。

（2）压床压坏绕组端绝缘：某台换流变压器在进行调压绕组加压时，压床（4000kN）失控，压坏绕组端绝缘。经分析：在生产任务紧张的情况下，生产厂对该压床缺乏维护保养。

（3）阀侧绕组与网侧绕组之间存在非金属异物：某台换流变压器出厂试验，在进行阀侧交流外施耐压试验及局部放电测量时，试验电压468kV，网侧局部放电量4000pC，阀侧局部放电量1900pC，局放量超标。经分析、检查发现，在阀侧绕组与网侧绕组之间有一非金属异物，该异物造成网侧绕组与阀侧绕组内纸板筒产生放电，高度在绕组的2/3部位。制造过程中，绕组内掉进非金属异物，引起内部放电，局部放电量超标。

（4）绕组超高：某台换流变压器在绕组整体组装后，发现三柱绕组高度均超高

30mm 左右，在经过对绕组干燥后压装处理，仍不能满足高度要求。经分析、检查发现，由于信息沟通不到位，致使绕组端绝缘加工厂和换流变压器制造商各按 4% 的绝缘材料收缩量进行了尺寸调整，导致双重加放调整尺寸，使绕组绝缘高出 30mm。

（5）绕组地屏内纸板向内凹陷：某台换流变压器绕组组装时发现柱 1 地屏内布置有防护支撑，而柱 2 地屏因缺少防护支撑造成内层纸板筒向内凹陷变形。同样在后续 2 台产品亦存在该问题。经分析：① 地屏内层纸板筒在使用前经过干燥淋油，而地屏绝缘纸只是在使用前进行简单烘干，在绕组入炉后，绝缘纸缩紧量比内层纸板筒大，从而造成绝缘纸向内层纸板筒挤压，使得纸板筒向内凹陷变形；② 在绕组入炉前未布置相关防护支撑。

（6）绕组压服时绕组饼变形：某台换流变压器阀侧绕组出炉压服，当柱 1 压力达到 1100kN、柱 2 压力达到 1200kN 时，发现绕组上部 10 个饼出现变形。经分析：① 硬纸筒未进行浸油，纸板吸收水分，经烘烤后收缩变形，致使与其粘接的软纸筒及撑条与线饼分离；② 原材料自身的密度较低，纤维间隙较大，吸收水分多，导致烘烤后变形量大。

（7）绕组压服后高度超差：某台换流变压器阀侧柱 1、柱 2 绕组压服，图纸高度 2585mm，绕组压服后高度均为（2597+12）mm，不符合要求。经分析：绕组存放时间较长，轴向高度反弹导致高度超差。

（8）阀侧绕组整圆高度不一致：某台换流变压器阀侧绕组绕至 51 段时，发现绕组整圆高度不一致。经分析：属设计问题，“K”换位未沿圆周均匀分布，大部分分布在 28~38 撑条方位，造成绕组整圆高度不一致（此方位较其他方位偏高）。

（9）绕组绕制“掉摞”造成绕组烧损：某台换流变压器进行热运行冲洗，当电压升至 25kV，电流为 600~700A，压力释放阀动作。取油进行色谱分析，发现乙烯含量超标；器身解体后检查发现网侧绕组柱 2 共有三处严重烧蚀，大量铜瘤囤积在线段之间的挡油板（见图 4-36）。经分析：由于绕组绕制轴向不紧实，靠近上端部松，绕组脱模时，饼间导线“掉摞”，绕组加压后线段内外导线相互卡住，致使导线短路形成 3 个短路环。当施加上述电压时，经计算短路点单根导线中电流密度约为绕组单根导线中额定电流密度的 85 倍。

（a）

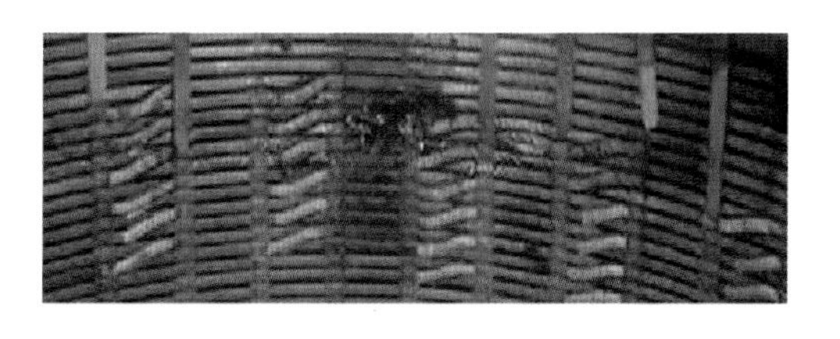

（b）

图 4-36 绕组烧蚀

（a）绕组外部烧蚀；（b）绕组内部烧蚀

第四节　器身装配和引线

一、绝缘安装

（一）铁芯准备

（1）在器身平台两端按铁芯垫脚尺寸放置铁芯支持座，调整铁芯支持座，使其上表面和器身平台的上表面在同一水平面，并清理干净。

（2）将铁芯吊到准备好的工位上，测量铁芯的水平度和垂直度，并进行调整，保证铁芯水平度和垂直度。

（3）用吸尘器吸清铁芯片、夹件及绝缘件上的灰尘，并清理干净。

（4）按托板装配图放置绕组下部结构中的支架、撑件、铁轭屏蔽，支架安装时需测量高度并使用纸板调节，保证组装绕组套装后支持牢靠。

（二）拆除铁芯上夹件

（1）先拆上夹件的各固定支撑件，拆卸时保留两旁柱的上部支撑件的紧固件。

（2）用行车吊住上夹件，（两侧同时）松开铁芯上部旁轭侧支撑件的紧固件，将两侧夹件整体吊出。

（三）铁芯柱绝缘及铁芯屏蔽安装

（1）在旁轭柱上先安装旁柱电屏，用收紧工具收紧固定并调整好位置后，在撑条的缺口处用图样规定的纸带缠绕收紧旁柱绝缘，其绝缘纸板（纸板间以瓦楞纸板相隔形成油道）围装层数按设计图样规定。

（2）围绕铁芯柱绝缘：按图样规定围第1道绝缘筒，用收紧工具在纸筒中间收一道，其余间隔300~400mm收一道（收紧后纸筒表面平整、服帖），用热密封胶带在接缝处沿轴向粘牢。围好第1道绝缘纸筒后，测量其尺寸（测量至少在上中下3点进行），以确保再围铁芯外第2道调节纸筒。

（3）铁轭电屏安装：下铁轭电屏在绕组套装前安装，上铁轭静电屏在插片结束且上夹件安装紧固后安装。绕组两端采用“肺叶型”磁分路的，不安装铁轭静电屏。

（4）下铁轭托板安装：有的结构的下铁轭托板和上端部压板已在整体绕组组装工序中与绕组组装成一体；有的结构的下铁轭托板和上端部压板分别与磁分路为一体。

下铁轭托板（磁分路）安装前，先粘装夹件支板绝缘套。安装托板时要先调节其水平，保证托板上平面与下铁轭上端面在同一水平面上（考虑托板干燥后的收缩，留有一定的裕量，一般托板上平面略高于铁轭上端平面收缩量），然后在托板上面安装端圈，保证绕组整个圆周能够垫平，使绕组压紧后各挡垫块受力均匀。

二、绕组套装

（一）整体绕组套装

（1）套装前需提前准备1mm厚T4纸板条，作为套装引板，套装过程中观察组装绕组内径与铁芯柱之间的缝隙，并保证撑紧。整体绕组套装如图4-37所示。

（2）绕组套装完成后，确认网侧出线头间距尺寸，对阀侧屏蔽管进行预装。

（二）单体绕组套装

（1）按次序对调压绕组、网侧绕组和阀侧绕组套装。

（2）绕组套装时，要确保出线头位置符合设计图样要求，其偏差不大于±5mm。

（3）绕组套装完成后，对网、阀侧屏蔽管进行预装。

（4）插角环，放绝缘端圈，安装上端部绝缘压板（磁分路）。

图 4-37　整体绕组套装

三、插上铁轭并安装上夹件

（一）强油导向结构

（1）安装上铁轭的钢拉带预放到位，从中间开始向两外侧对称插片，每插几级后用夹子收紧一次。

（2）插片结束后（夹子不拆），用收紧带收紧上铁轭，收紧后测量铁轭的最大距离，并作为上夹件的内距离，用夹件内距控制工装调整并固定好夹件内距尺寸整体起吊夹件，起吊到位后，再用压梁压住上铁轭，测上、下夹件间距并使上夹件到位，再用龙门架夹住夹紧夹件（见图 4-38），最后用千斤顶（放置在夹件和绕组压板之间）压绕组，取出铁轭下衬垫垫块，然后装其余支撑件。注意对准中心。

（3）按铁芯装配图样规定的扭矩对称均匀紧固铁芯拉螺杆。

图 4-38　用龙门架夹紧夹件

（二）强油非导向结构

（1）安装上夹件和夹件下侧钢拉带，用工装压梁和液压钢拉杆对器身进行加压（液压压力按设计图样标定值）。

（2）检测铁芯窗口高度（上夹件下侧钢拉带上平面至下铁轭上端面距离），检查上夹件下侧钢拉带沉降到位，以保证上铁轭插片能够到位。

（3）紧固拉板与上夹件连接螺栓，拉带连接螺栓暂不紧固，待上铁轭插片再拧紧。

（4）按工艺要求从一侧向另一侧逐级插片，每插几级后用夹子收紧一次。注意其波浪度及端面平整度应符合工艺要求。

（5）插片结束后，用龙门架夹住并夹紧夹件，按铁芯装配图样规定的扭矩，对称均匀紧固铁芯钢带拉螺杆。

四、器身压紧

（一）强油导向结构器身压紧

按图样放置液压缸（液压缸需使用塑料布包裹，防止液压油泄漏），并在液压缸上、下端放置压紧垫板，然后将液压缸通过液压连管与电动液压泵连接好，并在器身压板上放置水平尺，按图样规定压紧力进行压紧，观察器身压板上的水平尺，并根据实际情况调整各绕组上的油压比例，保证压板水平。压紧后安装器身压紧绝缘垫板垫实（器身绝缘件随炉进行干燥处理）。

（二）强油非导向结构器身压紧

在上铁轭插片前进行，用工装压梁和带液压调节的钢拉杆对器身进行加压（液压压力按设计图样标定值），如图 4-39 所示。同时检查铁芯窗口高度和上夹件下侧钢拉带到位情况。

图 4-39　器身加压

五、器身引线装配

（一）引线准备

（1）调压及开关引线：按图样规定的规格和所需的数量、长度，选择铜绞线下料（铜绞线下料需留有一定裕量），包绝缘。

（2）阀侧、网侧引线。

1）均压管整体外购或由绝缘车间制作，开箱检查后注意存放保管。

2）安装夹件和均压管之间的绝缘支架及屏蔽。

（二）引线冷压连接

（1）全部接线头一般采用压六方冷压连接。

（2）根据所压绞线规格及接线头，使用正确的模具及液压头。

（3）使用液压设备前需检查软管不得有破裂，压接头及模具不得有裂纹及油污；模和模托无变形及毛刺，每压接 100 次后检查模子挤压面并进行清理。

（4）准确截取铜绞线长度，剥去绝缘，绝缘应剥成锥度。完全剥掉的绝缘长度应大于绞线插入接线头长度 50mm，锥度长为导线包纸厚的 7 倍。

（5）测量接线头内孔长度，并在绞线上进行标记，确保绞线可以插入压接端子至底部进行压接。

（6）压接完工后，压接处必须光滑无毛刺；先用半导体碳纸包扎连接头，半搭接包两层，碳纸收尾处应落在接线头直线端；再包绝缘，厚度为导线绝缘厚度的 1.25 倍。

（三）引线装配

1. 网侧引线装配

（1）网侧引线预装。打开包装箱检查均压管和出线装置是否完好，将完好的均压管和出线装置预先安装成一体，要求均压管必须插入到位，测量器身网侧出线处相对尺寸，并调整均压管和出线装置安装尺寸以保持一致。定位螺栓和夹箍必须连接牢靠，等电位线安装完毕；均压管固定支架也一起安装，但不必紧固。

（2）按照图吊装整体在一起的均压管，在此过程中将引线出线穿过均压管，使用引导纸板保证均压管成型件的配合对插。

（3）连接支架螺栓，固定出线安装，按图样尺寸进行调整，保证出线安装到器身上端面尺寸，如图 4-40 所示。

图 4-40　网引线装配

（4）器身压紧及干燥处理过程中，需将网侧出线均压管与夹件固定的螺纹连接松开，防止器身下降时引线受力损坏。

注意：当网侧套管落入测装手孔时，通过手孔将引线接线头拉出出线装置上端，在此处和套管尾部连接牢固包扎绝缘后，再缓慢地将套管安装到位。

2. 阀侧出线装配

（1）器身套装时，需先对柱间均压管进行预装配，需使用工装木圈对导线进行固定，保证穿过均压管的导线居中。

（2）阀侧引线和柱间均压管进行装配时，需按照图样要求使用 PS 纸带和绝缘角环填充均压管的开槽，并完成绝缘包扎，测量器身成型绝缘件端头到绕组表面的尺寸，并进行计算。在均压管表面划线标记，保证装配尺寸，如图 4-41 所示。

3. 柱间均压管装配

（1）柱间均压管装配时，可取下工装木圈，完成两柱连线的对橇连接，使用半导体皱纹纸进行屏蔽，并加包绝缘皱纹纸，进行绑扎固定。

（2）调整均压管配合间隙后，连接等电位线，装配两半均压管，使用半导体皱纹纸包扎两半均压管进行屏蔽，在起头和收尾的位置需向内对折，然后补包绝缘。

（3）依次安装均压管外部绝缘件，撑条及纸板条需用胶固定在绝缘层上，保证与器身绝缘成型件平齐，安装均压管成型件，按上述步骤逐层完成装配，如图 4-42 所示。

注意：撑条涂胶范围为距两端 10mm 范围内。

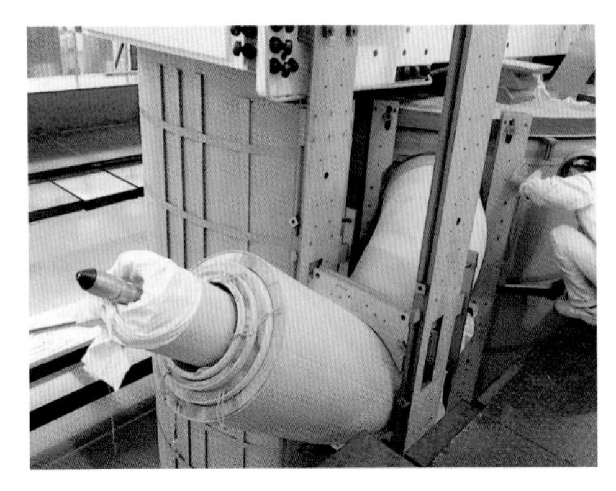

图 4-41　阀引线装配

图 4-42　柱间均压管装配

4. 调压引线装配

（1）熟悉设计图纸，吊装开关就位，吊装时用工装垫块，垫高开关支架并固定。

（2）调压绕组上端出头引出线的连接及包扎在绕组组装完成后进行，下端出头引出线的连接及包扎在调压绕组套装完成后进行。

（3）搭接好支架，将开关固定在夹件支架上，开关引线应注意保留足够提升裕量；与开关相连接的导线一端预先进行压六方，另一端留裕量准备压接。

（4）调压引线支架装配时，对于超过 300mm 无支架固定的导线需使用尼龙包扎带支撑固定。

注意：调压引线连接需按对应分接编号进行操作，对于分接开关侧的冷压接头可直接使用绝缘皱纹纸进行包扎，尤需加包非导电皱纹纸。调压引线装配如图 4-43 所示。

(a)

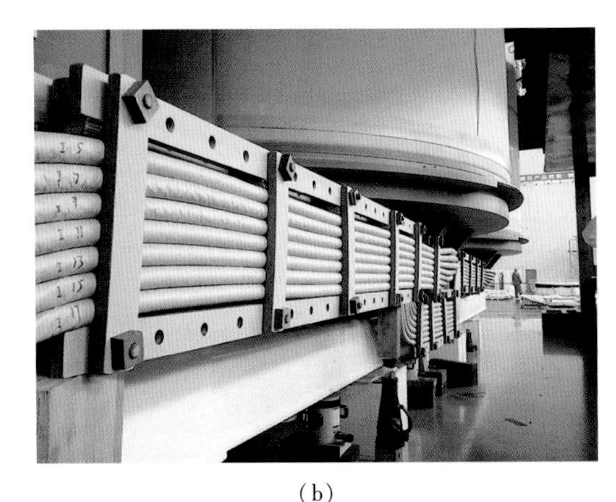

(b)

图 4-43　调压引线装配

(a) 柱间排线；(b) 端部排线

5. 氧化锌避雷器保护

该部件为整体采购，在安装时应戴棉布手套进行操作。氧化锌避雷器阀片和屏蔽环用绝缘螺钉杆拉紧，保持垂直对齐，两端用弹簧压紧，安装力至少为900N。

整体起吊避雷器至引线支架上，安装固定，并按图样进行连接，如图4-44所示。

注意：图纸上对于螺栓连接时的要求，设计明确写明扭矩值时，按设计给定值进行操作；若无明确扭矩值时，应按螺栓纹紧固指导文件进行操作。

图4-44　避雷器连线

6. 中性点引线装配

（1）将导电杆用无水酒精擦拭干净后包绝缘。

（2）测装全部组装后随炉干燥处理（含纸板及支架）。

（3）测装出炉后，安装在油箱之上，从手孔处和变压器上引出点连接，连接时按图纸要求并包绝缘筒，进行绑扎处理。套管的连接在手孔处进行操作连接。

（四）检查

（1）引线装配完毕，按质量控制卡要求进行逐项检查。

（2）所有引线绝缘距离、引出线的相对位置符合图样要求。

（3）电极形状要求：压接后的引线头应无尖角毛刺，可用锡箔进行电极填充，保证形状饱满、均匀。

（4）在汽相干燥后，需按图样尺寸要求重新调整各引线的绝缘距离及出线位置，然后对所有紧固件按图样要求进行紧固并涂漆标识。

六、半成品试验及质量检查

（一）半成品状态下的试验

半成品试验是根据制造厂制订的设计、工艺文件要求进行的试验，包括：

（1）套装后的变比试验。

（2）器身入炉前变比、直流电阻试验。

（3）铁芯、夹件的绝缘试验。

（4）低电压空载。

（二）器身装配检查

器身装配检查内容及质量要求见表4-15。

表4-15　器身装配检查内容及质量要求

序号	检查内容		质量要求	检查方法
1	器身绝缘装配	铁芯检查	转运过程中无损伤、变形，表漆完好、清洁、无金属及非金属异物，绝缘电阻符合要求	现场检查

续表

序号	检查内容		质量要求	检查方法
2	器身绝缘装配	绝缘件检查	表面清洁，无污迹、损伤、变形，清洁，无金属及非金属异物	现场检查
3		绕组组装检查	转运过程中无损伤、变形，清洁、无金属及非金属异物，高度符合图样要求	现场检查
4		拆上夹件之前铁芯绝缘电阻测量	铁芯—夹件：>0.5MΩ，铜屏蔽—铁芯：>0.5MΩ（有铜屏蔽时），油道间：不通路	绝缘电阻表检测
5		下部绝缘装配	磁分路、绝缘端圈放置平整、稳固、与夹件肢板接触紧密、无间隙，高低压侧下铁轭绝缘应在同一水平面内	现场检测
6		下轭地屏装配	地屏出头位置符合图样要求，地屏出头连接后，绝缘距离符合图样要求	对照设计图样现场检查
7		围芯柱地屏及绝缘	地屏出头位置符合图样要求，地屏出头连接后，绝缘距离符合图样要求，地屏及主绝缘围绕紧实、搭接符合要求	对照设计图样现场检查
8		围旁柱地屏及绝缘	地屏出头位置符合图样要求，地屏出头连接后，绝缘距离符合图样要求，地屏及主绝缘围绕紧实、搭接符合要求，收缩带绑扎紧实，地屏及绝缘不得上下窜动	对照设计图样现场检查
9		绕组套装	绕组套装后紧实，不得松动，油隙撑条对齐，其他符合图样和工艺要求	对照设计图样现场检查
10		上铁轭插片后铁芯接缝搭接	不允许有搭头	现场检查
11		铁芯端面波浪	端面波浪≤2mm	现场检测
12		铁芯接地片插入铁轭深度	接地片插入深度≥120mm	现场检测
13		上铁轭表面离缝偏差	单缝≤2.5mm，双缝≤3.0mm	现场检测
14		铁芯松紧度	用插板插入深度<70mm	
15		上部紧固件及上轭屏接地装配	（1）紧固件完整齐全、紧固良好、无松动、接地良好，拧紧力矩和其他符合图样要求； （2）上轭屏装配符合图样要求，接地良好。地屏接地线出头连接后绝缘距离符合要求	查看现场记录，对照设计图样现场检查
16		上铁轭拉带紧固	拉带紧固、装配符合图样要求，接地良好，拧紧力矩和其他符合图样要求	查看现场记录，对照设计图样现场检查
17		器身压紧	加压压力按设计值执行，压板上端面水平度符合要求，铁芯、夹件及铁芯油道间的绝缘电阻值应与装配前基本一致	查看现场记录，对照设计图样现场检查
18		零部件安装	按图样要求所有零部件安装齐全到位、不缺件	对照设计图样现场检查
19		夹件表漆	无起皮、掉漆，表面清洁	
20		清洁度	保持套装过程清洁、完工后全面吸尘；器身清洁、无污损，无金属异物及非金属异物	现场检查

续表

序号	检查内容		质量要求	检查方法
21	引线装配	绝缘件质量检查	无裂缝、脱层、损伤、变形，表面清洁	现场检查实物
22		引线质量检查	型号规格符合图样要求，绝缘表面无污迹、损伤	对照设计图样现场检查实物
23		开关验收检查	型号规格和制造厂符合供货合同和设计规定，无损伤、变形，表面清洁	对照设计图样现场检查实物
24		开关安装及引线连接	开关应保持垂直，分接引线与开关连接无明显受力	现场检查
25		引线磷铜焊接	磷铜焊接要求搭接面大于较小引线截面5倍，焊面饱满，无氧化皮、无毛刺	查看现场记录，对照设计图样现场检查
26		引线冷压焊接	冷压焊接要求内部填充、压接达到工艺要求，位置及长度尺寸符合图样要求	查看现场记录，对照设计图样现场检查
27		引线屏蔽	屏蔽要求紧贴导线，要紧实包扎，圆滑不得有毛刺	现场检查
28		绝缘包扎	绝缘包扎要紧实包扎，圆滑不得有尖角毛刺，出头位置、形状、锥度、厚度偏差符合图样及技术要求	查看现场记录，对照设计图样现场检查
29		引线排架和夹持	排列整齐、匀称美观、夹持符合技术要求	现场检查
30		引线对夹件、引线之间绝缘距离	引线对夹件、引线之间绝缘距离符合图样和技术要求	查看现场记录，对照设计图样现场检查
31		绝缘出线装置装配	绝缘装配符合图样和技术要求	对照设计图样现场检查
32		零部件安装	按图样要求所有零部件安装齐全到位、不缺件	对照设计图样现场检查
33		清洁度	保持套装过程清洁、完工后全面吸尘；器身清洁、无污损，无金属异物及非金属异物	现场检查
34	器身整理及中间试验	铁芯及地屏接地	铁芯及夹件接地连接牢固可靠；磁分路、屏蔽棒及各地屏接地可靠	对照设计图样现场检查对照设计图样
35		铁芯绝缘检测	铁芯、夹件之间、铜屏蔽与铁芯、夹件间及对地绝缘电阻合格	查看现场记录，现场检查
36		各分接位置变比测量	变比正确，偏差在允许范围内	查看现场记录，现场检查
37		各分接位置直流电阻测量	电阻值符合设计要求	查看现场记录，现场检查
38		低电压空载试验	进行功率分析，确保无匝间短路和线匝不平衡	查看现场记录，现场检查

七、器身装配监造见证

器身装配主要见证内容、方法和监造要点见表4-16。

表4-16 器身装配主要见证内容、方法和监造要点

序号	监造项目	见证内容	见证方法	监造要点
1	器身绝缘装配	铁芯就位	对照工艺要求现场检查	铁芯就位后，要保证铁芯柱和装配平台垂直、稳固
2		铁芯检查	现场检查	转运过程中无损伤、无变形，表漆完好、清洁，无金属及非金属异物，铁芯、夹件绝缘电阻符合要求
3		绝缘件检查	现场检查	表面清洁，无污迹、无损伤、无变形，无金属及非金属异物
4		绕组组装检查	现场检查	转运过程中无损伤、无变形，清洁、无金属及非金属异物，高度符合图样要求
5		绕组套装	对照设计和工艺要求现场检查	绕组套装后紧实，不得松动，油隙撑条对齐，其他符合图样和工艺要求
6		上铁轭插片	对照设计和工艺要求现场检查	铁芯片不能有搭接、接缝、波浪度，端面平整度符合工艺要求
7		上夹件安装	对照设计和工艺要求现场检查	（1）紧固件完整齐全、紧固良好、无松动、接地良好，拧紧力矩和其他符合图样要求； （2）上轭屏装配符合图样要求，接地良好。地屏接地线出头连接后绝缘距离符合要求
8		器身压紧	查看现场记录，对照设计和工艺要求现场检查	加压压力按设计值执行，压板上端面水平度符合要求，铁芯、夹件及铁芯油道间的绝缘电阻值应与装配前基本一致

续表

序号	监造项目	见证内容	见证方法	监造要点
9	引线装配	开关检查	对照设计图样现场检查实物	型号规格和制造厂家符合供货合同和设计规定，无损伤、无变形，表面清洁
10		绝缘件质量检查	现场检查实物	无裂缝、无脱层、无损伤、无变形，表面清洁
11		开关安装及引线连接	现场检查实物	开关应保持垂直，分接引线与开关连接无明显受力
12		引线焊（压）接	查看现场记录，对照设计和工艺要求现场检查	（1）磷铜焊接要求搭接面大于较小引线截面5倍，焊面饱满，无氧化皮、无毛刺； （2）冷压焊接要求内部填充、压接达到工艺要求，位置及长度尺寸符合图样要求
13		引线屏蔽	现场检查	屏蔽要求紧贴导线，要紧实包扎，圆滑不得有毛刺
14		绝缘包扎	对照设计和工艺要求现场检查	绝缘包扎要紧实包扎，圆滑不得有尖角毛刺，出头位置、形状、锥度、厚度偏差符合图样及技术要求
15		引线排架和夹持	现场检查	排列整齐、匀称美观、夹持符合技术要求
16		引线对夹件、引线之间绝缘距离	对照设计和工艺要求现场检查	引线对夹件、引线之间绝缘距离符合图样和技术要求
17	器身整理及中间试验	铁芯及地屏接地	现场检查	铁芯及夹件接地连接牢固可靠；磁分路、屏蔽棒及各地屏接地可靠
18		铁芯绝缘检测	现场检测	铁芯、夹件之间、铜屏蔽与铁芯、夹件间及对地绝缘电阻合格
19		各分接位置变比测量	现场检测	变比正确，偏差在允许范围内
20		各分接位置直流电阻测量	现场检测	电阻值符合设计要求
21		低电压空载试验	现场检测	进行功率分析，确保无匝间短路和线匝不平衡
22		清洁度	现场检查	器身清洁、无污损，无金属异物及非金属异物

八、器身装配过程中曾出现的质量问题

（1）插装上轭铁不合格：某台换流变压器器身装配，在进行插上轭铁验收时，发现部分所插的硅钢片接缝有搭接、翘起的现象。经分析：未严格执行操作工艺。

（2）漏装芯柱屏蔽：某台换流变压器器身装配，在进行绕组套装时，发现未装芯柱屏蔽之前，进行了芯柱围屏，与工艺要求不符。经分析：外方公司未提供该屏蔽的零件图和装配图，而是由外方人员现场制作装配。由于沟通未到位，造成漏装。

（3）铁芯对夹件的绝缘电阻不合格：某台换流变压器出厂试验，铁芯对夹件的绝缘电阻 0.6MΩ，不合格。经分析：工艺过程缺陷。

（4）铁芯接地引线过长，发生外部放电：某台换流变压器绝缘试验前长时感应电压试验（ACLD）时，网侧上部出线对铁芯接地线放电，试验未通过。经分析：操作人员经验不足，将铁芯接地引线配置过长，导致网侧首端引线与铁芯接地引线间的绝缘距离不够，在局部放电试验时发生放电。

（5）油箱盖绝缘板开裂，局部放电量超标：某台换流变压器长时感应耐压试验局部放电量超标。检查发现夹件定位钉与油箱盖的绝缘破损。经分析：操作人员违反操作规程，使该绝缘板受力过大，发生机械损伤，绝缘板开裂后定位钉螺母与盖板连通产生放电。

（6）屏蔽管电位连接线接头开裂，试验放电：某台换流变压器阀侧交流外施耐压试验时发现油箱内有放电，检查发现阀侧 a 屏蔽管电位连接线压接头处断裂。经分析：操作不当造成。

（7）屏蔽帽安装不到位导致绝缘击穿放电：某台 400kV 换流变压器在进行网侧高压端子操作冲击试验、第三次 100% 电压冲击时，电压、电流波形发现畸变，换流变压器内部发出异常声响，试验后的油色谱显示有乙炔气体产生。经分析：对网侧引线绝缘成型件解体后，认为该操作冲击故障的原因是拉带螺栓翘起的屏蔽帽没有安装到位，该螺栓屏蔽帽没有扣好，削弱了屏蔽帽对拉带螺栓头部的屏蔽效果。在操作冲击电压的作用下，此处首先尖端放电，发展为沿绝缘隔板表面爬电，最终导致网侧引线绝缘成型件贯穿性击穿故障（见图 4-45）。

（a）　　（b）

（c）　　（d）

图 4-45　绝缘成型件贯穿性击穿（一）

（a）网侧引线绝缘成型件爬电痕迹；（b）绝缘隔板爬电痕迹；

（c）网侧引线绝缘成型件击穿痕迹；（d）网侧角环击穿痕迹；

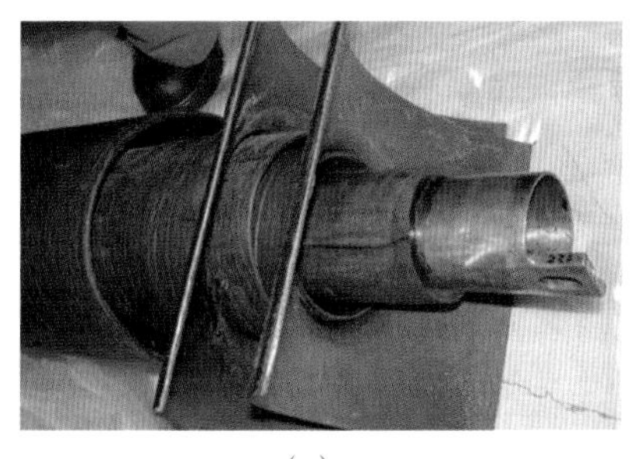

(e)

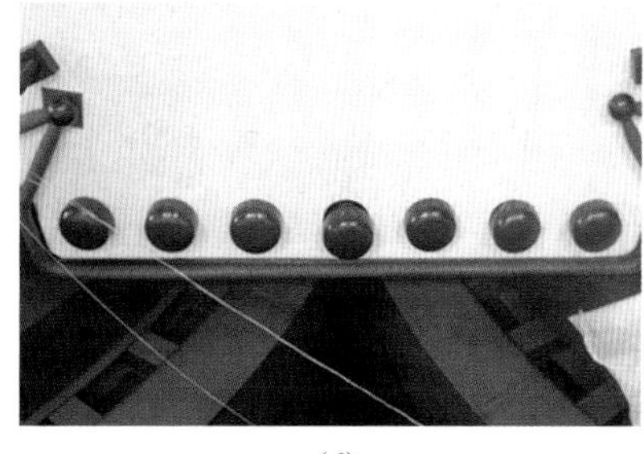

(f)

图 4-45　绝缘成型件贯穿性击穿（二）

（e）网侧引线绝缘成型件导电杆爬电痕迹；（f）夹件拉带螺栓屏蔽帽翘起

（8）金属丝短接铁芯夹件，绝缘电阻不合格：某台换流变压器，在进行器身中间试验时，测量铁芯对夹件绝缘电阻，电阻值为 5MΩ，电阻较低且伴有有放电声（从器身第二柱绕组上部发出）。经分析：认为是有金属异物，造成铁芯和夹件之间导通。检查发现有金属细丝（铁芯剪切造成的细丝）使铁芯和夹件导通。

（9）器身压服不到位：某台换流变压器器身二次干燥热压服时，压服不到位。经分析：压紧装置行程不够。

第五节　器　身　干　燥

一、器身预下箱

检查引线、出头及铁芯对箱壁的距离无误后，检查网侧引线出头位置、中性点引线出头、开关连接法兰与油箱上对应法兰中心的距离，并进行记录。

调整完器身位置后，进行导油连管配装。

二、器身干燥方法及工艺要求

（一）器身干燥方法

器身干燥多采用瑞士麦克菲尔的汽相干燥设备和处理技术，其设备系统由以下设备构成：

（1）真空罐：罐外有保温管及保温层，温度可达 135℃以上，罐内的极限真空度可达 1Pa。

（2）真空系统：包括旋片泵（前级）、罗茨泵、泄漏泵等。

（3）蒸发器：包括蒸发室和蒸馏室。其中煤油蒸汽温度达 135℃左右，导热油温度达 185℃左右。

（4）饱和蒸汽：来自锅炉房或热电厂管道，压力可达 6×10^5Pa，温度可达 160℃以上。

（5）液压系统：供罐门（盖）的开闭用，压力 12~15MPa。

（6）压缩空气站：专用空压站压力可达 50~650kPa。

（7）冷却水系统：专用水压站压力可达 300kPa，水温 25℃以下。

（8）测量系统：包括热电偶、压力表、温度表、麦氏计、皮拉尼真空表等。

（9）注油排油系统：包括泵阀及管道。

（10）控制系统：包括控制柜、控制屏（系统模拟或数字显示）。

（二）干燥工艺及要求

1. 工艺流程

（1）器身干燥：工艺准备→加热及中间降压（加热升温阶段）→降压→高真空阶段→解除真空，产品出炉整理→回炉表干。

（2）表面干燥：工艺准备→起始抽空→排管加热→抽真空及加热→连续抽空及排管加热→解除真空，产品出炉。

2. 强油导向结构器身干燥工艺

（1）按工艺要求在上铁轭铁芯片之间分点插入热电偶，插入深度30~50mm，上下铁轭绝缘分点放置热电偶，放置深度大于50mm，放置必须牢靠，测温点等设备完好可用。

（2）器身干燥处理时间预分配见表4-17。

表4-17　　器身干燥处理时间预分配

中间降压次数	准备（h）	加热（h）	中间降压（h）	加热（h）	中间降压（h）	加热（h）	中间降压（h）	加热（h）	中间降压（h）	加热（h）	中间降压（h）	加热	中间降压（h）	加热（h）	中间降压（h）	加热（h）	中间降压（h）	加热（h）	降压（h）	高真空（h）
8	3	20	1	6	2	4	2	6	2	6	2	6	2	6	2	6	2	14	3	60

注　表中时间为参考值，每个阶段实际时间应根据各阶段转换条件而定。

（3）器身干燥工艺流程及要求。

1）准备阶段向加热阶段转换条件：真空罐中压力700Pa（7mbar）时，罐壁开始加热，升温速度不大于15℃/h。蒸发器中温度约115℃，压力约$(6\sim12)\times10^3$Pa。

2）第1次中间降压开始条件：铁芯平均温度超过90℃（此参数达不到要求，前期可采取降压）。前次加热时间不小于表4-17中规定的时间（若前次加热时间小于表4-17中规定的时间，且铁芯的平均温度超过95℃，则可以直接进行第一次中间降压）。

3）以后各次中间降压开始条件：铁芯升温很慢，每小时升温不足1℃的情况已维持1~2h以上。前次加热时间不小于表4-17中规定的时间。铁芯平均温度超过105℃（最高温度不能超过120℃）。

4）中间降压结束条件：真空罐中压力不大于5×10^3Pa（50mbar）。当前降压时间不小于表4-17中规定的时间。冷凝液收集罐的观察窗中冷凝液量较少。

5）最后一次加热向降压阶段转换条件：从冷凝液收集罐的液位指示看，已出现过一次1h无出水。加热时间不小于表4-17中规定的时间。铁芯温度不低于110℃。

注意：如果达不到该温度要求，要适当增加中间降压和加热次数。

6）降压阶段向高真空阶段转换条件：铁芯温度不低于110℃。如果低于此温度，须进行补充加热，使铁芯温度比上一次加热结束时的温度高一些，然后再进行降压。

真空罐中压力不大于2.5×10^3Pa（25mbar）。当前降压时间不少于表4-17中规定的时间。冷凝液收集罐的观察窗中冷凝液呈滴状流。

7）高真空阶段结束条件：真空罐内的压力不大于15Pa（麦氏计）或不大于50Pa（皮拉尼计）。

高真空阶段必须连续抽真空至15Pa。

高真空时间必须满足表 4-17 预定时间的规定，并且前级和中间冷凝器无冷凝液生成，以保证残留溶剂的彻底排除。

出水率不大于 10g/(h·t)，排气分离器无出水，维持 6h 以上。

注 在器身汽相干燥的各个阶段铁芯最高点温度不能超过 120℃。

在处理过程中，真空罐罐壁温度控制在（130±5）℃。

3. 强油非导向结构器身干燥工艺

强油非导向结构器身干燥操作步骤、工艺参数及操作要点见表 4-18。

表 4-18 强油非导向结构器身干燥操作步骤、工艺参数及操作要点

序号	操作步骤	工艺参数及操作要点
1	准备阶段	启动主真空系统对干燥罐开始抽真空，蒸发器控温速度：85℃→95℃→105℃→115℃→125℃→135℃，升温间隔 2h。真空罐真空度不大于 500Pa
2	加热阶段 Ⅰ	当真空罐压力满足要求后进入加热阶段，真空罐真空度 6~8kPa
3	中间降压 Ⅰ	当器身上轭平均温度不小于 85℃时，开始第 1 次中间降压，时间不小于 2h 或干燥罐压力降至 2.5~3kPa
4	加热阶段 Ⅱ	输送煤油加热，蒸发器温度控制（130+5）℃
5	中间降压 Ⅱ	当器身上轭平均温度不小于 95℃时，开始第 2 次中间降压，时间不小于 2h 或干燥罐压力降至 2.5~3kPa
6	加热阶段 Ⅲ	输送煤油加热，蒸发器温度控制（130+5）℃
7	中间降压 Ⅲ	当器身上轭平均温度不小于 105℃时，开始第 3 次中间降压，时间不小于 2h 或干燥罐压力降至 2.5~3kPa
8	加热阶段 Ⅳ	输送煤油加热，蒸发器温度控制（130+5）℃
9	中间降压 Ⅳ	当器身上轭平均温度不小于 105℃时，开始第 4 次中间降压，时间不小于 2h 或干燥罐压力降至 2.5~3kPa
10	加热阶段 Ⅴ	输送煤油加热，蒸发器温度控制（130+5）℃
11	中间降压 Ⅴ	当器身上轭平均温度不小于 105℃时，开始第 5 次中间降压，时间不小于 2h 或干燥罐压力降至 2.5~30kPa。±800kV 产品在器身上轭平均温度不小于 105℃时，开始第 6 次中间降压（下同）
12	加热阶段 Ⅵ	输送煤油加热，蒸发器温度控制（130+5）℃
13	中间降压 Ⅵ	当器身上轭平均温度不小于 115℃时，开始第 6 次中间降压，时间不小于 2h 或干燥罐压力降至 2.5~3kPa
14	加热阶段 Ⅶ	输送煤油加热，蒸发器温度控制（130+5）℃，当上轭温度达到 120℃（高端产品 125℃）时停止加热
15	低真空降压阶段	降压阶段真空罐内压力小于 2.5kPa 后，当主冷凝器下视窗无冷凝液或较少时进入高真空阶段，低真空时间不少于 2h
16	高真空阶段	启动主真空系统对干燥罐开始抽真空，同时加热干燥罐罐壁。当干燥罐真空度不大于 100Pa 时，连续抽真空 30h，最终干燥罐真空度 30Pa
17	终点判断	最后 3 次测试绝缘出水率均不大于 10mL/(t·h)。器身上轭平均温度不小于 110℃
18	解除真空阶段	采用干燥空气发生器解除真空罐真空

三、器身压装整理

（一）准备

（1）工装设备：器身整理架、行车、油泵及液压泵。

（2）工艺准备。

1）清洁工作场地及工装设备。

2）在器身下部油道处用塑料布围裹，以防器身受潮。

3）将液压缸及其油道用塑料布包裹，以防止液压缸与油管连接处掺油而污染器身。

（二）工艺过程

（1）仔细检查器身各零部件，紧固下铁扼各组拉带紧固件，并用吸尘器进行清理。

（2）放松上铁轭的钢拉带，使螺母与夹件之间有 1~2mm 间隙，以保证在压紧时两上夹件保持平行。

（3）根据图样和器身装配工艺方案中的内容，在器身压板与上夹件之间放置液压缸。

（4）器身压紧。

1）强油导向结构器身干燥后压紧：按图样放置同步液压缸（液压缸需使用塑料布包裹，防止液压油泄漏），并在液压缸上、下端放置压紧垫板，然后将液压缸通过液压连管与电动液压泵连接好，并在器身压板上放置水平尺，按图样规定压紧力进行压紧（见图 4-46），维持 2min，观察器身压板上的水平尺，并根据实际情况调整各绕组上的油压比例进行调整，保证压板水平。压紧后安装器身压紧绝缘件，并使用调节纸板进行调节，调节到位后泄压后拆除压紧装置。

2）强油非导向结构器身干燥后，压紧使用液压软带进行加压（见图 4-47），即在上端部压板和磁分路之间放置液压软带（压板下平面已开槽），每柱 6 根，液压软带一端通过液压汇流管接于同一液压泵，另一端用工装钢夹夹住并保证密闭。液压压力按设计图样规定（一般 1.0~1.3MPa）。在加压状态下，在压板和磁分路之加垫绝缘纸板条（器身绝缘件随炉进行干燥处理），加垫厚度视实际情况而定。泄压后抽出液压软带，在其槽中加垫绝缘纸板条。注意加垫的纸板条不得松动。

图 4-46　同步液压缸压紧

图 4-47　液压软带进行加压

3）安装支撑垫板，将已随产品干燥过的支撑垫块按图样填装，并根据实际情况用调节纸板进行调节，若填装调节纸板困难，可在调节纸板两边涂蜡。

4）按图样检查并调整引线及支架的位置，紧固有关螺母并上螺纹锁固胶。

（5）进行器身表面整理，紧固所有紧固件并涂螺纹锁固胶。清理器身表面（含所有缝隙），不得有金属粉末等污染异物。

（6）按设计图样安装阀侧引线插拔头；将接线头橇接在插拔头的接线盘上，在插拔头的接线盘头部安装引导锥，最后将插拔头按设计图样安装在均压管上，并按阀侧引线图样测量相对尺寸。器身整理结束后，拆除插拔头。

（7）测量铁芯绝缘电阻，应满足要求并记录数据。

（8）整个器身整理过程，器身暴露大气时间按工艺文件执行。

（9）器身整理结束，检查所有螺栓、螺母是否已按要求紧固，器身表面是否清理干净（不允许有金属粉末、工具等任何异物遗留）。

（10）器身整理结束按工艺文件进行器身表面干燥处理。

四、器身回炉表干处理及工艺要求

器身干燥出炉后进行整理，器身整理至回炉期间允许器身暴露空气时间按有关工艺要求进行（根据空气湿度确定允许器身暴露空气时间），每超出预定时间 1h，增加回炉干燥时间 3h。回炉干燥采用蒸汽排管加热（不再使用煤油蒸汽加热）。关闭炉门后，开始罐壁加热 3h 再开始抽真空。产品回炉后，将罐壁温度设定在（130±5）℃，满足以下要求结束回炉干燥。

（1）铁芯上轭平均温度≥90℃，绝缘温度≥100℃，最高温度不得超过 120℃。

（2）干燥罐真空度≤30Pa。

（3）高真空时间≥12h。

（4）采用干燥空气发生器解除真空罐真空。

注　最终出炉前，必须同时满足连续高真空阶段所要求的温度、真空度、维持时间及连续无出水时间四个条件，否则延长处理时间。

五、器身干燥监造见证

器身干燥主要见证内容、方法和监造要点见表 4-19。

表 4-19　器身干燥主要见证内容、方法和监造要点

序号	监造项目	见证内容	见证方法	监造要点
1	预装配	器身预下箱	现场检查，记录发现的问题及处理过程	确认器身在油箱中定位准确，引线间及绕组、引线对箱壁的距离符合要求
2	干燥前准备	器身装罐测温探头设置	对照工艺现场检查	凡是换流变压器油箱内安装的绝缘件和为总装配用的绝缘件、绝缘材料，以及在总装配时使用的套管出线成型件等，都应随器身一起进行真空干燥，干燥工艺达到文件规定要求

续表

序号	监造项目	见证内容	见证方法	监造要点
3	干燥过程	干燥过程参数控制	对照工艺文件查看干燥记录	检查并记录干燥过程各阶段的温度（升温速度）、持续时间及转换条件控制、真空度、出水量（出水率）等
4	干燥结束条件判定	干燥结束条件判定的各项参数	对照工艺文件查看干燥记录	检查并记录干燥终结时各项参数，依据工艺文件判定是否满足干燥结束条件，并要求供应商提供书面报告
5	器身干燥后的压装、整理	器身检查	现场检查	器身应洁净，无污秽和无异物，无损伤；铁芯无锈蚀，各绝缘垫块、端圈、引线夹持件无开裂、无起层、无变形和不正常的色变
6		器身压装整理	对照设计及工艺文件现场检查并记录实际压紧力	各柱的轴向压紧力应符合设计要求：压紧后在上铁轭下端面的填充垫块要坚实充分；器身上所有紧固螺栓 、(包括绝缘螺栓）按要求紧固并锁定；所有屏蔽件的接地必须可靠；器身整理和紧固后应再次确认铁芯和夹件绝缘应完好
7		器身露空时间控制	对照工艺文件现场检查并记录器身露空时间	根据环境（温度、湿度）条件，控制器身在空气中暴露不超过允许时间
8	器身表干处理	器身表干时间及各项工艺参数控制	对照设计及工艺文件现场查看干燥记录	检查并记录干燥过程的温度、持续时间、真空度

六、器身干燥过程中曾出现的质量问题

问题：器身干燥效果不好，导致局部放电量超标。某台换流变压器绝缘试验后局部放电量试验局部放电量超标。经分析：该台产品在器身干燥环节没有进行二次回炉处理，只有一次炉内干燥，且炉内压力不足，早晚不恒定，干燥效果不好。在真空处理阶段，油箱沿用小 C 型夹夹紧，强度不够，箱沿处曾发生渗漏油现象。

第六节　总装配及处理

一、总装准备

（一）器身进箱前的检查与测量

(1) 器身各部绝缘（包括绝缘围屏、上下端部绝缘、引线支架及引线绝缘等）应无损伤，要求不能有任何划痕、划伤。

(2) 引线支架（包括连接螺栓）及所夹持的引线应紧固无松动。支架无弯曲、变形、开裂等现象。

（3）所有接地连接（包括上下端部肺叶型磁分路、铁芯柱及铁轭屏蔽、铁芯及夹件接地端、所有屏蔽棒等）应连接牢靠无松动，接地是否良好。

（4）所有金属紧固件不得有任何松动，特别是拉带螺栓，并应锁紧可靠。所有金属螺栓屏蔽帽应扣好到位。

（5）器身清洁度：器身上不得有任何异物，绝缘件、铁芯及所有金属构件上不得有任何污迹。

（6）导向冷却油路的密封情况，如围屏出头部位、导油管的连接部分、密封纸圈等都应做到基本上没有缝隙。

（7）铁芯绝缘电阻测量：用2500V绝缘电阻表测量铁芯和夹件间的绝缘电阻，带有铁芯铜屏蔽的则应分别测量铜屏蔽对铁芯、夹件的绝缘电阻，其值不小于500MΩ。

（二）油箱准备

（1）油箱清理。

（2）按图样要求安装绝缘纸板，注意：绝缘纸板要随器身进行干燥处理，待器身出炉后，将纸板安装在油箱内壁，在安装时应持续对油箱内充入干燥空气。

（3）油箱定位碗统一划浇注上限线。

二、器身下箱和定位

（一）器身下箱定位

（1）安装器身吊具，将器身吊入油箱，器身下落时应缓慢，器身下落过程中须通过人孔及油箱上部进行观察，以防止器身下落时油箱与器身和引线相碰而损坏绝缘。

（2）检查引线、出头及铁芯对箱壁的距离无误后，检查网侧引线出头位置、中性点引线出头、开关连接法兰与油箱上对应法兰中心的距离，并进行记录。

（3）当器身下至距箱底600mm左右时，开始注环氧固化胶填料至定位碗划线所示上限位置。全部浇注结束后继续浇注下器身。

（4）器身到位后，拆除吊具，浇注夹件上端的环氧固化胶填料至定位碗划线所示上限位置，吊装箱盖进行罩箱，紧固箱沿螺栓。

注意：罩箱后，必须在硬化至真空稳定的时间（24h）后（硬化过程中持续充入干燥空气），才允许对本体抽真空。

（5）强油非导向结构不采用定位浇注工艺，器身下箱并罩盖后，在箱盖定位碗安放偏心调节环，利用偏心调节环进行调节定位并固定。

（二）浇注填料配制

（1）填料配比。环氧树脂FRL：硬化剂酚醛树脂EPH395：石英粉＝100：55：155（重量比）。

（2）按图样给出的单碗填料浇注量计算单台产品浇注总量，并按填料配比计算并称取环氧树脂FRL、硬化剂酚醛树脂EPH395、石英粉使用量。

（3）将环氧树脂FRL、硬化剂酚醛树脂EPH395混合搅拌，然后在搅拌混合物加入石英粉继续搅拌，直到均匀为止。

（4）填料脱气：在每1000g填料中掺入1~2滴硅树脂油，同时开启搅拌机和真空泵给填料脱气，直至填料无气泡产生方可停止抽真空及搅拌。注意在搅拌时转速不能过快，最大不超过11r/s。

（5）填料有效期限。填料的有效使用时间：45～50℃为1h，室温为2h；硬化至真空稳定的时间：45～50℃为5h，室温为24h。

三、套管及附件安装

（一）套管安装

（1）全面清洁套管。

（2）安装套管之前必须进行套管的外观检查、密封性检查，必要时需进行绝缘特性试验。

（3）安装套管之前，先安装升高座和电流互感器（升高座出线绝缘及电流互感器应预先装配并经干燥处理），安装后应使电流互感器铭牌位置面向油箱外侧，放气塞位置应在升高座最高处。套管吊装方法如图4-48所示。

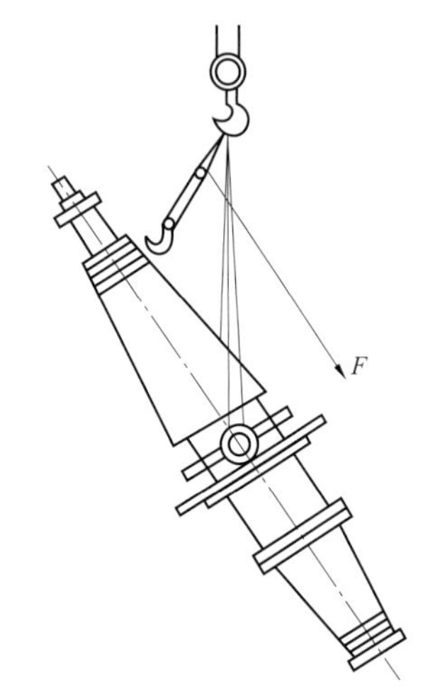

图4-48　套管吊装

（4）阀则直流套管（油—SF_6复合）安装前的工艺要求。

1）开箱后，套管应有足够的暴空时间，以彻底消除（套管）外表残留的水汽。

2）将套管（装置）水平放置，打开套管运输桶上方的油孔，测量、记录油面高度（运输桶放油孔表面至桶内油面高度），并取运输桶和套管上部油样进行含水量分析。

3）对套管进行油密封性能试验。套管补入合格的绝缘油，并计量补油量。施加180kPa的油压，维持8h以上。期间，检查并记录各密封处等是否存在渗漏点（处）。

4）对套管进行真空泄漏试验。排净套管内油，并计量该油量。抽真空至20Pa以下，并维持8h以上。

5）套管安装在本体前，若需要，应在套管合适处（尾椎处）取纸样进行含水量分析。

（5）准备好套管吊具和安装工具。

（6）起吊阀侧套管，拆除套管防护罩，将防护罩退至伞群处，注意不要损坏伞群。

（7）安装套管木托架工装及滑轨工装，按设计图样要求检查升高座与引线插拔头的距离，调节套管角度，将套管插入升高内。

（二）附件安装

（1）附件安装时，应持续往油箱内注入露点不大于-45℃的干燥空气。

（2）储油柜安装：

1）安装储油柜有关阀门及油位表。

2）检查储抽柜内部焊接处是否有尖角，若有需剔除并清理内部。

3）安装储油柜支架并上紧，安装好蝶阀、油位表及储油柜主连管和气体继电器。

4）安装压力释放阀、温度计等附件。

注　储油柜注油及油压试漏随产品本体进行。

（三）冷却器安装

（1）冷却器框架及其连管单独进行油冲洗。对冷却器及框架连管各自进行油循环冲洗。对冷却器来说，油流方向为上进下出。开启冷却器阀门冲洗2h。取油样进行检测，若不符合要求，依照上述方法再进行冲洗检测，直至达到要求（油性能指标应符合直流产品的油性能指标）。

（2）冷却器及其框架冲洗合格后，按图样要求进行冷却器及框架安装。安装结束应检查：潜油泵、流速继电器、电风扇等是否灵活，无碰擦现象，并用500V绝缘电阻表测量风扇电动机和潜油泵电动机的绝缘电阻。

四、抽真空及泄漏率检测

（1）凡总装采用定位碗浇注定位的产品罩箱后，必须在环氧固化胶填料硬化至抽真空的时间（24h）后（硬化过程中持续充入干燥空气），才允许对本体抽真空。其泄漏率检测可在正压状态下进行，即充入干燥空气（要求露点不高于-45℃）压力0.05MPa，关闭充气阀门维持1h，观察其压力应无变化。若出现压力下降时应查找各连接密封及焊缝泄漏点，并进行相应处理。

（2）强油非导向结构不采用定位浇注工艺，利用偏心调节环进行调节定位，泄漏率检测在负压状态下进行，即抽真空至100~60MPa，关闭充气阀门维持1h，观察其真空度变化，若不合格应查找各连接密封及焊缝泄漏点（必要时可采用充干燥空气正压检漏，要求干燥空气露点不高于-45℃），并进行相应处理。

（3）应关注抽真空的效率，真空度应在10h内达到100Pa以下，20h内达到30Pa以下，否则应查明原因，查找泄漏点并进行相应处理。

（4）真空度达60~100Pa后，关停真空泵1h，检测泄漏率应满足工艺要求，即强油非导向结构泄漏率不大于2000（Pa·L）/s，强油导向结构泄漏率不大于800（Pa·L）/s。泄漏率不满足要求者则应查明原因，查找泄漏点并进行相应处理。

（5）套管连同本体的抽真空处理：真空度应在10h内达到100Pa以下，20h内达到30Pa以下，并在30Pa以下维持72h以上。

其中抽真空时间规定如下：

1）强油非导向结构工艺：真空度达30Pa开始计时，72h后开始真空注油，注油前真空度不大于20Pa。

2）强油导向结构工艺：真空度达100Pa开始计时，96h后开始真空注油，注油前真空度不大于20Pa。

3）抽真空期间若进行泄漏处理，则抽真空持续时间以泄漏点处理完成后重新计时。

五、真空注油

（一）强油导向结构产品真空注油

（1）真空度及维持时间满足要求后，将本体注油阀门缓慢打开约1/3，开始注入变压器油。真空注油时，真空机组连续抽空。

（2）将合格的变压器油通过真空滤油机加热和脱气，充入连接管道，打开“人”形工装的排气阀，待排气阀有油流出时，关闭排气阀门，缓慢打开注油阀门，保持整个注油过程中“人”形工装的压力表为微正压。对本体注油，要求油温（60±5)℃，控制流量4~6t/h。

（3）当油位达到距箱底约500mm时，将本体阀门打开至2/3，当油位达到距箱底约1m时，该阀门完全打开。

（4）观察阀侧升高座顶部截止球阀透明管中是否有油流，当发现有油流时，关闭截止球阀及相应移动真空罐上的阀门。

（5）观察带真空压力表管接头的真空压力表的压力，当该表压达到 0.04MPa 时，同时观察到套管注油阀门的透明软管出现油流，分别关闭套管的注油阀和相应的真空罐上对应的阀门。

（6）观察连接开关主连管的气体继电器透明管中有无油流，打开开关储油柜主连管上的截止球阀，注油至开关储油柜约 1/2 处停止注油，关闭本体滤油机上的注油阀门。

（7）观察油位软管中的油面快接近移动真空罐中时，关闭真空罐与本体相连的阀门，同时关闭对应油位软管上的阀门。

（8）观察连接网侧套管升高座顶部截止球阀与中性点套管升高座顶部截止球阀，透明管中是否有油流，当发现有油流时立即关闭阀门。

（9）打开本体主连管与储油柜气体继电器工装之间的蝶阀，打开储油柜两端的任一球阀，当有油流排出时，停止注油，关闭球阀并打开储油柜吸湿器的阀门。

（二）强油非导向结构产品真空注油

（1）满足要求后开始真空注油，油速控制在不大于 $30m^3/h$，注油时油温控制在 (60+5)℃。注油至浸没全部绝缘（距箱顶约 200mm），注油油速调整到 $15m^3/h$，当油面高于油箱顶部时，注油油速调整到 $5m^3/h$ 停止抽空。主体压力达到 0.01MPa 时停止注油（注油期间注意观察升高座抽空口，发现出油后立即关闭升高座阀门），缓缓打开储油柜气体继电器旁的阀门，为储油柜补油，储油柜胶囊充气 0.01MPa，储油柜注油流速为 $1.8m^3/h$，当储油柜放气口出油后，关闭阀门停止补油。

（2）阀套管注油要控制套管上部阀门连接的油管内油位高度达到储油柜中部，静油压 6h，要待排气孔出油且确认无气泡（正常不应出现气泡）时才封堵。

六、热油冲洗及静放

（一）热油循环

注油后进行热油循环，热油循环期间关闭所有冷却器。循环方向：主体顶部出油口→高真空净油机→主体底部注油口。净油机的流量控制不小于 $25m^3/h$，当主体顶部油温 70~75℃时，持续循环 48h 以上，循环后油指标应符合注油前的指标要求，且油中颗粒要求：大于 5μm 颗粒小于 1000 个/100mL 油。

各制造商热油循环工艺相异，热油循环按各制造商工艺文件规定执行，热油循环结束条件均为循环后油指标应满足产品的指标要求。

所有套管升高座必须有专用管路使升高座内的油进行循环，升高座内油温应不低于 70℃。

（二）热运行冲洗

采用热运行冲洗，更好地清除绝缘表面所吸附的尘埃，并利于油浸渍。热运行冲洗一般网侧供电，阀侧端头短接（接线方式如图 4-49 所示），施加电流的最大值不得大于 1.1 倍的额定电流。

施加电流的同时进行热油循环，当油温在 60~65℃且稳定后持续 12h，期间根据温度变化及控制随时调整在网侧施加的电流值。

热运行冲洗前必须先进行绕组电阻和变比测试，必要时进行低电压空载试验，确认

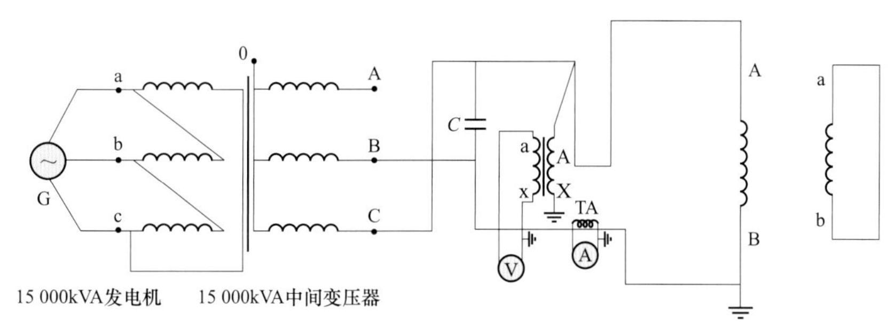

图 4-49　热运行冲洗接线原理图

产品内部接线（包括分接连线、纠结连线等）正确，无匝间短路和线匝不平衡等，才能施加电流。

热运行冲洗期间必须随时关注电压、电流及功率变化情况，防止因导线接头焊接质量不良、匝间绝缘缺陷等形成匝间短路而烧损绕组。

（三）静放

静放的主要作用是延续器身绝缘件浸油时间，使绝缘件在变压器油中浸润透彻，同时聚积变压器油中残留的细小气泡（此气泡在产品试验前拧开上部排气塞排出）。各制造商工艺规定的静放时间不同，一般参照表 4-20 执行。

表 4-20　　产品静放参照时间　　(h)

产品结构类别	高端	低端
强油导向结构	240	168
强油非导向结构	120	72

七、总装配及处理监造见证

总装配及处理主要见证内容、方法和监造要点见表 4-21。

表 4-21　　总装配及处理主要见证内容、方法和监造要点

序号	监造项目	见证内容	见证方法	监造要点
1	组件准备	套管	对照技术协议和设计文件，现场查看核对实物	套管规格型号、供应商及出厂文件与技术协议、设计文件、入厂检验相符，外观完好无损
2		冷却器		冷却器规格型号（包括风机、潜油泵、油流继电器、控制箱等）、供应商及出厂文件与技术协议、设计文件、入厂检验相符，实物外观完好无损，管路内部清洁
3		电流互感器		套管电流互感器的组数、规格、精度、性能与技术协议和设计配置图相符；装入升高座后，确认极性和变比正确

续表

序号	监造项目	见证内容	见证方法	监造要点
4	组件准备	储油柜	对照技术协议和设计文件，现场查看核对实物	储油柜检验合格，外观完好无损，胶囊完好，内部清洁，密封完好，油位计安装、指示正确
5		其他组件		气体继电器、压力释放阀、测温装置、有载开关滤油装置、在线监测装置等规格型号、供应商及出厂文件与技术协议、设计文件、入厂检验相符，外观完好无损
6	绝缘件准备	绝缘材料	现场检查	绝缘材料全部经过干燥处理合格
7		出线装置		干燥处理合格、表面清洁、外观完好无损
8	油箱检查	油箱屏蔽	对照设计图纸和工艺文件现场检查	油箱屏蔽安装符合设计和工艺要求，固定牢靠，绝缘可靠
9		清洁度	现场检查	彻底清理油箱内部，检查应无任何异物，无浮尘、无漆膜脱落，外观光亮、清洁
10	器身下箱	器身检查	现场检查	干燥合格，表面清洁，紧固件无松动，绝缘件无损伤
11		器身吊装就位	对照工艺文件现场查看	器身起吊、移动、下落平稳无冲撞；器身定位准确；引线间及其他部位的绝缘距离符合要求；升高座安装正确；有载分接开关固定良好
12		油箱盖吊装就位		吊装时不发生碰撞，固定位置正确，器身压紧定位可靠
13		油箱密封		密封符合设计及工艺要求，记录密封作业结束时间
14	套管安装及引线连接	金属件及非金属件紧固检查	对照设计图样工艺文件现场查看	各部件安装正确，固定可靠，螺母锁定
15		器身、引线对油箱的绝缘距离		检查各部绝缘距离符合设计图样要求
16		套管安装		套管吊装平稳，定位准确，固定可靠；盲孔螺栓拧入到位，止松措施可靠；各套管安装完成后要确认套管外绝缘距离
17		套管引线连接及固定		各套管引线的绝缘锥体与均压球的安装套管引线连接固定应符合设计及工艺要求

续表

序号	监造项目	见证内容	见证方法	监造要点
18	附件安装	冷却器安装	对照设计图样工艺文件现场查看	冷却器框架及其连管单独进行油冲洗；各管路连接正确可靠，密封良好
19		其他附件安装	对照设计图样现场检查	除非另有约定，否则应将所有附件、管路、升高座等在厂内进行组装
20	外绝缘和铁芯绝缘检查	套管外绝缘距离	对照设计文件现场查看	套管外绝缘距离实测值符合设计文件要求
21		铁芯绝缘	现场检查	铁芯、夹件绝缘电阻符合要求
22	器身露空时间	器身在空气中暴露的时间	对照工艺文件现场查看	记录大气压力、环境温度、湿度，控制器身在空气中暴露的时间不超过允许值
23	真空注油及处理	真空注油		记录注油前真空残压值及维持时间；记录注油流速及滤油机进出口油温
24		热油循环		记录循环时间及滤油机进出口油温，检查循环结束时的油样色谱分析结果
25		热运行冲洗		记录施加的最大电流值和油温，检查热运行冲洗结束时的油样色谱分析结果，油中颗粒度应符合工艺标准要求
26	静放	静放时间		静放时间应符合工艺要求

八、器身装配过程中曾出现的质量问题

（1）升高座法兰盘密封环破损：某台换流变压器总装后抽真空经过数小时真空计没反应，换流变压器本体抽真空失效。检查发现在阀侧首端升高座上部法兰盘处存在泄漏。经分析：为安装时造成该处密封环破损。

（2）储油柜抽真空变形、胶囊破裂：某台换流变压器抽真空时，发生储油柜严重变形（见图4-50），胶囊破裂（见图4-51）。经分析：按工艺文件规定，储油柜应与本体一同抽真空，储油柜变形原因是设计刚度不足。

（3）浸渍时间不足，局部放电量超标：某台换流变压器绝缘试验前长时感应电压试验（ACLD）局部放电量超频。$0.6U_m/\sqrt{3}$ kV 电压下，网侧局部放电量25 500pC，阀侧7000pC。起始电压$0.6U_m/\sqrt{3}$ kV，熄灭电压$0.5U_m/\sqrt{3}$ kV。油色谱结果无特征气体产生。放电波形显气泡放电特征。原因分析：疑是绝缘油浸渍时间不足。

（4）阀侧套管油室有气，局部放电量超标：某台换流变压器阀侧外施交流电压耐受试验和局部放电测量试验时局部放电量超标。原因分析：阀侧套管油室有气。

图 4-50 变形的储油柜

图 4-51 破损的胶囊

（5）夹件绝缘电阻不合格：某台换流变压器进行绝缘电阻测量时，发现其夹件绝缘电阻仅为 6MΩ，不符合不小于 500MΩ 的要求。原因分析：下夹件与油箱之间一绝缘纸板破损。

第七节 包装和发运准备

一、换流变压器整体检漏

为了防止和杜绝换流变压器渗漏油，在产品试验结束后所有部件拆卸前必须进行成品试漏，试漏方式一般采用静油压试漏。

（1）在储油柜油面以上施加不小于 0.03MPa 压力，静压 24h 无渗漏现象为合格。

（2）如发生渗漏油应及时补焊修理。修理后继续进行试漏，试漏时间从补焊修理后重新开始计时。

（3）加压方式根据现场条件而定，可采用高罐压油，也可往储油柜胶囊充入气压试漏。

二、附件拆除及器身检查

（一）附件拆除

换流变压器容量大，其外形尺寸是按运输的极限尺寸设计，考虑产品运输重量及运输的极限尺寸，必须将所有附件拆除，产品本体和附件分别运输。

（1）拆下套管后，产品设计若固定引线在运输时用的临时支架，此时应将这些临时支架装好。

（2）拆除套管和升高压座时，同时将出线推回主体内，切不可拉伤引线、绝缘和电位连接线等。

（3）阀侧套管拆下后，要及时装好下节防护筒，并注入合格的变压器油。

（4）凡被拆下的附件，除主体用盖板密封外，所拆下的附件法兰孔也应同时用盖板密封。

（5）升高座内装有出线绝缘装置，升高座拆卸后必须及时密封并充入氮气或干燥空气（露点不高于-45℃）。

（二）器身检查

产品存栈或发运出厂前须进行器身检查，以确保产品内部质量可靠稳定。

（1）器身检查的主要内容包括：① 油箱内壁及器身的洁净情况；② 各紧固件螺钉栓紧固情况；③ 绝缘端圈、垫块及各部绝缘件情况；④ 器身压紧及定位固定情况；⑤ 有载分接开关及引线连接情况；⑥ 引线固定及各支持件、夹持件情况等。

（2）为防止环境湿气进入产品内部致使内部绝缘表面受潮，应严格控制器身露空（即油箱孔洞打开）时间，并在检查期间往油箱内部充入干燥空气（露点不高于-45℃）。

（三）箱沿封焊

强油非导向结构的油箱为无孔箱沿，产品试验合格且经压油试漏无渗漏后再进行箱沿封焊（油箱设计、制作时，已留出焊接位置15mm，即下箱沿较上箱沿长出15mm）。箱沿封焊质量要求与油箱制作时焊缝焊线质量要求相同。

箱沿封焊时必须保持油箱内处正压状态，一般应在附件拆除后注入合格的变压器油（若为气压必须是露点不高于-45℃的干燥空气），箱沿封焊后须进行检漏及密封试验。

（四）换流变压器本体充气处理

为了减轻运输重量，换流变压器均采用充气运输。充气处理步骤如下：

（1）换流变压器附件拆卸后（处无油状态），先进行抽真空处理，并检漏。

（2）本体充入干燥氮气或干燥空气，要求气体露点不高于-45℃，为保证露点要求，充气前须进行露点检测，气体露点应不高于-55℃。充气结束后的正压力为20~30kPa。

（3）若本体为泡油存栈时，主体运输前，先经真空滤油机抽出主体中的变压器油，然后按上述方法进行检漏和充气处理。

三、套管及附件包装

（1）套管包装。每支套管独立包装装箱（一般利用套管制造商原包装箱），要求包装箱完好、坚固，防止套管位移措施可靠。

（2）零部件装箱要求。

1）所有附件及零部件数量齐全、标志清楚。

2）附件装箱前确保内外表面干净，无污痕、无锈迹。

3）凡拆下的零部件，均要在零件上写明工作号、代号、名称。

4）凡拆卸的零部件除另有要求外均应与其所属的部件一起装箱，并将一些部件组装。

5）凡拆卸的连接管、导油管、升高座、测量装置等，均应按拆卸明细表中所列的盖板、衬垫、紧固件等装齐密封。连接处的编号不清时，应打印好编号。

6）未装零部件配齐装箱。

（3）附件及零部件固定。

（4）包装防护要求。

1）防雨：凡需防雨的附件，应在包装箱内衬以防水材料，可以采用单层或双层防水材料覆盖封闭箱的顶板。

2）防潮：凡需防潮的附件，应用防潮材料制成容器进行密封包装，在封装之前将装入干燥剂，经封口后，再进行外包装。

3）防霉：凡需防霉的附件，应在设计、工艺、材料等方面采取有效的防霉措施。

4）防锈：附件在包装前应按有关规定进行清理，防锈处理后封装。

5）防振：凡需防振的附件应采用防振包装，不允许附件在箱内窜动。

（5）包装箱标识。正面：包装标识；背面：装箱清单，公司标识；侧面为装箱号。其中包装标识是用模板喷漆。

四、存栈及发运准备

（一）换流变压器本体储存

（1）换流变压器本体储存三个月内，采用充氮气或干燥空气存放，气体露点不高于-45℃，气压保持20~30kPa。

（2）换流变压器本体储存超过三个月，采用充油储存，油位应符合规定。

（3）换流变压器本体储存超过六个月，采用充油储存，且安装储油柜，油位应符合规定。

（二）发运准备

（1）换流变压器本体已充氮气或干燥空气，气体露点不高于-45℃，气压保持20~30kPa。随换流变压器本体装有自动补气装置，且有足够的补充气体。

（2）按大件运输要求安装冲撞记录装置，并确认工作状态，记录初始值。

五、包装和发运准备监造见证

包装和发运准备主要见证内容、方法和监造要点见表4-22。

表4-22　　包装和发运准备主要见证内容、方法和监造要点

序号	监造项目	见证内容	见证方法	监造要点
1	整体检漏	静油压试漏	依据技术协议及工艺文件现场检查	检查记录储油柜油面上部施加压力值、加压时间、油箱及各连接处有无渗漏，若出现渗漏则检查记录处理情况及结果（加压时间从无渗漏开始计时）
2	器身检查	油箱内壁及器身检查	对照工艺文件现场检查	油箱内壁及器身清洁、无异物；器身无损伤，绝缘无破损、无开裂、无变形，无过热、无放电、无松动、无位移等迹象
3		螺栓紧固情况		所有紧固件的螺栓应紧固、锁定、无松动
4		绝缘端圈、垫块及各部绝缘件情况		绝缘无破损、无开裂、无变形，无过热、无放电、无松动、无位移等迹象
5		器身压紧及定位固定情况		压钉位置无偏斜、位移，紧固锁定牢靠
6		有载分接开关及引线连接情况		有载分接开关安装牢固、无位移；引线连接无超过允许的应力；触头无烧蚀，绝缘无烧伤、无过热、无放电痕迹
7		引线固定及各支持件、夹持件情况		引线固定牢固无松动，绝缘无破损，支持件、夹持件无开裂、无弯曲、无变形

续表

序号	监造项目	见证内容	见证方法	监造要点
8	箱沿封焊	焊接质量检查	对照工艺文件现场检查	焊线饱满、均匀，无裂纹、无缝无孔、无焊瘤、无夹渣；焊缝高度符合图纸要求
9	本体充气处理	抽空、检漏	对照工艺文件现场检查	检漏 1h 确认无泄漏，真空度不大于 100Pa，连续抽真空不少于 12h
10		充入干燥氮气或干燥空气	对照工艺文件现场检查	气体露点不高于-45℃，充气露点检测（露点应不高于-55℃）；充气结束后的正压力为 20~30kPa
11	包装	包装文件	对照设计文件现场查看	装箱单填写正确、清楚，实物与装箱单相符；包装及其标识应符合技术协议和相关标准要求
12		换流变压器本体	对照工艺文件现场查看实物	外壳清洁，标识清晰；油箱所有法兰均应密封良好，无渗漏；油箱内充气质量合格，压力符合要求
13		储油柜	查看实物	按工艺文件要求做好密封和附件防护
14		冷却器		包装符合工艺和供货合同要求；所有管路接口、阀门应采用堵板密封；放气塞和放油塞要密封紧固
15		套管		每支套管独立包装装箱，附件完好齐全；包装箱完好、坚固，防止套管位移措施可靠，标识齐全；装箱单内容与实物相符
16		电流互感器及升高座		电流互感器固定和防潮措施可靠、有效，包装符合工艺要求；装有出线装置、均压管、绝缘支架等需要采取防潮措施的升高座，其油位或气压符合规定，升高座法兰密封良好无渗漏
17		变压器油	查看试验报告	出厂变压器油应有检验报告；专用油罐使用符合规定；总油量符合供货合同要求
18		其他附件	核对装箱单，查看实物	包装和标识符合规定，其中气体继电器独立包装；油管路的法兰应封堵严密；防磕碰、磨损和油漆表面划伤措施有效，易损附件包装应采取防振措施

续表

序号	监造项目	见证内容	见证方法	监造要点
19	储存	换流变压器本体储存三个月内	对照工艺文件现场检查	油箱密封良好，无渗漏；充气压力应维持 20~30Pa，有压力监视仪表；充油储存的换流变压器油位应符合规定，且无渗油
20		换流变压器本体储存超过三个月	现场检查，查看记录	应采用充油储存，油位应符合规定，且无渗漏
21		换流变压器本体储存超过六个月		采用充油储存，且应安装储油柜，油位应符合规定，且无渗漏
22		其他包装箱	现场检查	应采取防雨、防潮措施储存；凡充气（油）储存的部件，应定期检查和记录气体压力或油位
23	产品发运	换流变压器本体的充气压力	现场检查，查看记录	油箱密封良好，无渗漏；充气压力在 20~30Pa 范围内，在明显位置装有压力监视仪表，随换流变压器本体装有自动补气装置，且有足够的补充气体
24		冲撞记录装置	现场检查安装情况和状态	确认冲撞记录装置安装正确，工作状态正常；记录初始值

第五章

换流变压器试验

第一节　概　　述

换流变压器作为直流输电工程的主要设备，其质量的好坏直接影响运行过程中的可靠性和安全性。换流变压器出厂前进行的试验是最终检验制造质量的一个重要环节。通过试验可以将产品在设计、工艺、组部件、原材料及制造过程中存在的质量问题在出厂前能及时地反映出来，对产品的优化设计、提高工艺措施、组部件和原材料的选用提供了重要依据。对保证给用户提供一个合格的产品起着关键作用，也是监造人员在产品监造过程中至关重要的一个环节。随着特高压直流输电工程的发展，换流变压器的单台容量和电压等级不断提高，对试验条件、试验设备和试验技术也提出了新的要求，要求监造人员不断地学习和掌握新的试验技术，提高特高压产品的试验水平。

换流变压器试验的主要依据是相关国家标准、IEC 标准，制造厂与用户签订的技术协议，制造厂根据相关标准和技术协议制订的产品试验方案。技术协议中规定的一些试验要求与标准规定的内容不符时，应按技术协议规范书执行。

换流变压器试验分为例行试验、型式试验和技术协议规定的其他试验。GB 1094.1—2013《电力变压器　第1部分：总则》中规定的一些特殊试验项目，在换流变压器试验中规定为例行试验或型式试验项目。例行试验是每台产品都要承受的试验，验证换流变压器是否满足国家标准和技术协议要求；型式试验是在一台有代表性的换流变压器上进行的试验，主要为验证相同设计及制造工艺生产的同类系列换流变压器是否满足国家标准和技术协议要求，并证明同类系列产品也能达到国家标准和技术协议要求；技术协议规定的其他试验项目是根据用户要求而进行调整的试验项目。

一、换流变压器试验项目

（一）例行试验项目

例行试验项目包括：① 绝缘油试验；② 密封试验；③ 电压比测量和联结组标号检定；④ 绕组电阻测量；⑤ 绝缘电阻测量；⑥ 绝缘系统电容和介质损耗因数（tanδ）测量；⑦ 套管电容及介质损耗因数（tanδ）测量；⑧ 有载分接开关操作试验；⑨ 空载损耗和空载电流测量（绝缘试验前）；⑩ 短路阻抗和负载损耗测量；⑪ 温升试验［1.0（标幺值）］；⑫ 长时感应电压试验及局部放电测量（绝缘试验前）；⑬ 雷电全波冲击试

验；⑭ 操作冲击试验；⑮ 包括局部放电测量和声波探测测量的外施直流电压耐受试验；⑯ 包括局部放电测量的极性反转试验；⑰ 阀侧外施交流电压耐受试验和局部放电测量；⑱ 网侧中性点外施交流电压耐受试验；⑲ 短时感应耐压试验及局部放电测量；⑳ 长时感应电压试验及局部放电测量（绝缘试验后）；㉑ 空载损耗和空载电流测量（绝缘试验后）；㉒ 1h 1.1 倍额定电压空载试验（绝缘试验后）；㉓ 长时间空载试验；㉔ 高频特性和杂散电容测量；㉕ 风扇和油泵电机功率测量；㉖ 辅助线路绝缘试验。

（二）型式试验项目

型式试验项目包括：① 励磁特性测量；② 空载电流谐波测量；③ 声级测定；④ 油流带电试验；⑤ 电晕及无线电干扰试验；⑥ 雷电截波冲击试验；⑦ 温升试验［1.0（标幺值）、1.05（标幺值）、1.1（标幺值）］。

（三）技术协议规定的其他试验项目

由于特殊情况，技术协议增加的试验项目，一般均在例行试验时进行。

二、换流变压器绝缘试验项目

由于存在直流偏磁、高次谐波、阀绕组承受交直流电压、有载调压范围大和绝缘配置这些特殊原因，换流变压器与电力变压器在运行过程中的状况和工作方式不同，在试验项目方面也与电力变压器有着不同的特点和要求，尤其是绝缘试验。绝缘试验时，换流变压器只承受最高电压而没有对电流的考核，目的是为了确认换流变压器是否按规定的网侧绕组和阀侧绕组的绝缘要求进行设计和制造，满足对绝缘水平的要求。换流变压器的网侧绕组与交流系统相连，绝缘试验项目与电力变压器相同，阀侧绕组除与电力变压器一些试验项目相同外主要增加了如下项目。

（1）包括局部放电测量和声波探测测量的外施直流电压耐受试验；

（2）包括局部放电测量的极性反转试验；

（3）阀侧外施交流电压耐受试验和局部放电测量。

三、换流变压器绝缘强度试验项目的试验顺序

换流变压器绝缘强度试验项目的试验顺序按照技术协议要求也进行了规定，换流变压器绝缘试验项目的试验顺序必须按照下述顺序进行。与 GB/T 18494.2—2007《交流变压器　第 2 部分：高压直流输电用换流变压器》中规定的不同之处是，雷电冲击试验放在操作冲击试验之前。

（1）长时感应电压试验及局部放电测量（绝缘试验前）；

（2）雷电冲击试验；

（3）操作冲击试验；

（4）包括局部放电测量和声波探测测量的外施直流电压耐受试验；

（5）包括局部放电测量的极性反转试验；

（6）阀侧外施交流电压耐受试验和局部放电测量；

（7）网侧中性点外施交流电压耐受试验；

（8）短时感应耐压试验及局部放电测量；

（9）长时感应电压试验及局部放电测量（紧接第 8 项试验之后进行）。

第二节　试验前准备

一、监造人员见证试验的职责

（1）应熟悉和掌握换流变压器试验的相关国家标准和技术协议内容，监造过程中严格执行国家标准和技术协议中的有关要求。对试验过程中出现的不符合试验标准、技术协议和试验方案方法，监造人员应及时制止，并提出合理的建议。

（2）应由有试验经验的监造人员参加见证试验，应现场见证产品试验的全部过程，准确、详细记录试验数据，并对试验结果进行计算、核对，确认试验数据的真实性和准确性。对试验过程中出现的问题应及时写出书面分析报告，试验结果应及时、准确地上报监造单位和有关部门。

（3）监造人员应遵守制造方试验室规章制度，严格执行监造方保密制度。

二、试验方案审核

制造厂应按照相关标准和技术协议要求制订详细的试验方案，试验前向监造方提交试验方案及试验计划，监造方应根据相关标准和技术协议认真审核试验方案。试验过程中，如需变更试验方案内容，须经业主及监造双方同意方可进行。

三、试验人员资质及试验设备、仪器检查

监造人员在试验前应对制造厂家的试验室环境、试验设备和仪器、仪表进行认真审核，了解和掌握试验设备和仪器、仪表的性能参数。确认试验设备完好性，仪器、仪表均应满足试验要求，并在检定的有效期内。制造厂试验人员应具备上岗资质条件。

四、被试产品检查

（1）产品在试验前应满足制造厂相关的工艺处理要求，如真空处理、热油循环、静放时间和油中颗粒度要求等，在达到上述工艺要求后方可进行绝缘试验。监造人员应在试验前认真审核产品的工艺处理过程是否满足技术协议和工艺文件要求。

（2）检查阀侧套管（内部充 SF_6气体）是否满足套管气压要求，充油套管及储油柜的油位指示是否处于正常位置。

（3）确认换流变压器组部件装配完整，所有组部件的连接及紧固件连接必须牢固，不允许有松动和渗漏油现象。试验时，油箱、铁芯、夹件及套管的 TA 端子等必须可靠接地。

（4）检查有载分接开关的分接位置是否正常，根据试验项目要求调节到所要求的分接位置。

第三节　试验方法及监造要点

一、绝缘油试验

（一）试验目的

绝缘油对油浸式变压器而言好似“人体血液”，它起到绝缘、冷却和传递内部健康状态信号等作用。换流变压器的绝缘油是精心选择的高精制变压器油，其性能应该是满足技术要求的，但它极容易受到外界水分、杂质等影响，经储、运等不同过程会使含水量、介质损耗、颗粒度值升高而击穿电压下降。因此油在注入换流变压器前必须经过严格处理和通过一些项目的测试，达到相应的指标要求，使换流变压器整体试验时甚至运行中，不会发生因油质量问题而对换流变压器绝缘造成不良影响。经脱气后油的含气量很低，不易形成气泡产生局部放电，其不同气体成分的含量极小，可提高换流变压器试验过程中判断是否存在故障的灵敏度。

（二）试验方法

在换流变压器规定的取样部位采取油样品，取样方法应严格按照 GB/T 7597—2007《电力用油（变压器油、汽轮机油）取样方法》执行，即应采用注射器、连接管和三通阀进行油样采取，取油样品的器具应保证干净、干燥，取油样过程中应注意隔绝空气，油样应避光保存。防止取样过程中油样品受外界污染。所取油样应有标识，保证油样的准确性。

绝缘油的各项试验按照相关国家标准及技术协议要求进行。绝缘油试验项目主要有击穿电压、介质损耗（90℃）、含气量、含水量、油中溶解气体色谱检测和油中颗粒度测量。上述测试项目均有专门的仪器设备可供使用，如试验用色谱分析仪、颗粒度分析仪（见图 5-1 和图 5-2）。

图 5-1　色谱分析仪

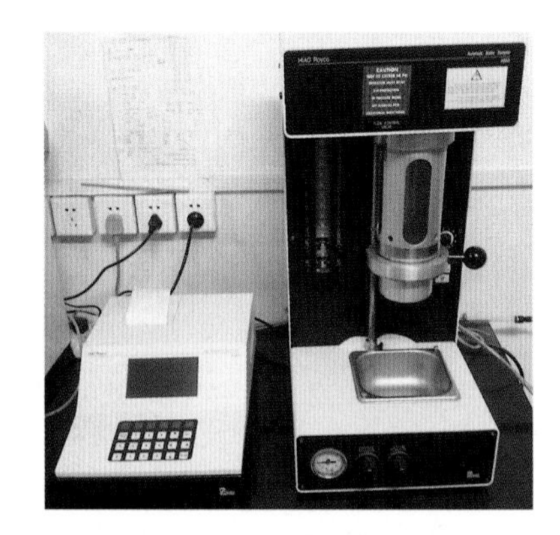

图 5-2　颗粒度分析仪

其中绝缘油中溶解气体色谱检测按技术协议要求需多次进行，它是在产品全部试验前，每项性能试验后和绝缘强度试验前、后，长时空载试验和温升试验的前、中、后，全部试验结束后进行取油样检测。

（三）验收准则

油中溶解气体色谱检测结果符合技术协议要求。通过性能试验后和绝缘试验前、后及试验过程中的油中溶解气体色谱检测，比较试验前、后测试值有无变化，可以及早发现产品故障和隐患问题。

其他项目如技术协议无特殊规定按以下条件执行：击穿电压（kV）≥70；介质损耗因数（tanδ）(90℃）≤0.005；含水量（mg/L）≤10；含气量（%）≤0.5；油中颗粒度＞5μm 的颗粒度不多于 2000 个/100mL。

（四）监造要点

（1）监造人员应认真核对绝缘油试验结果是否满足技术协议要求，并应注意在产品工艺过程中油中颗粒度测量结果。确认满足技术协议和工艺要求后才能进行产品试验。

（2）及时关注产品试验不同阶段中的油中溶解气体检测结果，及时提取检测数据，判断检测结果是否符合要求，特别注意乙炔含量和温升试验时一氧化碳和总烃增长情况，及时发现问题和确定下一步的试验进程。

（3）换流变压器中绝缘油的击穿电压、介质损耗等参数是衡量和影响本体绝缘性能和污染程度的重要参数。注入换流变压器后油的含水量将会与绝缘纸中的水分有个平衡过程。如果器身干燥后纸中含水量极低，则平衡后油中含水量将会降低，反之亦然。在某一温度下达到平衡后，随着温度的变化将达到新的平衡状态，随温度升高纸中水分向油中迁移。如测试不同换流变压器温升试验时油中含水量，也可大致了解换流变压器绝缘的干燥程度。在低温下测得油中水分含量极小，不代表换流变压器绝缘一定含水量低，油中水分更不能反映换流变压器绝缘局部含水量高的情况，在电场作用下局部绝缘的高水分会向高电场处转移。油的含气量过高时，易在油中形成气泡，导致局部放电。

二、密封试验

（一）试验目的

检测换流变压器油箱本体和充油组部件及装配部位的密封性能，防止换流变压器在运行过程中出现渗漏油现象。一旦存在渗漏，不仅是油从内部向外渗透或滴漏，按分压定律，将引起外部气体和水分进入换流变压器内，使绝缘逐步受损伤。

（二）试验方法

密封试验应在完全组装好的换流变压器上进行，含储油柜和冷却器装置。试验前应擦净油箱外表面及充油组部件的外表面，以便在密封试验过程中观察渗漏油情况。试验可采用吊罐油柱法或充气加压法。吊罐油柱法是从油箱底部连接好吊罐，关闭储油柜与油箱的阀门，打开吊罐与油箱间的所有阀门，利用垂直的吊罐油面压力给换流变压器油箱及组部件施加一个静压力，吊罐油柱的高度由试漏压力计算得出；充气加压法是在储油柜油面上充入一定压力的干燥气体来达到要求的试漏压力的方法。

换流变压器密封试验的施加压力和试验时间应符合技术协议要求，试验过程中要随时检查压力表的压力是否下降，油箱本体及充油组部件表面是否渗漏油，重点检查油箱焊缝和密封面的渗漏油情况，不得有渗漏及损伤。密封试验应在温升试验完成后进行，如果发现有渗漏油，则应在止漏后再次进行密封试验。

（三）验收准则

无渗漏油及损伤。

（四）监造要点

（1）确认施加的压力和试验时间是否符合技术协议要求。

（2）认真检查有无渗漏油及损伤现象。注意有载分接开关的油位应无变化，排除切换开关油室密封不严缺陷，尤其是油箱焊缝和密封面处，如哈郑工程一台 600kV 换流变压器由于油箱焊接质量问题，密封试验时，油箱焊缝有 4 处渗油，重新补焊后，经 24h 油压试漏合格。

在产品包括其他项目的整个试验期间，均应注意产品密封情况，因为在此期间随内部温度及压力变化，如有总装配和工艺方面等问题存在，渗漏油问题也会暴露出来。在以往的产品试验中多次发现这类问题，分析由于焊接质量、总装配、制造工艺及密封垫压偏或材料等原因引起，及时沟通制造方进行处理解决。

三、电压比测量及联结组标号检定

（一）试验目的

检查换流变压器各绕组匝数及电压比是否正确，分接开关的连接是否正确，电压比偏差是否在 GB 1094.1—2013 规定的偏差范围之内。联结组标号是代表换流变压器各个相绕组的联结法和电势相量关系的符号，也是换流变压器并联运行的重要条件，通过测量结果，确定联结组别的正确性。

（二）试验方法

换流变压器的电压比是指换流变压器空载运行时，一次侧电压 U_1 与二次侧电压 U_2 的比值。感应电动势与匝数成正比，如果忽略损耗和漏磁，电压比 K_{12} 为

$$K_{12} = \frac{U_1}{U_2} \approx \frac{E_1}{E_2} = \frac{N_1}{N_2}$$

式中 E_1、E_2——变压器一次、二次感应电动势；

N_1、N_2——变压器一次、二次匝数。

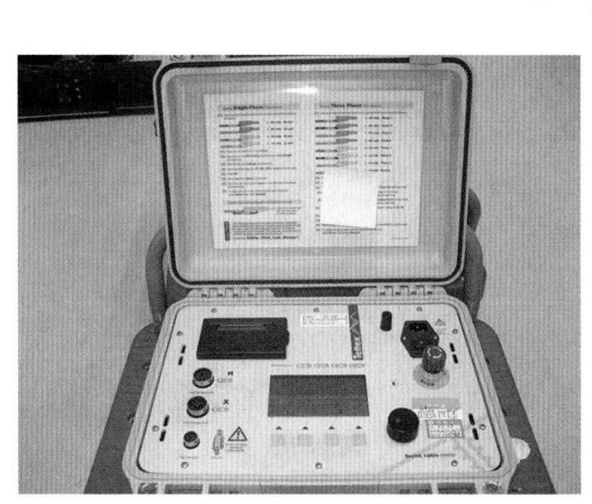

图 5-3　Y2796 电压比测试仪

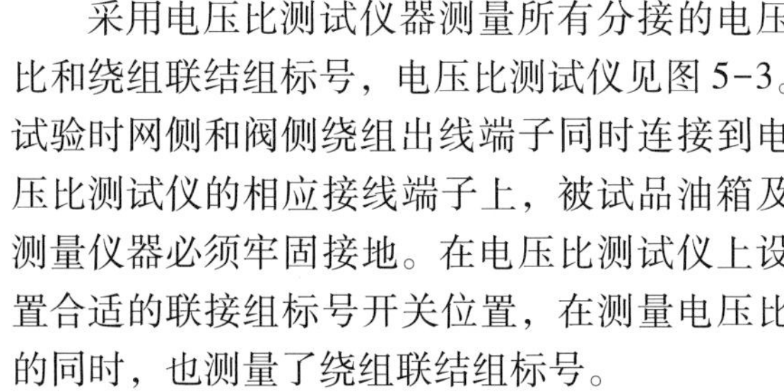

采用电压比测试仪器测量所有分接的电压比和绕组联结组标号，电压比测试仪见图 5-3。试验时网侧和阀侧绕组出线端子同时连接到电压比测试仪的相应接线端子上，被试品油箱及测量仪器必须牢固接地。在电压比测试仪上设置合适的联接组标号开关位置，在测量电压比的同时，也测量了绕组联结组标号。

电压比偏差 $\delta(\%)$ 按下式计算

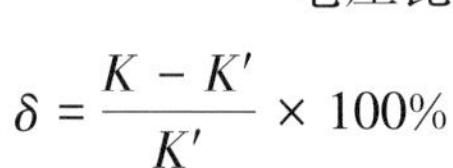

$$\delta = \frac{K - K'}{K'} \times 100\%$$

式中 K——实测电压比；

K'——计算电压比。

（三）验收准则

（1）电压比偏差要求见表 5-1。

表 5-1　　电压比偏差要求

分　　接	偏　　差
主分接或极限分接	下列值中较小者： （1）规定电压比的±0.5%； （2）主分接上实际阻抗百分数的±1/10
其他分接	匝数比设计值的±0.5%

（2）单相双绕组换流变压器联结组标号检定为Ii0。

（四）监造要点

（1）检查电压比测试仪是否在检定的有效期。

（2）认真核对电压比偏差是否符合 GB 1094.1—2013 规定的偏差要求，如有不符，应查明原因。

（3）不合格原因：网侧绕组或阀侧绕组匝数错误，匝间短路、分接引线连接错误。

四、绕组电阻测量

（一）试验目的

（1）检查换流变压器绕组导线连接处的焊接或机械连接处是否良好；引线与分接开关或套管连接是否良好；导线的规格、电阻率是否符合设计要求。

（2）获得负载损耗计算用的电阻值；温升试验中，用冷态下电阻值和温升试验时所测得的热态电阻值计算绕组的平均温度。

（3）相间相应绕组的直流电阻是否平衡。

（4）为运行中发现载流回路故障提供数据。

（二）测量方法

测量仪器采用直流电阻测试仪，见图 5-4，测量应在 5~40℃油温下测量网侧所有分接绕组和阀侧绕组的直流电阻，测量时仪器的电流端子和电压端子应接线正确、牢固，被试品油箱及测量仪器必须牢固接地。准确记录换流变压器的油平均温度。换流变压器内部油的温度接近和等于环境温度，环境温度下测量结果换算到参考温度，换流变压器技术协议规定的参考温度为 80℃。

换算到参考温度 80℃时绕组的电阻值 R_{80}

$$R_{80} = R_t \frac{T + 80}{T + t}$$

式中　T——因数（铜导线为 235，铝导线为 225）；

t——测量时油平均温度，℃；

R_t——t℃时测得的绕组电阻值，Ω。

当接通直流电源时，充电电流要经过一个暂态过程才能达到稳定。对于大容量换流变压器，绕组的电感增大，电阻相对减小，时间常数增大，电流达到稳定时间增长。测量直流电阻时，应先估测绕组的电阻值，选择合适的测试电流挡位，选用的原则是尽量使

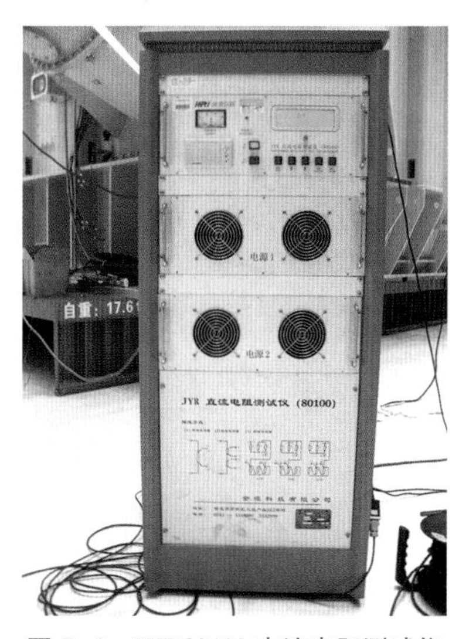

图 5-4　JYR80100 直流电阻测试仪

铁芯达到饱和，又不能因通过电流引起绕组发热而使电阻发生变化。一般网侧绕组测量选用20A，阀侧绕组测量选用20~40A。测量结束后应充分放电后才能断开接线，防止因绕组产生的反电动势而损坏测量仪器。

（三）验收准则

（1）实测值与设计值的偏差应符合设计要求。

（2）直流电阻相间不平衡率≤2%。

（四）监造要点

（1）检查直流电阻测试仪是否在检定的有效期内。

（2）准确记录换流变压器的油平均温度，温度测量的准确与否直接影响绕组电阻测量结果的准确性。

（3）认真核对直流电阻实测值，绕组不同分接头的直流电阻应符合变化规律。

五、绝缘电阻测量

（一）试验目的

绝缘电阻是衡量换流变压器绝缘性能最基本的指标，用于确定产品绝缘的质量状态，以及是否可以继续进行绝缘强度试验的一个判断手段。

（二）试验方法

绝缘电阻测量在绝缘试验项目之始进行，如有严重绝缘缺陷，可以提前发现，并予消除。测量采用绝缘电阻测试仪，见图5-5。被试品油箱及测量仪器必须牢固接地，在温度5~40℃测量网、阀侧绕组之间及网、阀侧绕组对地的绝缘电阻，测量电压5000V，绕组绝缘电阻是指从开始加压到第15、60s和第600s时读取的绝缘电阻的绝对值。第60s和第15s时的绝缘电阻绝对值的比值（R_{60}/R_{15}）叫做吸收比，第600s和第60s时的绝缘电阻绝对值的比值（R_{600}/R_{60}）叫做极化指数。吸收比、极化指数是判断绝缘特性的重要指标。

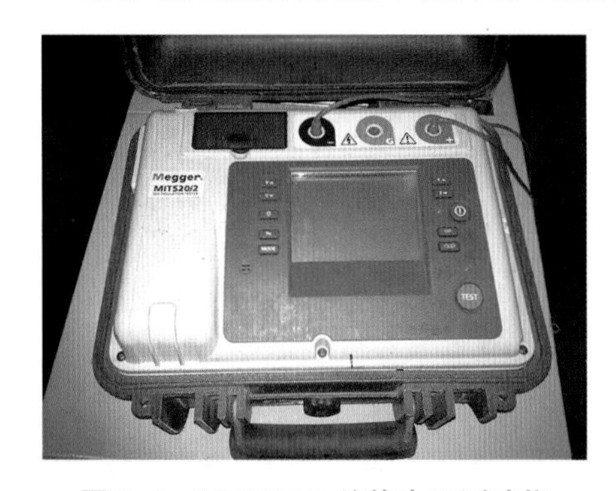

图5-5　MIT520/2绝缘电阻测试仪

测量铁芯对地绝缘电阻，1min绝缘电阻不小于1000MΩ；测量夹件对地绝缘电阻，1min绝缘电阻不小于500MΩ。测量电压2500V。

测量时准确记录换流变压器的油平均温度。

（三）验收准则

符合技术协议要求。

（四）监造要点

（1）检查绝缘电阻测试仪是否在检定的有效期内，测量仪表的电压量程应符合测量绝缘部位要求。

（2）绝缘电阻、吸收比和极化指数的影响因素：绝缘电阻决定于干燥工艺和处理过程，目前换流变压器等大型变压器均采用煤油气相干燥工艺，有利于得到较高的绝缘电阻值。当绝缘电阻值较高时，有可能出现吸收比甚至极化指数不满足要求的情况。这是因为换流变压器的绝缘结构由油、纸（板）和油、纸迭加的多层绝缘组成，瞬时加上直流电压时，电荷由电极注入，绝缘内部就会发生空间电荷的分布过程，可视为由电阻电容组成的串、并联电路，需要一定时间达到稳定。从暂态到稳态过程称之为“吸收过程”。实践证明，当换流变压器的绝缘电阻值非常高时，吸收过程的时间常数可以达到10min以上，并在开始加压时电阻值就较高。因此在判断时可能发生以下情况：

1）1min内R_{60}/R_{15}的吸收比小于通常规定的1.3，此时并不反映绝缘有问题。

2）一般规定用R_{600}/R_{60}的极化指数大于或等于1.5来判断，如能满足说明绝缘状态良好。

3）当换流变压器的绝缘电阻远大于10 000MΩ时，就有可能发生吸收比和极化指数均不满足要求的情况。这种情况应该判断绝缘状态很好。如果为追求极化指数指标，而故意让换流变压器器身放置大气中，用表面重新吸潮的方法来满足大于1.5的要求，是完全不可取的。

（3）由于制造过程、工艺处理及绝缘材料等原因，造成的其他部位绝缘电阻不合格事例：

1）哈郑工程一台换流变压器由于器身内有金属异物导致铁芯和夹件导通，半成品试验时，测量铁芯对夹件绝缘电阻为5MΩ，电阻较低且伴有放电声。

2）哈郑工程一台换流变压器由于器身定位位置的绝缘材料破损，在绝缘电阻测量时，夹件对地绝缘电阻为6MΩ。

3）溪浙工程一台换流变压器在器身干燥出炉后压装过程中导致器身上铁轭拉带绝缘破损，测量铁芯对夹件绝缘电阻时，仪表显示为零。

通过上面的事例，在绝缘电阻测量方面应认真核对绝缘电阻、吸收比和极化指数实测值，根据所测结果认真分析判断绝缘状态。

六、绝缘系统电容和介质损耗因数（tanδ）测量

（一）试验目的

检查换流变压器绝缘的质量情况，测试结果是判定绕组绝缘干燥程度的一项重要数据，并向用户提供介质损耗因数和电容实测值，作为今后判断该换流变压器绝缘状态的重要参数。

（二）试验方法

在5~40℃温度下，采用介质损耗测试仪（见图5-6）测量换流变压器网、阀侧绕组对地（测量接线采用反接法）及网、阀侧绕组之间（测量接线采用正接法）的电容和介质损耗因数（tanδ）。施加电压10kV，试验电压施加在被试绕组端子，非被试绕组端子短路与油箱及测量仪器可靠接地。试验引线与其他物体应有足够的绝缘距离，以保证测量结果的可靠性。准确记录换流变压器的油平均温度。

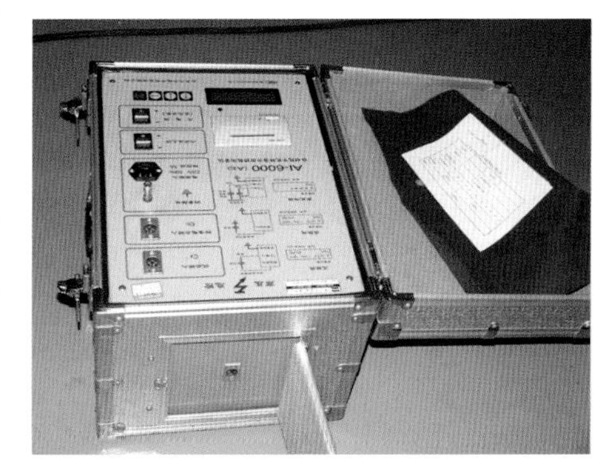

图5-6　A1-6000介质损耗测试仪

不同温度下的tanδ值可按下式换算

$$\tan\delta_2 = \tan\delta_1 \times 1.3^{(t_2-t_1)/10}$$

式中　$\tan\delta_1$——油温为 t_1 时的 $\tan\delta$ 值；

　　　$\tan\delta_2$——油温为 t_2 时的 $\tan\delta$ 值。

（三）验收准则

20℃时介质损耗因数（$\tan\delta$）应不大于0.005。

（四）监造要点

（1）检查介质损耗测试仪是否在检定的有效期内。

（2）认真核对介质损耗因数（$\tan\delta$）和电容实测值及测量温度值。

（3）在交流电场作用下，换流变压器绝缘系统因电导和材料极化会引起功率损耗，把有功功率（阻性电流）与无功功率（容性电流）之比值称为介质损耗因数。它与工艺处理方法及清洁度有关，并随温度的升高介质损耗值增加。通过测量产品的介质损耗因数（$\tan\delta$）可判断产品绝缘的整体特性。提供准确的测试数据和测量温度有利于今后对绝缘状态的判断。

绕组对地和绕组之间的电容值的大小取决于绕组的几何尺寸，该电容值可供换流变压器外施耐压和感应耐压试验时估算负载电容电流和试验电源容量，计算所需补偿电抗器的电感量之用。

七、套管电容及介质损耗因数（$\tan\delta$）测量

（一）试验目的

检查换流变压器套管电容值及绝缘介质损耗因数（$\tan\delta$）与套管的标称值是否相近。

（二）试验方法

套管安装到换流变压器上后，介质损耗测试仪采用正接法测量套管电容及介质损耗因数（$\tan\delta$），施加电压10kV。

（三）验收准则

20℃时介质损耗因数（$\tan\delta$）应不大于0.005；介质损耗因数、电容值与铭牌标称值相近。油纸电容型套管不同温度下的 $\tan\delta$ 值换算与换流变压器绝缘系统电容和介质损耗因数（$\tan\delta$）测量中的换算方法相同，或根据套管厂家提供的温度特性曲线确定。需特别注意纯干式套管具有与油纸电容型套管不同的温度特性，不同的干式套管也有较大差异，应由套管厂提供其温度变化曲线。

（四）监造要点

（1）检查介质损耗测试仪是否在检定的有效期内。

（2）套管安装前要进行外观检查和末屏检查，套管（内部充 SF_6 气体）气压和油浸套管的油位检查。

（3）套管作为换流变压器的主要部件，测量时应认真核对介质损耗因数（$\tan\delta$）和电容实测值，发现问题，及时解决处理，如溪浙工程一台换流变压器测量套管介质损耗因数时，阀侧a套管介质损耗因数值超标，铭牌值 $\tan\delta$（%）= 0.32，实测值 $\tan\delta$（%）= 3.083。拆下套管单独进行介质损耗因数测量，确认为供应商提供的套管存在质量问题。

八、有载分接开关操作试验

（一）试验目的

有载分接开关作为换流变压器的主要部件，操作性能是否稳定，直接影响换流变压器的安全运行。检查有载分接开关在换流变压器不励磁、空载状态下和负载状态下的操作循环试验是否正常，保证换流变压器运行的可靠性。

（二）试验方法

GB 1094.1—2013 和技术协议规定，在换流变压器完成装配后，有载分接开关承受如下的操作试验：

（1）换流变压器不励磁，分接开关完成 10 个操作循环（1 个操作循环指从分接范围的一端到另一端，并返回到原始位置）。

（2）换流变压器不励磁，且操作电压降到其额定值 85% 时，完成一个操作循环。

（3）换流变压器在额定频率和额定电压下，空载励磁时，完成一个操作循环。

（4）有载分接开关切换时间的测量。

（5）电力变压器负载电流下的有载分接开关操作试验，按 GB 1094.1—2013 中规定，在粗调选择器或极性选择器操作位置处或在中间分接每一侧的两个分接范围内，完成 10 次分接变换操作（分接开关经过转换位置 20 次）。

换流变压器负载电流下的有载分接开关操作试验，比国家标准要求严格，分接变换操作次数应按技术协议要求进行。同时应取换流变压器中油样进行油中气体色谱检测，检查开关动作过程中的产气情况。试验后应测量绕组直流电阻，测试有载分接开关切换波形图。

换流变压器在负载状态下的有载分接开关切换试验可采用网侧或者阀侧供电的方式。有载分接开关在切换的过程中，如果采用网侧供电则不能满足一次性全循环过程，需要分段进行，通过调节电容补偿来达到循环要求。主要原因是网侧供电开关分接范围大，受阻抗电压变化大，发电机输出电流及补偿电容不能在带电状态下进行调节。阀侧供电可以一次完成全部的操作循环。

（三）验收准则

有载分接开关操作无异常，符合技术协议要求。

（四）监造要点

（1）换流变压器的有载分接开关，由于分接范围大、切换次数频繁、运行中故障率也高，因此，对不同工况下的试验要求比电力变压器更为严格。

（2）试验前应了解所配置的开关类型、相应参数及其出厂试验结果，以便对出现的问题进行分析。

（3）应关注有载分接开关操作循环次数，检查有载调压切换装置切换过程和切换触头的全部动作顺序是否正常，检验开关动作过程中的产气情况。尤其应注意，调压开关是采用极性选择器完成调压绕组的正反接或粗细调中粗调的切换，一般用电位电阻来降低切换过程中瞬间产生的悬浮电位。如悬浮电位过高产生放电火花，则油裂解生成以乙炔为主的气体。这是在运行中经常会出现的问题。

九、空载损耗和空载电流测量

（一）试验目的

测量空载损耗和空载电流，验证换流变压器铁芯的设计、制造工艺是否满足标准和技术协议要求。检查铁芯是否存在缺陷，如局部过热及绝缘不良等。根据感应电压试验前后两次空载试验测得的空载损耗比较，判断绕组是否有匝间短路情况。空载损耗和空载电流的测试结果是判断是否满足技术协议要求的依据。

（二）试验方法

（1）试验设备的选用。试验电源采用工频发电机组（50Hz），发电机组的选用应根据被试产品容量及产品所要进行的试验项目来选用。选用的发电机组容量应大一些，功率因数低，被试变压器的空载电流占发电机额定电流的百分数小，以保证发电机输出电压波形良好。

根据目前换流变压器的试验情况，使用的机组容量最好不小于 30 000kVA，图 5-7 所示为容量 30 000kVA 发电机组。用发电机组做电源进行空载试验输出电压稳定、波形好，电压升降自如，不受外界干扰，输出电压对称。

由于发电机输出电压不能正好适合产品试验所需电压，所以还应选择合适的中间变压器，见图 5-8。要求中间变压器一次侧电压与发电机的额定电压相同，二次侧电压可以达到试验时所需施加的电压，其容量应大于或等于发电机的容量，还要考虑负载试验和感应试验所需的容量要求。

图 5-7　工频发电机组

图 5-8　中间变压器

测量用电压互感器的电压和电流互感器的电流选用应满足试验要求，测量精度应不低于 0.01 级。

图 5-9　NORMA5000 功率分析仪

（2）试验时在额定分接、额定频率下在阀侧绕组施加电压，网侧绕组开路，网侧中性点接地。测量仪器采用功率损耗测试系统或功率分析仪（见图 5-9），按照技术协议要求，在 90%、100%、110% 和 115% 额定电压下测量空载损耗和空载电流，如果可能还应在 120% 额定电压下测量，并提供 380V 电压下的空载电流。

在完成全部绝缘试验之后，换流变压器还应经受1h的励磁测量，其试验条件与原先的空载电流和空载损耗测量一样。换流变压器在100%、110%额定电压下测量空载电流和空载损耗，并在110%额定电压下保持1h，然后再在110%和100%额定电压下测量空载电流和空载损耗。应将最后一次测得的空载损耗作为最终测试结果，用来评价其损耗保证值。绝缘试验前后两次100%额定电压下空载损耗值偏差应不大于4%。

试验中由于直流电阻测量和操作冲击试验会引起铁芯中的剩磁，应采用升降压法退磁，以消除剩磁对试验结果的影响。采用逐步升压再降压的方法退磁是目前换流变压器空载试验时常用的一种退磁方法，退磁过程中可通过测量空载电流的偶次谐波来确认是否达到退磁要求，当确认偶次谐波达到最小时，可认为达到退磁要求。

（3）空载试验接线图见图5-10。

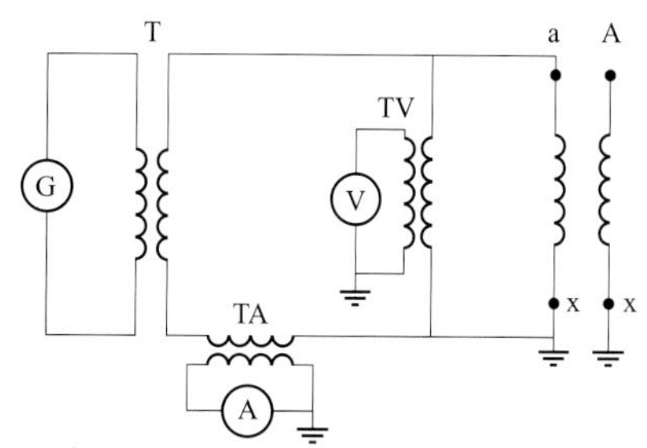

图5-10　空载试验接线图

G—电源；T—中间变压器；TV—电压互感器；TA—电流互感器

（三）空载损耗和空载电流计算

空载试验时，以平均值电压表为准施加额定电压 U' 测量空载损耗 P_0 和空载电流 I_0，同时记录方均根值电压表读数 U。如果平均值电压表 U' 与方均根值电压表 U 之差在3%以内，此电压波形满足要求，如差值大于3%，应按技术协议确认试验的有效性。实测的空载损耗为 P_m。

空载损耗 P_0 按下式进行校正计算

$$P_0 = P_m(1 + d)$$

$$d = \frac{U' - U}{U'}（通常为负值）$$

空载电流计算

$$I_0 = \frac{I_r}{I} \times 100\%$$

式中　I_r——实测电流；

I——额定电流。

（四）验收准则

（1）空载损耗和空载电流值符合技术协议保证值要求。

（2）电压波形满足技术协议要求，平均值电压表测得 U' 与方均根值电压表 U 之差在3%以内。如果不能满足要求，应按GB 1094.1—2013有关规定执行。

（3）绝缘试验前后两次100%额定电压下空载损耗值偏差不大于4%。

（五）监造要点

（1）检查测量仪器、仪表应在检定的有效期内；测量用电流互感器和电压互感器应在检定的有效期内，测量精度应满足要求。

（2）确认试验时施加的电压值和电压波形符合技术协议要求。

（3）认真记录现场试验数据，确认空载损耗和空载电流的计算结果符合技术协议保证值要求。

（4）不合格原因分析。空载损耗主要是磁通在铁芯中产生的磁滞损耗和涡流损耗。

空载电流是指使变压器铁芯中产生的磁通，在按规定测得的空载损耗时输入励磁绕组的电流。空载电流的无功部分产生磁通，有功部分则产生空载损耗。空载损耗、空载电流的大小，主要取决于硅钢片的质量和性能，与铁芯的结构设计、选用的磁通密度和制造工艺等有关。

空载损耗增大原因：铁芯硅钢片之间绝缘不良或局部短路；绕组匝间绝缘损伤造成匝间短路；并绕导线之间短路或并联匝数不同。如哈郑工程一台200kV换流变压器由于设计原因，匝数错误，当首次空载试验电压升至65%额定电压时，损耗测量值为808.3kW，远超技术协议保证值（保证值178kW）要求。经处理后重新试验合格。

空载电流增大的原因：硅钢片之间绝缘不良或有短路，铁芯接缝过大。如德宝工程有两台换流变压器由于制造工艺的原因，铁芯上铁轭间隙接缝变大，试验时空载电流超标。其中一台在额定电压下的空载电流为0.306%（保证值0.15%）、1.1倍额定电压下的空载电流为0.774%（保证值0.4%）；另一台在1.1倍额定电压下的空载电流达到0.837%（保证值0.4%）。经处理后重新试验合格。

（5）电压波形校正。空载试验时，非正弦波形的空载电流会造成发电机输出电压波形的畸变，尤其是发电机容量不足时，电压波形的畸变更为严重，破坏了正弦波形的波形因数。由于铁芯中的磁滞损耗与施加电压的平均值有关，即与电压波形的面积有关，而与电压的有效值无关，所以电压波形将直接影响空载损耗和空载电流的测量，为此需要进行波形校正。

溪浙工程一台换流变压器空载试验时，由于试验设备容量小，在额定电压下，电压波形畸变，平均值电压表U'与方均根值电压表U之差大于3%，电压波形不符合技术协议要求。制造厂家应根据制造的产品配置合适的试验设备，满足试验要求，保证试验结果符合技术协议要求。

十、短路阻抗和负载损耗测量

（一）试验目的

测量换流变压器短路阻抗和负载损耗，确定两个重要性能参数是否满足技术协议要求，检验换流变压器绕组内部是否存在缺陷。

（二）试验方法

（1）试验设备的选用。试验电源、中间变压器、测量仪器与空载试验设备相同，一般还需要电容补偿装置。

（2）变压器的负载损耗主要是直流电阻损耗和附加损耗，换流变压器与电力变压器不同的是：电力变压器是指在额定频率下的负载损耗，换流变压器由于运行时流过绕组的电流含有一定的谐波分量，因此，换流变压器运行中的负载损耗还包括谐波电流产生的损耗。总损耗值需通过不同频率下的试验值计算而得。

试验时一般网侧绕组供电，阀侧绕组短路，在额定分接和最大、最小两个极限分接分别测量负载损耗和短路阻抗。要求进行两次不同频率时的测量；一次是在额定频率下，施加电流在70%~100%额定电流范围内进行；另一次是在不低于150Hz的某一频率下进行，施加电流为20%额定电流。实际运行中的总负载损耗值，是根据给定的负载电流的谐波频谱计算而得，在额定分接下施加5A电流测量短路阻抗，供今后需要验证时使用。

由于负载试验和后面介绍的温升试验需要很大的试验容量，如果发电机组不能够满足要求，试验过程中通过电容器组的容性无功电流来补偿被试产品的感性无功电流。采用电容补偿，可以减少试验电源的输出容量，使试品的电流满足试验要求。

电容器组可并联在中间变压器的低压侧或高压侧进行补偿。高压侧补偿不需要中间变压器很大的容量，只要能和电源的容量一致便可，换流变压器试验的补偿方式是在中间变压器高压侧进行补偿。采用补偿的电容器组见图 5-11。

试验时，顶层油与底部油的温差不应大于 5K。为了更快速得到结果，可以开启油泵。试验应尽快进行，以减少绕组温度升高引起的明显误差。

根据技术协议要求，在额定频率和不小于 70% 额定电流下测量所有分接的短路阻抗。

（3）试验接线见图 5-12。

图 5-11　电容器组

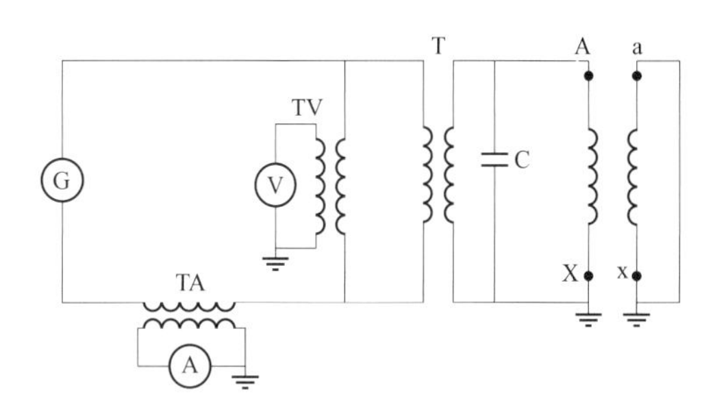

图 5-12　负载试验接线图

G—电源；T—中间变压器；C—补偿电容

（三）运行条件下负载损耗计算

由两个不同频率 f_1 和 f_x 及相应的电流 I_1 和 I_x 测量得到负载损耗 P_1 和 P_x，根据下面两个公式估算出绕组涡流损耗 P_{WE1} 和结构件杂散损耗 P_{SE1}

$$P_1 = I_1^2R + P_{WE1} + P_{SE1}$$

$$P_x = I_x^2R + (I_x/I_1)^2 \times (f_x/f_1)^2P_{WE1} + (I_x/I_1)^2 \times (f_x/f_1)^{0.8}P_{SE1}$$

式中　P_1——基波频率（50Hz 或 60Hz）下的负载损耗；

I_1——额定电流；

R——包括内部引线在内的绕组直流电阻；

P_{WE1}——基波频率下的绕组涡流损耗；

P_{SE1}——基波频率下结构件（不包括绕组）中的杂散损耗；

P_x——频率 f_x 下测得的负载损耗；

I_x——频率 f_x 下的负载损耗试验电流；

f_1——额定频率，也即基波频率；

f_x——用于确定涡流损耗分布的频率，不小于 150Hz。

根据 GB/T 18494. 2—2007 规定按用户给定的负载电流的谐波频谱计算实际运行中的总负载损耗值。

$$P_N = I_{LN}^2R + P_{WE1}F_{WE} + P_{SE1}F_{SE}$$

$$I_{\mathrm{LN}} = \sqrt{\sum_{h=1}^{25} I_h^2} \text{（式中 25 是计算的最高谐波次数）}$$

$$F_{\mathrm{WE}} = \sum_{h=1}^{25} k_h^2 \times h^2$$

$$F_{\mathrm{SE}} = \sum_{h=1}^{25} k_h^2 \times h^{0.8}$$

$$k_h = \frac{I_h}{I_1}$$

$$h = \frac{f_h}{f_1}$$

式中　P_{N}——运行总负载损耗；

I_{LN}——所考虑绕组运行时的负载电流方均根值；

F_{WE}——绕组涡流损耗附加系数；

F_{SE}——结构件中杂散损耗附加系数；

I_h——h 次谐波的电流；

h——谐波次数；

f_h——h 次谐波的频率。

换流变压器负载损耗和短路阻抗的计算，各制造厂家通过编制的计算程序来计算。负载损耗值应校正到参考温度，换流变压器与电力变压器的不同是根据技术协议要求校正到 80℃。

（四）验收准则

负载损耗和短路阻抗符合技术协议要求。最大相间阻抗偏差不大于 2%，由于双极运行换流站同型换流变压器共 7 台（1 台备用），因互换性需要，应为 7 台间偏差。

（五）监造要点

（1）检查测量仪器、仪表是否在检定的有效期内，测量精度是否满足要求。

（2）施加的试验电流是否符合技术协议要求。

（3）试验中应认真记录试验数据，并准确记录换流变压器本体的油温度，根据计算确认试验结果是否符合技术协议保证值要求。

（4）如果绕组匝间、段间等存在短路，负载损耗将增加。负载损耗不合格，大部分是由于附加损耗增大引起的。

（5）由于产品的设计原因，在向上、哈郑、溪浙工程中，出现多台产品短路阻抗和负载损耗不符合技术协议保证值要求，应引起重视。如溪浙工程 600kV 换流变压器的短路阻抗（+23 分接）和负载损耗（N、−5 分接）实测值超保证值要求。以其中四台产品的测量数据为例，见表 5−2。

表 5−2　短路阻抗和负载损耗测量数据

分接位置	23				N	−5
保证值	U_{k}（%）：19±0.8				$P_{\mathrm{k80℃}} \leqslant 1023\mathrm{kW}$	$P_{\mathrm{k80℃}} \leqslant 1110\mathrm{kW}$
产品编号	第一台	第二台	第三台	第四台	第四台	第四台
实测值	20.14	20.09	20.06	20.18	1035.416	1115.484

制造厂对于产品短路阻抗和负载损耗不符合技术协议保证值要求的原因进行了分析和回复，并与业主按照技术协议有关要求进行了处理解决。

十一、温升试验

（一）试验目的

验证换流变压器在规定工作状态下相关部位温升参数符合限值规定；检验载流回路、铁芯、结构件、油箱等受载流和漏磁影响的部件是否存在局部过热缺陷。温升参数由测得的温度并经计算获得，而局部过热是根据油中气体色谱分析发现。

（二）试验方法

（1）试验设备的选用。温升试验用的电源、中间变压器、测量仪器和补偿电容器组与负载试验相同。

（2）试验采用短路试验法。试验按施加不同的损耗值分为例行试验和型式试验。换流变压器的温升试验与电力变压器试验方法、计算基本一致，不同的是第一阶段施加的总损耗、油面温升确定后持续的时间和第二阶段施加的电流不同，见表 5-3。

表 5-3　换流变压器与电力变压器温升试验的区别

产品名称	施加总损耗	持续时间	施加电流
换流变压器	运行条件下的负载总损耗+空载损耗+附加损耗（偏磁引起的附加空载损耗）	1.0（标幺值）时，油面温升稳定后持续 12h；1.05（标幺值）下试验，试验时不开启备用冷却器，油面温升稳定后持续 3h	等效电流
电力变压器	参考温度下的负载损耗+空载损耗	油面温升稳定后持续 3h	额定电流（最大电流分接）

（3）例行试验。

1）施加总损耗（试验的第一阶段）。在 1.0（标幺值）下进行试验，试验应在最大电流分接上进行（通常是具有最大的负载损耗分接），开启规定的冷却器数目，当顶层油温升变化小于 1K/h 并维持 12h，取最后 1h 内读数的平均值作为试验的结果值。

施加总损耗

$$P = P_N + P_0 + P_F$$

式中　P_N——运行条件下负载损耗；

P_0——空载损耗；

P_F——附加损耗。

2）施加等效电流（试验的第二阶段）。施加总损耗试验阶段结束，测定顶层油温升之后，立即将输入绕组中的电流降至等效电流，持续 1h，在此期间应至少每间隔 5min 记录一次顶层油、绕组热点（如果测量）和外部冷却介质温度，并持续记录。试验持续 1h 后，测量切断电源瞬间绕组的热态电阻值，电阻测定时，冷却设备最好保持不变。根据测得的热态电阻值，确定绕组的平均温度。

$$\text{施加的等效电流 } I = I_1\left(\frac{I_{LN}^2 R + F_{WE}P_{WE1} + F_{SE}P_{SE1}}{I_1^2 R + P_{WE1} + P_{SE1}}\right)^{0.5}$$

$$= I_1 \left(\frac{P_N}{P_1}\right)^{0.5}$$

3）热电阻测量：电源断开到测得第一个有效热电阻的时间不宜超过 3min。

4）用外推法推算电源切断瞬间的绕组温度，电源断开瞬间绕组温度外推法见 GB 1094.2—2013 的附录 B。

（4）型式试验。型式试验以往按技术协议要求分别在 1.0（标幺值）、1.05（标幺值）、1.1（标幺值）下进行。在 1.0（标幺值）温升试验后，进行 1.05（标幺值）下的温升试验（开启规定的冷却器数目），在施加等效电流 1h 后测量绕组温升，接着进行 1.1（标幺值）温升试验（试验时开启包括备用在内的全部冷却器）。现一般技术协议规定，仅进行 1.05（标幺值）下试验。试验时不开启备用冷却器，油面温升稳定后持续 3h，测量顶层油温升及试验前后进行油中溶解气体色谱检测。其他试验方法和要求与例行试验相同。

（5）温升试验中使用热像仪测量油箱、冷却器进出口、套管法兰和升高座表面热点温度。在温升试验前、后以及试验中每隔 4h 应进行油中气体色谱检测。

（6）油温度的测定。

1）顶层油温度：由至少 2 个浸入油箱内顶层油中的温度传感器测定，取温度读数的平均值；

2）底部油温度：由装置在冷却器回到油箱中的油联管处的温度传感器测定，应使用多个温度传感器；

图 5-13　温升试验接线

3）油平均温度：取顶层油温度和底部油温度的平均值作为油平均温度。

（7）环境温度测定。应至少采用 4 个传感器，并取其读数的平均值来确定环境温度。对于强迫油风冷变压器，温度传感器应放置在距冷却器进风口处约 0.5m 的位置。

（8）试验接线。温升试验的供电方式和接线与负载试验相同，见图 5-12 和图 5-13。

（三）温升计算

（1）顶层油温升 $\Delta\theta_0$

$$\Delta\theta_0 = \theta_0 - \theta_a$$

式中　θ_0——施加总损耗的试验阶段结束时测得的顶层油温度，℃；

θ_a——施加总损耗的试验阶段结束时的环境温度，℃。

（2）底部油温升 $\Delta\theta_{0b}$

$$\Delta\theta_{0b} = \theta_b - \theta_a$$

式中　θ_b——底部油温度，℃；

θ_a——环境温度，℃。

（3）油平均温度 θ_{0m}

$$\theta_{0m} = \frac{\theta_0 + \theta_b}{2}$$

（4）油平均温升 $\Delta\theta_{0m}$

$$\Delta\theta_{0m}=\theta_{0m}-\theta_{a}$$

（5）绕组平均温度 θ_2 确定

$$\theta_2=\frac{R_2}{R_1}(235+\theta_1)-235\text{（对于铜）}$$

$$\theta_2=\frac{R_2}{R_1}(225+\theta_1)-225\text{（对于铝）}$$

式中　R_2——电源断开瞬间的绕组电阻，Ω；

R_1——绕组冷态电阻，Ω；

θ_1——冷态电阻测量时温度，℃。

（6）电源断开瞬间绕组平均温升的确定

$$\Delta\theta_{W}=\theta_2+\Delta\theta_{ofm}-\theta_{a}$$

式中　$\Delta\theta_{ofm}$——在额定电流下1h试验期间的油平均温度的降低值。

（7）绕组平均温度对油平均温度梯度 g 的确定

$$g=\theta_2-\theta_{0m}$$

（8）绕组热点温升确定

$$\Delta\theta_{h}=\Delta\theta_{0}+Hg$$

式中　$\Delta\theta_0$——油箱内顶层油温升，K；

H——热点系数。

H 是指最热点探头温度的梯度 $\Delta\theta_{hr}$ 与绕组平均温度对油平均温度的梯度 g 的比值。H 与换流变压器的容量大小、短路阻抗和绕组结构有关，在1.0~2.1之间变化。H 可通过光纤维探头直接测量最热点温度来确定，也可由以基本损耗和热传递规律为基础的计算方法来确定。目前国内换流变压器热点温升的确定是根据制造厂设计部门提供的热点系数进行计算的。

（四）校正

（1）根据GB 1094.2—2013《电力变压器　第2部分：液浸式变压器的温升》规定，施加的总损耗与规定的总损耗之差在±20%之内；施加的电流与规定的电流之差在±10%之内

施加总损耗结束时，高于外部冷却介质的液体温升应乘以

$$\left(\frac{\text{总损耗}}{\text{试验损耗}}\right)^{x}$$

式中　x——对ON或OF冷却方式变压器，取1.0。

电源断开瞬间，高于液体平均温度的绕组平均温升应乘以

$$\left(\frac{\text{额定电流}}{\text{试验电流}}\right)^{y}$$

式中　y——对ON或OF冷却方式变压器，取1.6；对OD冷却方式变压器，取2.0。

（2）安装场所海拔高于1000m而试验场地低于1000m时，风冷式变压器（AF）在保证值未考虑到海拔校正的情况下，应按海拔每增加250m降低1K来要求。

（五）验收准则

（1）温升限值如技术协议无特殊要求按表5-4执行，不允许有正偏差。

表 5-4　　　　温　升　限　值

总损耗（标幺值）	顶层油温升（K）	绕组平均温升（K）	绕组热点温升（K）	油箱热点温升（K）
1.0	≤50	≤55	≤68	≤75

（2）油中气体色谱检测应无乙炔，烃类气体应无明显变化，CO、CO_2的增长率应符合技术协议规定。

（六）监造要点

（1）检查测量仪器、仪表是否在检定的有效期内。

（2）试验前，检查顶层油温度、底部油温度、油平均温度、环境温度的测量方法和温度测点及红外热像仪是否符合 GB 1094.2—2013 要求。

（3）认真核对和确认试验施加的总损耗和等效电流。

（4）认真记录切断电源瞬间绕组的热态电阻值，计算和确认温升计算结果是否符合技术协议保证值要求。

（5）根据热像仪测试结果可判断油箱表面、升高座、法兰等处是否存在因漏磁引起的局部高温；箱盖顶部存在"死油区"时，可发现有较大温差；从冷却器的进出口温度测量结果，可确认每台冷却器的工作是否正常。曾发生过冷却器因进口窝气导致顶层油温过高的情况。

（6）强油循环冷却变压器有 ODAF 和 OFAF 两种形式。前者，绕组中油的流速决定于油泵压力，与是否带有负荷关系不大；而 OFAF 冷却方式的变压器，油泵将油导入油箱而不直接导入绕组底部进油口，绕组中油的流动是因不同部位油的温差而形成的热对流，流动速度直接与负荷电流相关。OFAF 与 ODAF 相比油道较窄，流动速度较缓，因此在温升试验前增加油洗（或称热冲）步骤。其作用主要是：

1）通过变压器绕组发热，使绕组内部油得到对流，有清洗油道内油和固体绝缘表面残留的纤维素及其他杂质的作用。油经过滤后使变压器油中颗粒度下降，内部更加纯净，有利于进一步的交直流高电压试验。

2）绕组内油的流动是由温差驱动的，如立即进行大电流温升试验，由于油的温度低，黏度很大，按要求达到温度平衡时间会相当长，且热点温度可能过高。经 6h 的油洗，油面温升一般可以达到 40K 以上，接着温升试验，虽然试验电流加大（1.14～1.16倍额定电流），由于开启了冷却器风扇，顶层油温度反下降约 10K，使温升试验的升温过程变为降温过程，可不受油时间常数的影响，在 12h 内达到各部位的温度平衡。

油洗可采用以下方法：变压器施加 1.0 倍额定电流，开启所有冷却器的油泵（包括备用冷却器，也是为了每台冷却器都得到清洗），为了加速升温可不开风扇；外加滤油机对油进行循环过滤。整个过程约 6h，可根据换流变压器的油量而定。

（7）认真检查制造厂温升试验记录，确认温升稳定的持续时间和及时了解并密切关注不同时间油样的油中气体色谱检测结果，以便及时发现问题，确定进一步试验进程或需要检查。如哈郑工程一台 600kV 换流变压器在温升试验结束后，油中气体色谱检测时发现绝缘油中出现乙炔，甲烷、乙烷、乙烯等气体含量也有不同程度增长。经吊芯检查发现铁芯上铁轭两条拉带与夹件的两个连接螺栓处有烧伤痕迹，见图 5-14 和图 5-15。原因是上铁轭两条拉带与夹件连接螺栓局部漆膜未清理干净，有两处接触不良引起火花和过热。

黑河工程一台换流变压器温升试验时，在温升试验 8h 后的油中气体色谱检测发现绝缘油中 CO、CO_2 含量增加，H_2 和总烃含量也有增长。经吊芯检查发现阀绕组上部引线部分绝缘损坏，接线端子严重变形。故障原因是阀侧绕组引线端子表面不平整，导致连接时接触面积减小，接触电阻大，在温升试验中局部过热。

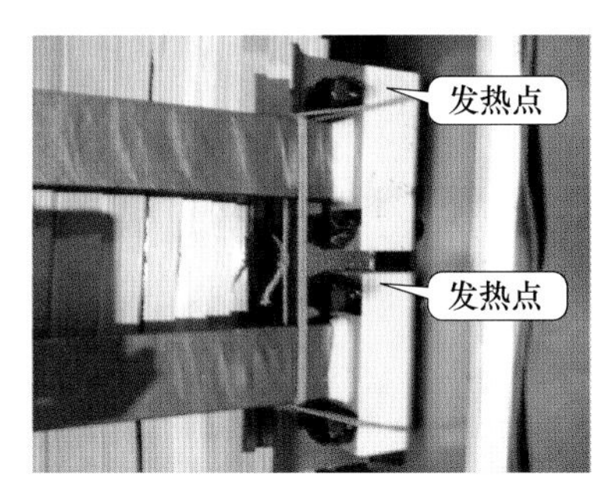

图 5-14　铁芯拉带过热部位

图 5-15　铁芯拉带烧伤痕迹

十二、感应电压试验及局部放电测量

（一）试验目的

考核换流变压器外施耐压无法考核到的主绝缘和纵绝缘，特别是绕组匝间、层间、段间等绝缘的电气强度。

通过局部放电测量，验证在 GB 1094. 3—2003 规定的试验电压和时间内换流变压器的局部放电量是否符合技术协议要求。了解耐压条件下绝缘状态变化情况，提早发现缺陷，降低对绝缘的破坏性。

（二）试验方法

1. 试验设备的选用

换流变压器感应电压试验的电源基本采用中频发电机组（200Hz），图 5-16 所示为容量 7500kVA 发电机组。试验时选用合适的中间变压器，选用的中间变压器一般按无局放变压器设计制造，使中间变压器一次侧电压等于发电机的额定输出电压，二次侧输出规定的试验电压。减少发电机容性负载电流，可降低发电机助磁作用。感应电压试验时，被试变压器呈容性阻抗，发电机及中间变压器的阻抗相串联。如果回路电流对电源电动势呈容性，当容性电流大于一定值时，发电机可能产生自励磁现象，快速升高的电压会危及被试品的安全。为了避免发生发电机自励磁及铁磁谐振过电压，必须在电源端并联电抗器进行补偿。补偿用电抗器的技术参数，应根据被试产品绕组对地电容估算的电容电流选用。

2. 感应电压试验分类

感应电压试验分带局部放电测量的长时感应电压试验（例行试验）和带局部放电测量的短时感应耐压试验（型式试验）两种。

感应电压试验采用两倍额定电压的方法来考核其主绝缘和纵绝缘强度，为了达到试验电压值，又不使铁芯磁通饱和，根据电磁感应定律，采用增加试验电源频率来达到试验要求，大容量变压器感应试验时电源频率采用 100~250Hz。换流变压器试验的发电机组频率一般采用 200Hz。

电磁感应定律

$$E=4.44fWBS$$

式中 E——感应电动势，V；

f——频率，Hz；

W——绕组匝数；

B——磁通密度，T；

S——铁芯截面，cm^2。

试验电压测量采用电容分压器（见图 5-17）。试验前在被试端子接入标准电容分压器，测量端子对地的电压；并接入峰值电压表（见图 5-18），校正电压测量系统。局部放电测量在试验前用标准方波信号校正局部放电测量刻度因数，方波校正分别施加在网侧和阀侧绕组与地之间，校正时应记录网侧和阀侧之间的传递关系数据。记录背景噪声数据应小于 100/2pC，对于无局部放电设计的特高压变压器应尽量降低背景噪声值。试验时阀侧绕组供电、网侧绕组开路、网中性点端子接地，技术协议规定有载调压分接开关置于额定分接位置。在整个试验过程中采用局部放电测试仪（见图 5-19）进行局部放电测量，局部放电测量的频带（宽频带测量仪）选择按 GB/T 7354—2003《局部放电测量》推荐选择，f_1、f_2 和 Δf 的值为 $30kHz \leqslant f_1 \leqslant 100kHz$、$f_2 \leqslant 500kHz$、$100kHz \leqslant \Delta f \leqslant 400kHz$。局部放电测量采用并联测试回路，分别在网侧套管和阀侧套管的测量屏同时取信号进行测量。

图 5-16　中频发电机组

图 5-17　标准电容分压器

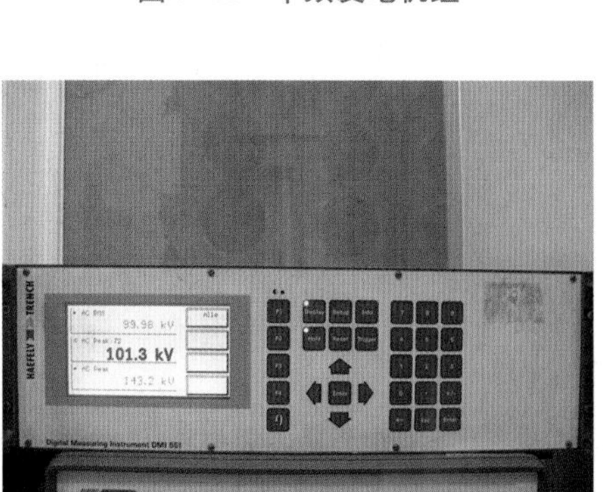

图 5-18　峰值电压表

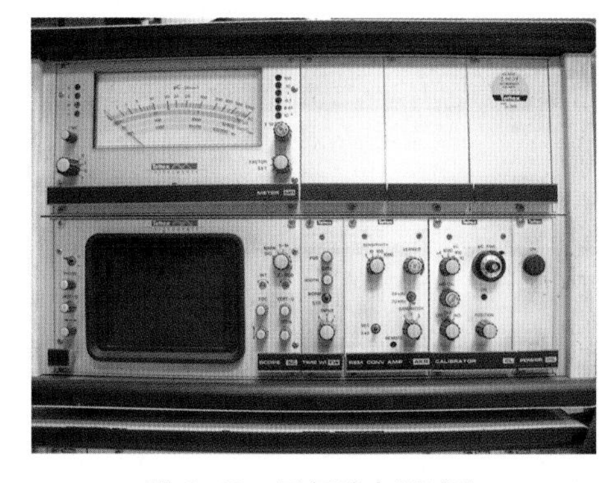

图 5-19　局部放电测试仪

3. 长时感应电压试验及局部放电测量（ACLD）

试验分别在绝缘试验前和绝缘试验后进行，试验顺序按第一节中换流变压器例行试验项目的试验顺序进行。

试验电压应基于最高设备电压 U_m，应从不大于规定试验电压（U_2）的 1/3 电压开始，依次为：施加 $1.1U_m/\sqrt{3}$ 电压（U_3）保持 5min；$1.5U_m/\sqrt{3}$ 电压（U_2）保持 5min；施加由计算所得一定时间的 $1.7U_m/\sqrt{3}$ 电压（U_1）；降至 U_2 电压保持 60min；U_3 保持 5min。试验结束，应将电压迅速降低到 $1/3U_2$ 以下，然后切断电源。

长时感应电压试验施加试验电压时间顺序见图 5-20。

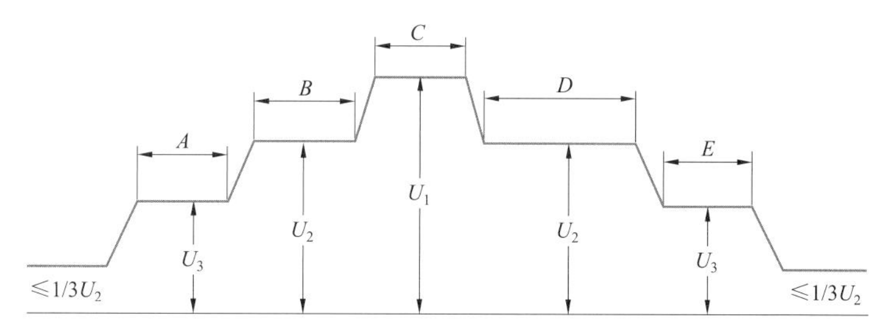

图 5-20　长时感应电压试验施加试验电压时间顺序

$A=B=E=5$min；C=试验时间；$D\geqslant60$min

$$U_1\text{试验时间}=120\times\frac{\text{额定频率}}{\text{试验频率}}\text{(s)，但不少于 15s。}$$

在试验过程中，随时观察局部放电信号和外部环境的影响，发现异常应及时处置，首先消除干扰因素，如发现明显的内部放电信号，应测量起始放电电压和熄灭放电电压，即施加电压上升时最初出现局部放电超过规定值时的最低放电电压和施加电压下降时最后消失局部放电低于规定值时的最高放电电压。

4. 短时感应耐压试验及局部放电测量（ACSD）

试验在外施交流电压耐受试验之后进行，试验电压应基于最高设备电压 U_m，试验应从不大于规定试验电压（U_2）的 1/3 的电压开始，依次为：施加 $1.1U_m/\sqrt{3}$ 电压（U_3）保持 5min；U_2 保持 5min；施加由计算所得一定时间的短时工频耐受电压值 U_1；U_2 保持 5min；U_3 保持 5min。试验结束，应将电压迅速降低到 $1/3U_2$ 以下，然后切断电源。

短时感应耐压试验施加试验电压时间顺序见图 5-21。

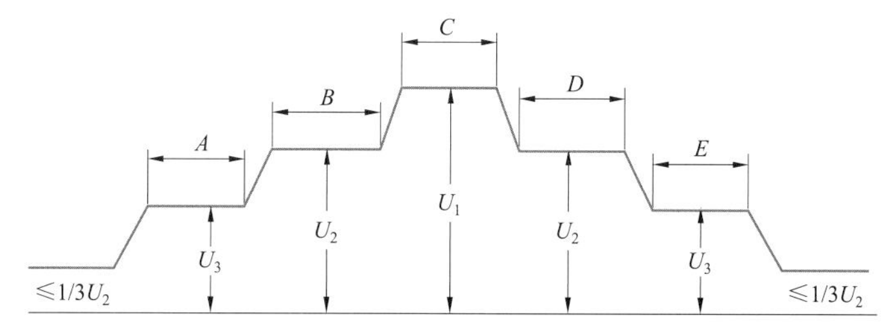

图 5-21　短时感应耐压试验施加试验电压时间顺序

$A=B=D=E=5$min；C=试验时间

U_1试验时间 $=120\times\dfrac{额定频率}{试验频率}$（s），但不少于 15s。

5. 试验接线

试验接线见图 5-22（方波校正线路以阀侧为例）。

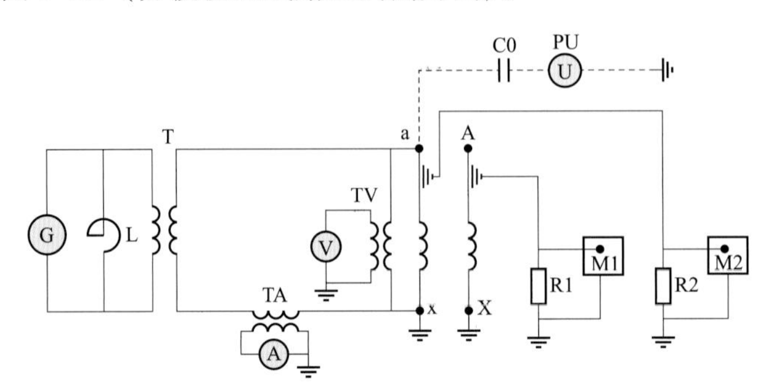

图 5-22 感应电压试验及局部放电测量接线图

G—电源（200Hz）；T—中间变压器；L—电抗器；TV—电压互感器；TA—电流互感器；M1、M2—局部放电检测仪；R1、R2—检测阻抗；C0—方波电容；PU—方波电压

（三）验收准则

（1）试验电压不出现突然下降，内部无放电声，无击穿现象。

（2）在 $1.5U_m/\sqrt{3}$ 电压下，60min 期间内，局部放电量≤100pC，局部放电量在试验的 60min 期间不呈现持续增加的趋势。如果局部放电量有增长或超过接收限值但不认为很严重时，经过协商可以重复试验，可延长试验时间。

（3）绝缘油色谱检测无异常。

（4）随着特高压变压器设计和制造工艺的提高和改进，目前大部分产品已可达到无局部放电的水平，如测到放电量较大但未超过限值时，也应进一步查找原因：一是消除测试回路或环境的干扰，二是试品的工艺处理或静置时间不到位引起气泡性放电。排除后重新试验，可真实反映试品的质量水平。

（四）监造要点

（1）检查测量仪器、仪表是否在检定的有效期内。

（2）检查试验分接位置是否符合技术协议要求。

（3）确认方波校正是否规范和准确，如试验结束后对方波校正和测试结果有疑问时，可重新进行方波校正，确认测试结果的有效性。

（4）确认电压校正的准确性，确认试验电压和试验时间应符合 GB 1094.3—2003 要求。

（5）认真记录局部放电量测量数据。

（6）局部放电分析判断。局部放电是指在产品内部绝缘存在局部缺陷，使该部位绝缘的承受场强超过许用场强时发生的放电，但不会立即形成整个绝缘贯通性的击穿或闪络。

如果产品内部出现明显的局部放电，在运行之前没有进行处理解决，会有两种情况对绝缘的破坏作用：一是放电质点对绝缘的直接轰击造成局部绝缘破坏，逐步扩大，使绝缘击穿；二是局部放电产生的热、臭氧、氧化氮等活性气体的化学作用，使局部绝缘受到腐蚀，电导增加，最后导致热击穿。所以，当换流变压器局部放电量超过标准和技术协议规定时，应对局部放电产生的原因进行分析和定位，然后加以排除。影响局部放电的因素较多，包括设计场强的控制不当，特别是提高电压后新设计的变压器。绝缘件内部气隙、油中气泡最容易产生局放。工艺控制不当引起的杂质、水分，操作工艺不正确、施工粗糙、引线配置和固定不当，部件材质问题等，都可能引起局部放电。

1）局部放电不合格原因事例。

a. 绝缘结构不合理：绝缘电场分布不均匀，有的部位耐电强度低于绝缘介质的起始放电电压水平，如向上工程一台 400kV 换流变压器，短时感应耐压 680kV，试验进行到第 25s 时，外部出现闪络放电现象。油中气体色谱检测结果出现乙炔。吊出阀侧高压套管升高座下部连接管检查，在下部屏蔽管及均压环位置发现明显放电痕迹，见图 5-23 和图 5-24。原因分析：阀侧套管升高座均压环固定处场强裕度偏小，试验时在产品该位置先开始出现局部放电，最后造成外部出现对地闪络放电现象。

图 5-23　引线屏蔽管放电痕迹

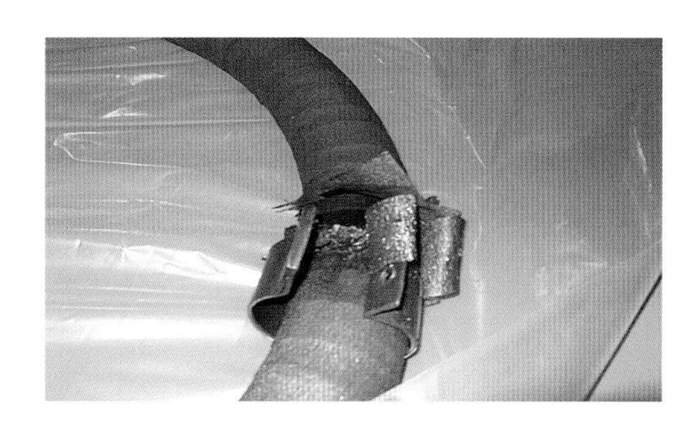

图 5-24　均压环上的放电痕迹

b. 材料方面：导体表面不光滑，绝缘件表面不光滑，内部有杂质及金属粉尘，绝缘件如层压板、层压纸板内部有气隙，如锦苏工程一台 800kV 换流变压器绝缘试验前长时感应电压试验时发生内部放电，放电波形见图 5-25。吊芯检查发现调压绕组上部绝缘筒外表面和第一层围屏对应部位有明显放电痕迹，见图 5-26。相对应范围内两层撑条有碳化点。原因分析：绝缘筒材料存在缺陷或异物。

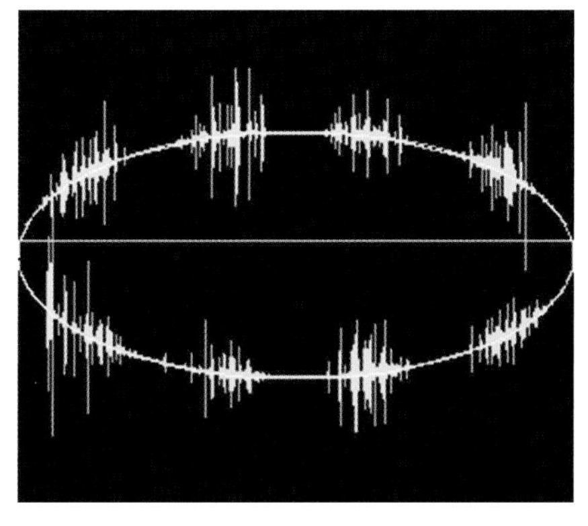

图 5-25　绝缘铜表面放电波形图

图 5-26　绝缘筒表面放电痕迹

c. 工艺处理：抽真空、真空注油的真空度和时间不够，热油循环时间不够，产品静放时间不够。工艺处理没有满足工艺文件要求，这对感应电压试验及局部放电测量（绝缘试验前）的影响很大。有的制造厂由于工艺处理不达标和赶工期缩短了一些工艺处理时间，在长时感应电压试验时，造成产品局部放电测量不合格。产品重新进行二次工艺处理，结果影响了制造工期，增加了制造成本。工艺处理能否满足工艺文件要求，直接影响局部放电的测量结果。所以监造人员应严格检查试验前的工艺处理情况，确认应符合工艺文件要求后方可进行试验。由于产品抽真空没有达到工艺要求，导致内部气隙放电的波形见图 5-27。

图 5-27　气隙放电波形

d. 制造方面：金属加工件存在尖角毛刺；绝缘件加工过程中粘有金属杂质；导线、引线焊接部位处理不光滑有毛刺；出头屏蔽不牢固、不圆滑及接地不可靠；器身、油箱内部有金属异物；没有严格的执行图样和工艺文件，接线错误。如德宝工程一台 500kV 换流变压器，绝缘试验前长时感应电压试验时，内部发生放电，电压突然降至为零。重新合闸，在合闸电压下局部放电量达几百皮库仑。进行低电压空载试验，空载电流明显增大，油中气体色谱检测结果出现乙炔。检查发现有载分接开关上 14 分接位置的避雷器元件被打坏。原因是由于避雷器元件上 14 分接与 21 分接上的连接引线在器身引线装配过程中接错了，造成试验过程中放电。避雷器元件接线见图 5-28，避雷器元件放电故障见图 5-29。

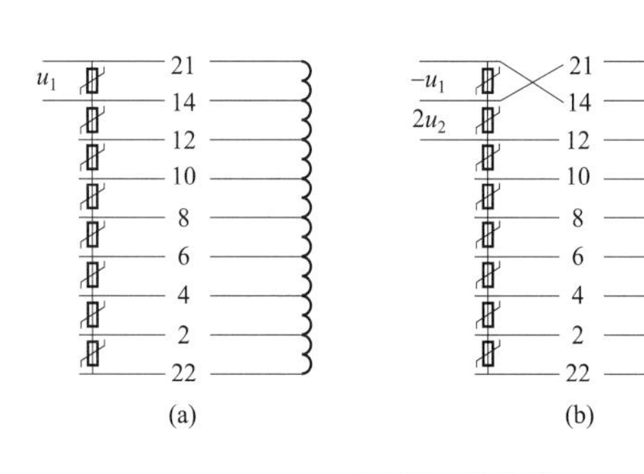

图 5-28　避雷器元件接线

（a）正确接线；（b）错误接线

图 5-29　避雷器元件放电故障

在哈郑工程中，某厂家有两台换流变压器在绝缘试验前长时感应耐压试验时发生放电，试验电压在 $1.7U_m/\sqrt{3}$ kV 时突然跌落、电流增大，在电压跌落的过程中产品内部有放电声，油色谱检测出现乙炔。经吊芯检查分析，原因是网侧柱 1 器身避雷器元件 1、2 分接接线错误引起，而且连续两台产品出现相同的接线错误。

鉴于上述 3 起避雷器元件接线错误的事例，应引起制造厂家和监造人员的重视。对于避雷器元件接线应有质量监督环节，确保接线正确。

锦苏工程一台 200kV 换流变压器绝缘试验前长时感应电压试验时，网侧高压引线与铁芯接地引线放电。原因分析：铁芯接地引线配置过长，导致网侧高压引线与铁芯接地引线间的绝缘距离不够，见图 5-30 和图 5-31。

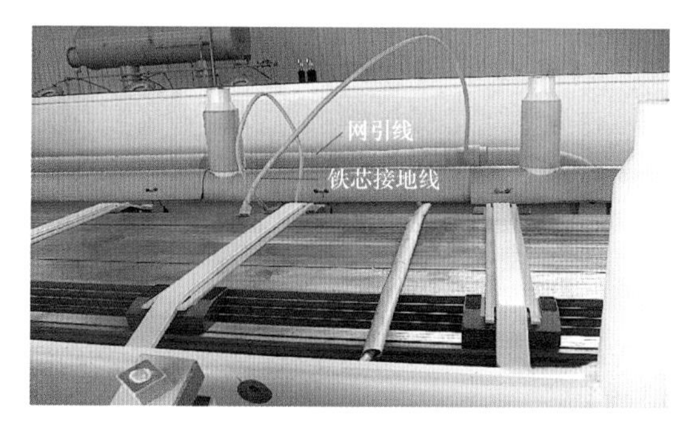

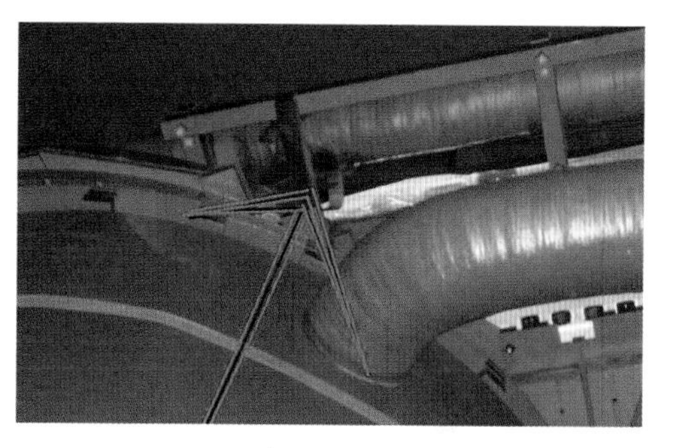

图 5-30　铁芯接地线与网引线位置

图 5-31　放电故障位置

e. 套管问题：对于已经确认不是外部的干扰放电，也不能立即断定是产品内部放电，应通过不同方法测得的放电信号及传递比关系确认是否套管的问题，如哈郑工程一台 600kV 换流变压器在进行长时感应电压试验及局部放电测量时，局部放电测量网 A：1000pC，阀 a：40pC。根据试验过程中局部放电量变化情况和放电波形分析，确认不是外部干扰放电。后来采用在网 A 套管末屏和网 A 端子并联耦合电容同时测量（见图 5-32）。通过测量 CH1、CH2 通道信号进行比较分析，耦合电容测量的局部放电 60pC，网 A 套管末屏测量的局部放电量 430pC（见图 5-33），放电量值符合方波校正时的传递比关系。分析判断是网 A 套管存在问题，与换流变压器本体内部无关。更换网 A 套管后，重新进行局部放电测量，网 A：20pC，阀 a：40pC，试验合格。

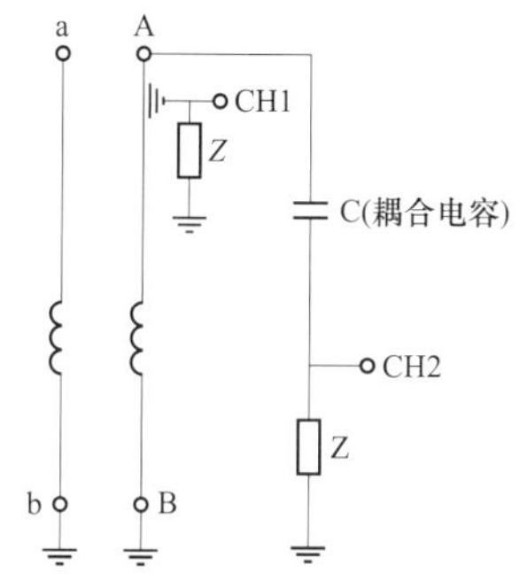

图 5-32　并联耦合电容测量接线原理图

CH1—网 A 套管末屏测量通道；

CH2—耦合电容测量通道

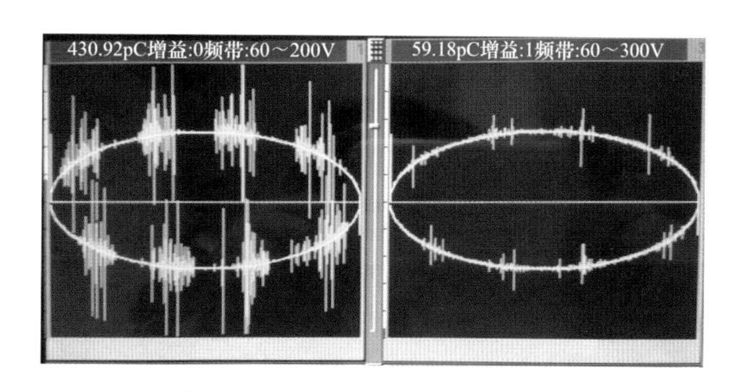

图 5-33　网 A 套管局部放电波形图

套管作为换流变压器的主要部件，如存在质量问题，会给产品试验带来很大的影响。如套管内部存在局放，由于所测局放量是按变压器入口电容与套管内部电容之比放大的，所以，变压器局放测量时，由某一套管末屏测得的放电量较大，而其余端子所测放电量较低，且不符合传递比时，应怀疑套管问题，可做进一步确认。在感应电压试验过程中，由于套管存在质量问题的原因造成产品试验不合格的事例很多，应引起重视。

2）外部干扰放电问题：在产品局部放电测量过程中，首先应排除来自外部的干扰放电，外部干扰放电主要是来自试验电压的干扰放电和与试验电压无关的干扰放电。与试验电压有关的干扰放电一般随试验电压的升高和降低而变化，如高压线路接触不良、高压端电晕放电、试验区内金属物体接地不良、接地金属物与绝缘物体接触和其他物体的感应放电等。与试验电压无关的干扰放电不随试验电压的升高和降低而变化，如无线电电磁波、异步电机运行、电器开关操作和吊车开动等。这些干扰放电通过电源、高压引线和地线侵入测试回路。为了消除这类干扰放电，试验前应仔细排除上述干扰问题。

试验中也经常由于产品的组部件和升高座的一些紧固螺栓没有紧固好；等电位连接引线没有连接；测试回路阻抗与套管末屏接触不良；油箱顶部的金属部件没有清理干净和尖端部位没有进行屏蔽，这些问题也会造成干扰放电。试验前应仔细检查，及早发现，及时处理，防止产品试验时由于接触不良放电和悬浮放电，给局部放电测量带来影响。

对于外部干扰放电和产品内部局部放电的原因分析需要借助测试仪器，采用不同的测试方法，根据放电的波形形状和试验经验等去分析判断。如果确认在某一相位有固定的外部干扰放电，且排除不掉，可以采用仪器的开窗功能，调节测量窗口，避开干扰放电以便读取实际放电量值。

如认真分析产品内部放电部位，需要了解和掌握产品的内部结构，和在制造过程中可能出现问题的判断。所以监造人员一定要熟悉、了解产品的内部结构和工艺材质等情况。

十三、雷电冲击试验

（一）试验目的

试验采用雷电冲击电压发生器，在换流变压器端子上分别施加一种模拟雷电波形的标准冲击波，检验换流变压器绝缘在雷电冲击电压下的承受能力。这是考核其主绝缘、纵绝缘耐受冲击强度的试验。当雷电波进入变电站没有外绝缘放电时，电压为全波；当变电站保护间隙、外部绝缘等发生放电时，即为截波。

（二）试验方法

1. 试验设备的选用

冲击电压发生器是产生高压冲击波的一种设备，其中主要的元件是电容器和电阻（充电电阻、波前电阻、放电电阻），通过电容器的并联充电和串联放电，得到所需的高压冲击波电压。冲击电压发生器本体与截断装置、分压器、测量系统共同构成雷电冲击试验设备。冲击电压发生器的选用应根据试验产品的需求合理地选择设备的级数、级电压、级电容和冲击能量。选用的冲击电压发生器要求回路电感小、同步性能好、抗干扰能力强、操作简单、调波方便，技术参数应满足被试产品的试验要求。目前制造厂主要使用的冲击电压发生器型号是 CDY-6000kV/810kJ 和 CDY-4800kV/720kJ，见图 5-34。

图 5-34　冲击电压发生器

截断装置是雷电冲击试验时产生截波的试验装置，由于截波试验电压比全波试验电压高，要求截断装置与发生器的同步性好、动作可靠，应防止截断失控，使施加于被试品的电压升高。还要保证截断时间的稳定性，以满足截断时间和过零系数符合 GB 1094. 3—2003 要求，截断时间分散性应小于±0. 1μs。

雷电冲击试验测量采用弱阻尼冲击电容分压器，分压器主要由高压臂（C1）和低压臂（C2）两部分组成。高压臂由多台电容器元件串联组成，为了阻尼电容回路中的振荡，还要减小响应时间，在高压臂电容回路中串联很小的阻尼电阻。低压臂电容的参数按分压比选择，利用测量系统能够准确地测量冲击波电压幅值，具有良好的响应特性，并且能够准确地观察和记录冲击电压波形。图 5-35 所示为型号 FY1-4000/400 的弱阻尼冲击电容分压器。

2. 雷电冲击试验分类及试验方法

雷电冲击试验分为雷电全波冲击试验和雷电截波冲击试验，GB 1094. 3—2003 规定雷电全波冲击试验为例行试验，雷电截波冲击试验为型式试验。

试验时，将冲击波施加到被试绕组端子上，试验电压应按技术协议规定选取，除被试绕组端子外，非被试绕组端子和被试绕组的非被试端子均应直接或通过低阻抗接地。通过电容分压器和冲击电压测量及分析系统（见图 5-36），测量试验电压值及波形图。换流变压器阀侧 Y 接线绕组由于电感小，半峰值时间达不到 GB 1094. 3—2003 要求，虽然采用支撑电阻的方式可以使半峰值时间增加，但支撑电阻承受了一部分电压，改变了绕组的波过程，使绕组的匝间、段间梯度及对地电位分布均发生变化。因此技术协议规定，试验时禁止采取电阻支撑方式来达到标准要求的半峰值时间。

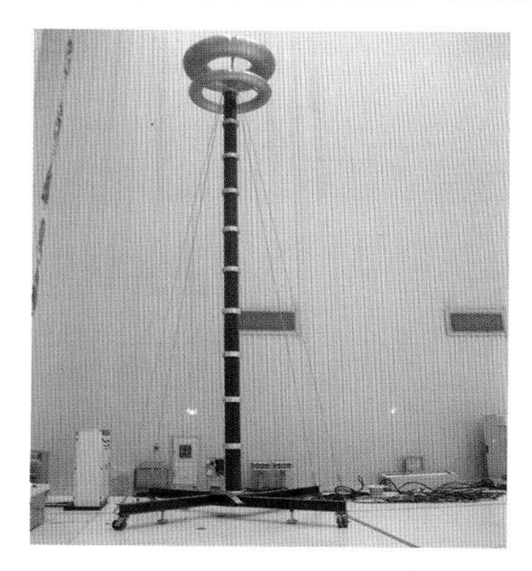
图 5-35　冲击电容分压器

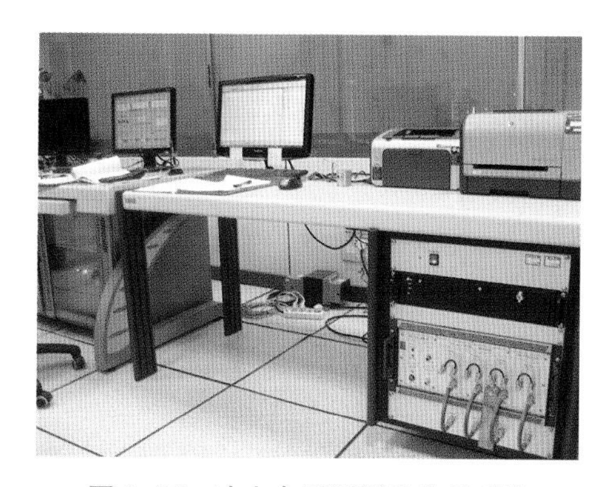
图 5-36　冲击电压测量及分析系统

网侧绕组末端（中性点）雷电冲击试验，只进行雷电全波冲击试验，波前时间允许较长，但不大于 13μs。

由于换流变压器内部是油纸绝缘结构，绝缘强度不受电压极性影响，而外部空气间隙强度与极性有关，正极性低而负极性高，为了防止在正极性下外绝缘发生闪络，而产品冲击试验主要考核内绝缘，因此 GB 1094. 3—2003 规定试验电压均选用负极性。

3. 雷电冲击试验注意事项

雷电冲击试验时，绝缘中的场强分布与换流变压器分接的连接有关，除技术协议需要在特殊分接上进行外，应在两个极限分接和主分接位置分别进行，每台换流变压器的试验分接位置选择，应根据这一原则在具体试验方案中明确规定。

4. 波形参数的调整

雷电冲击试验时，非被试绕组短路接地，试品特性可用入口电容和电感来表征。入口电容影响波前时间，电感影响波尾时间。

试验时，首先要根据换流变压器和试验设备的参数进行波形参数调整，冲击电压发生器中的阻尼电阻、波前电阻和波尾电阻与波形有关。影响波前时间的主要是试品电容和波前电阻，影响半峰值时间的主要是冲击电压发生器电容和波尾电阻。GB 1094. 3—2003 及技术协议规定的标准波形参数见表 5-5。目前由于换流变压器的容量、电压等级的提高和产品结构原因，波形参数调整很难满足 GB 1094. 3—2003 要求，主要表现为：产品在网、阀侧绕组调波时，由于冲击入口电容大，波前时间较长很难满足 GB 1094. 3—2003 要求，往往波前时间调整后，则过冲超过不大于 10% 的要求，很难达到波前时间和过冲同时满足，需要经过一个反复调波的过程，最大限度满足 GB 1094. 3—2003 要求。为使波形参数得到改善，试验时试品应尽量靠近发生器本体，可以减少试验回路电感的影响，以免引线太长引起电压振荡。对于阀侧 Y 接线绕组，调波时由于等效阻抗小、半峰值时间短，可通过增加发生器主电容和调整波尾电阻来增加半峰值时间。很多制造厂在试验时，换流变压器阀侧 Y 接线绕组半峰值时间不能满足 GB 1094. 3—2003 要求，基本在 30～36μs 之间，其他绕组半峰值时间在 40～60μs 之间，能够满足 GB 1094. 3—2003 要求。

表 5-5　　GB 1094. 3—2003 及技术协议规定的标准波形参数表

波形	波形参数	标　准　值	峰值电压偏差
全波	波前时间	$T_1 = 1.2\mu s \pm 30\%$	±3%
	半峰值时间	$T_2 = 50\mu s \pm 20\%$	
	中性点波前时间	$T_1 < 13\mu s$	
	过冲要求	≤10%	
截波	截断时间	$T_c = 2 \sim 6\mu s$	
	过零系数	标准规定 $K_0 < 0.3$ 技术协议规定 $K_0 = 0.2 \sim 0.3$	

关于换流变压器雷电冲击试验的波前时间和过冲要求，GB/T 1094. 4—2005《电力变压器　第 4 部分：电力变压器和电抗器的雷电冲击和操作冲击试验导则》对此已有说明：大型变压器雷电冲击试验中，由于其绕组电感小或冲击入口电容大，往往不可能得到规定的波形，峰值附近的过冲和振荡是允许的，此时应允许波形有较大的偏差。为了得到更小的波前时间，可允许过冲值比 GB/T 16927. 1—2011《高电压试验技术　第 1 部分：一般定义及试验要求》规定的 5% 的电压波形峰值大一些。因此在调波时必须对波前时间和过冲同时兼顾，即使将波前时间延长到制造单位与用户协商的极限值时，仍应尽量使过冲不大于 10%。为了减小波前时间，符合 GB 1094. 3—2003 要求，有的制造厂还通过选用适当的调波装置，使波前时间符合和接近 GB 1094. 3—2003 要求。

截波试验时，由于技术协议规定过零系数在 0. 2～0. 3 范围，试验过程中为了避免经常出现 100% 电压下过零系数超出 0. 3 的现象，应保证截断装置延时的稳定性，在低电压调波时不要将过零系数调整在规定值的附近，防止在 100% 电压下由于截断时间发生变化，过零系数超出技术协议规定值要求。

各制造厂由于试验设备差异等原因，波形参数的调整也存在不同的难度，有待改善。

5. 施加电压的顺序

一次或几次降低电压的全波冲击（一般取 50%～60%）；一次 100% 电压的全波冲击；一次或几次降低电压的截波冲击（一般取 50%～60%）；二次 100% 电压的截波冲击；二次 100% 电压的全波冲击。施加的三次 100% 电压值，如果第一次施加的电压值在规定的正偏差或者负偏差范围内，在第二次和第三次应调整到更小偏差的电压值。

如果对产品进行例行试验，则取消截波冲击试验环节。

当换流变压器内部或外部安装了限制传递瞬变过电压用的非线性元件或避雷器时，由于非线性保护装置的特性，当其与绕组并联时会使低电压下全波冲击示波图与全电压的示波图有不同，为了证明示波图的差异是由这些保护装置动作引起的，应在两个或更多的不同电压值下进行降低电压的全波冲击试验，如增加 80% 电压试验。

6. 试验接线

试验接线见图 5-37（以网侧首端为例）。

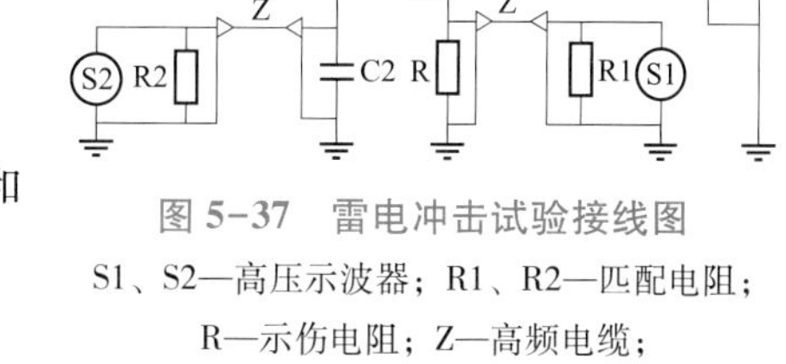

图 5-37 雷电冲击试验接线图

S1、S2—高压示波器；R1、R2—匹配电阻；R—示伤电阻；Z—高频电缆；C1、C2—电容分压器

（三）验收准则

（1）波形调整参数符合 GB 1094. 3—2003 和技术协议要求。

（2）试验电压值符合技术协议要求。

（3）波形无异常，试验过程中无异常声响。

（四）监造要点

（1）确认冲击测量系统应满足 GB/T 16896. 1—1997、GB/T 813—1989 要求。

（2）认真核对试验电压值和电压偏差是否符合技术协议要求。

（3）确认波形参数调整符合 GB 1094. 3—2003 和技术协议要求对新开发的特高压换流变压器，经调试不能完全符合标准要求时，应经协商确定。

（4）认真记录波形参数和比对试验波形有无异常情况，并关注波前 10μs 内波形的比较。

（5）故障分析判断。

1）产品内部有无放电声音。

2）故障判断根据电压波形、中性点电流波形的变化作为故障判断的依据，比较降低电压和 100% 电压下的波形变化，中性点电流波形有无畸变。

电压波探测故障是很不灵敏的，可以将波头部分展开进行观察、分析。当波形有畸变时，表明在试品的绝缘或试验回路中出现了较大的故障，出现对地故障时，电压波出现骤降。

被试绕组内部出现故障，绕组电抗减小，中性点电流明显增大且伴有叠加频率的变化。较小的故障，如段间、匝间绝缘击穿一般在电压波形上看不出变化，但有时会有高频振荡出现，通常在电流波形反映出这些故障。

向上工程一台 600kV 换流变压器对阀侧绕组进行雷电冲击试验（全波）时，80% 和 100% 电压下中性点电流波形发生明显变化，见图 5-38。检查发现由于图纸上的阀侧绕组屏蔽线画错，造成屏蔽线引线连接错误，造成该绕组放电。

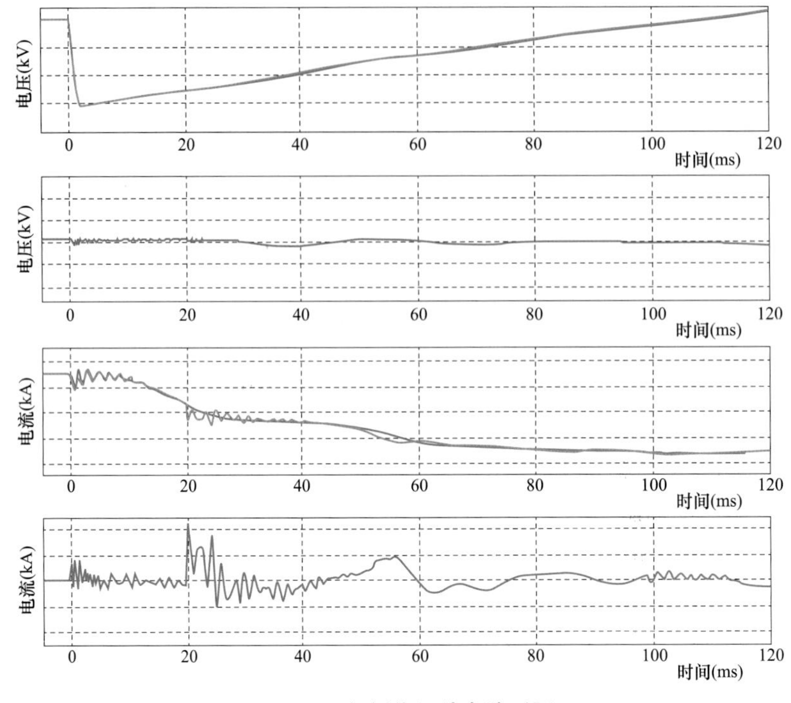

图 5-38　阀侧绕组放电波形图

葛沪综合改造直流输电工程一台换流变压器阀侧 2. 1 端子在 100% 电压下的雷电全波冲击试验时，发生内部放电。电压波出现截断现象，中性点电流发生变化，见图 5-39。故障原因是阀侧 2. 1 端出线装置内部绝缘不良发生爬电至铁芯屏蔽筒。

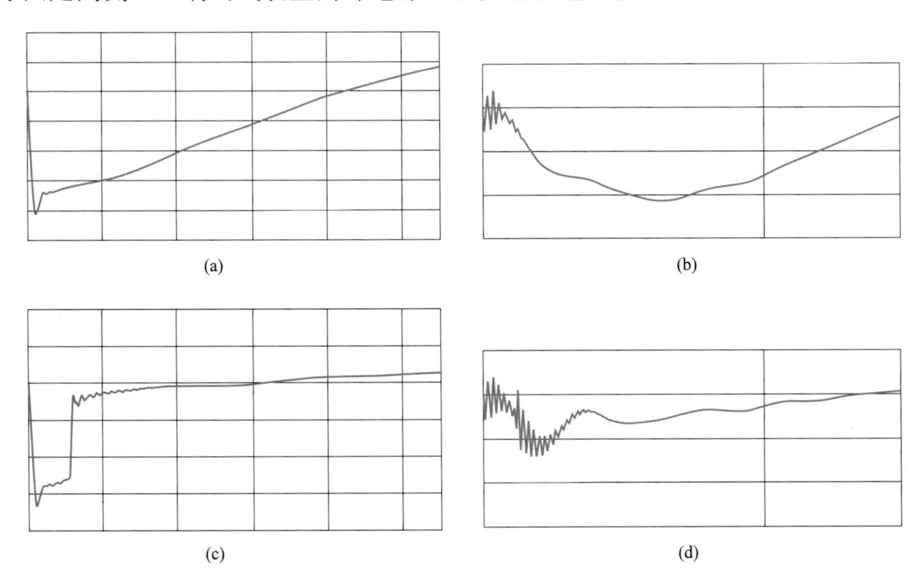

图 5-39　阀侧 2. 1 端出线装置放电波形图

（a）U_{pk} = -828. 193kV，T_1 为 1. 873μs，T_2 为 40. 081μs；（b）I_{pk}max = -1. 080kA，I_{pk}min = 190. 459A；（c）U_{pk} = -1. 669MV，T_1 = 2. 018μs，T_2 = 11. 562μs；（d）I_{pk}max = -1. 399kA，I_{pk}min = 395. 644A

产品绕组某一部分的放电将降低绕组的阻抗，通过半峰值时间减少，可判断存在故障。另有哈郑工程一台高端换流变压器在雷电冲击试验时，调压引线之间绝缘距离装配时未按设计要求，引起放电，60%电压、电流波形和第一次100%电压、电流波形比较有明显变化，见图5-40和图5-41。100%电压半峰值时间变短，从扫描时间看，电压波形开始变化对应的中性点电流波形也发生变化。

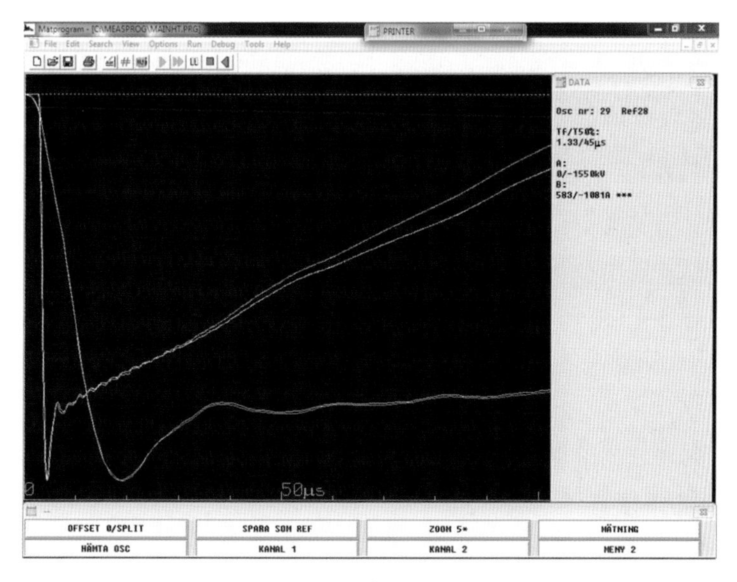

图5-40　电压波形图

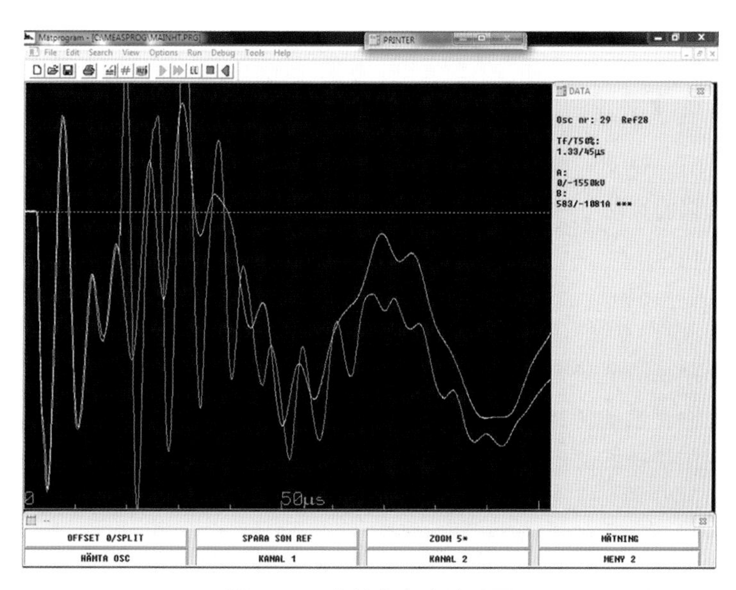

图5-41　中性点电流波形图

3）在雷电冲击试验过程中，一定要对每次冲击波形的细微变化进行分析，由于有的绝缘存在自恢复性，如绝缘表面油中闪络，在之后的试验不一定重复出现，所以要特别慎重。例如，宁东工程一台330kV换流变压器在进行网绕组首端雷电冲击试验时，电压波在50%电压下半峰值时间50.5μs，100%电压时半峰值时间45.3μs，比50%电压下半

图 5-42　绝缘撑条放电痕迹

峰值时间短了 5.2μs 。中性点电流波形在约 20μs 后连续的发生振荡，幅值增大。后重新进行复试，50% 电压下和 3 次 100% 电压下半峰值时间没有发生变化，均正常，并通过了之后的各项绝缘试验。后来在产品进行拆附件过程中，发现Ⅱ柱分接开关的选择开关 22 静触头一组绝缘撑条中的一根有放电痕迹，见图 5-42。最终对有放电痕迹的绝缘撑条进行了更换。这是因为绝缘撑条经沿面放电后绝缘恢复，后续的试验没能发现该缺陷。由此说明不能忽视出现在试验中的每个问题，重视产品试验中的每个异常情况，对发生的波形变化原因做认真分析，在继续的试验中应严格把关。还可利用器身暴露的机会对分接开关、引线支架等做必要检查。

4）试验中，还应观察外部是否有放电现象。如波形发生变化，首先应对试验接线、接地和示伤线路进行检查，排除由外部设备接线原因引起的放电。当排除了外部引起的放电原因，就要对波形认真分析来判断故障原因。

十四、操作冲击试验

（一）试验目的

换流变压器在电力系统运行过程中受到操作过电压的作用，该项试验就是检验换流变压器绝缘对操作冲击的耐受能力，是设计绝缘系统和绝缘配合的主要依据。

（二）试验方法

（1）试验设备、测量系统与雷电冲击试验相同，试验采用冲击电压发生器直接对绕组加压的方式，GB 1094.3—2003 规定试验电压选用负极性，波形经冲击电压发生器有关元件参数的调整而产生。由于波前和波形持续时间较长，在选择回路参数上与雷电冲击有所不同。

网侧操作冲击试验时（感应）应选择合适的分接位置，在网侧绕组首端上直接施加操作冲击波试验电压，网侧绕组末端应直接接地或通过一个低阻抗接地，阀侧绕组一端接地。操作波的基本波形是通过感应传递的，由于相间耦合电容、自身电容和电感也能引起附加振荡，并叠加在传递电压波上。为了抑制振荡电压，推荐在非试绕组的一端和被试绕组末端连接接地的高阻值电阻器，GB 1094.3—2003 中建议的电阻值为 10~20kΩ。

网侧操作冲击试验，为了保证施加电压相同的各次操作波的波形一致，必须使加压前铁芯的初始磁化状态相同，避免剩磁的影响。试验时应选择合适的正极性电压进行退磁。

阀侧操作冲击试验时（外施），应短接阀侧绕组首末端子，在端子对地之间直接施加操作冲击波试验电压，网侧绕组首末端子短接直接接地或通过一个低阻抗接地。

操作冲击波形缓慢、持续时间长，因此变压器铁芯有饱和现象。

（2）波形参数调整。试验时，首先要根据换流变压器和试验设备的参数进行波形调整，冲击电压发生器增大回路电阻元件，主要是加大充电电阻、波前电阻和波尾电阻。

由于采用了高阻值的充电电阻，所以发生器的充电时间比较长。加大波尾电阻可增加90%电压持续时间，但过大的波尾电阻会使过零点的反峰电压增加。GB 1094. 3—2003、GB/T 16927. 1—2011 规定的标准波形参数见表 5-6。

表 5-6　GB 1094. 3—2003、GB/T 16927. 1—2011 规定的标准波形参数表

绕组	波形参数	标准值	峰值电压偏差
网侧	波前时间（μs）	$T_1 \geqslant 100$	±3%
	大于 90%峰值电压的持续时间（μs）	$T_d \geqslant 200$	
	视在原点到第一个过零点的时间（μs）	$T_0 \geqslant 500$， 标准建议最好≥1000	
阀侧	波前时间（到峰值时间）（μs）	$T_p = 250 \pm 20\%$	
	半峰值时间（μs）	$T_2 = 2500 \pm 60\%$	

（3）施加电压的顺序。操作波的试验电压值是以避雷器的保护水平为基础来确定的，试验电压应按技术协议规定选取。

一次或几次降低电压的操作冲击（一般取 50%～60%）；三次 100%电压的操作冲击。要求每次施加的三次 100%电压值，如果第一次施加的电压值在规定的正偏差或者负偏差范围内，在第二次和第三次应调整到偏差最小的电压值。

（4）试验接线见图 5-43 和图 5-44。

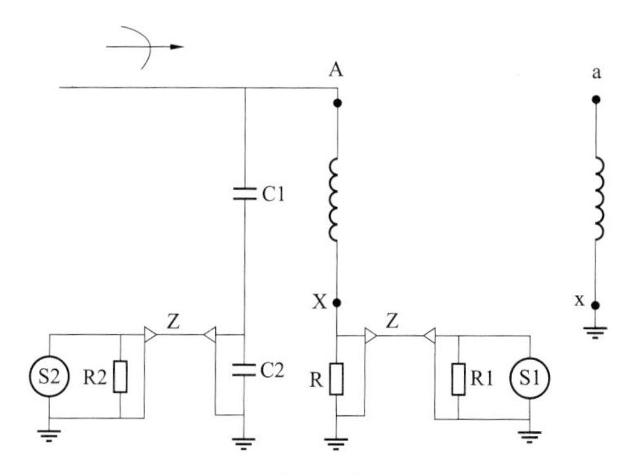

图 5-43　网侧操作冲击试验接线图

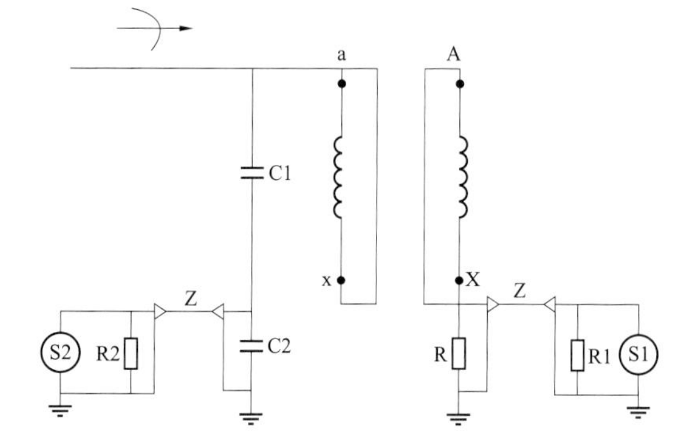

图 5-44　阀侧操作冲击试验接线图

S1、S2—高压示波器；R1、R2—匹配电阻；R—示伤电阻；Z—高频电缆；C1、C2—电容分压器

（三）验收准则

（1）波形参数调整符合 GB 1094. 3—2003 和技术协议要求。

（2）试验电压值符合技术协议要求。

（3）波形无异常，试验过程中无异常声响。

（四）监造要点

（1）确认冲击测量系统应满足 GB/T 16896. 1—2005《高电压冲击测量仪器和软件　第 1 部分：对仪器的要求》要求。

（2）认真核对试验电压值和电压偏差是否符合标准和技术协议要求。

（3）认真确认波形参数调整应符合 GB 1094. 3—2003 和技术协议要求。

（4）试验中，认真观察试验波形有无异常情况。

（5）故障分析判断。

1）产品内部有无放电声音。

2）正常情况下电压波的过零点和中性点电流的峰值是相对应的，根据电压波形、中性点电流波形的变化作为故障判断的依据。由于铁芯励磁电感的非线性，实际上在不同电压下或两次相等电压下均不能得到完全相同的示波图，电压持续时间的变化及一些电流幅值的变化等不说明产品有故障，这是与雷电冲击故障判断的主要区别。在波形起始部位或在铁芯饱和点附近外，在与电压波形出现畸变的同一时刻，电流波形也出现了急剧地变化，则表示出现故障。操作冲击试验中，由于沿整个绕组上的电压分布是均匀的，故障出现便意味着产品内部有较大地损坏，如段间、绕组某一部分、绕组之间和绕组对地等出现故障。

主绝缘对地放电（套管、引线、绕组对地），电压波形和中性点电流波形都很快下降到零，并出现较大的振荡；网、阀侧绕组间放电，电压很快跌落，被试端中性点电流减少，非被试端电流增大；绕组纵绝缘击穿，变压器等效电感减少，电压波前时间缩短，波形下降斜率增大，使 90% 电压持续时间缩短。

操作冲击试验中的电压波形对大多数故障而言，都有足够的灵敏度。因此很容易用电压和电流记录来探测。下面介绍的是几个典型的换流变压器在操作冲击试验时的故障波形图和故障原因。

葛沪工程一台 500kV 换流变压器在进行网侧首端操作冲击试验时，第一次 100% 试验电压下，内部有放电声音，波形发生畸变，见图 5-45。故障原因是网侧绕组出头对调压绕组放电，故障的位置在网侧绕组端部，见图 5-46 和图 5-47。

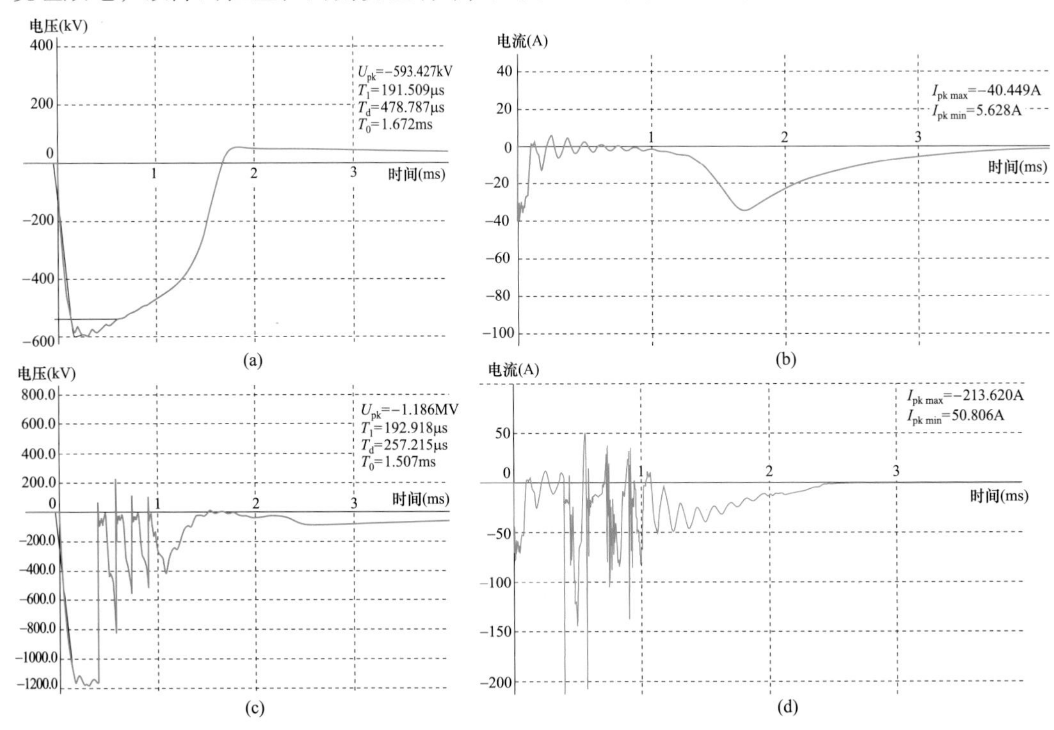

图 5-45　葛沪工程网侧绕组操作波故障波形

（a）50% 电压波形；（b）50% 中性点电流波形；（c）100% 电压波形；（d）100% 中性点电流波形

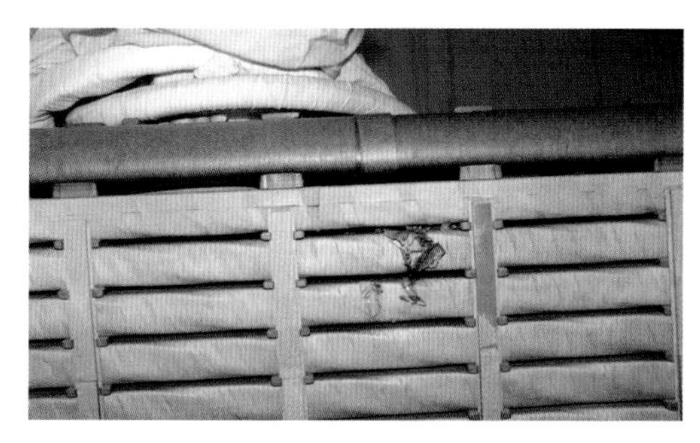

图 5-46　绕组放电痕迹

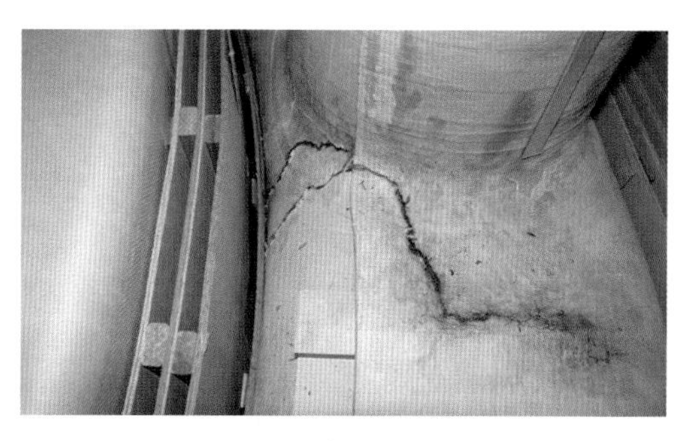

图 5-47　角环放电痕迹

葛洲坝改造工程另一台 500kV 换流变压器网侧操作冲击试验时，第一次 100% 试验电压下内部发生放电，电压波形和电流波形发生畸变，见图 5-48。故障原因是网侧绕组端部对铁芯放电。

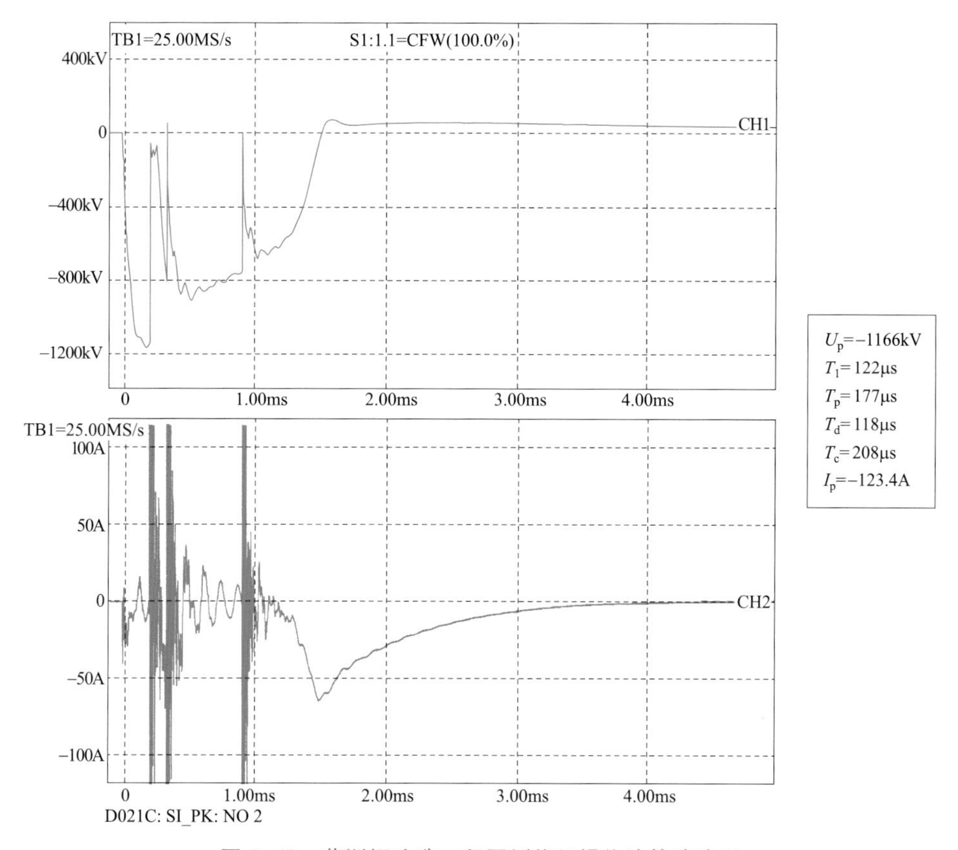

图 5-48　葛洲坝改造工程网侧绕组操作波故障波形

哈郑工程一台 400kV 换流变压器在第 3 次网侧操作冲击试验时，试品内部发出异常响声，电压波形及中性点波形发生变化，见图 5-49。在网侧高压套管升高座处取的油样经色谱检测有乙炔气体产生，C_2H_2 含量为（μL/L）10.75。经检查发现夹件拉带螺栓屏蔽帽没安装到位，见图 5-50。在操作冲击电压作用下，螺栓端部发生放电，并通过该处夹件隔板、角环、均压管绝缘等形成贯穿性放电，网侧出线绝缘装置表面爬电痕迹见图 5-51。

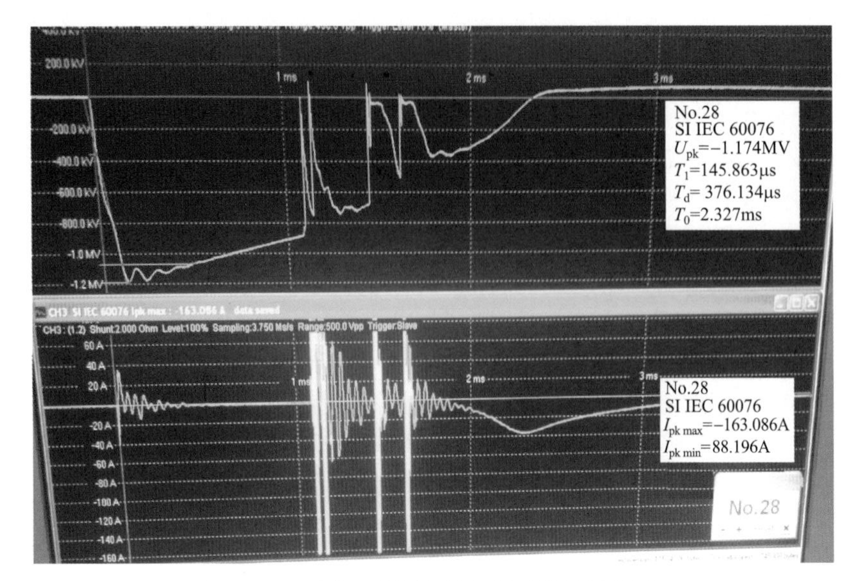

图 5-49　哈郑工程网侧绕组操作波故障波形

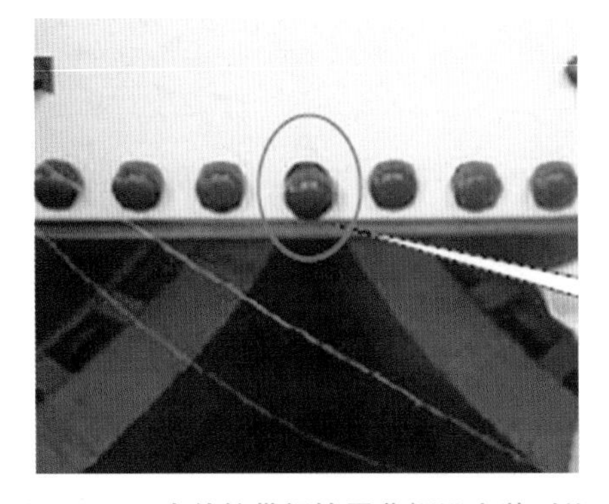

图 5-50　夹件拉带螺栓屏蔽帽没安装到位

图 5-51　网侧出线绝缘装置表面爬电痕迹

十五、包括局部放电测量的外施直流电压耐受试验

（一）试验目的

该试验是考核换流变压器阀侧绕组绝缘强度的试验。在外施直流电压耐受试验的同时测量直流电压下的局部放电水平，以考核局部放电量是否满足 GB/T 18494. 2—2007 的要求。

（二）试验方法

（1）试验设备的选用。试验设备采用直流电压发生器。直流电压发生器是利用高压硅堆单相导电的特性把交流电压变成直流电压的试验设备，主要由交流电源、高压硅堆、接地开关、直流分压器和高压电容器这些部件组成。直流电压发生器的输出电压、输出电流和纹波系数（≤3%）三个基本参数应满足产品试验要求。另外还要考虑极性反转时间、输出电压的稳定性、本体无局部放电、接地可靠应符合试验要求。

直流设备输出电压的选取，首先应根据被试产品的直流耐压水平，还要考虑到设备的裕度系数、老化系数和高海拔。

直流设备输出电流的选取，应考虑设备自身的泄漏电流对设备带负载能力的影响，同时还应考虑试品击穿对直流发生器的安全保护等因素。目前用于换流变压器试验的直流设备最小电流是20mA、最大是50mA，一般选择在30mA。为保证直流试验电压纹波系数小于3%的要求，建议直流发生器的电流尽量选大。目前主要使用的直流电压发生器型号是ZDFI-2250kV/35mA（见图5-52）、ZDFI-2000kV/30mA、ZDFI-1600kV/30mA。

（2）试验应在10~30℃的油温下进行，对短接的阀侧绕组施加规定的正极性试验电压，非被试绕组短接并与油箱一起接地。在1min内升至规定的试验电压值，保持120min，然后电压应在1min内降低至零。在整个试验过程中采用具备脉冲记录功能局部放电测试仪（见图5-53）测量和记录局部放电的电信号。

图5-52　ZDFI-2250kV/35mA 直流电压发生器

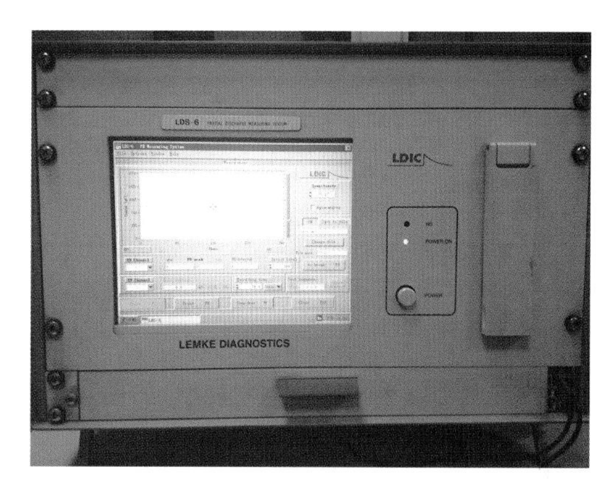

图5-53　局部放电测试仪

试验前用标准方波信号校核局部放电测量刻度因数。不允许对换流变压器绝缘结构预先施加较低的电压。

试验结束后，绕组端子应接地进行充分的放电，释放绝缘结构件中的残余电荷。接地时间按换流变压器技术协议及制造厂相关工艺文件要求执行。

（3）试验电压计算

$$U_{dc}=1.5[(N-0.5)U_{dm}+0.7U_{vm}]$$

式中　U_{dc}——阀侧绕组的外施直流试验电压；

N——从直流线路的中性点至与换流变压器相连的整流桥间所串联的六脉波桥的数量；

U_{dm}——每个桥阀的最高直流电压；

U_{vm}——换流变压器阀侧绕组的最大相间交流工作电压。

外施直流电压耐受试验程序见图5-54。

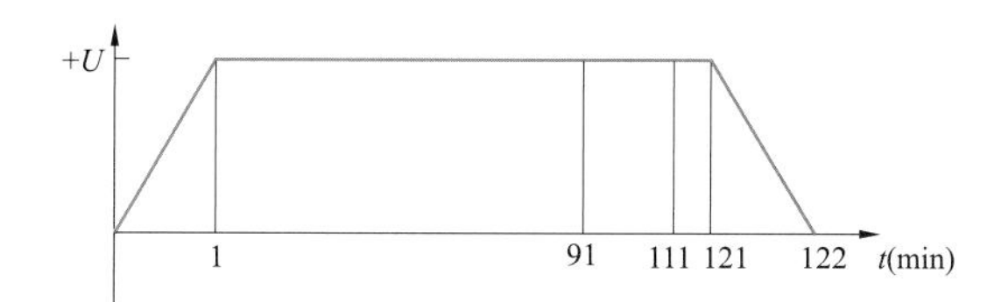

图5-54　外施直流电压耐受试验程序

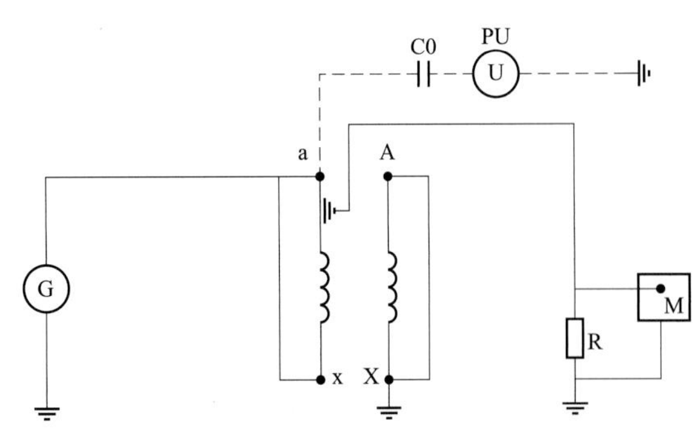

图 5-55　外施直流电压耐受试验接线图

G—直流电压发生器；M—局部放电检测仪；R—检测阻抗；C0—方波电容；PU—方波电压

（4）试验接线见图 5-55（虚线为方波校正线路）。

试验接线采用高压无晕引线，被试绕组的出线端部要采取防晕措施。试验连接引线一般采用铝箔材料的伸缩软管连接引线（见图 5-56），也有制造厂采用铝合金材料的硬管连接引线（见图 5-57）。硬管连接引线耐用，清洁方便，试验时不易产生放电，效果很好建议采用；但硬管接线难度大，受产品和试验设备的距离限制，需要试验室有一定的空间距离。伸缩软管引线接线方便，但引线易破损、不易清洁、易产生尖角和毛刺，尤其是高端产品在试验过程中经常由于引线原因出现放电现象，图 5-58 和图 5-59 所示即为由于引线表面缺陷产生的连续放电现象。

图 5-56　直流耐压、极性反转试验接线（软管连接）

图 5-57　直流耐压、极性反转试验接线（硬管连接）

图 5-58　引线表面放电

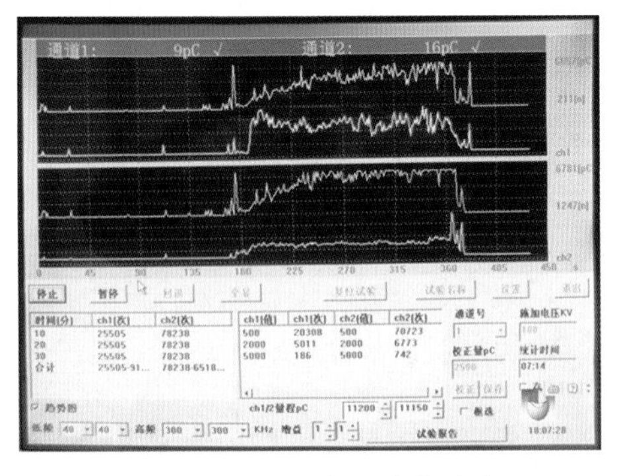

图 5-59　引线表面放电脉冲

（三）验收准则

GB/T 18494.2—2007《变流变压器　第 2 部分：高压直流输电用换流变压器》规定：

如果在最后 30min 内，记录到不小于 2000pC 的放电脉冲个数不超过 30 个；在最后 10min 内，记录到不小于 2000pC 的放电脉冲个数不超过 10 个，则该换流变压器认为试验合格。如果此条件未满足，则可以将试验时间延长 30min。

延长 30min 的试验只允许进行一次，当在此 30min 内不小于 2000pC 的放电脉冲个数不超过 30 个，且在最后 10min 内不小于 2000pC 的放电脉冲个数不超过 10 个，则认为该项试验合格。

（四）监造要点

（1）检查测试仪器是否在检定的有效期内。

（2）确认方波校正是否规范和准确。

（3）确认试验电压和试验时间应符合 GB/T 18494.2—2007 要求。

（4）记录在规定时间内的局部放电脉冲个数，记录 500pC 以上的脉冲个数。

（5）直流电压下的局部放电。直流电压下的局部放电测量线路与交流电压下局部放电测量线路相同，在测量方法和放电波形上有所不同，这是由直流电压下的局部放电的机理所决定的。换流变压器内部绝缘主要是油、纸、纸板等组成的复合绝缘，在直流电压作用下，内部绝缘的电场分布随着时间变化过程：开始加压，电场按介电常数 ε 分布，然后逐渐转变为按电导 ρ 分布。在稳定的直流电压作用下，绝缘中场强的分布与介质的电阻率成正比，由于纸板电阻率约为油的 100 倍，因此电压主要由纸板承担。直流下的起始放电电压的确定与交流时不同，其定义为：超过给定值的放电重复率每分钟超过一次时称为放电起始。而对熄灭电压难予以定义，因有时当电压降至零后，还有可能因空间电荷释放发生若干次放电。直流下的放电与交流电源频率无关，重复率低且不能用相位区分放电信号和干扰信号。因此，对干扰的抑制非常重要。直流局部放电波形见图 5-60，常用的基本参数为放电幅值和放电时间的间隔。

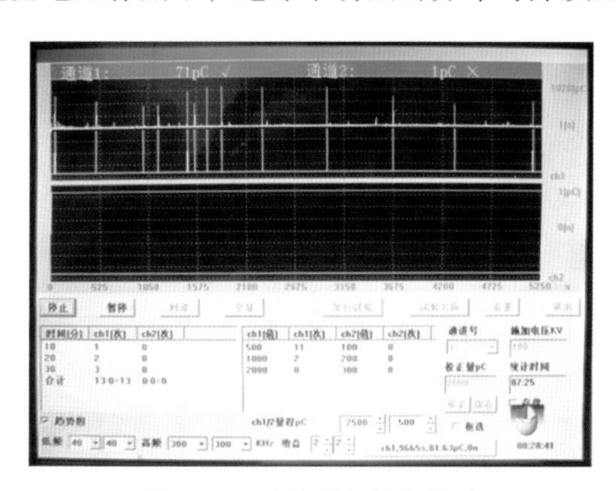

图 5-60　直流局部放电波形

（6）鉴于直流电压下局部放电的特点和以往换流变压器试验的经验，试验时要注意以下几方面问题：

1）高压端连接引线要清洁干净，不允许有损伤和尖角、毛刺，接线规范、整齐。采用铝箔材料的伸缩连接引线在接线时尽量伸直，避免有弯曲和触碰瓷套等。测量电缆最好不要有接头，接地引线牢固可靠。

2）带电部位与周围的物体要有足够的空间距离。

3）试验期间，附近禁止出现任何电源打火现象，如使用电子门锁、电源插座插拔、其他电气设备开关开闭等操作。

4）对于试验中出现的放电脉冲现象，难于区分是产品内部和外部时，应采用超声探测定位仪器和紫外仪等，通过这些仪器来区分内部放电信号和排除外部干扰放电，保证试验的准确性和试验顺利进行。

试验过程中，外部高压连接引线非常容易发生放电现象，而且放电是间断性的，有的放电声音是能听见的。建议试验过程中有人在试验区域安全位置进行观察和监听，与监视仪器的试验人员同步联系，这也是区分外部放电的一种有效方法，如锦苏工程一台800kV 换流变压器外施直流电压耐受试验过程中，阀侧 b 套管伞裙表面变径位置出现放电现象，观察的试验人员听到了放电声音，并通过紫外仪确定了放电位置。测试仪显示大于 2000pC 的放电脉冲与放电声音同步连续地出现，确定了套管存在质量问题。

5）经验证明，试验中如果是内部出现连续大于 2000pC 的放电脉冲，即使在尚未达到标准规定的放电脉冲个数前，绝缘局部击穿的可能性已很大，因此当确认内部出现多个大脉冲放电时就应引起注意，如向上工程一台 800kV 换流变压器外施直流电压耐受试验，要求施加试验电压 1246kV，试验时间 120min，在试验的过程中，试验进行到 36～41min 期间出现多个大于 5000pC 的放电脉冲，大于 10 000pC 的放电脉冲 2 个。进行到 75min 时，阀侧出线装置内部绝缘击穿，换流变压器油箱外部出现放电声音和火花现象。

上述事例说明，产品在出现多个大放电脉冲的时候，阀侧出线装置内部已经开始发生放电，继续施加电压一段时间后造成内部绝缘击穿。因此当试验中出现大的放电脉冲时，如果不是来自外部的干扰放电，也不能按标准规定，即只要 30min 大于 2000pC 的电放脉冲不超过 30 个，最后 10min 内不超过 10 个，便视为试验通过。这是必须引起注意的，因为可能脉冲数未超过标准，但绝缘已存在隐患的情况。

十六、包括局部放电测量的极性反转试验

（一）试验目的

极性反转试验是考核换流变压器阀侧绕组绝缘承受动态直流分量的绝缘试验。代表当直流功率需反送、启停及故障闭锁等情况发生时，换流变压器绝缘需要承受电场分布快速变化的一种工况。

（二）试验方法

（1）试验设备和测量仪器与外施直流电压耐受试验相同，该项试验在外施直流电压耐受试验之后进行，所有套管端子应在试验开始前至少接地 2h。试验时的油温度要求、局部放电的方波校正和测量方法与外施直流电压耐受试验相同。

首先施加负极性试验电压 90min，然后在 1min 或 2min 内将电压反转至正极性，保持 90min，再一次在 1min 或 2min 内将电压反转为负极性，保持 45min。在整个试验过程中测量和记录局部放电的电信号和声信号。非被试绕组短接并与换流变压器箱体一起接地。不允许对换流变压器绝缘结构预先施加较低的电压。

试验结束后，端子应接地进行充分地放电，释放绝缘结构件中的残余电荷。接地时间按换流变压器技术协议及制造厂相关工艺文件要求执行。

（2）试验电压计算

$$U_{pr} = 1.25[(N - 0.5)U_{dm} + 0.35U_{vm}]$$

式中　U_{pr}——阀侧绕组的极性反转直流试验电压值。

（3）极性反转时间的规定。GB/T 18494.2—2007 规定极性反转时间 2min，换流变压器技术协议一般规定极性反转时间 1min，试验时可根据试验设备和被试品情况而定。极性反转试验程序见图 5-61。

（4）试验接线。试验设备、试验接线和要求与外施直流电压耐受试验相同。

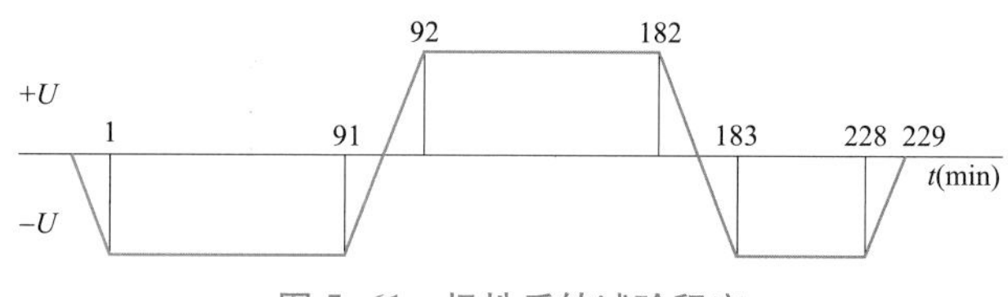

图 5-61　极性反转试验程序

（三）验收准则

试验期间的任何 10min 内放电量超过 2000pC 的放电脉冲个数不超过 10 个，否则认为换流变压器未通过该项试验。

（四）监造要点

（1）检查测试仪器是否在检定的有效期内。

（2）确认试验电压、试验时间和极性反转时间应符合 GB/T 18494.2—2007 和技术协议要求。根据以往换流变压器极性反转试验情况总结，一般直流电压不大于 500kV、产品极性反转时间在 1min 以内能够完成，高端产品极性反转时间在 2min 以内完成，也可以接受。

极性反转是对换流变压器一种特殊的工作状态的考核。电压极性快速变化的过程，绝缘介质上的电荷重新分配。与在稳态直流电压下不同的是纸中电场降低，油隙比原来承受了高出很多的电压，并使油纸界面的爬电场强同时增加。当某一部位承受的场强超过耐受场强时，就会发生放电或爬电，即使达到直流电压稳定后也可能继续发展至击穿。在试验的过程中，应密切关注极性反转时间和极性反转后局部放电测量情况。

（3）记录在规定时间内的局部放电脉冲个数及幅值，记录 500pC 的脉冲个数。

（4）极性反转试验时应注意的问题与外施直流电压耐受试验要求一样。

十七、阀侧外施交流电压耐受试验和局部放电测量

（一）试验目的

考核换流变压器阀侧绕组对地和与其他绕组之间的主绝缘强度。用于替代换流变压器阀绕组同时在交流和直流电压作用下，承受能力的考核和极性反转试验后对绝缘的检验。

（二）试验方法

（1）试验设备的选用。试验采用串联谐振成套装置（见图 5-62）或工频试验变压器（见图 5-63）。

（2）串联谐振成套装置是利用调谐电感与负载电容使之产生工频串联谐振，以获得工频试验电压的。它是用于大容量、高电压容性试品交流耐压试验的设备，目前已被广泛应用于换流变压器阀绕组交流外施耐压试验。串联谐振成套装置由隔离变压器、调频调压电源、励磁变压器、电抗器和电容分压器组成。被试品的电容与电抗器构成串联谐振连接方式，电容分压器并联在被试品上，用于测量施加于被试品上的谐振电压，其值应满足被试产品的试验要求。一般使用的串联谐振成套装置的型号是 YKG-15000/3×500、YKG-12000/3×400。

图 5-62　串联谐振成套装置

图 5-63　工频试验变压器（额定电压 2030kV、额定容量 1000MVA）

（3）试验在 50Hz 频率下，对短接在一起的阀侧绕组端子施加技术协议规定的试验电压值，也有采用一端加压、一端悬空的方式。试验时间 60min，非被试绕组连接在一起接地，铁芯、夹件与油箱均应接地。

在整个试验过程中进行局部放电测量，采用并联测试回路。试验前用标准方波信号校正测量刻度因数，方波校正施加在阀侧绕组与地之间。记录背景噪声数据应 Q 不大于 100/2pC。

局部放电应分别在两个阀侧套管的测量屏同时取信号进行测量，当出现局部放电信号时，可以根据两个接收的放电信号进行比对分析放电部位。

（4）试验电压计算

$$U_{ac}=\frac{1.5[(N-0.5)U_{dm}+\sqrt{2}U_{vm}/\sqrt{3}]}{\sqrt{2}}$$

式中　U_{ac}——阀侧绕组的外施交流试验电压（方均根值）。

（5）试验接线见图 5-64 和图 5-65。

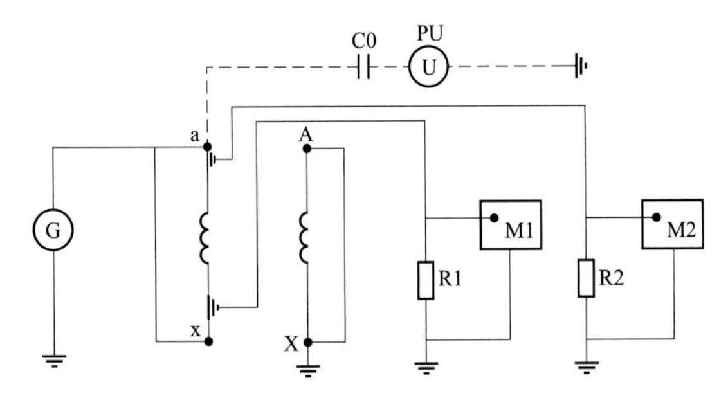

图 5-64　阀侧外施交流电压耐受试验和局部放电测量接线图（虚线为方波校正回路）

G—试验变压器；M1、M2—局部放电测试仪；R1、R2—检测阻抗；C0—方波电容；PU—方波电压

图 5-65　阀侧外施交流电压耐受试验接线

（三）验收准则

（1）电压指示和电流指示没有发生变化，产品内部无放电声。

（2）局部放电量不大于 100pC 且无明显上升趋势。如果局部放电量有明显增长趋势或超过接收限值，但不认为很严重时，经过协商可以重复试验，可延长试验时间。

（四）监造要点

（1）检查测量仪器、仪表是否在检定的有效期内。

（2）试验前认真检查阀套管内部气压（充 SF_6气体的套管）。

（3）确认电压校正和方波校正是否规范和准确，确认试验电压和试验时间应符合 GB/T 18494.2—2007 要求。

（4）认真观察局部放电信号并记录局部放电量测量数据。

（5）为防止外部原因引起的干扰放电，应注意以下问题：高压端连接引线采用铝箔材料的伸缩软管无晕连接引线或铝合金材料的硬管无晕连接引线，线径规格应满足要求，接线规范、整齐。连接引线要清洁干净，不允许有损伤和尖角、毛刺。由于阀侧试验电压高，带电部位与周围的物体要有足够的空间距离。阀侧升高座附近所有的金属紧固件须紧固好。测量线和接地线连接要规整、牢固，防止由于接触不良和悬浮现象产品试验时发生放电，给局部放电测量带来影响。监造人员应督促试验人员在试验前仔细检查。

（6）故障分析判断。换流变压器阀侧绕组既要承受交流电压，还要承受直流电压。对于由油、油浸纸和纸板组成的绝缘结构，绕组的绝缘水平高，在交直流复合电场作用下，内部绝缘和阀侧出线装置结构复杂，发生局部放电的概率非常大。根据以往产品试验总结，尤其是在高端产品试验中，该项试验是绝缘试验中最不容易通过的试验项目。

产品在该项试验中没有一次性通过试验的事例很多，下面是由于设计、制造和绝缘材料缺陷的原因，造成阀外施交流电压耐受试验不合格的几个事例。

1）锦苏工程的一台高端换流变压器在阀侧外施交流电压耐受试验时，由于设计的绝缘裕度不够和引线夹及绝缘螺杆可能存在质量缺陷，试验时发生放电，引线夹放电波形见图 5-66、引线夹放电痕迹见图 5-67。

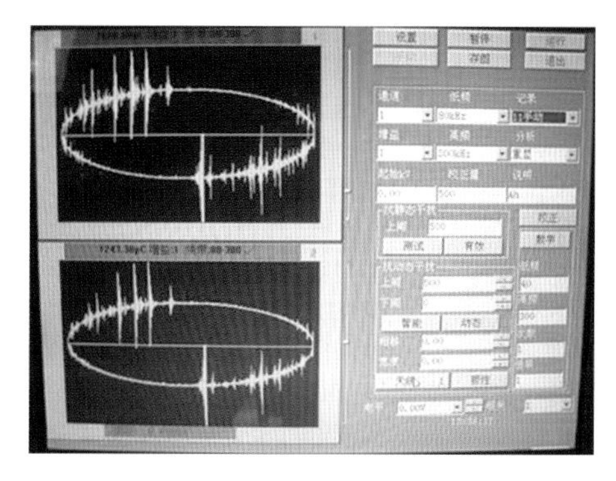

图 5-66　引线夹放电波形

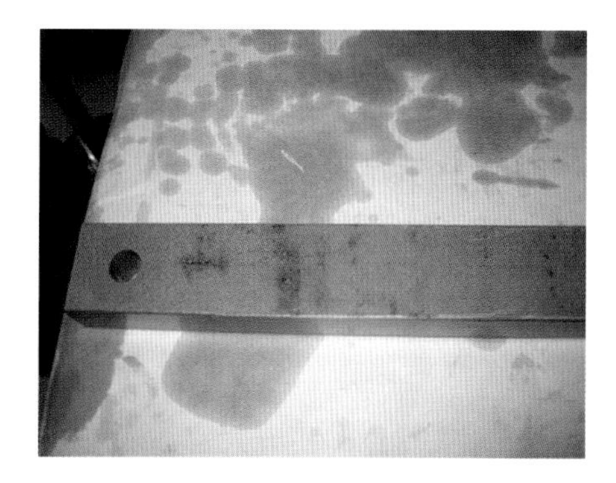

图 5-67　引线夹放电痕迹

2）锦苏工程的另一台换流变压器试验时，由于制造过程中油箱顶部定位绝缘纸板因操作不当，受力过大，发生机械损伤，见图 5-68。绝缘板开裂后定位钉螺母与盖板触碰产生放电。

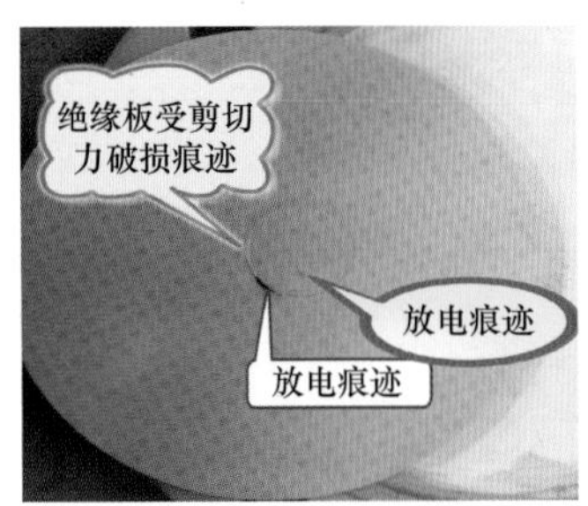

图 5-68　顶部定位绝缘纸板损伤

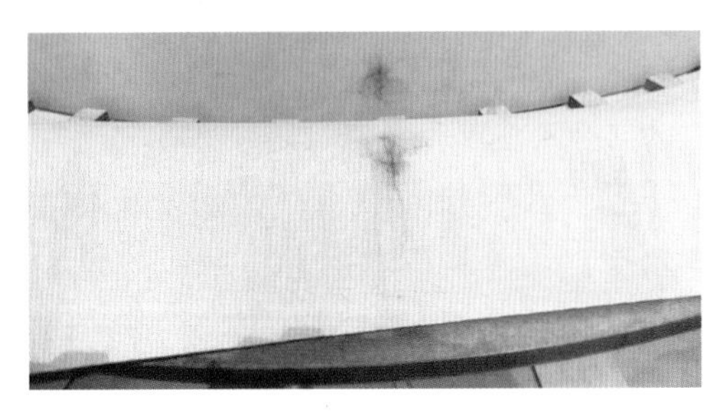

图 5-69　绝缘成型件放电

3）哈郑工程的一台高端换流变压器阀侧外施交流电压耐受试验时，由于绝缘材料存在缺陷，绝缘成型件（正角环）放电，见图 5－69。试验电压施加到规定电压的 33%时出现了起始放电，局部放电波形见图 5-70，随着试验时间延长和试验电压的升高，放电脉冲根数增加，局部放电量增大，见图 5-71。

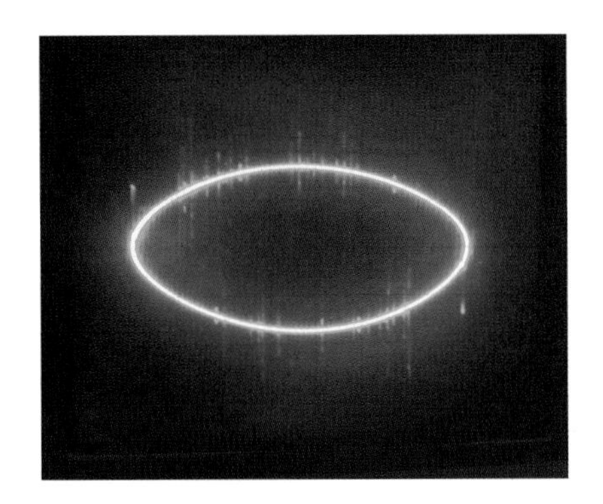

图 5-70　绝缘成型件（正角环）放电波形（一）

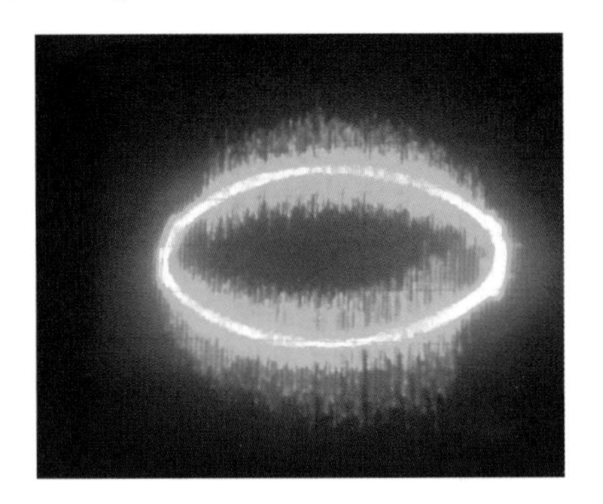

图 5-71　绝缘成型件（正角环）放电波形（二）

十八、网侧中性点外施交流电压耐受试验

（一）试验目的

考核换流变压器网侧绕组中性点对地和绕组之间的主绝缘强度。

（二）试验方法

（1）试验设备的选用，试验采用工频试验变压器。工频试验变压器的特点是电压比大，高压绕组所带负载是容性负载。应根据被试产品要求，工频试验变压器的容量应满足被试产品的要求，电压波形应为正弦波。工频试验变压器的高压侧额定电压应高于被试产品的试验电压，额定输出电流应大于试品的最大电容电流。

试验电压测量采用电容分压器，电容分压器分别由高压臂（C1）和低压臂（C2）两部分组成，使用方便、线性及高频特性好、不受外部影响、测量精度高。

（2）试验在 50Hz 频率下，网侧绕组所有端子短接在一起施加技术协议规定的试验电压值。所有非被试绕组端子短接在一起接地，铁芯、夹件与油箱均应接地。试验电压值应是测量电压的峰值/ $\sqrt{2}$ ，采用电容分压器配合峰值电压表测量，试验时间 1min。必要时进行局部放电测量。

（三）验收准则

试验电压不突然下降，电流指示不摆动，产品内部无放电声音。

（四）监造要点

（1）检查测量仪器、仪表是否在检定的有效期内。

（2）确认试验电压和试验时间应符合 GB 1094. 3—2003 要求。

（3）建议试验时进行局部放电测量。特高压变压器试验实例证明，中性点耐压时进行局部放电测量，曾检测到中性点引出线附近绝缘薄弱部位的严重放电现象，特别是网侧电压在 750kV 及以上的换流变压器。

十九、长时间空载试验

（一）试验目的

检查换流变压器内部是否存在磁路局部过热故障和放电现象。

（二）试验方法

试验电源和试验接线与空载试验相同，该项试验常在最后的空载试验之后进行。施加 1. 1 倍额定电压，开启正常运行时的全部油泵，试验时间 12h，同时测量局部放电。试验过程中进行油中气体色谱检测。

（三）验收准则

试验前、后油中无乙炔，总烃含量应无明显变化，无明显局部放电的声、电信号。

（四）监造要点

（1）确认试验电压和试验时间应符合 GB/T 25082—2010《800kV 直流输电用油浸式换流变压器技术参数和要求》附录 C 和技术协议要求。

（2）确认油中气体色谱检测结果的准确性。通过试验前、后色谱检测结果及试验中有无声、电信号来进行判断。

二十、高频特性和杂散电容测量

（一）试验目的

向用户提供技术协议要求的高频特性和绕组对地杂散电容的实测值。

（二）试验方法

采用高频阻抗分析仪（见图 5-72），在额定分接位置，频率为 50~500kHz 范围下分别测量换流变压器出线端子对端子、端子对地的阻抗和传递函数及阀侧绕组对地杂散电容。

图 5-72　高频阻抗分析仪

（三）验收准则

符合技术协议要求。

（四）监造要点

（1）检查测量仪器是否在检定的有效期内。

（2）确认试验方法应符合技术协议要求及测量数据的准确性。

二十一、风扇和油泵电机功率测量

（一）试验目的

测量换流变压器冷却（散热）装置油泵电机和风扇电机在工作状态下所吸取的功率，向用户提供实测数据。

（二）试验方法

在额定频率下，施加380V电压，分别测量每组油泵电机和风扇电机在工作状态下所吸取的功率。该项试验在GB 1094.1—2013《电力变压器　第1部分：总则》中列为型式试验，换流变压器试验项目中列为例行试验。

（三）验收准则

测量结果应和铭牌数据符合对应规律。

（四）监造要点

（1）检查测量仪器是否在检定的有效期内。

（2）确认测量数据的准确性。

二十二、辅助线路绝缘试验

（一）试验目的

考核换流变压器辅助线路的绝缘耐受强度，排除绝缘弱点。

（二）试验方法

辅助电源和控制回路的接线应承受2kV、1min对地外施耐压试验。

（三）验收准则

回路绝缘良好。

（四）监造要点

确认试验电压和试验时间应符合GB 1094.3—2003要求。

二十三、励磁特性测量

（一）试验目的

检查换流变压器铁芯的制造质量是否良好，绕组匝间是否存在短路现象，检测铁芯设计磁化曲线的饱和程度满足过励磁要求。

（二）试验方法

试验与空载试验同时进行，在50%、60%、70%、80%、90%、100%、105%、110%、115%额定电压下测量空载损耗和空载电流，并提供励磁特性曲线。

（三）验收准则

符合技术协议要求。

（四）监造要点

确认测量数据的准确性。

二十四、空载电流谐波测量

（一）试验目的

由于换流变压器铁芯的励磁电流和励磁电压的非线性关系，换流变压器空载电流中含有高次谐波含量，通过测量向用户提供实测值。

（二）试验方法

试验与空载试验同时进行，分别在 100%、105%、110% 额定电压下使用谐波分析仪测量空载电流下的总谐波含量及各单次谐波含量。一般按基波分量为 100%，测量结果以基波分量的百分数表示。

（三）验收准则

由于电源电压谐波对变压器空载电流谐波产生直接影响，要求电源电压的谐波总含量不大于 5%。国家标准和技术协议对各谐波分量水平没有规定，提供实测值。

（四）监造要点

（1）确认测量数据的准确性。

（2）换流变压器空载电流三次谐波含量较大。

二十五、声级测定

（一）试验目的

检验换流变压器的噪声水平。

（二）试验方法

（1）按照 GB/T 1094.10—2003《电力变压器　第 10 部分：声级测定》要求进行换流变压器的声级测定。测量用声级计见图 5-73。

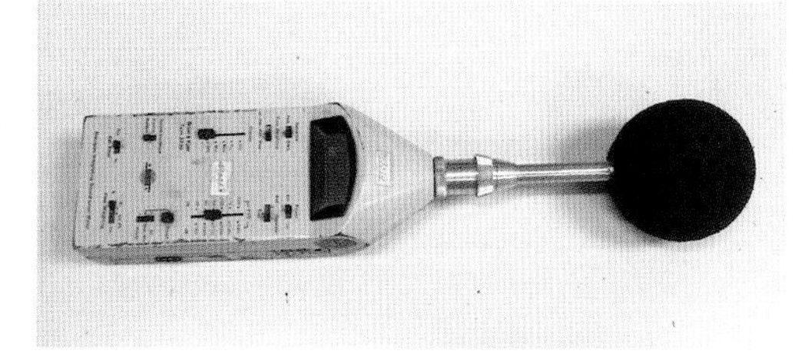

图 5-73　声级计

测量前应对声级计使用的活塞发生器和声级校准器进行校验。

在距换流变压器基准发射面一定的水平线上布置测量点，相邻两点之间距离应近似相等且不大于 1m。

换流变压器进行声级测量的前后测量背景噪声。当测量点总数超过 10 个时，允许只在试品周围均匀分布 10 个点上测量背景噪声，背景噪声的测量点应在规定的轮廓线上。

换流变压器油箱高度小于 2.5m，规定轮廓线位于油箱高度的 1/2 处水平面上。换流变压器油箱高度不小于 2.5m，两条规定轮廓线分别位于油箱高度的 1/3 和 2/3 处水平面上。

试验在两种状态下进行：① 在空载状态下冷却器停止运行时，阀侧绕组施加额定频率的正弦波额定电压，网侧绕组开路，测量在轮廓线距基准发射面0.3m的声压级。冷却器投入运行时，测量在轮廓线距基准发射面2.0m的声压级。② 在负载状态下，开启规定数目的冷却器，阀侧绕组短路，网侧绕组施加额定频率的正弦波额定电流，测量在轮廓线距基准发射面2.0m的声压级。

为了判断负载电流下的升级测量是否必要，可先通过下式估算

$$L_{WAIN} \approx 39 + 18\lg\frac{S_N}{S_b}$$

式中 L_{WAIN}——额定电流、额定频率下及短路阻抗下的A计权声功率级；

S_N——额定容量，MVA；

S_b——基准容量，MVA。

若L_{WAIN}值比保证的声功率级低8dB，则负载电流下声级测量不进行。

（2）声级计算。

1）测量表面积计算。冷却器停止运行时，在距基准发射面0.3m处测量，测量表面积S按下式计算

$$S = 1.25hL_m$$

式中 h——变压器油箱高度，m；

L_m——规定轮廓线的长度，m；

1.25——考虑试品上部发射声能的经验系数。

冷却器投入运行时及单独安装的冷却器投入运行时，在距基准发射面2.0m处测量，测量表面积S按下式计算

$$S = (h + 2)L_m$$

式中 2——测量距离，m。

2）环境修正值K由下式求得

$$K = 10\lg\left(1 + \frac{4}{A/S}\right)$$

其中

$$A = \alpha S_V$$

式中 α——平均吸声系数；

S_V——试验室的总表面积，m^2。

试验室的吸声面积A与测量表面积S之比应不少于1，即$A/S \geqslant 1$。

3）背景噪声的平均A计权声压级$\overline{L_{bgA}}$按下式计算

$$\overline{L_{bgA}} = 10\lg\left(\frac{1}{M}\sum_{i=1}^{M} 10^{0.1L_{bgAi}}\right)$$

式中 M——测点总数；

L_{bgAi}——各测点上测得的背景噪声A计权声压级。

4）未修正的平均A计权声压级$\overline{L_{PAO}}$按下式计算

$$\overline{L_{PAO}} = 10\lg\left(\frac{1}{N}\sum_{i=1}^{N} 10^{0.1_{LPAi}}\right)$$

式中 N——测点总数；

L_{PAi} ——各测点上测得的 A 计权声压级。

注：当各 L_{PAi} 值间差别不大于 5dB 时，可用简单的算术平均值来计算，此平均值与上式计算出的值之差不大于 0.7dB。

5）修正的平均 A 计权声压级 $\overline{L_{PA}}$ 按下式计算

$$\overline{L_{PA}} = 10\lg(10^{0.1\overline{L_{PA0}}} - 10^{0.1\overline{L_{bgA}}}) - K$$

式中 $\overline{L_{bgA}}$ ——两个计算出的背景噪声平均 A 计权声压级中的较小者。

6）声功率级 L_{WA} 按下式计算

$$L_{WA} = \overline{L_{PA}} + 10\lg\frac{S}{S_b}$$

式中 S_b ——基准参考面积，m^2。

（三）验收准则

A 计权声压级满足技术协议要求。

（四）监造要点

（1）检查声级计是否在检定的有效期内。

（2）确认测量方法是否符合 GB/T 1094.10—2003 要求。

（3）认真记录现场测量数据，计算和确认计算结果是否符合技术协议保证值要求。

（4）与电力变压器不同的是换流变压器由于存在直流偏磁和高次谐波，会引起换流变压器本体噪声增加，但在工厂试验时是无法体现的，只能按限值要求。

二十六、油流带电试验

（一）试验目的

换流变压器的冷却方式均采用强迫油循环冷却方式，如 OFAF、ODAF，该项试验就是考核采用强迫油循环冷却方式是否存在油流带电引起的放电现象，保证换流变压器运行的可靠性。

（二）试验方法

（1）冷却方式 ODAF 为例行试验，OFAF 为型式试验。

（2）断开变压器电源，启动额定运行状态下全部油泵运行 4h，其间连续测量绕组中性点和铁芯对地的泄漏电流的稳定值，测量采用数字电流表，精度和量程要满足测量要求。一般情况下，绕组对地静电电流为负值，而铁芯和夹件对地静电电流为正值，但有时相反，这和静电电荷的形成和电荷释放的通道有关。测量过程中监视有无放电信号，然后在不停油泵的情况下施加电压做局部放电测量。阀侧线端加压，网侧端子试验电压为 $1.5U_m/\sqrt{3}$ kV，维持 30min，其间连续观察测量局部放电量。

（三）验收准则

在开启油泵的 4h 内，内部应无静电放电信号，泄漏电流应无异常。

局部放电量符合技术协议要求。与油泵不运转时的试验相比，内部放电量应无明显变化，同时油中应无乙炔。

（四）监造要点

（1）检查测量仪器是否在检定的有效期内。

（2）确认试验方法应符合 GB/T 25082—2010 附录 C 和技术协议要求，确认测量数据的准确性。

（3）换流变压器采用强迫油循环冷却方式，油泵迫使绝缘油流过绝缘纸（板）表面，会产生油流带电。绝缘纸（板）表面积有正电荷，绝缘油中带负电荷，一般情况下均可通过导体释放。由于绝缘油流速过高、绝缘纸（板）表面粗糙及绝缘油本身的带电度高等因素影响，产生的静电电荷量就大，如变压器的绝缘电阻越高，电荷释放就越困难。当空间电荷形成的局部电场过高时，即会发生静电放电。因 OFAF 冷却方式下油进入绕组的流速远低于 ODAF（设计时需控制流速），为绝缘可靠起见，规定 OFAF 冷却方式进行型式试验，ODAF 为例行试验。因存在油流放电的可能性相对较大，实践证明放电因素随机性较大，所以每台均做试验。虽然目前国内的换流变压器尚未出现因油流带电造成产品试验不合格和运行出现故障，但在以往电力变压器运行中曾发生过多次故障和事故，因此仍规定需要进行检验，保证产品的安全运行。

二十七、电晕及无线电干扰试验

（一）试验目的

由于高压输电设备的带电端部极易产生电晕，电晕产生的高频辐射和传导电磁波对周围的无线电通信设备产生干扰，并需满足有关电磁环境的环保要求。为了降低电晕水平，需改善高压设备端部电场分布。

（二）试验方法

（1）参照 GB 11604—1989《高压电器设备无线电干扰测试方法》进行试验。试验时，被试设备套管端部电极的外形尺寸，应该和在电力系统运行中的状态保持一致。

基准测试频率为 0.5MHz，推荐在 0.5MHz±10% 范围内进行。也允许采用 0.5~2MHz 之间的某一频率进行测试，如 1MHz。

在交流试验电压下测试回路背景噪声，至少应比试品的最低干扰电平低 6dB。

（2）在进行无线电干扰测试之前，应先对测试回路进行校正，求出测试回路的衰减系数和电阻网络衰减系数。

1）测试回路衰减系数测定（B_c）。在不送电状态下，将内阻大于 20kΩ 的高频信号发生器并联到试品的两端，高频信号发生器在测试频率上送出 1V 左右信号，记下测量仪器的读数 B_1（dB）。

保持高频信号发生器输出电平不变，将图 5-74 中的 C_1、L_1 短路，记下测量仪器读数 B_2（dB）。两次测量读数之差即为回路衰减系数。

2）电阻网络衰减系数测定（B_r）。测量结果是以试品的 300Ω 负载上的干扰电平（dB）来表示的，300Ω 电阻由 R_1、R_2和 R_m组成，即 $300\Omega = R_2 + 0.5R_1$。电阻网络衰减系数 B_r 可由下式求得

$$B_r = 20\lg\frac{300}{R_1/2}$$

当 $R_1 = R_m = 50\Omega$ 时，$B_r = 22\text{dB}$。

（3）试验电压和加压方式。测量回路校正完毕之后，取下高频信号发生器，并将测量回路恢复到测试状态。按照空载试验方法接线，阀侧供电，在额定分接下，网侧首端

应在 $1.1U_m/\sqrt{3}$ kV 电压下测量电晕及无线电干扰。

试验电压在 $1.1U_m/\sqrt{3}$ kV 下维持 5min，缓慢下降到 30% 的试验电压，再缓慢上升到原始值，并停留 1min。然后，按每级约 10% 的试验电压逐级下降到 30% 的试验电压。同时，在每级电压下对试品进行无线电干扰电压测量。所得到的干扰电平对应于施加电压的曲线，即为该试品的无线电干扰特性。

（4）试验接线见图 5-74。

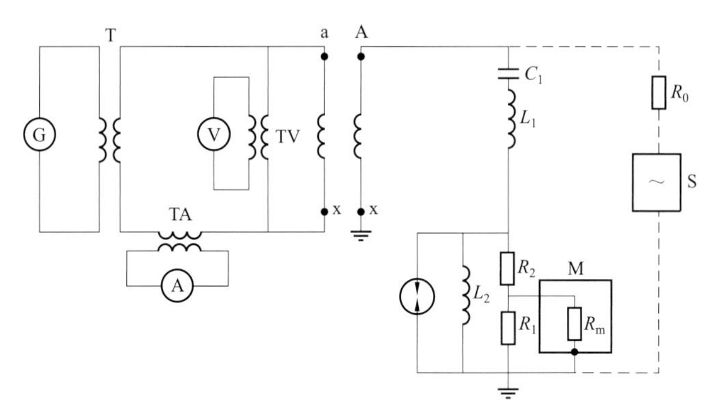

图 5-74 电晕及无线电干扰试验接线及校正接线（虚线）

G—试验电源；T—中间变压器；C_1、L_1—耦合串联谐振回路（可以用网、阀套管的主电容代替）；R_1—匹配电阻，R_1阻值等于测量电缆波阻抗和测量仪器的输入阻抗 R_m；R_2—串联电阻，$R_2=300\sim0.5R_1$；L_2—低频滤波器；S—高频信号发生器；R_0—高频信号发生器外接高内阻；M—无线电干扰测量仪

（5）测量结果。试品测量的无线电干扰电平 B（dB）为测量仪器的读数 B_m、B_c 及 B_r 之和。

当产品标准规定 B 为以 μV 表示时，应将测得的 B 折算成以 μV 表示。无线电干扰电平用 μV 表示和用 dB 表示之间的关系如下

$$B = 20\lg U$$

$$U = 10^{\frac{B}{20}}$$

式中 B ——以 dB 表示的无线电干扰电平；

U ——以 μV 表示的无线电干扰电平。

（三）验收准则

无线电干扰电平符合技术协议要求。

（四）监造要点

（1）检查测量仪器是否在检定的有效期内。

（2）确认试验方法是否符合 GB 11604—1989 要求。

（3）认真记录现场测量数据，确认计算结果是否符合技术协议保证值要求。

第六章

监造典型案例分析

第一节　换流变压器设计典型案例

一、直流出线装置均压环局部场强过高导致直流耐压放电

某特高压直流工程首次设计生产的800kV单相双绕组换流变压器，在阀侧外施直流电压耐受试验过程中，数次发生出线装置放电的问题。经解剖分析，确定了故障部位。改进设计后，最终通过了试验。在后续工程中，又对均压罩的绝缘结构进行了优化设计，消除了隐患，从而都能顺利地通过该项试验。在模拟计算、设计改进和试验验证过程中，积累了较典型的经验。

（一）放电过程

1. 试验过程

由于是首次研制的产品，进行了预试验和正式试验。预试验项目包括变比测量、绕组直流电阻测量、阻抗测量、负载损耗测量、6h额定电流油循环同时油色谱测量、阀侧雷电冲击试验（a、b端子）、外施直流耐压试验、直流极性反转试验、1h感应耐压试验同时测量局部放电、外施交流耐压试验同时测量局部放电。其中直流耐压试验时出现放电，但静放后再次进行直流耐压试验时通过，后续的直流反转等试验均通过，因此决定进行正式试验。

正式试验项目包括每次功率试验或耐压试验前的油色谱测量、变比（每分节）及相角测量、绕组直流电阻测量、辅助回路功能及绝缘试验、高频特性及杂散电容测量、绕组绝缘介损及电容量测量、绝缘电阻测量、空载损耗和空载电流测量（主分接位置上90%、100%、110%和115%额定电压）、短路阻抗和负载损耗测量（在主分接、最大、最小分接位置上进行50、240Hz频率试验）、温升试验同时进行油色谱和油箱热点扫描（1.0、1.05、1.125倍标幺值）、1h感应耐压试验、各端子雷电冲击试验、操作冲击试验、外施直流耐压试验、1h感应耐压试验同时局放测量（包括680kV感应），其中直流耐压试验出现放电。

2. 放电过程及色谱检查

直流耐压试验方法：将阀侧a、b两支套管端子短接并加压。预试验时，当施加1245kV直流电压进行到约20min时，听见沉闷的放电声，直流电源保护跳闸（整定值10mA）。油色谱检查发现乙炔0.2μL/L、氢气1.2μL/L。但重复直流耐压试验，全压2h试验通过（偶尔出现数次局放大于2000pC的脉冲）。随后感应耐压试验也通过。

正式试验时，当外施直流电压耐受试验进行到约3min时，听到沉闷放电声，直流电源保护跳闸，随后油色谱检查发现乙炔0.5μL/L，氢气1.9μL/L。超声定位声源位于b套管升高座处，b套管气体继电器发现气体。后续感应耐压试验通过。

由此可以发现，重复进行直流耐压试验，出现放电后，接着再试有时又能通过，局部放电也能满足标准要求。还说明即使直流试验时放电通道建立了，后续直流极性反转和交流试验也能顺利通过。说明直流耐压具有很大的不确定性。

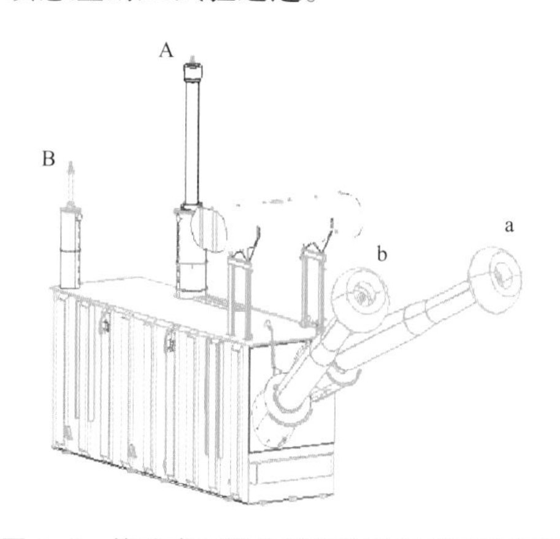

图6-1　换流变压器外形结构及各端子示意图

A—网侧500kV套管；B—网侧中性点套管；
a—阀侧绕组上部出线套管；b—阀侧绕组下部出线套管

（二）解剖检查

1. 换流变压器外形结构和试验端子

换流变压器外形结构及各端子示意图如图6-1所示。

2. 故障部位和闪络通道示意图

拆下阀侧b套管，发现套管尾部出线装置最内层绝缘筒表面多处沿面放电；拆下阀侧a套管，出线装置表面未见异常，参见图6-2和图6-3。

（a）

（b）

图6-2　拔套管及拆卸升高座

（a）整体图；（b）局部放大图

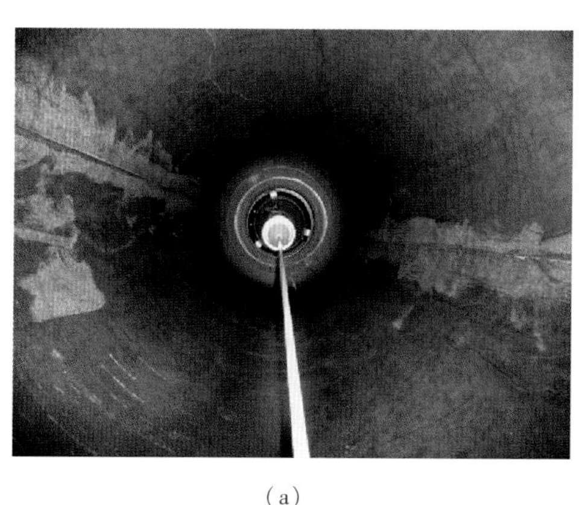

（a）

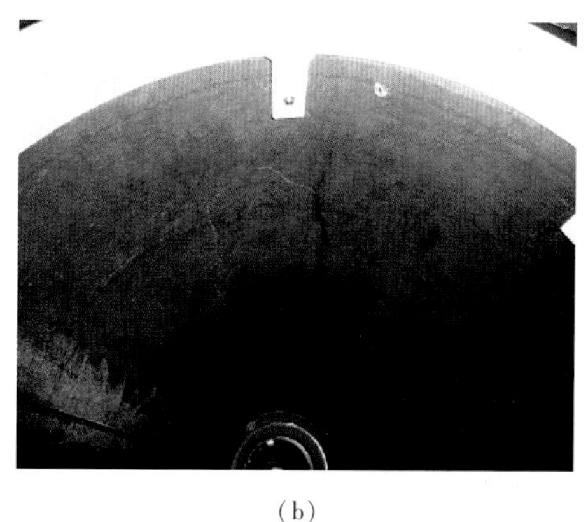

（b）

图6-3　升高座内沿面放电痕迹

（a）整体图；（b）局部放大图

解剖发现，爬电位于套管尾部与阀侧绕组引线管连接的均压罩和升高座法兰固定出线装置的金属环之间，沿纸板表面发展。其中，低压端为升高座中绝缘结构件的最内层纸筒端部，其圆周上等距离设有六个长方形金属块，用螺丝固定来夹持整个绝缘结构件，树枝状放电终于金属件。高压端均压罩内部金属有部分裸露，其表面涂半导体漆、上面覆盖有两层成型绝缘纸板件，有两处漆膜变色处，应为放电点。放电在内纸筒表面形成多根有深痕的炭黑通道，最长的约有 1.5m，在离均压球约 2m 处痕迹消失，发生油隙击穿。

（三）故障原因分析及解决措施

1. 可能引起放电的因素

（1）出线装置绝缘件端部长方形金属连接块形成异性电极，在直流电压作用下电场畸变，使金属连接块边角处的绝缘纸筒首先放电。

（2）均压球绝缘结构设计有薄弱点，在直流电压作用下引起电场畸变，击穿油隙后沿纸筒爬电放电。

（3）由于 a 套管绝缘良好，不排除 b 升高座中绝缘件质量有瑕疵，或通道中有污染物进入。

（4）干燥处理工艺过程，升高座中绝缘结构件与器身同时干燥处理，处理后会有一段时间暴露于大气。无油干燥的绝缘件会从大气中吸收水分，首先是表层绝缘受潮。一般通过热油循环、油脱气处理，器身中的绝缘可得到进一步的改善，但升高座中绝缘结构复杂，热油循环时油不可能畅通对流，不能达到良好的脱水效果。在直流电场作用下，纸筒表面水分被极化，形成导电离子流，由负极性的低电位向正极性的高电位方向迁移，最终发展为放电通道。

（5）沿面爬电电场强绝缘裕度不够大。出线装置研究时的实验模型与实际变压器的电场分布不可能完全相同，加上绝缘处理的分散性等，使得绝缘结构件的轴向电场设计绝缘裕度不够大。

2. 改进措施和效果

改进措施如下：

（1）在出线装置均压环外，内表面绝缘筒壁增加圆形角环，以增加爬电距离，如图 6-4 所示。

（2）将出线装置在法兰处的固定螺栓埋入金属环，表面不形成突出。

（3）均压环电极上原半导体漆涂改为绝缘漆。

改进后，后续数台换流变压器通过直流试验和其他所有型式试验，但又有 1 台在直流耐压试验时发生放电，闪络路径及现象与上述情况类似。加双角环进一步增加内筒爬距后，所有换流变压器通过试验。

3. 仿真计算分析

（1）计算条件。用 EFA-2008 电场分析程序计算，该程序可计算各种 2D 交、直流电场，直流动态电场和混合电场。

1）计算模型。计算模型见图 6-5，图中外绝缘筒由许多个薄纸筒和小油隙组成，逐层模拟既无可能也无必要。整个外绝缘筒用总厚 60mm 的 3 个纸板筒和总长 90mm 的 3 个油隙模拟。绝缘筒与升高座之间有 250mm 油隙。假设套管油端外层绝缘厚 30mm，有效长度（铝箔末端包络线长度）1.8m。

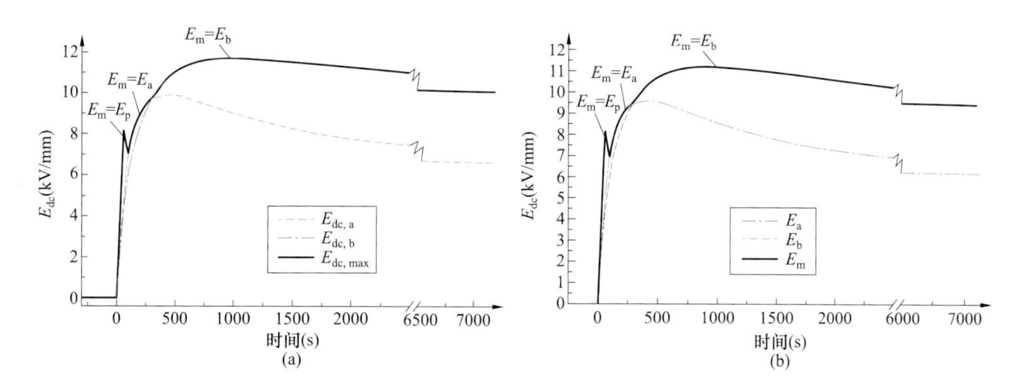

图 6-6　原绝缘结构和加 2 屏试验曲线

（a）原绝缘结构试验曲线；（b）加 2 屏试验曲线

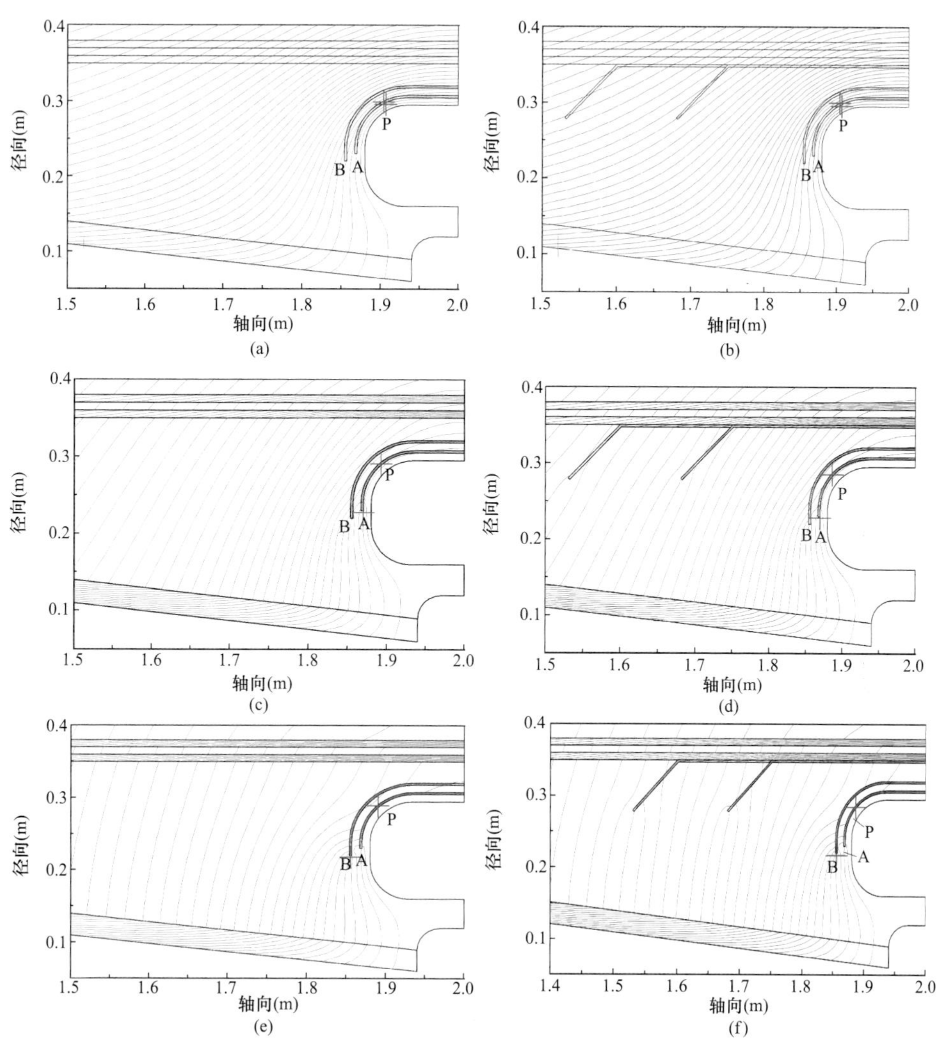

图 6-7　原结构和加 2 屏在 1min 升压的直流电压试验不同时刻的电场等位线分布（场强最大值处“+”）

（a）60s 电场等位线分布一；（b）60s 电场等位线分布二；（c）276s 电气等位线分布；（d）285s 电场等位线分布；（e）978s 电场等位线分布；（f）882s 电场等位线分布

当有 1 个或 2 个增设的绝缘屏时，直流电压试验过程中油中最高场强在空间和时间上的变化规律与以上相同：油中最高场强由 P 转移到 A 再转移到 B，并一直持续到稳态直流。全过程油中最高场强值 $E_{dcm}=E_{dcBm}$加 1 屏为 11.4（比原结构降 3%），加 2 屏为 11.2kV/mm。

在 1min 升压的直流电压试验全过程中油中最高场强和 A、B 点场强时变曲线（注意自 100s 以后油中最高场强相继与 A 点和 B 点场强曲线相重合）。

2）绝缘纸板中的场强。绝缘纸板中的场强以直流试验过程中最高（见表 6-2），E_{dcm}出现在均压电极 P 点附近的第 1 绝缘屏中，其值为 46.9kV/mm（原结构）或 44.4kV/mm（加 2 屏）。稳态直流场强为 42.4kV/mm（原结构）和 39.0kV/mm（加 2 屏）。极性反转最高场强原结构为 44.4kV/mm，出现在第 2 绝缘屏中；加 2 屏结构 42.8kV/mm 出现在第 1 加屏中。

3）套管外层绝缘中的场强。原结构在极性反转和直流电压试验过程中大约 400s 时套管外层绝缘中的场强达最高值，分别约为 14kV/mm 和 12kV/mm。加 2 屏没有影响。值得注意的是套管的“过冲现象”特别突出（见表 6-2 和图 6-6），不但直流试验过程中最高动态场强比最高稳态场强（原结构 5.7kV/mm，加 2 屏 6.4kV/mm）高出 1 倍，而且极性反转过程中最高场强比交流下最高场强（1.53kV/mm）高出 9 倍。

（3）原因分析。

1）试验失败原因分析。原绝缘结构在 1246kV 直流电压试验至 1000s 时，在靠近均压电极的第 2 绝缘屏末端油中 B 点出现最高场强 11.7kV/mm；该处稳态场强 9.9kV/mm。高场强方向为轴向大油隙，偏向纸板筒内壁，使电极易沿着绝缘屏端部表面向大油隙和纸板筒内壁放电。放电先导一旦到达纸板筒内壁，便可能无阻挡地沿内壁滑闪，直达无屏蔽接地法兰螺钉。同时，在靠近均压电极的第 1 绝缘屏末端油中的 A 点于 443s 出现 9.9kV/mm 高场强，也可解释第 2 绝缘屏内侧对应 A 点表面出现的树枝状放电痕迹。此外，试验中放电发生的时间也正好在计算中出现高场强的时间段内，首次试验失败是在加压后约 20min 放电，以后再试在加压后约 3min 放电。

一般而言，油隙越小耐受场强越高。根据研究结果❶❷，20mm 油隙直流放电电压为 120~200kV，即放电场强为 6~10kV/mm，而 5mm 油隙放电场强 12~16kV/mm。另据相关研究结果❷，5mm 油隙沿纸板直流放电场强为 14.4~15.2kV/mm，两研究 5mm 油隙结果相一致。因此认为，上述 20mm 油隙直流放电场强 6~10kV/mm 是基本可信的。如图 6-7 所示，A 点处相当于 20mm 油隙。B 点处对应的油隙更大。本计算结果 A、B 点最高场强 10~12kV/mm，因而发生放电完全可能。此外，油中常有的纤维、颗粒等杂质，也可加剧放电的产生。

当然，放电不一定会引起全通道闪络和建弧，因为长油隙有很强的去游离能力。绝缘筒的解剖检查结果（见图 6-4）说明“油隙灭弧”的观点是正确的，绝缘筒内壁留下的放电通道有长有短，长的对应于短油隙，留下较深的碳化痕迹，说明建了弧；短的对

---

❶ A. Kurita and others. DC flashover voltage characteristics and their calculation method for oil-immersed insulation system in HVDC transformers. [J], IEEE Tr. on Power Delivery, Vol. 1, No. 3, July, 1986.

❷ 孙清华，周远翔，李光范，等. 08-O-01 空间电荷对换流变压器油纸绝缘的影响. 2009 中国电工技术学会年度专题论坛. 中国电工技术学会，2009（11），7-9.

应于长油隙，放电痕迹浅，说明没能建弧。

计算表明，直流试验时均压电极绝缘屏端部油中出现的轴向高场强是试验失败原因的可能性很大。

2）加 1 个绝缘屏后试验失败原因分析。增加 1 个绝缘屏后，作为问题关键的油中电场分布、时变规律和最高场强的方向及数值均无大的变化。B 点最高动态场强 11.4kV/mm（降低 3%），稳态场强为 9.5kV/mm（降低 4%），降低甚微。原因是增加的屏太短，离电极太远。试验失败的表现和放电途径与首次基本一样，在 36min 和 42min 各有约 14 000pC 的局放出现，在 75min 时完全放电。这也说明增加 1 个绝缘屏和接地螺钉加屏蔽的措施，没能防止同一放电机制的重演。但是，第 2 次事故后绝缘筒内壁除较深的碳化通道外，还出现了树枝状爬电痕迹，不像第 1 次绝缘筒内壁条条放电通道直达接地螺钉。此外，放电发生时间也比第一次较晚。这也可能是第 1 次事故中无屏蔽接地螺钉曾促使已到达纸板筒内壁的放电先导顺利向法兰闪络，而后来增加的一个绝缘屏也对沿面放电起到了一些阻碍作用。但是，第 2 次直流试验失败的原因应与第一次相同。

4. 进一步改进措施讨论

（1）作为本案例的改进措施，最终共增加了两个绝缘屏，但计算结果说明对油中关键部位 A、B 点的电场仍然没有实质性改善。比原结构直流动态场强仅降低 4%，稳态场强降低 7%。虽然，增加绝缘屏可能对阻止 A、B 处的局部放电发展为沿面闪络有利（加大爬距、增加爬电阻碍），但局部放电最终可能损伤绝缘、导致故障。后续工程必须进一步优化设计，避免靠近均压电极的绝缘屏出现断口而形成大油隙轴向电场集中，才能从根本上解决问题，保证长期运行的安全。

（2）文献[1]提出了优化出线装置绝缘结构的一些方案，其中三种方案的电位分布如图 6-8 所示。图中指出均压电极用绝缘屏部分遮盖是最不好的方案，还指出，与电极和套管表面适形的弧

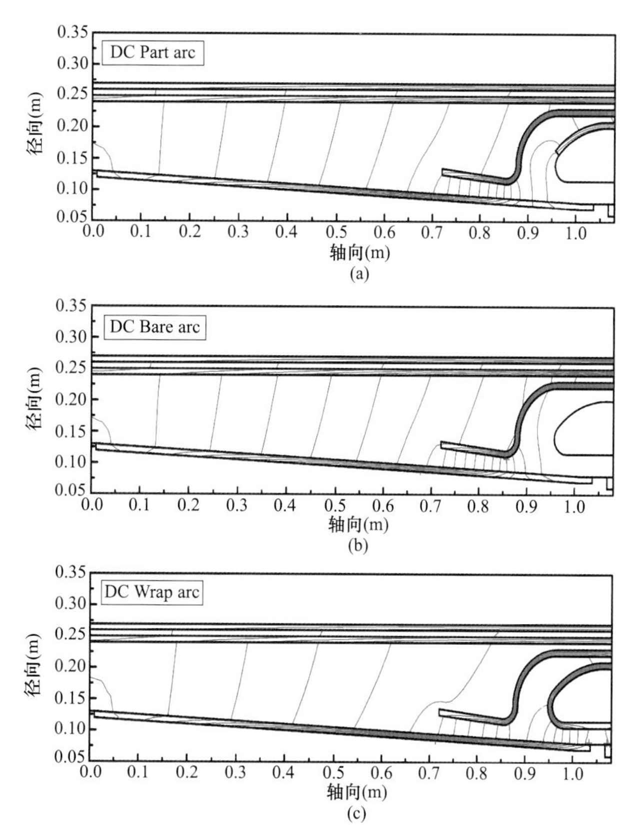

图 6-8 改进方案电位分布计算

（a）均压电极用绝缘屏部分遮盖；
（b）均压电极用无遮盖；
（c）均压电极用绝缘屏全部遮盖

[1] 郑劲，文闿成．08-Ⅰ-01 换流变压器阀侧出线装置绝缘技术发展现状及其展望．2009 中国电工技术学会年度专题论坛．中国电工技术学会，2009（11），7-9.

形绝缘屏是防止轴向闪络所必需的。对于本案例，可考虑将现有均压电极上两个绝缘屏先向下，然后沿轴向作弧形延长；或将电极全部绝缘覆盖，并在电极与套管头部之间用纸绝缘封闭。

（3）后续特高压直流工程中出线装置绝缘结构已作出改变，原结构涂有环氧树脂的金属电极，由半覆盖薄绝缘围屏包围的结构，改为均压电极用厚纸绝缘全包围结构，金属电极仍涂有环氧树脂，加两绝缘屏的方案。直流耐压试验迄今未发生问题。该方案类似于（2）中的第三种方案。

（4）直流绝缘试验的成败有很大的不确定性，因而必须充分考虑影响场强和绝缘耐受能力的各种因素和它们可能的变化范围，进行多方案的电场计算是基本要求。

二、阀侧绕组线匝不平衡造成空载损耗严重超标

（一）问题现象及初步判断

某 800kV 直流工程中一台 200kV 换流变压器，阀侧和网侧绕组均为两柱并联结构。进行绝缘试验前空载试验，当电压升至 150kV（87% U_N）时，额定分接空载损耗测量值达 808.3kW，换算至额定电压下的损耗将超过 1000kW，超过设计值约一个数量级。相关试验数据如下。

1. 阀侧加压、网侧 24 分接

试验数据见表 6-3。

表 6-3　空载试验数据（网侧 24 分接）

电压（kV）	电流（A）	损耗（kW）	功率因数
56	2.12	120	0.95
112	4.08	487	0.95
150	5.56	808.3	0.96

2. 阀侧加压、网侧 15 分接

再次测试空载损耗基本不变，试验数据见表 6-4。

表 6-4　空载试验数据（网侧 15 分接）

电压（kV）	电流（A）	损耗（kW）	功率因数
120	4.47	523.9	0.95

初步分析认为，由于实测损耗远大于额定空载损耗，应该是绕组内部存在大短路环。切换开关至 15 分接，换算至额定电压下空载损耗与额定分接下测量损耗没有差别，均为 1100kW 左右，说明大短路环不存在于调压绕组。

（二）试验及计算分析

1. 网侧两柱间等匝试验

（1）将两柱网侧末端线自分接开关处拆离，并接入功率分析仪；阀侧施加电压 336V（阀侧匝数 336，每匝电压 1V），试验数据见表 6-5。

表 6-5　网侧两柱间等匝试验数据表

加压侧	测量侧	施加电压（V）	测量电压（V）
阀侧	两柱网侧绕组尾端间	336	0.3
阀侧	两柱调压绕组尾端间	336	0.3

（2）分析：测量电压 0.3V，小于匝电压（1V），说明两柱网侧绕组间以及两柱调压绕组间均不存在差 1 匝或多匝现象。

但由于两柱磁路不可能完全相同，故仍不能排除网侧两柱间存在大环流的可能。为此再次空载试验，情况如下：

1）阀侧加压，网侧 24 分接，将一柱网侧绕组 K 线拆离，试验数据见表 6-6。

2）分析：由于两柱间网侧绕组已断开，故两柱间环流路径断开，表 6-6 数据折算至额定电压下，空载损耗为 1100kW 左右，与表 6-3 数据折算值没有任何区别，所以排除网侧两柱间存在环流的可能性。

表 6-6　再次空载试验数据表（网侧 24 分接）

电压（kV）	电流（A）	损耗（kW）	功率因数
10.3	0.405 1	3.66	0.94
20.2	0.809 2	15.03	0.95
40.2	1.585 5	59.65	0.95

2. 低电压空载试验与阀侧等匝试验

（1）拆除阀侧套管，将阀侧绕组两柱以及每柱的两并联出线分开。将每柱阀侧绕组两根出线定义为线 1、线 2，分别施加电压，试验数据见表 6-7。

表 6-7　低电压空载试验数据表

施加电压侧	电压（V）	电流（A）	损耗（W）
2 柱线 1	335.87	0.012 8	2.305 3
2 柱线 2	334.90	0.013 0	2.347 3
2 柱线 1、2	334.47	0.017 1	4.089 3

（2）分析：由于两线合并加压所测损耗远大于单线加压测量损耗，说明两并联出线间存在环流。

（3）阀侧单柱等匝试验，调压侧施加电压 105V（调压侧匝数 105，每匝电压 1V），2 柱线 1、线 2 间串联功率分析仪，数据见表 6-8。

表 6-8　阀侧单柱等匝试验数据表

加压侧	测量侧	施加电压（V）	测量电压（V）
调压侧	2 柱线 1 线 2 间	105	1.03

（4）分析：两线间电压差值为 1.03V，说明两线匝数相差 1 匝。

3. 计算分析

理论计算初步分析为，如果阀侧每个单柱的两根出线相差 1 匝，这样每个单柱并联绕线间形成环流。此电流流经线 1、线 2，在两并联绕线间产生的磁通大小相等、方向相反，对外呈纯阻性。进一步计算，每匝电压 511.58V，单根线电阻 0.451 76Ω，故每柱阀侧绕组在额定电压下由于不等匝现象产生的额外损耗为 579.32kW，两柱总共 1158.64kW，符合表 6-6 中数据折算值，可以判定每柱阀侧并联绕组间存在不等匝现象。

（三）缺陷处理及结果

1. 缺陷原因

根据图纸并经检查核实，此问题属于设计错误。

设计图纸将阀侧绕组每柱线圈第 108 段（连续段，2 根换位导线并绕，也是 2 根换位导线与 8 根组合导线连接段）匝数错误地标为 5（+2）/4（+3），即满匝时换位线为 5 匝组，组合线为 2 匝；最少匝为换位线为 4 匝组，组合线为 3 匝。而根据 a、b 支路换线的位置，满匝数匝仅有 4 根换位导线，车间无法按照图纸进行绕制。车间在实际操作时，对 a、b 支路的换线位置进行了对调，即 a 支路继续绕制 28 挡到达原 b 支路换线位置，b 支路继续绕制 16 挡到达原 a 支路的换线位置，如图 6-9 所示。如此可达到图纸的匝数要求，但如此就造成了 a 支路多绕 28/44 圈，b 支路多绕 16/44 圈，即 a 支路比 b 支路多绕了一匝。

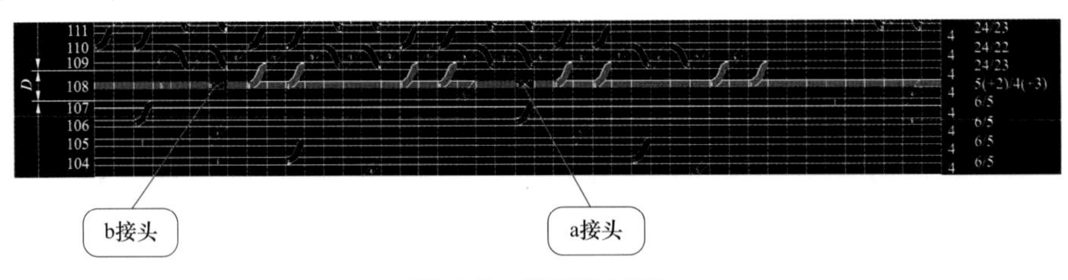

图 6-9　线圈绕制图

2. 处理措施

（1）设计图纸修正。将 108 段设计线匝改为为 4/3（最多处 4 根导线，最少处 3 根导线）排列，见图 6-10。

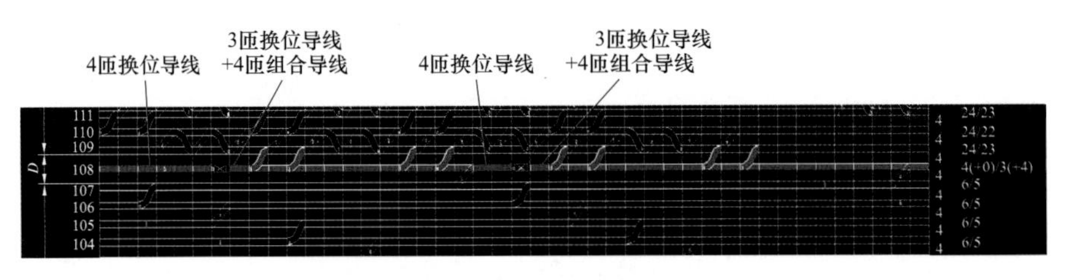

图 6-10　修正后的线圈展开图

（2）吊器身→器身脱油→器身卸压→解阀绕组外围屏→试验检测确定不平衡线匝→剪断阀绕组第 108 饼多绕的线匝→接头焊接后再次试验检测确定→阀侧绕组外围屏装复→阀引线装复→后续按工艺流程进行器身干燥、总装配及真空注油、产品试验。

3. 处理结果

阀侧绕组不平衡线匝处理后通过试验（试验数据见表6-9，二支路分开或并联测试，试验数据基本相同）检测，判定线匝不平衡问题消除。产品处理后经出厂试验验证，试验结果满足设计和技术要求。

表6-9　阀侧绕组不平衡线匝处理后试验数据表

加压绕组	电压（V）	电流（A）	损耗（W）	备注
阀侧1柱线1线2并联	505.75	0.011 671	3.750 2	阀侧1柱送电
1柱阀侧线1	505.75	0.012 133	3.646 7	阀侧1柱送电
1柱阀侧线2	505.71	0.012 022	3.698 8	阀侧1柱送电
阀侧2柱线1线2并联	506.08	0.013 264	3.703 4	阀侧2柱送电
2柱阀侧线1	505.94	0.013 189	3.697 7	阀侧2柱送电
2柱阀侧线2	505.96	0.013 148	3.716 6	阀侧2柱送电
阀侧1柱2柱并联	505.27	0.013 998	4.578	/

三、网侧调压引线支架位置离阀线圈过近导致紧固螺栓放电

某800kV换流变压器网侧调压引线支架紧固螺栓放电，经修改设计，并优化螺栓的组装工艺后，通过了试验考核。

（一）放电现象描述

换流变压器的阀侧绕组在经过雷电冲击、操作冲击、直流耐压和极性反转等试验后，进行外施工频耐压时发生局部放电量异常现象，试验数据见表6-10。

交流耐压（包括采用超声波局部放电定位仪的反复施加较低电压）后，油中色谱出现少量乙炔气体，气体单位μL/L，数据如表6-11所示。

表6-10　外施工频耐压局部放电量异常

试验电压（kV）	局放水平（pC）	
	a	b
100	20	20
200	20	20
300	20	20
400	20	20
500	20	20
600	100~200	70~80
650	200	150
700	600	550

表 6-11　　　　　　　　　　　耐压后油色谱情况

取油位置	CH_4	C_2H_4	C_2H_6	C_2H_2	H_2	CO	CO_2
上部	0.3	0.1	0	0.13	1	6	104
上部	0.8	0.5	0	0.54	3	13	93

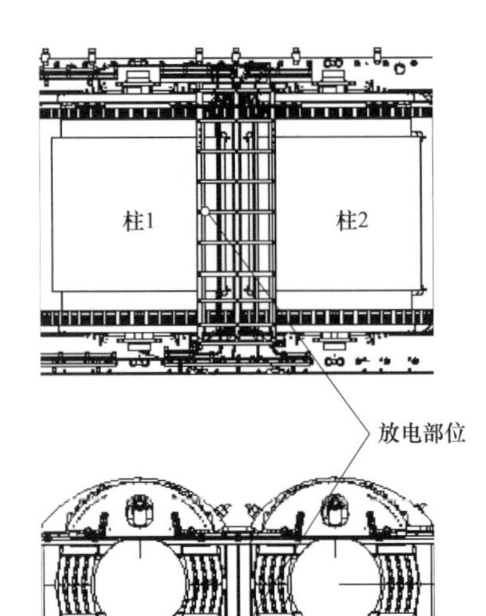

图 6-11　局部放电超声波定位仪测定的放电部位

（二）放电部位寻找

1. 采用超声波局部放电定位仪确定放电部位

采用超声波局部放电定位仪进行放电定位，变压器放电源位于面向变压器调压引线侧，距离左侧油箱外沿5.1m，距离箱底2.7m、深0.23m。放电源位置指向调压绕组引线阀侧及其支架，位置偏上，如图6-11所示。

2. 换流变压器放油后内部检查

将网侧调压绕组引线夹拆开，发现在超声波仪器测定位置的附近引线夹紧件、紧固螺栓及其引线绝缘表面有放电痕迹，如图6-12所示。

拆除分接引线从上向下第三根导线夹左侧螺杆，发现螺杆表面有放电痕迹，长度约150mm，见图6-13。

拆除分接引线从上向下第三根导线夹左侧螺杆，发现螺杆表面有放电痕迹，长度约150mm，见图6-14。放电点对应引线相对位置见图6-15，与超声波测定的位置十分接近。

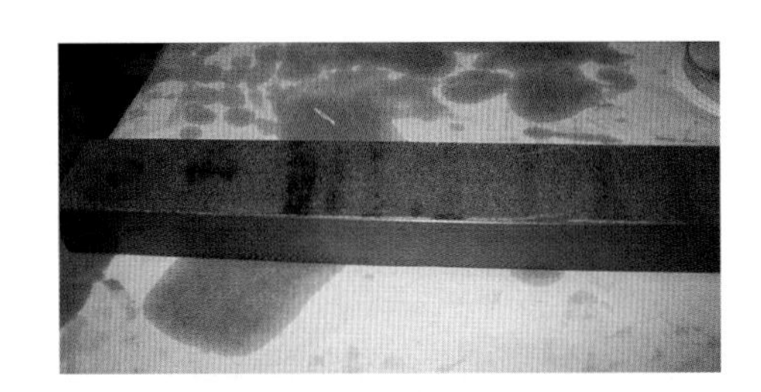

图 6-12　导线夹放电点

图 6-13　调压引线绝缘表面放电但未波及引线导体

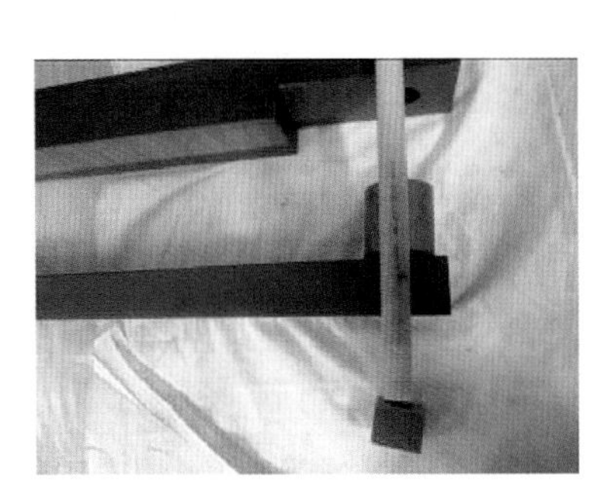

图 6-14　绝缘螺栓放电

图 6-15　网侧调压绕组引线支架放电的螺栓部位

（三）放电原因分析及处理

1. 外施工频耐压前的雷电冲击试验分析

该阀侧绕组外施工频耐压时的放电发生后，查看了在其之前进行过的雷电冲击试验电压波形，发现已有放电征兆。图 6-16～图 6-19 是阀侧 a 端全波冲击和截波冲击试验的电压及示伤电流波形。

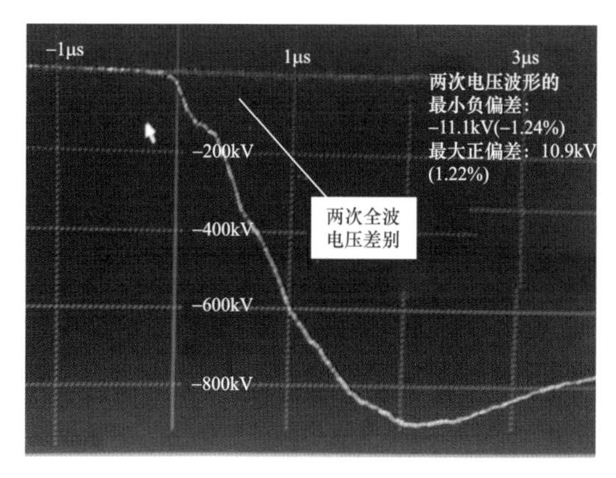

图 6-16 阀侧 a 端子 50% 和 100%
全波雷电冲击试验电压波比较图

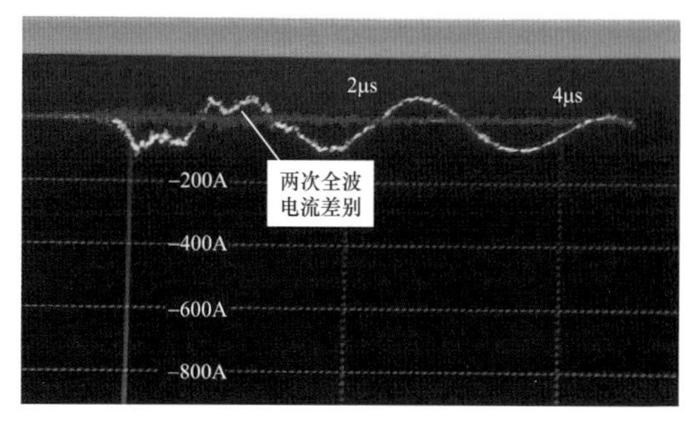

图 6-17 阀侧 a 端子 50% 和 100%
全波雷电冲击试验示伤电流比较图

两次截波
电压差别

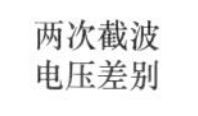

图 6-18 阀侧 a 端子 50% 和 100%
截波雷电冲击试验入波比较图

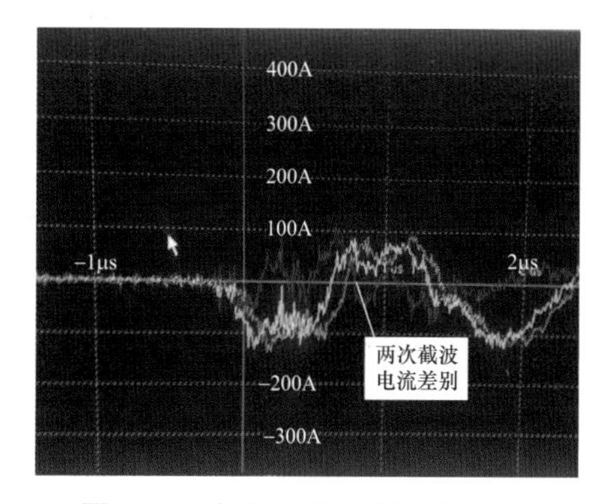

图 6-19 阀侧 a 端子 50% 和 100%
截波雷电冲击试验示伤电流比较图

从图 6-16～图 6-19 看出：两次截波电压下的示伤电流差别最大。在前 2μs 期间，以示伤电流的差别尤其显著，主要表现为示伤电流的振荡频率发生明显变化。说明在较高的截波电压（比全波电压高 10%）时，调压引线支架区域的局部放电明显。正如 GB/T 1094.4—2005《电力变压器　第 4 部分：电力变压器和电抗器的雷电冲击和操作冲击试验导则》指出的，要注意示伤电流的频率变化，以及小量和局部的变化等特征。至于在 3μs 时间后，受截波装置点火的分散性影响，其截波示伤电流的分散性很大，对示伤的判断已无意义。

2. 处理措施

根据放油检查的放电情况，放电主要涉及紧固螺栓，且波及引线的表面绝缘和线夹。紧固用绝缘螺栓离阀侧绕组的距离最近，场强相对较高，加之该放电螺栓表面有“瑕疵”（如加工时遗留的杂质或顶端圆整度不足等），导致首先在雷电冲击时发生起始放电，进而在后续的其他耐压试验，特别是在外施工频耐压时放电发展。当阀侧绕组施加“负极性”雷电冲击电压时，网侧调压绕组处于地电位，该紧固螺栓也接近“地电位”，相对阀绕组属于“正”极性。油中电子在雷电冲击电压作用下，向“正”极性的紧固螺栓集中，以致在有“瑕疵”的紧固螺栓处发生起始局部放电。

为此，采取了以下整改措施：首先将调压引线及其支架，向远离阀绕组方向（朝油箱壁）移位约 100mm，使螺栓顶端表面场强下降约 33%，安全系数由 1.28 提高为 1.7；其次在螺栓加工环节避免金属等杂质和注意螺栓顶端的圆整化。经过这样的设计和工艺整改后，后续的几台换流变压器均一次顺利通过了全部试验考核。

该案例说明：在换流变压器的设计中，不应忽略低（地）电位部件的电场校核，并注意留有较高的绝缘裕度。

四、插屏式阀侧线圈屏线断点设置错误导致雷电冲击异常

某工程首台 600kV 换流变压器阀侧上、下端子雷电冲击试验时，100% 电压间以及 100% 和 80% 间的示伤电流出现不一致，后续交流试验出现较大局部放电量。解剖发现一线饼内导线烧毁，仿真计算再现了问题的原因为一屏线断点设置错误，属于工艺图绘制疏忽。

（一）故障现象描述

1. 试验过程

阀侧雷电耐受试验前，进行了试验前色谱检测、绕组直流电阻测量、变比及极性测量、空载损耗和电流测量（90%，100%，110%，115% U_N）、负载损耗测量（50、180Hz）、阻抗测量、温升试验、分接开关额定电流和电压切换试验、110% U_N 长时空载试验、网侧雷电冲击试验（a 端子），以上试验及相应的油色谱分析均通过，接下来的阀侧雷电冲击试验（a 和 b 端子）发现示伤电流不一致，阀侧交流外施试验低电压下出现较大局部放电量，试验停止。

2. 问题描述

在阀侧 a 端雷电冲击试验时（b 接地），试验按 60%、80%、100%、100% 试验电压的顺序进行，发现后两次冲击示伤电流不一致。按 60%、100%、100%、100% 试验电压的顺序继续试验，没有发现异常，a 端子试验结束。进行阀侧 b 端雷电冲击试验时（a 接地），试验按 60%、80%、100% 试验电压的顺序进行，发现后两次冲击示伤电流不一致。随后进行了较低电压的冲击试验，发现示伤电流明显不一致，参见图 5-38。

为查找问题，进行了交流长时耐压试验，并进行超声定位。在 40% U_N 电压下有较高局部放电产生，但短时间内消失。在电压加到 100% U_N 时，突然产生局部放电，电流增大导致跳闸。后续加压，观察到低电压下就有较大局部放电，超声定位未能确定位置。

随后进行主要分接直阻、变比和极性测量，未发现异常，但阻抗测量发现其值与绝缘试验前有偏差。因此决定吊芯检查。

（二）吊芯检查

1. 绕组变比测量

对两柱并联绕组分别测量变比，发现柱 1 绕组与试验前试验数值有偏差，柱 2 绕组

与试验前试验数值没有差别，初步判断柱 1 有问题。

2. 柱 1 解剖结果

对于绕组排列为调—网—阀（从铁芯向外）的结构，阀绕组在最外面，分拆到最靠里面三层围屏时发现放电痕迹，对应导线上发现两处放电点，如图 6-20 和图 6-21 所示。

图 6-20　围屏放电痕迹

图 6-21　导线放电点

松开压板，提升故障点相应线圈，发现内部已烧毁、碳化，如图 6-22 所示。

图 6-22　绕组内部烧毁、炭化

（三）原因分析及处理

1. 文件检查及计算

由于故障发生在雷电冲击试验过程中，且导线特定部位被烧毁。重点检查故障部位导线绕制设计文件和工艺图纸，发现柱 1 阀侧绕组第 70 饼屏蔽线断点位置与雷电冲击电压分布计算要求的位置不符，工艺图上断点位于最外匝上，而不是要求的第二匝（从外向里）上。柱 2 则没有发现错误，如图 6-23~图 6-25 所示。

a-b 段屏蔽导线由于在 70 饼处错误的断点，其长度比正常情况长了 6 倍，导致 c-d 段负荷导线和屏蔽导线间在冲击电压下的应力大了近 2 倍。计算表明，冲击电压下应力的裕度由正确接线时的 1. 35 降低到 0. 85，屏蔽导线上 c 点的绝缘逐步被击穿。c 点负荷导线和屏蔽导线间绝缘被击穿，导致 a-b 段负荷导线和屏蔽导线间应力翻倍，绝缘被削弱。在多次雷电冲击和交流耐受试验电压下，这两处薄弱点处的负荷导线和屏蔽导线短路并流过短路电流，造成第 69 和 70 饼的热损坏，并产出气体。负荷导线和屏蔽导线的位置关系示意图如图 6-26 所示。

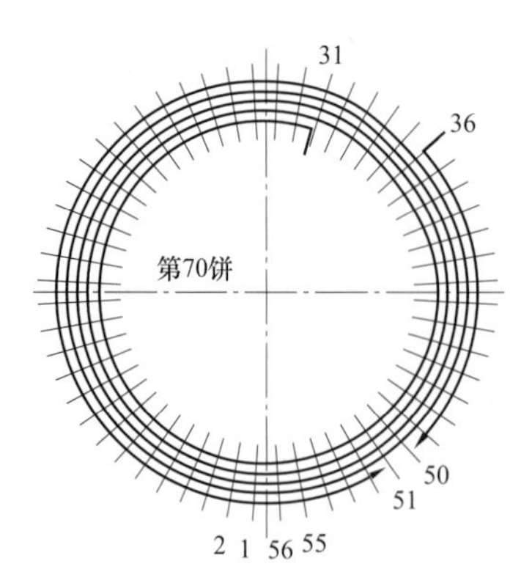

图 6-23　屏蔽线不正确断点

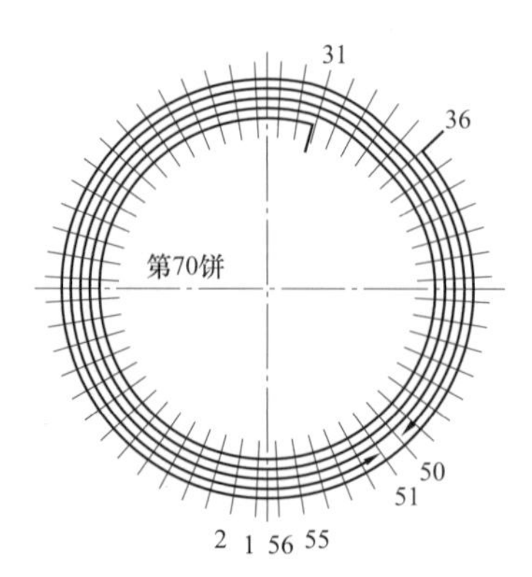

图 6-24　屏蔽线正确断点

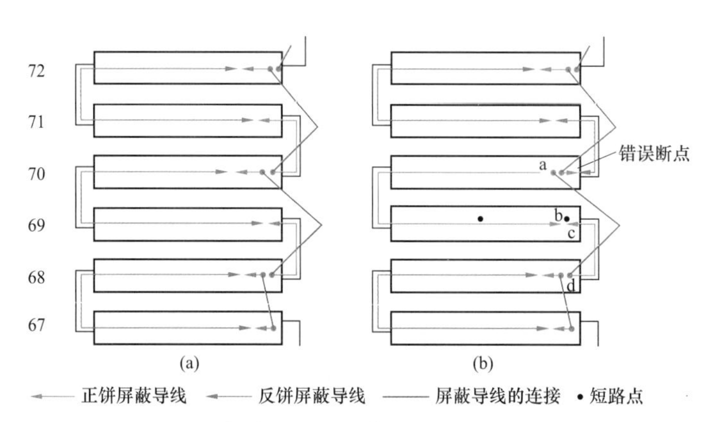

图 6-25　饼式线圈及屏蔽线正确与错误接线图

（a）正确接线图；（b）错误接线图

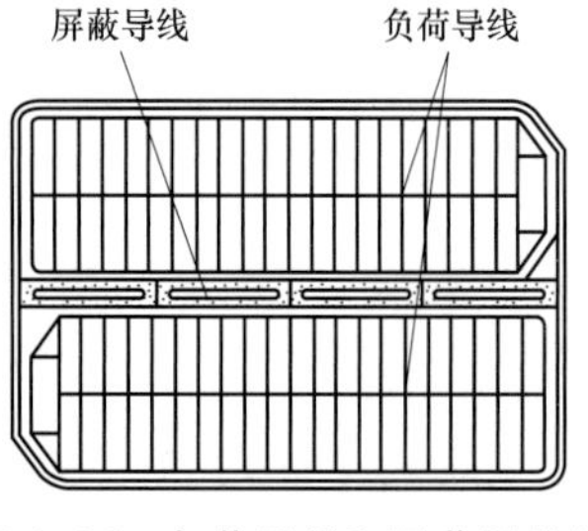

屏蔽导线　负荷导线

图 6-26　负荷导线和屏蔽导线的位置关系示意图

柱 2 线圈绕向与柱 1 相反，屏线接线工艺图绘制正确，没有发生柱 1 的类似问题，与调查分析的结果相符。

2. 处理结果

按正确的接线重绕柱 1 阀侧绕组后，试验顺利通过。本案例换流变压器解剖、分析、计算、试验，清晰证明了雷电冲击下示伤电流不一致的原因是有一处屏蔽导线断点接错位置，其根源是图纸绘制错误。

本次故障导致多台相同型号换流变压器返工，延误了工期。在采用内屏蔽或纠结线圈的制造中，由于工艺操作失误造成的接线错误在其他工程中也时有发生，如某工程换流变压器空载试验时，损耗比设计高出 1000 多 kW，解体发现有一纠结焊线错误，形成短路环。实际上该变压器在插板中试阶段就发现有柱 1 和柱 2 空载损耗、变比、直阻有不一致的现象，由于差别较小未引起重视。

综上所述，换流变压器绕组接线的设计和工艺过程复杂，除设计和制作人员应认真仔细外，校核和检验人员也要严格把关。

第二节 换流变压器原材料、组部件典型案例

一、网侧绕组端绝缘缺陷导致放电击穿

（一）故障描述

某换流变压器网侧绕组在雷电冲击试验后进行的操作冲击试验中发生放电击穿。放电后 15h，油色谱分析出现 5μL/L 的乙炔气体。变压器解体发现的放电通道涉及网侧和调压绕组端部、网侧和阀侧绕组间以及网侧绕组导线绝缘，详见图 6-27。

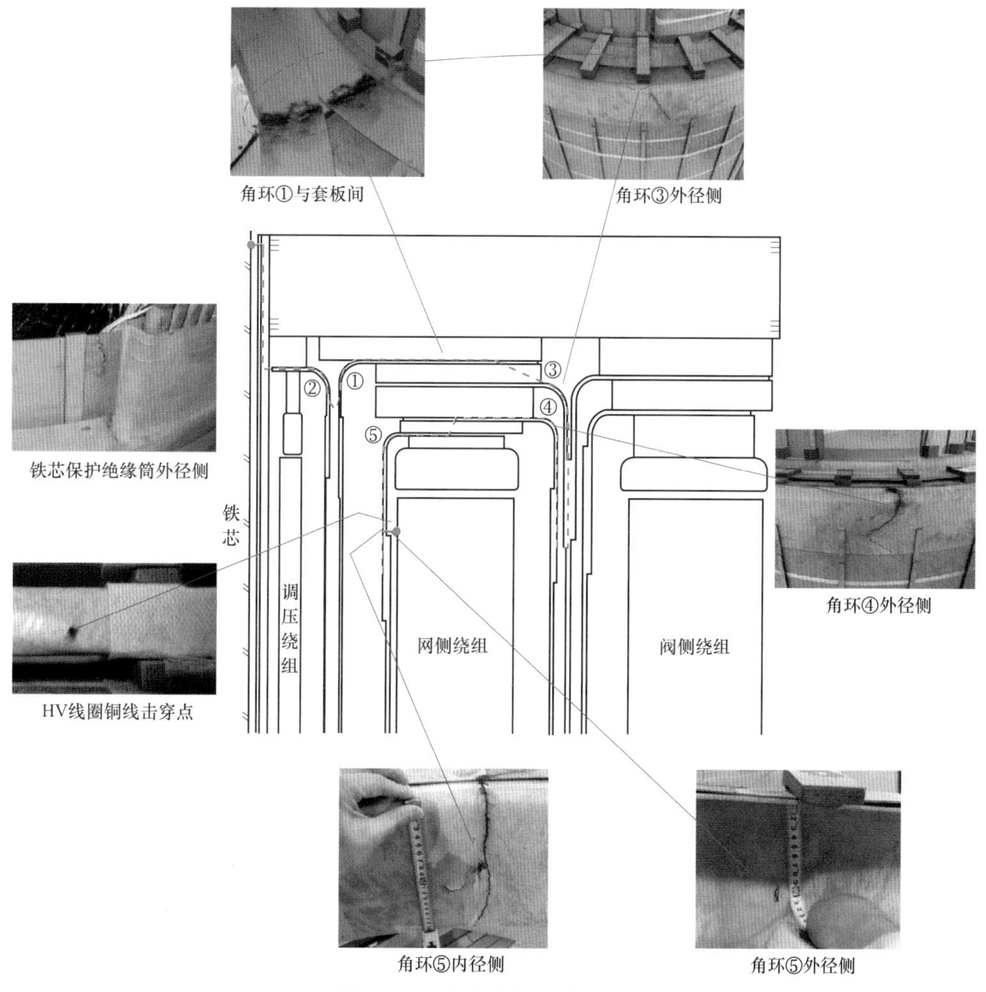

图 6-27 放电路径及放电痕迹

对图 6-27 角环①的放电痕迹，使用电子显微镜（SEM）观察并进行成分分析，检测到放电痕迹中有熔化的金属物质（Fe），详见图 6-28。这些金属物质可能因为角环加工或器身组装过程中混入。

根据绝缘角环①的金属异物，以及发现的放电通道，对这次放电击穿的过程可以描述如下：绝缘角环①的金属异物严重恶化了其部位场强，首先起始放电—“爬电”，“爬

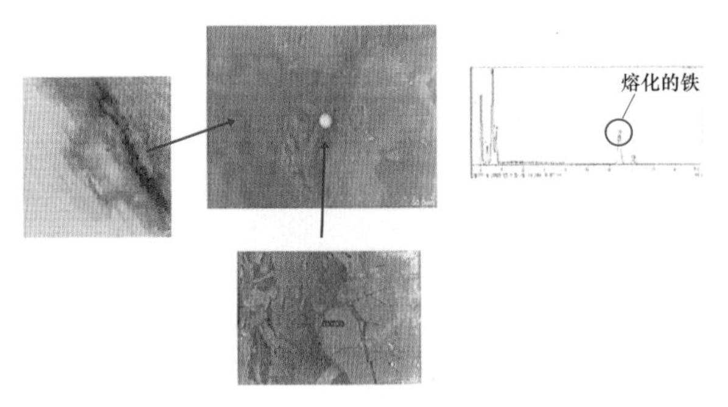

图 6-28　角环中发现金属异物

电”分别朝“地”（铁芯）和高压电极（网侧绕组）两个方向发展：朝“地”方向，“爬电”沿本身角环及调压绕组端部角环发展，直至铁芯；朝高压电极（网侧绕组）方向，“爬电”沿本身角环至网侧绕组与阀侧绕组间的最外侧角环③，进入角环④，再进入角环⑤，直至网侧绕组。

（二）放电特征分析

该换流变压器先进行网侧绕组的雷电冲击，接着进行阀侧绕组的雷电冲击和操作冲击，最后于网侧绕组操作冲击时发生击穿。因此，应根据雷电和操作冲击试验的放电特征分析来分析放电原因。

1. 网侧绕组的雷电冲击

网侧绕组的雷电冲击波形及其比较，如图 6-29 所示。

由图 6-29 看出，截波前后的 50% 全波电压下的示伤电流，在 2.5～6μs 期间（即波头部分），存在一定变化，说明放电已起始。

2. 阀侧绕组雷电冲击

阀侧绕组雷电冲击波形及其比较，如图 6-30 和图 6-31 所示。

截波试验前后的全波 50% 电压下的示伤电流有明显变化，后者的电流不仅在波头，而且在整个波尾增大，放电特征明显。

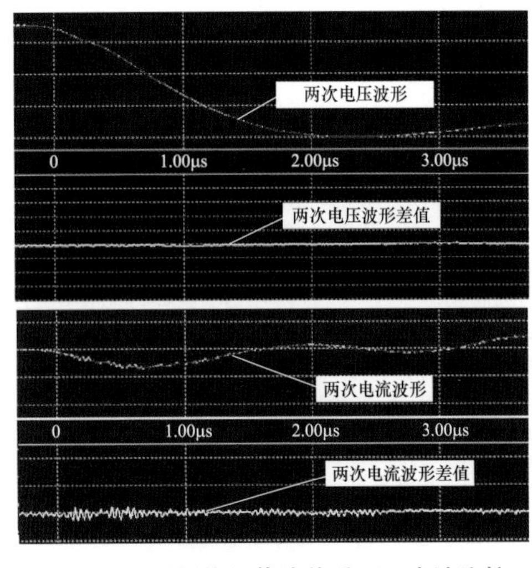

图 6-29　网侧绕组截波前后 50%全波比较

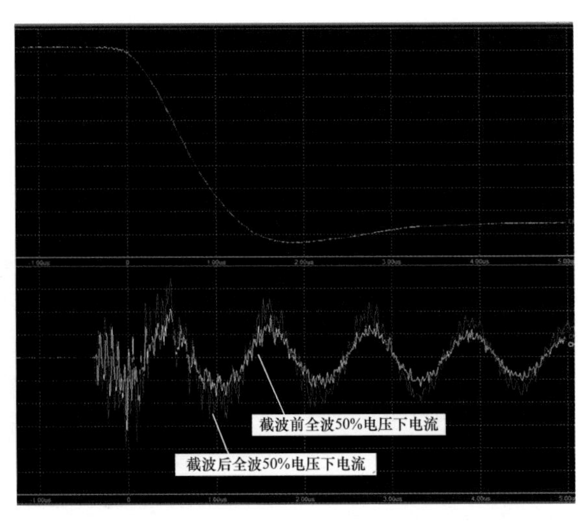

图 6-30　两次波头部分的示伤电流曲线图

3. 阀侧绕组操作波

各次操作波电压以及电流波形均有一定变化，图 6-32 所示为第二次 100% 电压与第三次 100% 电压时的波形，在约 300μs 处，电压和电流均出现“脉冲”型式差值，属局部放电特征。

从图 6-32 看出，电流相位滞后电压约 90°。这是因为示伤分流器接于网侧绕组，放电却发生在阀侧绕组对铁芯的回路（网侧顶端的①号角环放电），流入示伤分流器的放电电流与流经铁芯接地点的相位正好相反。这种放电脉冲电流的相位特点，正是典型的电容试品局部放电的典型特征。在图 6-33 中，放电角环等值电容为 C_X、设放电量为 C_0U_0。由于放电部位位于阀侧绕组与铁芯之间，放电脉冲电流在铁芯接地回路的极性与通过网侧绕组分流器的极性相反。因此，形成了图 6-32 放电脉冲电流滞后电压脉冲约 90°的现象。

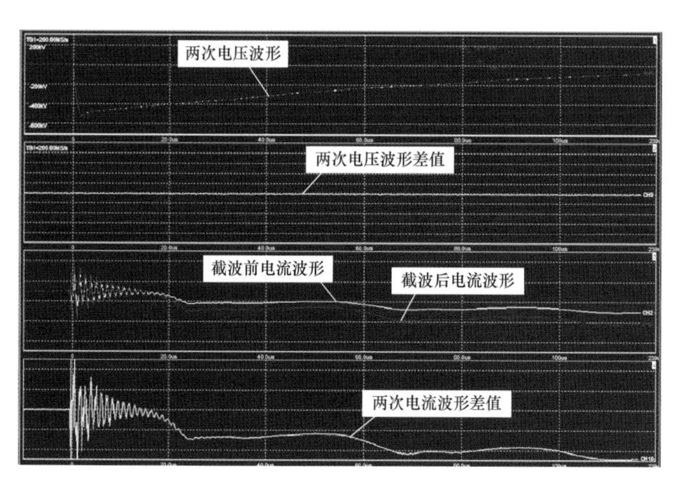

图 6-31　两次示伤电流在波头及波尾部分曲线图

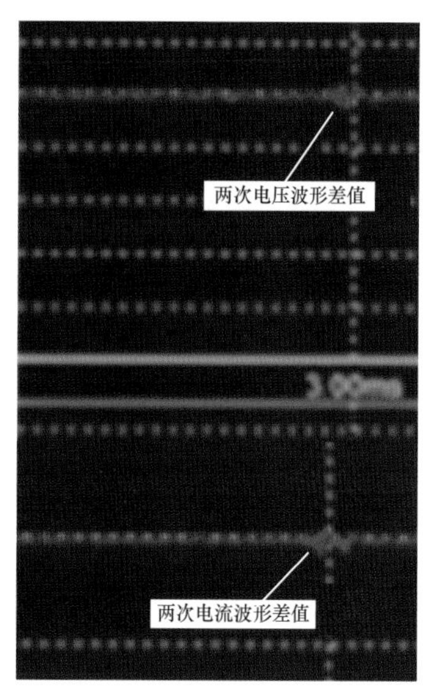

图 6-32　第二次 100%操作冲击电压与第三次 100%电压及其示伤电流比较

4. 网侧 100% 电压操作冲击

网侧 100% 电压操作冲击时击穿的波形如图 6-34 所示。

将上述 100% 电压下的操作冲击电压和电流的波前分别展开，并与之前的 70% 电压下的波形重叠比较，得到图 6-35 的波形。在击穿前的操作冲击电压波前部分，无明显差别；在 100% 电压下的 130~160μs 期间，即电压接近“峰值”处，电流波形出现高频振荡，属于击穿前的强烈局部放电特征。

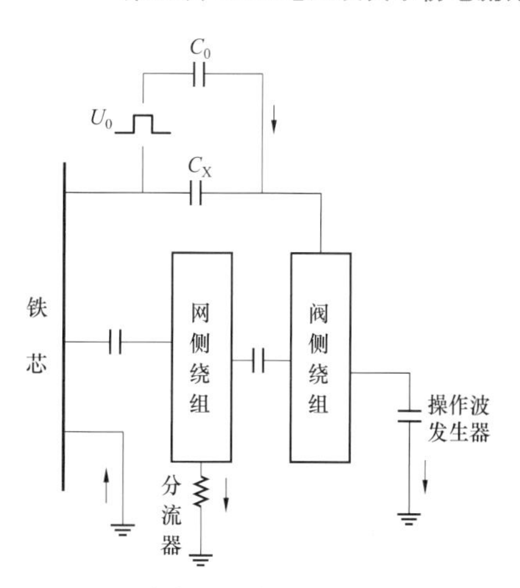

图 6-33　放电脉冲电流流经的等值电路

放电使阀侧端部对铁芯绝缘的电容量改变相对明显，因此其电流波形变化显著。随着该绝缘角环放电的不断发展，放电开始涉及③角环后，电流波形的波尾也发生明显变化。在后来进行的阀侧操作冲击试验中，放电继续发展，操作示伤电流波形也出现“脉冲”型式差值，所以导致了在图 6-35 100% 电压与 70% 电压波形的重叠比较中出现的现象。

5. 从冲击试验波形分析放电发展过程

首先，放电始发于网侧绕组顶端的①号角环，在经过网侧绕组的雷电冲击和阀侧绕组的雷电及操作冲击试验后，放电加剧。其中，阀侧绕组操作冲击时的约 300μs 时刻，电压和电流均出现“脉冲”式差值，说明放电已扩大到③号角环。最终，在网侧绕组的操作冲击下发生击穿。

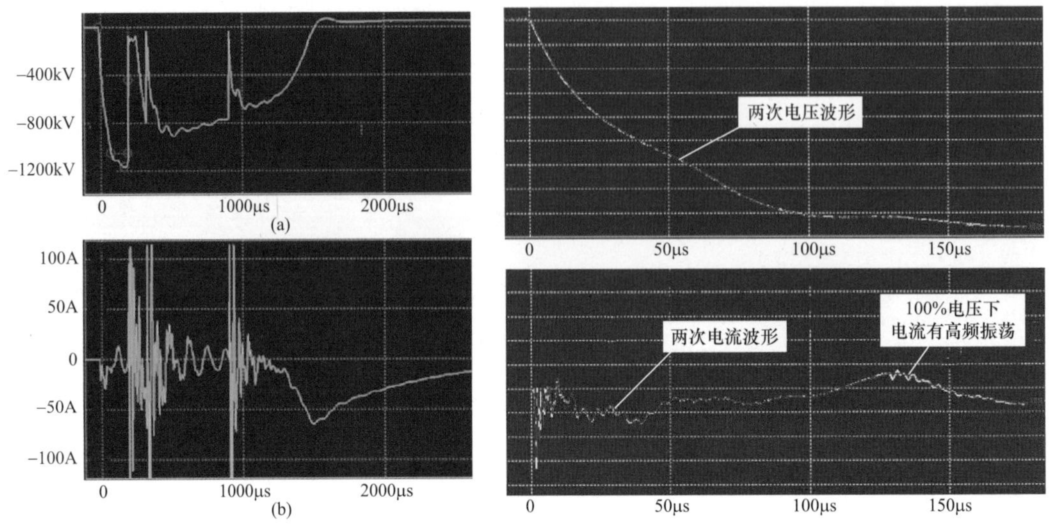

图 6-34　操作冲击击穿时的波形

（a）电压波形；（b）电流波形

图 6-35　100%与 70%电压波形重叠比较

其次，既然放电始发于网侧绕组顶端的①号角环，为什么网侧绕组雷电冲击时，波形变化不明显，反倒是阀侧冲击试验时的波形变化更明显？可以有如下解释：网侧绕组顶端的①号角环的放电属沿面放电，放电路径平行于网侧绕组的端绝缘，在放电较轻微时，对网侧绕组端绝缘对地的电容量影响有限，因此，相关电流变化不明显。当阀侧施加雷电冲击时，该①号角环的沿面操作冲击中发展成整个通道的击穿。

第三，从网侧操作冲击击穿时的波前波形看出，操作冲击击穿前，在电流波前出现高频振荡，这是强烈局部放电的特征。换句话说，在操作冲击的电流波形中的高频振荡（脉冲），意味着出现较强烈的局部放电。

（三）结论及整改

经电子显微镜（SEM）观察及上述试验波形的分析，放电原因应为由角环加工或器身组装过程中混入的金属异物引起。

二、阀侧绕组绝缘角环缺陷致交流耐压局部放电

（一）局部放电试验异常

换流变压器阀侧绕组进行交流外施电压耐受试验时，局部放电量发生异常，见表 6-12。

经外部排查，未发现异常。继续进行加电压判断故障，放电量在 300～1000pC 之间，起始放电电压 270kV，放电熄灭电压 200～260kV。根据以上试验现象，判断为内部故障。

表 6-12　　　　　　　　　　　　交流耐压时局放数量表

电压（kV）	时间（min）	上部端子（2.1）和下部端子（2.2）放电量（pC）	备注	波　形
912	0	20		
912	5	20		
912	10	50	闪	
912	12	200~300		
500		20	熄灭	

（二）故障检查和原因分析

根据局部放电超声波定位，放电位置可能位于柱Ⅰ和柱Ⅱ之间，包括阀侧下部柱间连线在内的区域。

第一步，吊芯检查并拆开阀侧下部连线的绝缘部件，未发现放电。

第二步，器身干燥脱油后，先拔出柱Ⅱ阀绕组及其绝缘（直至网绕组外侧绝缘纸筒），未发现放电。

第三步，拔出柱Ⅰ阀绕组，并逐一拆开对网绕组的绝缘，在第四层绝缘围屏处发现了放电点。放电位于柱Ⅰ阀绕组下部（处于柱Ⅰ和柱间），第七层（从阀绕组向网绕组数起，共十层正绝缘角环）正绝缘角环及其内侧的绝缘围屏，如图 6-36~图 6-39 所示。放电位于柱Ⅰ阀绕组下部（处于柱Ⅰ和柱间），放电已穿透绝缘角环，如图 6-37 所示。

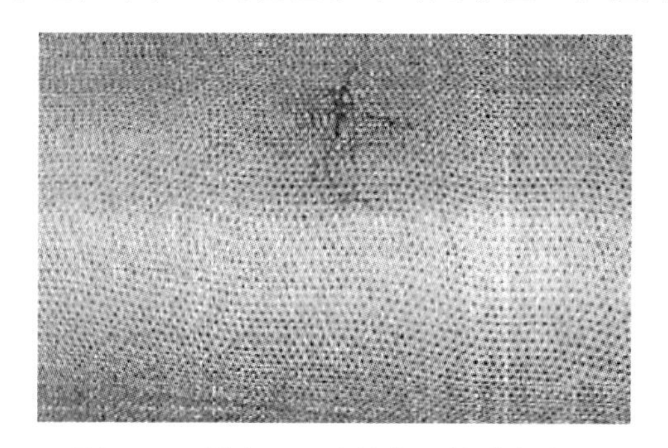

图 6-36　第七层正绝缘角环的放电痕迹

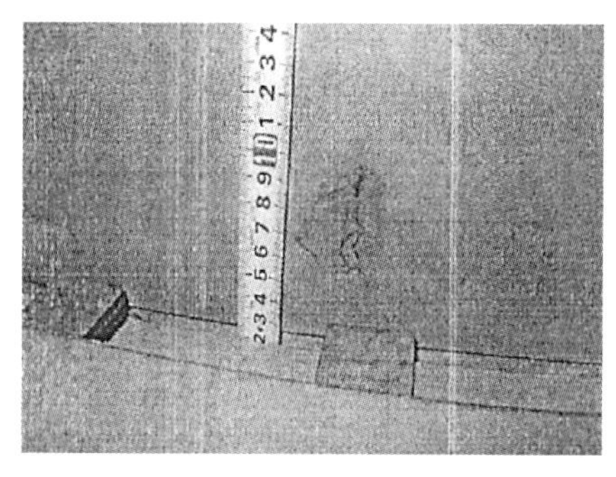

图 6-37　放电正绝缘角环内侧的绝缘围屏放电痕迹

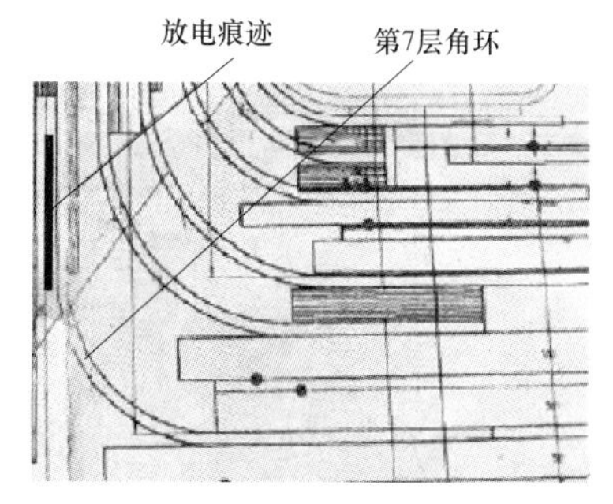

图 6-38　下部的放电位于第四层绝缘围屏内侧的正角环

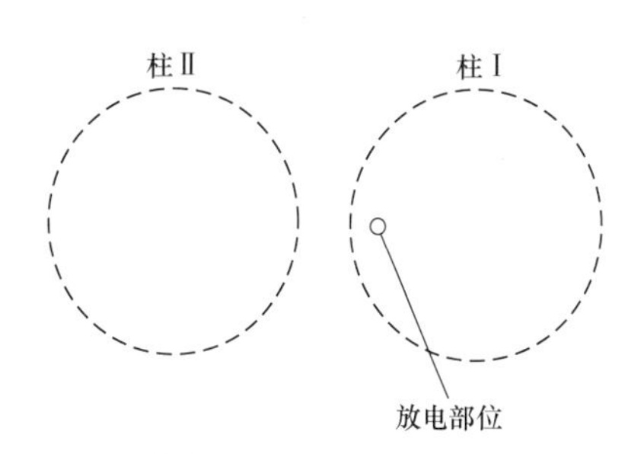

图 6-39　放电处于柱Ⅰ下部靠近柱Ⅱ的部位

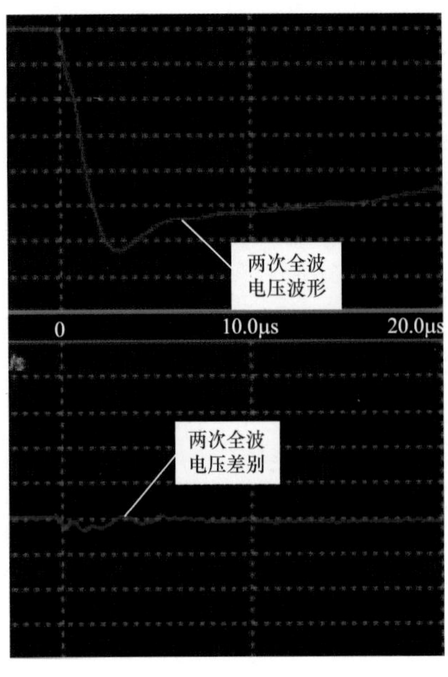

图 6-40　端子的雷电冲击电压波形

进一步对放电的正绝缘角环进行分层解剖，发现内层已有明显放电通道，可见该放电由绝缘角环的材质不良引起，并波及相应的绝缘围屏（该围屏与放电绝缘角环接触处有放电痕迹，但放电并未穿透围屏）。

该放电部位与局部放电超声波定位的结果基本相符，经更换受损绝缘部件后，该换流变压器通过了全部电气试验考核。

（三）阀绕组雷电冲击耐压试验的放电特征

事后查阅该换流变压器阀侧交流外施耐压前的 2.2 端子（即阀侧绕组下端）的雷电冲击耐压试验结果，发现已有放电症候，说明该绝缘产生的放电始于雷电冲击阶段。

两次 100% 雷电全波试验电压和示伤电流及其比较如图 6-40 和图 6-41 所示。电压波形和示伤电流波形均呈现一定差别。特别是电流波形的差别，出现与示伤电流振荡频率接近的“振荡”型差值，说明两次示伤电流的频率发生了变化。正如 GB/T 1094.4—2005 指出的“要注意示伤电流的频率变化”，这正是一种发生局部放电的特征。

为分析方便，将前部波形展开放大，如图 6-42 所示。在图 6-43 中，当电压波头达到峰值值时（约 3μs 时刻），示伤电流中出现高频脉冲，频率约在数十兆赫兹范围，应属于局部放电脉冲。

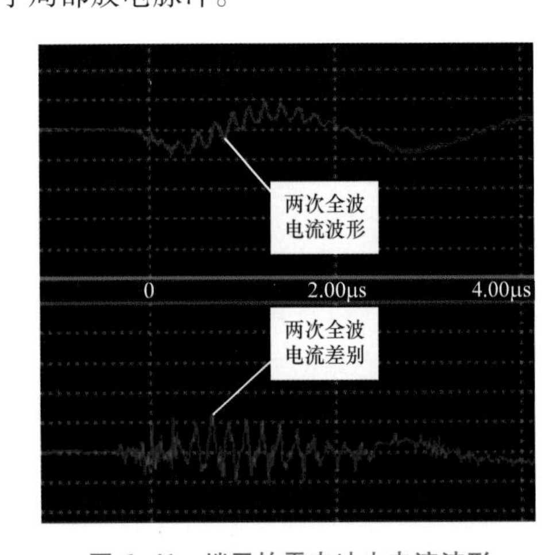

图 6-41　端子的雷电冲击电流波形

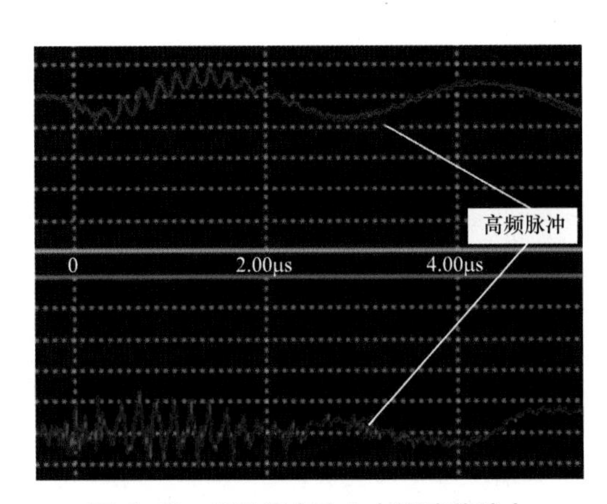

图 6-42　端子雷电冲击电流波前放大

对于无放电角环的阀侧上部端子（2.1 端子）的两次 100% 雷电冲击电压的差别很小，如图 6-43 所示。

对于 2.1 端子两次 100% 电压下的示伤电流波形的差别也不大，主要表现为无与示伤电流振荡频率相同的差别分量，且在电压峰值（约 3μs 时刻）无高频脉冲，如图 6-44 所示。

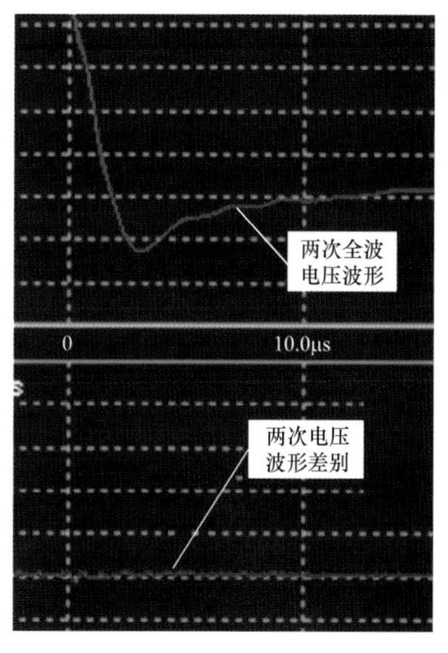

图 6-43　端子雷电冲击波形

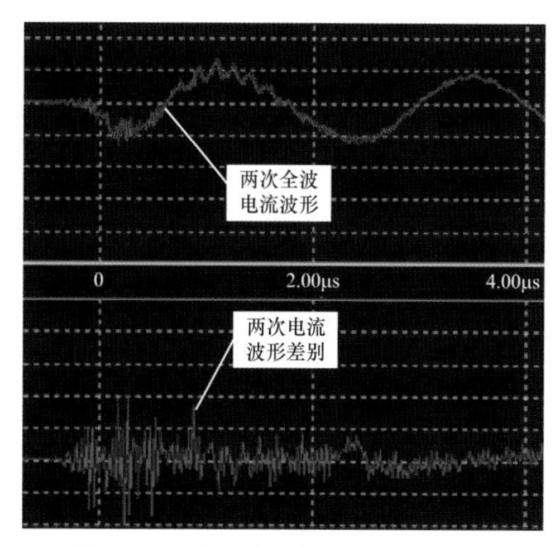

图 6-44　端子雷电冲击电流波前放大

根据以上对阀绕组两个端子雷电全波冲击试验波形的分析比较，可以认为反映阀绕组下部主绝缘的 2. 2 端子全波冲击试验时已有放电症候。

三、阀侧引线绝缘材料问题导致雷电冲击下放电

某工程首台 500kV 换流变压器上端子雷电冲击试验时，100% 雷电冲击试验电压下的全波波形出现截断。后续从 50% 雷电冲击试验电压开始，以 10% 为级差逐渐提高试验电压，开始查找问题。上升到 80% 雷电冲击试验电压时，波形同样出现了截断现象。为此，进行了解剖和仿真计算。将柱 1 整体线圈以及阀侧上部端子 2. 1 引线全部更换，按正常工艺处理后，试验通过。

（一）雷电冲击放电过程和解剖检查

1. 试验过程

阀侧雷电耐受试验前，变比、绕组绝缘电阻、绕组电容和介损、套管电容和介损、直阻、空载、负载、温升、预局放、网侧 1. 1 和 1. 2 端子雷电冲击均合格。阀侧 2. 1 端子雷电冲击，首先加 50% 雷电冲击试验电压下的全波，入波和示伤波形正常。接着进行 100% 雷电冲击试验电压下的全波，波形出现截断，截断时间大约 12μs。

为查找问题，从 50% 雷电冲击试验电压开始以 10% 为级差逐渐提高试验电压，先后进行了 50%、60%、66%、70%、80% 雷电冲击试验的电压试验。在进行到 80% 雷电冲击试验电压时，波形同样出现了截断现象，截断时间大约为 35μs。试验停止，随后色谱检查发现含有 8. 7μL/L C_2H_2。

2. 解剖发现的现象

（1）绕组和阀侧引线结构。该换流变压器绕组采用阀网调（从铁芯向外）排列，阀绕组端头穿压板通过绝缘引线段并联顺旁轭出线，如图 6-45 所示。

（2）放电痕迹。进入油箱重点对阀侧 2. 1 引线进行检查，发现阀侧引线转弯处击破，拆开后发现金属导杆上有两个放电点，接地的铁芯屏蔽上有放电痕迹，如图 6-46~图 6-49 所示。

图 6-45　阀侧引线结构

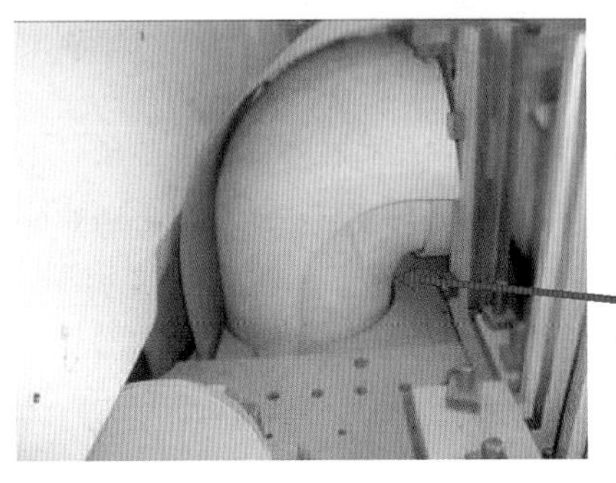

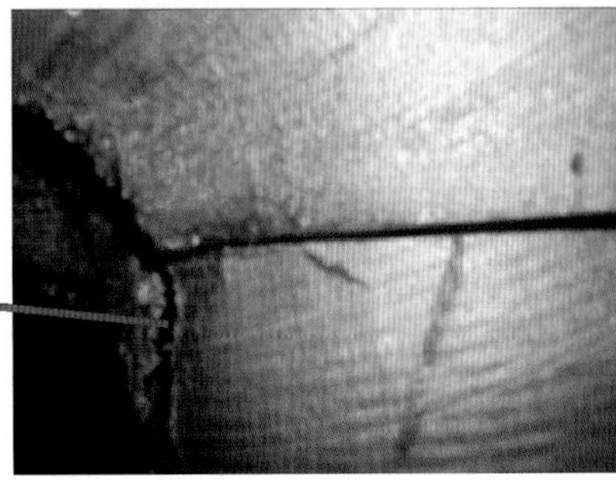

图 6-46　阀侧引线转弯处放电通道

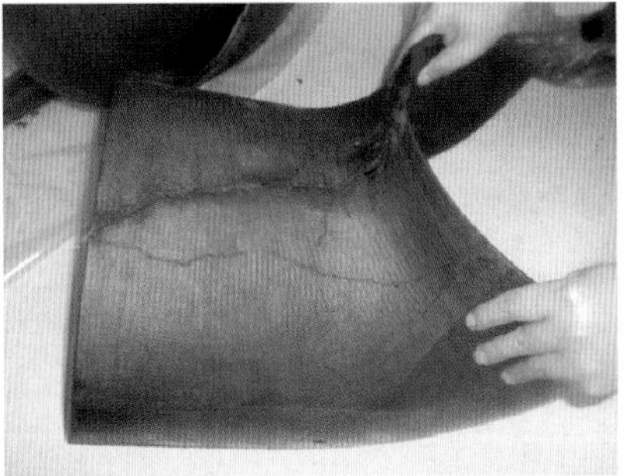

图 6-47　阀侧引线端部最外两层破损和放电痕迹

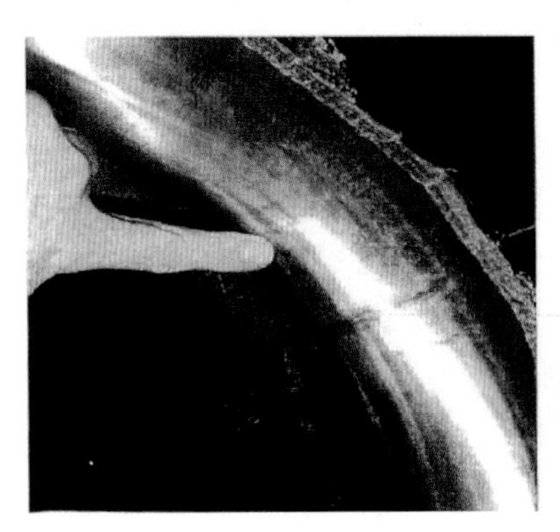

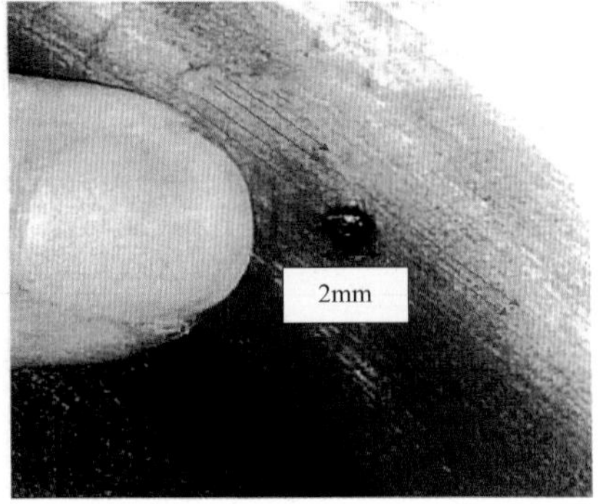

图 6-48　引线金属导杆转弯处放电点

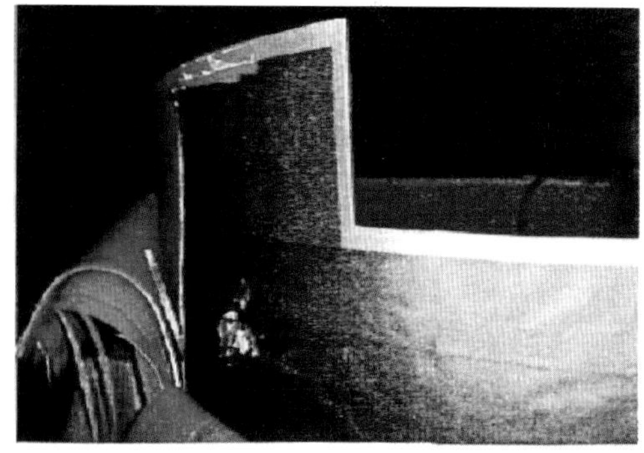

图 6-49　铁芯屏蔽上放电点

（3）放电通道。如图 6-50 所示，根据完全解剖后结果分析，对应于 100% 和 80% 雷电冲击电压两次闪络的路径为：金属导管上 FP2 点穿过 7 层围屏发展到线圈出线首端角环径向旋转 180°后，穿 1 层围屏和油隙打在铁芯柱屏蔽 FP1 上；另一次为金属导管上 FP3 点穿过 2 层围屏沿引线第二层围屏表面爬电与 FP2 击穿路径会合后，沿第一次闪络相同路径打在铁芯柱屏蔽 FP1 点上。

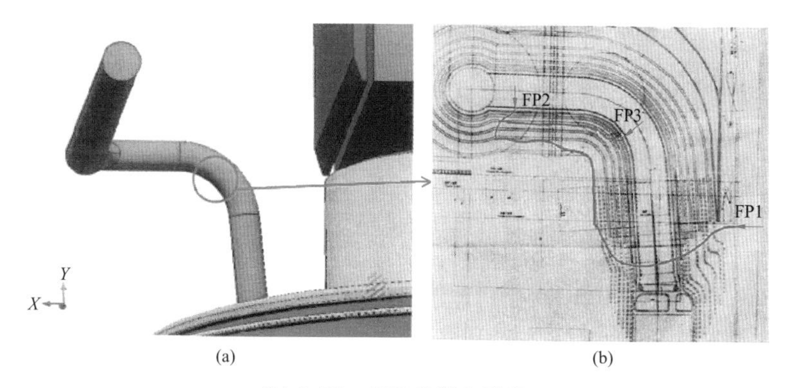

图 6-50　闪络位置和路径

（a）闪络位置；（b）闪络路径

（二）仿真计算

1. 计算条件

用 3D 程序计算交流电场，模拟 1625kV 阀侧雷电冲击耐受电压，取施加 50Hz 工频 1625/2.3＝706kV 交流电压。计算模型如图 6－51 所示。

图 6-51　计算模型

2. 计算结果

正常情况下计算结果如图 6-52 所示，铁芯柱屏蔽有裸露突出物时（见图 6-53），可以看到：

（1）设计条件下，引线拐弯处面对铁芯柱部分场强较高，最高达 7.6kV/mm，面对箱壳部分场强较低，对应放电点场强仅 2.5kV/mm。

（2）铁芯柱屏蔽（FP1 处）有裸露突出物时，

引线拐弯处面对铁芯柱和面对箱壳部分的场强不变，铁芯柱屏蔽突出裸露处（FP1）对应放电点场强 6.2kV/mm。

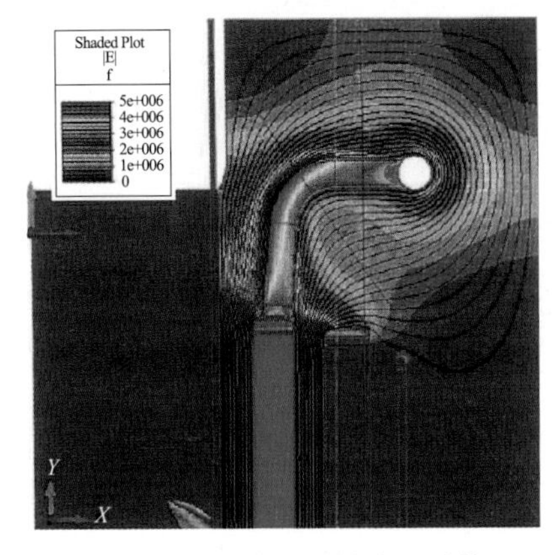

图 6-52 阀侧出线引线电场计算图（正常情况）

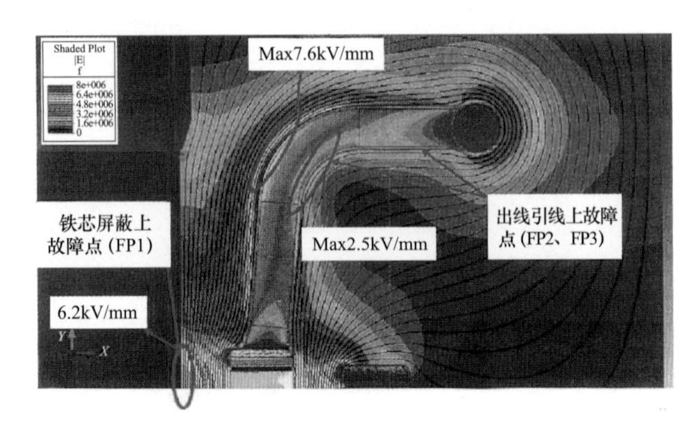

图 6-53 阀侧出线引线电场计算图（铁芯柱屏蔽 FP1 处裸露突出）

（三）分析和处理结果

（1）计算结果表明，设计条件下，正常时阀侧引线拐弯面对铁芯柱和箱壳处的场强均小于许用值，即 3mm 油隙最高场强 14kV/mm，5.3mm 油隙最高场强 11.6kV/mm，8.7mm 油隙最高场强 9.7kV/mm，14.5mm 油隙最高场强 8kV/mm，实际放电点（FP2 和 FP3）场强仅 2.5kV/mm，不太可能在此发生放电。

（2）本次雷电冲击下的闪络可能是由于阀侧引线绝缘材料有瑕疵引起，也可能是铁芯柱屏蔽的接地铜排包裹不严，铜排穿出半导体纸引起场强畸变（如计算可达 6.2kV/mm）。

（3）现场经更换本柱阀侧绝缘、整体更换引线及重新处理铁芯柱屏蔽和接地，重新试验获得通过。

本案例说明绝缘成型件质量有不确定性，如何有效检验是今后要重点探讨的课题。另外，低电位部分的工艺处理不当会引起场强畸变，成为引发事故的源头。

四、网侧套管在雷电冲击试验中击穿

（一）概述

某 500kV 换流变压器因故返厂检修后，在网侧进行 1162.5kV（75%出厂试验电压）雷电全波冲击时，示伤电流波形异常。发现缺陷来自网侧套管，电容量增大约 5%，解体套管电容芯，证实有 5 个电容屏击穿。

（二）网侧绕组雷电冲击试验情况

网侧端子雷电冲击试验按出厂试验 75%电压进行（1550×75%＝1162.5kV），正式冲击试验前的低电压下调波及 60%、80%。第一次 100%试验电压下冲击波形均正常，但从第二次 100%试验电压开始，第三次 100%试验电压，80%、60%、35%试验电压下电流波形均有异常。部分试验冲击波形如图 6-54～图 6-56 所示。

在 90～200μs 波尾时间段各出现一次电流波形的毛刺，但电压波形正常，而且出现电流波形异常时段所对应的电压已经很低，并且异常位置也不一致。后期又通过更换示伤单元，更换测量通道等方法验证，结果冲击电流波形均有异常（35%～70%试验电压）。

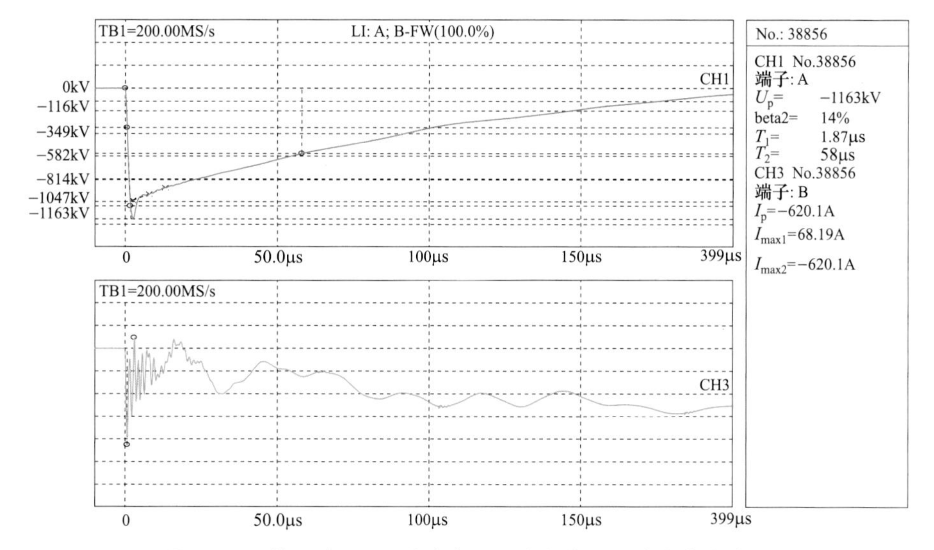

图 6-54　第一次 100%试验电压下冲击电压、冲击电流波形

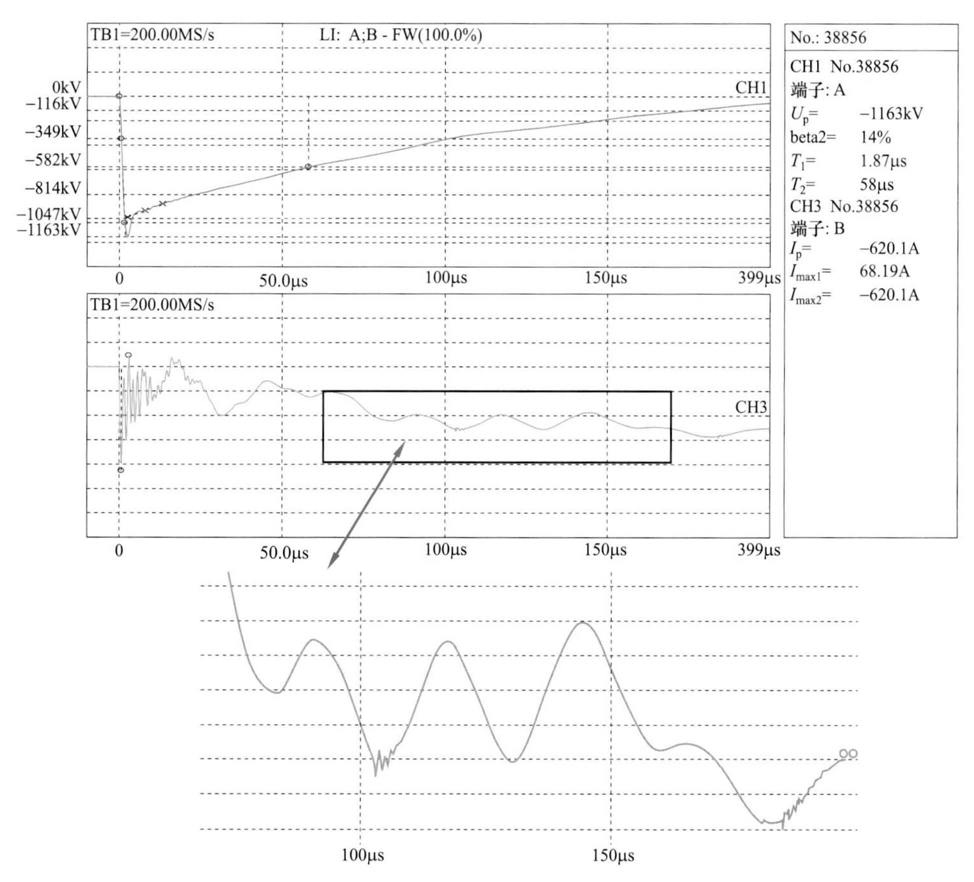

图 6-55　第二次 100%试验电压下电流波形

（在 110μs 和 190μs 处，放大 250%下能明显看到有毛刺）

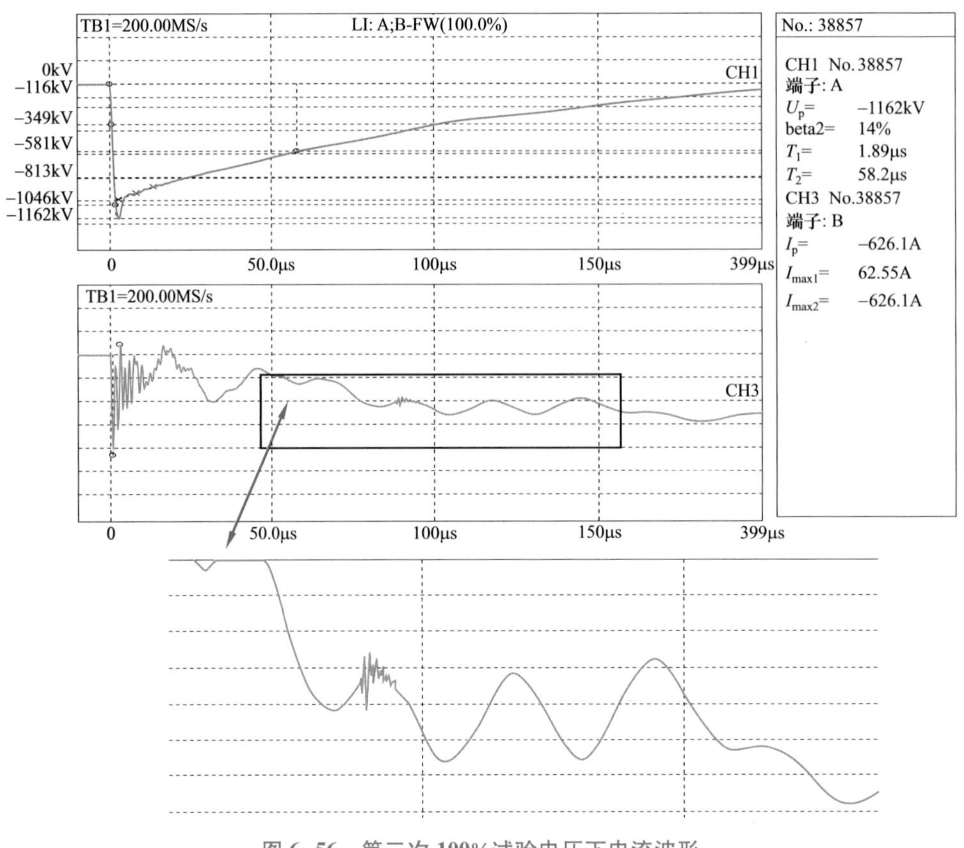

图 6-56　第三次 100%试验电压下电流波形

（在 90μs 处明显看到有毛刺）

（三）长时感应耐压及局部放电试验

由于雷电冲击中未发生明显击穿现象，决定继续进行感应耐压和局部放电试验，以期取得更多的缺陷信息。局部放电试验分别从网侧高压 A 套管末屏、阀侧套管 a 末屏、铁芯、夹件取信号。试验电压缓慢上升，电压升至 $0.65U_m/\sqrt{3}$ 时，网侧高压 A 端子出现局部放电信号，放电量值在 400~1500pC 之间变化，阀侧 a、铁芯、夹件均正常。迅速采样截图后，降下电压进行排查。放电波形如图 6-57 所示。

以上局部放电信号杂乱无规律，且不具有网侧绕组放电对阀侧端子的传递规律，也指向了网侧套管自身存在放电缺陷的问题。

为此，对网侧高压套管进行了介损和电容量测量。采用 10kV“正接法”测试，即网侧端子和中性点短接加压，末屏取电流信号，试验端子悬空，阀侧 a、b 短接接地，测得电容量 639. 4pF，介损 0. 25%。其中，电容量比套管铭牌值（605pF）高约 5. 7%，由此断定套管存在严重故障。

（四）在套管厂进行解体检查

1. 套管解体前试验

套管解体前先取油样进行色谱分析，未见异常，然后在高压试验室内进行了局部放电、电容量和介损试验。除套管电容增大约 6. 6%外，其余一切正常，见表 6-13 和表 6-14。根据试验结果，从电容量的增大情况可初步判断套管存在电容屏间击穿现象。

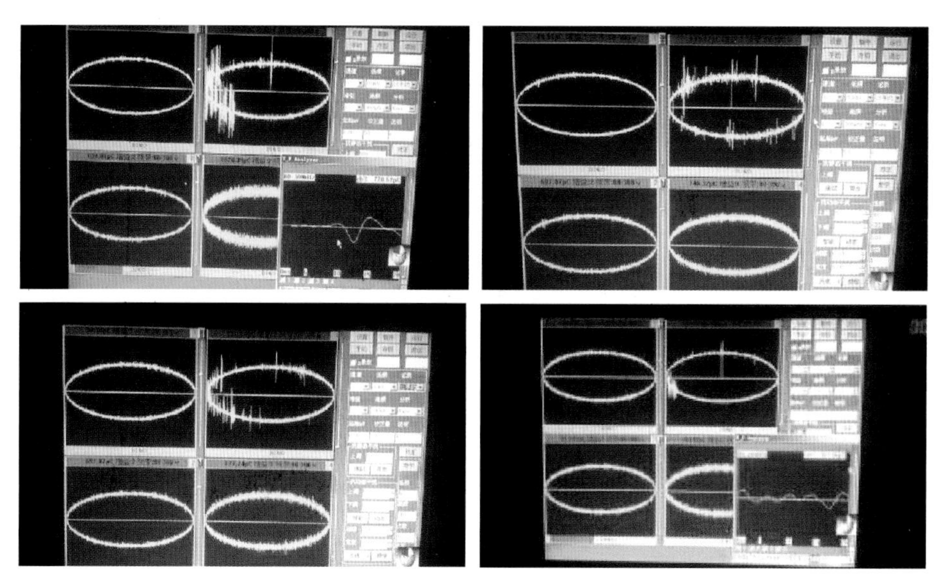

图 6-57　换流变压器局部放电试验波形

表 6-13　　套管制造厂试验数据——主介损、电容量测量

电压（kV）	主介损	电容量（pF）
26	0.241	644.65
100	0.241	644.66
200	0.241	644.68
318	0.242	644.72

表 6-14　　套管制造厂试验数据——局部放电测量

测试电压（kV）	局部放电量（pC）	测试电压（kV）	局部放电量（pC）
100	4	500	4
200	4	550	4
318	4	476	4
400	4		

上述电气试验后，套管重新又取油样进行色谱分析，结果正常，见表 6-15。油含水量 12μL/L，介损 0.17%，油击穿电压 54.5kV。

表 6-15　　套管油色谱数据　　（μL/L）

甲烷	乙烯	乙烷	乙炔	氢气	一氧化碳	二氧化碳	总烃
5.34	0.41	2.79	0	9.05	85.72	290.21	8.54

2. 套管解体过程

该套管为油纸绝缘电容型套管，导电结构为导杆式连接套管。电容芯子由高压绝缘纸和导电铝箔组成油纸电容芯子。套管外观如图 6-58 所示，套管芯子如图 6-59 所示。

套管外护套完整、光滑，无电弧灼伤痕迹，附件未发现异常。

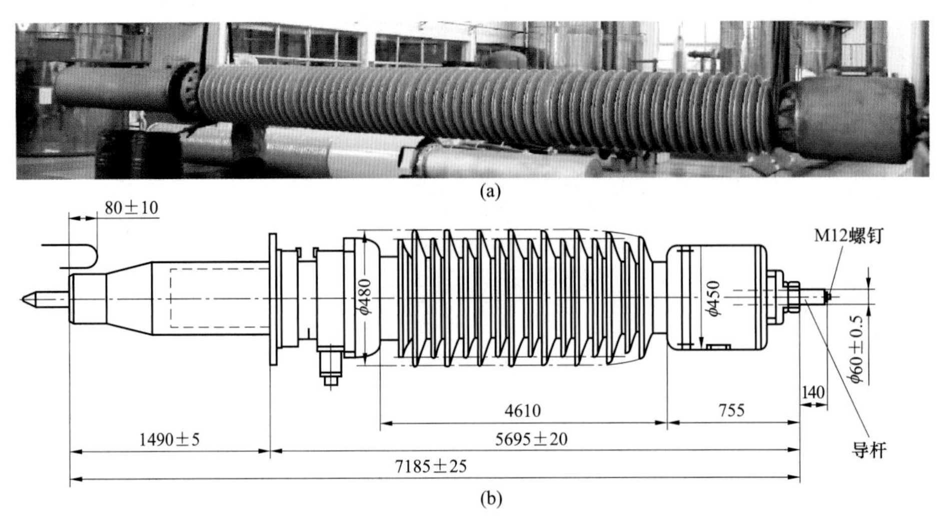

图 6-58　套管外观及尺寸图

（a）外观；（b）尺寸图

放油、套管解体，将所有装配零部件按安装的反顺序拆下。套管整体结构未见异常，末屏连接可靠，整体密封性能良好。

图 6-59　套管芯子

该套管电容屏共有 71 屏，主要结构示意图如图 6-60 所示，将套管电容屏被逐层剥离，并每层测量对高压导管的电容量。测量值见表 6-16。

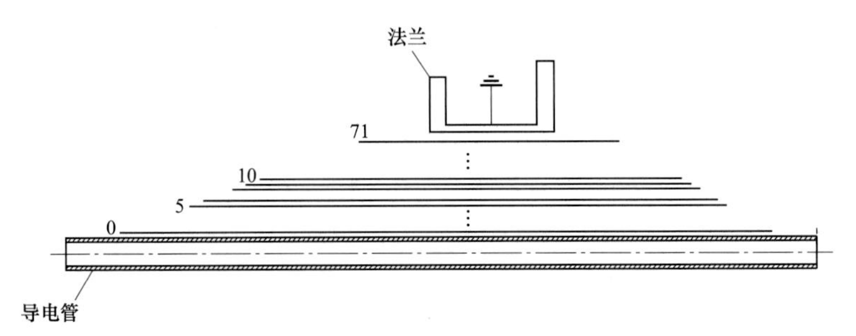

图 6-60　套管结构示意图

表 6-16 套管芯子电容量数据

屏数	电容量	备注	屏数	电容量	备注
70	636.4		35	1370	
69	647.6		34	1421	
68	658.1		33	1469	
67	665.5		32	1505	
66	680.5		31	1577	
65	691.7		30	1635	
64	703.1		29	1679	
63	714.9		28	1775	
62	727.6		27	1838	
61	740.2		26	1939	
60	754.3		25	2042	
59	768.1		24	2155	
58	782.3		23	2266	
57	797.7		22	2390	
56	813.2		21	2519	
55	830.7		20	2665	
54	846.7		19	2828	
53	864.4		18	3014	
52	882.6		17	3247	
51	899.5		16	3524	
50	921.4		15	3886	
49	941.8		14	4284	
48	963.4		13	4815	
47	985.6		12	5420	距离套管底部 1600mm 处有放电痕迹
46	1008		11	6210	绝缘纸上发现多处点状放电痕迹
45	1032		10	7186	距离套管底部 2370mm 处有点状放电痕迹
44	1057		9	未测	
43	1086		8	7187	
42	1116		7	7166	
41	1147		6	6101	
40	1181		5	7185	
39	1216		4	8596	
38	1254		3	10 680	
37	1279		2	14 090	
36	1333		1	20 650	
			0	38 660	

当剥离至12屏时，在距离套管底部1600mm处发现有碳化黑点，如图6-61所示。

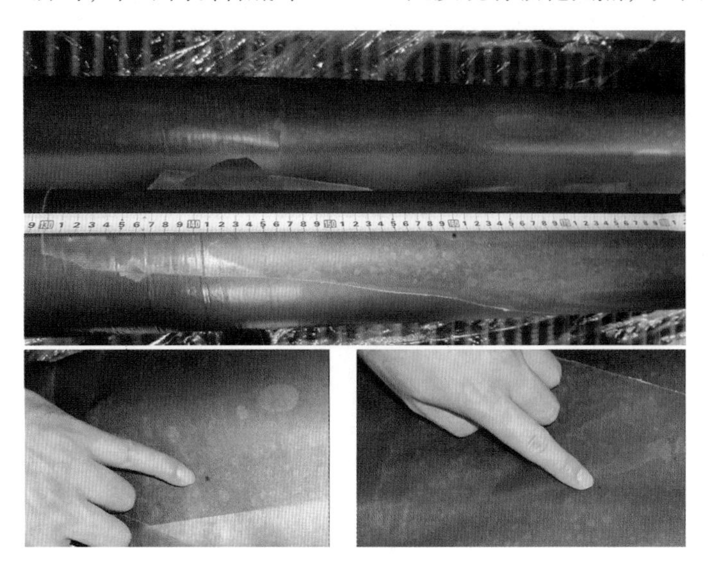

图6-61　第12～13屏间绝缘碳化黑点

剥至11屏，在绝缘纸上发现多处点状碳化黑点，但未见贯穿迹象，如图6-62所示。

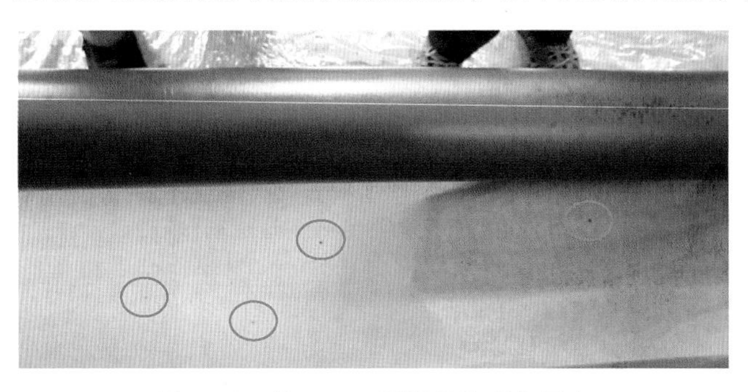

图6-62　第11～12屏间绝缘碳化黑点

在剥离到10层时发现芯子纸表面有放电击穿造成的直径为3～5mm的孔洞，如图6-63所示，此故障点距套管油端约2370mm。

图6-63　第10～11屏间绝缘击穿孔洞

继续剥离电容屏，10～5层均有故障击穿点，如图6-64～图6-67所示。

套管整体的击穿示意图如图6-68所示，击穿点为1个，位于第5～10层铝箔间，距套管气端约2370mm。

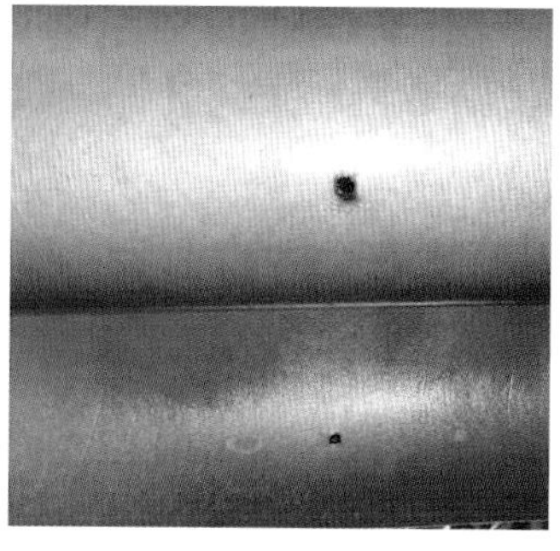

图 6-64　第 9 屏击穿孔洞和第 8~9 屏间绝缘击穿孔洞

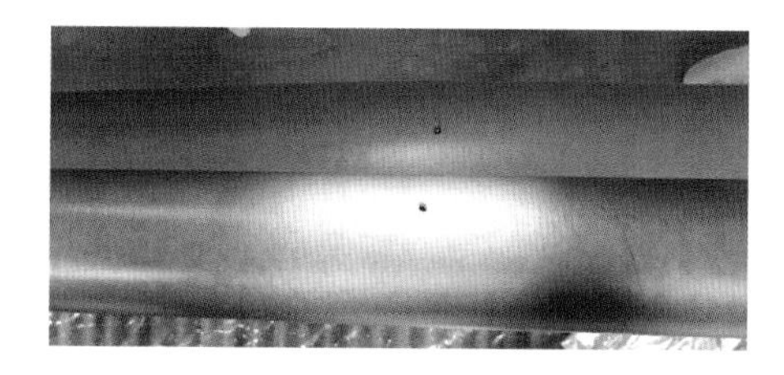

图 6-65　第 7~8 屏间绝缘击穿孔洞

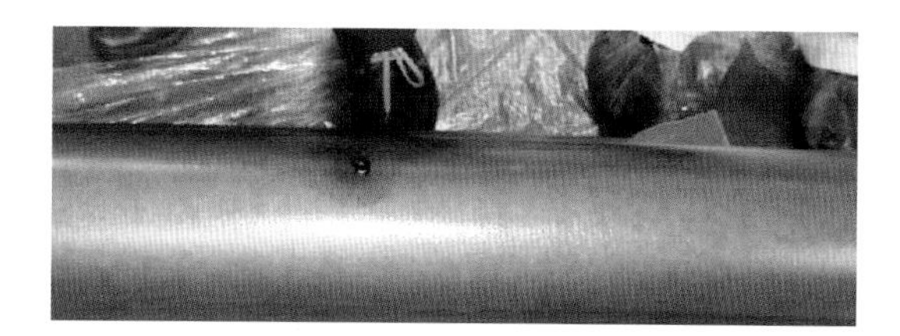

图 6-66　第 6~7 屏间绝缘击穿孔洞

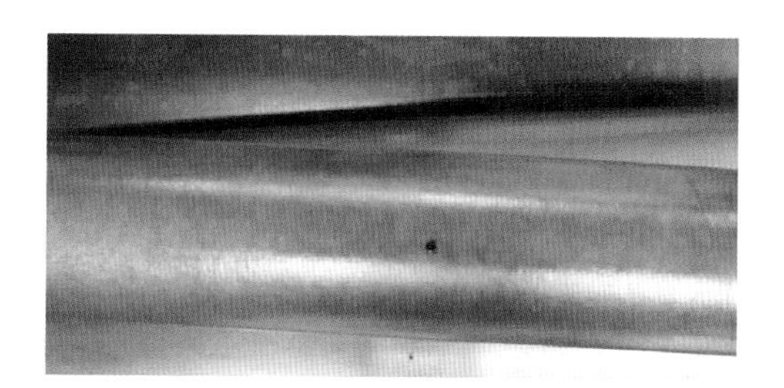

图 6-67　第 5~6 屏间绝缘击穿孔洞

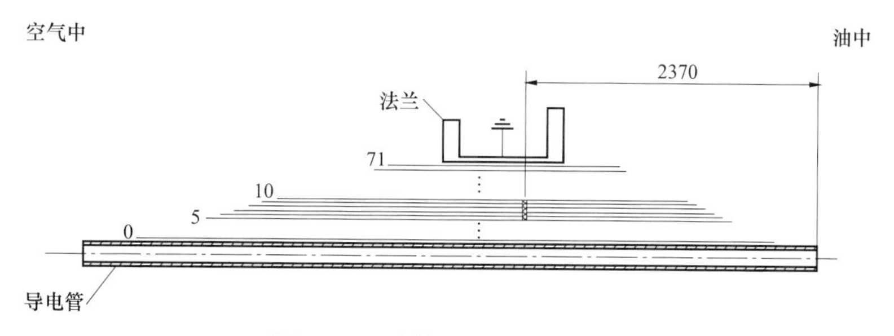

图 6-68　套管芯子击穿示意图

3. 原因分析

导致套管电容量发生变化的根本原因为套管内部电容屏间击穿。该套管在正常运行时电容量未见异常，雷电冲击试验后，电容量发生明显增大，说明雷电冲击是导致套管电容屏击穿的直接原因。解体检查时发现在 11 屏发现绝缘纸上有多处点状碳化黑点，该套管可能内部存在杂质，或某铝箔电容屏放置缺陷等因素，在经受雷电冲击时，发生电容屏间放电击穿。该套管电容芯是整张绝缘纸卷绕，在相应位置放入铝箔电容屏。铝箔电容屏稍有搭接，如图 6-69 所示。

电容芯解体中，发现第5~10屏的电容屏上均有击穿孔洞。其中，第5电容屏的击穿孔洞正处于电容屏边缘，如图6-70所示。图6-70是解剖中的照片，其中上半部分电容屏已揭去（尚有少量铝箔痕迹），击穿孔洞正位于电容屏搭接处。

图6-69　电容屏搭接

图6-70　第5电容屏击穿孔洞

关于电容屏搭接处在电网快速瞬态过电压下发生放电，导致电容芯损坏的实例已在国外发生过（已见报道的有两次）。其发生机理为：在图6-69所示的电容屏搭接结构，电容屏形成一个电感元件，在电网快速瞬态过电压作用下，电容屏搭接处可能首先产生局部放电，发展成为电容屏间的击穿。本次故障的套管也是电容屏搭接结构，在雷电冲击试验时，在电容屏搭接处感应产生一定电压，首先发生局部放电（搭接处电容屏铝箔有毛刺和绝缘纸有缺陷等原因），进而波及屏间绝缘放电击穿。对于采用整张绝缘纸绕制的电容芯，其电容屏铝箔多采用在搭接处切破绝缘纸，让搭接处铝箔短接，使其电感值为零；或在搭接处加强绝缘，多垫一层绝缘纸，图6-71所示为环氧树脂浇注电容芯的电容屏屏间的加强绝缘，防止瞬态电压下搭接处的放电。

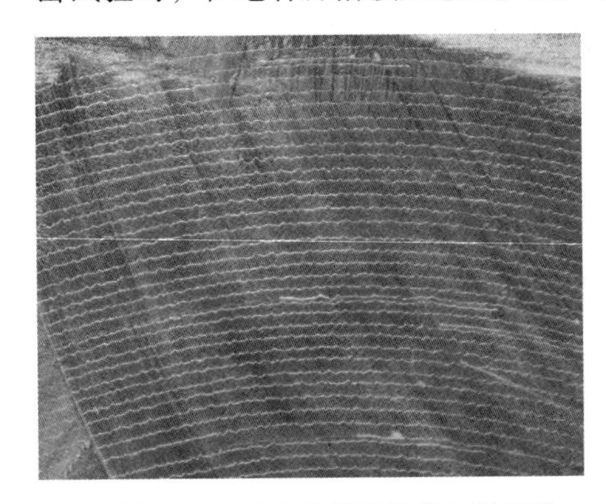

图6-71　电容屏搭接处的加强绝缘

4. 讨论

（1）变压器雷电冲击试验时，示伤电流波形的异常，显示变压器和套管绝缘有放电。

（2）根据变压器各端子的局部放电传递关系，确定变压器或套管放电。

（3）套管电容芯电容屏发生放电击穿时，电容芯电容量会明显上升。

（4）在雷电冲击试验时的套管电容屏放电击穿，由于放电持续时间短，再加上绝缘纸的吸收，放置一段时间后，套管油的色谱分析反映可能不明显，甚至局部放电试验的放电量也无反应。

（5）故障套管电容芯的解体要注意绝缘纸和铝箔的击穿点，以及相关碳化黑点。

（6）采用整张绝缘纸绕制的电容芯，其电容屏搭接处是一个绝缘弱点，在瞬态电压作用下，易发生局部放电，进而危及屏间绝缘。对此应加强绝缘或搭接（消除电感）。

（7）套管电容芯制作期间的环境洁净和消除铝箔边缘毛刺等环节，也影响电容芯的可靠性。

五、500kV换流变压器阀侧干式套管的故障

（一）概述

某500kV换流变压器阀侧干式套管，在不同换流站发生了多起放电故障。该类型套

管的结构特点如下：电容芯均是胶浸纸绝缘（环氧树脂浇注），空气部分的外绝缘为空心复合绝缘子（玻璃钢筒加多节粘接结构的 LSR 硅橡胶伞裙）。空气部分的电容芯体与玻璃钢筒间，分为填充发泡材料和充 SF_6 气体两种方式。空气部分的导电铜管（电容芯体的缠绕管）通过一个铜铝接头，经加粗的铝导管（约占空气部分长度的 1/3）引出。阀侧套管空气部分的上部结构示意如图 6-72 所示。

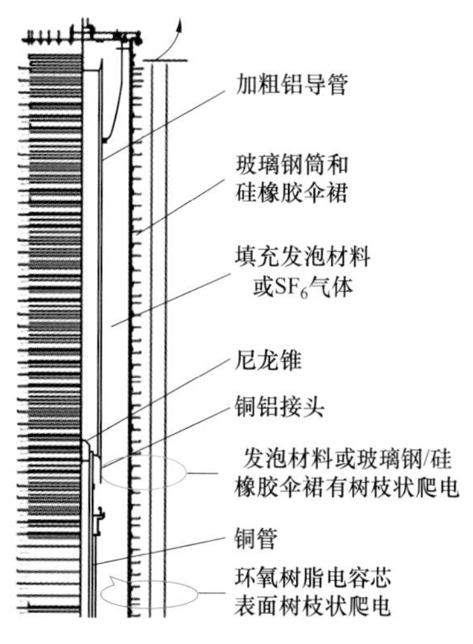

图 6-72　阀侧套管空气部分的上部结构示意图

（二）故障套管解体情况

1. 铜铝接头的过热情况

在所有的故障套管解体中均发现铜铝接头严重过热的情况，如图 6-73 所示。加粗的铝导管深入缠绕铜管内，经三个表带样的触子与铜管外部接触。从图 6-73 右图看出：表带样触子接触不良，引起整个接头严重过热。

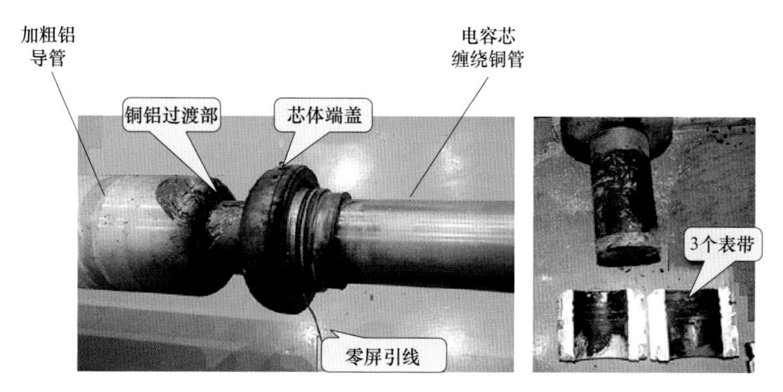

图 6-73　铜铝接头及其接触用表带严重过热

2. 发泡填充材料及玻璃钢筒/硅橡胶伞裙树枝状放电痕迹

树枝状放电，发生于套管空气侧的铜铝接头位置，如图 6-73 左图所示。铜铝接头的发泡填充材料的放电如图 6-74 所示。放电发展至玻璃钢筒，如图 6-75 所示。放电进而波及硅橡胶伞裙，如图 6-76 所示。

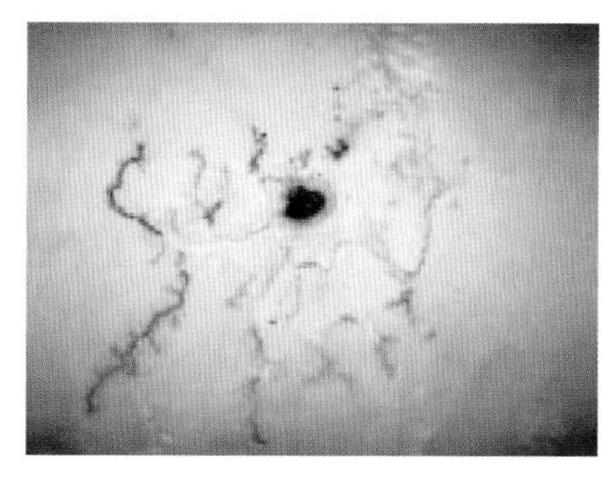

图 6-74　发泡填充材料的树枝状放电痕迹

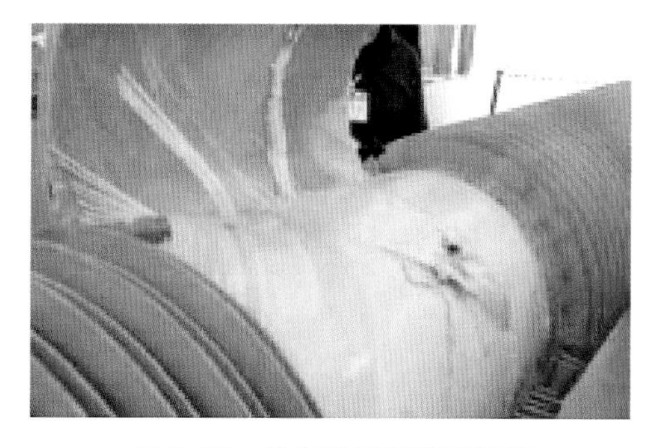

图 6-75　放电发展至玻璃钢筒

3. 铜铝接头尼龙导头熔化，沿电容芯体表面放电击穿

在工厂装配时，为便于导向铝导管与铜管中的表带触子良好配合，在铜载流管顶部的铝导管内部，永久带入一个装配用尼龙锥导头，如图 6-73 和图 6-77 所示。在套管运行时，套管与垂直线成大于 21°的倾角。由于表带部位发热，导致尼龙锥溶解，重力作用流入表带接触面时，接触电阻急剧增大，加速溶解并碳化，如图 6-78 所示。流出表带部位后，沿电容芯体表面向下流淌，发展到表面绝缘强度不够时，沿面击穿，如图 6-79 所示。

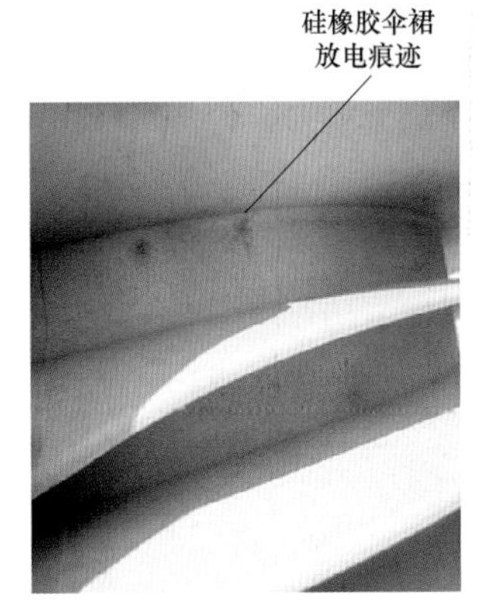

图 6-76　放电波及硅橡胶伞裙

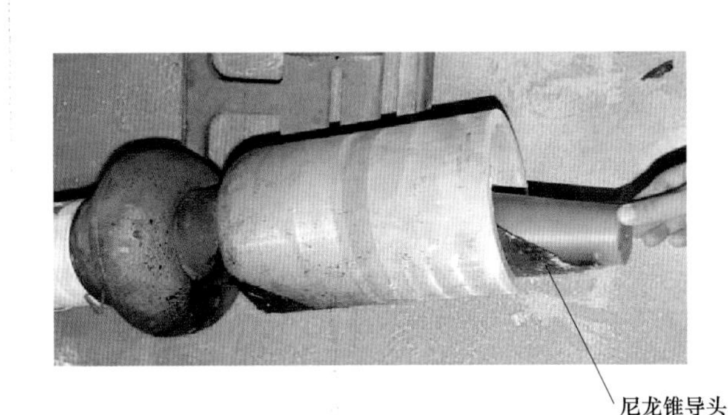

图 6-77　快融化完的尼龙锥导头

图 6-78　沿芯体表面击穿路径残留大面积碳化尼龙

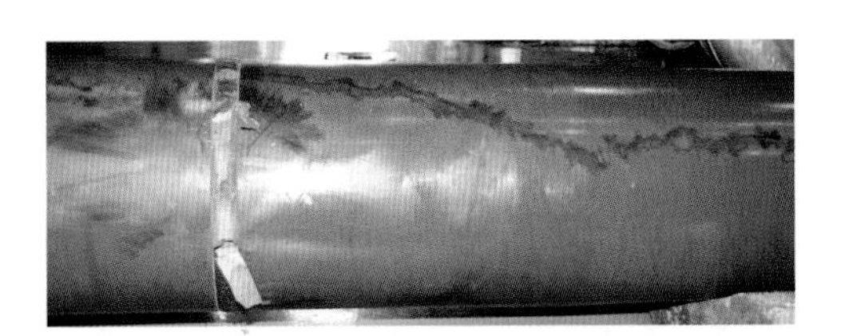

图 6-79　电容芯表面放电发展至接地汇流铜带形成对地击穿

（三）故障原因分析

1. 铜铝接头过热的原因

铜铝接头过热的来源在于表带样触子接触不良。表带样触子制造厂介绍，该触子在 2000A 电流下，承受过 20 万次的小位移试验，性能良好，常用于 220kV 以下的 GIS 母线。据了解，该触子的上述试验是模拟 GIS 的导电杆工况，仅考虑铜（常用铝）导电杆与 GIS 壳体（铝）的线性膨胀系数差别（接近且长度短）导致的小位移，并未考虑到换流变压器套管胶浸纸与玻璃钢材料膨胀系数大，且差距大、长度更长。同时，套管空气端重量远重于 GIS 导杆，而且空气侧承受外力，如金具、导线以及风力（平波电抗器运行时）等因素。因此，可以认为该表带触子难以适应换流变压器套管的实际工况。

又例如对于类似结构的直流穿墙套管，也发生过表带触子接触不良，导致过热的情况，如图 6-80 所示。与表带接触的外铜管内壁有很多划痕，如图 6-81 所示。这些过热和划痕的生成物，对 SF_6干式套管的安全运行危害很大。

图 6-80　表带触子过热变色

图 6-81　表带触子在外铜管内壁的划痕

2. 发泡填充材料的放电原因

发泡填充材料是在聚氨酯中混入 SF_6小气泡（直径 1mm 左右），达到填充效果，持续内胀力，且有一定绝缘强度的目的。发泡材料放电的原因：一方面在于受到铜铝接头过热的高温烘烤以及尼龙导头受热融化的污染所致；另一方面也有从玻璃钢筒内表面与泡沫间的树枝状局部放电（未贯通或击穿），如图 6-82 所示，说明泡沫气体和泡沫壁材料的体积电阻率差异大。

3. 其他充 SF_6气体套管的故障

（1）铜铝接头过热的污染物导致套管故障。例如阀侧的穿墙套管，墙内和墙外分别采用两只环氧树脂电容芯体，在穿墙处采用表带样触子将两端铜缠绕管连接起来。基于与上述同样的原因，表带连接处过热，过热生成物污染了电容芯体表面以及 SF_6气体，导致套管放电损坏，如图 6-83 所示。

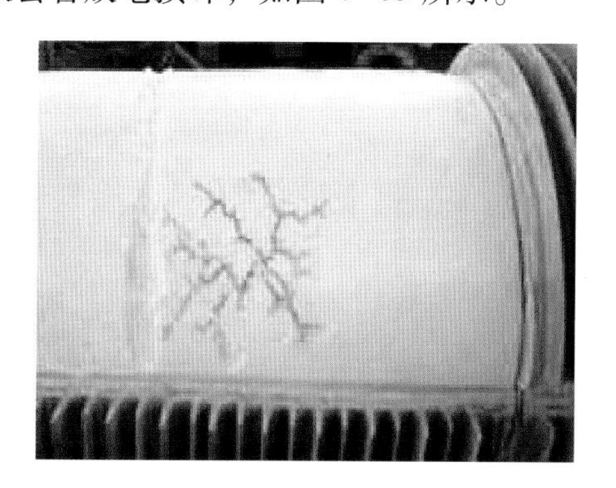

图 6-82　另一侧未贯穿的树枝状局部放电

图 6-83　穿墙套管穿墙连接处的电容芯体表面及其均压球表面受到污染

这种在 SF_6气体中发生的放电，会生成 S_2F_{10}等特征气体。该套管的 S_2F_{10}已达 0.5%，这种特征气体可用来诊断充 SF_6气体设备的放电缺陷。

（2）除上述因尼龙导头融化污染引起电容芯表面放电外，还发生过电容芯体本身的部分电容屏击穿故障。该套管内部无铜铝接头，放电原因是长期（8 年）运行条件下环氧树脂开裂，如图 6-84 所示。故障部位主要在阀侧空气侧靠近法兰处的圆周上部，该处受到的机械应力最大，再加上制造缺陷，导致了部分电容屏击穿。图 6-84 所示瓷套开裂处，电容屏击穿。其中，裂纹 A 处击穿 2 屏，裂纹 B 处击穿 12 个屏（紧靠接地末屏），详见图 6-85。

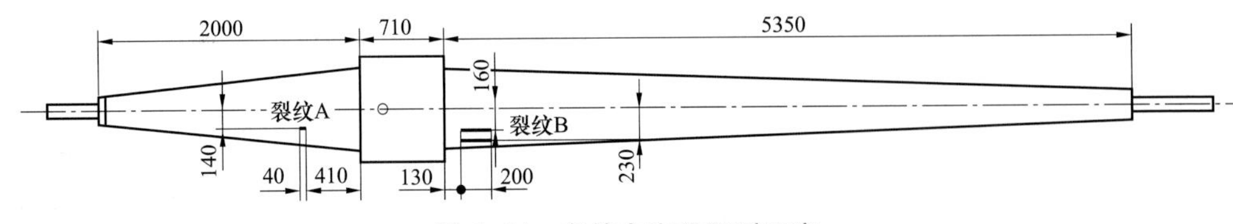

图 6-84 套管电容芯开裂示意

图 6-85 空气端电容芯部分电容屏放电击穿

该套管电容芯共有 64 个电容屏，其中击穿 12 屏，与运行中末屏分压器显示电压升高 30%（用万用表测试）基本一致。由于该套管故障是因为末屏分压器电压异常升高而退出运行，所以并未发生套管爆炸的恶性事故。

（四）改进及预防措施

（1）加大表带触子的导电面积。由图 6-80 所示的四条表带增加数量，选用型式也可改变，如图 6-86 所示。也可以像底部铜—铜过渡采用的长距离卡装方式，但这些措施是否有效，尚待检验。

（2）适当加长套管空气侧的长度。加长套管空气侧的长度，可以降低套管外绝缘沿面场强，防止爬电。

（3）取消发泡材料填充结构，除低温运行环境条件外，均改为充 SF_6 气体。

（4）加强对运行中的阀侧套管的紫外光检测，如上述因铜铝接头过热，尼龙导头融化，污染导致电容芯表面放电的套管故障初期，被阀厅的紫外光摄像仪拍下放电照片，如图 6-87 所示。拍下的放电点正好位于铜铝接头部位，可能正处于尼龙导头融化的早期，电容芯表面开始放电，改变了外绝缘电场分布，导致外绝缘有放电点。

（5）加强对阀侧套管空气侧的温度检测。可采用红外检测，也可采用贴温度感应纸的方式等，主要针对存在铜铝接头的套管，可以早期发现铜铝接头的过热。

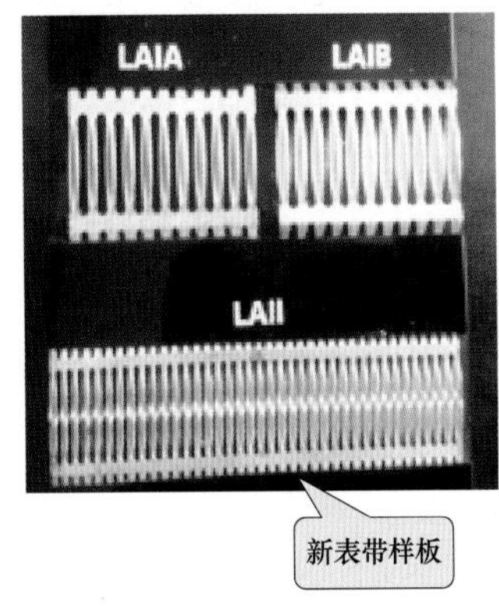

图 6-86 新表带样板

图 6-87 阀厅紫外光摄像仪拍下套管外绝缘放电

（6）测试 SF_6气体中的特征气体，如 S_2F_{10}等，可以尽早发现局部放电缺陷。

（7）注意换流变压器套管末屏分压器测试电压的变化。主要根据三相电压不平衡，判断电容芯是否存在局部击穿。

第三节　换流变压器制造工艺典型案例

一、温升试验中发现的工艺、装配问题

故障变压器是为三常±500kV 直流输电工程龙泉换流站首次设计生产的单相双绕组 YY、YD 接线的两台换流变压器，进行的温升试验与一般变压器相比，具有较明显的特点。试验过程中，分别发现由于设计和装配中的错误带来的问题，经多次追加试验，确定了故障部位，最后消除了隐患，使换流变压器均顺利出厂。投运后正常运行至今已有10 多年，积累了较典型的温升试验判断经验。

（一）温升试验的特点及程序

1. 试验特点

（1）变压器采用 OFAF 冷却方式，为适应较窄的油道，温升试验前增加“油洗”（也称“热冲”）的步骤。

油洗的条件是：变压器施加 1.0 倍额定电流；开启 4 台冷却器的油泵，其中 1 台为备用冷却器，为了加速升温不开风扇；外加滤油机对油进行循环过滤（不脱气）；油洗过程约 6h。

油洗有以下两方面作用：

1）通过变压器绕组发热，使绕组内部油得到对流，有清洗油道内油和固体绝缘表面残留的纤维素及其他杂质的作用。油经过滤后使变压器油中颗粒度下降，内部更为纯净，有利于进一步的交直流高电压试验。

2）绕组内油的流动是由温差驱动的，如立即进行大电流温升试验，由于油的温度低，黏度很大，按要求达到温度平衡时间会相当长，且热点温度可能过高。经 6h 的油洗，油面温升一般可以达到 40K 以上，接着温升试验，虽然试验电流加大（1.14~1.16倍额定电流），由于开启了冷却器风扇，顶层油温度反而下降约 10K，使温升试验的升温过程变为降温过程，可不受油时间常数的影响，在 12h 内达到各部位的温度平衡。

（2）在油洗过程中，油中加入约 10 000μL/L 氧气，厂家以此作为提高对内部是否存在热故障的探测灵敏度。此时油中总含气量不到 2%。油中氮气约为氧的 1/10，与空气中的氧氮比例完全不同。

（3）认真进行对油中气体的分析。因对气体检测结果的判断，首先取决于可靠的测试手段，采用水银脱气装置、色谱仪的最小检测量满足 IEC 567—1992《充油电气设备中气体和油的取样以及游离气体和溶解气体的分析导则》的要求；除在油洗前后分别取油样测试外，试验过程中每 2h 取油样作分析；从冷却器管道取油样，与通常用油箱下部的取样口相比，取样油循环通畅，气体扩散较快。

（4）温升试验程序按 IEC 60076—2—2011《电力变压器　第 2 部分：液浸式变压器的温升》要求进行，并按合同要求折算的运行总损耗加入等效试验电流。

2. 试验程序

（1）温升试验作为每台变压器的例行试验，在 1.0 倍标幺值和 1.2 倍标幺值电流下进行，型式试验 YY 和 YD 各 1 台增加 1.05 倍标幺值的试验。

（2）除在额定条件下的试验，还进行了增加电流和冷却器台数的不同工况的试验（具体参数见表 6-16）。

（3）当进行 HR2、HR3 工况试验时，所有冷却器（包括备用）投入运行。这一方面可考核投入备用冷却器后负载能力的变化，另外也是对备用冷却器的检验。曾在变压器试验时，发现过一台备用冷却器进出口管道装反，造成油流反向（设计图纸标记不明确，施工时误装）而不能正常工作，红外测温发现后，经改进缺陷消除。

（4）按正常程序进行温升试验时，如对气体检测结果有怀疑，采用改变工况、延长试验时间和变压器停止通电后的不同滞留时间等条件（见表 6-17），观察油中气体含量的变化，加以进一步判断。

表 6-17　　温升试验工况

工况代号		O.R（油洗）	HR1（1.0 倍标幺值电流）	HR2*（1.05 倍标幺值电流）	HR3（HR2）（1.2 倍标幺值电流）
投入冷却器/风扇台数		4/0	3/12	4/16	4/16
输入电流（A）	YY	1047	1.14I_N	1.18I_N	1.24I_N
	YD	1047	1.16I_N	1.20I_N	1.26I_N
温度测量			测油顶层、冷却器进出口油温、环境温度。在 1.0 倍标幺值试验稳定后，将电流降至 I_N 1h 后测量网侧及阀测绕组平均温度；不同工况试验结束前，用红外测温仪测量箱壳外不同部位温度		

* 仅对 Y1、D2 变压器型式试验时进行 1.05 倍标幺值试验，其余 4 台变压器 HR2 是 1.2 倍标幺值电流，即 1.2 倍等效电流下的温升试验。

注　I_N 为额定等效电流。

（二）油中气体检测结果

（1）7 台设备的 9 台次试验结果列于表 6-18 和图 6-88。表 6-18 中序号 1~5 为对首次生产的两台 YY 和 YD 变压器进行的 5 台次试验，YY 变压器共 2 次［图、表中分别用 Y1-（1）和 Y1-（2）表示］，YD 变压器共 3 次［图、表中分别用 D1-（1）、D1-（2）和 D1-（3）表示］；序号 6~9 为一次性通过试验的变压器试验结果。

表 6-18　　温升试验油中气体浓度增长率检测结果

序号	变压器代号及试验序号	H_2	CH_4	C_2H_4	C_2H_6	C_2H_2	C_2H_y	CO	CO_2	C_2H_4/C_2H_6	C_xH_y [(μL/L)/天]	TCG① [(μL/L)/天] 油洗	1.0 倍标幺值	1.2 倍标幺值
1	Y1-（1）	5.4	12.0	4.6	4.6	0	9.2	49.0	100.0	1.0	26.6	124	81	31
2	Y1-（2）	0	0.2	0	0	0	0	9.0	20.6	0/0	0.4	10.2	9.2	7.1
3	D1-（1）	1.0	1.2	0.17	0.34	0	0.51	23.8	57.3	0.5	2.1	145	27	18

续表

序号	变压器代号及试验序号	H_2	CH_4	C_2H_4	C_2H_6	C_2H_2	C_2H_y	CO	CO_2	C_2H_4/C_2H_6	C_xH_y [(μL/L)/天]	TCG① [(μL/L)/天]		
												油洗	1.0倍标幺值	1.2倍标幺值
4	D1-（2）	0	0.2	0	0	0	0	21.8	84.8	0/0	0.2	10.8	22	17.8
5	D1-（3）	0	0	0	0	0	0	9.4	16.9	0/0	0	3.2	9.4	10.6
6	Y2	1.8	0	0	0	0	0	11.4	18.3	0/0	1.8	0	6.0	13.2
7	D2②	0.2 (0.1)	0 (0)	0 (0)	0 (0)	0 (0)	0 (0)	6.6 (3.9)	16.7 (6.9)	0/0 (0/0)	0 (0)	(2.4)	6.8 (4.0)	9.4 (5.3)
8	Y3	0	0	0	0	0	0	12.7	11.9	0/0	0	0	8.6	12.7
9	D3	−0	0.2	0	0	0	0	11.7	16.3	0/0	−0	0.2	9.9	10.2

① TCG 代表可燃气体 $H_2+CO+C_xH_y$ 总量，其中 C_xH_y 为 CH_4、C_2H_6、C_2H_4、C_2H_2 总烃含量。

② D2 为第二台 YD 变压器的试验结果，其中有两组数据，为了观察油中注氧的影响，首先进行了不注氧的试验，获得括号内的一组数据，然后按常规注氧试验。表中其余所有数据均在注氧 10 000μL/L 情况下获得的。

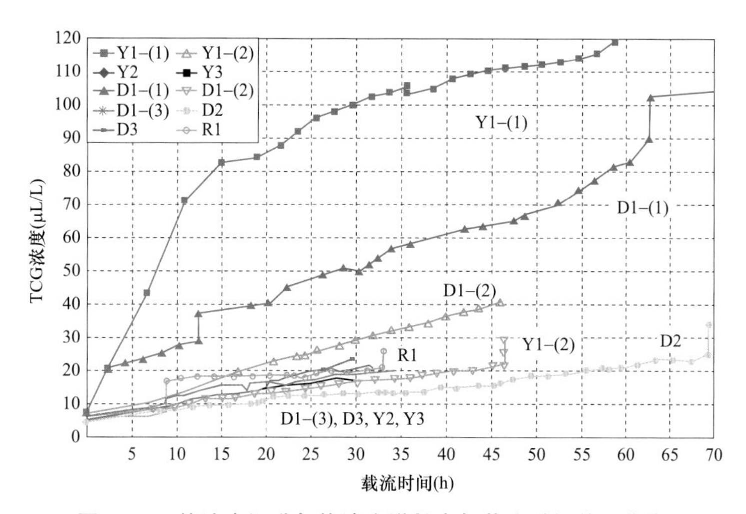

图 6-88　换流变温升气体浓度增长率与载流时间关系曲线

（2）从图 6-88 和表 6-18 可知，故障变压器在油洗阶段的气体增长很快，由于 Y1-（1）故障能量大于 D1-（1），TCG 增长率更为明显。因而，在试验考核中，观察包括油洗阶段整个过程中的气体含量变化是有意义的。值得注意的是，不同变压器生产厂家在油洗过程中，也有发现故障的实例。

（3）温升试验中正常变压器与故障变压器油中气体含量差别比较明显。按 6 台正常变压器的结果统计，不同工况下的 TCG 平均产气速率是：HR1 为 10.25［（μL/L）/天，HR2 为 10.28（μL/L）/天］，其中主要是 CO 含量。这些都是在油气中氧气含量为 10 000μL/L 时的检测结果。由表 6-18 序号 7 可知，在不注氧情况下气体含量至少会下降 40%。因目前试验一般在不注氧情况下进行，根据 D1-（2）的经验，对气体检测结果，除烃类气体外，必须注意 CO 和 CO_2 含量的变化及其增长率，应更多积累数据，制订出合适的判据。

（4）由于换流变压器的绝缘屏障很多，并采用非导向冷却，因而内油道中的气体有一个向外扩散的过程（故障气体组分浓度越大，扩散时间越长，一般需 1~2 天）。在对检测结果有怀疑时，观察不同滞留时间的气体变化，也可作为判断的参考。

对图 6-88 的说明如下：

（1）载流时间包括油洗在内，为该台变压器载流的全过程。Y1-（1）、Y1-（2）、D1-（1）、D1-（2）为查找故障，D2 为比较油中注氧影响，载流时间较长。Y1-（2）和 D1-（3）是修理后获得通过的试验结果。

（2）D2 曲线为前期（32h）不注氧和后期注氧后连续试验的曲线，由曲线可看出，注氧后的上升陡度大于不注氧时的上升陡度。

（3）在同一时间坐标上标志的不同气体浓度，是指变压器不加电停放一段时间后气体含量的变化。

（三）故障原因分析

1. 对 Y1-（1）和 D1-（1）故障的分析

（1）Y1-（1）和 D1-（1）属绝缘导线局部过热故障。故障原因是：换流变压器阀侧绕组分别由位于两个芯柱的线圈并联而成，并联引线位于线圈端部强磁场处，设计中错误地将多根导线在两头分组焊接，形成根数较少的并联引线且无屏蔽，因此在载流情况下，漏磁通在并联导线内形成环流，环流电流决定于负载电流大小，流过的电流使引线绝缘严重烧坏，解剖发现部分绝缘纸已碳化。

（2）由于 Y1 变压器阀绕组为螺旋式，每匝有 45 根导线并联，D1 的阀绕组为饼式，每匝仅 5 根导线并联，因此被包络的漏磁通量差别较大，引起的环流 D1 比 Y1 小得多，气体检测结果 Y1 要比 D1 严重。但两台变压器的故障性质和部位相同，各气体组分除存在量的差别，并无特征气体的改变。

（3）在环流电流和负载电流作用下，导线外包纸绝缘首先过热，因而产生大量 CO 和 CO_2 气体，在油洗阶段就达到一个很高的值［124~145（μL/L）/天］。随着纸的分解、碳化，导线过热对绝缘纸外油的作用温度升高，用三比值法分析，过热故障约为 300℃，属油纸绝缘同时分解，因而有不低的烃类气体产生［HR1 时为 2.1~26.6（μL/L）/天］。在故障判断的追加试验中，虽氢与烃类气体仍在增长，但由于过热部位的纸逐渐碳化使 CO 的分解量减少。在试验电流加大时，漏磁增加，环流加大，使油的分解加速，因此烃类气体的产气率明显增加。

（4）总结以上故障可知，漏磁引起的环流或涡流，还包括通流导线的接触不良等原因导致的过热，当发热体外包绝缘纸时，均为 CO、CO_2 先增长，随后烃类气体大量增加。产气速率因故障能量不同而存在差异。如果相同能量的过热发生在裸金属部位，则初期产生的烃类气体将会更高，CO 和 CO_2 不会有明显增长。

另外注意到，这一类局部过热仅使故障部位附近温度升高，只要绕组冷却油道通畅，对绕组的冷却效果不变，所测得绕组温度不会发生变化。所以 Y1-（1）和 D1-（1）的温升值都是正常的。

2. 对 D1-（2）故障的分析

（1）故障首先是由温升试验结果发现的，D1-（2）温升试验中测得阀侧绕组温升比

D1-（1）试验值高 9~10K，而网侧绕组和顶层油温升则相近。后在检查试验中，为区分故障部位所属绕组，分别测量两柱端部的油温，测得芯柱 2 阀绕组上部油温比芯柱 1 阀绕组的温度高。解体检查发现：芯柱 2 阀绕组顶部静电环上部第一个角环上下分别用的大小绝缘挡油圈装反了位置，见图 6-89，导致绕组外部向上流动的热油受到阻挡，使绕组温度异常。这是在 D1-（1）故障后的修理过程中造成的装配错误。

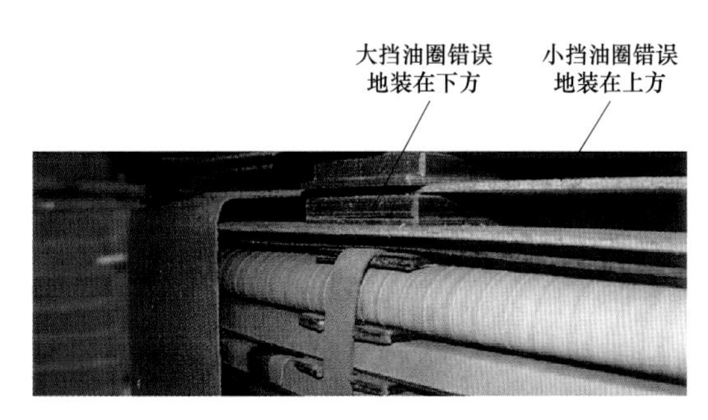

图 6-89　D1 换流变压器挡油圈安装情况

（2）从表 6-18 检测结果看，D1-（2）的 CO 和 CO_2的气体浓度增长率比正常变压器高，但烃类气体很小，说明过热温度未造成油分解。认为：D1-（2）的低温过热故障温度（100~200℃）要比 Y1-（1）、D1-（1）的低。在 GB/T 7252—2001《变压油中溶解气体分析和判断导则》中提到过，因换流变压器严重过载或绕组中油路有阻塞等情况引起 CO、CO_2值增加的典型过热故障实例。在其他变压器中也发生过因"胀包"堵塞油道，绕组绝缘严重过热甚至发生击穿的事故。为此，针对低温过热故障，除应注意 CO 产气率外，还应注意 CO_2的产气率与正常变压器相比是否异常增大。在油中注氧情况下 CO_2 产气率一般小于 20（μL/L）/天，而 D1-（2）的产气率则超过 4 倍。

（3）需要引起注意的是，虽从测到的两次温升值中发现了 D1-（2）的问题，但温升测试结果各部位的温升值均未超过限值（见表 6-19）。表 6-19 中可见 D1-（2）阀绕组平均温升比 D1-（1）高 9K。这是两个柱上绕组的平均值，故障柱的绕组温升至少高 18K。

假设这台变压器是第一次进行试验，由于温升 58K 未超过限值，故障就可能不会被发现，从而说明对温升试验结果须认真分析，对各部位温升测试值应与设计值、阀侧与网侧绕组的温升关系和已积累的经验数据相比较，避免将故障隐患带入运行中。

表 6-19　　HRI 时 D1、D2 温升测量结果

变压器及试验代号	输入总损耗（kW）	阀侧电流（A）	顶层油温升（K）	平均油升（K）	阀绕组平均温升（K）	网绕组平均温升（K）
D1-（1）	917	1499	38	31	49	47
D1-（2）	917	1499	39	33	58	46
D2	924.4	1495	38	32	50	47

二、油纸电容型阀侧套管因浸油不良（残余空气）导致放电

（一）阀侧套管结构及注油工艺

油纸电容型阀侧套管的结构示意图如图 6-90 所示，电容芯的上半部分外包绝缘腔体（图中绿色所示）置于硅橡胶环氧绝缘筒内。上半部电容芯充满绝缘油（图中黄色所示），下半部电容芯置于换流变压器油箱中。套管电容芯在换流变压器中有两个不同方向的逆止阀门，以便从换流变压器向套管上半部注油或释放套管电容芯的压力。图 6-90

中，P_B和P_T分别表示套管内部压力和换流变压器压力。

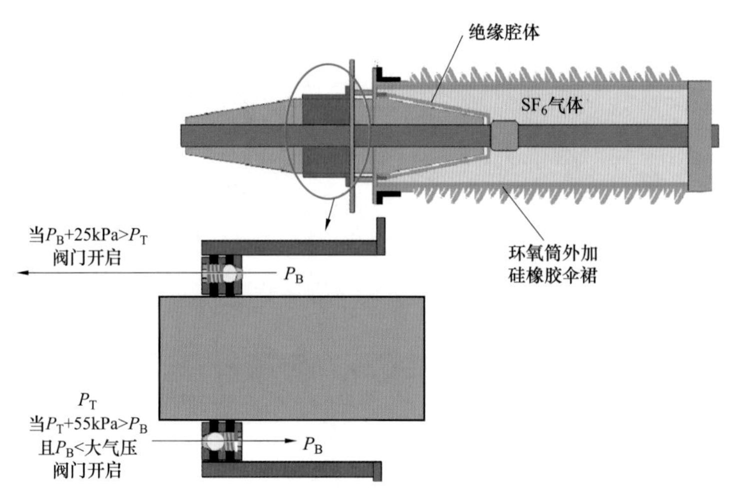

图 6-90　油纸电容型阀套管结构示意

该阀侧套管在运输过程中，下半部电容芯浸泡在一个临时的运输油桶中。为防止该油桶（包括上半部电容芯油室）的油压过高，内部的油不能注满。因此，在套管储运过程中，套管的电容芯可能未被全浸在油中，因此可能会有少量空气进入电容芯。

通常的现场安装工艺是：第一排尽运输油桶中的油，拆除运输油桶，从套管法兰的放油阀排尽上半部电容芯的油；第二将套管装于换流变压器上，换流变压器和套管同时抽真空；第三，换流变压器注油，当油位至套管抽真空阀门时，将套管抽真空的管路拆除，如图 6-91 所示；第四，换流变压器继续注油，套管上半部腔体内将全部注满油。

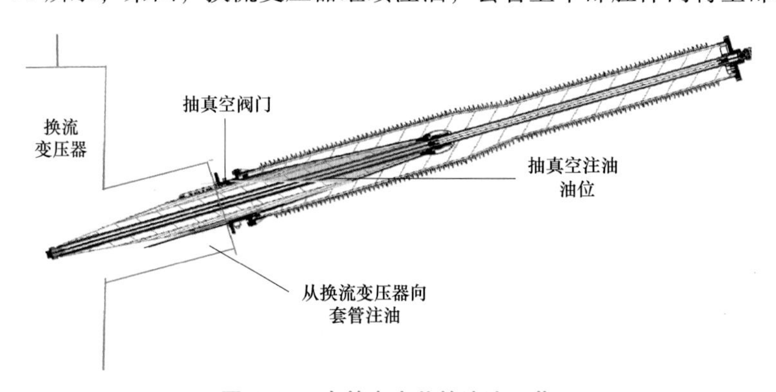

图 6-91　套管电容芯的注油工艺

（二）电容芯上半部残油影响套管抽真空而导致放电量超标

电容腔的结构如图 6-92 所示，电容芯与环氧壳之间存在较小的空间，体积仅约 100L 左右。尽管套管在装入换流变压器之前，力图将该 100L 油排尽（事实上难以在短时间排尽），但随着变压器长时间抽真空（数十小时），上部电容腔内的电容芯纸中的油会渗出，加上电容芯表面残油，以致形成如图 6-92 所示残油位，堵塞真空阀门，使套管真空度下降。按照图 6-92 所示估算，该残油量约 30L 即可堵塞抽真空阀门。由于抽真空不良，导致套管局部放电量超标，严重时还发生电容芯放电损坏。

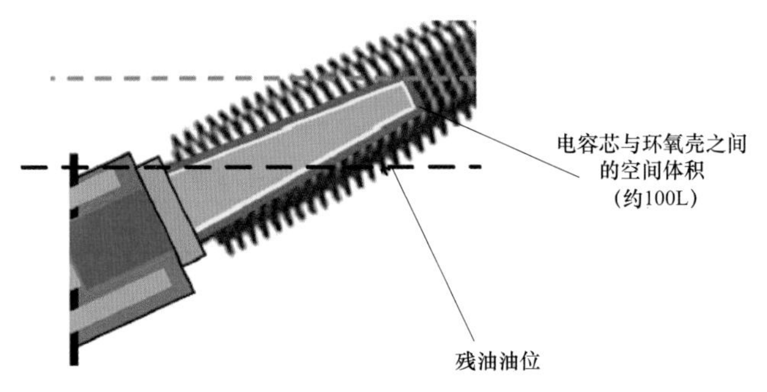

图 6-92　残油油位示意

（三）改进注油的方法

如图 6-93 所示，增加套管法兰下部阀门与换流变压器本体的联通管。这样，在换流变压器和套管分别抽真空时，两者保持了更好的联通，且套管电容芯渗出的残油会立即流出（至换流变压器），同时注油时间加快，可以较好地解决套管电容芯抽真空不良的问题，取得良好的效果。

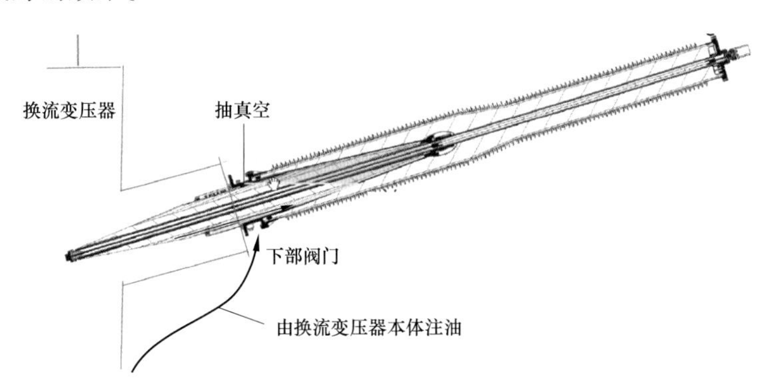

图 6-93　改进后的套管注油工艺

三、阀侧出线屏蔽绝缘管抱箍螺栓安装不到位引起放电

（一）问题描述

1. 阀侧外施工频耐压时局部放电量超标

换流变压器在进行雷电冲击和操作冲击后，阀侧绕组进行外施工频耐压时，局部放电量超标。试验电压加压到 398kV（耐压标准试验电压为 912kV）时，阀 a 端出现局部放电，局部放电量为 650pC，如图 6-94 所示。电压继续升至 430kV，阀 a 端局放量增加到 1000pC，如图 6-95 所示。

外部检查确认试验回路无异常后，继续加压，电压升至 540kV 时，阀 a 端局部放电量约为 20 000pC，如图 6-96 所示。

同时，听到靠近阀侧 a 端升高座附近油箱有轻微放电声。经取油样分析，发现微量的乙炔气体（0.12μL/L）。经过局部放电超声波定位分析，最终确定放电点在阀 a 端屏蔽管中间附近。

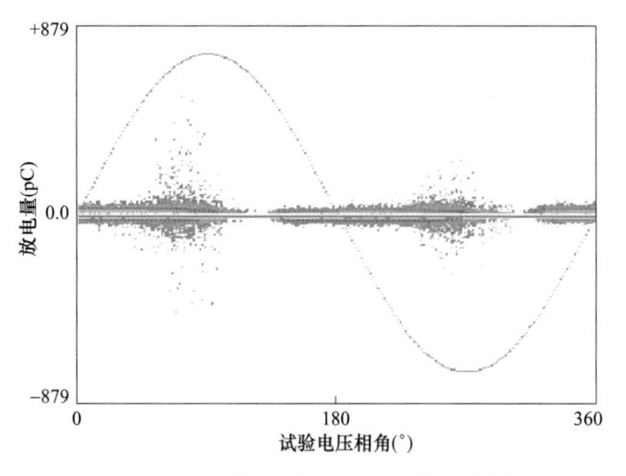

图 6-94　电压为 398kV 时局放量

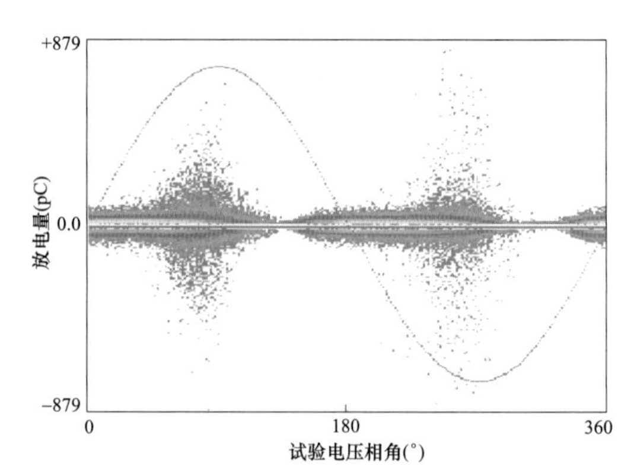

图 6-95　电压为 430kV 时局放量

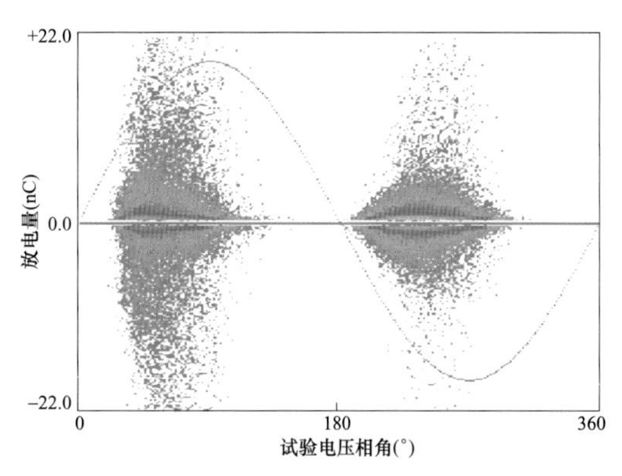

图 6-96　电压为 540kV 时局放量

2. 吊芯检查

对变压器进行放油吊芯，经过检查发现阀 a 端引出线外部绝缘屏蔽管中间固定支座上的一根玻璃丝螺杆、螺母及其相邻的最外层绝缘纸筒和绝缘抱箍表面有放电痕迹。

阀侧出线屏蔽管外的一只紧固螺杆放电，并涉及所对应的绝缘抱箍，如图 6-97~图 6-101 所示，其中图 6-99~图 6-101 分别对应图 6-98 中三处不同部位的放电图。

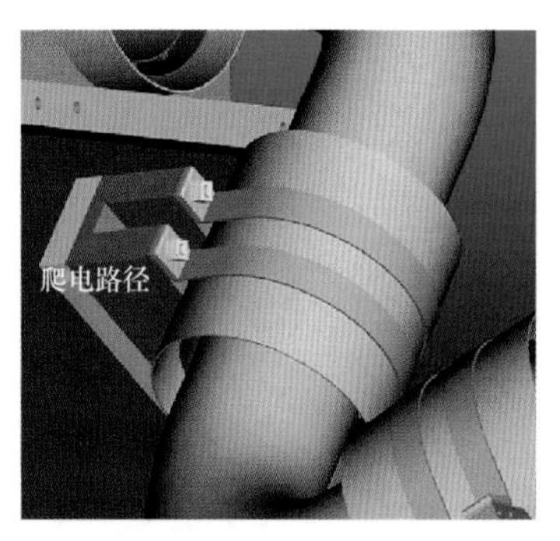

图 6-97　阀侧引出线外部绝缘屏蔽管及其放电部位示意

图 6-98　螺杆对屏蔽管抱箍放电

1~3—三处不同部位的放电

（二）放电原因分析

1. 场强计算

经过三维模型电场计算，放电螺杆在试验电压为 398kV 时最大场强值为 1.28kV/mm，在全试验电压 912kV 下最大场强值为 2.94kV/mm，在安全范围以内，如图 6-102 所示。

图 6-99　绝缘抱箍的放电痕迹（放电部位 1）

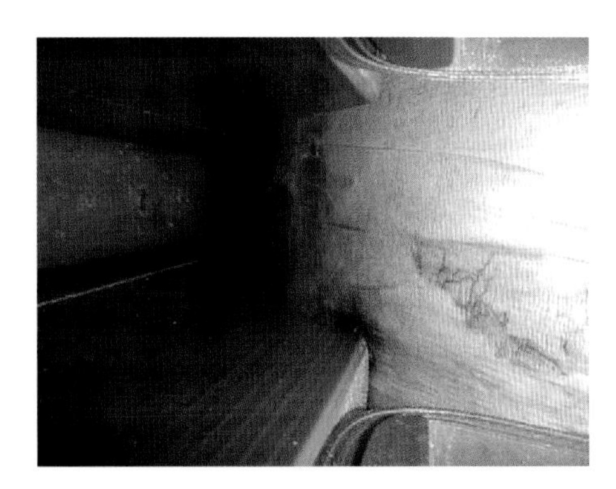

图 6-100　绝缘屏蔽管的放电痕迹（放电部位 2）

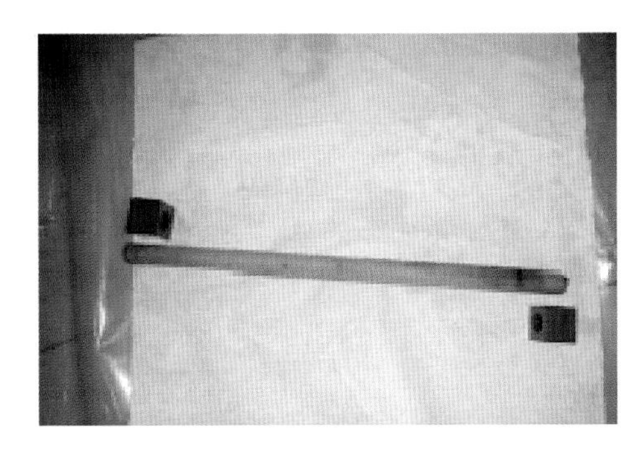

图 6-101　放电螺杆（放电部位 3）

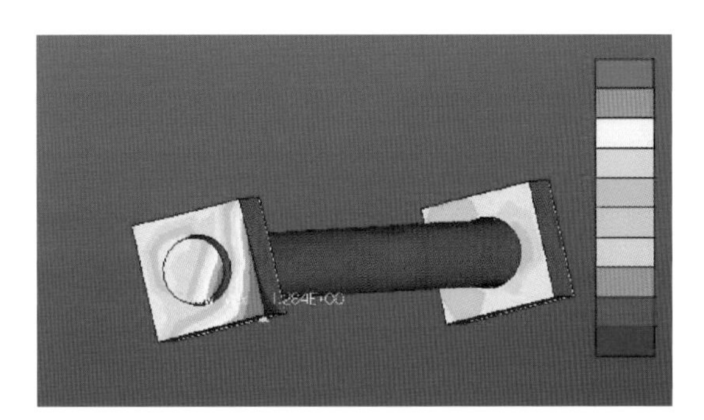

图 6-102　放电螺杆部位的电场计算

2. 原因分析及整改

这种绝缘螺杆已大量使用于换流变压器中，本次放电可能有偶然因素。例如，螺杆在长度切断过程中受到某种污染等原因。将本次放电涉及的螺杆及其相应绝缘屏蔽管（包括抱箍）更换后，未进行任何设计的变动，换流变压器顺利通过了各种试验考核。

3. 放电过程分析

放电螺杆所处位置的场强只有阀侧引线绝缘的 1/3 左右，正常状态的螺杆是不会放电的。该螺杆因其自身缺陷，在经过雷电冲击和极性翻转试验后，已发生起始放电，最终在外施工频耐压时，形成对阀侧引线绝缘管的抱箍强烈放电。可以假定，当阀侧绕组进行“负极性”雷电冲击、操作冲击以及直流耐压等试验时，该缺陷绝缘螺杆处于“正电位”，较容易发生“正极性”起始放电，周围电子流向螺杆，在螺杆上留下明显放电痕迹；同时，电子流也在绝缘抱箍等部件留下放电痕迹。因为该放电部件不涉及阀侧绕组本身，因此仅对阀侧 a 端子的局部放电测量形成影响。

（三）阀侧绕组冲击试验时的放电特征

该阀侧绕组工频耐压试验时发现的局部放电异常现象，其放电开始过程可追溯到先期进行的雷电冲击试验。图 6-103 和图 6-104 以 60% 与 100% 截波电压及其示伤电流为例进行比较，可以看出放电的征兆。

对比以上截波电压波头，2μs 前的波头形状有差别。将两次截波电压相减得到图 6-106。对应的示伤电流差值如图 6-106 所示。需要指出，由于截断装置的动作分散性，2μs 以后的电压及电流波形不宜用于对放电与否的判断。从图 6-105 和图 6-106 看出，在前 2μs 期间，两次电压以及电流波形均存在一定差别，这是由于阀侧 a 引出线绝缘管螺杆放电引起的。

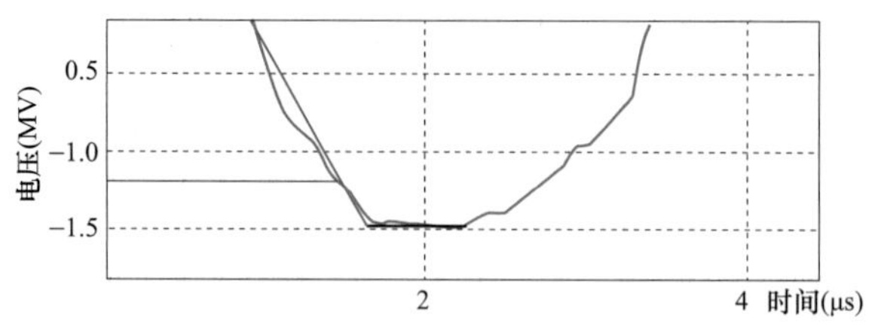

图 6-103 60%截波电压波形

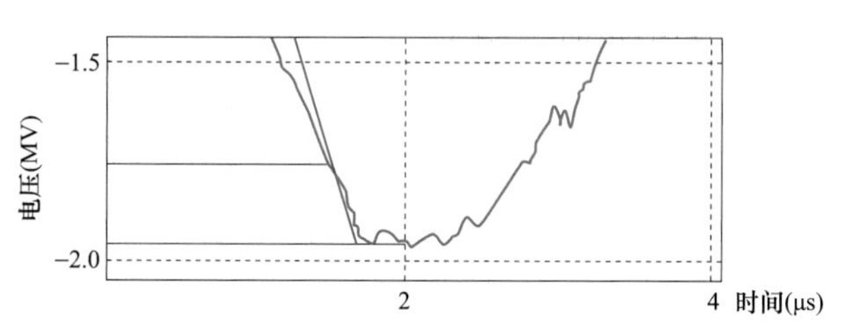

图 6-104 100%截波电压波形

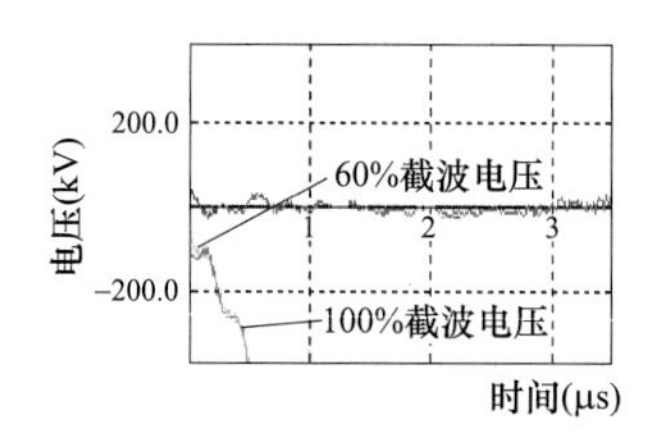

图 6-105 60%和 100%两次截波电压的差值

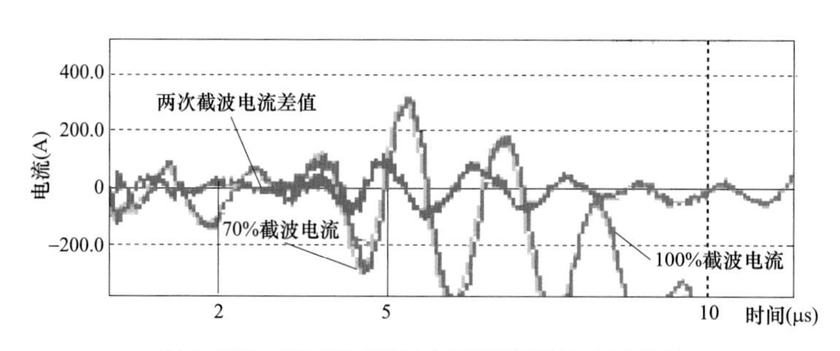

图 6-106 70%和 100%电压两次截波电流差值

在之后进行的阀侧操作冲击试验中，也有放电特征。如图 6-107 所示，在 100%电压下与其后的 70%电压下的示伤电流波形比较，分别在 140μs 和 220μs 时刻出现高频振荡（脉冲），意味着存在较强烈局部放电。

四、铁芯组装遗落硅钢片等不同原因致使局部放电量超标

（一）故障情况描述

某厂生产 800kV 换流变压器，绝缘试验前长时感应电压试验（ACLD），当电压施加至 $1.3U_m/\sqrt{3}$（U_m=550kV）时，网侧局部放电量为 400~500pC，见表 6-20。无声讯号，

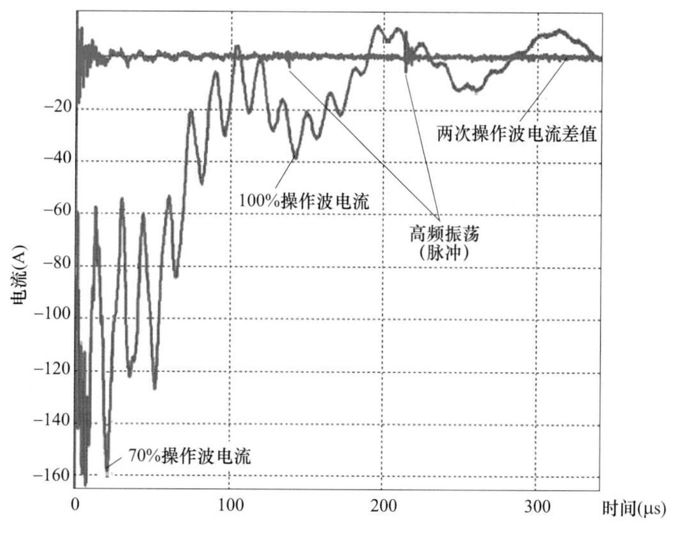

图 6-107　70%和 100%电压两次操作冲击的电流波形比较

油色谱正常。

经部分排油、抽空、热油循环等处理，进行第二次（ACLD）试验。$0.6U_m/\sqrt{3}$ 试验电压下，网侧局部放电量竟达 60 000pC 以上，阀侧 2300pC。

之后进行多次处理及试验，均不满足局部放电量 100pC 要求，将变压器解体检查，结果发现存在两个故障源。

表 6-20　　局部放电试验（ACLD）第一次试验数据表

试验电压（kV）	持续时间	视在放电量（pC）	
		网	阀
合闸	—	10	40
$0.3U_m/\sqrt{3}$	—	10	40
$1.1U_m/\sqrt{3}$	—	20	40
$1.3U_m/\sqrt{3}$	—	100	40
$1.3U_m/\sqrt{3}$	2′	500	80
$1.3U_m/\sqrt{3}$	3′	260	40
$1.3U_m/\sqrt{3}$	4′	35	40
$1.4U_m/\sqrt{3}$	—	65	30
$1.4U_m/\sqrt{3}$	2′	90	30~200 闪
$1.5U_m/\sqrt{3}$	—	260	60~200 闪
$1.5U_m/\sqrt{3}$	2′	135	60~200 闪
$1.5U_m/\sqrt{3}$	3′	50	30~100 闪
$1.5U_m/\sqrt{3}$	8′	45	30
$1.5U_m/\sqrt{3}$	10′	85	30

（二）产品解体检查情况

经吊芯、器身脱油、拆装后检查：在柱 2 上压板上面的纸圈上（上轭下面）发现一已被烧灼后的金属异物（已确认为 5mm×5mm 小三角形硅钢片），对应的上轭部分也有相应的烧灼痕迹。柱 3 网线圈上部角环（编号为 112）击穿放电。

1. 发现金属异物

拆上轭之前先检查铁芯表面，没有发现异常。拆至主级第二级时，在柱 2 与柱 1 间磁屏蔽压板上部纸圈上发现有 1 处长约 10mm、宽约 5mm 的焦煳现象，上面发现 1 片 5mm×5mm 大小的略有烧焦的硅钢三角片，待将上轭铁芯片拆下后，发现与之对应的部分有煳迹，如图 6-108 所示。

 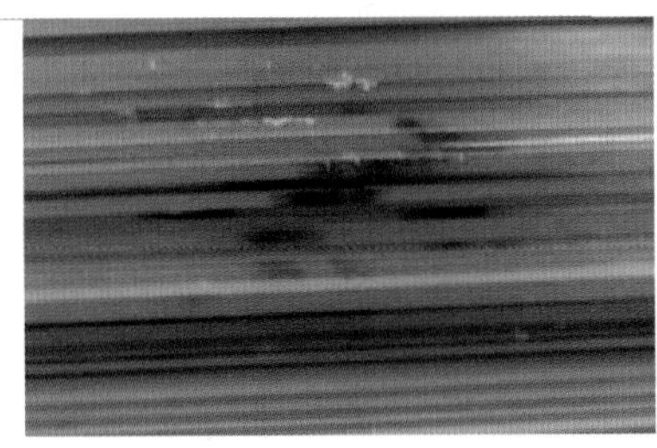

图 6-108　遗落的三角片

2. 发现角环放电

拆至 112 号角环时，成型件右手边第一片角环 R 处有明显放电痕迹，如图 6-109 所示。

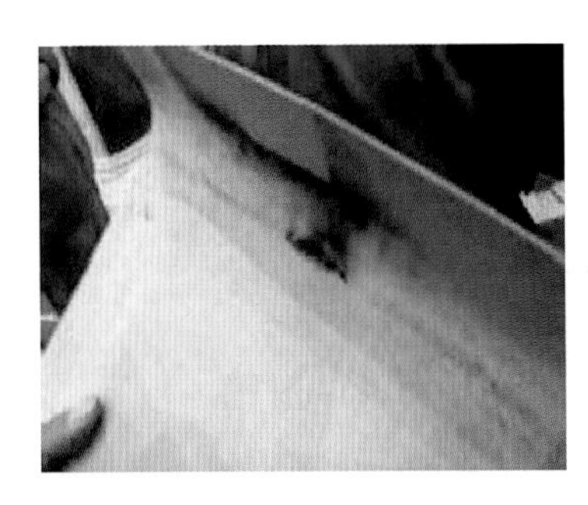 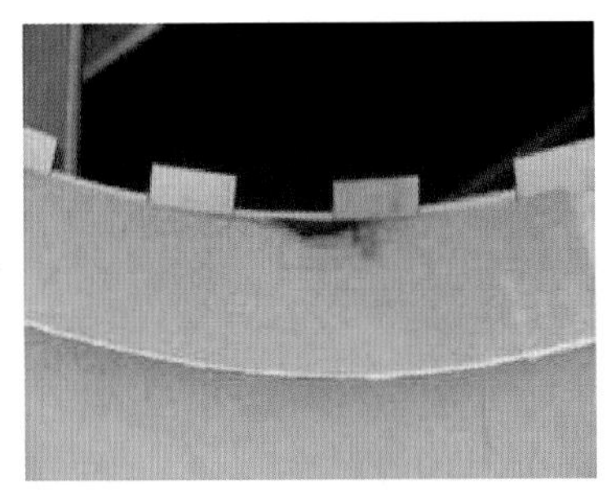

图 6-109　112 号角环放电

（三）原因分析

1. 铁芯叠装中清洁度控制不严

使变压器上铁芯存在硅钢三角片，造成铁芯片间短路，引起铁芯局部过热，导致产品出现乙烯等气体。三角片位置巡如图 6-110 所示。

2. 柱 3 网线圈上部 112 号角环击穿放电

导致产品长时感应试验局部放电指标异常，造成如图 6-111 所示位置角环放电的可能原因有：

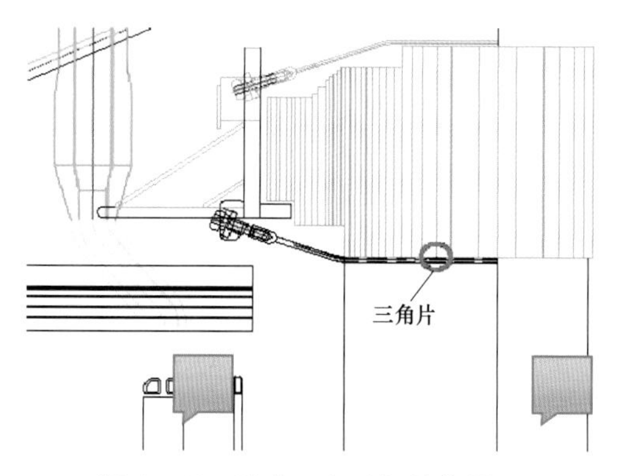

图 6-110　遗落三角硅钢片位置图

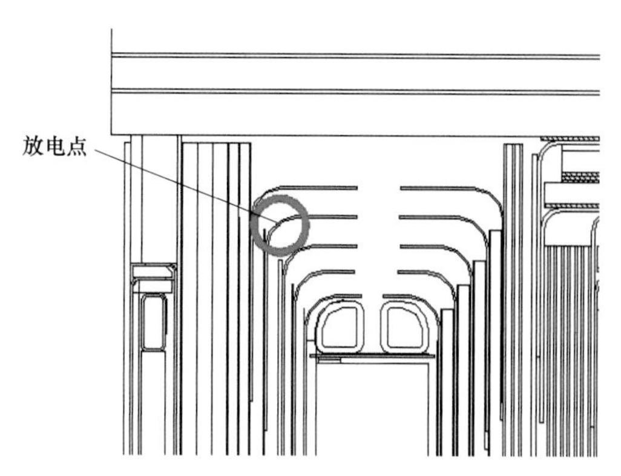

图 6-111　角环放电位置图

（1）角环本身材质存在裂纹、空腔或异物缺陷；

（2）角环安装过程操作不当，造成角环“R”部位受损；

（3）产品操作过程中，此部位污染。

（四）处理措施及结果

处理措施：①更换柱 3 调压绕组至网绕组之间全部绝缘件；②更换柱 3 阀绕组 5mm 厚纸板筒；③后续产品增加翻片，杜绝产品硅钢片三角片遗落。

处理结果：按要求更换绝缘件后，产品重新试验，当进行阀侧交流外施电压试验时，在 300kV 试验电压下（标准为 912kV），局部放电量为 7000~8000pC，判断为阀侧首端套管存在问题。立即更换该套管，再次进行该项试验，局部放电量为 40~50pC，合格。

第四节　换流变压器出厂试验及现场安装调试典型案例

一、满负荷运行初期过热产气

（一）问题描述

某换流变压器投入运行未及 1 个月，一体化在线监测系统发现油色谱中乙烯含量突然上升，随即对该换流变压器开展油色谱离线分析，分析结果与在线监测系统基本一致。随后每隔 6h 分别对换流变压器顶部、底部、网侧 A 套管升高座、网侧 B 套管升高座和分接开关处，取油样并进行油色谱分析。1 周内，乙烯含量由 50μL/L 逐渐升至 180μL/L，换流变压器手动退出运行。

1. 油色谱数据

表 6-21 给出了换流变压器投运后油色谱数据，图 6-112 给出了油色谱数据变化典型趋势。

表 6-21　　投运后油色谱分析数据

取样日	取样时间	CH_4	C_2H_4	C_2H_6	C_2H_2	H_2	CO	CO_2	总烃
第 1 天	16：41	0.0	0.0	0.0	0.0	6.2	43.6	178.2	0.0
第 7 天	16：41	0.0	0.0	0.0	0.0	14.1	65.5	292.4	0.0

续表

取样日	取样时间	CH_4	C_2H_4	C_2H_6	C_2H_2	H_2	CO	CO_2	总烃
第12天	16：43	0.0	0.0	0.0	0.0	6.5	78.0	341.2	0.0
第19天	16：39	0.0	0.0	0.0	0.0	13.0	94.9	428.1	0.0
第20天	8：39	6.2	3.0	0.0	0.0	9.6	95.4	432.9	9.2
第21天	0：39	8.7	6.9	0.0	0.0	12.7	99.8	447.6	15.6
	16：39	18.5	18.9	0.0	0.0	16.3	98.3	441.3	37.4
第22天	0：39	26.6	26.5	5.7	0.0	24.9	96.1	437.8	58.8
	12：39	46.0	48.1	10.4	0.0	29.7	96.9	435.6	104.5
第23天	4：39	66.1	72.3	15.6	0.0	53.3	100.7	455.4	155.1
	8：39	69.3	76.2	15.8	0.0	54.0	98.4	447.2	161.3
第24天	0：43	88.3	96.6	20.9	0.0	64.6	101.6	464.3	205.8
	16：43	100.3	108.1	23.2	0.0	72.0	103.2	462.5	231.6
第25天	4：43	109.0	116.2	25.4	1.4	74.5	104.0	476.9	252.0
	20：43	121.7	129.9	27.6	1.5	82.4	105.7	498.4	280.7
第26天	4：43	136.2	139.3	31.1	1.3	87.6	108.7	493.5	307.9
	16：43	141.8	144.9	31.4	1.2	92.8	110.1	499.9	319.3
第27天	0：43	138.7	145.2	32.3	1.1	95.4	109.3	500.5	317.3
	16：43	141.7	145.5	32.8	1.2	90.4	110.4	502.0	321.2
第28天	0：43	139.2	144.3	31.5	1.2	91.7	110.3	505.5	316.2
	4：43	143.3	146.0	33.0	1.1	89.8	112.2	509.3	323.4

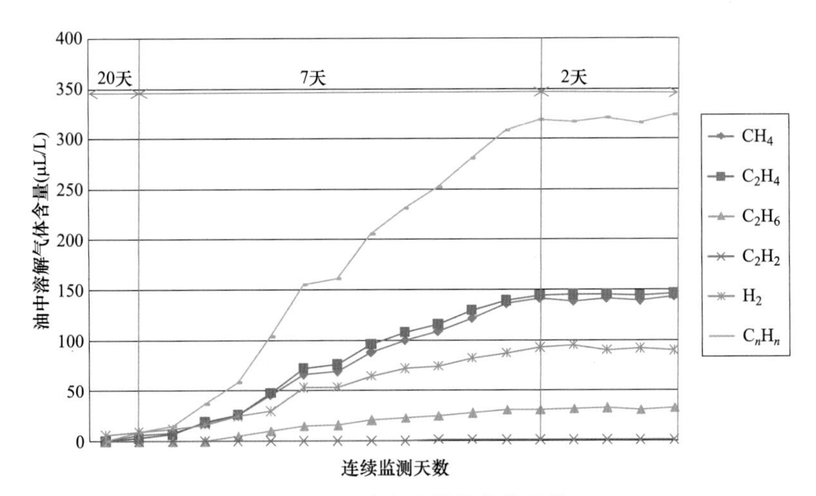

图 6-112　油色谱数据变化趋势

2. 油色谱数据分析

从所测油色谱数据看，满负荷运行条件下，C_2H_4增长较快，20 天后含量由 0μL/L 升至 180μL/L；发现 C_2H_4 含量，但增长不快，停电前最终为 1.5μL/L 左右；CH_4 含量及增长趋势与 C_2H_4基本一致；C_2H_6 含量及增长趋势不大；CO 和 CO_2的含量及增长趋势均不明显增大，换流变压器顶部油样乙烯含量高于其他区域乙烯含量。

根据上述特点，综合特征气体法、关于 CO、CO_2的判据和三比值法，C_2H_2/C_2H_4为 0.01，CH_4/H_2为 1.59，C_2H_4/C_2H_6为 4.66 的判断，该故障属于油中高温过热，局部温度高达 700℃。分析认为该发热点位于器身表面，与负荷电流大小有关，不涉及纸绝缘，分接开关连接处、套管接线连接处等部位被重点怀疑。

（二）现场故障点查找及试验

1. 现场检查

换流变压器停运后，进行了常规项目试验，测量换流变压器铁芯、夹件绝缘电阻，分别测量换流变压器铁芯—夹件及地、夹件—铁芯及地、铁芯—夹件的绝缘电阻，结果均大于 4GMΩ，未发现绝缘电阻过小的情况；测量换流变压器绕组连同网侧套管的直流电阻，分别从 1~29 挡的绕组连同网侧套管直流电阻，未发现直流电阻过大的情况；测量换流变压器绕组连同阀侧套管的直流电阻，未发现直流电阻过大的情况；进入换流变压器内部，对套管电气连接、每根引线连接处进行检查，均未发现松动情况；对有载调压分接开关的选择开关、分接开关接触电阻等进行检查，分别对 1 号分接开关和 2 号分接开关各个挡位的接线情况进行检查，未发现存在螺栓松动及高温痕迹的情况。

拔出网侧 A 套管和 B 套管、拔出阀侧 a 套管和 b 套管，检查升高座位置的电气连接和绝缘筒，检查套管安装的力矩，未发现有松动的情况。

2. 现场低频短路电流加热试验

鉴于现场试验和检查未发现故障点，故决定采用低频短路电流加热法试图再现发热现象。试验接线原理见图 6-113。

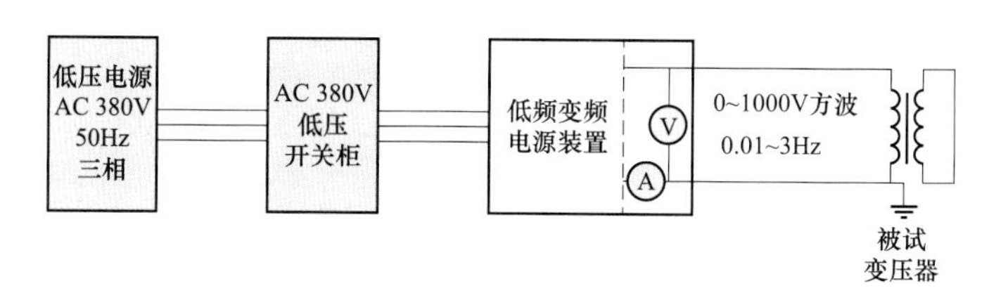

图 6-113 试验接线原理

短路电流加热具体参数见表 6-22，为减小试验接线发热，实际试验在柱 1 和柱 2 上分别进行，电流减半。

表 6-22 低频短路电流加热试验参数

分接位置	1	15	25	
网侧电阻 R_1（Ω）	0.197 81	0.180 15	0.193 85	
阀侧电阻 R_2（Ω）	0.025 40			
施加电流（A，网侧）	1031/2	1152/2	1300/2	1040/2

2 柱电流均保持 24h，未发现产气。电流增大至 780A（增加 20%），保持加热 24h，仍未发现异常产气，试验终止。

3. 再投运试验

由于无法找到问题，决定重新投运带电查找问题，试验方案和参数见图 6-114 和表 6-23。

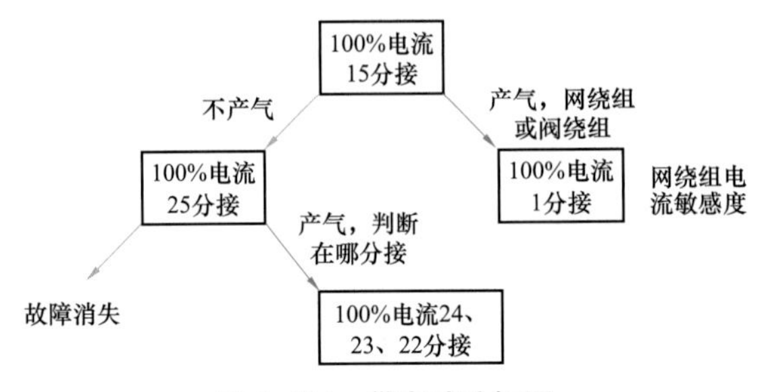

图 6-114　带电试验框图

表 6-23　实际带电试验参数

试验项目	网侧电流（A）	阀测电流（A）	持续时间（h）
100%电流，15 分接	1193	4103	4
100%电流，2 分接	1041	4103	16
80%电流，25 分接	1062	3282	10

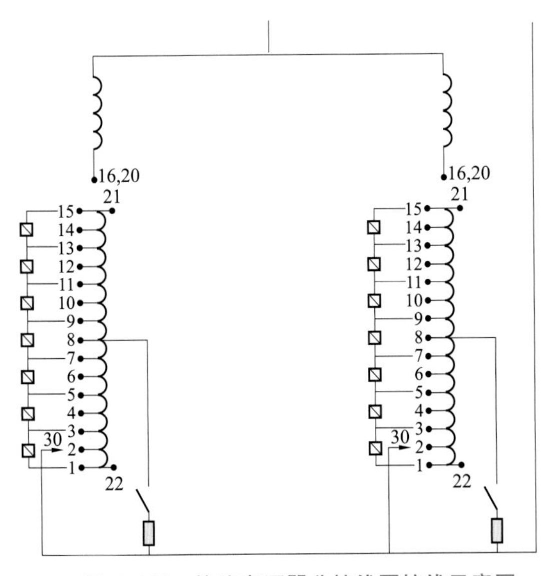

图 6-115　换流变压器分接线圈接线示意图

试验起始分接开关置于 15 挡的目的是只让主线圈带电，排除分接开关和调压绕组的问题，如分接接线如图 6-115 所示，后续试验目的是固定一线圈电流调节另一线圈电流以判断故障可能由哪个线圈引起。

试验结果表明，挡位调至 15 挡运行 2h 后，油色谱数据中 CH_4、C_2H_6、C_2H_4、C_2H_2 和 H_2 含量均出现较大幅度增长，总烃含量由 7μL/L 增长至 53. 8μL/L，3h 后总烃含量由 53. 8μL/L 增至 61. 7μL/L，增长速率约为 8（μL/L）/h。挡位调至 2 挡 16h，总烃含量由 75μL/L 逐渐增至 134μL/L，增长速率约为 5（μL/L）/h。挡位调至 24 挡 10h，总烃含量由 134μL/L 逐渐增至 170μL/L，增长速率约为 3（μL/L）/h。产气速率有所下降。表 6-24 为再投运后油色谱数据，图 6-116 给出了再次投运后油色谱数据变化趋势。

表 6-24　　再次投运后在线油色谱数据分析

电压：800kV		容量：406MVA			绝缘油：克拉玛依 KI50X			油量：152 620kg	
取样时间	油中溶解气体（μL/L）								
	CH_4	C_2H_4	C_2H_6	C_2H_2	H_2	CO	CO_2	总烃	分接开关挡位	顶部油温（℃）
8：00	3.6	3.5	0.7	0.0	2.3	22.9	149.7	7.8	19.0	44.0
12：00	21.9	27.1	3.8	1.1	16.9	23.4	162.7	53.8	15.0	45.0
13：00	25.3	31.9	4.6	1.1	19.8	23.5	158.7	62.9	15.0	46.6
15：30	31.3	39.4	5.7	1.2	23.0	22.7	155.1	77.6	2.0	49.4
16：30	34.8	43.6	6.4	1.3	25.7	23.1	177.2	86.0	2.0	49.2
18：30	38.5	48.6	7.3	1.3	23.4	23.9	148.4	95.7	2.0	48.8
20：30	42.6	52.5	8.0	1.3	31.4	23.7	141.2	104.4	2.0	48.8
22：30	45.6	54.7	8.3	1.3	35.5	24.9	203.9	109.9	2.0	48.7
2：30	52.0	59.8	9.3	1.3	41.0	25.1	165.9	122.4	2.0	47.8
6：30	55.5	67.0	10.9	1.3	40.2	24.4	183.6	134.7	2.0	48.0
10：00	54.4	63.9	10.3	1.3	38.5	23.1	150.9	129.9	22.0	47.0
14：00	60.5	73.5	11.6	1.5	43.5	23.2	158.6	147.2	24.0	44.9
16：00	70.7	84.4	13.5	1.6	51.1	23.4	156.3	170.2	24.0	45.5

带电试验结果显示异常产气现象与第一阶段一致，故障与负荷大小有关，故障点排除分接开关和分接绕组，将该换流变返厂。

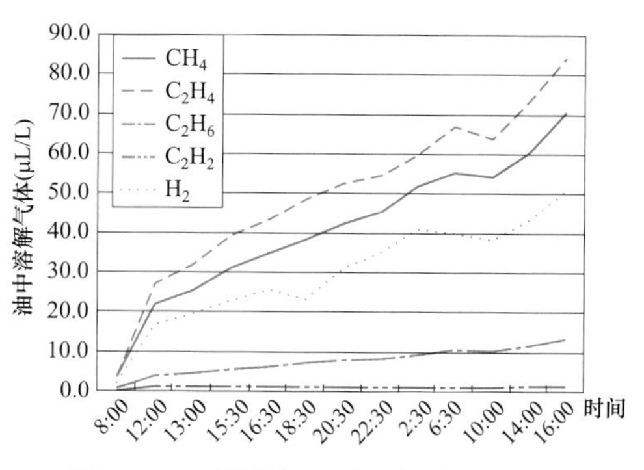

图 6-116　再次投运后油色谱变化趋势

（三）工厂吊芯检查和故障原因分析

1. 吊芯检查

吊芯检查发现：两阀侧绕组并联的连接线位置，有一根导线和屏蔽等位线有烧蚀痕迹，两者相互对应，已形成短路，如图 6-117～图 6-119 所示。

图 6-117　故障起始位置

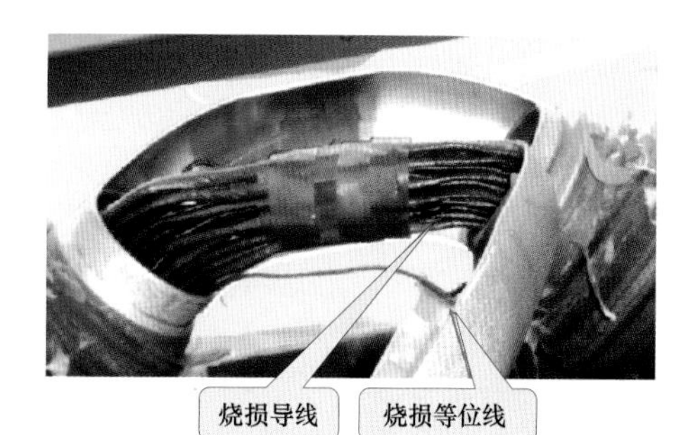

图 6-118　烧损对应位置

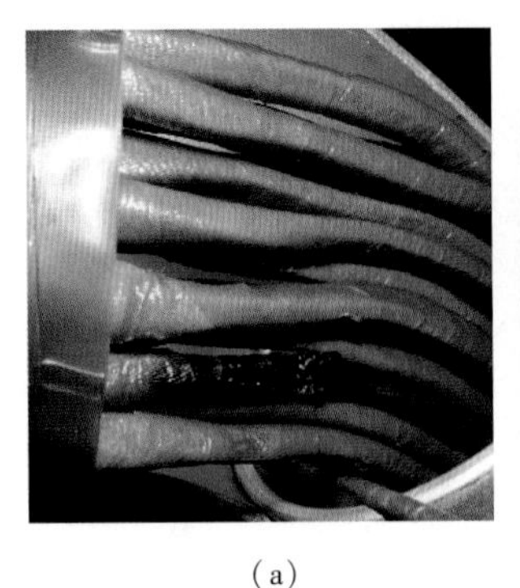
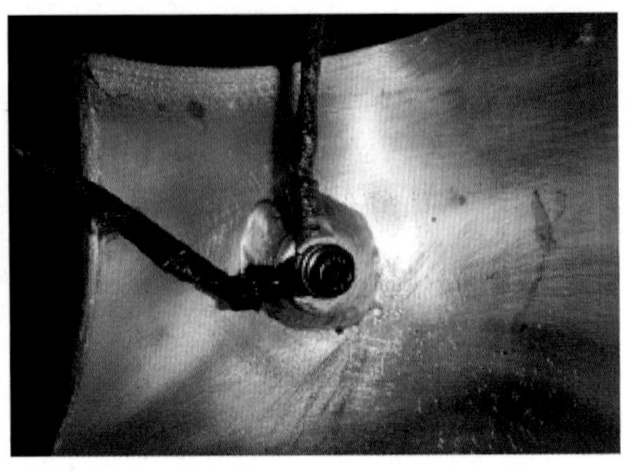

（a）　　　　　　　　　　　　（b）

图 6-119　烧损位置放大

（a）烧损导线；（b）烧损等位线

从发现现象看，多股连接线匝没有很好地固定在屏蔽管的中间，其中一根导线与等位线相互接触，由于运行的振动使绝缘破损而短路。

2. 原因分析

检查故障位置，仅接触点被烧损，部分绝缘碳化，周围是干净的，没有向两端扩散。这说明接触电阻可能就是产生气体的过热点。

从两绕组并联接线结构分析（见图 6-117），阀侧绕组右边柱 2 出线通过“手拉手”连接至左边柱 1，再绕半圈后出线至直流出线端与柱 1 的出线一起短接连接套管。如果“手拉手”位置有两根导线短路，将导致柱 1 上多出的半匝线中有一短路环，在漏磁的感应下产生环流。

根据模拟计算，阀侧绕组在 50Hz 额定电流下短路环的驱动电压约 2V，短路环导线电阻约 3mΩ，接触电阻与接触压力有关，压力大可能只有数十微欧，压力小时可能有数百毫欧，实际运行时可能不稳定，设接触电阻为 5mΩ，短路环中的电流将有约 250A，短路点上的功耗将达约 310W。该功耗以及短路点接触不稳定导致的间歇性击穿，足以在短路点上产生案例中发现的乙烷和乙炔。

至于现场停电加热试验没有发现产气，分析认为，加在绕组上的电流，由于频率极低，其漏磁在短路环中感应的驱动电压很小，不足以在短路点处引发高温。这是今后应吸取的经验。

该台换流变压器在修复后顺利通过 1.0、1.05、1.1 倍标幺值温升试验和其他例行试验。

二、温升试验顶层油温偏高及解决措施

某换流变压器在厂内出厂温升试验时情况正常，符合技术规范要求。发运到现场带负荷后，发现该换流变压器顶层油温升偏高。经计算和对比分析，找到了原因并予以解决。

（一）异常状态描述

1. 出厂试验情况

试验采用短路法，2.1—2.2 短路，1.1—1.2 输入电流。分接位置 29。冷却类型：OFAF，试验时运行 3 组冷却器。试验分两个阶段进行：

试验第一阶段施加运行总损耗（包含谐波、直流偏磁及降噪损耗），顶层油温升连续 12h 变化小于 1K 时，顶层油温升稳定。测定顶层油温升和油平均温升。

试验第二阶段将试验电流降到含谐波的负载损耗的等效电流，持续时间 1h。测定绕组温升。采用停电测量，停电后快速断开电源线及短路线，接上测量线同时测量出各绕组的直流电阻值，与温升前测量的直流电阻值进行比较，推算出停电瞬间的温度，详见表 6-25。

表 6-25 工厂温升试验数据 (K)

参数	顶层油	网绕组平均	阀绕组平均	网绕组热点计算值	阀绕组热点计算值	油箱表面
实测值	34.5	47.3	50.26	59.1	62.9	64.0
技术规范值	≤50	≤55		≤68		≤75

由表 6-24 看出，油顶层温升 34.5K 和绕组温升均符合技术规范要求。

2. 现场带负荷后油顶层温升情况

换流变压器带满负荷后，油顶层温升到达 49K，远超过工厂温升试验的 34.5K。

（二）原因分析

经计算分析，找到了油顶层温升偏高的原因：主要是换流变压器油箱形状的原因。该换流变压器为方便放置有载分接开关，将油箱设计为一“沉台”结构，使油箱顶部成凸起形状（见图 6-120），加之冷却器入口油管布置较低（比上铁轭顶部低 510mm），形成油箱顶部油流相对循环不畅，且顶层油温测温点处于上铁轭顶部仅 200mm 上方，导致顶层油温测量值偏高。

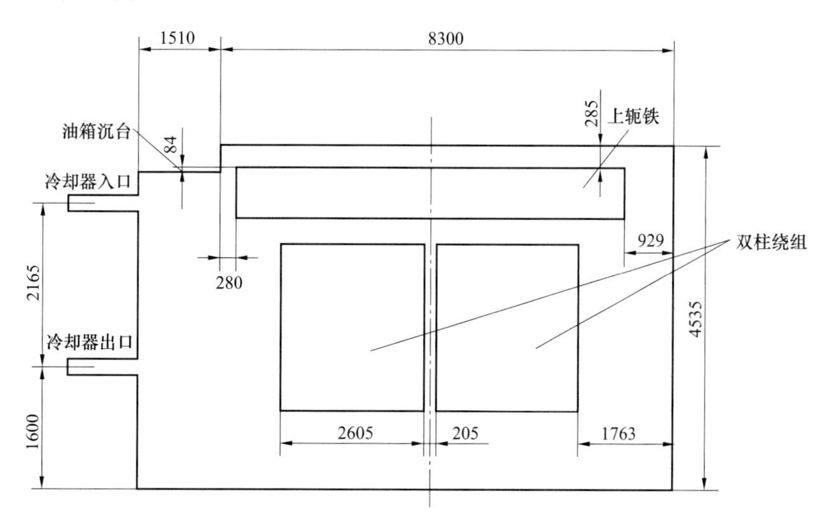

图 6-120 油箱沉台结构、上轭铁、绕组及冷却器出入口位置示意图

通过采用通用流体分析软件，分别对三种工况下的顶层油温进行了计算：一是短路试验发热状态，对应变压器出厂时的温升试验状态，1200kW 总损耗；二是 1.1 倍额定电压空载运行状态，空载损耗为 280kW；三是满负荷运行状态，对应现场实际运行工况，总损耗为 1200kW。计算模型尺寸标注如图 6-120 所示。以下是三种状态下的计算结果，

其中环境温度取30℃。

（1）短路法温升试验状态下的计算结果（发热源为绕组）如图6-121所示。

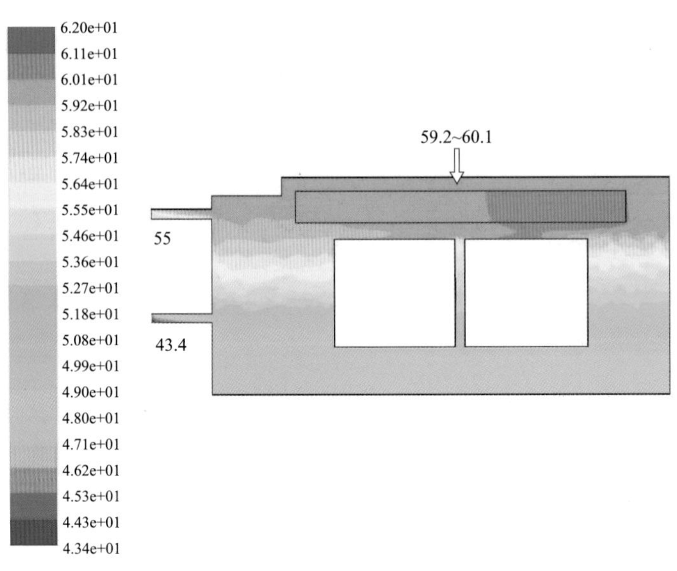

图6-121　短路法温升试验状态下的变压器油温度分布云图（℃）

（2）1.1倍额定电压空载运行状态下的计算结果（发热源仅为铁芯）如图6-122所示。

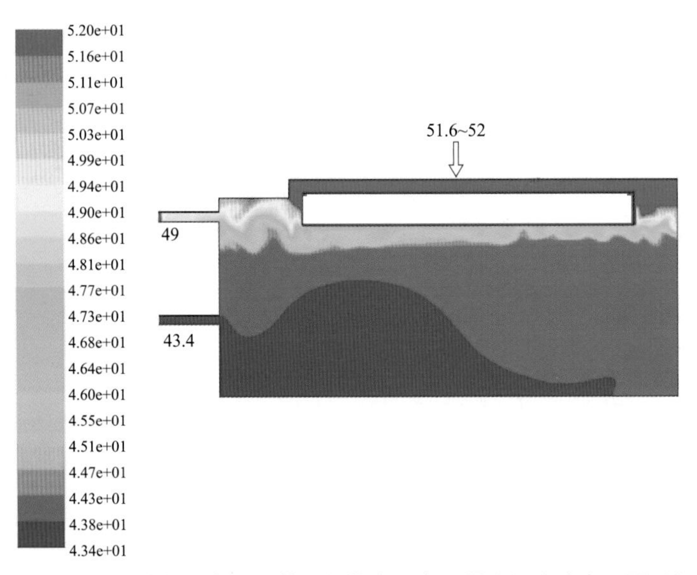

图6-122　1.1倍额定电压空载运行状态下变压器油温度分布云图（℃）

（3）满负荷运行状态下的计算结果（发热源为铁芯和绕组）如图6-123所示。

由表6-26看出，按照流体模型计算的温升与实测比较存在一定偏差，这可能与实际换流变压器油箱内部的具体结构复杂有关，但各工况的油顶层温升的变化趋势是相同的。

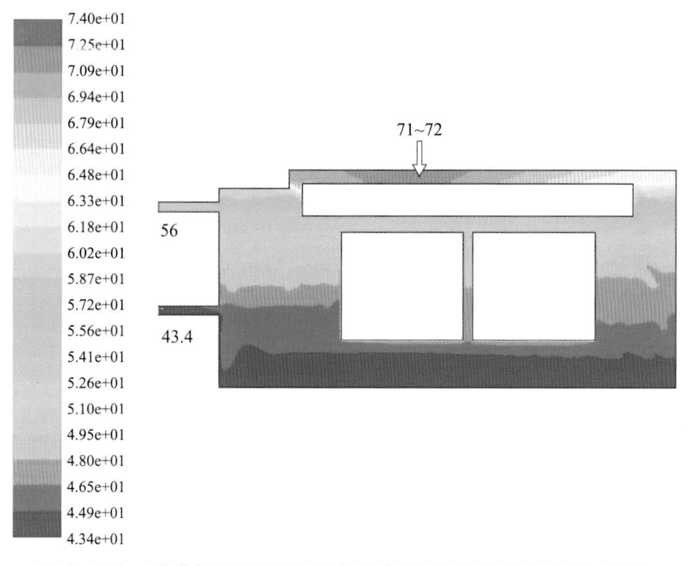

图 6-123　满负荷运行状态下的变压器油温度分布云图（℃）

表 6-26　　不同工况油顶层温升计算与实测结果对比　　（K）

换流变压器工况	工厂短路法温升试验（总损耗 200kW）	工厂 1.1 倍额定电压空载运行（280kW）	现场带满负荷（总损耗约 1200kW）
计算值	29.2~30.1	21.6~22	41~42
实测值	34.5	15.8	49

工厂短路法温升试验工况与现场带满负荷工况的油顶层温升计算值比较，后者比前者高 12K 左右；两工况的温升实测值相差约 15K。两者的总损耗相同，后者温升的偏高，在于油顶层温度计所处位置（油箱顶部）的油流不畅。现场带负荷工况时，发热源为铁芯和绕组两部分。上轭铁与油箱顶盖间距仅 285mm，铁芯的发热容易聚集在油箱顶部。铁轭油箱沉台结构，以及冷却器出油管位置偏低，导致油箱顶部温升偏高。1.1 倍额定电压空载运行工况下，损耗仅 280kW，但油顶层温升的计算值和实测值已分别到达 22K 和 15.8K，分别为 2800kW 总损耗时温升的 52% 和 32%，明显高于按照损耗成正比的 23%（该换流变压器为 OFAF 冷却方式，顶层油温升与损耗成正比，280kW 损耗时的油温升应仅为 1200kW 损耗温升的 23%）。这种铁芯发热的工况，热量集中于油箱顶部，温升也会偏高。

（三）解决方案及实施

1. 增设分流抽油冷却管的温升计算

在换流变压器油箱盖顶部开孔处，加接一个 200mm×200mm 方管（见图 6-124），与冷却器入口相连。在这种情况下，油箱顶部温升计算下降至 32K，降低了 10K，如图 6-125 所示。

2. 增设分流抽油冷却管后带负荷试验

该换流变压器（极Ⅱ低端换流变压器 YY，A 相）在油箱顶部增设分流抽油冷却管后，

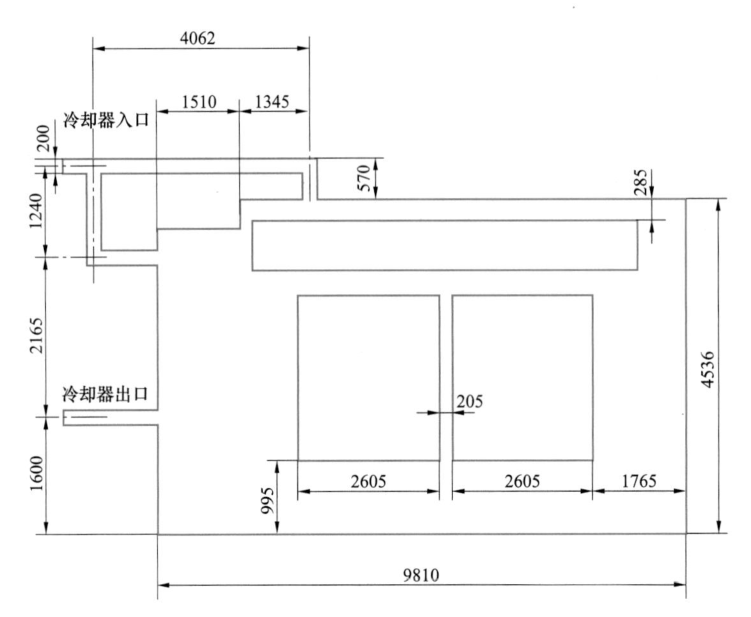

图 6-124　油箱顶部增设分流抽油冷却管计算用模型及尺寸示意图

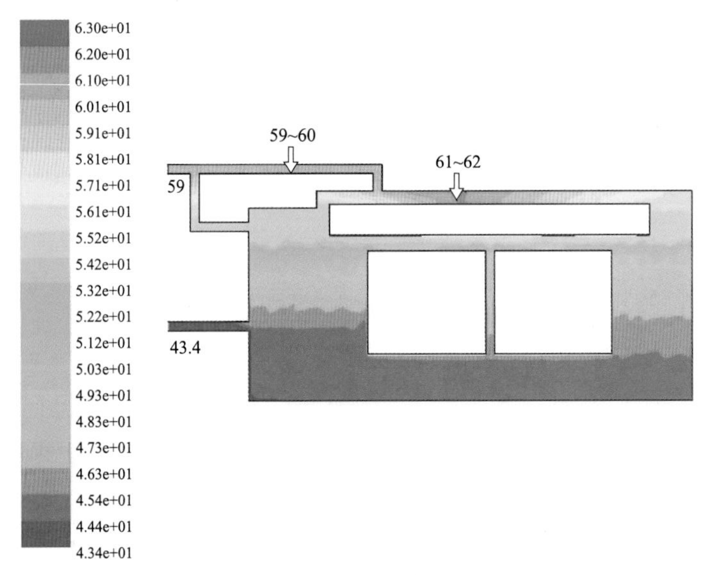

图 6-125　油箱顶部增设分流抽油冷却管后的油顶层温升计算（K）

在现场带 75% 额定负荷时的顶层油温度与其他换流变压器比较，十分接近，如图 6-126 所示。顶层油温升约 18.5K，与满负荷时的温升计算值（30.1K）相比，基本符合按损耗成正比的规律。

3. 结论

（1）油箱用于放置有载分接开关的沉台结构，造成油箱顶部凸起，不利于顶部油的流动，再加上冷却器抽油出口位置偏低，导致油顶层温升偏高。按照流体模型的计算，证实了上述温升偏高的原因。

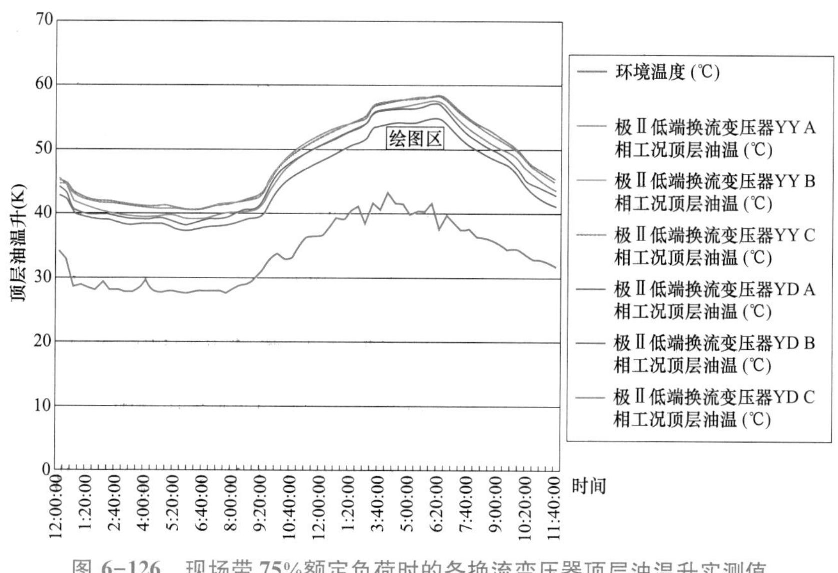

图 6-126　现场带75%额定负荷时的各换流变压器顶层油温升实测值

（2）在工厂按照短路法进行温升试验时，因为发热源（绕组）位置较低，热油较易抽出冷却，该顶层油温升偏高的问题未明显地表现出来。1.1 倍额定电压下空载运行下的油顶层温升已有所反映，但因温升值不高，也被忽略了。

（3）现场带负荷时，换流变压器内部的发热源包括铁芯和绕组，该油顶层温升偏高的问题才被真实地暴露出来。

（4）采用油箱顶部增设分流抽油冷却管后，加强了油箱顶部油的流动，解决了该油顶层温升偏高的问题。

（5）作为大型变压器的油箱，应尽量避免“沉台”结构，以免引起油箱顶部油温升偏高。冷却器的抽油管也应尽量布置在靠近油箱顶部的位置，以利于变压器内全部油的流动冷却。

三、油温测量就地和远方显示不一致原因分析

换流变压器投入运行时，其油温和绕组温度就地与后台显示不一致的现象在大多换流站都出现过，有的换流站问题非常突出，相差达十多摄氏度。特别是就地温度数值与冷却风扇投入是联动的，测量准确与否关系到设备运行安全。

（一）油温测量就地和远方读数典型差值

以某换流站调试期间为例，表 6-27 给出了额定负荷下换流变压器油温测量的典型数据。

表 6-27　换流变压器油温就地和远方测量典型数据　（℃）

双极功率（1.0 倍标幺值）：极Ⅰ高 2000MW，极Ⅱ高 2000MW						
测量点	本体测温结果			TEC 柜测温结果		
换流变压器	网侧绕组温度	阀侧绕组温度	顶层油温	网侧绕组温度	阀侧绕组温度	顶层油温
极Ⅰ高 YD-C 相	88	92	62	76.5	80.8	60.4
极Ⅰ高 YD-S 相	85	87	60	72.5	79.8	57.3

续表

双极功率（1.0倍标幺值）：极Ⅰ高2000MW，极Ⅱ高2000MW						
测量点	本体测温结果			TEC柜测温结果		
换流变压器	网侧绕组温度	阀侧绕组温度	顶层油温	网侧绕组温度	阀侧绕组温度	顶层油温
极Ⅰ高YD-A相	93	87	63	81.6	79.9	59.2
极Ⅰ高YY-C相	92	98	64	79.8	88	58.9
极Ⅰ高YY-S相	94	66	65	82.7	65.9	61
极Ⅰ高YY-A相	88	94	64	79.9	85.4	60.4
极Ⅱ高YD-C相	88	94	65	81.6	85.9	64.1
极Ⅱ高YD-S相	90	92	68	80.5	84.9	64.2
极Ⅱ高YD-A相	90	95	64	84	84	63
极Ⅱ高YY-C相	87	93	60	80.5	81.5	57.3
极Ⅱ高YY-S相	86	96	65	84.3	84.3	61.7
极Ⅱ高YY-A相	94	95	66	84.2	84.2	61.2

根据表6-27统计数据，在额定负荷运行时，网侧绕组温度远方与就地最大差12.5℃，阀侧绕组温度最大差11.2℃，顶层油面温度最大差异5.1℃。其他换流站类似情况普遍存在，最大曾出现后台显示值比就地高将近40℃的案例，经分析是该绕组温度计匹配的电流变送器设置错误所致。

（二）油温测量原理

根据换流变压器温控系统技术资料，就地温度显示和远方后台显示温度分别来源电阻式温控系统和压力式温控系统。

1. 电阻式温控系统

电阻式温控系统负责把测得的温度信号传输到远方后台。电阻式温控系统主要由电阻传感器、电流变送器和远方测量终端三部分构成。其工作原理是：热电阻温度传感器利用导体电阻率随温度的变化而变化的原理制成的，实现将温度的变化转化为元件电阻的变化，一般采用Pt100铂电阻传感器，利用其温度微小的变化会引起电阻值变化的特性精确测量温度，如图6-127所示。

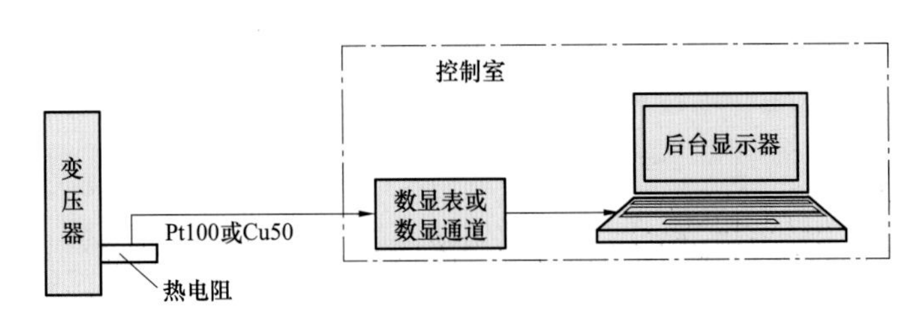

图6-127 电阻式温控系统原理

2. 压力式温控系统

压力式温控系统负责就地指针式温度计温度指示，同时也用于冷却装置控制（风扇启动、油泵启动），提供油温高报警、油温高跳闸等信号。其工作原理如图6-128所示。

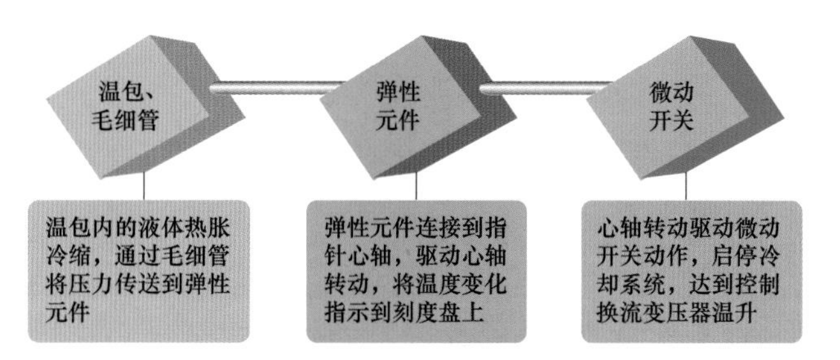

图 6-128　压力式温控系统原理

（三）误差原因分析

1. 结构型式不同

目前换流变压器都采用完全不同的电阻式温控系统和压力式温控系统，前者将所测温度通过电流变送器传到后台显示，后者指示本体油温，具有非电量保护功能。

就地与远方温度计分属两套不同原理的测温系统，需分别精确调试，工作人员不调试或未完全掌握校验要点会导致就地和远传显示不一致。

2. 校验误差

根据查验现场校验报告，压力式温控系统校验结果一般真实可靠。电阻式温控系统各个组成部件普遍没有进行单体检测，也没有进行符合规定的温控系统联调试验，是产生差异的根源所在。

（四）改进措施

1. 压力式温度计校准

压力式温度计校准原理示意图如图 6-129 所示。

某 500kV 变电站压力式温控器校验设备和典型结果如图 6-130、图 6-131 和表 6-28 所示。

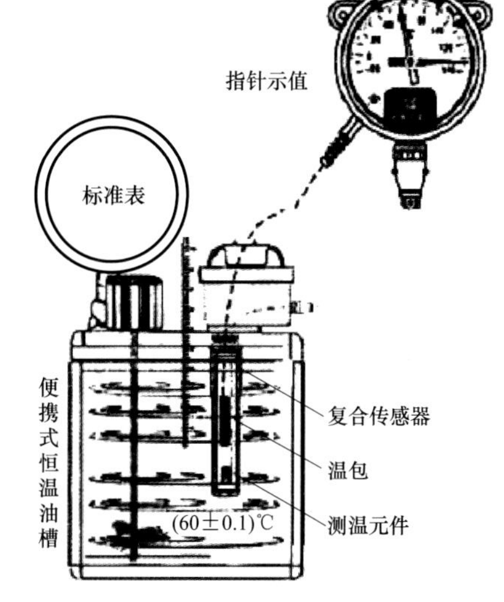

图 6-129　压力式温度计校准原理示意图

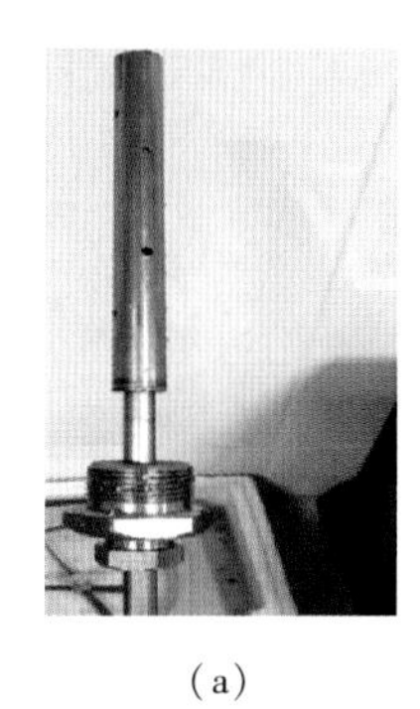
（a）

（b）

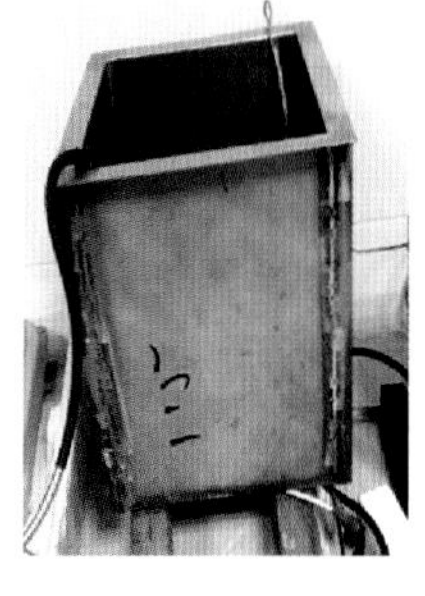
（c）

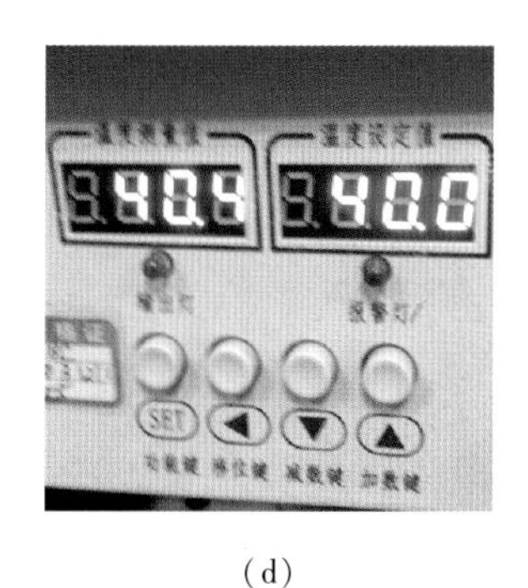

（d）

图 6-130　压力式温度计校准原理

（a）压力式温度计感温元件；（b）压力式温度计显示器；（c）便捷式恒温油槽；（d）恒温油槽温控器（含标准表）

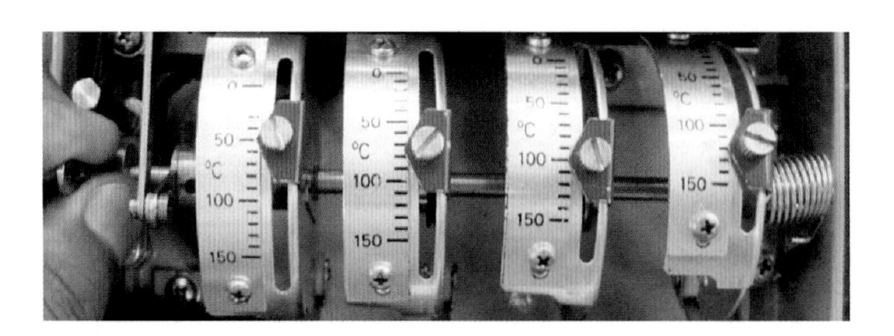

图 6-131　报警或跳闸温度调节和设定

表 6-28　　校验典型结果

标准表读数（℃）	0	30	50	70	100
校验表读数（℃）	0.2	30.1	50.2	70.3	100.2

注　1. 要求误差小于 3℃。

2. 要求温度计具备多点校核调节功能。

结论：（1）压力式温控器技术成熟，使用广泛，校验精准。

（2）不是显示差异的主要因素。

2. 电阻式温度计校准

（1）Pt100 温度传感器校验见表 6-29。校验方法是将 Pt100 电阻传感器放在恒温箱，调节不同温度，测试电阻值，与标准电阻对比。

表 6-29　　Pt100 温度传感器校验典型值

标准表读数（℃）	0	30	50	70	100
对应标准电阻（Ω）	100	111.67	119.40	127.07	138.50
实测电阻（Ω）	100.02	111.71	119.43	127.11	138.52

注　1. 要求误差小于 0.3Ω。

2. 要求测试电阻仪器精确度不低于 0.02。

结论：Pt100 电阻随温度变化是其物理特性，误差小，不是显示差异的主要因素。

（2）工业铂热电阻式温控器校验见表 6-30。

表 6-30　　工业铂热电阻温度与电阻值对照典型值

Pt100					
温度（℃）	阻值（Ω）	温度（℃）	阻值（Ω）	温度（℃）	阻值（Ω）
-20	92.16	40	115.54	100	138.50
-10	96.09	50	119.40	110	142.29
0	100.00	60	123.24	120	146.06
10	103.90	70	127.07	130	149.82
20	107.79	80	130.89	140	153.58
30	111.67	90	134.70	150	157.31

3. 电流变送器校验

电阻式温控系统电流变送器原理图如图 6-132 所示。变送器输入来自 Pt100 的电阻值，如测试绕组温度，需根据套管 TA 电流，选择合适档位输入模拟量 I_p，根据换流变压器温升特性曲线整定温控器工作电流，输出模拟量 I_S，典型值见表 6-31 和图 6-133。

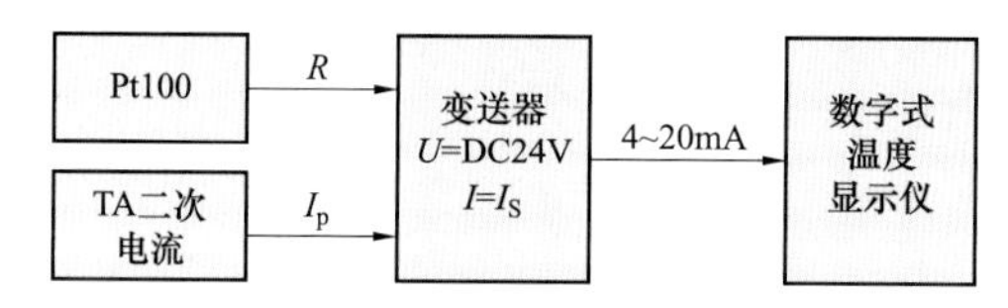

图 6-132　电流变送器原理图

表 6-31　根据换流变压器实测温升选择 I_p 的挡位

挡位号	变压器电流互感器二次额定电流 I_p（A）	输出电流 I_S（A）	温升（K）	等效阻抗（Ω）
A	$5 \geqslant I_p > 3$	$(32\sim38)\%I_p$	3	$R \leqslant 0.56$
		$(24\sim32)\%I_p$	4	
		$(15\sim24)\%I_p$	5	
		$(10\sim15)\%I_p$	6	
B	$3 \geqslant I_p > 2$	$(50\sim60)\%I_p$	3	$R \leqslant 1.35$
		$(40\sim50)\%I_p$	4	
		$(28\sim40)\%I_p$	5	
		$(17\sim28)\%I_p$	6	
C	$2 \geqslant I_p > 1$	$(75\sim90)\%I_p$	3	$R \leqslant 2.5$
		$(60\sim75)\%I_p$	4	
		$(40\sim60)\%I_p$	5	
		$(25\sim40)\%I_p$	6	
D	$1 \geqslant I_p > 0.61$	$(150\sim180)\%I_p$	3	$R \leqslant 12.0$
		$(120\sim150)\%I_p$	4	
		$(100\sim120)\%I_p$	5	
		$(50\sim100)\%I_p$	6	

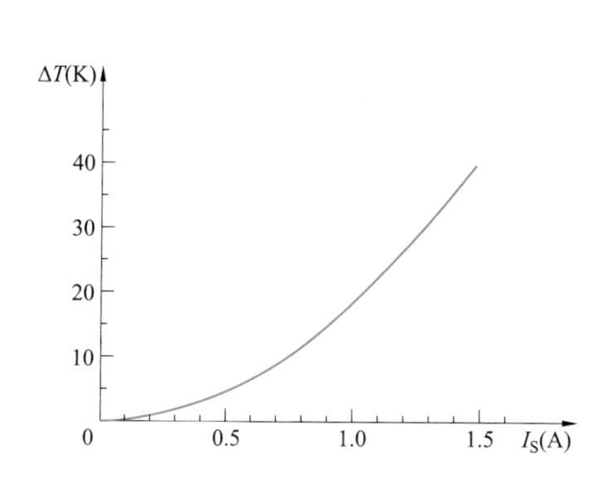

ΔT(K)	I_S(A)
10	0.74
12	0.80
14	0.86
16	0.92
18	0.98
20	1.04
22	1.09
24	1.14
26	1.19
28	1.24
30	1.28
32	1.32
34	1.36
36	1.40
38	1.44

图 6-133　根据铜油温差曲线选择 I_S 挡位

输入标准电阻信号，通过变送器内部选挡和调节，可将输出电流信号校验合格。典型数据见表 6-32。

表 6-32　电流变送器校验典型数据

输入标准电阻（Ω）	100	111.67	119.40	138.50	157.33
对应温度（℃）	0	30	50	100	150
对应标准电流（mA）	4.00	7.20	9.33	14.67	20
实测电流（mA）	4.03	7.22	9.37	14.70	20.04
结论	参数设置不合理会导致误差				

注　变送器量程与压力式一致均为 0~150℃。

4. 温控系统联调

联调试验是系统准确性的最后保障，通过在源头输入电阻变量（Pt100 输出端）或者电流变量（变送器输出端），通过比对远方数显的准确度来判断系统的正确性。图 6-134 为联调过程和典型数据。需注意，系统联调仪器的精度非常重要，如 0~150℃ 量程的温控器，1mA 输出电流代表的温度值是：150/（20-4）= 9.375（℃）。因此，试验仪器的精度要求达到万分之二，可以输出（或测量）电阻、电流及电压变量。

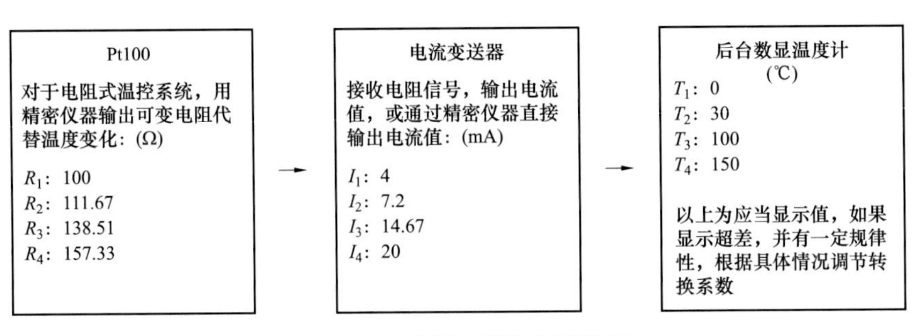

图 6-134　联调过程和典型数据

（五）讨论

上述分析和实际校验数据证明，采取以下措施就能克服两种不同原理温控系统造成的显示误差。

（1）采用一体化测温装置，压力式温控器和电阻式测温器集成为一体，内置变送器，这种仪表已在变压器中广泛应用，具有技术成熟、校验简单方便、可靠性高、可提高就地和远方温度显示一致性优点。

（2）加强校验、调试以及监督验收，电阻式温控系统是关键，电流变送器的参数设置是重点，温控系统联调是发现问题的手段。

索　引

参 考 文 献

[1] 赵畹君．高压直流输电工程技术．2 版．北京：中国电力出版社，2011.

[2] 刘振亚．特高压交直流电网．北京：中国电力出版社，2013.

[3] 舒印彪，张文亮．特高压输电若干关键技术研究．中国电机工程学报，2007，27（31）：1-6.

[4] 刘泽洪，郭贤珊．特高压变压器绝缘结构［C］. 高电压技术，武汉，2010，（1）.

[5] 文闿成，王瑞珍．换流变压器阀侧试验对绝缘考核的有效性［J］. 变压器，1997，11-12.

[6] 刘振亚．特高压交流输电系统过电压与绝缘配合．北京：中国电力出版社，2008.

[7] 文闿成．高压直流设备的绝缘问题［J］. 电网技术，1994，18（6）：17-22.

[8] 郑劲，文闿成．换流变压器阀侧出线装置绝缘分析［J］. 高电压技术，武汉：2010，5（36）.

[9] 刘泽洪．特高压直流输电工程换流站主设备监造手册．北京：中国电力出版社，2009.

[10] H. P. Moser，V. Dahinden. Transformer board. Scientific Electra，1979.

[11] 舒印彪，刘泽洪，高理迎，等．±800kV6400MW 特高压直流输电工程设计．电网技术，2006，30（1）：1-8.

[12] 万达，廖和安，李福辉．热粘合换位导线弯曲性能的试验分析．变压器，2010（5）.

[13] B. Wahlstrom，CIGRE WG12. 02. Voltage tests on transformers and smoothing reactors for HVDC transmission［J］. Electra，1976，No. 46，19-38.

[14] A. Ekstrom，CIGRE WG 33. 05. Application guide for insulation coordination and arrester protection of HVDC converter stations［J］. Electra，No. 96.

[15] A. Lindroth，CIGRE JWG 12/14. 10. The relationship between test and service stress as a function of resistivity ratio for HVDC converter transformers and smoothing reactors［J］. Electra，1994，(157)：33-58.

[16] F. Hammer，A. Kuchler. Insulating systems for HVDC power apparatus［J］. IEEE Tr. on Electrical Insulation，1992，27（3）：601-609.

[17] A. Kurita and others. DC flashover voltage characteristics and their calculation method for oil-immersed insulation system in HVDC transformers［J］. IEEE Tr. on Power Delivery，1986，Vol. 1，No. 3.

[18] T. Hasegawa and others. Dielectric strength of transformer insulation at DC polarity reversal［J］. IEEE Tr. on Power Delivery，1997，Vol. 12，No. 4.

[19] CIGRE JTF 12/14 10-01. In service performance of HVDC converter transformers and oil-cooled smoothing reactors［J］. Electra，1994，No. 155.

[20] J. Christofersen and others. Analysis of HVDC thyristor converter transformer performance［R］. CIGRE Joint Task Force B4. 04/A2-1.

[21] K. C. Wen，Y. B. Zhou，J. Fu，T. Jin. A calculation method and some features of transient field under polarity reversal voltage in HVDC insulation［J］. IEEE Tr. on Power Delivery，1993，Vol. 8.

[22] J. Watson and others. Special features of transformers for HVDC transmission with particular reference to the converter transformers for the C. E. G. B. Sellindge Terminal［R］. CIGRE 1986 Session，12-03.

[23] 刘泽洪，高理迎，余军．±800kV 特高压直流输电技术研究．电力建设，2007，28（10）：17-23.

[24] 孙清华，周远翔，李光范，等．空间电荷对换流变压器油纸绝缘的影响．2009 中国电工技术学会年度专题论坛．中国电工技术学会，2009，（11）：7-9.

[25] 刘泽洪，郭贤珊．特高压变压器绝缘结构．高电压技术，2010，36（1）：7-12.

[26] 钟俊涛．成型绝缘件在高压变压器中的应用［C］. 高电压技术，武汉，2010：（4）.

[27] Shrikrishna V. Kulkarni，S. A. Khaparde. Transformer Engineering：Design and Practice. CRC Press

Taylor & Francis Group, 2012.

[28] F. Derlter, H. J. Kirch, Ch. Krause, E. Schneider. Development of a Design Method for Insulating Structures Exposed to Electric Stress in Long Oil Gaps and Along Oil/Transformerboard Interfaces: 7th International Symposlum on High Voltage Engineering TECHNISCHE UNIVERSITAT DRESDEN, 1991.

[29] M. Ikeda, T. Yanari, H. Okubo. PD and BD Probability Distribution and Equi-Probabilistic V-t Characteristics of Oil-Filled Transformer Insulation. IEEE Transactions, 1982, Vol. PAS-101, No. 8, 2728-2735.

[30] Rongsheng Liu, Albert Jaksts and Tord Bengsson. Streamer Propagation in Composite Oil/Cellulose Insulation under LI Voltages. ABB Corporate Research SWEDEN.

[31] RongSheng Liu, Albert Jaksts and Lars Walfridsson. Light Emission Study in Transformer Oil and along Oil/Cellulose Interface Using a Spark-Gap System. ABB Corporate Research, SWEDEN.

[32] M. Murano, S. Menju, M. Ikeda, T. Inoue. Experimental Extension of Volume Efect on Breakdown of Transformer Oil. Presented at the 1974 Winter Power Meeting. New York, N. Y., Jan. 26-31, Paper No. C 74 236-6.

[33] K. Siodia, W. Ziomek and E. Kuffel. The Volume and Area Effect in Transformer Oil. Conference Record of the 2002 IEEE International Symposium on Electrical, Boston, MA USA. April 7-10, 2002.

[34] M. Robert. Geometric Effects in the Electrical Breakdown of Transformer oil. IEEE TRANSACTIONS ON POWER DELIVERY, VOL. 19. No. 2, APRIL. 2004.

[35] CIGRE Working Group 12. 17. EFFECT OF PARTICLES ON TRANSFORMER DIELECTRIC STRENTH. CIGRE 2000, Report No. 157.

[36] CIGRE Working Group 12. 19. The Short-Circuit Performance of Power Transformers. CIGRE 2002, Report No. 209.

[37] GIORGIO BERTAGNOLLI. SHORT-CIRCUIT DUTY OF POWER TRANSFORMERS. ITALY: ABB TRANSFORMATORI-LEGNANO (MILANO), 2007.

[38] 史家燕，李伟清，万达．电力设备试验方法及诊断技术．北京：中国电力出版社，2013.

[39] 贺以燕，杨治业．变压器试验技术大全．沈阳：辽宁科学技术出版社，2006.

[40] Nordman. H and Lahtinen. M. Thermal overload test on a 400 MVA power transformer with a special 2. 5 p. u. short time load capability. IEEE Transactions on Power Delivery, 2003, vol. 18, No. 1.: 107-112.